보완대체의학

COMPLETE GUIDE

오홍근 교수는

경희대학교 의과대학에서 박사 학위를 취득한 신경정신과 전문의로, 그 후 캐나다 자연치료의과대학 CCNM Canadian College of Naturopathic Medicine 에서 자연치료의학으로 보완대체의학 박사 학위를 취득하고(한국 최초의 자연치료의학 박사) 그곳에 머물며 강의와 연구 활동을 펼친 특이한 경력의 소유자다. 현재는 한국대체의학회 이사장, 한국아로마테라피협회 회장, 전주대학교 대체의학대학 학장을 맡아 자연치료의학의 과학화와 대중화, 후학 양성, 연구에 전념하고 있다. 2007년 자연의학과 보완대체의학 분야의 국제적 학술 활동, 정신의학과 심신의학 분야, 스트레스 관련 질환에 대한 연구 업적을 인정받아 세계인명사전 후즈 후 Marquis Who's Who in the World 2007 에 등재된 바 있다.

『오홍근 박사의 향기요법』, 『새로운 의학, 새로운 삶』 등 많은 저서를 출간하였으며, 국내외에 「대체의학시술의 국내 현황」, 「Pain Management in Alternative Medicine」, 「아로마에센셜오일의 스트레스감소에 미치는 영향」 등 50여 편의 논문을 발표하였다.

- 경희대학교 의과대학 의학박사 MD., Ph.D. 신경정신과 전문의
- 캐나다 자연치료의과대학 의학박사 N.D.
- 한국스트레스학회 회장
- 한국대체의학회 이사장
- 한국아로마테라피협회 회장
- 국제아로마테라피전문가협회 정회원
- 국제아로마테라피연맹 WOA 이사장
- 국제보완대체의학 포럼 회장
- 전주대학교 대체의학대학 학장
- 세계인명사전 후즈 후 등재

보완대체의학

1판 1쇄 발행 | 2008년 2월 28일
1판 2쇄 발행 | 2016년 9월 10일

저 자 | 오홍근

펴낸이 | 주용진
펴낸곳 | 도서출판 아카데미아
주 소 | 경기도 안양시 동안구 시민대로 401 대륭테크노타운15차 2003호
전 화 | 031-389-8811
팩 스 | 031-389-8817
E-mail | books@academya.co.kr
http://www.academya.co.kr

ISBN 978-89-5938-181-4
값 45,000원

보완대체의학

COMPLETE GUIDE

– 현대의학과 더불어 21세기 통합의학으로

오 홍 근 지음

| 전주대학교 대체의학대학 학장 · 신경정신과 전문의 · 보완대체의학 박사 |

아카데미아

책을 내면서

'보완대체의학 – 현대의학과 더불어 21세기 통합의학으로'를 펴내며

저자가 자연의학을 소개하는 책을 처음 출판한 이후 벌써 십수 년의 세월이 흘렀다. 당시만 해도 생소하게 다가왔던 여러 보완대체요법들을 소개하면서 저자는 머지않아 우리나라에서도 보완대체의학이 널리 알려져 그에 사용되는 다양한 식품, 약용식물, 비타민과 미네랄류, 아로마 오일, 채소와 과일들의 이름이 더 이상 낯설게 느껴지지 않을 것이며 아주 친숙하게 우리의 입에 오르내릴 것이라고 전망했었다. 과거에 이 분야의 학문을 정통 의학의 범주에 넣어 다루는 것을 극구 반대하고 폐쇄적인 태도를 보였던 전문 의료인들이 지난 몇 년 사이 너나 할 것 없이 보완대체의학에 대한 관심과 연구를 마다하지 않는 현실을 보면서 감회가 새로울 뿐이다.

보완대체의학은 새로운 학문이나 첨단의 의학 분야를 의미하지 않는다. 오히려 가장 오랫동안 인간과 환경과 생명에 대한 고전적인 원리를 통해서 질병과 건강을 다루어온 전인적 또는 전일적 개념의 의학이었다. 그런 이유에서도 저자는 보완대체의학, 나아가 통합의학(integrative medicine)이 현대의학이 가지고 있는 문제와 한계를 극복하고 그 방향을 바로잡아줄 수 있는 훌륭한 안내자의 구실을 할 것으로 기대한다.

그렇다고 보완대체의학이 모든 것을 해결해준다거나, 언제나 믿고 의지할 수 있는 이상적인 의학이라고 주장하는 것은 아니다. 의학이 과학적이어야 한다는 입장에서 본다면 보완대체의학은 아직도 갖추어야 할 것들이 많다. 인간을 과학적으로 다 이해할 수는 없겠지만, 그래도 병이 생기는 원리를 이해하고 평가하며 치료법과 치료 효과를 비교하는 기준은 과학적인 도구와 방법이어야 한다. 그럼에도 과학적으로 검증되지 않아 논란이 이는 일부 보완대체의학이 그 한계와 문제점을 드러내고 있다고 배척만 할 것이 아니라, 그것을 끊임없이 극복하고 넘어서려는 노력과 도전이 훨씬 바람직한 자세임은 두말할 필요가 없을 것이다.

의학은 병으로 고통받는 사람들을 치료하고 질병에 걸리지 않게 하기 위해 연구해온 임상 학문이다. 따라서 질병에 시달리는 사람들을 위한 어떠한 의학적 원리와 방법도 그것이 안전하고 과학적으로 효과가 있다고 인정이 되면 통합하여 같이 사용할 수 있어야 할 것이다. 그런 의미에서 통합의학은 기존의 과학적으로 잘 정리된 현대의학에 보완대체의학적 의철학과 치료법들을 도입하여 활용하는 이상적인 미래의 의학이라고 할 수 있다.

저자는 다양한 요법이 존재하는 보완대체의학 가운데 가장 신뢰할 수 있고 많은 검증 자료와 임상 경험이 축적된 것들만 선택하여 이번 책에 소개하고자 한다. 지난번 책에서, 다음에 내는 책은 보완대체의학의 다양한 전문 분야와 그 치료 방법을 보다 상세히 소개하여 전문적이면서도 실용적인 보완대체의학 교재가 되도록 할 것이라고 약속드린 바 있다. 따라서 이번 책에는 여러 요법들을 보충하고 관련 사진과 그림들을 삽입하여 한층 충실한 내용을 담고자 노력하였다.

아무쪼록 이 졸서가 다시 한번 보완대체의학에 관심을 갖고 전문적으로 공부하고자 하는 의학도, 현대의학을 전공한 전문 의사들, 그리고 아픈 사람들과 가장 가까운 곳에서 대체요법으로 도움을 주는 건강요법사들, 더 나아가 건강과 행복한 삶에 관심이 많은 일반인들에 이르기까지 두루두루 도움이 되는 개론서가 되기를 희망해본다.

끝으로 이 책이 나오기까지 지극한 관심과 도움을 주신 도서출판 아카데미아의 여러분들께 고마움을 전한다. 그리고 무엇보다도 이 일을 천직으로 알고 기쁘게 일할 수 있는 좋은 사명을 주신 하나님께 감사드린다.

2008년 2월

전주대학교 대체의학대학 학장 **오 홍 근**

보완대체의학 차례

part A 보완대체의학 이론 편

part B 보완대체의학 실제 편

part A

보완대체의학 이론 편

보완대체의학이란

보완대체의학(자연치료의학)이란 한마디로 인간의 온갖 질병과 고통을 자연의 치유 능력에 맞추어 조율하고 복원시키자는 의학이다. 즉, 인체의 면역 기능과 회복 능력을 증강시켜주는 여러 가지 자연적인 접근 방식을 동원하여, 환자를 전체성을 가진 인간으로 보고 그 병이 난 신체 부위에만 치중하여 치료하는 것이 아니라 정신적, 사회적, 환경적 부분까지 관찰하여 조화롭게 치료하자는 것이다.

01 보완대체의학의 이론적 배경

의학의 전문 분야가 끊임없이 발전하고 있음에도 불구하고 일선에서 환자를 치료하는 의사들은 "치료 기술이 발달하고 있는데도 왜 줄곧 만성 질환자가 늘고 있는가? 위험한 치료 방법을 계속 환자들에게 시행하고 권유해야만 하는가?"라는 갈등과 의문에 끊임없이 부딪히고 있다. 또한, 제약회사에서 개발한 약들이 많은 부작용을 안고 있어도 환자들은 그 약물의 위험성과 금기로부터 완벽히 보호되지 못하고 있으며, 그런 상태에서 함부로 쓰이는 약제들이 인체의 저항력과 면역성을 떨어뜨리고 있다는 것을 생각하면 의사로서 난감함과 무력감에 빠지지 않을 수 없다.

이런 사실은 미국의 노벨상 수상자 라이너스 폴링 박사도 언급한 바 있다. 그는 너무 세분화된 전문성을 지적하면서 현대의학의 방법이 인간의 전체적인 건강을 증진하는 데 오히려 방해가 된다고 했다. 또한, 현대의학이 질병을 미리 예방하고 교육하는 데에 관심을 두지 않는 이상 장래가 희망적이지 못할 것이라고 지적했다.

보완대체의학의 개념

의학의 메카라 할 수 있는 미국의 경우 74세가 되기 전까지 3명 중 1명이 각종 암에 걸리고 매년 50만 명 이상이 뇌졸중으로 쓰러지며 3만5천 명이 고혈압이나 심장 질환을 앓는다는 통계가 있다.

대체의학의 출현은 이와 같은 의료 현장의 요구 그리고 의학 외적인 사회 문화 현상과 불가분의 관계에 있으며, 이는 우리나라뿐 아니라 유럽과 북미 등에서 일어나고 있는 세계적인 현상이기도 하다. WHO 자료에 의하면 세계 의료 시장의 30~40%만이 서양 정통 의학 conventional western medicine을 따르고 나머지는 보완대체의학 complementary and alternative medicine 이 차지하고 있다. 미국의 경우 3명 중 1명이 대체의료를 찾고 있으며 우리나라도 이와 비슷한 통계를 갖고 있다.

오늘날 가장 대중화되고 제도적으로 용인되어 널리 사용되는 의학이 서양 의학 이론에 바탕을 둔 현대의학이라면, 오랜 역사적 배경을 가지고 있으며 시대의 흐름에 따라 한때는 주류를 이루었던 의학이 자연치료의학에 기초한 보완대체의학이다.

보완대체의학이라는 말은 미국에서 사용되는 학술 용어로서, 그동안 문제가 되어온 현대의학적 난제들을 해결하는 대안으로 제시할 수 있는 자연치료의 의학적 방법들을 총칭하고 있다. 유럽 등지에서는 보완의학, 혹은 서양의학과 자연치료의학의 장점을 취해 질병을 치료하자는 의미로 통합의학이라고 부르기도 한다(이 책에서는 학문적 용어인 보완대체의학과, 독자들에게 친숙한 대체의학, 자연치료의학이라는 용어를 혼용하고 있음을 밝혀둔다.).

보완대체의학이란 한마디로 인간의 온갖 질병과 고통을 자연의 치유 능력에 맞추어 조율하고 복원시키자는 의학이다. 즉, 인체의 면역 기능과 회복 능력을 증강시켜주는 여러 가지 자연적인 접근 방식을 동원하여, 환자를 전체성을 가진 인간으로 보고 그 병이 난 신체 부위에만 치중하여 치료하는 것이 아니라 정신적, 사회적, 환경적 부분까지 관찰하여 조화롭게 치료하자는 것이다.

폐렴 환자를 예로 들어보자. 현대의학의 치료법은 폐렴균을 죽일 수 있는 항생제를 투여하는 것이다. 반면에 자연의학의 치료법은 환자가 폐렴균에 노출되었을 때 병균의 침입에 저항하지 못한 면역 기능의 허점에 무게를 둔다. 따라서 면역력이 떨어진 원인을 찾아내고 저하되어 있는 치유 능력을 높이는 여러 가지 대체의학적 방법들을 동원한다. 이는 항생제의 부작용을

막고 면역력의 저하를 방지시켜 병균에 다시 노출되더라도 환자 스스로 이겨낼 수 있도록 도와주자는 것이다.

질병에 대한 접근 방식에서 현대의학은 병에 대한 부분적 처치에 집중할 뿐 그 병을 앓고 있는 환자의 모든 면을 충분히 고려하지 못한다는 문제가 있다. 반면에 대체의학은 개개인의 생활 패턴과 주위 환경, 또는 성격적, 정서적 상황을 참고하고 치료와 예방에 이용한다.

현대의학은 근시안적 처방을 내리는 데 익숙해져 있어, 면역 기능이 떨어지고 정상 세포가 손상을 입더라도 항생제나 호르몬제를 남용 또는 오용하고 있다. 이러한 행위는 인체가 가지고 있는 방어 능력을 떨어뜨리고 면역성을 방해하여 자연치유력이 약화되고 병으로부터 회복되는 속도를 더디게 한다.

보완대체의학의 원리와 종류

대체의학 치료는 인체의 자연적 생명력을 보강하고 활성화하는 방법들을 선택한다.

첫째, 우리의 체세포가 가진 에너지 패턴과 동일한 유기물질, 즉 생물학적 산물을 이용한다. 생물학적으로 활성화되어 살아 있는 식품은 그 분자와 인체의 분자 사이에 비슷한 활성작용을 교환하며 에너지를 전달한다. 체내에 독성 물질이 축적되지 않고 부작용을 일으키지 않는 약용식물요법이 이에 해당한다.

둘째, 대체의학은 예방의학적 입장을 중시한다. 예방 교육으로 건강한 생활 습관을 기르고 올바른 식품을 선택하여 질병을 예방하는 데 힘쓴다.

셋째, 건강한 식생활과 영양학에 관심을 둔다. 식품영양학의 입장에서 편파적이고 해로운 음식 섭취는 각 조직세포의 단계에서 영양의 불균형을 초래하고 면역력을 떨어뜨린다. 영양 분석을 통해 양질의 식품과 효소를 선택하면 자연스럽게 건강을 되찾을 수 있다. 생활습관조절법, 행동치료법, 영양식이요법이 이에 해당한다.

넷째, 환자의 척추를 비롯한 골격과 근육을 손을 이용하여 정상적 상태로 교정한다. 근육의 이완과 함께 골격의 교열을 정비하여 각 내부 장기의 기능을 부활시키는 카이로프랙틱치료법이 이에 해당한다.

다섯째, 물을 이용하여 몸의 순환과 배설 기능, 면역 기능을 촉진시키는 수[水] 치료법이 있다.

여섯째, 자연산물에서 추출한 성분을 고도로 희석하여 미세분자량의 에너지 단계에서 치유시켜나가는 동종요법과, 향을 내는 식물에서 추출한 에센셜 오일을 이용한 아로마 치료법이 있다. 이 치료법은 물질이 가지고 있는 생리 화학 작용에 의미를 두었던 기존의 치료 방식과는 달리 물질의 전자기적 에너지의 치료 효과를 이용한 것이다.

일곱째, 생물질에서 나오는 전기자장력뿐만 아니라 인체의 기 에너지를 치료에 응용한 에너지의학이 있다.

여덟째, 한의학적 방법인 침술과 한방약초학 등도 중요한 대체의학 요법들이다.

아홉째, 대체의학은 정신과 신체의 기능적 상호관계, 즉 병의 발생 원인뿐 아니라 치료에도 이들이 서로 깊이 관여한다는 사실을 중시한다. 암 환자의 치료에 명상, 비주얼영상치료 등을 이용하는 것이 이에 해당한다.

| 보완대체의학의 특징 |

- 병이 발생한 부위만 보는 것이 아니라, 정신과 신체의 전체적 조화와 균형 상태를 중시한다.
- 수술 등과 같이 우리 몸에 인위적인 스트레스를 주는 일을 되도록 줄이며 침투적이고 공격적인 방법이나 기술을 사용하지 않는다.
- 체내의 독성 물질이나 노폐물을 제거하고 배출시켜 정화된 상태를 유지하게 한다.
- 인간이 가지고 있는 자연적 치유 능력을 강화하고 면역력을 보강하여 전체적으로 조화를 이루게 한다.
- 인공합성 약물의 사용을 삼가고 자연산물에서 추출한 활성 물질로 치료하여 부작용을 줄이는 것을 원칙으로 한다.
- 치료자는 환자에게 상담자와 교육자의 역할까지 담당하여 건강에 관심을 갖게 한다.
- 스스로 건강을 지켜나가는 예방의학적 생활 태도와 습관을 교육하여 질병을 미리 방지하고 평상시의 건강 관리에 중점을 둔다.
- 증상이 나타나는 것을 무조건 억제시키는 것보다는 시간이 걸리고 증상이 당장 없어지지 않더라도 근본적인 면역 기능의 강화와 보충에 역점을 둔다.
- 질병을 치료한다는 개념보다는 인간을 전인적으로 접근하여 파악하는 데 중점을 둔다. 전인적이라는 말은 환자의 모든 면, 즉 성격, 환경, 유전, 가정, 직장과 직업, 감정 상태, 환경 등을 관찰하여 병의 원인을 밝히고 치료하는 데에 활용한다는 뜻이다.
- 질병이란 환자의 내부 상태에 문제가 있을 때 보이는 외적 표현이므로 환자의 내부 상태 개선에 주력한다.

그 밖에 색채치료, 바크플라워치료(정서 상태를 조절해주는 꽃 추출물을 이용한 치료법), 근육응용조절요법(근육과 내부 장기 사이의 반사점을 이용한 치료법) 등이 있다.

보완대체의학의 역사

보완대체의학이라는 용어는 'Complementary and Alternative Medicine'이라는 미국의 용어, 더 좁혀서 이야기하면 NIH National Institute of Health, 미국국립보건원의 기준에 따른 것이다. 이는 미국식 현대의학 이외의 모든 요법들을 지칭하는 의미로 사용되고 있는데, 그 연원은 자연치료의학 Naturopathic Medicine에서 찾아볼 수 있다. 자연치료의학이라는 용어는 베네딕트 러스트 Benedict Lust라는 미국의 의학자에 의해 명명되었으며, 그 역사적 뿌리는 인류의 발생과 함께 시작되고 발전되어왔다. 질병은 지구에 생명이 존재하면서부터 인류와 생명체를 동반자처럼 따라다녔고, 시대마다 그에 대항하는 치료 수단을 자연물질에서 얻을 수 있었다.

3억5천만 년 전의 화석에서 기생충이, 2억 년 된 공룡의 뼈에서 관절염, 암, 충치의 흔적이 발견되었다. 야생 원숭이에서 축농증, 탈장, 말라리아, 척추 이상, 골절, 선천성 기형, 관절염 등이 발견되기도 하였다. 인간도 항상 여러 가지 기능적, 신체적, 또는 정신적 질병에서 벗어나지 못했는데, 선사시대의 우리 조상에서도 몇 가지 흥미로운 병리 현상이 발견되었다. 이집트 미라에서는 관절염, 폐결핵, 암, 늑막염, 신장결석증이, 1972년에 발견된 고대 중국 여인의 미라에서는 결핵, 척추 이상, 담석증 등이 관찰되었다. 이 중국 여인의 사인은 왼쪽 관상동맥경색증에 의한 심장마비로 밝혀졌는데, 혈관 내에서 지금도 중국 병원에서 사용되는 관상동맥경색증 치료제인 약재가 발견되었다고 한다.

이미 고대 아스텍 인디언 시대의 의학 사전에 약 1,200가지의 약재에 대한 약리 작용이 기록되어 있고, 6만 년 전 네안데르탈인의 분묘에서도 몇 가지 흔적을 발견할 수 있을 만큼 자연치료의 역사는 인류의 역사와 궤를 같이한다.

히포크라테스

이러한 자연치료의 역사는 이후에도 기원전 이집트인들의 뼈 맞추는 법, 이스라엘인들의 오염의 원리와 위생관리법 개발 등에서 엿볼 수 있으며,

식이요법을 종교적 규범으로 삼았던 것을 구약성경에서 발견할 수 있다. 러시아와 불가리아에서는 증기를 이용한 목욕법을, 그리스인들은 운동과 물리치료법을 발전시켰고, 로마인들은 냉온욕법을 널리 사용하였음을 그들의 건축물을 통해 파악할 수 있다. 중국에서는 5천 년 이상 약용식물에 대한 방대한 지식과 경험을 축적했다. 식물의 잎, 열매, 뿌리를 질병 치료에 꾸준히 이용해왔고, 지금도 동양인들은 이에 대해 강한 신뢰를 가지고 있다.

히포크라테스 Hippocrates 나 파라셀수스 Paracelsus 와 같은 의성들은 모두 위대한 자연치료 의학자로서 자연의 이치를 깨닫고 자연치료 방법들을 개발했다. 이러한 건강요법은 세기를 거듭하며 훌륭하게 이어져 내려왔으며 근래까지도 애용되어왔다.

동물들에게 해왔던 자연치료법을 예로 들어보자. 동물이 아프거나 상처를 입으면 약초를 먹이고 진흙 팩을 해주고 물속에 넣어 수치료를 한다. 음식은 당분간 먹이지 않는 단식치료를 하고 혀와 몸을 깨끗이 씻어주는 소독과 목욕법을 실시하고 몸을 주물러주는 마사지요법을 해준다. 이것이 바로 처음부터 끝까지 완벽한 자연치료법이다.

자연치료의학의 개념으로 실행되고 있는 치료 형태와 방법들은 이처럼 오래전부터 개발되고 발전되어왔다. 이들 대부분의 임상 방법들은 그 기본적이고 이론적인 배경이 앞에서 언급한 바와 같은 원칙과 개념에 입각한 것들이며, 오랜 역사적 전통과 풍부한 경험적 근거를 가지고 있다.

보완대체의학의 정립

미국의 경우는 의사협회가 1800년대 중반에 탄생하고 면허제도가 생기면서 과학적인 의학교육 과정을 강조하였는데, 1900년 초 프렉스너 리포트라는 의과대학평가위원의 커리큘럼 기준안 보고서에 따라 그때까지 성행했던 대부분의 자연치료법들이 설 자리를 잃게 되었다. 이후 본격적으로 수술기법이 발달하고 화학약품이 개발되어 제약회사에서 약물이 대량으로 생산되면서 사람들은 화학약물과 수술로 병을 쉽게 치료할 수 있다고 믿게 되었다.

그러나 현대의학이 이룩한 결과들은 어떠한가? 많은 의학적 발전을 거둔 것은 사실이지만, 한편으로는 막대한 연구비를 지출하면서도 암과 성인병 등을 제대로 치료하지 못하고 있는 결과들을 보여주고 있다.

이러한 때에 기존의 의학을 대신하여 대안으로 제시될 수 있는 방법으로 자연치료법에 기초를 둔 보완대체의학이 관심을 끌었으며, 1992년에 대체의학연구위원회 Office of Alternative Medicine 가 설립되면서 본격적으로 보완대체의학이 논의되기 시작하였다. 이후 미국국립보건원에 전문가들로 구성된 연구위원회가 들어서고 여러 대체의학치료법들을 검증하기에 이르렀다. 그리고 이제는 그 행정과 예산 규모도 커져서 보완대체의학연구회 CCAM : Center for Complementary and Alternative Medicine 가 모든 것을 관장하고 있다. 이는 의료비를 훨씬 적게 지출하면서도 질병을 효과적으로 퇴치하겠다는 다분히 미국적인 정책이기도 하다.

어쨌든 대체의학이라는 용어는 다분히 기존의 의학 체계와 다른 새로운 의학적 개념과 시스템을 갖고 있는 것처럼 보이며, 기존 의학에 대한 공격적인 대항을 내포하고 있다. 한편, 통합의학 integrative medicine , 보완의학 complementary medicine , 비제도권 의학 unorthodox medicine 등의 용어도 유럽과 그 밖의 나라들에서 사용되고 있는데, 이는 대체의학이라는 용어와 달리 기존의 의학 형태에서 보완 또는 통합해서 총체적으로 활용해야 한다는 의지가 포함되어 있는 한결 우호적이고 중립적인 표현이라 할 수 있다. 각각의 용어가 의미하는 바가 약간씩 다르기는 하지만, 보완대체의학이 현대의학의 개념과 방법론, 그리고 그 필요성을 전면적으로 무시하고 새로운 의철학적 이론과 기법으로 의학을 대신하는 형태는 아니라는 것을 내포하고 있다.

보완대체의학의 안전성과 과학적 근거

저자는 외국의 대체의학회 모임에서 어떤 환자의 증언을 들을 기회가 있었다. 전립선암으로 10년 전 방사선치료를 받았던 환자는 이제 다리와 등뼈에 암세포가 전이가 되어 6개월 시한부 인생이라는 선고가 내려져 있었다. 그러나 환자는 다른 방법이 더 이상 없다는 의사의 말에 절망하지 않고 대체의학적인 방법들을 찾아보았다는 것이다. 그리고 그 과정에서 건강한 정신적 지혜와 신체적 양생법을 배우게 되었으며 이를 통해 지금까지 생존할 수 있었다는 이야기였다.

그러나 많은 사람들은 대체의학이 안전한 의학인가를 묻는다. 흔히들 미국 식약청 FDA 의 승인이 떨어진 치료법을 안전의 범주에 넣는다. 그러나 대부분의 대체의학치료법들은 아직 인정을 받지 못하고 있다.

왜 그런가에 대해서는 여러 가지 이유가 있다. 그것은 대체의학이 현대의학의 분석 방법과 과학적인 실험 과정을 통한 통계학적 처리와 효과 측정에 있어서 아직 만족할 만한 결과들을 얻지 못하고 있기 때문이기도 하지만, 대체의학과 현대의학이 그 개념과 분석적 접근 방법을 달리하고 있기 때문이기도 하다. 또, 현대의 서양의학에서 아직 대체의학적 요법들에 대해 많은 관심을 두고 있지 않다는 문제도 있다. 제약회사에서도 새로운 치료법에 대한 개발비, 평가비, 마케팅 비용 등을 제한적으로 사용하고 대체의학에 시간과 노력을 투자하지 않는다는 문제도 있다. 영양요법이나 행동요법 등은 특허를 받기 어려우므로 투자한 만큼 이윤이 남지 않을 것이기 때문에 적극적인 연구를 하지 않으려는 경향도 있다. 반면에 유럽은 'doctrine of reasonable certainty'라고 하여 과학적 근거가 부족하더라도 대체요법의 효용성과 전통성을 인정하는 가이드라인을 정해서 사용하고 있다.

그러나 최근 몇 년 사이에 많은 변화가 일어나고 있다. 세계 각국에서 보완대체의학에 대한 과학적 실험과 검증을 앞 다투어 추진하고 있으며, 상당한 성과를 거두고 있다. 예를 들면 지금까지 대체의학에 대한 과학적 연구에서 밝혀진 효과적인 치료법들로 약용식물에서 추출한 생약 성분들이 인정을 얻고 있다. 치매에 ginkgo 물질, 전립선비대증 초기에 palmetto 성분, 관절염 통증에 capsicum 성분 등이 바로 그것이다. 또한 우울증 치료에 사용되는 hypericum 같은 동종약물은 화학 성분처럼 항우울증 치료 약물과 같은 효과를 보이면서 부작용은 4분의 1, 가격은 3분의 1에 불과하다.

그러나 아직까지도 보완대체의학에는 조심스럽게 다루어야 할 부분이 많다. 어느 나라에서든 대체의학을 정식으로 공부한 전문가로부터는 올바르고 안전하게 치료를 받겠지만, 의학적 지식 없이 경험적으로 시술하는 사람으로부터 치료를 받으면 위험이 따르게 될 것은 자명한 사실이다. 또, 앞서 언급한 외국 환자의 예처럼 환자 자신의 의지와 노력이 치료 과정에 절대적인 영향을 끼친다는 사실도 중요하다. 전문적 치료는 반드시 의사에게서 받아야 하며, 그 나머지는 환자 자신이 모든 결정을 내리고 책임을 져야 한다.

마지막으로 영양식이요법의 과학성에 대해 알아보자면, 지금까지 이 분야에 2,500편 이상의 과학적 연구논문이 발표되었으며 이를 토대로 미국에서는 1988년 영양과 건강에 대한 보고서를 채택한 바 있다. 이는 보완대체의학의 과학적 근거를 바탕으로 그 안정성을 확보하고 국민들에게 영양요법에 대한 가이드라인을 제시해준 좋은 사례라고 볼 수 있다.

hypericum의 원료인 St. John's Wort

실제로 보완대체의학의 영양식이요법을 통해 다음과 같은 통계학적 결론을 얻을 수 있었다.

| 영양식이요법의 통계학적 결론 |

- 심장 질환은 육류, 유제품, 달걀의 섭취를 줄이면 90%까지 예방할 수 있다.
- 하루 한 개의 달걀을 섭취하면 콜레스테롤이 12% 상승한다.
- 콜레스테롤이 12% 상승하면 심장발작을 일으킬 수 있는 위험도가 24% 증가한다. 이러한 위험을 없애기 위해서 섬유질 식품을 많이 먹는다.
- 섬유질 식품은 변비 예방, 장게실 예방, 장 효소 활성화, 정상 장 내 세균 유지, 당뇨 및 암 예방에 효과적이다.

| 영양식이요법의 건강 가이드라인 |

- 지방, 콜레스테롤을 줄인다

- 식단을 채소, 과일, 전곡류, 생선, 불포화지방 위주로 바꾼다.
- 지방은 전체 칼로리의 10~30%를 섭취하는 것이 좋다.

- 칼로리를 줄여서 체중을 조절한다

- 고칼로리 식품, 알코올 섭취를 줄이고 체중 조절을 위해 식사의 질을 조절한다.

- 탄수화물, 섬유질 섭취를 늘린다

- 탄수화물은 전체 칼로리의 60~70%를 섭취하는 것이 좋다.
- 한식의 장점을 최대한 살린 식생활을 한다.

- 설탕, 염분 섭취를 줄인다

- 일부 염분 섭취를 조장하는 이론도 나오고 있으나 불필요하게 염분을 섭취해서는 안 된다.

- 알코올은 건강의 적이다

- 적당량을 유지할 수 없다면 끊는 것이 상책이다.

- 칼슘, 철분, 불소 등 필요한 미네랄의 흡수와 제한이 건강에 중요한 영향을 미친다

02 왜 지금 보완대체의학인가

인간은 개인적 특성을 지닌 유일한 개체로서 주변 환경 속에서 삶의 방법을 선택하고 결정하는 자유로운 존재다. 또, 사람이 살아가는 방식, 즉 생활 패턴과 사회 환경도 각자의 건강 상태를 좌우하고 영향을 주는 중요한 요인으로 작용한다고 볼 수 있다.

지금까지 현대의학은 단편적이고 부분적인 분석으로 문제에 접근하는 방법을 써왔다. 그러나 이러한 환원주의적 분석 방법은 전체를 보지 못하고 통합적인 기능을 수행하지 못한다. 과학에 있어서는 기계적인 메커니즘의 발견과 원리에 기초를 둔 지식의 체계화가 무엇보다도 중요하나, 인간의 질병을 다루는 의학에 있어서는 과학적인 방법뿐만 아니라 종합적이고 전인적인 접근 방식이 중요하고 그랬을 때에만 완전한 건강을 되찾을 수 있다.

각종 산업 현장에서 배출되는 산업 폐기물, 독성 광물질, 납, 카드뮴, 니켈, 비소, 기타 잔유물들이 토양에 스며들어 식물에 농축되고, 그 식물을 가축이 먹고 그 가축을 사람이 섭취함으로써 건강을 해치는 연쇄 반응이 일상적으로 우리 주변에 일어나고 있다. 특히, 질산 화학비료는 토양을 통해 동식물을 오염시키고 고농도로 축적되어 있다가 우리 몸에 흡수되면 암이나 퇴행성 질환들을 유발한다. 토양뿐만 아니라 공기나 물의 오염도 그에 못지않게 심각하다. 자동차의 매연에 함유된 질소 산화물과 독성 SO_2 때문에 비가 산성화되어 사람의 건강을 심각하게 위협하고 있다. 또, 배기가스는 사람과 나무에 해를 끼치고 2,000km까지 올라가 수백 킬로미터에 이르는 구름층을 오염을 시키고 오존층까지 파괴하기에 이르렀다.

지난 세기만 해도 세균감염에 의해 사망하는 사례가 제일 많았으나, 이제는 스트레스, 오염 물질, 영양 불균형에 의한 질병으로 사망하는 경우가 많아졌다. 이러한 현실에서 인간을 병적 상태로 만드는 환경적, 사회적 요인을 가려내고 환자의 면역성과 저항력을 중요시하는 의학이 절실해진 것이다.

의학의 발달에도 불구하고 사람들이 병에 걸리는 비율은 높아지고 특히 암이나 정신 질환 등은 꾸준히 증가하고 있다. 통계에서도 확인할 수 있듯이 우리나라의 만성 퇴행성 질환의 변화도를 보면 매년 급격히 늘어나고 있다.

기존의 서구의학으로는 우리의 건강을 유지하고 치유하기에 역부족인 것처럼 보인다. 반면에 보완대체의학은 인간을 병적인 상태로 만드는 환경 및 사회적 측면에 주목하고 내부의 면역성과 저항력을 검토하고 관찰하는 접근 방식을 택하여, 질병만이 아니라 질병을 가진 인간을 전체적으로 보고 치료하는 의학으로서 관심을 끌고 있다. 여기서 우리는 병을 치료하는 데 단순히 신체적 병만을 문제 삼을 것이 아니라 환경, 습관, 생활 태도, 내면의 갈등,

| 국내 만성 퇴행성 질환의 변동 추세 |

단위 : 명(%)

연도	1980	1985	1990	1993	1994
암	15,707(100)	31,120(198)	38,490(245)	46,651(297)	49,466(315)
정신 질환	915(100)	1,279(140)	1,078(118)	2,980(326)	4,559(498)
순환기 질환	38,130(100)	63,629(167)	57,045(150)	65,668(172)	68,907(181)
근 · 골격계 질환	536(100)	743(139)	844(157)	2,011(375)	2,259(421)
원인 불명	16,005(100)	36,106(225)	25,309(158)	18,916(118)	24,194(151)

자료 : 보건 복지 통계연보, 보건복지부, 1996

| 보완대체의학이 관심을 끄는 이유 |

- 현대 서양의학의 발달에도 불구하고 암, 만성 질환, 퇴행성 질환, 정신 질환 등이 만연하고 있는데, 보완대체의학은 이를 보완하거나 대체하여 해결해줄 수 있는 가능성을 갖고 있다.
- 인터넷과 같은 정보문화와 대중문화시대를 맞아 일반인(비전문인, 비의료인, 환자 등)도 의학 지식을 더 전문적으로 알게 되고 현대 서양의학의 문제점과 한계를 파악하고 있어 새로운 의학의 형태, 즉 보완대체요법(민간요법, 전통요법, 생활요법 등)에 호기심과 관심을 보이면서 이를 선택하는 경향이 늘었다.
- 현대 서양의학이 기계적 mechanistic 인 측면으로 흘러 비인간적 non-humanistic 으로 보인다든가, 환원적인 분석 방법이나 너무 세분화된 의료 행위로 인한 부작용이 나타남에 따라 이에 대한 대안으로 인간적, 통합적, 전인적, 전일적인 접근 방법과 개념을 추구하기에 이르렀다.
- 또한 막대하게 소비하는 의료비를 감당하기 위한 방법으로 저비용, 고효율의 의료 형태를 개발하기 위해 자연요법에 근거한 보완대체의학을 집중 육성하는 경제적 측면을 고려하게 되었다.
- 의학이 인접 학문, 즉 물리학, 신학, 철학, 공학 등과 교류하는 과정에서 의학 고유의 범위가 확대되고 이를 수용하는 형태로서 보완대체의학이 부각되고 있다.
- 현대의학의 공격적인 치료 형태(수술, 삽입 이식, 독성 약물 투여 등)와 치료 약물의 부작용 및 독성, 내성에 대한 부작용을 인식한 대다수의 일반인들이 보완대체의학에 호감을 가지고 선호하기 때문에 현대의학도 이에 대한 관심을 가질 수밖에 없게 되었다.

대인관계, 영양 상태, 가정환경, 직업적 여건 등을 고려한 전인적인 치료와 관리가 필요하다. 따라서 현대인의 생존을 위협하는 대기 오염, 소음 공해, 식품 오염은 우리들이 심각하게 생각하고 연구해야 할 과제들이다.

03 보완대체의학의 세계적 추세와 한국의 현황

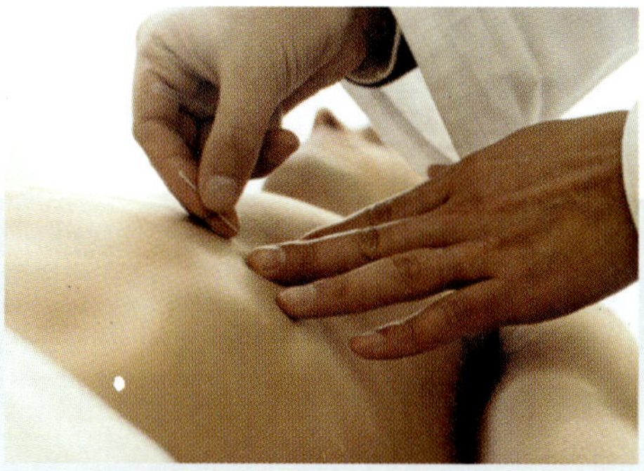

미국에서는 현대 서양의학에 실망한 일부 국민들이' 대체의학 운동을 전개해오고 있다. 그들은 과학적 검증이 부족하다는 이유로 보류되고 있는 대체요법들을 옹호하고 이를 선택하여 치료를 받을 수 있는 권리를 주장한다.

이에 비해 우리나라의 대체의학적 치료와 응용은 극히 미비하다. 아로마요법과 카이로프랙틱 등은 왕성하게 보급되고 있으나, 그 밖의 보완대체의학은 이론적 수준에 머물러 있으며 임상에 적용하기에는 의료법 적용의 문제, 대체요법 약재의 구입 문제 등 난제를 안고 있는 상태다.

이러한 현실은 한국의 이원화된 의료제도의 영향 때문이기도 하다.

늘어나는 의료비와 대체의학의 현황

미국의 경우 닉슨 대통령 집권 이후 암과의 전쟁에 10년 동안 250억 달러 이상을 지출하였지만, 아직도 3명 중 1명이 암에 이환되고 5명 중 1명이 암으로 사망하고 있다. 미국에서는 군사비 또는 교육비보다 더 많은 비용이 암 치료에 쓰이고 있는 실정이다. 1940년 의료비 지출은 40억 달러로 GNP의 4%였으나, 1992년에는 8천억 달러로 GNP의 14%에 이르렀다. 그러나 아직도 3천3백만 명이 고혈압, 관절염, 암, 우울증에 시달리고 이러한 질병에 지출되는 의료비는 전체의 70%나 차지한다. 이에 앞서 언급한 바와 같이 현대의학에 실망한 사람들이 대체의학 운동을 전개하여 과학적 검증이 부족하다는 이유로 보류되고 있는 대체요법들을 옹호하고 이를 선택하여 치료를 받을 수 있는 권리를 주장하고 있다. 특히 암 치료를 위해 대체의학이 성행하고 있는 멕시코나 유럽으로 떠나는 엑서더스 현상도 일어나고 있는데, 이들에게는 멕시코와 유럽이 대체의학의 메카인 양 여겨지고 있다. 현대의학에 특별한 치료 방법이 없는데도 암과 만성적인 질병에 대한 공격적인 치료를 받으면서 크나큰 부작용을 경험한 사람들이 대체의학을 선호하게 되었고, 이런 사람들은 미국 전체 질병 인구의 40%에 달한다.

미국의 의료보험회사들이 대체요법에 대한 치료비를 지불하고 정부에서도 의료비 절감을 위해 이에 관심을 갖기 시작했으며, 앞서 언급한 것처럼 1992년 대체의학연구위원회가 설립되었다. 이러한 운동이 일어난 후 그 역사가 벌써 15년을 넘어서고 있다. 유럽의 경우에는 전통적인 대체요법들이 비교적 융통성 있게 유지되고 발전하여 국민들이 커다란 저항 없이 혜택을 받고 있다. 약용식물과 동종요법, 침술을 오래전부터 꾸준히 연구한 결과 지금은 많은 연구 실적이 쌓인 실정이다.

특히 영국은 1982년 찰스 황태자가 대체의학에 대하여 긍정적인 언급을 한 후로, 영국의학회에서 대체의학을 3개 분야로 나누어 본격적인 연구를 검토하고 수용하는 자세를 보이고 있다. 독일은 동종요법을 비롯한 자신들의 고유한 대체요법을 연구, 발전시켜 실제로 임상에 사용할 뿐만 아니라 침술 등과 같은 동양의학에 대해서도 과학적 접근을 시도하여 많은 성과를 거두고 있는데, 우리나라 등지에서 오히려 그 결과물들을 역수입하여 이용하고 있는 실정이다.

의학교육 면에서는 UCLA 의대, 뉴욕 의대, 하버드 의대 등 여러 의과

대학에서 대체의학에 대한 강의를 개설하고 대체의학의 치료 방법들에 대한 개발 및 연구에 박차를 가하고 있다.

보완대체의학과 문화사상

이러한 세계적인 보완대체의학의 트렌드에는 문화사상적인 영향력이 작용하고 있음을 간과해서는 안 될 것이다. 20세기 이후의 포스트모더니즘과 신과학운동은 의학에 지대한 영향을 미쳤다.

포스트모더니즘의 핵심 사상은 다원주의에 있다. 지금 우리는 다양성이 강조되어 있는 포스트모던한 문화 속에 살고 있다. 이러한 사회에서는 반문화 및 전통 문화에 기저를 둔 문화적 다원주의의 특징을 보인다. 기성의 작품을 패러디하고 변형시킴으로써 예술의 원형을 희화시키는 문화는, 예술이 삶과 유리되어 고급화만을 추구해온 모더니즘에 반발한 포스트모더니즘의 예라 할 수 있다.

이 사조는 객관적 개념의 세계, 즉 실제 세계는 그 폭이 좁은 사회적 창조물이며 우리의 언어적 유희를 통해 필요한 것을 구성하는 현상에 불과하다고 지적한다. 인간은 그 테두리 안에 있으면 스스로 속박하고 초월할 수 없다. 이러한 굴레에서 벗어나기 위해서는 우선 언어적 해체를 시도하고, 오히려 설화적이고 신화적인 것에 더 큰 의미와 가치를 두며, 계몽주의적이고 과학적인 이론이나 이론적 지식, 기계론적 사고 대신에 검증이 불가능한 세계에 뜻을 두어야 한다는 것이 포스트모더니즘의 주장이다.

이와 같은 포스트모던 현상은 정보의 발달과 고도 기술사회의 형성으로부터 기인한다. 근대산업의 발달로 대량생산 사회가 도래하면서 동질적이고 획일적인 모던한 사회 구조에서 전문적이고 생산적이며 소비지향적인 기호적 문화로 바뀌게 되었기 때문이다. 이제는 국가 간의 문화 교류가 잦아져서 문화적 독립을 찾아보기 힘들 뿐만 아니라, 지구촌 문화라는 표현처럼 문화적 다원주의가 마치 뷔페식당의 메뉴처럼 다양성으로 존재하고 있다.

인간을 보고 탐색하는 과정과 방법은 여러 갈래일 수 있다. 예를 들면 인간이 어떻게 생겼고 어떤 것을 만들어내는가에 대한 접근은 인간에 대한 설명에 해당한다. 반면에 그 내면 세계에 대한 체험적이고 주체적인 접근은 인간에 대한 이해에 해당한다. 설명과 이해는 이런 점에서 다르다. 의학 개념의 흐름을 이러한 일반적인 문예사조나 예술적인 사상에 대비하여 분석해보면 보완대체의학의 출발과 그 의미를 확인할 수 있다.

지금까지 의학은 인간에 대한 현상학적 설명이었으며 획일적인 기법들에 의한 과학적 인식론이었다. 반면에 현대 의철학은 이제 개개인의 독특함과 유일성을 중시하고 절대적 이론보다는 의식과 실존에 더 가치를 두면서 다양한 인간적 반응을 수용하고자 한다. 또한 모든 현상을 구조로서 관찰하고 분석 비판하는 구조주의적 의학으로부터 비현상학적, 불연속적, 불확정적인 우연성 등을 포용하는 탈구조주의적 의학을 향한 물줄기가 바로 의학적 포스트모더니즘이라고 정의할 수 있다.

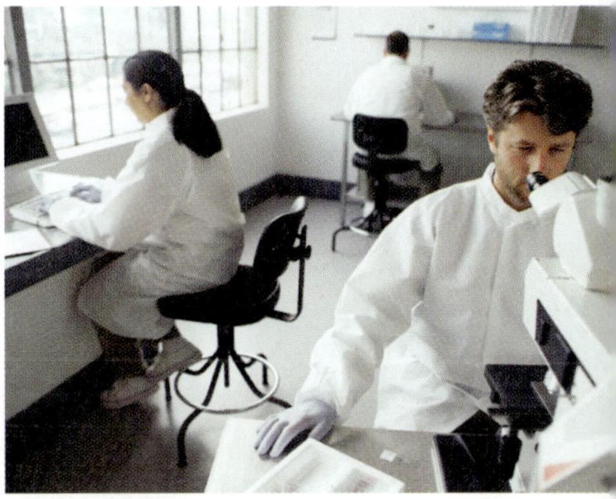
연구에 몰두하고 있는 연구원들

포스트모더니즘이 모더니즘에서 비롯되어 그 열린 시각으로 창작의 가능성을 넓혀주고 전통에 대한 절충주의적 다양성을 추구하며 혼동 속에서 본질을 추구하고 있다면, 대체의학적 사조는 현대의학의 합리적이고 실험적인 과학에 뿌리를 두고 정신과 신체의 일원론적이고 수평적인 접근으로 인간의 개별성을 존중하며 영혼과 믿음의 에너지를 인정하는 진보적인 본질 의학이라 할 수 있다.

이처럼 의학도 시대적 문화조류에 따라 변화와 발전을 달리한다. 대체의학을 보는 시각에는 이러한 부분이 충분히 인식되어야 할 필요가 있다.

우리나라 보완대체의학의 현재

우리나라는 지금껏 대체의학에 대한 연구를 활발하게 진척시키고 있다고는 할 수 없으며, 단지 동서의학의 접목에 초점을 맞춘 행사들을 주로 개최하고 있는 실정이다. 다시 말해서 한의학이 대체의학의 전부인 것처럼 인식하고, 외국에서 이미 자리 잡은 다양한 대체요법들은 현실적으로 접목시키지 못하고 있는 것이다. 또한 임상 현장에서 암을 비롯한 몇 가지 난치병에 대해 보여준 대체의학의 치료 효과와 그 성과에도 불구하고 이를 부정하는 보고서가 나오는가 하면, 일부 보완대체요법은 그 치료 결과를 과장하여 스스로 신뢰를 버리는 행태를 보이기도 한다.

이러한 풍토에서 1997년 1월 14일 저자를 포함한 100여 명의 전문 의사들이 한국자연치료의학회를 창립하여 대체의학에 대한 학술 및 임상연구를 본격적으로 시작하였고, 1998년부터는 한국대체의학회로 명칭을 바꾸어 매달 세미나를 개최하여왔다. 한국대체의학회는 외국의 대체의학자들을 초청하여 활발한 토론을 전개하는 한편, 학술 논문집을 발행하고 한의학적 방향에서

뿐만 아니라 서구 대체요법의 이론적 측면에서 임상의학을 연구하고 개발하여 한국적 보완대체의학의 기초를 다져왔다.

미국 의사의 50% 이상이 대체의학을, 네덜란드 의사의 40%가 동종의학을, 독일 의사의 70% 이상이 통증 치료에 침을 사용하고 있다는 통계가 있다. 의학 학술지, 참고도서 목록 medline 에서 대체의학에 대한 인용이 1986년 이후 매년 17%씩 증가하고 있다는 통계도 있다. 이에 비해 우리나라의 대체의학적 치료와 응용은 극히 미비한데, 그 이유는 앞에서 언급했지만 한의학적 치료와 임상에 대해서 한의사들만이 제도권 내에서 광의적인 시술을 하고, 서양의학을 전공한 의사들은 의료법상 대체의학과 한의학을 적용하지 못하고 있기 때문이다. 따라서 우리나라의 대체의학 치료와 응용에 대한 연구는 환자들의 한의학 및 민간요법 이용 실태 조사가 있을 뿐 지금까지 확실하고 광범위하게 조사하여 정리한 연구는 없는 실정이다.

| 한국대체의학회의 논제들 |

참고로 한국대체의학회에서 1997년 1월부터 1998년 10월까지의 심포지엄, 워크숍, 세미나 등을 통해 논의된 논제들의 제목을 분류해보면 다음과 같다. 특이한 것은 여전히 생소한 대체요법까지 망라하여 주제로 다루고 있다는 점이다. 이러한 현실이 한국의 대체의료 전체의 경향을 대변한다고는 볼 수 없으나 논제를 선택하는 데 경험을 가진 의사들이 있느냐 없느냐를 기준으로 삼았던 점으로 보아 현재의 우리나라 의사들이 관심을 가지고 있는 대체의학의 종류를 파악하는 데에는 어느 정도 도움이 되는 정보라고 할 수 있다.

- 대체의학의 임상적 활용을 위한 개념 정리, 제도적 보완 문제, 한국적 대체의학에 대한 논의
- 기치료, 생체전자기 진단 및 치료법 Bioenergy, Bioelectromagnetic therapy
- 킬레이션치료법 Chelation therapy
- 현미경적 생혈진단치료법 Somatid live cell microscopy
- 임상영양요법 Clinical nutrition
- 봉독요법 Apitherapy
- 약용식물요법 Botanical medicine
- 동종요법 Homeopathy
- 아로마요법 Aromatherapy
- 음악 · 댄스치료법 Music & Movement therapy
- 카이로프랙틱치료법 Chiropractic therapy
- 정신심리치료법 Psychotherapeutic approaches
- 호흡명상치료법 Relaxation technique, meditation
- 음성분석치료법 Bioresonance therapy
- 자석치료법 Magnetic therapy
- 대체의학적 암 치료법 Alternative medicine for Cancer patients

우리나라 보완대체의학의 역할

- 현대의학적 입장에서 적절한 진단과 치료 방법이 정립되어 있지 않은 기능성 질환과 병 전 상태, 또는 만성·퇴행성 질환 내지 말기 암 상태에 있는 환자들에 대한 관리에 효율적이다. 현대의학적 방법이 더 이상 희망을 주지 못하고 효과를 보장하지 못하고 있기 때문에 과학적 검증 및 치료 효과를 확인하면서 보조적인 치료법으로 대체의학이 선택되는 경향이 많아지고 있다.
- 인간 중심적 진료와 폭넓은 인간 이해에 가치가 있다. 질병이라는 국소적 부분에 집착하여 공격적인 치료를 하기보다 한 인간 전체의 삶의 질을 보호하고 전인적으로 보살피는 대체의료의 내용에 호감과 공감을 갖는 것이다.
- 인공적 화학약물이나 극단적 수술의 폐해로부터 벗어날 수 있으며 장기적으로 치료하거나 적용해도 부작용의 위험이 적다. 대체요법은 항암제나 스테로이드 제제가 갖고 있는 부작용의 위험성으로부터 벗어날 수 있거나 적어도 그런 부작용을 경감시킬 수 있다는 장점이 있다. 물론 모든 대체의학적 치료 약제와 방법들이 부작용이 없고 후유증을 남기지 않는다고는 보장할 수 없으나, 의약품의 개념으로 투여하기보다 식이, 보조식품, 또는 보조 치료의 개념으로 투여하고 시술한다.
- 의료비용을 절감할 수 있다. 대체의학적 치료법들은 상당수가 민간요법, 전통의료적 형태의 치료법들에서 비롯되었기 때문에 일상생활을 통해 스스로, 또는 의료비용을 줄이면서 시행할 수 있다는 편리성이 있다.
- 예방과 건강 증진 차원에서 도움이 된다. 현대의학이 치료 위주의 의학인 것에 반해서 대체의학은 질병을 미리 예방하고 건강을 보강시킨다는 점에서 호소력을 지니고 있다.

04 보완대체의학의 전망과 비전

현대의학이 세계적으로 그 정통성을 앞세워 통합적 우위를 차지할 수 있었던 가장 큰 힘 중 하나는 과학이라고 하는 절대적 가치에서 찾을 수 있다. 역사적으로 20세기 이전까지 세계 각 지역의 전통의학 체계는 그 역사와 위상을 당당히 유지하고 있었으나, 과학이라는 학문적 수단을 동원한 현대의학이 그 영역을 빼앗고 세력을 확장하였다.

보완대체의학은 훌륭한 전인적 의료 개념과 탄탄한 역사적 배경을 갖추고 있었음에도 불구하고 실험적 검증 방법이나 과학적 통계학의 적용을 게을리 하고 경험에만 의존해온 탓에 발전이 없어 시대에 뒤떨어진 의학으로 치부되고 만 것이다.

반면에 현대의학은 과학적 도구를 이용하여 훌륭한 업적을 쌓았으며 위대한 성과를 보여주었다. 암에 대한 근본적 퇴치는 이룩하지 못하고 있다 하더라도, 조기 발견 방법의 발전, 위암, 유방암, 자궁암, 백혈병 등에 대한 조기 치료와 완치율이 놀라울 정도로 높아진 것, 부수적 치료법들의 응용과 예방법들의 발전은 보완대체의학이 과소평가할 수 없는 대단한 성과들이다.

보완대체의학도 이제 과학적 방법론으로 체계를 정비하고 필요한 연구와 개발을 추진해 나아갈 때 그 앞으로 더 밝은 미래가 보일 것이며, 현대의학이 당면한 많은 문제점과 딜레마를 해결하고 보완하는 역할을 다할 수 있을 것이다. 21세기에 접어들면서 보완대체의학은 과학적 기술과 검증 방법의 발달로 그 치료적 메커니즘과 효능이 입증될 것이며, 그럼으로써 점차 현대의학의 본류에 부분적으로 합류하여 발전하다 보면 보완대체의학이라는 잠정적 의미의 용어 temporal terminology 가 사라지고 현대의학과 같이 21세기형 미래 첨단의학의 주류로 자리를 잡게 될 것이다.

보완대체의학의 전망

이에 우리는 단순한 한의학적 이론과 실기의 도입과 수용만이 아니라 세계의 보완대체의학적 메뉴에 대한 광범위한 소개와 교육, 그리고 연구 발전을 시급히 이루어나가면서 우선적으로 한국적 대체요법들을 발굴하고 이론화하여 발전시켜나가야 한다. 이미 세계 유수의 의과대학들이 보완대체의학 강좌와 교육 프로그램을 운영하고 있으며 특수 연구 파트를 만들어 리서치 프로젝트를 실행하고 있는 것을 보면 우리의 실정이 얼마나 고립적이고 폐쇄적인 상태인지 알 수 있을 것이다. 하지만 우리도 앞으로 대체의학에 대한 정책적 후원과 학문적 관심을 증대하면 진보적이고 선도적인 의학을 창출해 낼 수 있다. 제도권 밖에 있는 많은 보완대체요법들 중 임상적으로 가치 있는 치료법들을 발굴해서 이에 대한 실험적 연구와 임상적 검증을 거치면 새롭고 확실한 과학적 의학으로 정립할 수 있기 때문이다.

예를 들면 우리나라에도 대체의학의 대명사라 할 수 있는 약용식물학이나 본초학이 있고, 식물의 지역적 분포, 성분 비교, 생산량 점검, 임상 평가, 그리고 그 지역의 민속, 계절별 행사, 전설, 농작물 현황, 식습관, 지역 전통 의료인들의 축적된 정보 수집 등이 이루어지면 어느 나라 못지않게 훌륭한 한국적 대체의학의 꽃을 피울 수 있을 것이다. 세계적인 대체의학으로 발전해 나가기 위해서는 한층 과학적인 방법론에 의거하여 보완대체의학 체계를 정비하고 필요한 연구와 개발을 추진해나가야 하며 분자생물학, 면역내분비학 등이 동원되는 기초의학적 연구 또한 수행되어야 한다. 나아가 역학적 조사 연구, 임상 보고, 대체의술의 교육과 훈련 등이 충분히 축적되어야 할 것이다.

보안대체의학의 발전을 위한 제언

결론적으로 우리나라에서 대체의학이 자리하기 위해서는 다음의 세 가지 조건이 훌륭히 성숙되어야 한다.

첫째는, 학문적 바탕과 임상 실험적 데이터의 축적이다. 두말할 나위 없이 과학적 검증과 연구 결과가 중요한 의학적 지표가 되기 때문이다.

둘째는, 제도적 장치의 보완이다. 이 부분은 양 · 한방 의료 체계로 나뉜 우리나라의 특수한 상황을 고려해야 한다. 세계에서 유래를 찾아볼 수 없는 이러한 이원화된 의료 시스템은 비단 의학적 갈등뿐만 아니라 경제적, 정치적 요인들까지 맞물려 한없이 미궁으로 빠져들어 가고 있다. 의료 일각에서 의료 일원화를 부르짖고 있기는 하지만 아직 뚜렷한 세부적 대안 없이 그저 원칙론에서 맴돌고 있다. 보완대체의학의 위치가 바로 이러한 갈등과 반목을 중간에서 풀어줄 수 있는 코디네이터의 역할이 될 수 있다고 본다. 양쪽의 의학적 원리와 치료법을 모두 이해하고 포용하고 있을 뿐만 아니라 서로의 장단점을 보완하여 대안을 제시할 수 있는 의학이기 때문이다. 대체의학은 공동의 세미나와 워크숍을 주관하고 실험 연구를 수행함으로써 얼마든지 독특한 의학으로 발전할 수 있을 것이다.

셋째는, 의학 교육과 의식의 개발이다. 앞에서 언급한 바와 같이 지금까지의 환원주의적 의학에서 벗어나는 일이 중요하다. 그러기 위해서 보안대체의학을 교육하는 의과대학 내지 의학 커리큘럼이 필요하다. 이로써 의사들은 인간과 자연의 상관관계를 존중하고 인간의 영적 문제를 중요하게 생각하며 우리가 지향하는 대의[大醫]로서의 안목을 가지게 될 것이다.

좁다란 산길은 잘 뚫린 고속도로와 달리 그것이 가지고 있는 꼬불꼬불하고 울퉁불퉁한 자연스러움이 있고, 그 주위에는 아름다운 꽃과 푸른 숲이 생긴다. 자연적인 경관은 우리들의 정신과 육체를 편안하고 자연스럽게 만들어준다. 자연과 인간을 생각하는 보완대체요법은 아름다운 산길처럼 시간이 걸리더라도 온전한 건강을 추구하는 21세기 의학으로 발전하게 될 것이다.

보완대체의학의 종류와 진단법

우리나라는 근대에 서양의학이 도입되기 전까지 수천 년 동안 한의학과 민간요법이라는 주요한 치료 체계를 이용하여 건강을 지키고 질병을 치료해왔다. 우리나라는 세계적으로 유일하게 서양의학과 한의학이 분리되어 각각 독립적인 제도권 의학으로 인정하고 있는데, 서구에서는 한의학도 수십 종이 넘는 대체요법 중 한 가지로 보고 있다. 일본이나 중국은 정도의 차이는 있지만 두 의학 체계가 일원화되어 상보적인 치료 체계를 이루고 있다.

01 보완대체의학의 분류

- **심신요법** mind-body control

  명상, 최면, 요가 등과 같이 마음을 이용하여 건강을 증진시킨다.

- **생체전자기요법** bioelectrical applications

  전류나 자기장을 이용하여 치료를 촉진시킨다. 예를 들면 부러진 뼈의 치료를 촉진하기 위해 전기 치료를 한다.

- **대체적 의료 체계** alternative systems of medical practice

  다른 문화에서 온 의료 체계를 말하며 중국의 전통의학, 인도의 전승의학인 아유르베다, 독일의 동종요법 등이 있다.

- **수기요법** manual healing

  지압, 카이로프랙틱, 교정요법 등 손을 이용하는 치료법을 말한다.

- **약물 및 생물학적 요법** pharmacological and biological treatments

  다양한 물질들을 약제화하여 치료하는 방법이다.

- **약초요법** herbal medicine

  식물을 치료에 이용하는 약용식물요법을 말한다.

- **식이와 영양요법** diet, nutrition, life style changes

  특정 식품, 비타민, 미네랄 등을 치료에 이용한다.

| 미국 보완대체의학연구회의 분류 |

보완대체요법들은 질병 치료에 앞서 건강을 유지하고 증진시키는 데에 큰 장점들을 지니고 있다. 다음으로 분류 체계와 상관없이 대표적인 대체요법들 몇 가지를 간략하게 소개한다. 자세한 사항은 체계별로 정리한 다음 장을 참고하기 바란다.

심신요법

이완요법, 명상, 바이오피드백, 이미지요법 등이 있는데, 이들은 한결같이 신체적 건강과 정서적 건강에 도움을 준다. 많은 연구 조사는, 심신요법이 심장박동을 진정시키고 혈압을 낮추며, 감염에 대한 면역성을 강화하고 스트레스에 대응하는 탄력성을 증가시키며, 엔도르핀 분비를 촉진시켜 통증을 줄이고 정서적 안정감과 유쾌함을 증가시킨다는 것을 증명하고 있다. 몸동작이나 운동을 이용하는 치료도 심신요법의 일종인데, 조깅, 수영, 에어로빅, 자전거 타기 등이 심폐 기능을 강화하고 기분을 향상시킨다는 것은 누구나 잘 알고 있다. 호흡을 중요시하는 요가, 단전호흡, 기공, 태극권 등은 '움직이는 명상'이라 할 수 있다.

아로마요법

독특한 향을 가진 식물에서 추출한 100%의 순수한 아로마 오일은 생명력을 가진 활성 물질로 우리 몸속에서 분비되는 호르몬과 같은 생리적 기능을 발휘하여 효과를 낸다. 두통, 불면증, 통증, 피부병, 스트레스, 성인병, 만성병, 소화기능 장애, 호흡기 질환, 성기능 장애 등 다양한 질병에 사용한다. 향을 호흡하거나, 오일을 피부에 바르고 목욕물에 넣는 등의 방법으로 치료한다.

아로마 오일을 발향시켜 치료하는 아로마요법

약용식물요법

특정 식물이 가지고 있는 약리 작용을 분석하고 의학적으로 치료 효과가 뛰어난 성분들을 천연 약재로 이용하여 인체의 치유력과 면역 기능을 높여 주는 치료법이다. 당뇨병, 고혈압, 천식, 위장병, 부인병, 소아과 질병 등 다양한 병에 사용한다.

블랙페퍼

동종요법

동식물, 광물질 등 각종 자연물질을 최대한 희석한 극소량의 성분으로 치료하는 방법이다. 체질별로 그리고 증상별로 분석하여 가장 적합한 동종요법 약물을 선택하여 치료한다. 간단한 증상에서 각종 난치병, 악성 종양, 또는 만성 질환 등 고질적인 질병에 이르기까지 광범위하게 사용할 수 있으며, 영국 왕실에서 전통적으로 사용하는 치료법으로 유명하다.

동종요법 약제

영양식이요법

의학의 아버지 히포크라테스는 기원전 이미 "음식이 곧 약이다."라고 말한 바 있다. 식품의 중요성을 파악하여 치료에 적용하는 처방으로 비타민, 미네랄, 효소 등으로 대사 장애 등을 비롯한 거의 모든 질환에 적용하여 치료할 수 있다.

비타민, 미네랄 등을 섭취하는 방법으로 균형 있는 영양식은 어떤 치료에도 기본이 된다. 일반적으로 저지방 고식이섬유 식사가 권장되는데, 소식, 채식, 단식요법 등은 사전에 건강 상태를 점검하여 도움이 될 것인지 판단해야 하며 적절한 환경에서 전문가의 프로그램을 따라야 부작용이 없다.

수치료와 물리치료

원래 1800년대 중반 독일의 신부 제바스티안 크나이프Sebastian Kneipp가 정립한 자연치료법으로 순환 기능, 배설 기능, 면역 기능을 증진시키는 데 뛰어난 효과를 발휘한다. 냉 · 온수를 이용한 물치료는 인체의 순환과 배설 기능을 강화시키고 체내에 축적된 노폐물과 독성 물질을 배출시키는 효과가 있다. 만성병과 암 등 소모성 질환에 사용한다.

생활습관 조절 및 행동치료

질병을 예방하고 자연치유력을 높이기 위한 생활건강법과 훈련법을 교육하고 치료하는 방법이다.

정신상담치료

정신적인 원인과 감정의 부조화는 심신의 병과 만성적 고질병을 일으킨다. 전문적인 상담을 통해 갈등과 부조화 등을 치료하면 심신의 질환을 치료할 수 있다. 당뇨병, 고혈압, 갑상선 질환 등에도 필요한 치료법이다.

올바른 생활습관만으로도 거의 모든 병을 예방할 수 있다.

근육응용조절요법

우리 몸의 각 근육들과 내장 기관의 관계를 조사하여 신경조직, 순환계, 분비샘, 경혈, 근육과 골격조직들이 정상적으로 작용하도록 도와주는 치료법이다. 허리통증, 디스크, 관절염, 마비 증세, 두통, 소화 장애, 부인병 등 다양한 병에 사용한다.

문제가 되는 부분을 찾기 위한 근육 테스트

02 심신요법

정신의학이 발달하면서, 뇌에서 나오는 신경전달물질과 호르몬들이 인간의 마음과 감정의 본질을 조절하며 생리화학적, 역동적 과정을 거쳐 신체 질환을 일으킨다는 사실들이 밝혀지고 있다.

정신과 신체는 상호 영향을 주는 불가분의 관계로 이들의 메커니즘과 심리적 치료 기술들을 이용하면 정신적 상처나 갈등을 해결하고 질병을 치료할 수 있다. 스트레스의 압박을 덜고 생활에서 오는 불안감을 풀어주기 위해, 신체적인 부분에만 초점을 맞추는 것이 아니라 심리적인 부분, 즉 정신 상태, 생활 태도, 성격, 행동 양상 등에 치료의 역점을 둔다. 중요한 점은 현대인의 질병관에 정신이나 의미가 강조되어야 한다는 것이다.

질병을 예방하고 치료하는 데 정신적인 부분이나 영적인 의미의 영향력이 얼마나 큰가는 다음의 실험에서도 잘 알 수 있다. 캐나다 맥메스터 대학의 시걸 박사는 쥐들에게 헤로인을 주사하여 내성과 중독 현상을 일으킨 후, 한쪽 쥐는 환경을 바꾸어 아주 생소한 곳으로 옮겨놓고, 다른 쥐는 원래의 장소에 그대로 두었다. 그런 다음 같은 용량의 헤로인을 쥐들에게 주사했더니, 새로운 환경으로 옮긴 쥐는 죽고 환경을 바꾸지 않고 친숙한 장소에 있던 쥐는 아무 일 없이 잘 견디었다. 이 실험은 보고 듣고 냄새를 맡는 등의 자극이 약물의 작용에까지 영향을 주어 생체의 약물 반응도를 좌우한다는 것을 보여준 단적인 예라 할 수 있다.

약물 중독 환자들에 대한, 뉴욕 마약치료센터의 조사에서도 뒷골목, 호텔방, 공원 등 낯선 장소에서 약물을 복용했을 때 과다 중독 상태에 빠지거나 사망하는 비율이 높았다는 통계가 나와 있다. 결국 친근감 여부, 주위 환경, 감정 상태 등에 따라 약물의 반응도와 예민도가 달라진다는 뜻이다.

우리는 태어나면서부터 축적되어온 생각과 신념으로 느끼고 생각하며 살아간다. 정신으로부터 자유로울 수 없는 존재가 바로 우리 인간인 것이다. 그러한 마음의 덩어리를 여러 가지 수단과 방법으로 접근해서, 필요하면 그것을 바꾸기도 하고 조절하기도 하는 것이 심리치료다. 인간의 심리적, 정신적 갈등과 내재된 부정적 경험을 들춰내 상담을 통해 심신 장애의 근원을 캐는 분석치료와 증상의 완화에 초점을 맞추는 지지치료 등 이 원리를 응용한 많은 치료법들이 있는데, 예를 들면 정신치료, 명상요법, 호흡법, 심상요법, 최면요법, 바이오피드백, 이완요법, 기도치료, 기공법 등이다.

정신치료와 상담치료

치료자와 대화를 통해 문제의 원인을 밝혀내고 그것을 교정하여 치료해 나가는 방법이다. 이 방법에는 여러 가지 이론적 차이가 있으나, 근본적인 공통점은 대인관계를 살펴보고 거기에 맞게 해결해나가는 것이며, 스트레스와 고통, 갈등을 처리하는 방법에 문제가 있다는 것을 알고 더 합리적인 대처 방안을 스스로 알아내도록 하는 것이다. 자신에 대한 의식과 만족감을 높이고 성공한 경험과 좋은 감정을 키워 스스로 문제에 도달하고 해결점을 찾는 방법에는 크게 두 가지가 있는데, 이들은 사실 상호보완적인 밀접한 관계에 있다.

지지 정신치료

정신분석의 창시자 지그문트 프로이트 (Sigmund Freud)

정신적, 환경적 갈등과 문제들이 정신적인 황폐화와 병적인 상태로 발전하지 않도록 예방하고 건강을 유지할 수 있도록 정신적으로 후원해주는 것을 목적으로 하는 치료다.

주로 불안한 것, 두려워하는 것에 대해 이야기하고 그것을 어떻게 취급할 것인가를 논의하여 고통을 없애는 것에 일차적 목표를 두되 더 깊은 내면의 문제는 건드리지 않는다. 규칙적으로 치료자와 만나 문제를 토의하여 긍정적인 변화에 도달하고 스트레스 상황으로 인해 망가진 상태를 극복할 수 있는 힘과 능력을 복원시키거나 키워주는 것이다.

자신의 감춰진 죄의식, 수치감, 불안감을 끄집어내어 표현하면 거기에서 스트레스의 원인과 해결책을 찾을 수 있다.

심층 분석 정신치료

자신의 내면에 대한 이해를 통해 태도, 목표, 감정 반응을 변화시키는 치료법이다. 심리 분석 이론으로 무의식적 내면세계를 드러내어 근원적인 문제 해결에 접근해나가야 하므로 경험과 기술을 겸비한 전문가의 도움이 필요하다.

자가훈련요법

자율신경계에 영향을 주어 스트레스에서 비롯된 여러 가지 증상을 해결해 나가는 방법이다. 여기에는 여섯 가지 기본적인 훈련법이 있으며, 조직적인 체계 속에서 행해져야 한다.

먼저 자세한 의학적, 심리적 면담이 이루어지고, 어떤 훈련을 통해 고통에서 벗어나고 어떤 과정을 통해 치료를 마치게 되는지 설명한다. 하루에 3번씩 몇 분에 걸쳐 이 훈련을 하면서 점차 다음 단계로 옮겨간다. 각 단계마다 일정한 문장을 외는데, 첫 번째 훈련은 '왼팔이 무거워진다' 고 외면서 팔에 집중하는 것이다. 두 번째는 '오른쪽 팔이 무거워진다' 로 시작하여, '양쪽 팔이 무거워진다', '왼쪽 팔이 따뜻해진다', '오른쪽 팔이 따뜻해진다', '양쪽 팔이 따뜻해진다', '심장이 조용히 규칙적으로 뛰고 있다', '호흡이 차분히 규칙적으로 이루어지고 있다', '명치끝이 따뜻해졌다', '앞이마가 차가워졌다'의 순서로 훈련해나간다.

이 훈련에는 다음의 네 가지 부수적 훈련이 동반된다.

자가변형법

특정한 변화를 주는 훈련법으로, 예를 들면 만성 변비의 경우 기본적인 훈련과 더불어 '아랫배가 따뜻하다'고 외면서 장의 운동을 자극한다. 말더듬증의 경우에는 '숨 쉬듯이 단어가 나온다'고 외고, 비만증의 경우에는 '이제 배가 부르다'고 왼다.

자가중화법

혼란스러운 감정을 중화시키고 줄이기 위해 조심스럽게 감정을 꺼내는 것으로 마음에 쌓여 있는 것을 그대로 꺼내어서 표현하는 방법이다.

자가명상법

자가훈련요법을 6개월 정도 거친 후 하루에 30분 정도 정신을 집중할 수 있을 때에 색채, 물체, 이미지, 느낌, 사람 등에 집중하여 명상하는 7가지 단계의 치료법이다.

탈감작법

어떤 문제를 일으키는 상황에 덜 예민하게 반응하도록 훈련하는 방법으로, 실제적인 행동요법의 일종이다. 긴장이나 고통을 주는 상황을 6개 이상 목록으로 만들어서 몇 주간 훈련을 지속한다. 이 방법은 금방 효과가 나타나지 않을 수도 있는데, 너무 오랫동안 이런 상황에 노출되어 결과적으로 이제는 거의 무의식적인 습관이 되어버렸을지도 모르기 때문이다.

구체적인 방법은 목록에서 아주 강하지도, 그렇다고 너무 약하지도 않은 중간 정도의 긴장을 조성하는 상황을 선택하여 머릿속에서 상상으로 그 상황을

눕거나 앉아서 실시하는 자가훈련

연출해보는 것이다. 그리고 명확히 가시화하여 실제로 일어나는 일처럼 머릿속에서 진행시켜본다. 이때 근육이 긴장되고 호흡이 변하면 상상을 멈추고 호흡과 근육의 변화에 집중하여 최대한 이완하도록 한다. 그런 다음 다시 다음 장면을 계속 상상하되 신체적 반응이 오면 그때마다 호흡법과 이완법을 계속 실시한다.

다음 단계는 실제로 그런 상황이 벌어지기 전에 호흡과 이완을 충분히 반복한 후 그 상황에 부딪혀보는 것이다. 1주일 후 이 방법으로 극복이 되면 다음 목록 중에서 하나를 골라 같은 방법으로 훈련을 한다. 하면 할수록 더 잘 이완되고 극복하는 비율이 높아지고 속도가 빨라질 것이다. 무엇보다도 자신감이 생기고 조절하는 능력이 높아지며 만족스러운 결과를 얻을 수 있다. 이때 주위 친구 또는 전문 기관의 도움과 충고, 지시 등이 뛰어난 효과를 줄 수 있으므로 주저하지 말고 지원을 요청한다.

명상요법

깊은 정신과 영혼의 단계로 들어가서 신념과 확신으로 문제를 극복해가는 방법이다. 자기 스스로 수행을 통해 의식에 변화를 일으켜 평온한 상태를 경험하고 신체의 뇌파, 심장박동 등 생리적 균형과 화합을 이끌어낸다. 이때는 심장박동이 떨어지고 몸의 산소 소비량이 감소된다. 또, 혈압이 떨어지고 피부 저항력이 증가되며, 뇌의 알파 파장이 규칙적이 되고 많아지는데, 이러한 것은 자율신경계를 안정시켜주었을 때 나타나는 결과들이다.

명상을 통해 스트레스와 긴장감, 약물과 알코올, 담배 등의 중독, 나쁜 습관을 줄이거나 바꾸고 혈압을 낮추어 약물 남용을 막는 효과를 거둘 수 있다.

종교적으로도 다양한 명상의 형태가 있는데, 자기 스스로 행한다는 점에서 약물이나 최면 등 외부 요인을 통해 의식의 변화를 꾀하는 방법들과 구분된다.

명상의 특징은 집중하는 대상에 비분석적으로 주의를 기울이는 것인데, 이는 집중의 대상을 분석, 비판, 비교, 연상, 추론하지 않고 수동적인 자세에서 그 대상에 대해 꾸준히 주의를 기울이고자 함이다. 명상을 잘하기 위해서는 오히려 명상을 잘하겠다는 마음을 버리고 그 버리려고 하는 마음마저 버리고 그저 명상의 대상에 마음을 두어야 한다.

명상은 그 수행 방법에 따라 집중 명상과 통찰 명상이 있다. 집중 명상에는 만다라와 같이 단일 대상에 감각적인 주의를 집중하거나 그 대상을 마음속에서 만들어내어 실상에 집중하는 법, 행위에 집중하는 법 등이 있다. 통찰명상은 불교에서 身, 受, 心, 法의 네 가지 의식 경험을 대상으로 이를 꿰뚫어 지각하는 방법이다. 좌선, 행선 등의 자세가 요구되기도 한다.

이러한 명상법은 단순히 스트레스를 경감시킬 뿐만 아니라, 의식세계를 확장하고 영적인 발견을 이룩하며 영혼을 구원하고 평화로운 자아를 실현할 수 있는 방법으로 활용할 수 있다. 특히 많은 사건과 사고를 접하며 마음의 평화를 갈구하며 사는 현대인들에게 필요한 수련법이다.

좀더 구체적으로 이야기해보면 명상을 하는 이유는 기본적으로 의식 상태를 변형시키고 평소의 지각 세계를 변화시켜 더 친근하고 단일화된 수용적인 자아를 찾으며, 다른 사람 또는 자연과 일치감을 얻고자 함이다. 특히 초월적

ǀ 명상을 위한 기본적인 준비 사항 ǀ

- 식후 1시간 이내에는 명상을 피하고, 커피, 차, 카페인, 자극성 있는 음료 등 자극제를 삼간다.
- 조용한 방에서 혼자 한다. 만약 다른 사람이 있다면 함께 하는 것이 좋고, 전화, 시계, 애완동물 등은 미리 다른 곳으로 옮겨둔다.
- 직접 조명보다는 간접 조명이 좋으며 너무 어두운 것은 피한다.
- 편안한 옷을 입고 편안한 자세를 취한다.
- 명상 도중에 불편하면 가볍게 스트레칭을 하고 하품을 하는 정도는 괜찮다. 너무 경직된 상태에서 하는 명상은 스트레스 때문에 전혀 도움이 되지 않는다.
- 중간에 방해를 받더라도 너무 갑자기 중단하지 말고 서서히 부드럽게 스트레칭을 하고 일어나서 쉰 다음에 다시 시작한다.
- 명상 소요 시간은 개인에 따라 달라질 수 있지만 처음부터 오래할 필요는 없고 본인이 할 수 있는 정도까지 짧게 하는 것이 좋다.
- 계획적이고 규칙적으로 하루에 2회 정도가 좋지만 개인에 따라 차이가 있다.
- 억지로 억압적인 방법이나 태도로 명상에 임하는 것은 좋지 않으며 스스로 편안하고 자율적인 분위기에서 실시한다.
- 스트레스 해소를 위한 명상은 정신에 초점을 맞추는 것이 아니므로 잡념이 생기면 억지로 없애려고 애쓰지 말고 내버려두었다가 자신의 목표에 초점을 맞추도록 자연스럽게 유도한다.
- 명상이 끝나면 한동안 그대로 머물다가 평상시의 생각으로 돌아온다. 그런 다음 서서히 눈을 뜨고 일어난다.

명상 상태가 되면 감각 반경이 한층 높아져 깊은 긍정적 감정에 이르고, 이에 따라 강력한 내면적 경험이 건강을 증진시키고 자신뿐만 아니라 타인에게도 영향을 줄 수 있다.

촛불을 응시하는 것, 주문을 외는 것, 호흡에 맞추는 것, 빗방울 소리를 상상하는 것, 의식에 쓰는 구절을 큰소리로 외는 것, 내면의 생각하는 흐름을 따라가는 것, 춤을 추며 빙빙 도는 것 등 다양한 방법이 있다.

소리 내어 암송하며 명상하는 방법도 있는데, 자신에게 가장 편안하고 기분 좋은 소리를 골라 외어 마음속에서 울려 퍼지게 하고 고요한 감각이 몰려오게 하는 방법이다.

서서히 리듬을 타면서 편안하게 외는데, 눈을 뜨고 꽃이나 나무 등 어떤 목표물을 응시하면서 부드럽게 반복한다. 그리고 소리를 멈춘 다음 눈을 감고 무심히 내면의 소리를 들으면서 얼굴을 편안히 이완시키고 주문을 속으로만 생각한다. 노가 없는 보트에 앉아 있는 것처럼 이런 훈련을 자연스럽게 반복하여 15분 정도 계속한다. 마지막으로 조용히 2~3분 정도 앉아 있다가 끝낸다.

호흡법

횡격막을 움직이는 복식 호흡을 연습하면 심박동이 느려지고 혈압이 낮아지며 전체적으로 교감신경계의 각성이 감소되어 심신 장애 치료에 도움이 된다. 특히 불안, 우울, 두통, 근육긴장, 피로, 고혈압, 불면증, 수족 냉감증 등에 빠른 회복을 가져온다. 원래 어린아이들은 복식 호흡을 하지만 성인이 되면서 스트레스에 대한 심리적, 생리적 방어로 가슴 근육을 사용하는 흉식 호흡으로 바뀌게 된다.

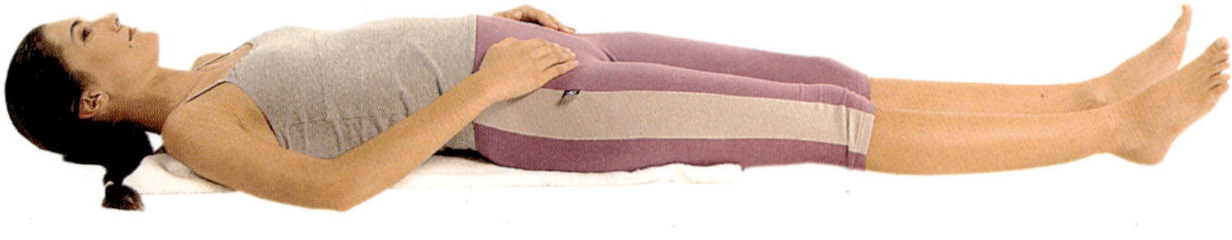

누운 자세로 복식 호흡하기

복식 호흡을 시작할 때는 의자에 등을 대고 자연스럽게 편안히 앉아서 눈을 감고 한 손은 배 위에 올려놓는다. 숨을 깊게 들이쉰 다음 천천히 충분히 내뱉는다. 숨을 들이쉴 때 복부가 부풀고, 숨을 내쉴 때 본래 위치로 되돌아와서 편평해지는지 주목한다.

이산화탄소의 농도는 호흡이 불충분할 때 증가하므로 호흡이 느리면 동맥에 이산화탄소가 많아지면서 혈액의 생리적 과정이 조절된다. 호흡법으로 근심, 고통 등 부정적 사고로부터 관심을 다른 데로 돌릴 수 있고, 생리적 안정감도 얻을 수 있다. 호흡수와 속도를 정해놓고 하는 호흡법, 명상을 곁들이는 호흡법 등이 있다.

구체적인 훈련법은 편안히 앉아 천천히 심호흡하면서 들이마실 때 '흐', 내쉴 때 '후' 하고 속삭이는 것이다. 처음 이런 심호흡을 한 후에 자신의 자연스러운 호흡이 계속되도록 내버려두되 들이쉬고 내쉴 때는 '흐', '후' 를 마음속으로 반복한다. 잠시 후 이 '흐' 와 '후' 를 더 길게 마음속으로 늘이는데, '으으흐흐흐', '우우후후후' 와 같이 계속한 다음 15분 후 서서히 명상을 끝낸다.

심상요법

마음속에 상상으로 형상을 만들어 시각적 이미지를 통해 신체적, 정서적 반응을 일으켜 증상을 치료하는 방법을 말한다.

심상이 만들어지면 뇌의 구조적이고 기능적인 체계와 과정을 통해 신체의 세포, 조직, 기관의 활동에 생리적인 반응이 나타난다. 예를 들어 몸에 따뜻한 모래가 닿는 장면을 마음속에 그려보면 체온과 발한이 증가한다. 상상의 경험은 심리적인 실제 경험으로, 신경학적으로 유사한 과정으로 받아들여지며 언어처럼 논리적이거나 계열적이지 않고 동시에 다양한 생리적 변화가 유도된다.

구체적으로는 식물, 꽃, 과일 등 보기 좋은 자연적 풍물을 선택하여 테이블 위에 놓고 60~120cm 떨어진 곳에 앉아 편안하게 그것이 자신의 눈 안에 들어오도록 (내가 그것을 응시한다는 생각보다는) 무심히 바라보도록 한다. 눈이 피곤해지면서 눈동자가 돌아가더라도 그냥 내버려두고 7~10초 정도 눈 안에 들어오게 한 다음, 초점을 더 먼 곳으로 옮겨본다. 수초 후 다시 원래의 물건으로 돌아와 5분 정도 반복하고 눈을 1분 정도 감은 다음 조용히 앉아 있다가 끝낸다.

심상을 더 증진시키는 방법으로, 잠시 자신의 호흡에 집중하여 이완하고 눈을 감은 상태에서 하얀 칠판을 상상한다. 칠판에 숫자 1을 쓰고 있는 모습을 상상하고 계속해서 2, 3을 써간다. 얼마나 많은 숫자를 쓸 수 있는지 살펴보고 이미 칠판에 쓰인 숫자들을 명확하게 보는 연습을 반복한다. 약 5분 정도의 시간을 두고 반복한다. 그 다음부터는 자신이 유쾌하게 느끼는 실제적인 장면을 마음속에 그리고 그 감각적 요소를 생생하게 경험해본다. 암, 통증, 우울증, 두통 등 다양한 심신 질환이 호전될 것이다.

창조적영상요법

심상법의 일종인 창조적영상요법은 우리의 상상력을 이용하여 원하는 것을 창조하는 치료 기술이다. 창조적영상요법은 특별한 기술을 필요로 하지 않고 누구나 선천적으로 가지고 있는 자연적이고 생리적인 상상력과 영상의 힘, 그리고 우주의 에너지를 이용한 것으로, 우리들 대부분이 알게 모르게 무의식적으로 체험하고 느낀 것을 의식화시켜 훈련하고 활용하는 긍정적 치료법이다.

우리들이 진실로 원하는 것은 사랑, 건강, 아름다움, 부귀, 행복, 만족감 등 다양하다. 영상화는 이러한 마음속의 생각과 소망을 형상화하는 능력을 말하며, 자신의 생각에 그 영상을 규칙적으로 집중시켜 긍정적인 에너지를 쏟아 붓는 것이다.

이 방법으로 이루고자 하는 목적은 물리적인 것, 감정적인 것, 정신적인 것, 또는 영적인 것일 수 있으며, 병을 깨끗이 치유하고자 하는 것, 어려운 상황을 효과적으로 해결하고자 하는 것도 포함이 될 것이다. 이러한 모든 것은 영상요법을 연습하고 경험함으로써 달성할 수 있다. 진지하고 조용한 명상의 상태에서 원하는 장면을 상상하면서 솔직하고 개방된 감정으로 영상화하면 그 상황에서 느낄 수 있는 감정, 느낌 등이 살아오면서 마치 현실로 일어났거나 완성된 것 같은 느낌을 가질 수 있다. 이러한 과정을 하루에 2~3번 정도 계속 반복하면 소망과 집념이 한층 진지해지고, 반복적인 훈련으로 무의식마저 변화하여 힘들고 복잡한 일도 쉽고 간단하게 해결할 수 있게 된다. 우리 내부의 장애물을 없애주고 자연적 화합을 이룩하여 자아실현의 완성은 물론

만다라를 보면서 심상요법을 실시할 수도 있다.

우리가 가진 가장 긍정적인 면을 확대시켜주기 때문이다. 가장 중요한 것은, 자신의 지식과 경험을 넓히고자 하는 욕구가 충만해야 하며 새로운 것을 시도하고 받아들이고자 하는 열린 마음이 있어야 한다는 것이다. 처음에는 다소 생소하고 낯설게 느껴지지만 원리를 배우고 기술을 익혀나가다 보면 곧 자신에게 변화가 오고 인생이 원하는 대로 바뀌게 될 것이다.

창조적영상요법의 기본 원리

- 우리가 현실적으로 보는 우주는 힘과 에너지로 되어 있으며, 원자와 전자로 이루어진 에너지원이다. 이 에너지는 서로 다른 비율과 질적인 차이로 진동하고 빛, 불 등과 같은 다른 에너지 형태로 변화하면서 바뀐다. 바위도 처음에는 아주 강하게 뭉쳐져 있지만, 결국에는 섬세하고 가벼운 물의 에너지로 바뀌게 되는 것처럼 모든 에너지는 서로 연결되어 상호작용을 하고 있다.
- 에너지는 자기적 성질을 가지고 있어서 진동수가 비슷한 에너지끼리는 친근하고 가깝게 일치하는 법칙이 있다. 우리의 생각과 감정도 이러한 자기적 에너지의 일종으로 같은 성질을 가진 에너지에 접근하게 되는데, 이로 인해 동일한 생각을 동시에 하고 있는 사람이 있을 수 있다.
- 생각은 빠르고 가볍게 움직이는 형태의 에너지에 속하기 때문에 즉각 그것이 다른 것으로 나타나기도 하는데, 새 옷을 입어야 되겠다는 생각을 한 다음 옷을 사러 간다든지, 화가가 그림을 구상한 후 실제로 그 생각을 그림으로 그리는 것 등이 그 예이다. 이는 단순히 생각을 마음속에 가지고 있는 것만으로도 그 생각의 에너지가 어떠한 형태로 부각되고 창조되는 경향을 지니게 된다는 것을 의미한다.
- 뿌린 만큼 거둔다는 이치처럼 우리가 무엇인가를 하면 반드시 그것에 대한 결과가 돌아온다. 우리가 부정적이고 불안하고 무서운 생각에 빠져 있으면 그런 환경과 분위기가 현실로 나타나므로, 한층 긍정적이고 만족스러운 영상을 가지고 있는 것이 좋다. 이처럼 우리가 강하게 믿고 기대하면 그것이 그러한 결과로 나타난다고 보아야 한다.
- 창조적영상요법을 이용하려면 단순한 표면적인 단계에서 더 깊고 본질적인 단계로 들어가야 하며, 꾸준한 훈련으로 변화를 만들어내야 한다. 창조적 영상이란 우리가 알게 모르게 무의식중에 잊어버리고 걱정한 것

들을 발견하는 단계를 거쳐 한층 깊고 의미가 많은 성장 단계로 나가는 것이다. 처음에는 특별한 시각으로 특정 목표를 두고 영상화하는 연습을 하고, 그것이 습관화되고 그 결과에 대한 믿음이 생기면 다음부터는 자신의 생각이 자연스럽게 영상화가 되어 크게 의식적인 훈련을 하지 않더라도 목표하는 창조적 영상화 단계에 이르게 된다.

창조적영상요법의 단계별 연습 방법

- 쉽게 영상으로 떠올릴 수 있는 목표를 선택하여 그것을 원하는 상황이나 상태 등으로 다양하게 생각한다.
- 몸과 마음이 편안히 쉴 수 있는 조용한 장소를 선택한다. 모든 긴장을 밖으로 내보낸다고 생각하고 발끝부터 머리끝까지 근육 하나하나를 편안히 이완시켜준다. 숨을 깊게 들이마신 후 10부터 1까지 천천히 숫자를 세면서 자신이 더 깊이 이완되는 것을 느낀다.
- 깊이 이완되었다고 느껴지면 자신이 원하는 것을 정확히 머리에 떠올린다. 머리에 떠오른 것을 좋아하는 사람이나 친구에게 보여주고 칭찬하고 즐기는 것을 상상한 다음 모든 것들이 곧 나의 주위에서 일어날 수 있다고 상상한다. 길 수도 있고 짧게 끝날 수도 있지만 만족스러울 때까지 그 상황을 충분히 즐기도록 한다.
- 상상했던 영상들을 마음속에 간직한 후 소리로 혹은 무언으로 그것을 긍정적이고 행복하게 외어본다. 단언하고 확인하는 과정은 매우 중요하다. 영상을 끝낼 때마다 이제는 모든 것이 완전히 평화롭고 만족할 만한 상태에 들어가 있다고 확언해야 한다. 그리고 5~10분 동안 다양한 방법으로 반복한다. 깊은 이완 상태가 되면 뇌의 파장이 알파가 되어 건강하고 창조적인 의식 상태로 들어가게 된다. 이 훈련이 잘 안 될 때는 다음과 같이 해보는 것도 좋다.

  우선 눈을 감은 후 깊이 이완된 상태에서 자신이 편안하게 생각하는 방을 떠올린다. 더 구체적으로 들어가기 위해서 방의 벽지 색, 침대나 가구 등이 배치되어 있는 장면을 생각해본 후, 방의 밝고 어두운 정도, 침대에 앉아 있거나 누워 있는 모습 등을 생각해본다. 다음에는 최근 기분 좋았던 일이나 의미 있었던 일들을 떠올린다. 특히 감각적으로 좋았던 경우, 예를 들면 맛있는 음식을 먹었던 일, 사랑하는 사람과의 만남 등. 그리고

되도록이면 좋은 감정이나 기억, 상황 등을 생생하게 기억하여 다시 한번 좋았던 기분을 느껴본다. 그런 다음 아름다운 전원 풍경이 보이는 곳에 편안히 누워 흐르는 강물을 바라보며 숲 속의 새소리에 귀를 기울이고 있는 자신을 상상하면서 풍경을 구체적으로 생각해본다.

마음의 준비

창조적영상요법에는 두 가지 방식이 있는데, 하나는 수동적 방식으로 단순히 이완하고 상상하는 단계이고, 다른 하나는 능동적 방식으로 원하는 것을 의식적으로 상상해서 직접 실행하는 방식이다. 이런 이완과 영상을 실행하는 도중에 과거의 불쾌한 기억이나 상처 받은 경험 등이 되살아나 치료를 방해하고 어지럽히는 경우도 있지만, 그럴수록 더 깊은 명상에 들어가면 그것들과 대면하고 직시하여 없앨 수 있는 힘이 생긴다.

창조적영상요법을 준비하기 위해서는 첫째, 목적을 향한 욕구와 의지가 있어야 한다. 둘째, 반드시 그렇게 될 것이라는 굳은 믿음과 신념이 있어야 한다. 셋째, 자기 자신이 수용하려고 하는 의지가 있어야 한다. 결국 제일 중요한 요소는 머릿속에 자신의 장점과 건강한 면을 강조하고 추켜세우는 자기 칭찬의 명상이 있어야 한다는 것이다.

이러한 준비 자세가 완료되면 첫째, 원하는 목표를 설정한다. 둘째, 분명하고 확실한 생각으로 그림을 그린다. 셋째, 그것에 집중하여 포커스를 맞춘다. 마지막으로 긍정적인 에너지를 주입하여 확언하면서 끝을 맺는다. 확언이란 자신에게 다짐하고 확인하는 자기와의 대화로, 주로 '나는 이제 ~했다', '나는 ~하고 있다', '나는 완전한 ~이 되었다'는 형태를 갖는다. 이와 같이 확언은 긍정적이고 바람직한 내용으로 짤막하고 명료해야 한다.

대부분의 병은 우리 내부의 갈등, 긴장, 불안, 불협화음 등으로 생긴다. 마음과 몸의 대화가 균형적으로 이루지지 않기 때문이다. 우리 믿음의 세계에서 지금 몸이 아프고 병이 나야 할 때라고 생각하면 실제로 몸에서 증상이 나타나고 병이 발생하게 된다. 그러므로 병의 치료는 항상 우리 내부에서 시작되어야 한다. 우리가 스스로 침착해지고 내부의 자신과 규칙적으로 만나게 되면 병은 더 이상 머물지 못하고 떠나버린다. 자신을 되돌아보면 병이 더 이상 머물 이유가 없기 때문이다.

발병은 내부의 문제, 내부의 소리에 귀를 기울여달라는 메시지인 셈인데,

▎영상을 통해 긍정적인 이미지를 끌어낸다.

창조적영상요법은 바로 이 내부의 소리에 초점을 맞추어 병을 치료하는 요법이다. 병을 예방하고자 한다면, 자신은 완전한 건강을 가지고 있으며 건강상의 문제가 정신적, 신체적으로 완전히 치료되었다고 생각하도록 한다. 이런 방법으로 병을 효과적으로 예방할 수 있다.

암, 관절염, 심장병에 걸려 있을 때도 이런 방법으로 자신은 물론 다른 사람에게도 도움을 줄 수 있는데, 건강한 상태를 상상하고 그것에 집중하여 영상을 지어내면 우주적 치료 에너지가 그 대상에게 흘러들어가기 때문이다.

자신의 주위가 치료의 불빛 에너지로 둘러싸여 있다고 상상하며 아픈 부위를 즐거운 마음으로 마사지해주고, 지금 이 순간 올바로 이해해야 하는 것이 무엇인지 자신에게 물어본다. 답을 얻으면 그것을 이해하려 최선을 다한 후 그대로 따른다. 아픈 부위에 특별히 치료적 에너지를 보낸 다음 그 부위가 치료되었다고 느낀다. 문제가 다 해결되고 에너지가 술술 흘러가는 것을 연상한다. 이제 자신이 완전한 건강, 즉 자연의 아름다운 건강을 가졌다고 확언하고 건강하고 즐거운 감정을 느낀다. '나는 이제 건강하고 자유롭다', '나는 내 몸을 완전히 사랑으로 받아들였다', '나의 몸은 에너지와 활력으로 가득 차 있다', '나의 건강, 아름다움, 활력에 무한히 감사한다'는 확신으로 영상요법을 계속하면 병을 치료할 수 있다. 병이 치료된 후에는 문제의 병에 더 이상 에너지와 힘을 불어넣지 않는다.

그 밖에도 많은 물방울을 연상하고 그 물방울들 속에 자신의 건강을 넣고 터뜨리는 물방울 영상법, 글로 써서 확인해나가는 방법 등도 있다.

바이오피드백요법

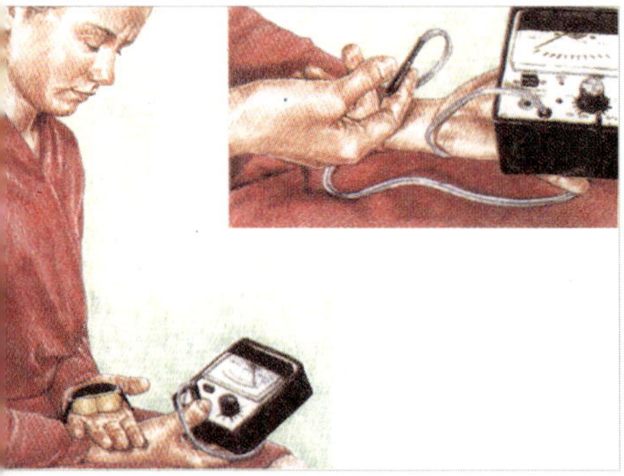

▎바이오피드백요법

1969년 밀러 Neal E. Miller 에 의해 개발된 방법으로, 인체의 자율신경계에서 일어나는 불수의적 반응도 의식적인 훈련을 통해 생리적으로 변화시킬 수 있다는 원리에 기초를 두고 있다. 심박동수, 혈압, 근육긴장 정도, α 뇌파, 갈바닉 galvanic 피부 반응, 말초혈관 반응 등으로 세분화된 훈련을 통하여 심신장애 등을 해소할 수 있다. 기계적 장치에 의해 삐삐하는 소리나 깜빡거리는 불빛 같은 청각적, 시각적 신호로 피드백하기 때문에 스스로 통제 능력을 키울 수 있다. 깊은 이완 상태, 자신감 등이 생겨 자율신경의 부조화로 일어나는 여러 가지 심신 장애, 긴장성두통 등을 치료할 수 있다.

이완요법

1938년 미국의 의사 제이콥슨Edmund Jacobson이 근육을 이완시켜 자율신경계의 기능을 조절하는 방법으로 개발하였다. 긴장, 두려움 등과 근육이완은 서로 반대되는 생리 상태를 유발하므로 완전히 이완되었을 때 신체에 미치는 스트레스 영향을 중화시킬 수 있다는 원리다.

불면증, 고혈압, 요통, 편두통 등에 효과가 있다. 불안증에도 효과가 있는데, 근육의 긴장이 완화되면 뇌로 가는 자극이 감소되고 불안도 감소되기 때문이다. 또, 신진대사율이 감소하여 산소 소모량과 이산화탄소 배출량, 교감신경계 활동이 줄고 심박동수, 호흡수, 혈압, 혈중 젖산량이 적어진다. 이 훈련을 통해 근전도검사의 근육 긴장도가 현저히 저하되고 이완 상태에서 보이는 뇌파검사의 α파와 β파가 증가되며 손바닥 피부 저항이 증가하는 현상을 볼 수 있다.

편안한 의자에 앉거나 누워서 조용하고 안정된 상태에서 30분 내외로 연습한다. 규칙적으로 매일 또는 일정한 간격으로 눈을 감고 복식 호흡을 하면서 손과 팔에서 시작해서 발과 다리, 등과 몸통, 얼굴과 머리의 순서로 긴장과 이완을 진행시켜나간다.

예를 들면 오른손의 주먹에 힘을 주고 멈추어 그 긴장을 확인한다. 몇 초 후에 주먹의 힘을 풀어 손을 이완시킨다. 깊고 충분하게 숨을 들이쉬고 이완이 느껴지면 숨을 내쉬어 긴장을 푼다. 몇 초 후에 더욱 이완되도록 하고 다시 오른손에 힘을 주는 과정을 반복한다. 이렇게 세 번 반복한 후에 다음 순서인

온몸을 스트레칭하여 이완한다.

손가락의 긴장과 이완을 시작한다. 이런 식으로 온몸의 근육을 차례대로 훈련시켜나간다.

기도요법과 영적 치유

기도는 종교적 배경과 더불어 인간 역사의 모든 영역에서 사용되어온 수단이다. 건강을 기원하고 질병을 낫게 해달라는 기도뿐 아니라 안전과 부를 기원하고 풍성한 수확과 좋은 날씨를 기원하는 기도도 있었다.

최근의 연구에서 기도가 건강에 긍정적인 효과를 낸다는 결과가 발표된 바 있으며, 의학적 치료에서 생기는 부작용을 줄이고 병의 회복 속도를 높여준다고 하였다. 특히 정신-신경-내분비-면역체계 Psycho-Neuro-Endocrino-Immunology; PNEI 의 상호연관성이 밝혀지면서 사랑과 희망을 담은 기도가 정신적, 영적 빈곤에 영양을 공급하고 면역력을 높여 질병을 이겨내게 한다고 보는 것이다. 기도는 내면의 평화를 성취하고 영적인 대화를 계속함으로써 원하는 건강을 되찾는 방법이라 할 수 있다.

기공법

대부분의 고대 문화는 우주의 에너지가 사람의 에너지 흐름에 영향을 주어 인체의 기능을 좌우한다는 개념을 가지고 있었다. 특히 고대 중국에서는 기氣라는 생명 에너지가 경락이라는 에너지 흐름도를 따라서 운행한다고 생각하였다. 기 에너지를 원활하고 균형 잡힌 상태로 유지함으로써 건강과 참 삶을 영위할 수 있으며, 기공법은 바로 기를 원활히 운행시키는 훈련을 하는 방법이다.

기공은 동양 무술의 기본이었는데, 오늘날에는 정신을 안정시키고 에너지를 증진시키는 수련법으로 널리 이용되고 있다. 기공 수련은 단순하고 반복적인 동작과 복식 호흡 조절로 이루어져 있다. 태극권도 기공법에서 무술적인 동작을 혼합한 형태로 발전시킨 것으로 볼 수 있다.

기공법에는 두 가지 종류가 있다. 내공법은 기를 강화시켜 자신을 치유하는 것으로 거의 동작이 없이 가부좌나 걷기, 누운 상태 또는 명상 중에 실시하

중국 태극권

는데, 오직 내면의 기 운행에 집중할 뿐이다. 외공법은 특별한 기술로 훈련을 쌓은 기공사가 환자의 기를 강화시키고 생명력을 증진시켜주는 것을 말한다. 기공법은 심박동수를 떨어뜨리고 혈압을 낮추며 전신을 이완시켜 통증을 완화하는 효과가 있다고 알려져 있다. 긴장성두통, 변비, 불면증 등에 가장 많이 이용되고, 그 밖에 암 치유, 시력 교정, 부비강염, 치질, 전립선 문제, 관절염, 우울증, 불안증 등에도 적용되고 있다.

03 생체전자기요법

현대 서양의학은 지난 수세기 동안 인간의 질병에 대한 생화학적 방법을 눈부시게 발전시켜왔다. 이것은 인체가 처한 상태를 숫자로 측정하고 무게로 재서 정량화하는 방법을 써야만 과학적으로 인정되었으며, 그에 따라 진단하고 치료를 해야 했다.

그러나 인체는 눈으로 확인하면서 양으로 판단할 수 있는 단순한 생체가 아니라 에너지를 가지고 살아 움직이는 기능적 창조물이다. 그래서 우리는 생각하고 느끼며 영적인 생활을 해나갈 수 있다. 현재의 의학은 이러한 전인적 인격체를 정량화하여 파악하기에는 아직 역부족이며, 과학 또한 이에 미치지 못하고 있다. 그렇다고 이러한 눈에 보이지 않고 양으로 측정할 수 없는 우리 몸 안의 또 다른 에너지와 기의 세계를 완전히 무시할 수는 없다.

생체전자기의학은 바로 이러한 생체 내 에너지의 흐름을 의학적 진단과 치료에 이용하는 보완대체요법이다. 여기에는 생체공명치료 bio resonance therapy, 양자에너지요법 quantum energy therapy, EAV요법 Electro-acupuncture According to Dr. Voll 등이 있다.

생체전자기요법은 우리 몸속에서 자기적인 에너지의 흐름이 원활하지 못했을 때 인체 내의 생리화학적 균형과 조화가 깨져 질병이 발생한다고 보고 이를 자기적인 방법으로 다시 복원시켜주는 원리를 이용한 치료법이다.

지금까지의 과학으로 이 부분을 파악하지 못한 이유는 여러 가지가 있겠지만 독일의 생리학자 브레쉬나이더가 이야기하듯이 인체에 접근하는 방법에 문제가 있기 때문이기도 하다. 즉, 의학이 수학과 통계학을 사용함으로써 생체물리적 존재인 인간을 무생물이나 물건과 같은 상태로 한정시키는 편협성에 근거하고 있는 것이다. 자연과학적 방법으로 인체를 다루면서 한편으로는 개인적 특수상황이나 체질을 다 고려해야 하는 이중성을 가지고 있는 것이 의학이다. 이제는 의학이 자연과학의 위에 있으면서 환자 개개인의 개인적 특성을 고려해야 한다는 것은 자명한 사실이다.

생체전자기요법의 원리

인체에서 일어나는 생화학 반응은 생물물리학적 작용에 의해 결정된다. 다시 말해서 인체의 자연적 상태는 자극을 가했을 때 그 반응이 일반물리적 세계의 반응과 다를 수밖에 없다. 자극을 가하기 전과 후에 차이가 날 수밖에 없는데, 이러한 작용이 바로 생체물리학적 효과라 할 수 있다. 인체는 정밀한 정보전달 체계와 그 체계를 조절하는 조절 기능을 가지고 있다. 심지어 우리의 인체를 다루는 데 시간에 대한 요인이 무시되어온 것도 사실이다. 실험을 통해 측정하는 의학적 진단은 한 순간의 스냅 촬영과 같은 것이다. 어떠한 기능을 알아내기 위해서는 한 순간의 순간적 상태만 보아서는 곤란하다는 이야기다. 또, 지금까지의 의학 연구는 구조적인 것에 머물러 있는 것이 대부분이다. 그러나 기능의 중요성은 두말할 것도 없이 질병의 발생 원인에 대한 규명과 치료를 해나가는 데 필수적이다. 생체전자기의학은 에너지의학으로 이러한 인체의 생물학적 기본 원리 속에서 펼쳐진 물리학적 공간을 놓치지 않고 그것을 이용하여 질병에 대한 진단과 치료를 하는 의학을 말한다.

생체전자기요법의 역사

생체 에너지의 존재와 그 기능에 관심을 가진 것은 사실 어제오늘의 일이 아니다. 동양에서는 경락과 혈과 기, 차크라chakra 와 프라나prana 로, 서양에서는 바이탈 포스 vital force 와 생체 전자기 등의 이론으로 존립해왔다. 건강이란 바로 이런 에너지의 흐름이 막힘없이 조화롭게 순환될 때 가능하지만, 만약 막히거나 부족하거나 넘치면 불협화음이 일어나 병이 생기는 것이다.

지금까지의 침술, 기공, 생체전자기치료, 근육운동조절요법, 전자장극치료, 크리스털치료, 동종요법, 마사지, 지압, 진동치료, 광치료, 색채치료, 영적치료 등이 모두 생체에너지이론에 근거한 치료 형태라고 볼 수 있다.

지금은 한층 과학적인 형태를 띠면서, 우리 몸 안에서 극도로 미세하게 흐르고 있는 에너지와 섬세한 내부조절회로를 연구하여 마치 인체 내의 생체물리학적 조절판과 같은 장치들을 만들어 이용하고 있다.

많은 스트레스에 노출되고 해로운 식품첨가물들이 몸 안에 독소로 쌓이는가 하면 60년대에 비교할 때 40~60배가 넘는 해로운 전자파를 주변 전자기기로부터 받아야 하는 현대인들에게 이에 대한 해결책은 아주 절실한 문제가 되었다.

1977년 모렐 Morel 박사는 처음으로 환자의 몸 안에서 진동하고 있는 에너지를 포착하여 병을 치료할 수 있는 방법을 생각해냈다. 그의 연구를 시작으로 라인홀트 볼 Reinholt Voll 박사의 경락 체계를 이용한 생체에너지 진단법 등이 빠르게 개발되었다. 이들의 연구로 모든 병은 발생하기 전에 병 전 단계로 몸 안에서 생체 전기자장의 파장에 이상이 생긴다는 것을 알게 되었고, 이러한 병적 진동이 있지 않고서는 병리학적 소견이 나타나지 않는다는 것도 알게 되었다.

이런 병적 진동은 환자의 몸에 건강한 진동과 나란히 존재하며 스펙트럼상에서 초단파에서 초장파까지 뻗어 있다. 몸에 병적 진동이 생기면 그것은 올바르게 균형이 잡혀 있던 정상적 생리 상태를 교란시키고 뇌 조절회로기능을 혼란시키게 된다. 체내의 역동적 에너지 상태가 균형이 깨지고 더 이상 정상 진동파에 의해 조절이 되지 않으면 몸은 병적 상태에 빠지게 되는 것이다.

생체전자기요법의 특징

생체전자기치료법이란 환자의 병적인 기 에너지의 흐름을 건강한 생리적 에너지로 바꾸어 환자의 몸을 회복시키는 일종의 기치료법이라 할 수 있다. 이 치료법은 몸 안의 장기나 조직이 가지고 있는 병리적 현상, 즉 독소나 생화학적 반응, 생리학적 이상 현상을 제거시켜준다.

우리 몸 안이나 주위에는 전자장 에너지에 의한 진동이 일어나고 있으며, 이러한 기 에너지의 진동이 몸의 생화학적 과정과 반응을 높은 차원에서 조절하고 있다는 것이다. 따라서 아직 다 밝혀지지는 않았지만 우리 몸 안의 세포나 조직과 기관은 고유한 주파수와 진폭, 진동수를 가지고 있다고 본다. 우리 몸 안에는 정상적 진동과 병적 진동이 같이 존재하는데, 독소, 부상, 감염, 질병, 자가면역 장애 등은 인체 내에서 정상적 생리 진동을 방해하며 병적 기 에너지로 작용한다.

생체전자기치료의 특징은 개인적 특성을 고려하여 치료할 수 있다는 것이다. 즉, 개인의 특수한 에너지 주파수에 따라 몸의 병적 진동을 줄이고 제거시켜 내부조절능력을 극대화시킨다.

동물 실험 논문들을 보면, 생체전자기치료는 백혈구, 적혈구 같은 혈액 세포와 그 활동량, 자극에 대한 반응 속도, 피부 반응, 식욕, 체온 등을 생화학적으로 변화시키는 것으로 입증되고 있다. 인체 실험에서도 고혈압 환자의 혈소판 응고율에 변화를 주고 대상 환자의 40% 이상에서 프로스타글란딘 호르몬을 증가시켜 증세를 호전시켰다.

모든 질환에 다양하게 이용할 수 있는 치료법이지만, 특히 각종 통증, 알레르기, 염증, 각종 기능 장애, 류마티스, 만성 퇴행성 질환, 수술 후유증, 바이러스 감염증, 치과 질환(아말감 중독 포함), 부인과 질환, 혈관 장애, 눈병, 출산 후유증, 피부염, 천식, 만성 간염, 축농증, 체내 독성 반응, 수면 장애, 집중력 감퇴, 귀울림, 두통, 화상, 골절, 소아과 질환, 각종 암과 면역성 결핍 등에 적용되고 있다. 상한 음식, 약물 부작용이나 후유증, 중금속 오염, 환경 오염, 독극물 투입으로 인한 질병 등에도 효과적으로 쓰인다.

생체전자기요법의 활용

생체전자기치료의 원리로 개발된 기기들은 그 기술적 테크닉과 종류에 있어서 다양하게 활용되고 있다. 독일의 볼 박사의 경락 체계를 응용한 자기 생체공명 치료기, 양자에너지 치료기, EAV 기기, 베가, 노기어 반사 테스트, 컬리언 촬영법, 체열 검사기, 크룬 테크닉 등이 있다. 어떤 약물이 그 사람의 기 에너지 상태와 조화를 이루는지, 아니면 다른 진동 주파수로 방해를 하게 되는지와 같은 약물 테스트도 이와 같은 장치를 통해 이루어지고 있다. 이때의 약물은 그 자체가 에너지를 가지고 있는 천연 화합물, 예를 들면 비타민,

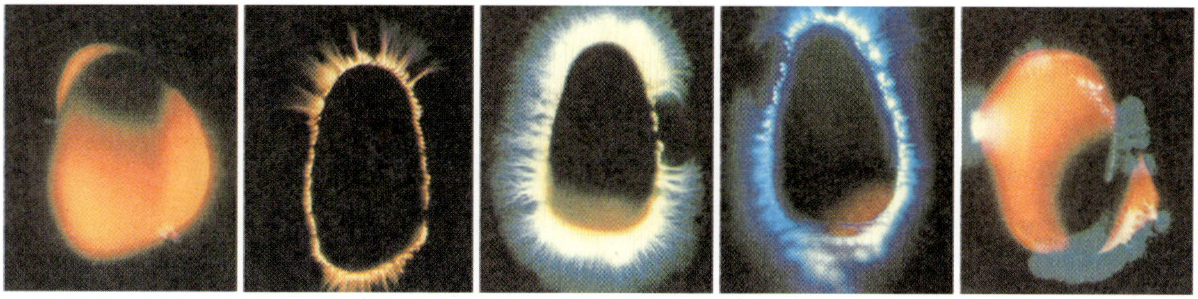

컬리언 촬영으로 잡은 손가락 후광

미네랄, 동종요법 약물, 약용식물 등이어야 한다.

또한, 환자의 정보 에너지를 포함하고 있는 생체 내에서 나오는 분비물들, 즉 타액, 콧물, 눈물을 이용하여 앞에서 언급한 기기들을 통해서 생체 정보 에너지를 매개체에 복사하면 알레르기 반응, 면역기능 장애, 피부 질환 등을 치료할 수 있다.

그동안 몸 안의 정밀한 정보 체계인 생체 에너지의 정체를 엑스레이를 통해서나 해부학적으로도 밝혀낼 수 없었다. 그러나 1960년대 초 독일의 의사 라인홀트 볼 박사가 경혈점이 피부의 다른 부위보다 전기 전도가 더 높다는 것을 발견하였다. 또, 피부의 반응점들이 각각 장기조직의 전기생리적 상태를 반영해준다는 것을 알고 각 반응의 강도를 측정함으로써 장기의 기능을 측정할 수 있는 EAV 기기를 개발하였다. 그 후 국제전침학회를 주축으로 30년여의 조직적 임상연구를 통하여 발전을 거듭하며 인체의 장기조직과 경혈간의 기능적 체계가 집대성되었다. 또, 1990년대 초 프랑스의 한 의학자는 방사성동위원소를 발의 경혈점에 주입하여 추적하는 동위원소 촬영법으로 혈관과 림프관의 흐름, 그 속도와 방향이 분명하게 구별되는 '통로' 의 존재, 그리고 이 통로가 경락 체계의 흐름과 일치함을 증명하였다.

최근 경락 체계는 신경계, 혈관계, 림프계 이외의 무형적인 정보전달 체계로, 경락에 흐르는 에너지의 실체는 자기장이라는 이론이 가장 신뢰할 만한 설명으로 인정받고 있다. 전기적 자극이든 , 자기적 자극이든, 광 에너지(적외선 혹은 레이저) 자극이든 이들은 경혈을 통해 들어가 자기장 에너지로 바뀐다는 것이다. 경락 체계의 실체를 밝히려는 연구와 노력이 지속되는 한편으로, 경험적으로 인정되고 있는 이 체계를 바탕으로 현대적 과학기술을 이용한 많은 치료 방법이 개발되어 이용되고 있다.

| 생체전기 진단치료 기기의 특징 |

- 인체 내부 장기에 질병(증상)이 발생하기 전에 에너지 상태의 변화가 선행되는데, 이것을 조기에 측정할 수 있으므로 건강 상태 변화를 초기에 진단하고 치료할 수 있다.
- 인체가 안팎의 자극 요인에 의해 자극 누적 → 염증화 → 기능 실조 → 변성화 및 퇴화의 과정을 겪으며 에너지 상태도 변화를 보이므로 현재 각 장기의 질병의 경과와 진행 정도를 추정할 수 있다.
- 일반 의료기가 특정 부분의 질병 상태를 확인하는 것에 비해 인체 장기조직의 전반에 걸쳐 기능 실조 및 변성화에 따른 이상을 종합적으로 검진할 수 있다.
- 인체 에너지를 측정할 수 있는 경락이 모두 손과 발에 도달하기 때문에 장기의 건강 상태를 손과 발의 측정점에서 간단히 진단할 수 있다.
- 측정 결과 나타나는 이상은 다양한 임상 실험으로 증명된 전기 자극 전침치료를 실시하여 치료 즉시 효과를 검증할 수 있다.
- 정통 서양의학의 방법으로는 진단이 불가능한 여러 가지 기능성 질환, 신경성 질환들을 진단할 수 있을 뿐만 아니라 전침, 자기장치료, 레이저 침 등 다양한 형태의 자연요법의 효과나 경과를 관찰할 수 있다.

이 EAV 기기는 피부의 일정한 반응점(경혈)에 미소전류와 압력을 가하여 이에 반응하는 전기적 응답을 측정하여 반응점과 연결된 장기조직의 기능을 진단하는 데 사용된다. 장기조직의 기능은 연결된 경혈에 즉각적인 전기적 반응을 보이므로 이 기기를 통해서 진단과 치료가 가능하다.

04 대안적 대체의학

대안적 대체의학은 서양의학과 의료 체계가 다르고 건강관, 질병관도 다른 모든 보완대체의학을 총칭하며, 동양의학, 침술학, 아유르베다 의학(인도의 전승의학), 동종요법, 자연요법, 환경의학, 민속의학 등이 여기에 속한다.

아유르베다 의학에서는 질병을 육체, 정신, 영혼의 균형이 상실된 상태로 보고 육체적, 정신적 자기 관리가 건강에 필수적이며 장수의 지름길이라고 보고 있다. 따라서 진단과 치료 못지않게 예방과 건강 유지 방법에 대한 내용이 많이 포함되어 있다.

동종요법의 창시자인 하네만 Samuel Hahnemann 은 질병이 보여주는 증상을 부정적으로 볼 것이 아니라 오히려 병을 이겨내려는 반응으로 보아야 한다고 생각했다. 동종요법은 자연에 존재하는 동물성, 식물성, 광물성 등 모든 물질들을 건강한 사람이 복용한 후에 생기는 증상들을 알고 있다가 그 증상들과 유사한 질병에 사용하는 치료법이다.

아유르베다

기원전 1,500년에 북방의 아리안 족이 남쪽으로 쳐들어왔다. 지금의 인도라는 나라가 형성된 역사의 출발점이었다. 아리안 족들이 가지고온 문헌, 기도문, 찬송 교본 등은 산스크리트로 '베다스'라 하며 '지혜'라는 뜻이다.

이 베다스는 인도의 종교, 문화, 도덕, 의학의 기초가 되었다. 특히 아유르베다(삶의 지혜)는 단순히 의학적 지식뿐만 아니라 종교적이고 철학적인 요소를 포괄하는 학문으로 전승되어왔다. 근래에 세계적으로 아유르베다식 건강법이나 의학 원리가 유행을 하고 있다. 이는 대체의학에 대한 관심 때문이기도 하지만, 미국의 디팍 초프라라는 인도 출신 의사가 하버드 의대에서 아유르베다 의학의 원리와 개념을 과학적으로 해석하여 서양의 환원주의적 의학이 갖고 있는 문제점을 보완해주는 의학으로 설명하고 있는 것에 큰 영향을 받았기 때문이기도 하다.

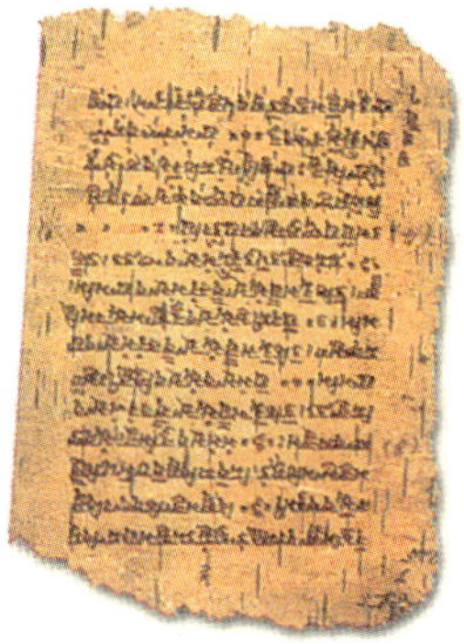
베다 경전

질병을 육체, 정신, 영혼의 균형이 상실된 상태로 보는 아유르베다 의학은 육체적, 정신적 자기 관리가 건강에 필수적이며 장수의 지름길이라 믿으므로 진단과 치료 못지않게 예방과 건강 유지 방법에 대한 내용이 많다. 이러한 점에서 본다면 기본 원리에 있어 한의학과 비슷한 면이 많다. 예를 들면 기 에너지론, 우주인체균형론, 자연과 환경, 심신의 유관설, 설진과 맥진의 중요성, 호흡법 등이 비슷하다. 인도의 의학 체계가 중국 의학 체계에 영향을 주었다고 보는 의학사적 견해가 이러한 유사점을 설명하고 있다.

아유르베다 의학은 다른 고대 질병관이 갖고 있는 것처럼 원시적, 비합리적, 비상식적 부분이 많다. 그러나 현대에 이르기까지 수세기 동안 중요한 의학적 지혜로 전해 내려오는 부분이 상당하다는 점도 주목할 필요가 있다. 과학적으로 증명하기 어렵고 자료도 과학적이지 못하지만 우주적 의식 체계나 종교적 혜안, 명상 등은 그 영원한 지혜로움으로 오늘날에도 그 의미를 전달하고 있기 때문이다.

아유르베다의 원리와 치료법

아유르베다로 질병을 다스리는 기본 원리는 생활 태도와 습관을 고친다거나 개인적 성향과 체질을 보고 진단과 처방을 한다는 점에 있다. 즉, 식품, 허브, 내부 장기 세척, 천연 약재, 요가, 명상 훈련 등이 주된 치료법이다.

고대 인도인들의 세계관을 나타낸 그림

아유르베다식 치료법을 순서대로 요약해보면 몸 안의 자율균형력 homeostasis 을 복원시켜주는 호흡법, 다이어트법, 신체운동법(요가), 허브 강장제, 체내정화요법, 마사지법으로, 이들을 개인의 상태에 맞추어 실행한다. 이 방법은 침체된 건강 상태를 끌어올려 스스로 건강을 되찾게 해주는 원리이기도 하다.

요즘은 이러한 방법들이 현대화되고 상업화되어 아유르베다 식품, 책, 테이프, 비디오, 강연, 세미나와 워크숍을 통해 전파되고 있으며 대중의 관심을 끌고 있다. 특히 초월적 명상운동은 젊은 층에 파고들어 유익함과 유해함을 동시에 전파하고 있는 실정이다.

대사 유형과 차크라

아유르베다에서는 인간과 우주를 하나의 유기적 상호보완 관계를 유지하는 체계로 보고 3개의 기본 대사 유형(도샤 Dosha : 카파 Kapha, 피타 Pitta, 바타 Vata)이 존재한다고 믿는다. 이들은 각 내부 장기에 존재하며 각각 2개의 5행(토, 수, 화, 공기, 에테르)과 연결되어 있다.

이들 기본 대사 유형은 내부 장기나 몸의 부분 사이를 연결하는 힘을 말하며, 환경과 우주 구성 물질과도 연결되어 있다. 사람마다 이 세 가지 대사 유형 중 한 가지가 우세하며, 그 사람의 육체적 특징, 대사 기능, 감정 상태, 생활습관 등을 좌우한다. 기본 대사 유형이 신체 기능의 모든 면을 지배하므로 이들 세 가지가 서로 균형과 조화를 이루어야만 건강이 유지된다. 스트레스 조절, 생활습관 교정, 독소 제거 등이 이를 수행하는 기본 방법이다.

항상 소화불량, 호흡곤란, 불면 증세가 있는 40대 여성이 있었다. 몸은 주로

3가지 도샤의 심볼과 산스크리트

차고 건조하며, 체구는 바싹 말랐다. 활동은 왕성하여 집 안에서 가만있지 못하고 움직여야 하고 다른 사람의 일에 끼어들기를 좋아했다. 에너지의 분배가 불규칙해 쉽게 피곤해하고 스트레스가 많았다. 이 환자의 기본 대사 유형은 바타형으로 불면증, 불안증의 증세 말고도 관절염이나 호흡기 질환에 잘 걸리는 체질이었다. 검사를 해보았더니 감기에 자주 걸리고 폐렴에 걸렸던 기록이 있었으며 관절염 치료를 받고 있었다.

이 환자는 몸 안의 프라나 prana 라는 기 에너지의 흐름이 원활하지 못해서 아그니 agni 라는 소화 기능을 관장하는 에너지가 특히 방해를 받고 있었다. 아그니 에너지가 혼란에 빠져 있다는 것은 아마 ama 라는 노폐물 에너지가 상승되어 있다는 뜻이다. 따라서 축적된 아마 에너지를 체내에서 제거하고 아그니 에너지를 원활하게 소통시켜주기 위하여 식이요법과 허브요법을 시행하였다. 바타 체질에 필요한 음식은 약간 씁쓸한 맛을 가진 식품들이다. 예를 들면 녹황색 채소, 시금치, 배추, 콩과류, 감자, 사과, 살구, 바나나, 아스파라거스, 브로콜리, 오이, 케일, 오트밀 등. 또, 찬 음식보다는 따뜻한 음식, 기름기 있는 음식을 먹어서 바타 체질로 인한 증상을 개선시켜야 각종 질병으로부터 벗어날 수 있다. 여기에 요가 동작과 호흡법을 곁들여 병으로부터 완전히 벗어나는 것이 좋다.

아유르베다에서는 척추를 따라 7개의 에너지 센터, 즉 차크라가 있다고 믿는다. 이곳은 내부 장기와 우주적 에너지의 통로이며, 그에 따른 색채, 식품 등으로 분류할 수 있다. 차크라 체계에 대해 간단히 설명하면 다음과 같다.

우리 몸은 7개의 에너지 센터로 나뉘며 이곳을 통해 에너지가 나오고 들어간다. 각 에너지 센터는 특정 감정, 색채, 내부 장기와 연결되어 있다. 예를 들면 뿌리 차크라 root chakra 는 자신감, 안정감과 관련 있고 빨강색을 띠며 부신, 성호르몬 기관과 연결된 센터다. 그 밖에도 천골 차크라 sacral chakra , 태양 차크라 solar chakra , 심장 차크라 heart chakra , 목 차크라 neck chakra , 눈썹 차크라 eyebrow chakra , 왕관 차크라 crown chakra 등이 있다. 이 에너지 센터들은 생명력을 흡수하고 방출하는 곳으로 호르몬 대사가 원활하도록 돕고 감정을 조절한다. 예를 들면 뿌리 차크라는 부신호르몬 기관과 관련되어 스트레스와 정신적 안정에 깊이 관여하고, 눈썹 차크라는 송과선 기능과 관련되어 직감력과 의지력을 조절한다. 건강한 상태란 이들 차크라 센터들이 막힘이 없이 조화를 이루며 운행이 되는 상태를 말하며, 불량한 영양 상태, 약물, 부상, 정신적 상처 등의 스트레스는 이러한 균형 상태를 해친다.

차크라의 색과 관련 기관

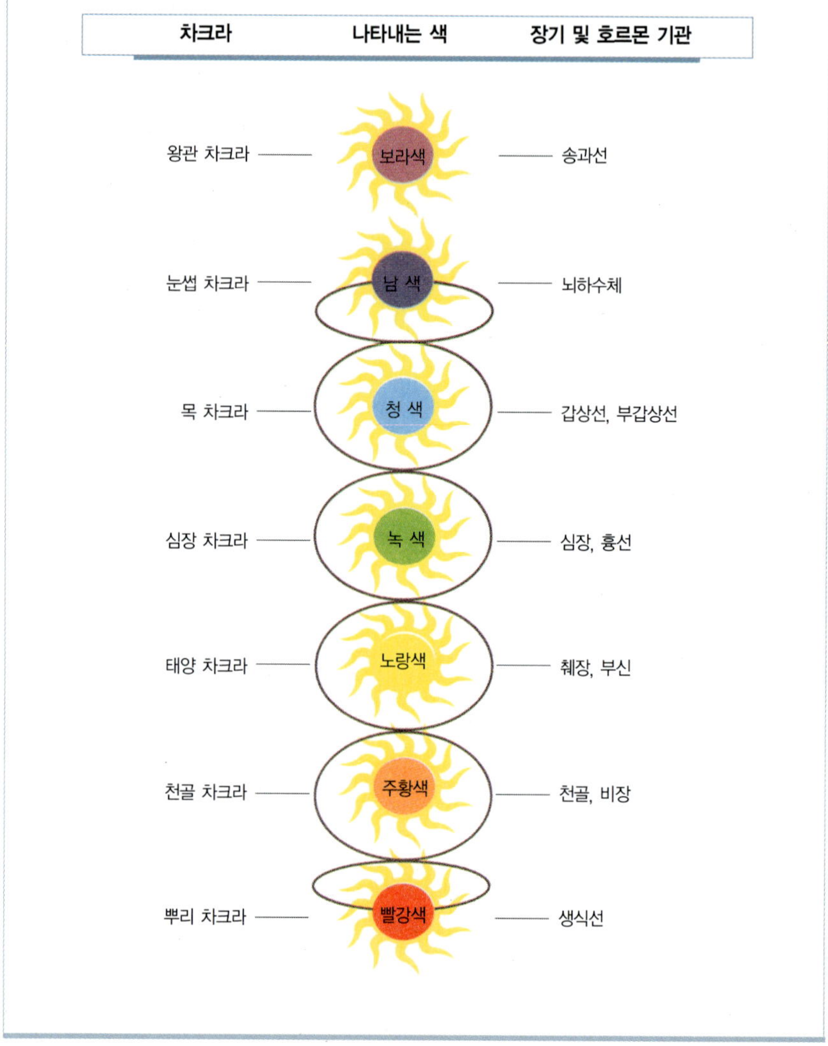

이들 에너지 센터는 우주의 에너지, 빛 에너지, 생체 에너지와 채널을 통해 교통하며, 통증을 없애고 몸을 이완시켜 각종 증상과 질병을 치료한다.

아유르베다에는 만다라 mandara 라는 원리가 있는데, 이는 인간의 특성과 우주, 계절, 색채, 감정, 하루의 시간, 5행 사이의 관계가 상호연관성을 가지고 움직이고 있다는 것을 보여주는 원형도다. 아유르베다에서는 각 5행이 다시 5감과 신체 부위와 연결되어 있다.

에테르 ether 는 청각과 마음의 열린 공간과 연관되어 있다. 에테르는 촉각과,

보기 위한 불, 맛보기 위한 물, 냄새 맡기 위한 토향으로 연결되어 있다. 무엇이든 이처럼 색채, 감정, 계절, 하루 중의 시간 등에 서로 연관성을 가지고 있다.

진단을 하기 위해서는 시진, 촉진, 문진 세 가지 방법을 동원한다. 혀, 손톱, 입술을 자세히 관찰하고, 몸 안의 9개의 문(두 눈, 두 귀, 두 콧구멍, 입, 항문, 성기)과 거기서 분비되는 분비물을 검사한다. 또, 가슴을 두들겨서 폐의 상태를 보고 맥박을 체크한다. 비슷한 진단 방법이지만 한의학에서는 맥박에 많은 비중을 두는 편이다.

대부분 음식 조절, 생활습관 조절 등으로 치료하며, 기본 대사 유형을 강화시키는 식품과 약화시키는 식품 등으로 분류하여 처방한다. 생활습관 조절의 방법으로는 수면 시간, 식사 시간, 기상, 성생활 등에 관여하는 방법을 쓴다. 약물치료로는 허브, 향료, 광물질, 그 밖의 천연 재료 등이 사용된다. 호흡훈련법, 요가 등도 가장 흔히 처방하는 방법들에 속한다.

아유르베다의 또 다른 중요한 치료법은 체내에 쌓여 있는 독소를 제거하는 것이다. 특히 판카카르마 pankakarma 라고 하는 거머리를 이용하여 사혈시키는 방법이 있고, 토하게 하는 방법, 관장하는 방법도 있다.

아유르베다 의학은 이제 서양의학의 구도 안에서 변형되어 과학적 내용으로 자리 잡아나가고 있는 추세다. 아유르베다에서 쓰는 약물의 효능이 생화학 및 약물학적으로 검증되고 있는 상황인 것이다. 아직 과학적으로 확실한 치료 효과가 밝혀진 아유르베다 약물은 없지만, 명상과 요가가 고혈압, 불안증 등을 감소시켜준다는 연구 결과들이 많이 나와 있다.

현대의학의 관점에서 보는 아유르베다 의학은 심신의 조화, 활력을 강조하고 건강 유지와 예방에 도움이 되는 의학이며 스스로 건강을 지킬 수 있는 방법과 자가 치료적 방법들이 유용하다는 평가를 받고 있다.

동종요법

인간에게 발생하는 병들은 참 다양하고 복잡하다. 그 증상들이나 환부의 소견들만 열거해도 병명이나 원인에 따라서 수백 페이지를 나열할 수 있다. 이러한 통증이나 아픈 증세들은 왜 생겨나는 것일까? 우리는 흔히 병이 나면 아프기 때문에 증세가 생기는 것 아니냐고 대수롭지 않게 생각한다. 그래서

동종요법의 창시자 사무엘 하네만
(Samuel Hahnemann)

증상이나 통증을 없애주면 병도 나을 것이라고 생각한다. 그러나 몸에 나타나는 증상은 우리 몸이 침입한 병을 물리치고 저항하면서 보내는 하나의 중요한 신호다. 따라서 병이 우리들에게 보내는 신호를 잘 관찰하는 것이 무엇보다 중요한 일이다.

동종요법의 역사

약 250년 전 독일의 의사 사무엘 하네만이 앞에서 언급한 점에 착안하여 동종의학을 만들었다. 여기서 이 의사의 독특한 삶을 잠시 살펴보는 것이 이 특별한 의학을 이해하는 데 도움이 될 것이다.

사무엘 하네만은 당시 의학계에 만연하였던 방혈요법(피를 일부러 흘려서 병의 증상을 완화시키는 방법)에 강력히 반대한 의사였다. 그는 피를 빼내는 치료법이 아무런 의학적 근거가 없으며 많은 부작용을 일으킨다고 경고했다. 그러나 당시는 그 방법이 유일한 치료법이어서 하네만은 많은 의사들로부터 비난과 미움을 받을 수밖에 없었다.

스코틀랜드의 의사 쿨렌 Cullen 이 신코나 cinchona 라는 약용식물이 말라리아를 치료한다고 발표하자, 실험정신이 투철했던 하네만은 그 사실을 확인하기 위해 자신이 직접 그것을 먹어보았다. 그 결과 건강한 자신의 몸에 말라리아와 꼭 같은 증세가 나타났다. 하네만은 이를 정상인의 몸에 병이 생긴 것이 아니라, 병에 대항하여 저항하고 싸우는 과정으로 해석했다. 질병이 보여주는 증상을 부정적으로 볼 것이 아니라 오히려 병을 이겨내려는 반응으로 보아야 한다고 생각했던 것이다. 이로부터 하네만은 자연에서 존재하는 동물성, 식물성, 광물성 등 모든 물질들을 건강한 사람이 복용한 후에 생기는 증상들을 알고 있다가 그 증상들과 유사한 질병에 사용하면 병이 치유되는 동종의 법칙 law of similarity 을 발견하였다. 동종의 법칙이란 '비슷한 성질을 가진 것이 비슷한 것을 치료한다'는 원리로 어떤 물질이 자신의 성질과 비슷한 증상을 가진 질병을 치료한다는 것이다.

이때 문제는 천연물질을 그대로 인체에 투여하였을 때 나타나는 부작용과 독성 반응을 어떻게 해결하느냐는 것이었다. 하네만은 이 문제를 극복하기 위해 고도의 희석법을 사용하였다. 독성이 사라질 정도로 희석하여 부작용의 제거는 물론 치료 효과를 강화시킨 것이다. 이러한 희석 과정을 통해서 물질은 에너지 입자의 상태로 변하고 신체적 증상뿐만 아니라 정신적 기능에까지 영향을 주는 에너지치료가 가능해지는 것이다. 결국 동종치료 약물은 인체의 면역 기능을 자극해서 스스로 치유의 단계로 이끌어주는 것이라고 볼 수 있다.

예를 들어 감기에 걸렸는지 코가 몹시 맵고 콧물이 줄줄 흐르면서 재채기가 연속해서 나온다. 또, 눈이 몹시 맵고 눈물까지 흐른다. 그러나 열은 없고 한기도 느껴지지 않는다. 이런 증세가 있을 때 양파를 잘게 썰어 즙을 내어 1~2방울을 혀 밑에 떨어뜨리면 콧물, 눈물이 모두 멈추고 감기 증상들이 사라진다. 다른 예로 커피를 너무 많이 마시면 각성 효과 때문에 생각이 계속 이어지고 잠이 잘 오지 않는다. 이런 중독 상태를 동종요법에서는 커피로 다스리는데, 아주 적은 양의 커피(1~2방울 이하)를 마시면 잠을 못 자고 각성 상태가 되는 증상을 없앨 수 있다. 커피 중독에 대한 해독제가 바로 커피가 되는 셈이다.

한편, 사무엘 하네만은 희석과 더불어 강한 진탕(흔들어주는 것)이 물질의 치료 능력과 활성화를 촉진시킨다는 사실을 알게 되었다.

물이나 알코올에 백 배, 만 배 등으로 희석하여 이를 1C, 2C 등으로 단위를 만들어 분류한 동종약물들은 아니카, 에코나이트, 벨라도나 등 지금까지 약 3,000종 이상에 달한다. 일반적인 처방법은 가벼운 증상일 때는 보통 6C의 희석량으로 하루 3번씩 5일까지 복용하는 것이다. 증상이 사라지면 이미 몸에 방어 능력이 생긴 것이므로 더 이상 약을 먹을 필요가 없다. 급성이거나 체질적 치료를 하고자 할 때는 30C와 같이 고도로 희석한 용량으로 시작하여 30분에서 3시간 간격으로 복용한다. 만약 5일 이내에 반응이 나타나지 않으면 다른 약을 찾아 다시 시도해야 한다.

정통 동종요법이란 하네만의 원리에 근거하고 그 후계자인 켄트 James Tyler Kent (19세기와 20세기 초에 활동한 미국의 동종요법 의사)의 치료법에 의거

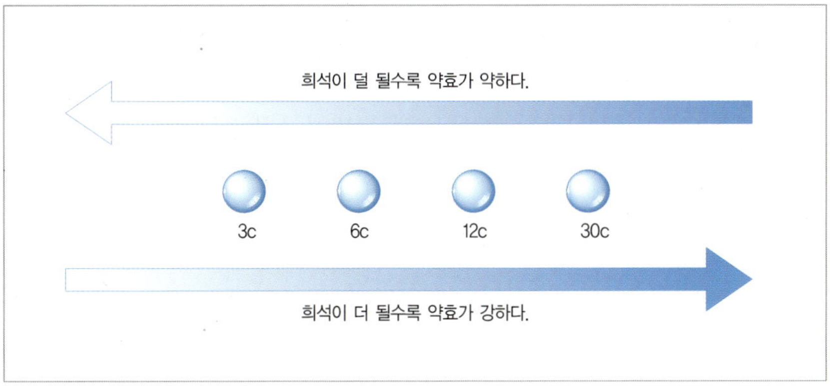

물질을 고도로 희석할수록 약효는 강화된다.

한 방법을 말한다. 근래에는 세계적으로 유명한 그리스의 의사 조지 비트헐카스가 《동종요법의 과학》이라는 책을 써서 그 정통성을 이어가고 있다.

정통 동종요법에서는 환자를 전인적 입장에서 진찰한다. 즉, 정신, 감정, 신체의 모든 부분을 종합해서 보며, 한 번에 한 가지 약물만 투여하는 것을 원칙으로 한다. 동종요법 약물이 두 가지 이상 투여되면 그 효과를 판정하기 어렵고 혼란을 가져온다. 만약 복합 동종요법 치료를 하여 다른 증세가 나타나지 않으면 약물이 상호 간에 작용하여 해독한 것으로 볼 수 있다.

치유의 법칙

동종약물을 투여한 후 치료의 과정을 보면 치유의 법칙 law of cure 에 의해 증상이 나타난 순서와 반대로 없어지기 시작한다. 즉, 맨 마지막에 나타난 증상부터 좋아지기 시작하고, 몸의 윗부분에서부터 작용하여 아래로 내려오며, 내부의 문제부터 치유되어가다가 외부로 나아가게 된다. 또, 내부 장기도 큰 기관에서부터 작은 기관으로 그 효과가 나타난다.

그렇다면 현대의학에서 사용하는 백신과는 어떻게 다를까? 백신이 약화된 병균이나 죽인 바이러스를 주사하여 항체가 생기게 하는 면역요법인 데 비해, 동종요법은 물질을 희석하여 주사로 투여하지 않고 입으로 먹게 한다.

동종요법의 장점은 직접 인체 실험을 통해 얻은 결과라는 것이다. 현대 의약품의 경우 동물 실험이나 시험관 실험을 통해 간접적으로 인체에 어떠한 결과가 나타날 것이라고 추정하는 데 비해, 동종약물은 건강한 사람에게 직접 투여하여 주관적, 객관적 증상을 주의 깊게 관찰하고 조사 검증하는 과정을 거친다. 이런 방법은 사람에게만 가능하고 동물에게는 적용할 수 없다.

동종요법은 오래전부터 많은 연구논문을 통해 과학적으로 입증되어왔다. 특히 프랑스의 자크 벤베니스 교수는 동종약물의 에너지 방출에 관한 실험을 통해 물에 동종약물의 에너지가 방출되어 그 에너지가 각인되고 기억된다는 사실을 증명한 바 있다. 또, 데이비드 델리 박사는 알레르기와 천식의 치료 등에서 동종약물이 일반 화학약물보다 치료 효과가 빠르고 부작용이 없다고 발표한 바 있다. 맥아 발육 연구에서 아니카라는 고도로 희석한 동종약물을 사용하면 성장 속도가 빨라지는 것도 희석법과 진탕법의 효과를 입증한 실험 결과라 할 수 있다. 이처럼 의학적 검증 방법이 발달하고 과학적 실험 기법이 개발되면서 그동안 신비의 베일에 싸여 있던 동종의학의 원리와 치유 방법이 과학적으로 입증되고 있다. 천연물질을 고도로 희석하고 진탕해서 투여하면 그 물질이 가지고 있는 에너지가 활성화되고 생물 에너지로 인체에 전달된다는 점에서 기존의 화학약물들과는 다른 차원의 치료 방법이라 할 수 있다. 동양의학적 용어로는 기氣가 전달되는 약물이라는 표현을 할 수 있을 것이다.

동종약물

일반 의학과 동종의학의 커다란 차이 중 하나는 일반 의학이 같은 진단이 내려진 환자들에 대해 모두 같은 종류의 약물이나 방법으로 치료하는 반면에, 동종의학은 같은 진단을 받았더라도 각 환자에서 보이는 증상이 다르면 전혀 다른 동종약물을 처방한다는 데 있다.

그렇다면 동종요법으로 치료할 수 있는 질병에는 어떤 것들이 있을까? 앞에서도 설명한 바와 같이 동종요법은 관절염이나 기관지염 등 기존의 진단된 병명에 따라 치료법이 정해지는 것이 아니다. 즉, 통증이 있는 관절 부위, 염증이 있는 기관지 부위, 악성 종양세포가 있는 부분만을 국한해서 치료하는 것이 아니라, 정신, 감정, 신체를 포함하여 그 환자의 모든 부분을 대상으로 치료한다. 따라서 같은 병명이라 하더라도 사람에 따라 아주 다른 동종약물이 처방될 수 있다.

동종약물로 치료할 수 있는 범위는 각종 응급처치부터 급성과 만성 질환에 이르기까지 광범위하다. 먼저 정신과 감정의 장애를 치료하는 데 있어서 그 사람이 가지고 있는 모든 증상들을 수집하여 분류해보고 심지어 날씨나 기온에 따른 반응, 음식에 대한 반응까지도 검토하여 모두 참조한다. 여성 질환이나 소아 질환의 경우 동종치료가 가장 효과적으로 적용되는데, 아이의 소화 장애, 설사, 눈이나 귀, 코의 문제, 오줌을 싸는 증상, 또는 여성의 출산, 유방 염증 등도 치료할 수 있다. 특히 폐경기증후군에 대해서는 확실히 치료할 수 있는 동종약물들이 많이 있으며, 얼굴 화끈거림, 두통과 피로 등의 증상을 총합하여 정확한 약물을 선택 사용한다.

방광염과 같은 박테리아 감염증이 있을 때도 항생제를 쓰는 현대의학과는 다른 방법으로 치료한다. 19세기에 유럽과 북미를 휩쓸었던 콜레라의 경우 대중요법치료에는 40% 이상의 사망률을 보인 반면, 동종요법치료에는 9%의 낮은 사망률을 보인 통계 보고도 있다. 박테리아성 구강염이나 인후염 등에도 좋은 효과를 보인다.

감기를 치료하기 위한 약제, 동종약물을 만드는 과정

교통사고, 부상, 불구 등으로 몇 년 동안 건강을 회복하지 못하고 있는 사람에게 사용되며, 사랑하는 사람을 잃거나 정신적 쇼크를 받아 충격에서 헤어나지 못하고 있는 사람에게도 도움을 줄 수 있다.

임상 사례를 하나 들어보자. 50대 주부인 K씨는 5년 전 남편과 차를 타고 가다가 전복사고로 남편을 잃은 뒤 분노와 실의에 빠져 악몽과 두통, 심장 두근거림 등에 시달렸다. 병원에서는 특별한 이상 소견을 보이지 않았지만, 동종약물로 치료한 결과 그러한 증세들이 사라졌다. 자살 위험이 있는 우울증 환자, 분노 감정 등 심한 정서 및 행동 장애 환자들에게도 소량의 동종약물을 간단히 혀 밑에 넣고 녹여 복용하게 함으로써 도움을 줄 수 있다.

동종치료는 반드시 수술을 해야 하는 경우나 선천성 질환에는 치료 효과가 없으나, 수술 후의 회복, 골절 후의 봉합 교정 등을 촉진시키고 회복 시간을 단축시키며 저항력을 강화시킨다.

동종의학이 다른 의학과 구별되는 또 다른 특징은 한 환자에게 한 종류의 약만 쓴다는 것이다. 일반 의학은 질병의 원인을 한 가지 기관이나 조직에 국한하여 본다. 즉, 고혈압은 심장혈관 계통, 장염은 위장 계통, 방광염은 비뇨생식 계통의 이상으로 본다. 따라서 한 가지 이상의 장기에 병이 생기면 한 가지 이상의 약을 써야 한다. 예를 들어 고혈압과 불면증, 심부전증이 있다면 이뇨제, 수면제, 디기탈리스 등 세 가지 이상의 약을 복합 처방해야 한다. 그러나 동종의학은 한 인간을 정신적, 영적, 정서적, 그리고 육체적 부분들이 모두 합쳐진 개체로 보기 때문에 환자의 모든 증세를 정확하고 자세히 듣고 관찰하여 이들에 모두 부합하는 동종약물 한 가지를 선택하여 사용하는 것을 원칙으로 한다.

동종약물의 사용 기간, 다른 약물과의 관계

동종약물은 어느 한 부위에만 국한해서 작용하는 약물이 아니기 때문에 다른 부위들에 부작용이나 손상을 주지 않는 장점을 가지고 있다. 반면에 일반 의약품은 문제가 되는 특정 부위에만 치료적 작용을 나타내도록 개발되어 나머지 부위에는 부작용이 나타난다.

동종치료를 하면 급성 질환일수록 빨리 치료 효과를 보고 만성 질환의 경우 서서히 작용한다는 점을 관찰할 수 있다. 예를 들면 아이가 갑자기 귀에 통증이 발생하여 부어오르고 염증이 생긴 경우 벨라도나라는 동종약물을 사용하면 증상이 1~2분 이내에 사라지게 된다. 한편, 갑상선종과 같은 만성 질환은 약물 효과가 수개월 이상에 걸쳐 서서히 나타난다. 대체로 병에 걸린 기간이 1년이면 치료 기간은 1개월 정도로 예정할 수 있다.

동종요법은 그 사람이 가지고 있는 성질과 영향을 받을 수 있는 모든 요인들을 고려하여 처방한다.

동종요법에 쓰이는 약제의 형태들

동종치료를 시행할 때는 다른 모든 약의 사용을 중지해야 한다. 증상이 먹고 있는 약으로 인해 위장되거나 나타나지 않기 때문이다. 그러나 현재 사용 중인 약을 중단하면 위험해지는 경우에는 동종요법 약제와 같이 사용한 후 서서히 중단하도록 한다.

동종요법의 특징은 90%의 증상을 환자의 입을 통해서 얻으며, 나머지는 의사가 관찰하여 보완한다는 것이다. 그렇기 때문에 환자의 생활에서 사소한 것으로 넘기거나 무시했던 부분들도 중요하게 생각하고 이야기해야 한다.

기적을 바라는 기대나 희망으로 동종요법을 사용하는 것은 옳지 못하며, 있는 그대로의 상태에서 의학적 원리에 따라 치유한다는 생각을 가져야 한다. 특히 만성 질환의 경우 인내를 가지고 기다려야 하며, 회복되는 과정 중에 일시적으로 증상이 악화되더라도 다른 약으로 대치해서는 안 되고 치료자와 상의해야 한다. 일시적인 심한 통증을 아스피린이나 항생제, 안정제 등으로 해결하고 스테로이드로 막아보고자 하면 그동안 실시했던 동종요법의 효과가 사라지고 만다. 명심할 것은 동종요법 약물은 그 많은 시간을 공들여 환자의 증상을 파악하여 가장 정확한 약제를 선택한 것이기 때문에 처음부터 최적의 약을 찾기가 어렵다는 것을 알고 인내하며 기다려야 한다는 점이다. 환자에게 적합한 약이 선택되었다 하더라도 치료에 들어가면 수일에서 수주일 정도 증상이 나타났다 없어졌다 하는 반응이 생길 수 있다. 그것은 한꺼번에 모든 증세가 완전히 치유되지 않기 때문에 생기는 현상이다.

동종요법에 쓰이는 치료 약제는 오염되지 않도록 항상 주의해야 한다. 약제에는 가루약과 알약이 있는데, 입 안에 넣고 물 없이 녹여서 삼킨다. 그렇다고 해서 혀를 깨끗이 하기 위해 양치질을 한 후에 복용해서는 안 되며 자연스러운 상태에서 식사 전후 20분에 복용하는 것이 좋다.

약을 복용할 때는 커피나 캠퍼 camphor 등이 함유된 음료는 약과 상호 약리 작용을 일으킬 수 있으므로 피하고, 가벼운 녹차는 괜찮지만 민트 차, 알코올, 코카인, 마리화나, 환각제 등은 피한다. 치과 치료에서 치아를 뚫는 것도 피하고, 비타민, 미네랄, 식품보조제도 피하는 것이 좋다. 다음은 흔히 사용할 수 있는 동종요법의 처방법들이다.

ㅣ 증상별 동종 약물 ㅣ

아코나이트

불안증

- **아코나이트** Aconite – 놀람, 비행기 공포, 증상 전후에 복용
- **아르 나이트** Arg nit – 경직, 설사 동반, 폐쇄 공포에 효과
- **아르세니쿰** Arsenicum – 특히 밤 시간에 혼자 있지 못하고 안절부절못함
- **겔세미움** Gelsemium – 불안, 쉽게 피로하고 허약한 증세, 온몸이 떨리고 흔들릴 때
- **포스포러스** Phosphorus – 예민하고 민감할 때, 동료가 있으면 안심, 해질녘이나 그림자에 심하게 불안해하고 천둥, 번개 등에 크게 놀람

아르세니쿰

천식

- **아르세니쿰** Arsenicum – 한밤중에서 오전 3시 사이에 심함, 호흡곤란이 있으나 자리에서 일어나면 좋아짐, 불안과 초조 동반, 왔다 갔다 걸어 다니면 좋아짐
- **카모밀라** Chamomilla – 극도의 초조, 분노 후에 발작, 특히 어린아이의 천식에 효과
- **이페카** Ipecac – 가슴이 꽉 차서 숨을 쉴 수 없는 기분, 기침이 터지고 오심과 구토증 동반, 맑은 공기가 도움이 됨
- **펄사틸라** Pulsatilla – 감정이 풍부, 의존적이고 히스테리적임, 차고 신선한 공기가 도움이 됨, 덥고 막힌 데서는 악화
- **나트룸 설파** Natrum sulph – 습기 차고 젖은 날씨나 환경에서 발작, 아침 일찍 발생, 춥고 지친 상태

아니카

벌 / 벌레 물림

- **아피스** Apis – 붉게 충혈, 부어오름, 벌에 쏘였을 때
- **아니카** Arnica – 멍들고 쓰라릴 때
- **칸타리스** Cantharis – 타는 듯한 통증으로 다른 증상들을 미처 느끼지 못할 때
- **하이페리쿰** Hypericum – 입술이나 손가락 끝 등 신경을 건드려서 쿡쿡 쑤실 때
- **레둠** Ledum – 만지면 아픔, 찬 습포로 통증 완화, 크림이나 희석된 용액으로 사용하면 좋음

레둠

벨라도나

하이페리쿰

우르티카

페럼 포스의 원료인
비비안나이트

종기

- **아르세니쿰** Arsenicum – 따갑고 타는 듯한 느낌, 더운 찜질로 통증 완화
- **벨라도나** Belladonna – 초기에 사용, 한참 성이 나 있을 때
- **헤파 설파** Hepar sulph – 찌르는 듯한 통증, 파고드는 통증, 찬 것에 악화, 고름이 노랗고 초록색으로 삐져나옴
- **타렌트 커브** Tarent cub – 갑자기 빠르게 생겨난 종기, 단단한 덩어리, 푸르스름한 색

멍듦

- **아니카** Arnica – 최상의 약제로 가장 효과적임, 예방에 좋음, 연고로 바르거나 내복
- **하이페리쿰** Hypericum – 신경이 많이 분포되어 있는 부위(손가락, 발가락, 입술, 코, 귀, 꼬리뼈)에 멍이 들었을 때, 가끔 쏘는 듯한 통증
- **루타** Ruta – 뼈막 periosteum 의 문제에 효과, 뼈에 멍이 들었을 때

화상

- **우리타** Urita, **칼렌둘라** Calendula, **하이페르칼** Hypercal – 가벼운 화상
- **칸타리스** Cantharis, **카우스티쿰** Causticum – 심한 화상, 15분 간격

감기

- **아코나이트** Aconite – 초기 감기, 특히 밤에 갑자기 발생 시, 차고 건조한 바람에 가끔 오한, 열이 나면서 목이 마르고 땀이 남, 건조하고 통증을 동반하는 기침
- **알리움 세파** Allium cepa – 줄줄 흐르는 콧물감기에 최적, 따가운 분비물, 눈물
- **아르세니쿰** Arsenicum – 감기가 코에서 시작, 가늘게 줄줄 흐르는 따가운 분비물, 훌쩍거리고 안절부절못함
- **벨라도나** Belladonna – 고열, 열에 들뜬 얼굴, 갑자기 쑤심, 피부는 건조하나 목은 마르지 않음, 머리가 항상 아픔, 쿡쿡 찌르는 통증
- **브라이오니아** Bryonia – 서서히 진행, 초조, 혼자 있기 좋아함, 몹시 목이 마름, 찬물을 찾음, 가슴이 아픈 건조한 기침
- **유파토리움** Eupatorium – 감기가 뼈로 간 상태, 뼈마디가 아픔, 목이 마름, 땀을 내면 좋아짐, 그러나 두통은 없어지지 않음
- **페럼 포스** Ferrum phos – 초기 감기의 모든 증상을 잡을 수 있는 약제, 특별히 두드러진

마그네슘 포스포리카

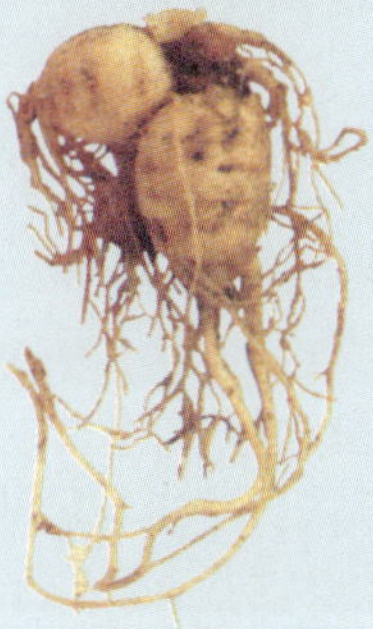
브라이오니아

스펀지아

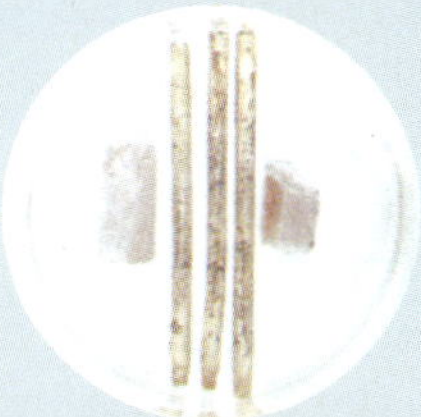
포스포러스

증상 없음, 저조해지는 기분과 중간 정도의 목마름

- **겔세미움** Gelsemium – 중요 증상으로 몸이 떨림, 서서히 증세가 나타남, 몹시 피곤, 허약, 몸과 근육이 무거움, 뒷골 쪽에 두통, 약간 목마름

장의 경련

- **콜리신티스** Colicynthis – 버릇이 나쁜 아이, 아프면서 더욱 버릇이 없음, 아이의 배를 손바닥으로 눌러주면 좋아짐
- **디오스코레아** Dioscorea – 콜리신티스 때보다 덜 화를 냄, 팔을 뻗치고 뒤로 젖히면 통증이 덜함
- **마그 포스** Mag phos – 통증을 없애기 위해 무릎을 배에 댐, 따뜻한 물병으로 가볍게 눌러주면 통증이 덜함

기침감기

- **아코나이트** Aconite – 거칠고 건조하고 고통스런 기침, 발작적인 기침, 숨쉬기 힘들 정도, 밤에 심해짐, 초기에 쓰는 약제
- **브라이오니아** Bryonia – 딱딱하고 건조하고 고통스런 기침, 가슴이 굉장히 아픔, 따뜻한 방에서 나빠짐, 일어서면 좋아짐, 찬물을 오랫동안 마심, 기관지염 치료제
- **드로세라** Drosera – 개 짖는 소리 같은 기침, 숨넘어가는 기침, 목구멍이 간질간질함, 깊은 기침, 그래서 배를 쥐고 있어야 함
- **헤파 설파** Hepar sulph – 고통스런 기침, 찬 공기에 나빠짐, 가슴이 방울거리고 점액이 가득 차 기침이 어려움, 가래가 진하고 노란색, 3차 약물(아코나이트, 스펀지아 다음으로 선택)
- **루멕스** Rumex – 신선한 공기를 쐬면 목구멍이 간질거림, 그래서 지속적 기침 유발, 입을 막으면 좋아짐, 가슴이 아픔, 가래가 많음
- **스펀지아** Spongia – 빈 기침, 기침이 나무 자르는 소리 같음, 가슴이 꽉 찬 기분, 그래서 질식할 것 같음, 2차 약물

상처

- **칼렌둘라** Calendula – 크림이나 팅크처(팅크제)를 바름, 심하면 알약으로 복용
- **하이페리쿰** Hypericum 또는 **하이페르칼** Hypercal – 심하고 깊은 상처일 때, 예민한 손가락 끝, 입술 부위 등
- **레둠 팅크처** Ledum tincture – 찔린 상처일 때, 심하면 알약으로 복용

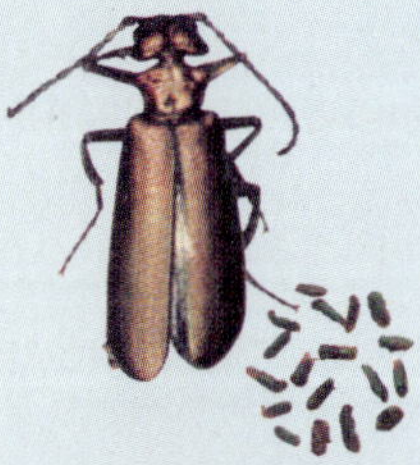
칸타리스

방광염

- **칸타리스** Cantharis – 1차 약물, 오줌이 뜨거움, 통증이 심하고 오줌을 자주 찔끔거림
- **카우스티쿰** Causticum – 타는 듯한 통증, 차 있던 오줌이 기침으로 찔끔거림
- **사사파릴라** Sarsaparilla – 모든 방광염, 통증이 오줌 끝날 때 심해짐

포도필룸

설사

- **아르세니쿰** Arsenicum – 식중독 설사의 1차 약물, 오심과 구토증 동반, 안절부절못함
- **콜로신티스** Colocynthis – 심한 위통 동반, 파도처럼 창자를 쥐어짜는 듯한 통증, 압박하면 통증 완화, 화를 냄
- **포스포러스** Phosphorus – 수돗물 틀어놓은 듯 심하게 물 같은 설사를 함, 통증은 없음, 찬물을 갈구, 곧바로 토함
- **포도필룸** Podophyllum – 통증 없는 설사, 가글링 소리, 음식이나 음료를 섭취하지 못함
- **베라트룸 알브** Veratrum alb – 진짜 응급 약제, 극심한 구토 동반, 심한 땀, 냉함, 복부통증 후에 탈진, 얼음 찬물을 갈구

카모밀라

귀의 통증

- **아코나이트** Aconite – 급성으로 발생, 주로 추위에 유발, 아이는 몹시 무서워함, 한밤중에 심함, 2시간 지속
- **벨라도나** Belladonna – 굉장히 빨리 증상이 옴, 심한 통증, 빨갛게 충혈, 체온 상승
- **카모밀라** Chamomilla – 아이가 성질을 부림, 고통이 심함, 아이를 안아주면 진정됨, 따뜻해지면 좋아짐
- **페럼 포스** Ferrum phos – 통증이 서서히 나타남, 초기에 최상의 약제, 벨라도나 다음으로 사용
- **헤파 설파** Hepar sulph – 염증 중간에 효과적임, 고름이 잡히기 시작할 때, 아이의 목통증과 감기, 진한 황록색 분비물, 통증이 예리하므로 아이를 따뜻하게 안아주어야 함
- **머큐리우스** Mercurius – 통증이 목구멍과 입 안으로 연장, 콧물이 노랗고 피가 섞여 나옴, 얼굴과 목의 분비샘들이 부어 있고 단단해짐. 아이는 목이 마름, 땀과 침을 많이 흘림
- **펄사틸라** Pulsatilla – 통증이 특정한 형태 없이 왔다 갔다 함, 아이는 울고 불안정함, 위로와 애정을 보이면 좋아짐, 방을 차게 하면 안정됨
- **베르바스쿰** Verbascum (**뮬레인 오일** Mullein oil) – 다른 약제와 함께 사용 가능, 바르면 진정됨, 귀에 따뜻한 방울로 떨어뜨림

펄사틸라

05 수기요법과 보디워크

신체를 손이나 동작을 이용하여 만져주거나 운동을 가함으로써 건강을 증진하고 증상을 교정하는 요법들을 말하며, 침투적이지 않고 피부나 근육을 만져서 조절하는 방법을 사용한다. 몸동작 훈련과 수련을 통해 습득하기도 하며, 대부분 부드럽고 안전해서 부작용이 적다. 그러나 항상 잘못된 손 조작이나 부정확한 동작으로 신체의 조직과 부위에 부상과 손상을 입을 수 있으므로 확실하고 안전한 훈련법을 익히고, 정확하게 시술하는 노련한 전문가를 찾는 것이 중요하다. 카이로프랙틱, 근운동응용요법, 마사지요법, 지압법, 알렉산더테크닉, 필라테스, 요가, 수치료, 치유적터치요법 등이 여기에 속한다.

카이로프랙틱

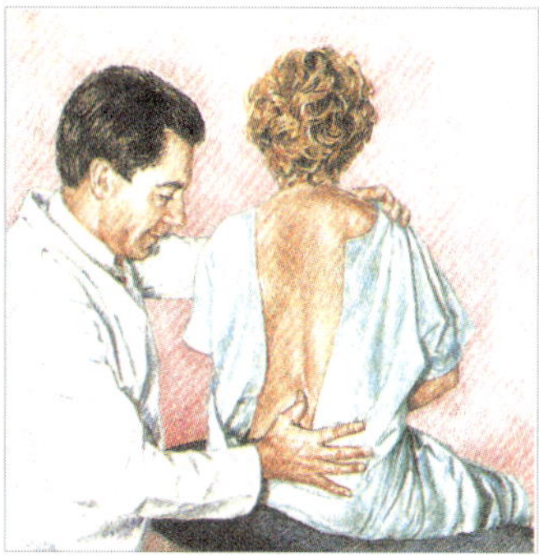
척수 조작을 통한 치료법

미국에서 가장 널리 알려진 대체요법으로 적어도 5만 명 이상의 카이로프랙터가 활동하고 있어 의료계에서 세 번째로 큰 집단을 형성하고 있다. 카이로프랙틱 chiropractic 이란 용어는 라틴어로 '손으로 이루어내다' 라는 뜻이다. 1890년대 팔머 D. D. Palmer 에 의해 정립된 요법으로 인체의 기능에 중요한 역할을 하는 척추를 손 조작을 통해 교정함으로써 단순히 요통, 두통 같은 근골격계의 문제만이 아니라 신경 계통의 문제와 심장 질환, 전립선 장애, 알레르기까지 다루고 있다. 1993년 캐나다에서 발간된 '마그나 보고서 Magna report'는 카이로프랙틱이 요통에 대한 가장 안전하고 효과적이며 경제적인 치료법이라고 설명하고 있다.

근운동응용요법

인체는 하나의 구조물로 그 안에서 생리화학적 대사 기능을 하는 구조적, 화학적 유기체다. 또, 의식을 가지고 행동하며 믿음과 신념 체계를 가진 심리적이고 영적인 존재이기도 하다. 이러한 구조적, 화학적, 심리적, 영적 네 가지 부분이 서로 균형을 이루고 있을 때 건강이 유지된다. 근운동응용요법 applied kinesiology 이란 이중에서 구조적인 부분을 강조하여 이를 진단과 치료에 응용한 방법이다. 그동안 근육에 대한 부분이 소홀하게 다루어져온 점이 없지 않았으나, 지금은 구조적 부분이 건강에 중요하게 관련되어 있음을 알게 되었다.

근육과 장기가 어떻게 연관이 되는지 알면 임파조직, 신경조직, 순환계, 호르몬 기능이 어떻게 조절되는지 알 수 있다. 근육에 증상이 나타나고 자세에 문제가 생기고 근육이 약해지는 상태를 점검할 수 있다면 근육을 이용한 진단을 통해서 통증과 문제점이 나타나기 전에 이를 치료할 수 있는 것이다.

근운동응용요법의 역사와 원리

이 치료법은 1895년 팔머 박사의 카이로프랙틱요법과 그 후 베네트, 자네트의 반사요법 등을 응용하여 1960년대 초 굿하트 G. J. Goodheart 박사가 고안한 방법이다. 그는 미국 디트로이트의 카이로프랙터로 국제근운동응용요법

학회를 설립하고 의학적 이론과 타당성을 확보해가며 꾸준히 발전시켜왔다. 오늘날 수백 명의 전문가들이 이에 대한 진보적 연구를 계속하고 있다. 근운동응용요법은 처음에는 주로 카이로프랙터들 사이에서 이용되기 시작하다가 점차 일반 의사, 치과 의사, 전문 의사들에게 보급이 되었다.

이 원리는 근육의 운동역학과 긴장 상태 등을 근거로 근육의 허약한 부분이 정상적인 근육을 긴장하게 만들어 문제가 생긴다는 것이다. 긴장된 근육을 일시적으로 풀어준다 해도 다시 긴장 상태로 돌아갈 수밖에 없다. 약한 근육을 강화시키는 방법만이 균형을 이루게 하여 악순환을 막을 수 있다. 대칭적으로 이에 상응하는 운동을 하여 이들 근육이 서로 균형을 이루며 운동하도록 만드는 것이다. 이처럼 근육을 조절하는 치료법은 단순히 근육을 만지는 것에 그치는 것이 아니다. 근육과 연관되어 있는 조직의 기능을 조절하여 관련 내장 기관과 임파계, 혈관계, 경락 체계에 영향을 주고 에너지 흐름을 조정하는 것이다.

가족 한 사람에게 문제가 생기면 가족 전체가 영향을 받듯이 근육의 문제는 몸 전체에 영향을 준다. 구체적 진단과 치료 방법은 상당히 구조적이어서 서로 연결되어 있는 근육들의 상호 운동 상태를 이해해야 한다.

이 치료법을 적용할 수 있는 범위는 간단한 감기 증세에서부터 만성적인 퇴행성 질환에 이르기까지 다양하다. 진단으로 이용할 수 있는 범위도 비만증 환자에게 가장 잘 맞는 식품은 무엇인가에서부터 말기 환자의 통증 통로를 파악하고 차단 에너지를 제공할 수 있는 것까지 광범위하다.

좀더 구체적인 예를 하나 들어보자. 몸무게가 80kg 이상인 비만증 환자가 의사로부터 갑상선 기능 장애라는 진단을 받았다. 갑상선이 제대로 기능하지 못하면 정상적인 대사 작용이 이루어지지 않고 지방이 축적된다. 이때는 요오드를 투여하여 갑상선 기능을 정상화시킨다.

근운동응용요법의 치료 방법

근운동응용요법으로 진단하고 치료하는 방법에 대해 알아보자. 우선 정확한 진단을 위하여 2단계의 근육 테스트를 실시한다. 왼팔을 들어올리게 하고 검사자가 아래로 밀어 떨어뜨린다. 환자의 저항에도 불구하고 팔은 힘없이 밑으로 떨어진다. 그러나 검사자가 왼쪽 흉근 근육에 손가락을 대고 적당히 힘을 주면서 누른 후 다시 테스트를 해보면 팔이 아래로 밀리지 않고 강력한 힘으로 버티게 된다. 앞서 언급한 갑상선 기능 장애가 있는 비만증 환자의 예를 살펴보자. 갑상선 기능 장애가 있는 사람에게 근운동응용요법 테스트를 해보면 팔이 저항 없이 밑으로 떨어지게 된다. 이것은 왼쪽 소원근 근육이 약해져 있는 것과 갑상선 기능에 문제가 있는 것이 연관되어 있기 때문이다. 따라서 갑상선과 밀접하게 연결되어 있는 소원근 근육의 임파선과 신경이 만나는 특정한 부위를 눌러서 국소적 치료를 하면 정상적인 근육의 파워를 얻을 수 있다. 그러나 다시 한 번 가슴에서 손가락을 떼고 검사해보면 근육은 다시 약해져 있다. 이것은 갑상선이 정상적인 기능을 하고 있지 못하기 때문에 그와 관련된 근육에 운동역학적인 이상이 발생한 것이다.

근운동응용요법은 이와 같이 간단한 근육 테스트 과정을 통해 환자의 상태를 어느 정도 파악할 수 있다. 이 환자의 경우 밤새도록 기초대사율을 측정한다거나 복잡한 검사 과정을 시행하기 전에 이와 같은 진단적 평가를 받을 수 있으며, 또한 많은 양의 피와 오줌을 받아내는 고생을 하지 않아도 된다. 이 요법의 절대적인 장점은 다른 기구나 도구를 사용하지 않고 바로 자신의 인체를 도구로 이용하여 진단과 치료를 한다는 점일 것이다. 피를 뽑거나 조직을 떼어내거나 기계를 갖다대는 것이 아니라 그냥 있는 그대로의 상태, 즉 걷고 말하고 앉고 서 있는 동작을 이용하는 것이다.

이 요법은 그 일차적인 목적이 병적 상태보다 건강한 상태에 더 관심을 두고 심각한 질병으로 진행되는 것을 예방하는 데 있으므로, 환자들이 흔히 호소하는 "몸이 왠지 편하지 않다"는 막연한 증상에도 효과적으로 쓸 수 있다. 임상의학의 거의 모든 과에서 찾아볼 수 있듯이 이러한 애매한 증상을 호소하는 환자는 80% 이상이 건강염려증 상태, 즉 신체상에 아무런 잘못된 부분이 발견되지 않으면서 자신이 무언가 심각한 병적 상태에 있다고 상상하는 신경증적 상태로 취급을 받는다. 하지만 환자들은 심한 정신적, 신체적 고통을 받으며 악순환을 거듭하기 마련이다. 근운동응용요법의 입장에서는 불충분한 진단이 내려지는 원인으로 근육운동의 역동적 과정에 대한 몰이해를 든다. 환자가 애매한 증상을 호소하는데 모호한 소견을 보일 때 의사는 진단을 내리기 힘들고 어떻게 취급해야 할지 곤란할 때가 많은 것이 사실이다.

한 손에 검사하고자 하는 물건을 들고 다른 손은 검사자의 압력에 저항하도록 해서 진단하는 방법

근운동응용요법은 근육 테스트를 통하여 이것이 앞으로 심각한 증상과 병으로 발전하기 전에 조직과 기관 또는 내분비 기관이 보내는 경고 신호가 아닌지를 알아보는 요법으로도 쓰인다. 1년이나 그 이후에 병원 신세를 지게 되기 전에 미리 점검하여 회복시키는 방법으로 활용할 수 있다는 것이다.

우리 몸이 보여주는 언어, 즉 보디랭귀지는 결코 거짓말을 하지 않으며 근육 테스트를 통하여 그 상태를 드러낸다. 따라서 근운동응용요법은 신체적 신호나 마음의 상태를 근육을 통해 해석하고 해결하는 의학이라 할 수 있다.

흔히 만성적 불편, 요통, 두통, 천식, 감기, 알레르기 반응과 불안, 우울, 불면증, 강박증, 노이로제, 스트레스성 질환, 심장혈관 장애, 위장 장애, 내분비 장애 등에 이용할 수 있고, 어린아이, 임산부, 노인 등 어떤 연령층에도 적용할 수 있다.

치료법은 다양하다. 흔히 환자로 하여금 신체의 어느 부위를 손가락으로 누르게 하는 방법 등 부조화된 부분의 기능을 항진시켜주는 치료를 한다. 또, 어떤 약물이나 식품이 그 환자에게 이로운가 아니면 해로운가를 알아보기 위해 한 손에 그것을 쥐게 하거나 입 안에 넣게 하여, 물질의 에너지 패턴이 각 세포에 어떤 공명 현상을 일으켜 근육의 강도를 변화시키는지 알아보는 검사 방법도 쓴다. 예를 들어 당뇨병 환자에게 설탕을 혀 밑에 넣어주면 활배근이 강화되는 것을 볼 수 있다. 검사하고자 하는 근육 하나를 너무 강하게 누르거나 갑자기 자극하면 정확한 결과를 얻을 수 없다. 상체 근육은 앉거나 서 있는 상태에서 검사하고 나머지는 누운 상태에서 검사한다. 일단 문제의 근육이 발견되면 다음과 같은 몇 가지 치료법을 적용한다.

근운동응용요법의 치료법

- **신경-임파 마사지점 치료법** : 임파는 한 방향으로 흘러서 결국 목 부위에 모이고 정맥을 통해 심장으로 나아간다. 혈관보다 2배 더 많이 분포되어 있는 신경-임파계를 원활하게 소통시키는 치료 방법이다. 예를 들면 가슴과 등 뒤에 모여 있는 신경-임파 반사점을 20~30초간 눌러준다.
- **신경-혈관 홀딩포인트 치료법** : 주로 머리에 모여 있는 심장-혈관 집합점은 1분에 70~74회 뛰는데, 이 부위를 20초, 최대 10분까지 눌러준다.
- **경락혈 치료법** : 에너지 흐름을 따라 손바닥으로 그 줄기를 재빨리 쓸어주는 치료법이다.
- **지압점 치료법** : 팔과 발의 근육이 약해진 부위의 지압점을 30초간 눌러준다.
- **근육 기착점 테크닉 치료법** : 근육의 기점과 착지점을 손가락으로 마사지한다.

1. 원추세포 기전법 : 근육의 계곡을 자극
2. 골지인대 기전법 : 각 근육의 끝에 있는 인대를 자극

– **대뇌–척수액 치료법** : 대뇌에서 척수까지 자유롭게 액이 흐르도록 두뇌골을 눌러준다.

이상과 같은 치료를 하고 난 후 다시 근육을 검사해보면 근육의 힘이 크게 강화되어 있는 것을 확인할 수 있다.

마사지요법과 지압법

하루 일을 마치고 집에 돌아오면 허리, 어깨, 목 등 온몸이 긴장되어 심신이 쓰러질 지경으로 피곤할 때가 많다. 이런 증상은 온종일 집에 있는 경우에도 예외일 순 없는데, 나이가 들면서 생기는 노화 현상일 수도 있고 평소 운동 부족에서 오는 현상일 수도 있다. 어쨌든 이 경우 특별히 처방받아 복용할 수 있는 약도 드물고 약을 먹는다 하더라도 바로 좋아지지 않는다. 복잡하게 생각할 일이 아니다. 이때는 흔히 생각할 수 있는 마사지법이 가장 효과적이다.

마사지는 어떤 증상이라도 손쉽게 해결할 수 있는 대체의학으로 인간이 활용해온 가장 오래된 의료 행위다. 일단 마사지를 받으면 긴장이 풀리고 기분이 좋아질 뿐 아니라 근육이 풀리고 스트레스가 해소되며 머리가 맑아져 창조적으로 바뀌게 된다. 또, 자극 효과와 이완 효과를 동시에 가지고 있어 축적된 독소를 배출시키고 조직을 재생시켜준다. 마사지요법은 혈액순환을 증가시키고 정맥의 배수 작용을 촉진시켜 심장으로 가는 피를 증가시키며 산소 공급을 활성화시킨다. 특히 팔다리는 혈액순환이 가장 활발하지 못한 부위로 노인이나 침대에 오래 누워 지내는 사람들에게 마사지가 꼭 필요한 부위이기도 하다.

오늘날 마사지요법은 마사지 전문가가 있을 정도로 학문적으로나 임상적으로 체계를 갖춘 대체요법 치료 방법으로, 단순히 몸을 주무르는 동작이 전부인 것 같지만 그렇게 단순한 것만은 아니다. 근육에 자극과 이완을 주어 몸과 마음의 생리와 대사 상태를 조절해주는 가장 오래된 자연요법으로, 세계의 모든 문화권에 존재하는 전통적 의료 형태다. 그 종류는 수백 가지에

이를 정도로 다양하나 크게 다섯 가지 방법으로 나눌 수 있다.

의학적 연구에 의하면 마사지요법은 단순히 기분만 좋게 하는 것이 아니라 혈압을 떨어뜨리고 혈액순환을 촉진하며 천연 통증억제물질이 나오게 만든다고 한다. 마사지로 효과를 볼 수 있는 증상이나 질병으로는 불면증, 우울증, 불안증과 같은 정신신경 장애, 관절염, 두통, 근막 통증, 부상 통증과 같은 만성 통증 장애, 과민성대장증후군, 변비, 만성소화불량과 같은 위장 장애 등 아주 광범위하다. 암 센터들에서는 암 환자의 통증을 관리하고 불안, 스트레스 등을 해소시키는 데 마사지요법을 이용하고 있다.

1986년 마이애미 의과대학 마사지 연구센터는 조산아에게 규칙적인 마사지를 실시했더니 체중이 늘고 활동력이 증가되었으며 마사지를 받지 않은 조산아에 비해 평균 6일 빨리 퇴원할 수 있었다는 연구 결과를 발표한 바 있다. 천식 아동의 경우 부모들의 마사지가 천식발작 횟수를 줄이고, 고혈압 환자의 경우 혈압을 낮추며, 편두통 환자의 경우 통증을 줄이는 것으로 밝혀졌다.

실제로 위축되거나 마비된 근육 부위를 마사지하면 근육이 강해지며, 골절된 부위를 마사지하면 근육이 더 빨리 회복된다. 또, 관절 부위의 운동 반경을 넓혀주기 때문에 어깨, 골반, 무릎 등이 좋지 않은 사람에게도 효과적이다.

마사지는 모든 사람들에게 대단히 안전할 뿐만 아니라 특별한 주의 사항도 없다는 장점을 가지고 있다. 그러나 근육피부 염증, 화상, 종양, 화농성 염증, 순환 장애, 혈액 질환, 혈액 응고 질환, 급성 골관절 질환, 급성 관절염증, 임신,

I 마사지의 분류 I

- **전통 유럽식 마사지** : 근육이완과 혈액순환에 초점을 맞춘 마사지법이다.
- **현대 서구식 마사지** : 심부 깊숙이 마사지하는 방법으로 더욱 강하고 전문적인 마사지법인 스포츠 마사지가 이에 속한다.
- **동작 연결 마사지** : 보디워크라고도 하며, 운동 동작의 불균형과 자세를 바로잡아주는 마사지법이다. 롤핑 테크닉, 알렉산더테크닉이 이에 속한다.
- **동양식 마사지** : 동양문화권에서 경락혈 순환도에 따라 마사지하는 지압 방식을 말한다.
- **에너지 마사지** : 손과 발의 막힌 에너지 흐름과, 반사 반응의 마사지 포인트를 자극하는 방법으로 발반사요법 등이 이에 속한다.

월경, 열이 날 때, 건선 등의 피부병, 상처 등이 있을 때는 마사지를 금해야 한다.

요즘은 기구를 이용한 마사지요법들이 많이 나와 있지만, 가능하다면 신뢰감과 안정감을 줄 수 있는 손을 이용한 마사지요법이 좋다.

마사지요법에서 가장 기본적이면서 중요한 기술 중 하나는 일정한 리듬과 압력을 가하는 것이다. 이를 위해서는 마사지의 기본인 유럽식 스웨덴 마사지법으로 근육을 비비고, 문지르고, 흔들고, 두들기고, 압력을 가하는 여러 단계로 시술해야 한다. 다음의 다섯 가지 마사지 동작(아래 표)은 1830년대 스웨덴의 링 Ling 박사에 의해 개발 보급된 것이다.

주로 두드리기로 시작해서 주무르기와 비비기 동작으로 이어간다. 타진법은 넓은 등 근육을 이완시킬 때, 진동법은 마사지 과정 전체에 걸쳐 특히 팔과 다리에 실시한다.

몸 전체를 한 번에 순서 없이 전부 마사지할 필요는 없다. 예를 들면 뒷등을 마사지할 때는 어깨, 목부터 시작해서 각 부위를 나누어 허리 부분까지 내려오도록 하며, 반듯이 누워 있는 상태에서는 발가락부터 시작해서 발, 다리의

| 마사지의 방법 |

- **두드리기 :** 오랫동안 단단하게 손 전체로 또는 엄지로 힘을 가하는 방법이다. 몸의 외측을 따라서 두들겨나간다. 주로 큰 근육 부위를 두드리며 주먹의 안쪽 부위로 두드린다.
- **주무르기 :** 근육을 리드미컬하게 들어올리고 굴리고 주무르고 짜는 듯이 마사지하는 방법이다. 근육을 단단히 움켜잡은 후 눌러서 짜고 다시 놓는다. 불필요한 혈액은 배출시키고 신선한 피는 모아서 혈관, 각종 분비샘, 신경조직에 효과적이며 세포 재생 작용을 촉진한다.
- **비비기 :** 심부 깊숙이 근육과 연결된 조직이나 인대를 동그라미를 그리면서 문지른다. 최근 부상당한 부위에 하는 것은 금물이다. 손바닥에 힘을 주어 둥그렇게 문지르면 관절, 척추, 복부 등에 효과가 좋다. 신경조직에 가장 효과적이며, 염증 제거에도 도움을 준다.
- **타진법 :** 부드럽게 박자를 맞추어 북을 때리듯이 두드린다. 주로 등을 마사지할 때 사용하면 좋다. 근육 위를 가볍게 또는 깊게 때리는 방법이 있는데, 가볍게 하는 방법은 반사 효과 작용으로 바깥쪽에서 안쪽으로, 즉 정맥 배수의 방향으로 시행한다. 때리기는 교감신경을 자극하여 진정 효과를 높여준다. 깊이 하는 방법은 혈관 운동 작용을 높여준다.
- **진동법 :** 마사지 요법사가 자신의 팔 근육을 떨면서 그 진동을 환자에게 전달하는 방법으로 근육의 수축력을 키워준다. 급성기가 지난 신경염이나 신경통에 효과적이다. 순환 및 분비샘 기능 강화에 도움이 되며, 5~10분 복부에 시행하면 변비에도 좋다.

순서로 진행한다. 이처럼 마사지는 심장 쪽을 향해서 진행하는 것이 원칙이다. 예를 들면 팔의 경우 손에서부터 시작해서 어깨 쪽으로 이어간다.

마사지 오일과 크림

마사지는 오일이나 크림을 바르고 하면 더 효과적인데, 대체의학에서는 아로마 오일, 로션, 크림, 파우더 등을 이용하는 것이 일반적이다. 호호바, 아몬드, 콜드크림 등에 3~5방울의 아로마 에센셜오일을 혼합하여 마사지 오일로 사용한다. 서구식 마사지는 스웨덴 마사지보다 이완 효과가 더 뛰어나다. 특정 근육점을 깊게 눌러주면서 이완시키는 방법을 쓴다. 스포츠 마사지는 근육의 긴장을 풀어주거나 강한 탄력을 유지시키고 운동 부상을 회복시키기 위한 목적으로 활용되고 있다.

젊은 어머니들 사이에 유아 마사지법을 배우는 것이 유행하고 있는데, 유아 마사지법은 아이가 보채거나 울 때, 또는 편안한 잠자리를 위해 부드럽게 터치하는 방법으로 신체적, 정신적 도움과 영적 교감 일석삼조의 효과를 얻을 수 있다. 임산부의 경우 남편의 마사지로 임신의 두려움, 요통, 피로감 등을 완화할 수 있는데, 특히 임신 말기나 출산 후에 받으면 큰 도움이 된다.

노인의 경우 마사지로 에너지를 얻고 면역력을 높여 질병을 예방하며 긍정적인 사고를 가질 수 있다. 특히 노인들의 고통스런 관절염에 대해서는 부드러운 마사지로 운동 반경을 넓히고 통증을 훨씬 줄일 수 있다.

집에서 부부끼리 할 수 있는 마사지도 있다. 편안하고 조용한 방에 헐렁한 옷차림으로 누워서 타월이나 시트로 위를 덮고 음악을 들으면서 마사지를 주고받는 방법이다.

마사지 오일로는 알레르기 반응이 일어나지 않는 로션(무향, 무색소의 기본 로션), 아로마 에센셜오일(라벤더, 로즈우드, 패출리 등)을 준비한다. 로션에 아로마 오일을 2~3방울 혼합하여 목과 등에 마사지하고 점차 부위별로 범위를 넓혀나간다. 특히 통증이 심한 부위는 집중적으로 부분 마사지를 하고 필요에 따라 냉온 습포를 해준다. 좋은 향기를 맡고 편안한 음악을 들으면서 충분한 휴식을 취하는 마음으로 시행한다.

그 밖에 전문적 마사지요법으로 인체 구석구석을 흐르는 임파선을 만져 체내의 노폐물이나 독성을 제거하고 비만에도 효과적인 임파배수마사지 lymphatic drainage massage 가 있는데, 특정 질병과 대사 장애에 이용한다.

한편, 지압 siashu 은 경혈 자리를 침 대신 엄지로 직접 깊게 눌러 압박을 가함으로써 긴장을 푸는 특별한 마사지요법이라 할 수 있다. 에너지가 막혀 있는 부위를 눌러 풀어줌으로써 에너지가 교류되도록 하는 원리다.

알렉산더요법

알렉산더요법의 창시자
프레데릭 알렉산더
(Frederick M. Alexander)

호주의 연극배우 프레데릭 알렉산더가 개발한 수기요법의 일종이다. 알렉산더는 무대에서 잘못된 자세로 목소리를 잃고 수년에 걸친 자세 교정과 동작 수정을 통해 문제를 해결했는데, 이를 정리해서 만든 것이 바로 알렉산더요법이다. 몸의 균형, 움직임, 위치를 일상 활동에서 바로잡아주면 긴장과 불균형이 교정되고 그 차이를 알게 된다. 자세와 이완 두 가지에 관심을 두는 훈련으로 자연스러운 자세, 기대지 않는 자세로 균형을 잡아 활동 중에도 이완할 수 있는 방법을 습득하는 것이다.

정신적, 신체적 스트레스와 긴장은 몸에 만성적 근육긴장과 뒤틀림을 초래하는데, 이 요법을 시행하면 근육 강도의 정도를 조절하게끔 몸을 효과적으로 지탱하고 자유스러운 움직임과 호흡, 혈액순환과 소화 기능을 촉진하고 균형을 맞출 수 있다. 만성적인 근육통, 호흡기 장애, 음성 장애의 경우나 임산부도 시도해볼 수 있는 요법으로 알려져 있다.

필라테스

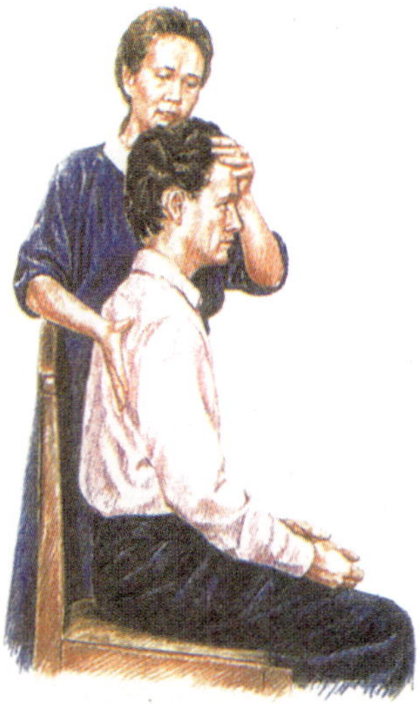
자세 조절을 통한 치료법

할리우드 스타 카메론 디아즈, 리브 타일러 등이 필라테스로 몸매를 관리한다고 해서 우리나라에서 붐이 인 적이 있다. 1900년대 초 독일의 요제프 필라테스 Joseph H. Pilates 라는 사람이 연약한 어린아이들의 몸을 강화시킬 목적으로 고안하였으며, 제1차 세계대전 시에는 전쟁터의 병영에서 병상에 누운 부상병들의 통증을 완화하고 근육을 강화시키는 운동법으로 발전하였다. 필라테스는 요가와 같은 어려운 동작이 없으며 주로 스트레칭을 통해 유연성을 늘리고 가슴으로 짧게 호흡하는 방법을 쓴다. 엉덩이, 허벅지, 장딴지 근육의 파워를 이용하여 연약한 근육을 발달시키며 전체적인 몸매를 만드는 데 효과적인 것으로 알려져 있다.

요가

고대 인도 언어인 산스크리트로 '합일'을 뜻하는 요가는 힌두의 철학에 근거를 둔 훈련법으로, 몸과 마음과 영혼을 일치시켜 현실을 꿰뚫고 신성한 영혼을 소유하여 자기실현에 도달하게 하는 원리에 입각해 있다.

요가에는 여러 종류가 있으나 가장 널리 알려진 것은 오천 년 역사를 가진 하타 요가다. 이 요법은 몸을 훈련하여 합일과 조화의 경지에 도달하게 하는 것으로, 신체가 단련이 되어 이완 효과는 물론 스트레스 해소의 효과를 크게 볼 수 있다. 하타 요가는 크게 세 가지, 즉 호흡, 동작, 자세로 구성되어 있다.

대표적인 자세로 한쪽 발로 선 채 다른 쪽 발은 머리를 감아 손으로 붙잡는 것이 있다. 이때 호흡은 심호흡과 같이 특별한 호흡을 행하는데, 예를 들면 한쪽 콧구멍으로는 숨을 들이마시고 다른 쪽 콧구멍으로는 숨을 내쉬는 형태 등이 있다. 요가의 자세는 '아사나'라고 하여 수천 가지가 있으나 기본적으로 20가지의 동작을 마스터하는 것이 보통이다. 호흡을 중요하게 여기는 것은 '프라나야마'라 하여 우리 몸에 기와 생명력을 공급하고 몸과 마음의 이완 상태와 에너지 조절을 유지해준다. 1회 수련 시간은 보통 20분에서 1시간

요가의 동작

정도이며, 각 동작 시 자세는 30초에서 수분 동안 유지한다. 명상으로 마무리하고 점차 어려운 자세와 동작으로 넘어간다.

요가는 스트레스 해소에서 심장 질환, 천식, 당뇨병, 약물 중독, 에이즈, 편두통, 암, 관절염에 대한 치료에 이르기까지 다양하게 접목해볼 수 있는 보완대체요법이다.

수치료법

물을 이용하여 건강을 증진시키고 질병을 치료하는 방법이다. 역사적으로 가장 오래되었으며 그 방법이 간단하고, 그러면서도 효과적인 보완대체요법이다. 물치료는 샤워나 목욕을 통해 물에 함유된 천연 미네랄 같은 성분을 얻을 수 있다는 이점, 그리고 물속에서 움직이는 동작을 통해 그 효과를 얻을 수 있다는 이점 등이 있다. 서양에서는 전통적으로 수치료소가 성행했는데, 로마 점령지를 중심으로 지금까지도 명성을 떨치고 있는 곳이 많이 있다.

수치료는 원래 천연수를 사용하는데, 물은 미네랄이 풍부하므로 일부러 열을 가하거나 식히지 않고 쓰는 것이 원칙이다. 보통의 물도 오늘날 넓은 의미의 수치료에 사용하고 있다. 수치료에서는 미지근한 물보다는 뜨겁거나 아주 찬물과 같이 극단적인 온도의 물이 사용되는데, 뜨거운 물은 처음에는 자극제의 역할을 하다가 다음에는 진정 효과를 준다. 찬물은 활기를 북돋는 효과가 있다. 더운물과 찬물을 교대로 사용하면 혈액과 임파액 순환을 촉진시키고 충혈 현상을 풀어주며 조직을 강화시킨다. 여러 가지 테크닉이 개발되어 있으며, 자연치료법으로 수치료를 이용하면 다음과 같은 치료 효과를 기대할 수 있다.

- 혈액순환 촉진
- 활력 증진
- 통증 제거
- 열을 떨어뜨림
- 신경조직 이완
- 장 청소
- 피부를 통한 노폐물 제거

팔 부위만 하는 부분 목욕, 발 목욕, 좌욕, 전신 목욕 등 다양한 방법이 있다. 그 밖에 터키식 목욕, 스파 목욕, 해수 목욕(딸라소요법), 사우나, 미네랄 목욕

(황산 마그네슘염, 사해염), 허브 목욕, 영양 목욕(카웬델 오일 등)과 같은 특수 목욕이 있고, 목욕에 마사지를 병행하는 방법도 있다. 좌욕은 엉덩이 부위의 목욕법으로 복부와 골반 부위의 증상을 치료하는 데 이용된다. 좌욕은 두 개의 용기에 물을 붓고 엉덩이는 더운물로, 발은 찬물로, 또는 그 반대로 행할 수 있다. 교대로 2분 간격으로 더운물과 찬물을 바꾸는 방법을 택하기도 한다. 좌욕은 간과 신장의 병, 변비, 치질 등을 치료하는 데 이용된다.

좌욕법의 목적은 골반 부위의 조직 충혈을 풀어주고 혈액과 임파액의 순환을 촉진시키는 데 있다.

냉욕치료

찬 공기나 찬물은 피부를 일시적으로 충혈시켜 혈액공급을 증가시킨다. 냉욕치료는 체질에 따라 달리 적용한다. 다혈질형은 찬물에 잘 견디며 냉욕치료로 상당한 효과를 볼 수 있고, 비만형도 어느 정도 치료 효과를 볼 수 있다. 그러나 마른형이나 배가 튀어나온 임파질형은 찬물에 잘 견디지 못하므로 국소적인 부위에만 짧은 시간 시도하는 것이 좋다.

그 밖에 성격으로 분류한 치료법으로, 신경쇠약 및 정서적으로 허약한 사람은 찬물에 민감한 반응을 보이고, 우울형은 반응이 느리게 나타나므로 더 강한 냉욕 자극이 필요하다. 또, 다혈질형은 반응이 빨리 나타나므로 더 강하면서도 자극적인 것을 요구하고, 담즙형도 성격이 불같아 찬물보다는 안정에 도움이 되는 미지근한 물을 이용하는 것이 좋다.

심장병, 고혈압이 있을 때는 냉욕치료를 피하고 땀을 많이 내는 치료를 통해 울혈 현상을 해소시켜주는 것이 좋다. 찬물에 즉각 빨갛게 반응하는 피부는 냉욕치료가 더 효과적이다. 일반적으로 냉욕치료는 심장 활동을 촉진시키고 장운동과 호흡을 증가시키며 갑상선 기능을 진정시킨다. 찬물에 발을 담그고 있으면 신장 기능 강화와 안정 효과를 얻을 수 있다. 더불어 자연스런 수면을 유도하고 머리 부분의 울혈 현상이 해소되어 두통을 없앨 수 있다.

냉 · 온욕치료

찬물과 더운물 치료를 혼합한 치료 방법이다.

체질이 허약한 경우 아침에 일어나 상체 부위를 찬물로 치료한 후 30분 정도 따뜻한 침대에서 휴식을 취하고, 저녁에 잠들기 전에도 찬물로 잠깐 좌욕을 한다. 체질이 강한 경우 아침에 전신을 찬물로 치료하고, 저녁에 전신을 습포로 치료하면 효과적이다. 더운물과 찬물에서 번갈아 목욕하면 혈액순환이 좋아져 관절염, 정맥염에 효과가 있다. 매일 30분 정도 물 온도가 37~42℃로 오를 때까지 팔, 다리, 몸통 아래 부위를 찬물에 담그고 있으면 고혈압 치료에 효과가 좋다. 그 후 침대에서 1~2시간 휴식을 취한다. 또, 공기욕, 걷기 운동, 심호흡법 등 다른 신체운동을 병행하고, 식사는 현미, 우유, 채소, 과일을 주로 섭취하여 치료 효과를 극대화하도록 한다.

유럽식 정통 수치료

수치료법의 창시자인 독일의 카톨릭 신부 크나이프는 맨발로 젖은 잔디밭을 15~45분 걷기, 젖은 자갈밭을 3~15분 걷기, 눈밭을 3~15분 걷기, 또는 찬물에 발목까지 1~6분 담근 후 곧바로 마른 양말과 신발 신기 등 다양한 방법으로 많은 질병을 치료하였다. 그 후 1950년대에 유럽의 의과대학을 중심으로 수치료에 대한 과학적인 분석과 치료 방법이 개발되기 시작하였고, 약용식물을 물에 혼합하여 질병을 치료하는 방법으로 발전하였다. 유럽식 수치료법을 살펴보면 다음과 같다.

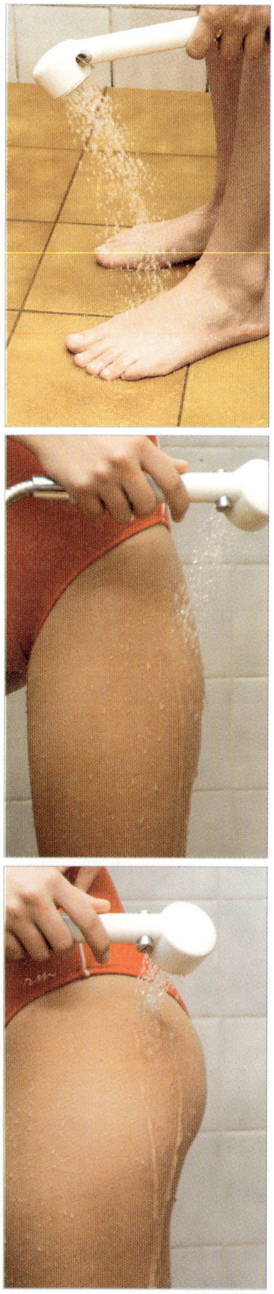

샤워법

목욕법

1~3분간 찬물에 발을 담그고 있으면 머리나 가슴 부위의 피를 아래로 내려오게 하여 피로감, 불면증을 해소할 수 있다. 따뜻한 물에 발을 담그는 목욕법도 병행할 수 있는데, 이때 고초 꽃, 귀리 짚, 맥아 껍질을 첨가해도 좋다.

전신 찬물 목욕은 30초~3분간 시도하는데, 1주일에 3번 이상은 시행하지 않도록 한다. 장딴지, 무릎, 다리, 복부 등에 부분 찬물 목욕을 해주면 염증 치료에 효과적이다.

샤워법

샤워기로 찬물을 뿌리는 방법으로 무릎 아래부터 시작하여 윗몸 쪽으로 올라간다. 등 부위는 마지막에 뿌려준다.

증발법

젖은 피부에 젖은 수건을 덮고 그 위에 마른 옷을 입는다. 30분을 넘기지 않는 것이 좋으며, 뜨거운 물과 함께 사용하는 것이 치료에 더 효과적이다. 젖은 상태에서 따뜻한 마른 옷을 입고 있으면 증발 효과가 더 뛰어나다.

두쉬 방사법

두쉬douche 방사법은 물을 호스나 관으로 몸의 일정 부위에 뿌리는 방법으로 19세기에 독일의 빈센트 프리스니츠가 개발한 물치료법이다. 찬물을 호스로 환자의 몸에 쏘아대는데, 오늘날은 몸의 일부분에 더운물과 찬물을 뿌리는 방법으로 사용한다. 스코틀랜드식 두쉬법에서는 물을 강력하게 척추에 분사하여 신경조직을 자극한다. 다른 방법으로 블리츠식 제트분사법, 주사바늘식 샤워법 등이 응용되고 있다.

습포법

수건이나 면포를 더운물이나 찬물에 적셔서 몸의 일부분에 덮어 치료 효과를 얻는 방법이다. 예를 들면 통증과 염증이 있는 관절 부위에 찬물 습포를 하고 그 위에 두꺼운 마른 헝겊으로 감싸서 습포로 열이 발산되는 것을 막아 주어 치료하는 방법이다. 습포는 또 컴프리나 제라늄 같은 허브로 만든 연고 등을 붙여 사용하면 효과를 크게 할 수 있다.

오염된 염증 부위에 이 치료 방법을 사용하면 효과적으로 농을 배출시켜 깨끗하게 치료할 수 있으며, 충혈이나 통증을 가라앉히는 효과가 크다. 단, 화상을 입지 않도록 주의한다.

- 팔 부위에 하는 찜질은 심장 근육에 있는 동맥이 좁아지는 협심증에 효과가 있다. 팔에 분포되어 있는 동맥을 이완시키면 심장으로 가는 혈액이 반사 작용에 의해 증가된다.
- 복부에 더운 김을 쏘이거나 찜질을 하면 복부 통증이 줄어든다.
- 허리나 옆구리에 시행하면 신장에서 오는 통증이나 신장결석으로 인한 통증이 해소된다.

- 삐거나 멍든 곳에 처음 5분 정도는 뜨거운 물수건으로 치료를 하고 나머지 30초 정도는 찬 물수건으로 치료를 하면 효과가 크다.

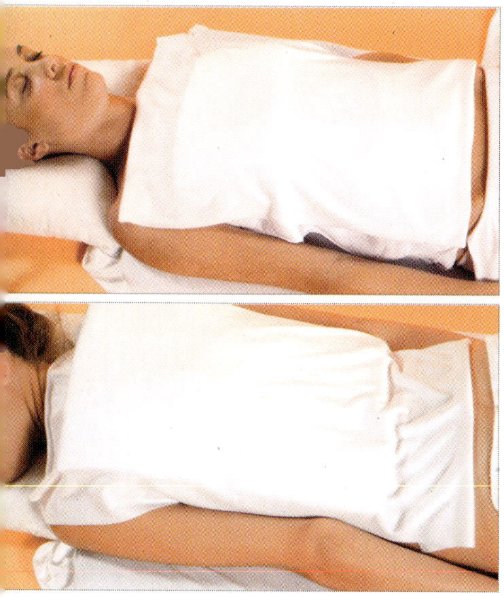

냉·온습포

냉습포

마른 모직을 몇 겹 덮어서 적당한 두께로 만들어 찬물에 적신 후 짠다. 두께에 따라 자극의 정도가 달라진다.

- **부위** : 아래쪽 습포는 양쪽 겨드랑이에서 엉덩이까지, 위쪽 습포는 목덜미에서 척추 끝까지 덮는다. 가슴, 목, 손, 팔, 다리, 장딴지, 아래 다리 전체 등 부위별로 나누어 덮기도 한다.
- **조건** : 습포 전후에는 따뜻하고 편안한 느낌이어야 한다. 원하는 부위를 리넨으로 단단히 감싸야 하는데, 반드시 모포가 리넨을 감싸고 있어야 한다. 가슴, 등, 복부 등을 습포할 때는 몸 전체를 담요로 따뜻하게 감싸고 팔은 담요 안쪽에 넣는다.
- **방법** : 냉습포를 하기 전에 뜨거운 물로 목욕을 하거나, 습포하는 동안 뜨거운 물주머니를 안고 있는다. 또, 뜨거운 물을 마시거나 몸에 끼얹는다. 땀이 없어질 때까지 냉습포를 한 후 리넨은 거두고 모포만 덮는다. 이때 대부분 땀을 다시 흘리게 되는데, 이 땀이 멈추게 될 때 나머지 습포를 거두면 몸 전체가 찬물로 젖고 그 후 건조되는 과정을 거친다. 땀이 더 이상 나지 않으면 습포 치료의 효과를 통해서 포근함을 느낄 수 있다. 물에 식초나 약용식물을 혼합하여 사용하고, 만약 10분 이내에 따뜻함을 느끼지 못하면 습포를 제거한다.
- **효과** : 땀이 나면서 체내의 독성 물질이 제거된다. 열이 많이 날 때 열을 내리는 데 좋다. 편도선염에 걸렸을 때 목 주위를 습포하면 염증 제거에 도움이 되고, 허리 주위를 습포하면 독소 제거에 효과가 있다. 두통이 심할 때는 앞이마에 습포하면 효과적이다. 정맥염에 걸렸을 때는 찬물에 적신 얇은 스타킹을 신고 그 위에 마른 두꺼운 스타킹을 신으면 습포 효과가 있다.

관장법

물을 체내에 넣어 장을 청소하고 장 내의 찌든 오물들을 제거하는 방법을 말한다. 긴 관을 사용하여 항문으로 집어넣어 장 내의 해로운 독소를 제거한다. 5~10분간 배설을 기다렸다가 방출하도록 한다.

대장세척법

대장 내의 노폐물, 찌꺼기를 씻어내는 방법으로 관장법과는 다르다. 직장을 통해 관 속의 물이 체내로 흘러들어가 체온만큼 올라가면 제2의 관이 물과 찌꺼기를 몸 밖으로 운반하여 빼내준다. 이러한 방법은 전문가의 철저하고 주의 깊은 시술이 아니라면 위험하고 부작용을 낳을 수 있다. 장 밖으로 좋은 박테리아와 나쁜 박테리아 등 내용물들이 흘러나오기 때문이다. 따라서 대장세척 후에는 장 내에 건강한 박테리아가 서식할 수 있도록 아시도필루스, 비피더스 같은 보충제를 복용해야 한다.

이러한 장세척법에는 위험이 따르므로 보다 안전하고 값싼 장청소법이 이용되는데, 입으로 특수 섬유질 섭취제를 복용하고 보충제를 먹는 방법이다. 이와 같은 방법으로도 똑같은 효과를 낼 수가 있다.

물속에서 걷기

맨발로 아침 이슬이나 눈 위를 걷는 것은 오래전부터 애용해온 자연치료법이다. 오늘날은 35cm 깊이의 냉탕에서 걷는 것이 현대 수치료법의 기본이며, 대사 기능 항진이나 질병 회복에 좋다. 그러나 순환 장애나 당뇨병에는 피하는 것이 좋다.

사우나요법

사우나치료의 요령은 건조하고 뜨거운 공기를 습기가 포함된 공기와 함께 짧은 시간 동안 일정한 공간에 투입하여 약 38~94℃의 열에 10분 정도 노출하고 찬 공기나 찬물에 15분 정도 노출한 다음 15분 정도 휴식을 취하는 것이다.

적어도 1주일에 1번 체내 정화 목적으로 시행하는데, 운동선수들이 훈련 단계의 하나로 이 요법을 실시하기도 한다.

뜨거운 온도에서 찬 온도로 바뀌는 과정에서 심장 기능 증진, 혈압 조절, 땀을 통한 많은 염분 배출, 적은 양의 칼륨 배출 등의 효과가 나타난다. 이 과정은 우리 몸의 알칼리와 산성의 균형을 맞추는 데 중요하다. 염분과 칼륨이 우리 몸과 핏속에 있는 알칼리 성분을 증가시키는 역할을 하므로 땀을 통해 이들 물질을 소모한 사람은 반드시 과일, 채소, 샐러드 등 알칼리성 식품을 섭취하여 보충해야 한다. 칼륨은 소모량의 비율이 염분보다 낮으나, 그 기능은 염분과 마찬가지로 매우 중요하다.

머리는 차게 하는 것이 중요하며, 류마티스관절염 환자는 매주 사우나 치료를 하면 효과적이다. 그러나 노인, 당뇨병 환자, 심장 질환 또는 고혈압 환자의 경우는 체온이 증가되면서 혈압과 맥박이 빨라져 매우 위험하므로 주의해야 한다. 또, 증기요법이나 사우나요법은 식후 1시간 이내에는 하지 않는 것이 좋고 알코올 섭취나 약물 복용 후에도 삼가야 한다.

최근 영국의 한 의학 저널에 2명의 핀란드 의사가 사우나요법의 효과에 대해 재검토한 내용이 실렸는데, 요점은 다음과 같다.

- 온도는 80~90℃, 습도는 1평방미터당 증기량의 기준으로 50~60g/㎡, 시간은 1회에 10분, 횟수는 보통 3회 정도가 적당하다.
- 사우나를 하면 맥박이 1분에 100~160번 정도 뛰고 피부의 핏줄이 늘어나며 심장의 혈액 분출량이 증가된다. 또, 한 번 사우나를 하면 약 0.5kg의 땀이 배출되며, 정신적 안정과 평온함을 찾을 수 있는 효과가 있다.

치유적 터치

인간의 병을 치료하는 데 반드시 어떤 물질(약물)을 투여하거나 기구를 사용하여야 한다는 고정관념에서 벗어나 다른 대안을 찾으려는 시도들은 이미 3,000년 전부터 있어왔다. 그 방법으로 여러 가지가 개발되어 있는데, 우리 몸 내부에 존재하는 치료적 에너지를 환자에게 전적으로 쏟아 부음으로써 통증이나 피로감, 병적 상태를 호전시킬 수 있다.

때로는 기적과 같은 일이 일어나 소경이 눈을 뜨고 절름발이가 똑바로 걸었다는 기사가 신문에 보도되기도 하는데, 이러한 현상은 곧바로 의학계의 비판을 받고 우리의 관심에서 멀어지게 마련이다. 치료자가 자신의 기 에너지 통로를 통해 치유력을 환자에게 보내어 병이 치료된다는 원리는 특히 동물이나 무의식 상태에 있는 환자, 어린아이, 식물 등에 적용했을 때도 그 효과가 나타나는 것으로 보아 반드시 환자의 영적 믿음이나 심리적 암시 상태가 작용하는 것은 아닌 듯하다.

역사

치유적 터치 T. T : therapeutic touch 는 치유자의 손을 통해 치유력이 환자의 몸에 전달되어 병을 낫게 하는 방법으로 미국의 간호사들을 중심으로 유행하고 있다. 1970년대에 미국의 간호사 돌로리스 크리거 Dolores Krieger 가 헝가리의 자연치료사 오스카 에스타바니와 도라 쿤즈의 이론과 방법을 개발하여 미국과 38개국 이상의 나라에서 사용하고 있다.

1980년대 후반에 이러한 이론에 대한 실험 결과를 완벽하게 제시한 것은 런던 대학의 두 생리학자 데이비드 호지와 토니 스코필드였다. 이들은 손에 씨앗을 쥐고 약 2분간 치유 에너지를 전달한 씨앗과 그렇지 않은 씨앗을 1주일간 조사하고 비교한 실험에서 치유 에너지를 불어넣은 씨앗의 성장 속도가 훨씬 빠르다는 것을 발견했다. 때로는 이러한 치료 결과를 자연 현상이 보여주는 "저절로 낫게 하는" 원리일 뿐이라고 주장하기도 한다. 환자가 보지 못하는 원거리에서 치유적 힘을 보내거나, 환자의 환부에 직접 손을 얹어 치료하는 방법이 있다. 영국에는 치유에너지연합회가 있어 800명 이상의 등록된 치유 전도자들이 활동하고 있다. 이들은 최소 2년 이상의 훈련 기간을 거쳐야 하며, 의학회의 의뢰로 1,500개 이상의 병원에 출입하고 있다. 이들은 순수한 봉사의 차원에서 치유 과정에 임하며, 치료비 등을 받을 수 없다.

치료법

이들이 쓰는 방법은 환자가 조용하고 안정된 상태에서 마음을 이완할 수 있도록 도와주고 치료자가 자신의 치유력에 집중하여 에너지를 통해서 자연스럽게 자신과 환자 사이를 넘나드는 것이다. 또, 환자로 하여금 꽃이나 불빛 등 어떤 물체를 응시하게 하여 쉽게 치료 과정에 들어올 수 있도록 하는 방법도 쓴다. 보통 1주일에 1회 치료하면 환자는 점차 긴장이 풀어지고 치유 에너지가 전달되면서 짜릿한 감각을 피부에서 느끼기도 한다. 이러한 치료에는 믿음과 희망이 크게 영향을 미친다는 사실을 의학에서도 주시하고 있다. 단, 주의할 것은 잘못된 믿음으로 꼭 필요한 의학적 치료를 받아야 할 시기를 놓쳐서는 안 된다는 것이다.

치료자는 시작 전에 자신의 마음을 청결히 하여 고요하고 진정된 상태에서 환부 가까이 자신의 손을 멈추고 거기에 치유 에너지를 보낸다. 보통 10~15분간 진행한다. 이는 우리의 정신, 감정, 영적인 힘이 미세한 에너지의 형태로 몸 안에서 순환하고 있다는 이론에 근거한 것이다. 동양의 경락 체계뿐만 아니라 인도의 차크라 에너지 센터의 이론도 같은 맥락이다.

06 생물 · 약물학적 요법

대체의학의 생물 · 약물학적 요법은 현대 서양의학에서 쓰는 활성 화학 물질처럼 몸 안에 침투시킨다는 점에서는 같지만, 그 안전성이나 효과 면에서 과학적 검증이 부족한 상태에 있다. 그러나 이 요법으로도 에이즈, 암, 심장 질환, 관절염, 정신병, 알츠하이머병 등 현대의학에서 난치병으로 취급하고 있는 질병들을 치유할 수 있다고 주장하고 있다. 벌독을 이용하고 냉동으로 건조한 동물 세포를 주사하는 방법들이 이에 속하며, 대체의학적 항암요법, 킬레이션요법, 산소요법, 효소요법, 대사요법, 장세척요법, 신경요법, 상어연골요법 등이 있다.

킬레이션요법

킬레이션 chelation 은 희랍어 'chele', 즉 게나 가재의 집게발가락에서 유래하며, 중금속과 같은 이온에 강하게 흡착하여 달라붙는 물질을 의미한다. 킬레이션요법은 킬레이션 물질로 알려진 유기분자인 복수환식 화합물에 미네랄 이온을 결합시키는 치료법이다. 더 완벽하게 정의하면 링 모양의 복합물질이 금속 이온에 결합하여 만들어진 물질과 양이온 사이에 일어나는 균등반응이다.

킬레이션 복합체는 자연 어디에나 있다. 예를 들면 클로로필은 마그네슘의 킬레이션 물질이고 헤모글로빈은 철분의 킬레이션이다. 의학에서 이 치료가 가장 많이 쓰이는 것은 체내의 납이나 수은 같은 독성 미네랄을 제거할 때다. 논란의 대상이 되고 있기는 하지만 킬레이션치료 중 특히 디소듐 EDTA는 관상동맥 질환, 뇌동맥 질환, 그 밖의 퇴행성 질환에 유용하게 사용되고 있다. EDTA란 합성 아미노산 제제로 에틸렌디아민테트라아세트산 ethylenediaminetetraacetic acid 을 말한다.

FDA에서 납중독의 치료에 공인한 EDTA는 칼슘 EDTA이다. 한편, 동맥경화증에 사용하는 EDTA는 디소듐 EDTA이다. 혈관 장애에 킬레이션치료를 하는 방법은 EDTA를 혈관에 주사하는 것이다. 보통 1시간 반에서 3시간이 소요되며 치료 횟수는 주 1~2회, 모두 30회 정도 시행한다.

혈관 장애 외에도 유리기 free radical 로 인한 병리 증상에 효과적으로 사용된다. 이 치료는 지난 30년 동안 폐쇄성 동맥혈관 장애에 광범위하게 사용되어왔다. 안정성과 치료 효과를 검증한 논문과 보고서만 해도 각각 1,500편, 25편 이상에 달한다. 아직까지 킬레이션치료가 비효과적이라는 보고가 없으며, 오히려 긍정적인 연구 결과들이 대체의학회지에 실리고 있다.

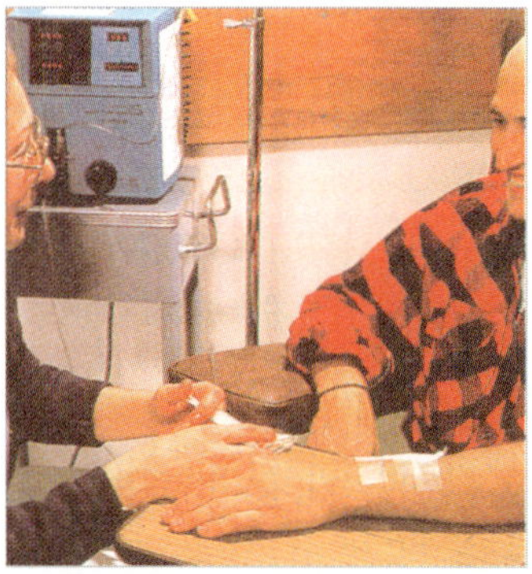

EDTA를 혈관에 주사한다.

한편, 미국의료기술평가위원회의 보고에 의하면 현재 의학치료에서 사용되고 있는 임상치료법들의 10~20%만이 철저한 검사 절차에 의해 그 효과가 검증되었을 뿐, 그 나머지는 아직 정확히 검증이 되지 않은 상태라고 한다. 또, 모든 의학 저널에 발표된 연구들의 75%가 통계적 결과만으로도 아직 확실한 효과를 보인다고 볼 수 없다고 하는 사실과 비교해볼 만하다.

미국에서는 킬레이션치료협회에서 전문 교육을 실시하고 수료증을 수여하며, 지난 30년간 EDTA 혈관 투여를 받은 환자는 30만 명 이상이다. 사인이 EDTA치료와 관련이 있다고 판단된 사례는 20명이었던 반면에, 관상동맥

접합수술로 인한 사례는 4,000명에 달했다. 즉, 이 치료가 수술보다 200배 이상 안전하다고 볼 수 있는 것이다.

그러나 EDTA의 경우 의료용으로 쓰이는 모든 약물들을 검토하는 FDA에 그 자료와 보고서를 제출하는 데 어마어마한 비용이 들어갈 뿐만 아니라 EDTA에 대한 특허 기한이 지나 어느 제약회사에서도 이에 대한 허가를 받고 싶어하지 않는 실정이다. 구태여 의사들도 허가 되지 않은 이 치료를 사용하려고 하지 않는다. 이 치료법을 이용해본 적이 없는 의사들은 대부분 이 치료에 대해 적극적으로 비판하지만, EDTA를 이용한 의사들은 약 85% 이상이 그 효과를 인정하는 실정이다.

디소듐 EDTA는 하얀 크리스털 분말로, 수용성에 약산성이며 알코올에도 약간 녹는다. 이온화된 칼슘이 고용량으로 들어 있어 혈관 주사를 통해 들어가면 칼슘 이온이 EDTA에 붙어 칼슘 결핍성 경련이 일어나지만, 서서히 주사하는 방법(1분에 16.6mg)을 쓰면 경련을 막을 수 있다. 1주일에 1회 또는 2주일에 1회 투여하면 혈중 칼슘의 감소로 부갑상선호르몬의 생성을 자극하고 혈관벽이나 다른 조직으로부터 칼슘을 방출시킬 수 있다. 보통 EDTA가 3mg 투여되면 324mg의 칼슘이 오줌으로 배출된다. 이 용량은 평균적인 소변량에 포함된 칼슘의 2배에 불과하여 인체에 생리적 변화를 가져오지 않는다. 뼈에 대해서도 처음 약 21일 정도는 파골세포의 활동을 증가시키지만, 조골세포도 활성화시켜 120일 정도면 뼈가 눈에 띌 만큼 형성된다. 결과적으로 EDTA치료는 뼈 조직밀도를 증가시킨다. 또한, EDTA는 체내의 유리된 구리, 아연 등과 결합하여 유리기의 폐해로부터 벗어나게 해준다. 항체 생성을 억제시켜 일시적으로 혈소판 응집을 감소시키며, 혈중 콜레스테롤을 낮추고 C-AMP를 자극하며 산화성 금속을 감소시킨다. 5.4mg 또는 114mg의 용량으로 상용되고 있다.

EDTA치료는 EDTA에 알레르기 반응을 보이거나 급성 납중독성 뇌염을 제외하고는 누구에게나 사용할 수 있다. 새로 투석하는 환자는 조심해야 한다. 예상되는 독성 반응이 신장에 나타날 수 있고 혈중 저 칼슘 상태, 알레르기 반응, 혈전성 정맥염, 울혈성 심장마비, 저혈당, 호르몬 부조화, 피로감, 부정맥, 장 내 독성 반응, 피부발진, 기형아 출산 가능성, 결핵, 혈전증 등의 부작용을 낳을 수 있다. 사전에 신장 기능, 임신 여부, 울혈성심부전증, 간 질환, 항응고제 사용 여부 등을 체크하여 만전을 기해야 한다.

봉독 · 봉침요법

벌침을 직접 이용하는 봉침요법과 벌독만 빼내어 사용하는 봉독요법이 있다.

고대 이집트 파피루스에 이미 벌독을 치료 목적으로 사용한 기록이 있고, 의학의 아버지 히포크라테스가 벌독으로 관절염을 치료했다는 기록이 있을 정도로 벌을 이용한 치료는 그 역사가 길다. 주로 만성 통증, 류마티스관절염, 다발성 경화증, 요통, 편두통 치료에 쓰이며, 벌 화분도 내복하면 강장 효과, 에너지 강화 효과가 있다고 알려져 있다.

벌에 의해 생산되는 모든 것들, 즉 로열젤리, 프로폴리스, 벌꿀, 화분 등은 이처럼 우리의 건강에 좋은 것으로 알려져왔다. 로열젤리는 여왕벌에서 추출한 것이며, 프로폴리스는 벌집을 만드는 데 사용되는 물질을 채취한 것이다. 화분에는 22가지 이상의 영양소가 함유되어 있고 단백질이 육류의 5~7배에 달한다고 주장되고 있다. 봉독 또는 벌독요법은 유럽에서 오랫동안 사용되어 왔으며 우리나라에서도 잘 알려져 있는 대체요법이다.

그 원리는 면역 자극 반응에 있는데, 벌독을 주사하면 몸 안에 염증이 생기고 그에 대한 반응으로 생성된 항염증성 호르몬과 관련 물질들이 류마티스관절염 증상을 치료한다는 것이다. 그러나 알레르기 반응이 심한 사람은 응급을 요할 정도로 위험할 수 있으므로 조심해야 한다. 봉침 또는 벌침요법은 벌의 독성만 채취하여 사용하는 것이 아니라 벌침을 빼서 직접 환부에 찔러주는 방법을 말한다.

대체요법적 암 치료

브루진스키 Stanislaw Burzynski 의 안티네오플라스톤 antineoplaston 요법은 사람의 오줌에서 분리하여 합성시킨 펩타이드 단백질을 이용하는 치료법이다. 검증되지 않았으며 공업용 매제인 DMSO dimethyl sulfoxide 를 이용한 요법, 인디언들의 허브 차 성분 네 가지로 치료하는 에시악 essiac 요법, 레트릴 laetrile 요법, 프랑스의 미생물학자 가스통 네슨 Gaston Naessens 의 714-X요법 등 다양한 종류가 있으나, 아직 미국 FDA의 공식 승인을 받았다거나 과학적으로 검증된 요법은 아니다.

세포요법

세포요법 cell therapy 은 동물의 건강한 장기, 조직, 배아세포를 냉동 건조시켜 인체에 주사하는 방법으로, 1931년 스위스의 니한스 Paul Niehans 가 부갑상선 장애 환자에게 시도한 것이 그 시작이었다. 동물의 장기 세포가 사람의 같은 장기에 그대로 전달되어 손상된 장기를 회복시킨다는 이론에 근거하고 있으나, 과학적으로 확실하게 검증된 바는 없다. 그러나 젊음을 되찾아준다는 회춘에서부터 암 치료에 이르기까지 그 활용 사례가 아주 넓은 편이다.

장해독요법

역사는 오래되었으나 미국에서 1980년대부터 유행을 타고 알려진 요법으로 그 원리는 대장 세척을 통해 체내 독성 물질을 제거한다는 것이다. 평균 20 갤런 이상의 여과된 물이나 허브, 커피, 효소 등을 가미한 물로 약 45분에서 1시간 동안 반복하여 관장하는 방법이다.

장 내 감염, 장 천공의 위험이 있고, 궤양성장염, 크론 병, 대장암 등에는 절대 금물이다.

효소요법

효소요법 enzyme therapy 은 단백분자로 구성된 효소를 이용하여 면역력을 증강시키고 소화 기능을 도우며 바이러스 감염을 치료하는 방법이다. 동물의 장기에서 추출한 프로테아제, 리파아제, 아밀라아제, 셀룰라아제 등을 사용한다.

대사요법

대사요법 metabolic therapy 은 거슨 Max Gerson 에 의해 발전된 요법으로, 몸 안의 독소를 제거해주는 특별 다이어트, 높은 용량의 비타민과 미네랄, 커피 관장법 등을 이용하여 시술한다. 켈리, 콘트레라스, 곤잘레스 등의 의사들이 멕시코 티후아나를 중심으로 행하고 있는 대체요법이다.

뉴럴요법

뉴럴요법 neural therapy 은 러시아의 생리학자 이반 페트로브 Ivan Petrov 에 의해 개념화된 방법으로, 그 원리는 노보케인과 같은 마취 약제를 신경, 경혈, 분비샘, 동통점 등에 주사하면 몸 안의 전기적 흐름을 방해하던 차단 상태가 풀려 증상이 회복된다는 것이다.

주로 만성 통증에 사용하나 동맥경화증, 우울증, 두통, 부비강염 등 다양한 상태에도 사용한다.

산소요법

산소요법 oxygen therapy 은 오존 O_3 이나 하이드로겐 페록사이드 H_2O_2, hydrogen peroxide 를 정맥이나 근육에 주사하여 천식, 폐기종, 에이즈, 만성피로증후군, 알츠하이머병, 암 등을 치료하는 방법이다. 이들 물질은 몸 안에서 쉽게 산소로 분리되는데 이 산소가 내부 조직과 장기에 공급되면 병이 예방되거나 치료된다는 원리로, 1931년 노벨상 수상자인 오토 바르부르크 Otto Warburg 가 암세포가 정상 세포보다 더 낮은 호흡률을 보이는 현상을 발견한 것이 계기가 되었다. 그러나 오존이나 하이드로겐 페록사이드는 남용하면 독성 반응을 일으킬 수 있으므로 위험하다.

요즘 유행하는 산림욕도 넓은 의미의 산소요법에 해당이 되겠으나, 산림욕은 산소를 공급받는 것에만 의미를 두는 것이 아니라 신선한 공기를 피부를 통해 받아들이고 숲 속의 각종 피톤치드 향을 흡입하며 푸른색을 봄으로써 안정감을 얻을 수 있다는 점에서도 주목을 끌고 있다.

| 산림욕 |

효과

- 땅의 역할이 중요하다. 흰 모래는 태양광선을 검은 부식토처럼 흡수하지 않고 다시 반사하여 차가움을 느끼게 한다.
- 땅이 고르지 못하면 공기의 흐름이 부서지며, 땅이 증발시키는 습도는 우리의 피부 기능에 영향을 미친다.
- 숲 속 식물의 대사 작용은 우리에게 좋은 영향을 주는데, 산소를 내보내고 이산화탄소를 흡수하기 때문이다.
- 건조하고 찬 공기는 대사 활동을 촉진하고, 습한 열성 공기는 땀을 배출시키며, 따뜻한 공기는 땀을 마르게 한다.
- 무더운 공기는 땀의 배출을 방해하고 면역성을 떨어뜨려 병이 생기게 한다. 또, 식욕을 떨어뜨리고 우울하게 만든다.
- 찬 공기에서 더운 공기로, 건조한 공기에서 습한 공기로 변화시키면 피부에 자극이 되어 대사 기능이 활발해진다. 그러나 현대인의 생활은 일정한 온도가 유지되고 에어컨 등의 사용으로 공기 순환에 많은 문제가 있다.
- 산림욕은 피부, 폐, 기관지에 작용하며, 호흡 강도에 영향을 주어 객담, 점액질 등을 효과적으로 배출시킨다.
- 열을 동반한 질환, 기관지염, 만성 신장염, 관절염 등에 효과적이다.

방법

가까운 휴양림을 찾아서 명상이나 심호흡을 하면서 산책을 하고 산림욕을 즐긴다.
옷의 섬유조직 사이에도 공기가 포함되어 있다. 체온을 유지시키고 몸 표면을 감싸는 공기는 땀샘의 활동에 영향을 주므로 공기에 대한 통기성, 땀에 대한 흡수성이 우수한 옷을 입는 것이 좋으며, 합성섬유보다는 면이 좋다.
털 양말은 땀을 내보내고 발을 따뜻하게 하지만, 땀이 증발되면 냉기가 생겨 감염에 대한 저항력이 떨어진다. 모직 스카프를 목에 두르는 것도 같은 결과를 초래한다.
공기욕(풍욕)은 집에서도 할 수 있는데, 처음에는 몸의 일부를 찬 공기에 노출시킨 후 점차 몸 전체를 노출시키는 것이 좋다. 노출 정도와 시간은 신체 상태에 따라 결정하도록 한다.

07 영양식이요법

먹을거리는 개인의 기호나 생활 패턴, 문화, 종교, 습관 등에 따라 다양하게 선택될 수 있는데, 우리가 무엇을 선택하여 먹느냐에 따라 우리의 건강과 생활은 많은 영향을 받는다. 또, 섭취하는 음식을 통해서 질병을 예방하고 치료할 수 있기에 무엇을 어떻게 먹을 것인가의 문제는 대단히 중요할 수밖에 없다.

우리는 흔히 체중을 줄이고자 식생활을 변화시키곤 한다. 그 밖에도 식품과 연관되어 발생하는 암, 심장병 등과 같은 질병을 치료하려는 목적도 있다. 영양식이요법에는 영양요법, 단식요법, 메가비타민요법, 분자교정요법, 허브요법, 채소 · 과일요법, 바크플라워요법 등이 있다.

영양요법

우리는 그간 모든 병을 마술처럼 치료하는 단 한 알의 약을 찾아왔다. 이러한 신비의 약, 마술적인 약을 실험실에서 만들어내려고 시도하였다. 그러나 이제는 그것이 우리가 매일 무의식적으로 먹어온 식품에 있다는 것을 알게 되었다. 수백만 년 전부터 지구상에 존재해온 이 물질들이 우리 세포의 안과 밖에서 아주 적은 에센스로서 생명을 주는 역할을 했던 것이다. 누가 이런 식품들을 하찮게 여기고 기껏해야 아주 조그마한 기능을 발휘할 뿐이라고 폄하할 수 있겠는가!

마늘이 암세포를 죽이고 시금치의 성분이 자궁경부암을 일으키는 바이러스를 마비시키고 가두어버린다. 아직 실험 단계이기는 하지만 아스파라거스와 아보카도에 든 성분은 에이즈 바이러스의 증식을 정지시키는 것으로 알려져 있다. 양배추가 오늘날 커다란 적인 공해를 해독시키고 정화시킨다는 연구도 있다.

식물에서 나온 복합물질들은 천사처럼 우리의 몸 안에서 자기를 파괴하여 지방 덩어리 식사로 생긴 피의 응고를 막아주고 간에서 콜레스테롤을 분해하는 역할을 하고 있다. 식물계에서 나오는 화학 물질들은 우리의 뇌에 들어와 신경세포 사이에 메시지를 전달하고 우리의 감정과 기억, 각성 상태에 영향을 미치기도 한다. 이러한 관점에서 볼 때 먹는다는 행위는 수많은 세포들의 생명을 유지시키는 역할을 수행하며 우리의 생사를 관장하는 것이나 다름없다.

음식은 우리의 건강과 활력을 유지하고 자잘한 불편 증상을 없애며 소모적인 질병이나 만성 질환, 괴로움으로부터 우리를 자유롭게 해주는 존재다. 뇌 활동을 촉진시키고 기분을 고조시키며, 사고를 향상시키고 더 나은 수행을 할 수 있도록 도와주는 것이다. 음식은 또 조용히 우리의 관절이 침범되어 괴사되고 동맥이 응고되는 것을 막아주는 역할을 수행한다. 우리 몸의 세포가 잘못되어 암세포로 분화되는 것을 예방하고 암세포를 소멸시키기도 한다.

수많은 실험과 2~3년 이상의 추적조사로 식품이 우리 몸의 기능에 미치는 영향을 과학적으로 연구한 결과 많은 식품들이 약물과 같은 효과를 발휘하는 것으로 밝혀졌다. 항우울, 항궤양, 항응고, 항혈전, 항암, 항생, 항바이러스, 항구토, 항충혈, 진통, 진정, 정온, 이뇨, 콜레스테롤 감소, 고혈압 치료, 혈관 확장, 기침 억제, 기관지 확장, 면역 항진 등의 작용을 하고 호르몬, 완하제, 지사제 등의 역할을 하는 것이다. 우리는 아직 자연의 브로콜리와 똑같은 작용을 하는 브로콜리 알약을 실험실에서 만들어내지 못한다. 브로콜리에는

건강과 활력을 주는 건강식품

| 음식으로 치료 가능한 질환 |

근원적인 건강의 회복과 유지에 도움이 되기 때문에 모든 자연치료법이 음식 조절을 권하고 있다.

- 심장, 순환기 장애
- 감염증, 곰팡이감염
- 일부 암
- 소화 장애
- AIDS와 같은 면역기능 장애
- 알레르기
- 관절염, 류마티스
- 부비강염
- 알츠하이머병, 치매

수천수만의 알려지지 않은 화학 성분들이 있기 때문이다.

영양소들은 여러 물질들을 통해서 얻을 수 있다. 예를 들면 생선 기름은 대구, 고등어 등의 생선에서, 철분의 흡수를 돕기도 하는 비타민 C는 과일이나 채소에서 얻는다. 엽산(폴산 folic acid)은 시금치 같은 녹색 채소의 잎에서 얻을 수 있는 비타민 B에 속하는 영양분이다.

식품치료라고도 하는 영양요법은 이미 의학의 아버지 히포크라테스 때부터 식품이 곧 약이라는 개념으로 시작되었지만, 현대의학은 비만과 당뇨 등 몇몇 증상과 질병의 경우를 제외하고는 식품의 역할을 거의 잊고 있었다고 해도 과언이 아니다. 20세기에 들어 영양학이 발전하면서, 특히 2차대전 후에 특정한 식품이 질병을 일으키는 위험인자로 작용한다는 결론에 이르게 되었다. 예를 들면 지나치게 많이 섭취한 지방이나 포화성 동물지방은 심장병이나 특정 암을, 정제된 식품이나 섬유질이 부족한 음식은 소화 장애나 장 기능 장애를, 염분이 많은 음식은 고혈압을, 몇몇 음식은 알레르기를 일으키는 것으로 알려졌다.

균형 잡힌 식단으로 얼마든지 병을 치료할 수 있다.

식사법의 종류

음식을 통해 질병을 예방하고 치료하는 방법은 아주 다양하다. 단식요법의 경우 과일이나 채소 주스만을 먹는데, 음식을 섭취하면 소화 기능에 에너지를 뺏기게 되고 몸 안에 다른 존재를 들어오지 못하도록 하는 생리적인 원리를 이용한다.

단식이나 식품치료의 목표는 나쁜 음식으로 인해 인체 내에 쌓인 독소를 제거하여 정상적으로 기능하도록 만드는 것이다. 혼자서 단식을 할 때는 이틀 이상 단식하는 것은 삼가야 한다. 또한 단식이 끝나고 정상적인 식사를 할 때는 서서히 예전의 식사 패턴으로 돌아가야 한다. 신선한 과일과 채소로 시작해서 서서히 전곡류, 생선, 닭고기, 요구르트, 우유를 비롯한 유제품 등으로 바꾸어나간다. 기름지고 달고 정제된 탄수화물 식품, 커피, 콜라, 차, 알코올, 담배 등은 완전히 피해야 한다. 단식으로 나타나는 부작용에는 두통, 악취, 설사, 구토 증상이 있으며, 도저히 견디기 어려울 때는 과일이나 채소 주스를 소량 섭취한다.

- **배제식** : 음식알레르기나 편두통과 같은 질병을 야기하는 것으로 의심되는 식품을 약 2주간 배제하는 식사법이다.
- **부분 채식** : 육류, 생선, 닭고기를 먹지 않는 식사법. 달걀과 유제품은 섭취하는 식사와, 이들을 모두 배제시키는 식사법으로 나눌 수 있다. 장기적으로 채식 위주의 식사를 하면 심장 질환, 암, 그 밖의 주요 질환의 발생을 막을 수 있다.
- **완전 채식** : 모든 육식을 배제시키는 식사법. 비타민 B12가 결핍되므로 보충해야 한다.
- **혼합식** : 모든 정제 식품을 피하고 당분과 단백질을 따로, 최소 4시간 간격으로 섭취하는 식사법. 관절염, 소화 장애에 좋다.
- **항칸디다 식사** : 이스트균의 번식을 막기 위한 식사법. 치즈, 설탕, 땅콩이 든 식품 등을 피한다.
- **간 식사** : 간에서 처리하기 힘든 식품을 배제시키는 식사법. 육류, 닭고기, 달걀, 설탕, 유제품, 땅콩, 커피, 차, 알코올, 초콜릿, 튀긴 음식 등이 이에 속한다.
- **저혈당 식사** : 하루 3번의 식사와 2시간 간격으로 소량의 간식(견과류, 씨앗류, 귀리나 통밀빵 등)을 취하는 식사법. 설탕류는 절대 피한다.
- **장수식** : 모든 식품을 음과 양으로 분류하여 가장 조화로운 식사를 하는 식사법. 각 개인의 음양 필요성을 계산하여 식단을 짜는데, 만약 이러한 음양에 따른 음식의 조화가 깨지면 병이 온다.

| 일본식 장수식 |

- 50% : 전곡류, 면류, 빵
- 25% : 제철 채소
- 10% : 콩, 생선, 두부 등의 단백질
- 5% : 해초류, 국물로 사용
- 5% : 된장국, 생선국, 콩국, 채소 스프 등
- 5% : 후식으로 과일, 차, 씨앗류, 콩류 등

식품은 음양의 특성을 잃지 않도록 특별히 보존하고 조리해야 한다. 균형을 유지하기 위해 양의 환경에 있는 사람은 음의 식품을 더 섭취해야 한다. 음의 식품은 덥고 건조한 기후(중동 등)에서 자라며, 냄새가 강하고 맵다. 수분을 많이 함유하여 부드럽고 즙이 풍부하다. 반면에 양의 식품은 춥고 습한 기후(영국 등)에서 자라며, 줄기, 뿌리, 씨앗 등이 건조하고 단단하며 짧다. 맛은 짜고 시다.

영양분

건강한 활동에 필요한, 음식에 들어 있는 화학적 성분을 말한다. 영양분은 대영양분과 소영양분으로 나눈다.

- **대영양분** : 탄수화물(설탕, 전분 등), 지방(필수지방산 등), 단백질(필수아미노산 등), 섬유소
- **소영양분** : 비타민, 미네랄, 그리고 소량의 영양분으로 몸 안에서 생산되지 않아 몸 밖에서 섭취해야 하는 영양소

소영양분이 없거나 부족하면 병이 온다. 예를 들면 괴혈병은 비타민 C가 부족해서 오는 병으로 오랜 항해 등에서 과일과 채소를 섭취하지 못하면 생긴다. 라임 주스를 먹으면 없어진다.

| 영양치료가 가능한 질병 |

- 스트레스와 관련된 질병들
- 임신과 관련된 문제들
- 관절염
- 순환 장애
- 눈 질환
- 관절 및 뼈 질환
- 여성 질환 : 월경 장애, 불임, 폐경기 장애
- 감염 : 감기, 기침, 인플루엔자 등
- 암
- 알츠하이머병, 파킨슨병
- 그 밖의 다양한 질환 및 증상

1913년에 소영양분이 연구되기 시작하여 미국의 생화학자 엘머 맥컬럼이 처음으로 비타민 A를 발견하였다. 지금은 이러한 비타민들을 이용한 치료가 급진적으로 발전하고 있다. 그중 하나인 메가비타민요법은 노벨화학상 및 평화상 수상자인 라이너스 폴링 Linus Carl Pauling 박사가 창안한 것이다. 정신분열증이나 다른 정신 질환도 궁극적으로 비타민 결핍으로 생긴다는 연구에 따라 분자교정 정신의학까지 탄생하기에 이르렀다.

영양치료에 처방되는 것들은 식품이나 영양보조제들인데, 정제나 캡슐, 파우더, 용액의 형태로 되어 있고 주사용도 있다.

단식요법

단식요법의 의의와 목적

헤르만 헤세 Hermann Hesse 의 글 가운데 "굶고 기다리며 생각하고 있으면 누구나 원하는 목적을 달성할 수 있고 마술적인 결과를 얻을 수 있다."는 구절이 있다. 단식을 하는 중요한 이유 중 하나는 '청소'에 있다. 집을 깨끗이 청소하면 기분이 상쾌해지고 무슨 일이든 잘할 수 있을 것 같은 의욕이 생긴다. 몸도 마찬가지다. 몸속을 깨끗이 청소하면 하는 동안은 힘들지만 청소 후에는 건강해질 수 있는 만반의 준비가 이루어지는 것이다.

과식이 몸에 해롭고 건강을 해치는 원인이 된다는 것을 모르는 사람은 없을

단식요법에도 최소한의 수분과 영양 공급이 필요하다.

것이다. 계속적으로 음식을 과잉 섭취하면 필요 이상으로 축적된 영양분이 지방, 수분 등으로 변하는 기능이 약해지고 독성 물질이 체내에 계속 쌓이게 되어 효율적인 배출을 하지 못하게 된다. 결국 과식은 노폐물과 독성 물질을 체내의 조직이나 뼈 등에 축적시켜 병을 일으키는 근본적인 원인이 되는 것이다. 사람들은 흔히 '왜 내가 갑자기 이런 병에 걸렸을까?' 의아해하지만, 사실은 몸속에서 긴 시간 동안 이런 불건강한 과정들이 진행되고 있었던 것이다.

단식을 하는 처음 3일간은 체내에 저장되어 있던 단백질, 지방 등으로 필요한 영양분을 보충해나가며, 3일 후부터는 우리 몸 안에 있는 찌꺼기와 쓰레기를 태우기 시작한다. 즉, 조직과 장기, 분비샘, 신경과 뇌에 필요한 중요한 물질은 유지시키고 재활성시키면서 불필요한 것만 이용하게 된다. 이러한 사실은 단식하는 사람의 혈액 속에 있는 단백질이 단식 기간에도 계속해서 정상치를 유지하고 있는 것으로 알 수 있다.

단식 기간에는 폐, 간, 신장, 피부 등의 배설 기관의 정화 작용이 활발해지고 그 양이 극대화되어 노폐물과 독성 물질이 빠른 속도로 배출된다. 이러한 사실은 단식 기간 중 소변 속에 용해된 독성 물질의 양이 평소보다 10배 정도 많다는 사실에서도 증명된다. 소화에 부담이 적고 쉽게 동화되는 신선한 채소나 과일 주스를 먹으며 단식을 하면 생리적으로 우리 몸이 휴식을 취하는 것은 물론 노폐물이 배출되면서 세포가 새로운 활력을 되찾게 되고 영양분과 산소를 보다 효율적으로 이용할 수 있게 된다.

몸을 대청소할 때는 몇 가지 주의 사항을 반드시 지켜야 하는데, 그중 하나는 미네랄워터와 같은 물로 몸 안의 수분을 유지시켜주어야 한다는 것이다. 우리는 살아 있는 생명체다. 대청소를 한다고 해서 그 삶을 일시적으로 중단할 수는 없다. 몸이 견딜 수 있는 최소한의 수분과 영양을 유지하면서 단계적으로 청소해야 한다. 때문에 유아나 어린이는 단식요법을 피하고, 실시하더라도 전문 의사의 지시를 받아야 한다.

단식요법은 무조건 음식을 먹지 않아야 한다는 개념이 아니다. 평소 먹는 음식을 의도적으로 조절하여 몸속을 청소하는 것이다.

| 단식 시 주의점 |

단식할 때는 미네랄워터 등으로 몸 안의 수분을 유지시켜주어야 한다. 단식요법은 유아나 어린이에게는 피해야 하며 의학적 감시 하에서만 시행한다.

단식으로 치료 가능한 증상과 질병

현대인의 잘못된 식생활과 균형 잡히지 않은 영양 상태, 인스턴트식품에 들어 있는 해로운 첨가물과 방부제 등으로 인해 우리 몸 안에 건강에 치명적인 영향을 주는 독성 물질이 남게 된다. 또, 대기 오염과 수질 오염으로 인한 문제, 농작물에 살포되는 해충 방지제와 살충제가 인체에 흡수되어 생기는 문제, 방사능 오염 문제 등도 심각하게 우리의 건강을 해치는 요인들이다. 이로 인해 혈액이 산성화되면서 산과 알칼리의 균형이 깨지고 신체의 노화 현상이 촉진되는데, 그 증상은 주로 두통, 피부 발진, 감기 등으로 먼저 나타나게 된다.

단식요법을 실시할 때는 각 개인의 상태와 상황에 맞는 특수한 치료법을 선택하여 적용하고, 특히 단식에 들어갈 때는 정신적, 신체적 상태를 충분히 고려한 다음에 치료를 목적으로 하여 반드시 전문가의 지침과 의사의 지시에 따라야 한다. 증상에 따라 알레르기성 질환, 빈혈, 관절염, 천식, 만성 허리 통증, 협심증, 혈액 질환, 만성 두통, 만성 변비, 만성 편도선염, 만성 기관지염, 순환계 장애, 당뇨병, 습진, 담낭염, 위장병, 통풍, 악취, 심장병, 갑상선 질환, 고혈압, 감염증, 불면증, 불규칙한 심장박동, 신장 질환, 간장 질환, 다리의 궤양, 저혈압, 초조증, 신경염, 비만증, 전립선 질환, 류마티스관절염, 피부병 등에 치료 효과를 기대할 수 있다. 그 밖에도 정신적 불안 같은 정신과 질환에서부터 성 기능의 저하에 이르기까지 다양한 증상들에 효과를 경험할 수 있다.

만성 두통

단식 효과

- 장 내에 쌓인 독소를 배출시킨다.
- 인체의 자생력을 활성화시킨다.
- 신체 내부에 필요한 분비를 촉진시킨다.
- 노폐물 축적을 감소시킨다.
- 세포의 재생을 촉진시켜 조직과 장기를 다시 왕성하게 한다.
- 불필요한 지방이 제거되어 비만증 치료에 효과적이다. 인체는 자신을 유지하기 위해 단백질을 필요로 하는데, 단식으로 공급이 중단되면 주로 축적된 지방에서 에너지 전환의 과정을 거쳐 부족한 것들을 부분적으로 채우게 되기 때문이다.
- 정신적인 효과로, 마음과 정신이 자유로워지고 안정감과 신선감을 주며 산뜻한 기분을 유지시킨다.

| 비만이 생기는 원인 |

- 대사 과정 중 산화 연소가 감소되어 장, 신장, 피부 등의 배출 비율 저하
- 갑상선, 부신, 뇌하수체, 난소, 고환 등과 같은 호르몬샘의 기능 저하
- 체내 수분 장애를 포함한 지방 대사의 이상

비만 환자의 경우 고혈압, 협심증, 류마티스관절염, 피부 질환 등이 흔히 동반되어 있는 것을 볼 수 있다. 비만을 없애기 위해 하제를 쓰는 경우가 있는데, 이것은 장 내를 손상시킬 뿐만 아니라 칼슘의 균형을 혼란시킬 수도 있기 때문에 매우 위험하다. 비만에 단식을 권하는 이유는 축적된 노폐물과 지방을 제거할 수 있기 때문이다. 그러나 주의할 것은 치료적 단식에서 체중이 감소되는 것으로 단식 성공의 척도나 지표로 삼을 수 없으며 삼아서도 안 된다는 것이다.

단식을 해서는 안 되는 경우

장기적이고 완고한 단식요법을 삼가야 하는 경우들이 있는데, 악성 종양이나 당뇨병, 활동성 폐결핵 환자, 임신이나 수유 중인 여성, 극도의 쇠약 상태에 있는 사람 등이 바로 그러한 경우다. 또, 급성 염증, 급성 질병 상태, 소모성 질환이 있을 때도 단식을 해서는 안 되며, 반드시 의사와 상의해야 한다. 그 밖에 인슐린치료, 디기탈리스치료, 스테로이드치료, 페니실린 등 항생제 치료 중일 때도 단식을 피해야 한다.

완전한 단식은 체내로 더 이상의 음식이 제공되지 않는 것이므로 비타민, 미네랄, 효소 등의 섭취도 일시적으로 차단된다. 인체는 이미 축적된 영양소를 활용하면서 적응하게 되는데, 특히 주스 단식의 경우에는 생명력 유지에 필수적인 비타민, 미네랄, 효소 등이 계속 공급되므로 이들 필수영양소의 결핍에 대한 부담이 훨씬 적어진다.

단식 기간의 운동

평소 규칙적인 운동을 해왔고 그것이 자신에게 알맞게 적응이 되어 있는 경우에는 단식 기간이라도 평소에 하던 운동을 굳이 중단할 필요는 없다. 운동이 세포와 조직의 독성 물질을 배출시키는 역할을 하기 때문이다.

| 단식의 방법 |

- 단식은 어디에서 실시하는 것이 좋을까

가장 이상적인 곳은 자신이 가장 편안하게 실시할 수 있다고 생각하는 곳으로 외딴 집 또는 별장과 같이 멀리 떨어져 있으면서 조용히 지낼 수 있는 곳이 좋다.

- 단식은 언제 시작하는 것이 좋을까

필요에 따라 언제든지 시행할 수 있으며, 휴가 기간이나 주말을 이용하는 것이 여러 면에서 좋다.

- 단식은 어떻게 시작하는 것이 좋을까

휴식 기간은 2일 정도가 좋고, 식구나 주위 사람에게 알려서 불편함을 예방할 수 있어야 한다. 또한, 자기 자신에게도 암시적으로 단식의 준비를 알려 몸의 세포가 무의식적인 준비 태세를 갖추도록 해야 한다.

- 단식은 얼마 동안 하는 것이 좋을까

개인의 상황과 상태에 따라 다르며, 그 기간이 단축 또는 연장될 수 있다. 단순히 체중감소와 체내 정화를 목적으로 한다면 6~12일 정도면 충분하며, 초보자의 경우에는 보통 6일 정도로 하는 것이 적합하다. 치료 목적으로 단식을 할 경우, 특히 만성적이고 체질적인 경우에는 그 기간을 길게 잡아야 하지만 결코 40일을 넘겨서는 안 된다.

- 단식 기간 중 입냄새는 왜 날까

처음 단식 기간에는 혀에 짙은 태가 끼고 심한 악취가 나게 되는데, 이것은 체내의 장기나 세포에 깊이 들어간 부패된 독성 물질이 배출되기 때문이다. 단식을 성공적으로 마치고 나면 냄새는 자연히 사라지지만, 단식 기간 중에 냄새를 억제하고 싶다면 레몬 주스 등으로 청결히 닦아주면 좋다.

- 단식 기간 중 흡연을 금해야 할까

단식 기간 중 담배의 타르와 니코틴은 아주 해로우므로 반드시 금해야 한다. 단식을 하면 흡연에 대한 충동이 감소되기는 하지만 성공적인 단식을 위해서는 금연에 대한 지속적인 노력과 확고한 결심이 절대적으로 필요하다.

- 단식을 할 때 꼭 관장이 필요할까

관장은 가끔씩만 행하여 장이 관장에 의존적이고 무능해지지 않도록 해야 한다. 관장을 하면 장에 모인 모든 독성 물질과 노폐물을 한꺼번에 배출시킬 수 있으므로 장운동이 저하되어 생기는 문제를 극복할 수 있다.
그러나 단식이 끝나고 다시 음식을 섭취하게 되면 장운동은 자동적으로 재생된다. 대개 단식 첫날, 자연적으로 배변이 되지 않으므로 관장을 해주는 것이 좋은데, 물의 온도는 체온보다 약간 높은 것이 좋고, 관장기는 멸균해서 사용해야 한다.

- 왜 물 대신 주스로 단식을 할까

주스에는 비타민, 미네랄, 효소 등이 풍부히 들어 있고, 이러한 영양소들이 직접 혈액 속으로 들어가 합성되기 때문이다. 또한 주스는 위에서 산의 분비를 유도하지 않으며 산과 알칼리의 균형을 유지시키고, 세포의 미세 전기적인 긴장을 자극하여 영양분의 흡수 및 배설에 영향을 줄 수 있기 때문이다. 특히 요산과 그 밖의 무기산들을 제거하기에는 물보다 주스가 훨씬 더 효과적이다.

단식 중에도 운동은 필요하다.

일상적인 일도 막대한 에너지 소모를 가져오지 않는 이상 구태여 중단하고 휴식을 취하면서 단식을 할 필요는 없다. 음식을 섭취하면 곧바로 에너지화되어 일의 능률이 오르는 것이 아니고, 일정 시간이 지나야 연료화되기 때문이다. 식사 후에는 오히려 나른함으로 인해 식곤증이 생겨 능률이 저하된다.

위장 장애와 단식의 관계

변비는 가장 흔한 소화 장애 가운데 하나다. 어떤 학자는 하루 3번 식사하여 음식물을 섭취하므로 장운동에 의한 배설도 하루 3번이 정상이라고 주장하기도 한다. 장운동과 질병은 밀접한 관계가 있다. 두통, 류마티스 통증, 심장 및 신장 질환, 암 등은 근본적으로 장운동 장애나 장 내 세균의 퇴화 등에서 시작된다고 볼 수 있다. 이러한 상태로 많은 노폐물이 축적되고 장 내에서 발효되어 문제를 일으키는 것인데, 장운동을 포함하여 위장 장애를 교정하는 방법은 정상적인 장 내 세균의 번식을 도와주고 식생활을 개선시켜주는 단식요법을 시행하는 것이다.

천식의 경우 단식과 함께 호흡 조절, 정신적 안정 치료 등을 하면 좋은 효과를 볼 수 있으며, 신장 및 비뇨기 질환의 경우에도 단식을 통해 소변의 배설로 치료 효과를 얻을 수 있다. 그러나 체내의 물질이 크리스털화되고 돌처럼 딱딱하게 농축되어 폐쇄증을 일으킬 수도 있으므로 전문가와 상의해야 한다. 여성 질환은 보통 월경불순, 출혈, 부종, 통증 등의 생리적 요인과 호르몬 샘의 기능 장애 등에서 비롯되는데, 단식을 통해 호르몬 샘을 활성화시켜 정상적으로 만들 수 있다. 신경 계통의 질환, 즉 두통, 편두통, 신경염, 불면증 등도 독성 물질의 배출 및 체내 정화를 통해 안정을 되찾고 증상을 없앨 수 있다.

채소, 과일 주스의 선택

채소나 과일 주스는 무공해로 재배한 신선한 것이 좋으며, 왁스로 윤을 내거나 살충제를 뿌린 것은 배제해야 한다. 정원이나 밭에서 직접 재배한 것이 가장 좋지만, 사야 한다면 젖산 발효로 처리된 것이 이상적이다. 젖산은 박테리아에 대한 살균 효과가 있고 신경을 강화시켜 마음의 안정을 되찾아주며, 젖산 발효 과정 중에 아세틸콜린이 형성되어 장운동을 자극하기 때문이다. 그 밖에도 비타민 B12 · C 등과 여러 효소, 콜린이 형성되어 혈액의

| 단식법 |

8일 단식법

첫날은 장을 세척하고, 2~7일은 대사 작용을 증진시키고, 8일째부터는 서서히 정상적인 식사로 돌아오는 것이 좋다. 단식 기간 중 처음 3일간이 가장 견디기 힘이 드는데, 이 때는 보통 기운이 떨어지고 단식에 대한 후회와 회의가 생기나, 몸이 정화되는 기분으로 곧 적응이 된다. 단식은 혼자 하는 것보다 온 가족이 같이 시도하는 것이 훨씬 수월하다. 몸이 정화되기까지는 식사 시간의 곤혹스러움을 피하기 위해 일에 몰두하거나 취미생활, 가벼운 운동 등을 하는 것이 좋다.

- 단식 전날은 음식의 섭취를 줄이고, 요구르트, 과일, 채소 위주의 식사를 한다.

- 단식 첫날은 일어난 직후 공복에 좋은 주스 약 200ml를 마시고, 아침으로 또다시 주스 200ml를 마시거나 보리빵을 먹으며, 점심에는 요구르트나 채소, 그리고 약용 차(캐모마일, 캐러웨이 차 등)를 마시며, 저녁에는 다시 주스 200ml를 마시거나 아몬드, 보리빵을 먹고 페퍼민트 차 등을 마신다.

- 단식 시작 3일까지는 공복감을 없애주기 위해서 주스를 7회로 나누어 마신다. 오전 8시에 150ml, 10시에 125ml, 정오에 150ml, 오후 3시에 125ml, 7시에 125ml, 잠자기 전에 150ml를 마시고, 생수는 원하는 대로 마시는 것이 좋다. 또한 약용 차를 마시면 좋은데, 권장할 만한 약용 차로는 그린오트 차나 고추나물 차, 쐐기풀 차 등이 있다. 주스에 마늘, 파슬리, 오렌지 껍질을 갈은 것 1스푼과 생강 가루, 서양 고추냉이, 세이지 등을 첨가하여 마시면 좋다.

- 8일째 되는 날은 그동안 주스 단식으로 비타민만 섭취한 셈이므로 단백질을 보충하기 위해서 처음에는 가벼운 식사로 시작해서 단백질이 풍부한 음식으로 바꿔주는 것이 좋다. 아침에는 보리빵, 달걀 1개, 생채소와 과일을, 점심에는 파슬리, 양파, 후추 등으로 만든 스프를, 저녁에는 미음이나 죽, 채소, 과일, 약용 차를 먹는 것이 좋다. 단식 이후에는 하루에 음식을 3~5등분하여 가볍고 간편한 채소, 과일로 시작하여 점차 딱딱한 음식으로 전환하는 보식 기간을 갖는 것이 좋다.

쐐기풀

14일 단식법

강력한 정화와 독성 제거, 그리고 질병 치료의 목적으로 시행하는 단식법으로 8일 단식법을 좀더 연장해서 시행한다고 생각하면 된다. 보식 기간 도중에 주의할 점은 과식은 절대로 금물이라는 것이다. 7일간에 걸쳐 가벼운 음식에서 시작하여 점차 샐러드, 빵, 죽, 미음, 채소, 과일 등을 먹고, 10일 이상 금식했을 때는 3~4일 정도 보식 기간을 두어 몸을 보양해 나가도록 한다.

주성분에 균형을 잡아주고 조절하며, 혈압을 정상화시킨다. 이 과정에서 글루코키닌이라는 물질이 만들어지는데, 인슐린과 같은 작용으로 혈중 당분을 조절해주므로 당뇨병에 효과적이다. 젖산 발효 과정은 생채소 즙의 칼륨을 보강하며 저온 살균으로 영양소의 파괴를 막아준다. 생채소 즙과 과일 즙에는 많은 중요한 효소와 비타민, 미네랄이 들어 있는데, 여기에 해바라기 씨 오일 등을 혼합하면 비타민 A의 전구물질의 흡수율을 높여준다. 이들 효소는 60℃ 정도의 열에 쉽게 파괴되므로 주의해야 한다.

과일에 들어 있는 색소는 적혈구 생산을 증가시키고 소화를 촉진하며 동화 과정을 증진시킨다. 또, 단백질과 콜레스테롤의 대사에 기여하며 호르몬과 같은 물질과 항생물질을 함유하고 있다.

단식할 때 과일이나 채소를 즙을 내어 먹는 것이 좋다.

단식요법에 좋은 채소 즙

그린오트 즙

신경계를 강화한다. 트리고넬린, 사포닌, 클로로필이 다량으로 함유되어 있어 신장결석, 요산을 배출시키는 것은 물론, 살리실산의 영향으로 조직을 강화한다. 레몬 주스, 메이플 시럽과 같이 복용하면 좋다.

엘더베리 즙

정화 작용, 하제 및 거담제 작용이 강하며 특히 체중 감량에 효과가 있다. 비타민 A · C · B2 · B6 · B12, 니아신이 다량으로 함유되어 있다. 그 밖에 단백질, 칼륨, 칼슘, 철분도 많이 들어 있다.

레몬 즙과 메이플 시럽

레몬 즙에는 특히 비타민 C가 많으며 시트르산이 신장결석을 효과적으로 용해한다. 레몬 즙을 메이플 시럽과 혼합하여 마시면 체중감소와 정화의 효과를 볼 수 있지만 메이플 시럽에는 당이 68% 정도 함유되어 있으므로 당뇨병 환자에게는 적합하지 않다.

혼합 채소 즙

당근, 토마토, 비트, 셀러리, 콩, 오이, 콜리플라워 cauliflower; 꽃양배추 , 양파, 고추 등을 혼합하여 마시면 비타민과 미네랄이 풍부하다.

블루베리 즙

타닌산이 많아 장을 튼튼하게 하고 박테리아 감염을 막는다.

비트 즙

암세포의 세포 호흡에 작용하여 암세포의 성장을 억제한다.

당근 즙

간에서 카로틴이 비타민 A로 전환되어 눈의 피로를 막고 야맹증을 치료한다.

셀러리

셀러리 즙

신장을 자극하여 소변 배설을 증가시키고 노폐물을 제거한다. 신경계에 영향을 주어 우울증에 도움이 되며 소화에도 효과가 좋다. 그 밖에 순환 장애, 류마티스 등에도 좋지만 탄수화물 함량이 높으므로 당뇨병 환자는 주의해야 한다.

보식, 단식 후의 식생활

단식 자체도 중요하지만 단식이 끝나고 정상 식사를 하기 전까지(보식 기간)가 대단히 중요하며 이 시기가 단식의 성패를 좌우한다.

- 과식하지 않는다. 처음에는 가볍게 식사하는 기간을 거쳐 서서히 정상 식사로 돌아간다.
- 첫날은 과일, 채소, 요구르트 등 쉽게 소화할 수 있는 음식부터 섭취한다.
- 둘째 날은 앞의 식사에 스프, 죽, 또는 채소 샐러드를 곁들여서 먹는다.
- 셋째 날은 죽이나 무른 밥을 먹고 가벼운 (맵고 짜지 않은) 반찬을 소량 먹는다.

보식 기간은 단식 기간 3~4일당 1일로 계산하는 것을 원칙으로 한다. 만일 10일 정도 단식을 했다면 3~4일 정도 보식 기간을 두는 것이다. 단식 이후에 정화된 몸을 유지하기 위해서는 과식을 삼가고 신선하고 깨끗한 음식을 조금씩 먹어야 하며, 지방과 과도한 단백질, 탄수화물의 축적을 미리 막고 섬유질이 많은 채소와 과일을 섭취하는 것이 좋다.

비타민 · 미네랄요법

비타민은 탄수화물, 단백질, 지방, 미네랄, 물과 함께 우리 몸에 필요한 6대 영양소 중 하나다. 칼로리나 에너지를 만들어내지는 않지만 모든 대사 작용에 촉매 역할을 하여 효소의 기능을 돕는 중요한 일을 수행한다. 즉, 대사 작용을 조절하고 지방이나 탄수화물을 에너지화하는 데 도움을 주며 뼈와 조직을 만드는 데 중요한 역할을 한다. 비타민은 주요 신체구조의 구성 성분으로 기능하기보다는 이들 구성 성분을 형성하는 데 도움을 주는 보조 역할을 한다고 이해하면 쉬울 것이다.

RDA recommended daily allowance, 즉 인체에 필요한 1일 권장량을 정해놓았으며, 특정 비타민의 양이 부족하였을 때는 그에 따른 결핍 증상이 나타나고 과잉으로 섭취하였을 때는 독성 작용이 발생한다.

비타민은 지용성 비타민(A · D · E · K 등)과 수용성 비타민(B-복합체 · C, 바이오플라보노이드 등)으로 나뉘며, 측정 단위는 지용성 비타민의 경우 국제단위 international units; IU, 미국약전 단위 United States Pharmacopoeia unit; USP units를, 수용성 비타민의 경우 밀리그램 mg을 주로 쓴다.

미네랄은 우리 몸 안과 음식물 등에 무기질 형태로 존재하는 성분으로 그 종류만 약 100가지가 알려진 아주 중요한 영양소다. 우리 몸무게의 약 4~5%가 이 미네랄로 구성되어 정신적, 신체적 건강을 유지해주고 있으며 뼈, 치아, 근육, 혈액, 신경세포를 구성하고 있다. 미네랄은 또 체내의 생리적 작용을 도와주며, 골격을 강화하고 심장과 뇌의 기능을 잘 유지시키며, 모든 근육과 신경계의 원활한 활동을 도와주는 역할을 한다. 체내의 많은 생물학적 반응, 즉 근육활동, 신경전달, 소화, 영양물질의 대사 등을 촉진, 활성화시키는 역할을 하고 호르몬 생성에도 관여한다. 체내의 수분량을 균형 있게 유지해주고 피와 조직액이 극단적인 산성화 또는 알칼리화되는 것을 막으며, 영양분을 핏속으로 보내주는 일과 세포 내 화학 물질의 대사를 조절하고 항체를 만드는 일을 돕는다.

칼슘, 염소, 인, 칼륨, 마그네슘, 나트륨은 비교적 체내에 많이 함유되어 있고, 철분, 요오드, 크롬, 코발트, 셀레늄 등은 극히 소량만 함유되어 있다.

비타민, 미네랄은 칼로리가 없는 영양소로서, 중요한 보조효소 역할을 한다. 음식 섭취를 통해 A라는 물질이 우리 몸에 들어왔다고 하자. 이때 A 자체가 곧 영양분이 되는 것은 아니다. 반드시 B라는 물질로 변해야 그것이 영양분이

대표적인 미네랄, 칼슘 파우더

되어 직접 우리 몸을 성장, 유지시켜준다. A가 B로 변화하기 위해서는 반드시 어떤 물질이 개입해야 하는데, 그것이 바로 비타민이요, 미네랄이다. 이렇듯 비타민과 미네랄은 우리 몸을 건강하게 유지하고, 질병에 저항하여 치료하는 가장 중요한 영양소라 할 수 있다. 몸에 어떤 병균이 침입하거나, 내부에 독소가 생겨 몸이 약화되면 비타민은 촉매제로서 대사 작용이 신속하고 원활하게 이루어지도록 돕는다.

근래 많은 영양학자들은 현대인이 앓고 있는 정신 질환, 스트레스, 사회 문제가 되고 있는 공격적인 행동 등이 중요한 영양소의 결핍이나 과잉 현상이라고 파악하고 있다. 한 가지 예로, 필수미네랄인 아연이 결핍되면 기억력이 감퇴된다. 그리고 기분이 우울해지고, 망상이 생기는 등 사고 장애도 나타난다. 그 밖에 병에 자주 걸리는 반복 감염, 호르몬의 중요한 조절 기능을 하는 갑상선호르몬 계통의 질환이 일어난다.

아연은 육류, 생선, 조개류, 달걀, 간, 콩류 등의 고른 섭취를 통해 얻을 수 있다. 그렇다고 이런 식품들을 지나치게 섭취하다 보면 구리가 부족하게 된다. 우리 몸은 생화학적 구조에 의해 아연과 구리가 8대 1의 비율로 되어 있는데, 구리가 부족하면 빈혈 등 또 다른 부작용을 일으킨다. 이와 같이 어떤 효과를 얻기 위해 특정 영양소나 음식을 과용하면 다른 측면에서 해가 나타난다는 사실을 염두에 두어야 한다. 비타민과 미네랄은 가능한 한 자연식을 통해 골고루 섭취하는 것이 좋다.

비타민의 종류

비타민에는 13가지 종류와, 그 밖에 5가지 정도의 다른 물질들(콜린, 이노시톨 등)이 있다. 그러나 이 다른 물질들은 우리 체내에서 충분한 양이 생산되어 결핍 상태가 일어나지 않으므로 비타민이 아니라고 규정하기도 한다.

비타민요법

비타민요법이란 비타민을 영양보조제로만 취급하지 않고 치료제로 이용하는 것을 말한다. 비타민은 일상적인 식품과 음식에 함유되어 있어 자연스럽게 우리 몸에 섭취, 흡수되며 정상적인 몸의 기능을 발휘하는 데 효과가 크다.

지용성 비타민

지용성 비타민은 음식물 속에 들어 있는 지방과 간에서 나오는 담즙에 의해 장 내 점막으로 직접 흡수되어 지방에 축적되는 비타민을 말한다. 그러나 지방분에 대한 소화 장애를 수반하는 낭포성섬유종 같은 병이 있으면 지용성 비타민이 흡수되지 않아 비타민결핍증에 걸리게 된다. 반대로 지용성 비타민을 너무 많이 섭취하게 되면 체내에 축적되어 독성을 일으키게 되는데, 메가비타민치료가 문제되는 것도 이 지용성 비타민인 경우가 많다.

- 비타민 A : 간, 달걀, 버터, 우유, 오렌지, 녹색 채소(당근, 시금치 등), 과일
- 비타민 D : 우유, 간, 참치, 연어, 간유, 햇빛
- 비타민 E : 식물성 기름, 마가린, 간, 콩, 채소
- 비타민 K : 녹색 채소, 양배추, 감자, 간

수용성 비타민

지방에 의해 흡수할 필요가 없는 비타민을 말한다. 따라서 몸 안에 축적되지 않고 땀, 소변 등으로 배설된다. 수용성 비타민은 식품 속에 많이 함유되어 있고, 조리나 유통 과정에서 쉽게 손실되고 파괴되는 성질이 있다.

- 비타민 B1(티아민) : 돼지고기, 간, 생굴, 콩
- 비타민 B2(리보플라빈) : 간, 우유, 소고기, 녹색 채소, 달걀, 버섯, 콩
- 비타민 B3(니아신) : 간, 닭고기, 소고기, 참치, 달걀, 콩
- 비타민 B6(피리독신) : 간, 통밀, 시금치, 콩, 바나나, 생선, 감자, 녹색 채소
- 비타민 B12(시아노코발라민) : 간, 콩팥, 생선, 우유, 생굴 이스트
- 비타민 C : 감귤류, 토마토, 딸기, 멜론, 감자, 녹색 채소
- 엽산(폴산) : 간, 콩팥, 녹색 채소, 콩
- 판토텐산 : 간, 콩팥, 달걀, 녹색 채소
- 비오틴 : 달걀노른자, 콩팥, 녹색 채소, 콩

지용성 비타민 E정

수용성 비타민 C정

우유에는 비타민B2가
달걀에는 비오틴이 풍부하다.

바나나에는 비타민 B6가 풍부하다.

대부분의 비타민은 체내에서 합성되지 않기 때문에 반드시 외부로부터 섭취해야 한다. 비타민은 칼로리나 열량을 내는 것도 에너지를 만드는 것도 아니고, 단백질, 미네랄, 물, 탄수화물 등이 대신할 수 있는 것도 아닌 특수한 성질을 가지고 있다. 비타민은 말하자면 자동차의 엔진에 불을 붙여주는 스파크 플러그와 같아서 우리 몸의 각종 대사 기능에 작용하는 효소들과 연결되어 몸의 기능이 원활히 돌아가도록 해준다. 단백질, 지방, 탄수화물 등에 비해 상대적으로 중요도가 낮은 것으로 생각할 수도 있으나, 비타민이 한 가지라도 부족하면 몸 전체가 위험해질 수 있다.

영양분이 잘 조화된 음식을 먹으면 필요한 모든 비타민을 섭취할 수 있지만, 백설탕, 흰쌀밥, 보존과 조리를 간편하게 한 가공 식품, 통조림, 인스턴트 식품을 포함하는 현대인의 식생활은 현실적으로 이에 미치지 못한다.

미네랄도 비타민과 마찬가지로 체내에 소량으로 존재하여 대사를 조절하고 유지하는 생리적 기능을 담당하고 있다. 비타민제는 식사 후에 복용하여 음식과 함께 흡수되도록 하며, 다양한 비타민제를 한꺼번에 복용해야 할 경우에는 식사량이 많은 저녁 식사 후에 복용하는 것이 가장 좋다. 비타민의 흡수에는 미네랄이 반드시 필요하므로 미네랄이 함유된 비타민제를 선택할 필요가 있다.

증상별 비타민 · 미네랄치료법

식욕이 떨어졌을 때

비타민 A가 들어 있는 생선, 간, 달걀, 녹색 채소 등과, 비타민 B1이 들어 있는 맥주 효모, 간, 견과류, 감자, 콩, 비타민 C가 들어 있는 토마토, 감자, 양배추, 청고추 등이 좋다. 또, 비오틴이 들어 있는 맥주 효모, 견과류, 소간, 콩팥, 현미 등이 좋고, 인이 들어 있는 육류, 우유, 치즈, 닭고기, 생선, 시리얼, 견과류, 콩 등도 도움을 준다. 나트륨이 들어 있는 소고기, 돼지고기, 치즈, 올리브, 옥수수빵 등과, 아연이 들어 있는 채소, 맥아, 호박 씨, 해바라기 씨 등도 같이 먹으면 좋다.

보조제로 복합 비타민 B 제제 50mg을 1일 3회, B12 21,000mg을 아침 식사 후 1회, 그리고 아연 정제를 복용하는 것이 좋다.

입에서 냄새가 날 때

니아신이 들어 있는 간, 육류, 생선, 전곡류, 콩 등을 먹는다. 보조제로 유산균을 1일 1~3회, 엽록소를 1일 3회, 아연 정제 50mg을 1일 1회 정도 복용하는 것이 좋다.

쉽게 멍이 들 때

비타민 C가 풍부한 과일, 토마토, 감자, 양배추, 청고추 등과, 바이오플라보노이드가 들어 있는 오렌지, 레몬, 과일, 탄제린, 배 등을 먹는다. 보조제로 비타민 C 1,000mg을 복용하는 것이 좋다.

콜레스테롤 수치가 높을 때

B-복합체, 이노시톨이 들어 있는 이스트, 맥주 효모, 건포도, 멜론의 일종인 칸타로프 등을 먹는다. 보조제로 레시틴을 1스푼씩 1일 3회, 또는 레시틴 1,200mg을 1일 3~4회 복용하는 것이 좋다.

설사

비타민 K가 풍부한 요구르트, 알팔파, 콩기름, 간유구, 해조류인 켈프 등과, 니아신이 풍부한 간, 육류, 맥주 효모, 땅콩, 이스트, 닭고기, 생선, 콩 등을 섭취한다. 또, 비타민 F가 풍부한 식물성 식용류, 땅콩, 호두, 해바라기 씨 등을 먹는다. 보조제로 칼륨 1mg과 유산균 1~2스푼을 1일 3회 복용하는 것이 좋다.

변비

B-복합체가 들어 있는 간, 소고기, 치즈, 돼지고기, 콩팥 등을 먹는다. 보조제로 매일 물 8~10컵과 유산균 1스푼을 1일 1회 정도 복용하는 것이 좋다.

악취

비타민 B12가 들어 있는 이스트, 간, 소고기, 달걀, 콩팥 등과, 아연이 들어 있는 채소, 전곡류, 맥아, 호박 씨, 해바라기 씨를 자주 먹는다. 보조제로 아연 15~50mg을 1일 1회, 엽록소를 1일 3회 정도 복용하는 것이 좋다.

야맹증, 눈의 충혈, 눈의 염증

비타민 A가 풍부한 간, 생선, 달걀노른자, 버터, 크림, 녹색 채소와, 비타민 B가 풍부한 우유, 간, 콩팥, 이스트, 치즈, 생선, 달걀 등을 먹는다. 보조제로 베타카로틴 10,000IU를 1일 1~2회, 복합 비타민 B 제제 100mg, 비타민 C 500mg, 비타민 E 400IU를 1일 2회 복용하는 것이 좋다.

귀울림증

망간이 들어 있는 견과류, 녹색 채소, 배, 버터, 달걀노른자와, 칼륨이 들어 있는 바나나, 미나리, 녹색 채소, 과일, 해바라기 씨 등을 먹는다. 보조제로 니아신 50~100mg씩 1일 3회, 비타민 E 400IU씩 1일 1~3회, 아연 50mg을 1일 1회 복용하는 것이 좋다.

어지럼증

망간이 들어 있는 견과류, 녹색 채소, 배, 소고기, 달걀노른자와, 비타민 B2가 들어 있는 우유, 간, 콩팥, 이스트, 치즈, 생선, 달걀 등을 먹는다. 보조제로 니아신 50~100mg씩 1일 3회, 비타민 E 200IU씩 1일 1~3회 복용하는 것이 좋다.

피곤증

아연이 들어 있는 채소, 전곡류, 맥주 효모, 맥아, 호박 씨, 해바라기 씨 등과, 단백질이 들어 있는 육류, 생선, 달걀, 유제품, 땅콩, 된장 등이 좋고, 탄수화물과 섬유소, 비타민 A가 들어 있는 생선, 간, 달걀노른자, 버터, 크림, 녹색 채소를 섭취하도록 한다. B-복합체가 들어 있는 이스트, 맥주 효모, 철분이 들어 있는 맥아, 된장, 소고기, 콩팥, 요오드가 들어 있는 다시마, 유제품, 해산물도 도움이 된다. 비타민 C가 들어 있는 토마토, 감자, 양배추, 청고추, 비타민 D가 들어 있는 간유구, 버터, 달걀노른자, 간 등이 좋다. 보조제로 복합 비타민 B 제제 100mg과 비타민 B12 200mg씩 1일 2회, 비타민 B15 50mg씩 1일 3회 복용하는 것이 좋다.

비듬

비타민 B12가 들어 있는 간, 소고기, 돼지고기, 달걀, 우유, 비타민 F가 들어 있는 식물성 식용유, 땅콩, 해바라기 씨, 호두, 비타민 B6가 들어 있는

이스트, 간, 육류, 콩과류, 전곡류, 생선, 그리고 셀레늄이 들어 있는 브로콜리, 양파, 토마토, 참치를 먹는다. 보조제로 셀레늄 100mg 1일 2회, 비타민 F 3정씩 1일 3회 복용한다.

탈모증

비오틴이 들어 있는 맥주 효모, 견과류, 소고기, 간, 콩팥, 현미, 이노시톨이 들어 있는 간, 레시틴, 전곡류, 과일, 맥주 효모, 그리고 염소가 들어 있는 소금을 먹는다. B-복합체, 비타민 C, 엽산이 들어 있는 이스트, 맥주 효모, 콩, 건포도, 칸타로프, 과일, 청고추, 토마토, 양배추, 감자, 녹색 채소, 과일, 간 등도 도움이 된다. 보조제로 염소와 이노시톨 1,000mg, 복합 미네랄 제제, 시스틴 1mg, 비타민 C 3,000mg을 1일 1회, 복합 비타민 B 제제 100mg을 1일 3회 복용하는 것이 좋다.

심장두근거림

비타민 B12가 들어 있는 이스트, 간, 소고기, 달걀, 콩팥 등을 먹는다. 보조제로 복합 비타민 B 제제 100mg과 레시틴 3스푼을 1일 3회, 니아신 100mg을 1일 1~3회 복용하는 것이 좋다.

고혈압

콜린이 들어 있는 달걀노른자, 녹색 채소, 이스트, 간, 맥아 등을 먹는다. 보조제로 레시틴 3스푼과 비타민 E 100IU를 1일 1회, 그리고 마늘 등도 복용하는 것이 좋다.

감염증

비타민 A가 들어 있는 생선, 간, 달걀노른자, 버터, 크림, 녹색 채소와, 판토텐산이 들어 있는 이스트, 맥주 효모, 리마콩, 건포도, 칸타로프, 멜론 등을 먹는다. 보조제로 유산균 12스푼을 1일 3회, 비타민 A 10,000IU를 2일에 1회 복용하는 것이 좋다.

불면증

칼륨이 들어 있는 바나나, 미나리, 녹색 채소, 과일, 해바라기 씨, B-복합체가 들어 있는 이스트, 맥주 효모, 리마콩, 건포도, 칸타로프, 그리고 비오틴이 들어 있는 맥주 효모, 견과류, 소고기, 간, 콩팥, 현미 등을 먹는다. 칼슘이 들어 있는 우유, 육류, 생선, 달걀, 시리얼, 콩, 과일, 채소 등도 도움이 된다. 보조제로 트립토판 2mg, 비타민 B6 100mg, 칼슘과 마그네슘 제제를 취침 30분 전에 복용하는 것이 좋다.

기억력 장애

비타민 B1이 들어 있는 맥주 효모, 전곡류, 육류, 견과류, 콩과류, 감자 등을 먹는다. 보조제로 글루타민 500mg 1일 3회, 복합 비타민 B 제제 50mg 1일 2회, 콜린 2mg 1일 1회 복용하는 것이 좋다.

월경 장애

비타민 B12가 들어 있는 이스트, 간, 소고기, 달걀, 콩팥 등을 먹는다. 보조제로 비타민 B6 100mg, 달맞이꽃 오일 500mg을 1일 3회, 복합 비타민 B 제제 100mg을 1일 2회, 마그네슘 500mg, 칼슘 250mg을 1일 1회 월경 7~10일 전부터 복용하는 것이 좋다.

입 안이 헐고 균열이 생길 때

비타민 B12가 들어 있는 우유, 콩팥, 이스트, 치즈, 생선, 달걀과, 비타민 B6가 들어 있는 이스트, 간, 육류, 콩과류, 전곡류, 시리얼, 생선 등을 먹는다. 보조제로 복합 비타민 B 제제 50mg을 1일 3회 복용하는 것이 좋다.

근육통

비타민 B1이 들어 있는 맥주 효모, 전곡류, 육류, 견과류, 콩류, 감자와, 비타민 B6가 들어 있는 이스트, 간, 육류, 콩류, 전곡류, 생선을 먹는다. 비오틴이 들어 있는 맥주 효모, 견과류, 소고기, 간, 콩팥, 현미, 염소가 들어 있는 소금, 나트륨이 들어 있는 소고기, 돼지고기, 치즈, 올리브, 옥수수, 비타민 D가 들어 있는 간유구, 버터, 달걀노른자, 간 등도 도움이 된다. 보조제로 비타민 E 400IU, 칼슘과 마그네슘 제제 3정, 니아신 100mg을 1일 3회 복용하는 것이 좋다.

불안, 초조감

비타민 B6가 들어 있는 이스트, 간, 육류, 콩과류, 전곡류, 생선, 비타민

B12가 들어 있는 이스트, 간, 소고기, 달걀, 콩팥, 니아신이 들어 있는 간, 육류, 생선, 전곡류, 콩류, 마그네슘이 들어 있는 녹색 채소, 견과류, 시리얼, 해산물 등을 먹는다. 보조제로 비타민 B와 C를 1일 1~3회, 칼슘과 마그네슘 제제를 1일 3회 복용하는 것이 좋다.

코피가 자주 날 때

비타민 C가 풍부한 과일, 토마토, 감자, 양배추, 청고추와, 비타민 K가 들어 있는 요구르트, 된장, 간유구, 켈프를 먹는다. 바이오플라보노이드가 들어 있는 오렌지, 레몬, 귤껍질, 과일 등도 도움이 된다. 보조제로 비타민 C 1,000mg, 루틴 50mg, 바이오플라보노이드 500mg을 1일 2회 복용하는 것이 좋다.

성장 발육 지연

지방이 들어 있는 육류, 버터, 단백질이 들어 있는 육류, 생선, 달걀, 유제품, 된장, 땅콩, 비타민 B2가 들어 있는 우유, 간, 콩팥, 이스트, 치즈, 생선, 달걀, 엽산이 들어 있는 녹색 채소, 과일, 육류, 간, 이스트, 아연이 들어 있는 채소, 전곡류, 맥아, 해바라기 씨, 호박 씨, 코발트가 들어 있는 간, 콩팥, 췌장, 내장 등을 먹는다.

여드름

비타민 A가 들어 있는 생선, 간, 달걀노른자, 버터, 크림, 녹색 채소, 비타민 B-복합체가 들어 있는 이스트, 맥주 효모, 리마콩, 건포도, 칸타로프 등을 먹는다. 보조제로 복합 비타민 · 미네랄 제제, 비타민 E 2,400IU, 아연 500mg을 1일 1회, 베타카로틴 25,000IU를 1일 2회, 유산균 1스푼을 1일 3회 복용하는 것이 좋다.

피부염

비타민 B2가 들어 있는 우유, 간, 콩팥, 이스트, 치즈, 생선, 달걀, 비타민 B6가 들어 있는 이스트, 간, 내장, 콩류, 전곡류, 시리얼, 생선을 먹는다. 비오틴이 들어 있는 맥주 효모, 견과류, 소고기, 간, 콩팥, 현미, 니아신이 들어 있는 간, 육류, 생선, 곡류, 콩류 등도 도움이 된다. 보조제로 복합 비타민 · 미네랄 제제, 비타민 E 2,400IU, 베타카로틴 25,000IU, 아연 50mg을 1일

1회, 유산균 1~2스푼을 1일 3회 복용한다.

습진

비타민 A가 들어 있는 생선, 간, 달걀노른자, 버터, 크림, 녹색 채소, 비타민 B-복합체와 이노시톨이 들어 있는 이스트, 맥주 효모, 리마콩, 건포도, 칸타로프, 구리가 들어 있는 내장, 굴, 견과류, 콩류, 전곡류를 먹는다. 요오드가 들어 있는 유제품, 해산물 등도 도움이 된다. 보조제로 복합 비타민 · 미네랄 제제와 비타민 E 24,000IU, 베타카로틴 25,000IU를 1일 1회, 아연 50mg, 유산균 1스푼을 1일 1회 복용하는 것이 좋다.

잘 아물지 않는 상처나 골절

비타민 C가 들어 있는 과일, 토마토, 감자, 양배추, 청고추 등을 먹는다. 보조제로 아연 50mg을 1일 1회, 비타민 E 400IU를 1일 3회 복용하는 것이 좋다.

뼈와 치아가 약할 때

비타민 D가 들어 있는 간유구, 버터, 달걀노른자, 간과, 칼슘이 들어 있는 우유, 육류, 생선, 달걀, 콩, 과일, 채소 등을 먹는다. 보조제로 칼슘 1,000~1,500mg, 마그네슘 50mg을 1일 1회 복용하는 것이 좋다.

손발이 떨릴 때

마그네슘이 들어 있는 녹색 채소, 견과류, 시리얼, 해산물 등을 먹는다. 보조제로 복합 비타민 B 제제, 비타민 B6 500mg을 1일 3회, 칼슘 1,000mg, 마그네슘 500mg을 1일 1회 복용하는 것이 좋다.

여성의 질 부위가 가려울 때

비타민 B2가 들어 있는 이스트, 간, 내장, 콩류, 전곡류, 생선 등을 먹는다. 보조제로 비타민 B6 100mg을 1일 3회 복용하는 것이 좋다.

관절염

관절이 경직되어 붓고 아플 때 복합 비타민 · 미네랄 제제, 비타민 B12 2,000mg, 니아신 1mg, 구리 2mg을 1일 1회, 비타민 C 1,000mg, 복합 비타민 B 제제 100mg, 판토텐산 100mg, 게르마늄 50mg, EPA 캡슐을 1일 3회 복용하는 것이 좋다.

천식

숨이 가쁘고 기침이 나며 가래가 심할 때 비타민 B15 1,000~2,000mg, 비타민 E 400~12,000IU를 1일 1회, 복합 비타민 · 미네랄 제제를 1일 2회, 비타민 C 1,000mg, 달맞이꽃 오일 2,500mg, 비타민 B12 100mg, 비타민 B6 200mg을 1일 3회 복용하는 것이 좋다.

기관지염

스트레스, 항생제 투여 등으로 비타민이 손실되었을 때 베타카로틴 25,000 IU, 복합 비타민 · 미네랄 제제를 1일 1회, 비타민 C 1,000mg과 로즈힙을 1일 2회, 비타민 E 400IU, 유산균 3캡슐을 1일 3회, 물 6~8컵을 복용하는 것이 좋다.

칸디다증(질염)

이스트균에 의해 비타민 손실이 생긴 것으로, 곰팡이균에 강한 마늘, 브로콜리, 양배추, 양파, 요구르트, 채소 등을 먹는다. 복합 비타민 · 미네랄 제제, 비타민 C 500mg과 로즈힙, 비타민 E 200~400IU를 1일 1회, 프로폴리스 500mg, 유산균, 카프릴산을 1일 3회 복용하는 것이 좋다.

심장병

비타민 E 400IU, 복합 비타민 · 미네랄 제제, 비타민 C 500mg, 황산콘드로이친을 1일 1회, 복합 비타민 B 제제 100mg을 1일 2회, 니아신 100mg, 레시틴 3캡슐, EPA와 DHA를 1일 3회 복용하는 것이 좋다.

만성피로증후군

극심한 피로감이 갑자기 생기면서 미열, 목이 붓고 임파선이 부어오르는 증세와 함께 온몸이 쑤시고 아프며, 머리와 관절이 아프면서 정신이 혼미해지고 기억력도 떨어지며, 시력이 약해지고 잠이 오지 않는 등 다양한 증세를 동반하는 종합적인 증상을 말한다. 바이러스균의 감염을 그 원인으로 추측하기도 하고 화학 물질의 오염으로 면역체계가 손상되어 생기는 것이라고도

| 심장발작을 예방하는 수칙 |

- 설탕과 소금 섭취를 줄인다.
- 금연을 한다.
- 규칙적인 운동을 한다.
- 체중 조절을 한다.
- 요가, 바이오피드백, 명상 등으로 이완 상태를 유지한다.
- 포화지방산, 콜레스테롤 섭취를 줄인다.
- 마늘, 과일, 생선을 주로 섭취한다.
- 콩에서 나오는 단백질의 양을 늘리고, 동물성 단백질을 줄인다.
- 칼슘 1,000mg과 마그네슘 500mg을 식품에서 얻도록 한다.
- 비타민 B6 · C · E 등을 골고루 섭취한다.
- 레시틴을 섭취한다.
- 쾌활, 명랑, 웃음 등을 잃지 않는다.

하지만, 정확한 원인은 아직 밝혀지지 않았다.

베타카로틴 10,000~25,000IU(5일 복용 후 2일 정도 휴식), 레시틴 2,000mg, 시스테인, 셀레늄 50~100mg을 1일 1회, 복합 비타민 · 미네랄 제제, 비타민 C 500mg과 로즈힙을 1일 2회, 비타민 E 200~400IU, 아연 15~50mg, 프로폴리스 500mg, 달맞이꽃 오일 500mg을 1일 3회 복용하는 것이 좋다.

당뇨병

성인기 후반에 많이 발생하며, 보통 초기에는 증상이 나타나지 않고 진행되다가 다뇨, 당뇨, 갈증, 다음, 다식, 전신권태 등의 증상이 나타난다. 복합 비타민 · 미네랄 제제를 1일 1회, GTP 크롬 200mg, 칼륨 90mg, 아연 50mg을 1일 3회, 물 6~8컵을 복용하는 것이 좋다.

월경전증후군

월경 2~10일 전부터 감정의 불안정성, 분노감, 안절부절, 심한 불안감,

| 월경전증후군의 금기 식품과 권장 식품 |

금기 식품	권장 식품
- 짠 음식을 피한다. - 감초는 알도스테론이라는 호르몬을 자극하여 수분과 염분을 체내에 축적시킨다. - 찬 음식과 찬 음료는 복부 내의 순환 장애를 일으킨다. - 카페인은 비타민 B를 소모시키고 칼륨, 아연 등을 배설시킨다. - 홍차는 타닌과 미네랄이 합쳐져서 소화 기관의 흡수력을 떨어뜨린다. - 알코올은 마그네슘을 감소시키고, 간 기능을 약화시킨다. - 시금치와 비트는 미네랄 흡수를 방해한다.	- 천연 이뇨제가 들어 있는 딸기, 수박, 아스파라거스, 파슬리, 미나리 - 해바라기 씨, 복숭아, 바나나, 감자, 땅콩, 토마토 - 순환 기능, 간 기능을 도와주는 당귀

긴장, 심한 우울증, 일상생활에 대한 흥미 감소, 쉽게 피로를 느끼고 기운이 없음, 집중력 장애, 심한 식욕 변화, 과도한 잠 또는 불면, 유방통, 두통, 부종, 체중 증가 등의 증세가 나타나는 것을 말한다.

감기

코가 막히고 열이 나며 목이 아플 때 복합 비타민 · 미네랄 제제, 비타민 E 200~400IU를 1일 1회, 비타민 C 1,000mg과 로즈힙, 베타카로틴 10,000IU, 유산균 3캡슐을 1일 3회, 물 6~8컵을 복용하는 것이 좋다.

특정 시기, 직업, 취미, 연령별 비타민치료법

임산부와 수유부

비타민 A · B6 · B12 · C, 엽산이 보강된 복합 비타민 · 미네랄 제제와 칼슘 1,000mg, 마그네슘 500mg을 1일 2회 복용하는 것이 좋다.

수술 환자

비타민 C를 투여하면 수술 후 상처회복, 골절이나 화상에 대한 치료 효과를 높일 수 있다.

다이어트 중인 사람

칼로리를 50% 이상 줄이는 경우 비타민 부족 현상이 나타난다. 비타민 A · B6 · B12 · C, 엽산이 보강된 복합 비타민 · 미네랄 제제와 칼슘 1,000 mg, 마그네슘 500mg을 1일 2회 복용하는 것이 좋다.

달리기 선수, 조깅하는 사람

복합 비타민, 미네랄이 보강된 비타민 C 1,000mg, 비타민 B-복합체와 아연, 비타민 E 400IU, 시토크롬과 이노시톨을 1일 2회 복용한다.

수험생

콜린이 풍부한 달걀노른자, 녹색 채소, 이스트, 간, 맥아, 레시틴을 자주 먹으면 뇌와 신경, 기억력이 강화된다. 뇌를 많이 쓰고 수면량이 부족할 때는 복합 비타민, 미네랄이 보강된 비타민 C 500mg과 로즈힙, 비타민 E 400 IU, 비타민 B-복합체와 아연, 콜린 500mg을 1일 2회 복용하는 것이 좋다.

노인

복합 비타민, 미네랄이 보강된 비타민 C 500mg과 로즈힙, 바이오플라보노이드, 비타민 E 200~400IU를 아침저녁으로 복용하는 것이 좋다.

야간작업을 주로 하는 사람

복합 비타민, 미네랄이 보강된 비타민 C 500mg과 로즈힙, 비타민 D 400 IU를 식후에 1번씩 복용하는 것이 좋다.

트럭 운전사

복합 비타민, 미네랄이 보강된 비타민 C 500mg과 로즈힙, 레시틴 3스푼, 비타민 B-복합체 100mg을 1일 1회 복용하면 긴장, 스트레스가 해소된다.

세일즈맨, 회사원

복합 비타민, 미네랄이 보강된 비타민 C 500mg과 로즈힙, 비타민 E 400 IU를 1일 1회 복용하고, 비타민 B-복합체 100mg을 1일 3회 복용하는 것이 좋다.

골퍼

복합 비타민, 미네랄이 보강된 비타민 C 500mg과 로즈힙, 비타민 B-복합체와 아연을 1일 2회 복용하는 것이 좋다.

테니스를 자주 하는 사람

복합 비타민, 미네랄이 보강된 비타민 C 500mg과 로즈힙, 비타민 B-복합체, 칼슘 750mg, 비타민 B15 500mg, 비타민 E 400~800IU, 맥아 오일을 1일 1회 복용하는 것이 좋다.

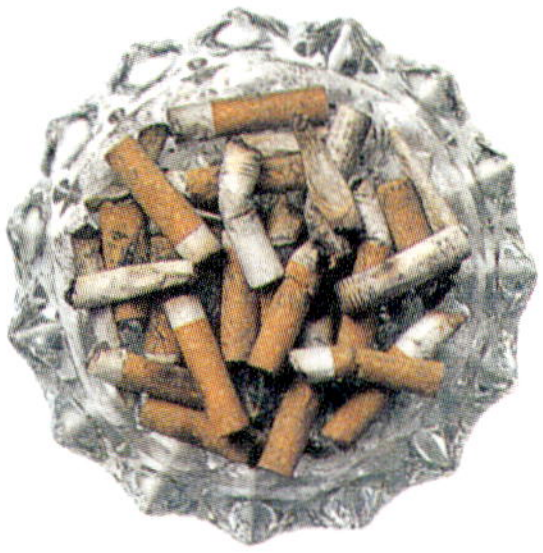

흡연

담배 1개비가 비타민 C를 25mg 정도 파괴하므로 흡연자는 비타민 C를 보충해주어야 한다. 복합 비타민 · 미네랄 제제, 그리고 비타민 C 2,000mg을 1일 2회, 비타민 E 400~800IU, 베타카로틴 25,000IU를 1일 1회 복용하는 것이 좋다.

음주

복합 비타민 · 미네랄 제제, 비타민 C 500mg과 로즈힙, 비타민 B-복합체 100mg을 1일 2회, 비타민 E 400~800IU를 1일 1회 복용하는 것이 좋다.

TV를 자주 보는 사람

복합 비타민 · 미네랄 제제, 비타민 C 500mg과 로즈힙을 매일 복용하고, 베타카로틴 10,000IU를 5일 복용하고 2일 휴식하며, 비타민 D 400IU를 1주일에 5일 복용하는 것이 좋다.

메가비타민요법

비타민 B5를 비롯한 B-복합체는 탈모증 예방에 좋다.

RDA, 즉 1일 권장량보다 훨씬 많은 양의 비타민을 복용하면 다양한 병의 예방과 치료에 효과를 거둘 수 있다는 이론을 바탕으로 대량의 비타민을 투여하여 치료하는 방법을 말한다. 예를 들어 비타민 A를 대량 투여하면 운동과다, 학습 장애 등에 치료 효과를 볼 수 있다.

메가비타민요법은 어윈 스톤 Irwin Stone 박사가 처음으로 대량의 아스코르브산을 투여해본 데서 시작되었다. 이후 메가 비타민 E가 세포의 노화를 방지하고 발암물질인 나이트로사민의 생성을 차단하며 유방의 섬유종과 폐경기 증후군에도 효과가 있다는 연구가 보고되었다. 노벨상을 두 번이나 받은 미국의 라이너스 폴링 박사는 비타민을 대량으로 복용하면 감기와 다른 질병을 예방하고 치료하는 효과가 있다고 하여 큰 관심을 불러일으킨 바 있다. 그러나 이에 대해서는 상반된 견해를 보이는 학자들이 많으며, 현재도 논란이 되고 있는 것이 사실이다.

오레곤 대학병원의 연구 보고서에 의하면 효소 결핍으로 인한 호모시스틴요증 homocystinuria 환자에게 비타민 B6를 투여한 결과 효과적이었다고 한다. 그러나 비타민 B군의 대량 투여로 심한 신경 손상이 일어날 수도 있음을 지적했다.

이 요법을 창안한 라이너스 폴링 박사는 비타민 C를 하루에 500mg 이상 복용하면 감기를 예방하고 치료할 수 있으며 콜라겐 합성 장애나 비정상적인 뼈 성장 상태도 교정할 수 있다고 하였고, 그 밖에도 비타민 C 대량 투여로 수술 후 상처가 빨리 회복되고 폴립종 암도 예방할 수 있다고 하였다. 이에 상반되는 주장을 하는 학자들도 있는데, 이들은 인체는 비타민 C를 하루에 100~150mg 정도만 흡수할 수 있고 나머지는 오줌 등으로 배설되기 때문에 10배 이상 고용량의 비타민은 권할 것이 못 된다고 주장한다.

비타민과 미네랄에는 앞에서도 설명하였듯이 다양한 종류와 생리적 기능이 있다. 미네랄은 몸무게의 약 4~5%를 구성하고 있는 물질로, 뼈, 근육, 혈액, 신경세포 등을 만들어주는 성분이다. 대표적으로 칼슘, 마그네슘 등은 체내에 비교적 많은 양이 존재하나 철분, 요오드, 셀레늄 등은 극히 적다. 심장과 뇌의 기능을 유지시키고 피와 조직액이 산성이나 알칼리 어느 한쪽으로 치우치는 것을 막는 기능도 있다.

메가비타민요법은 주로 만성 질환, 불균형 상태를 건강한 체질과 상태로

메가비타민요법은 대량의 비타민을 투여하여 질병을 치료한다.

바꾸어주기 위해 처방된다. 또, 급성 증상, 예를 들면 소화 장애, 월경전증후군, 눈 질환, 기침감기, 감염증 등에도 사용된다.

비타민과 미네랄은 혼합 상승작용으로 서로의 효과를 증대시킨다. 예를 들면 비타민 C와 아연을 같이 복용하면 감기나 인플루엔자에 효과적으로 작용한다. 항상 식후에 곧바로 복용하는데, 아미노산은 공복 시에 가장 잘 흡수되므로 이때 복용한다. 항생제와 철분 제제는 같이 복용하지 않는 것을 원칙으로 한다.

주의할 것은 과잉 섭취로 인한 독성 반응과 부작용인데, 효소 생산의 불균형 등을 초래할 수 있으므로 미묘한 대사 불균형을 조심해야 한다. 비타민 A의 경우 간과 뼈에 해를 가하고 태아에 위험을 초래할 수 있다. 비타민 B1은 두통,

| 질환별 메가 비타민 처방 |

- **관절염** : 항산화제, 베타카로틴, 비타민 C, 셀레늄, 아연, 구리, 마그네슘
- **빈혈, 피로, 창백함** : 철, 비타민 B12, 엽산
- **관상동맥 질환** : 필수지방산(생선 기름), 항산화제
- **눈 질환(충혈, 통증, 결막염, 부어오름, 건조증 등)** : 필수지방산, 비타민 A · C, 아연
- **소화불량, 헛배, 가스 참, 과민성대장염** : 비타민 B · C
- **구강궤양, 입술 건조, 혀나 입술 갈라짐** : 철, 비타민 B2 · B3 · B6 · B12, 엽산
- **건조성 피부, 비듬, 습진, 피부염** : 아연, 필수지방산, 철, 비타민 B6 · C
- **손톱 갈라짐, 손톱의 흰 점** : 아연
- **골다공증, 뼈와 관절 문제** : 칼슘, 비타민 D
- **저혈당, 저에너지** : 비타민 B · C, 트립토판, 아연, 망간, 칼륨
- **월경전증후군** : 복합 비타민과 미네랄, 필수지방산, 비타민 B6 · E
- **불임증** : 복합 비타민과 미네랄, 필수지방산
- **기침, 감기, 감염증** : 복합 비타민(비타민 C 5~10g, 비타민 B 100mg)과 미네랄
- **천식** : 비타민 B6 · B15 · C · E

월경전증후군으로 우울증에 시달림

불면증, 피부염, 안절부절 등의 증상을 보일 수 있다. 마그네슘도 하루에 3~5g 이상은 치명적일 수 있다. 지용성 비타민 A · D · E 등은 과잉 섭취하면 독성을 나타낼 수 있다. 예를 들어 비타민 A 20,000IU 이상이면 뇌압이 올라간다. 따라서 항상 전문의에게 처방을 받아 조심스럽게 관찰하며 치료해야 한다. 또, 비타민과 미네랄은 되도록 천연 성분으로 보충하는 것이 좋다.

분자교정요법

우리 몸은 내부에 여러 장기를 가지고 있고, 이들 장기는 정교한 조직체로 이루어져 있다. 조직은 세포들의 활발한 대사 활동으로 움직이는데, 분자교정요법은 이들 세포의 대사 물질들이 분자 활동을 제대로 할 수 있도록 도와주는 치료법을 말한다. 분자와 같이 정밀한 단위에서부터 생리화학적 작용이 원활히 이루어지게 하면 모든 질병이 예방되고 치료될 수 있다는 이론이다.

역사

이 치료법은 미국의 라이너스 폴링 박사와 데이비드 호킨스 박사에 의해 시작되었으며, 주로 비타민, 미네랄, 생체 물질들을 이용하여 치료한다. 주로 예방 목적으로 사용되던 비타민이나 미네랄을 치료에 이용한 것이다. 한 예로 1955년 미국의 유명한 메이요 클리닉에서 호퍼 박사가 니아신, 즉 비타민 B3를 하루에 1.5g(1일 권장량은 15mg) 투여하여 높은 콜레스테롤 수치를 정상으로 떨어뜨린 바 있다. 이 치료법은 어지럼증, 변비 등 사소한 증상에서 심장병, 당뇨병, 관절염에 이르는 모든 질병에 이용할 수 있다.

특히 허미스톤 박사는 정신과 질환 환자에서 영양요법과 분자교정요법으로 뇌의 생화학적 상태를 정상으로 돌려 치료나 상담을 훨씬 빠르고 쉽게 시작할 수 있을 뿐만 아니라 정신과적 치료에도 성공할 수 있다고 하였다. 비타민과 미네랄 같은 영양소는 약물처럼 우리의 뇌에 있는 여러 가지 화학 물질들을 자극하고 대사 과정에 관여하여 치료적인 작용을 가하기 때문이다.

분자교정치료를 선호하는 의사들은 이 치료법으로 정신과 질환을 치료하면 세 가지 이상의 혜택을 볼 수 있다고 한다. 첫째, 정신과 약물이 불필요하고 심리치료 등에 시간을 뺏기지 않아도 된다. 둘째, 정신과 약물의 부작용에서

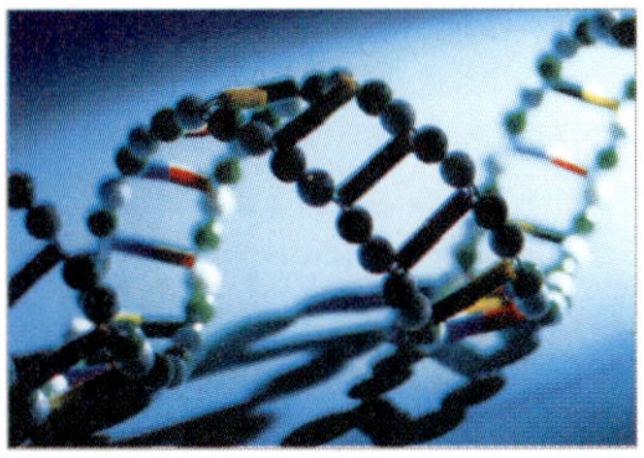

분자교정요법은 특히 스트레스로 인한 불균형 상태 등을 교정하는 데 좋은 치료법이다.

벗어날 수 있다. 셋째, 치료가 간단하고 부작용을 걱정하지 않아도 된다.

리처드 홀 박사는 1981년 미국정신과학회지에 발표한 논문에서 100명의 정신과 환자 중 반수 이상이 진단되지 않은 신체적 질병을 가지고 있었다고 한다. 이처럼 정신 질환이 신체적 질병을 일으키는 영양 불균형 상태와 연관되어 있다고 보는 것은 구체적인 환자의 예에서도 쉽게 알 수 있다.

코카인 중독 환자의 대뇌에서는 생화학 물질인 도파민이 처음에는 급속도로 분비되다가 나중에는 고갈되어 심한 정신착란을 일으킨다. 도파민은 호르몬의 일종으로 비타민 B6, 비타민 C, 마그네슘, 철분의 작용으로 아미노산에 의해 분비된다. 만약 이러한 영양분들이 충분하게 공급되지 않으면 고농도의 코카인을 원하게 되고 정신병 증상을 일으키게 된다. 1950년 정신과 의사인 호퍼 박사와 오스몬드 박사는 급성정신분열증 환자에게 비타민 B3를 투여하여 성공적으로 치료한 바 있다.

각 개인들은 저마다 독특한 영양학적 특성을 보인다. 이 때문에 불균형을 이루고 있는 어떤 영양소가 동일한 성분이라 하더라도 사람에 따라 서로 다른 증상을 보일 수 있다. 우리 몸 안에서 한 가지 물질이 단독으로 활동한다는 것은 거의 있을 수 없고 여러 물질들이 복합체를 이루어 작용한다. 그러나 이들이 서로 화합하지 않고 균형을 이루지 못하면 병적인 증상과 질병이 발생한다. 따라서 어떤 성분의 치료 효과를 확인하기 위해서는 몸 안의 대사 과정에 맞게 조화를 이룰 수 있는지 따져보아야 한다.

원리와 치료법

분자교정요법에서는 어떤 질환을 치료하기 위해 우선 음식물에 대한 과민반응 유무를 검사하고 그에 따라 필요한 영양성분을 투여한다. 한 가지 간단한 검사방법으로 코카 박사가 고안한, 맥박수를 재어 그 물질에 대한 거부 상태를 파악하는 방법이 있다. 예를 들어 어떤 환자에게 감자를 먹게 한 다음 맥박을 재었더니 1분에 180번 이상이 나왔다. 그러나 감자를 먹지 않았더니 심장의 통증이 사라지고 대장염, 편두통, 현기증, 소화불량이 개선되었다.

검사하고자 하는 식품을 먹게 하고 2~3일간 하루에 3번 이상 맥박을 잰다. 기상 전, 식사 직전과 식후 30분에 재고, 마지막으로 잠자기 전에 재어본다. 그 결과 평소의 최대맥박수보다 6회 이상 증가하거나 특별한 요인 없이 1분에 84회 이상 뛰면 음식물에 대한 과민반응으로 판단한다.

분자교정요법은 심장혈관 질환, 소화기 장애, 관절염, 대사기능 장애, 피부과 질환, 치매 등 퇴행성 질환과 성인병 등을 치료하는데, 여기서는 신경정신 질환에 대한 치료법을 소개하기로 한다.

불안신경증의 경우에 칼슘과 망간, 마그네슘, 비타민 B1 · 3 · 6를 보충해 주고 카페인 섭취를 중단한다. 예일 대학의 리프킨 박사는 커피를 하루에 5~10잔 마시면 카페인이 강력한 중추신경억제 작용을 하는 뇌의 아데노신 물질과 길항 작용을 일으켜 불안 증세가 유발된다고 하였다. 설탕도 줄여야 하는데, 설탕은 유당 생산을 높여 불안을 유도하기 때문이다. 그 밖에 다른 음식, 화공약품 등도 원인이 된다.

우울증의 경우도 비타민 B6와 미네랄이 필요하다. 대뇌 물질인 세로토닌과 노르아드레날린이 티로신과 트립토판 같은 아미노산을 만들고, 이때 비타민 B6 등이 도파민, GABA 등의 뇌 대사 물질을 합성하는 데 관여하기 때문이다. 또, 칸디다균과 같은 이스트균이 장 내에서 과잉 발효되어 그 독소가 뇌 기능에 영향을 주는 경우도 분자교정치료로 해결이 가능하다.

식품에서 얻는 영양소와 비타민, 미네랄은 이처럼 우리의 건강에 중요한 역할을 한다. 많은 사람들이 잘못된 식생활을 하면서도 건강상의 문제점을 스스로 발견하지 못하는 것은 칼로리를 과도하게 섭취하기 때문이다. 비타민과 미네랄이 부족해도 기름지고 당분이 많은 음식으로 고칼로리를 섭취하고 있으면 사람들은 건강하다고 생각한다. 많은 서구식 식단에서 질병이 초래되고 있는 원인이 여기에 있다.

조리하지 않은 신선한 식품을 많이 섭취한다고 해도 중요한 영양소가 결핍될 수 있다. 농산물의 재배 과정에서 화학비료 등의 남용으로 토양에 있는 많은 영양분들이 소모되기 때문이다. 미네랄이 부족한 토양에서는 미네랄이 풍성한 채소가 생산될 수 없다. 영양분이 거의 없는 상태에서 억지로 발육시킨 채소와 과일에는 필수영양소가 부족하기 때문에 이를 아무리 먹는다고 해도 결과적으로 질병에 취약할 수밖에 없다.

소화불량, 흡연, 음주, 소화흡수 장애, 스트레스, 약물 복용, 환경적 독소나 오염 상태 및 질병의 회복기에는 비타민, 미네랄, 아미노산, 필수지방산 등이 필요하다. 청소년기, 임신기, 수유기, 노년기에도 균형 잡힌 영양소가 절대적으로 필요하다.

바크플라워요법

질병이 생기는 근본적인 원인은 어디에 있을까? 세균이나 대사 기능의 장애 등 신체적인 문제로 발병한다고 보는 것은 너무 단순한 견해는 아닐까? 신체적 질병에 시달리고 있는 사람의 정신적, 심리적 상태를 들여다보면 더욱 그러한 생각이 든다. 환자의 불안, 두려움, 절망감 등 정서적 불균형 상태가 오히려 병을 만들거나 더욱 악화시키는 현상을 우리는 흔히 볼 수 있다.

역사

에드워드 바크 Edward Bach 는 1886년 영국의 워릭셔에서 태어나 병리학과 세균학을 전공하고 런던의 유니버시티칼리지 병원에서 수련하였다. 당시 동종요법('비슷한 성질을 가진 것이 비슷한 것을 치료한다'는 원리로 비슷한 성질을 가진 물질이 비슷한 증세를 보이는 병을 치료한다는 치료법)을 연구하고 있던 그는 신체적 질병을 앓고 있는 환자들이 불안 증세나 부정적 정서를 나타내는 것을 눈여겨보고 그것이 병의 발생, 진행 과정과 밀접한 관계가 있음을 발견했다. 이로부터 그는 다른 의사들이 신체적 증상을 없애는 치료를 할 때 환자의 심리적 측면에 중점을 둔 새로운 치료법을 개발하였다.

1928~1932년에 바크 박사는 12가지 꽃을 기준으로 모든 사람을 그중 한 가지로 분류했다. 대단히 종교적이고 자연주의적인 성향을 지녔던 바크 박사는 자연과 조화를 이루어야만 건강할 수 있으며, 진정한 영혼의 소리를 들어야 한다고 주장하였다. 바크 박사는 건강에 필요한 7가지 정신으로 사랑, 균형감, 지적 능력, 힘, 봉사, 현명함, 영적 성숙을 들었다.

바크 박사는 병이란 성격의 갈등이나 결여, 또는 과잉으로 생기는데, 특히 7가지 감정, 즉 잔인함, 혐오감, 자존감, 자기애, 불안감, 탐욕, 무시로부터 비롯된다고 생각했다. 그래서 모두 38가지의 약물을 개발하여 7가지 감정 상태로 분류된 환자들에게 적용, 평화, 희망, 환희, 신의, 확신, 지혜, 사랑의 감정을 가질 수 있도록 치료하고자 하였다. 이 치료법으로 불안증, 공포감, 죄책감, 분노 등이 조절되고 안정감을 얻게 되어 정신적인 질병뿐 아니라 신체적인 병이 회복이 된다는 것이다.

바크 플라워 에센스를 물에 섞어서 사용한다.

바크플라워요법에서 사용하는 물질들은 안전하며 다른 부작용을 남기지 않아 편리하게 이용되어왔다. 특정 증상과 질병을 직접 치료하는 원리가 아니고, 환자의 복잡한 심리 상태와 정신 기능을 조화롭게 치료함으로써 병을 회복시키는 것이다.

바크 플라워 약물과 원리

바크 플라워 약물을 만드는 방법에는 두 가지, 즉 햇빛에 노출시켜 추출하는 방법과 끓여서 추출하는 방법이 있다. 햇빛을 이용하는 방법에서는 생수를 담은 컵에 꽃잎을 띄워 햇빛에 노출시킨다. 꽃물을 다른 용기에 따른 후 오래 보존하기 위해 알코올을 떨어뜨려 갈색 병에 보관한다. 끓이는 방법에서는 물을 채운 냄비에 꽃잎을 넣고 열을 가해 끓인다. 그 물을 여과시킨 후 알코올과 함께 갈색 병에 보관하여 사용한다.

바크 플라워 약물은 생화학적 성분보다는 동종요법적인 생물 에너지로 구성되어 있다. 꽃이 가지고 있는 생화학적 성분뿐만 아니라 생물학적 기 에너지가 물에 각인이 된다. 이것을 '액체성 생기 에너지'라 부르며, 꽃이 가지고 있는 치유 에너지를 의미한다. 이 용액은 환자의 부정적 감정을 해소하고 혼돈된 정서를 정상으로 회복시켜 자가 치유력을 높이는데, 결국 내적 치유력으로 자신의 신체적 질병이 치료된다.

바크플라워요법은 유럽을 비롯하여 세계적으로 처방되고 있으며 일반 의사들도 편리하게 사용하고 있다. 특히 레스큐 레미디 rescue remedy, 응급처치 약물 는 각종 스트레스나 사고로 인한 쇼크, 상처에 즉각적인 효과를 보인다. 저하된 인체의 면역성을 복원시키고 병을 빨리 회복시켜준다.

모든 병에 처방할 수 있으나 환자의 감정 상태에 따라 분류하여 치료하며, 특히 신경성 장애, 우울증, 불안증, 정서불안, 천식, 습진, 건선, 만성피로증후군, 성인병, 심장 질환, 소화 장애, 화상, 타박상, 호르몬대사 장애, 면역성 결핍 상태 등에 사용한다.

그 이론은 '비슷한 성질을 가진 것이 비슷한 것을 치료한다'는 동종요법의 원리와 같다. 바크플라워요법의 다섯 가지 기본 원리를 정리하면 다음과 같다.

- 병을 치료하는 데 반드시 신체적인 원인과 그에 따른 의학적 지식이 요구되는 것은 아니다.
- 정신이 가장 예민한 부분이다. 그리고 그 상태는 어떤 약물이 필요한지 알려준다.

바크 약물을 생수에 떨어뜨려 복용한다.

- 환자가 병에 반응하는 태도가 중요하다.
- 병이 발생하기 전에 여러 가지 정신적 증상을 미리 감지할 수 있다.
- 꽃과 같은 식물은 인체의 에너지 장에 영향을 준다.

결론적으로 바크플라워요법은 인간의 영적, 심리적, 신체적 차원 등 모든 부분에 영향을 주는 전인적 치료 방법이라 할 수 있다.

치료법

구체적인 사용법은 바크 플라워 약물 2~3종류를 선택한 후 4방울을 생수에 타서 혀 밑에 떨어뜨려 복용하거나 허브 차에 타서 마시는 것이다. 목욕물에 떨어뜨려 사용하는 방법도 있다.

정신적, 신체적 쇼크나 상처 같은 위급 상황에서는 레스큐 레미디를 사용하는데, 체리, 자두, 클레마티스, 봉선화, 물푸레나무, 베들레헴 별꽃을 섞어서 만든다. 나쁜 소식을 듣고 두려움이나 깊은 슬픔에 휩싸이는 등 정신적 스트레스에 빠졌을 때는 응급 처방으로 응급 바크 용액 4방울을 혀 밑에 떨어뜨리거나 물 1컵에 타서 마신다. 우울증에는 블루벨, 메리포사 릴리, 고추나물 꽃 용액을 사용한다.

1970년대에 미국의 리처드 카츠는 바크플라워요법을 더욱 발전시켰다. 그는 50개국 이상에 분포되어 있는 꽃들에서 100여 개의 꽃 추출물을 만들었다. 이 새로운 플라워 약물들은 헷지로우와 알파인 꽃에서부터 오키드, 로즈, 아보카도나 바나나 꽃까지 다양하다. 그중에 서바이벌 레미디 survival remedy, 생존 약물 로 불리는 오라타 용액은 오래전부터 호주 원주민이 스트레스나 응급 상황에 애용해온 물질이다.

바크플라워요법을 응용한 여러 요법들이 있는데, 예를 들어 영국의 '그린맨 에센스'는 올리브, 서나무, 사시나무, 너도밤나무, 호두나무, 소나무 등으로 만든 기 에너지 오일로 여러 증상에 사용되고 있다. 또, 프랑스에서는 페트리셔 부샤돈이 '에너지 식물성 오일'을 만들었는데, 이 식물성 오일은 식염수를 넣고 해바라기 씨 오일에 보존한 용액으로 발바닥에 마사지하여 사용한다.

바크플라워요법은 모든 연령층에 안전하게 사용할 수 있을 뿐 아니라 다른 약물의 작용을 방해하거나 부작용을 일으키지 않는다.

바크 약물을 혀 밑에 떨어뜨려 복용한다.

ㅣ 바크 플라워 약물과 증상 ㅣ

약용식물	효과를 볼 수 있는 증상
가시 금작화	극심한 좌절감
겨자나무	멜랑콜리, 갑자기 이유 없이 우울함
낙엽송	좌절, 실패를 걱정함
너도밤나무	비판적이고 참을성 없음
느릅나무	능력이 있는 데도 일을 무능하게 처리함
단 밤나무	참을성의 한계에 도달하여 화를 냄
돌능금	자기혐오, 자신이 더럽다고 느낌
떡갈나무	망설임, 질병이나 고난, 투쟁
레드체스트너트	극심한 두려움
록 워터	자신에게 엄격, 자기 부정적
물푸레나무	공황 상태
미물루스	부끄러움, 수줍음, 아는 것을 두려워함
밤나무	같은 잘못을 반복함
버드나무	후회, 비참
버베나	과잉 열성, 노력, 열정적임
베들레헴 별꽃	나쁜 소식이나 사고로 놀람
봉선화	초조함, 참을성이 없음
사시나무	원인을 알 수 없는 걱정, 두려움
서나무	지연, 느림
세라토	자신의 판단에 확신이 없고 남의 말을 따름
소나무	죄의식, 무가치함
스크레란투스	불확신, 미결정, 쉽게 동요함

가시 금작화

떡갈나무

레드체스트너트 꽃잎

레드체스트너트 잎

버베나

| 바크 플라워 약물과 증상 |

베들레헴 별꽃

스크레란투스

아그리모니

약용식물	효과를 볼 수 있는 증상
씀바귀 꽃	남의 관심을 바라고 자신에 일치, 동의하기를 원함
아그리모니	내부의 고통을 숨기고 유쾌한 척하는 상태
야생 귀리	자신의 인생을 결정
야생 장미	무감동, 단념
올리브	탈진, 에너지 소모
용담	의지박약
워터바이올렛	뛰어남, 우수함, 자신 있음
인동 덩굴	노스탤지어, 항상 과거를 생각함
젠티안	쉽게 용기가 꺾이고 낙담함
체리, 자두	절망, 자제력 상실, 분노감
클레마티스	무관심, 공허함, 현실감이 없음
포도나무	의욕적임, 융통성이 없음, 자만심이 강함
호두나무	이혼, 폐경 등의 변화
호랑가시나무	질투, 복수, 의심, 남을 싫어함
화이트체스트너트	원치 않는 생각에 계속 사로잡혀 있음
히스	남의 말을 잘 듣지 않고 강박적임

야생 장미

인동 덩굴

젠티안

화이트체스트너트 열매

08 오감요법

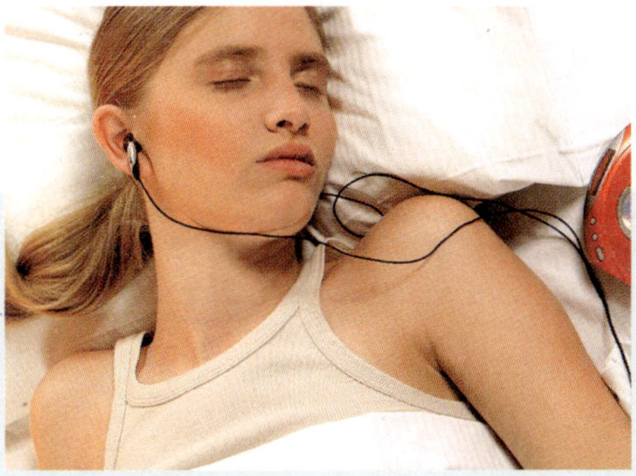

오늘날 우리는 어디를 가든 온갖 종류의 음악을 듣게 된다. 엘리베이터 안이나 건물의 로비, 또는 슈퍼마켓 등에서 싫든 좋든 음악을 듣곤 한다. 또, 우리는 습관적으로 음악을 곁에 두려 하는데, 차에 타면 으레 오디오 스위치를 켜고 음악을 선곡하는 것이 그 한 예다. 십대든 나이 든 사람이든 음악에 묻혀 사는 세상이 되었다. 이것은 음악이 우리의 마음과 감정에 지대한 영향을 주기 때문이다. 이러한 음악의 치료적 효과를 질병에 연관시켜 병을 치료하는 음악요법이 관심을 끌고 있다. 느리고 조용한 음악은 심장박동을 서서히 늦춰 혈압을 떨어뜨리는 반면, 빠른 고음은 사람의 생리 기능을 흥분시킨다. 21세기의 치료에는 이처럼 거창하지 않고 일상생활 속에서 쉽게 실행할 수 있는 부드러운 방법들이 더 많이 개발되어 사용될 것에 틀림없다.

오감요법은 아름다운 음악을 들으면서 향기로운 냄새를 맡고 부드러운 색으로 장식된 공간에서 편안하게 건강을 추구하는 방법을 말한다. 대표적인 오감요법으로 아로마요법(후각), 색채요법(시각), 빛요법(촉각), 음악요법(청각), 차요법(미각) 등이 있다.

음악은 이미 고대 이집트와 그리스에서 생명의 부활과 영생을 얻는 의식에 사용되었으며, 피타고라스는 음악이 신체와 정신의 균형을 맞추는 데 기여한다고 하였다. 각 문화권에서는 종교 의식에서 북, 호루라기, 리듬 악기 등을 치유 목적으로 사용해왔다. 또, 과학적 연구를 통해 음악에 단순한 이완 효과뿐 아니라 면역 기능과 저항력을 높이고 미숙아들의 성장발육을 촉진하는 효과가 있음을 알게 되었다.

음악은 치과에서 통증 완화에 이용되며, 편두통 치료에서도 사용된다. 외과 수술 환자, 불안증 환자에게 음악을 틀어주면 초조감과 불안증이 줄어든다. 수술 전 · 중 · 후에 음악을 틀어주면 수술 후유증이 적고 회복률이 높다. 백내장 수술 환자에게 음악을 틀어주면 처음에 올라갔던 혈압이 곧 정상으로 돌아오고 맥박도 고르게 되는 것을 볼 수 있다.

치매 노인들이 모여 있는 치료 센터에서 타악기 위주의 음악 도구들로 음악 치료를 시작하면, 처음에는 모두 멍한 상태에서 흐트러진 자세로 모여 있게 마련이다. 그러다가 각자 하나씩 악기를 들고 소리를 내보라고 하면 하나둘씩 만지고 두들겨보다가 드디어 저마다 활기 찬 표정을 짓기 시작한다. 여러 차례 이런 치료 시간을 가져보면 자신의 옛 기억을 떠올리고 사람들에 대한 이야기를 하기 시작한다. 그리고 리듬이 빠른 음악을 틀어주면 행동이 빨라지고 사고 기능이 조금씩 자극을 받아 인간관계가 회복되는 것을 관찰할 수 있다.

손발이 굳어지고 떨리는 파킨슨병, 뇌졸중 같은 뇌 손상, 알츠하이머병 등에 음악치료가 효과를 보이고 있다는 연구 결과가 이미 많이 발표되어 있다. 또, 우울증이나 정신지체 아동, 자폐 아동, 학습장애 아동, 집중력결여 아동들에도 이미 오래전에 음악치료가 적용되어 효과를 발휘하고 있다.

1995년 대단한 화제를 모았던 '모차르트 이펙트'라는 논문은 모차르트 음악을 꾸준히 10분만 들어도 대학생들의 학습 능력이 향상된다는 연구 결과를 보여주었다. 연구자는 모차르트 음악의 높은 주파수가 집중력을 높여주기 때문이라고 그 원인을 분석했다.

요즘은 음악의 치료 효과를 공명 파장의 효과로 해석하고 있다. 특수한 소리의 주파수의 진폭이 뇌파나 그 밖의 장기의 파장과 일치하여 공명을 일으키면서 에너지를 만들어낸다는 것이다.

보는 것으로 질병을 치료하는 빛요법, 색채요법도 있다. 낮이 짧고 햇빛 노출이 부족한 겨울에 우울증 환자가 많은 원인을 알아본 결과 빛과 색이 관련이 있다는 것을 알게 되었다. 우리 몸 안의 생체시계는 일정한 주기로 생리적 기능을 이끌어 가는데, 생체시계의 원동력은 햇빛이다. 밤낮이 바뀌면 몸의 생리 기능도 혼란에 빠진다. 산업 현장에서 대부분의 사고가 야간 근무 시간대에 일어나는 것도 이 때문이다.

우리의 눈에는 빛을 감지하는 물질이 있고 뇌로 전달되어 생체시계를 작동시킨다. 계절정신병은 특히 햇빛 노출량이 적은 지역에 사는 사람이나 직업군에 많으며 불안, 초조, 과식, 수면량 증가, 우울증을 보인다. 11월에 나타나 1월까지 계속되며 20~40세의 여성이 많이 걸린다. 치료법으로는 하루 30분 이상 햇빛과 유사한 특수 불빛에 노출시키는 방법이 있으며, 멜라토닌이라는 호르몬 물질로 생체 리듬을 촉진시키는 방법도 있다. 오후쯤 멜라토닌을 소량 복용하면 수면 주기가 조절되고 정상적인 생체 주기를 찾을 수 있다. 빛과 함께 색채가 주는 치료 효과가 뛰어나다는 것은 다음의 예를 통해 알 수 있다.

간염에 걸려 쉽게 피곤해하며 식욕을 잃고 실의에 빠져 있는 환자가 있었다. 환자의 옷 색깔은 전체적으로 어둡고 칙칙했다. 필요한 전문적 치료와 함께 푸른색 옷을 입게 하고 물컵도 파란색을 사용하도록 하였다. 그러자 얼마 가지 않아 황달기 있는 얼굴이 환해지고 증세들이 호전되기 시작했다.

이것은 색채가 지닌 빛 에너지가 우리 몸의 신경 물질과 화학 물질의 균형을 조절하여 일어난 치료 효과다. 이러한 색채치료는 인도의 의학에서 각 에너지 센타(차크라)에 7가지 색을 보여 병을 치료하는 원리와 관련이 있다.

이제 냄새로 병을 치료하는 아로마요법에 대해 알아보자. 저자의 진료실에 오는 사람마다 병원 안에서 편안한 냄새가 난다고 말한다. 꽃향기를 맡으니 마음이 차분하게 가라앉고 행복감이 밀려온다는 것이다. 저자는 라벤더와 탄제린과 유향을 적당량 혼합하여 발향시킨다.

향기치료는 정신 기능을 조절하고 호르몬과 뇌신경화학 물질의 분비를 조절해주는 것으로 알려져 있다. 식물의 향기 물질(에센셜오일)이 우리의 오감 중 후각을 자극하여 스트레스, 불면증, 우울증, 불안증, 편두통을 치료하고, 피부에 바르면 여드름, 건선, 아토피성피부염, 소화 장애에 효과를 나타낸다. 또, 비염, 감기, 기관지염을 해소시키고 목욕에 사용하면 방광염, 질염 등이 좋아진다. 아주 편안한 향인 라벤더 향을 발향시키면 우울증과 불안증, 편두통, 기관지 염증이 없어지고 스트레스를 해소시킬 수 있다. 또, 로션에 섞어 관절이나 근육에 발라주면 통증이 사라진다.

한 아이가 어머니의 손에 이끌려 병원에 찾아왔다. 가만히 앉아 있지 못하고 소리를 지르며 부산스럽게 왔다 갔다 하고 산만한 행동을 하는 것으로 보아 학습장애가 있고 주의집중력이 결여된 아동임을 짐작할 수 있었다. 이 아이를 15분 정도 양국화와 라벤더 향을 피워둔 방에서 놀게 했더니 얼마 가지 않아 유순해지면서 어머니와 이성적인 대화를 하고 의사와의 관계도 좋아졌다.

모든 향은 냄새를 맡는 흡입법, 피부에 바르는 마사지법, 목욕물에 넣는 목욕법, 습포법, 좌욕법 등의 방법으로 간편하게 이용할 수 있으며, 무엇보다 부작용이 없다는 장점이 있다. 자신의 개성을 살리면서 건강도 유지시켜주는 향수를 만들어 사용할 수도 있는데, 특히 상 · 중 · 하 향을 골고루 섞어 매력적인 향을 만들 수 있다.

이상과 같이 듣고, 보고, 냄새 맡고, 만지고 느끼는 등 감각 기관들을 자극하여 질병과 증상을 치료하는 대체요법을 오감요법이라 한다. 감각을 이용한 치료법은 그 방법이 간편하고 특별한 위험 요소가 없으며 기분 좋게 시행할 수 있다는 특징이 있다. 또, 다른 중요한 치료 수단에 보조적으로 사용할 수 있다는 이점도 있다.

아로마요법

고대 이집트 벽화, 여인들의 머리에 향유 띠가 보인다.

아로마요법, 즉 향기요법은 식물이 함유하고 있는 에센셜오일이라는 물질을 이용하여 정신과 신체의 여러 증세와 병을 치료하는 방법을 말한다. 이 용어는 불란서 화학자인 르네 모리스 가트포세에 의해 만들어졌다. 아로마요법은 불안증, 불면증에서부터 여드름, 비만, 노화성 피부에 이르기까지 다양하게 사용할 수 있다. 에센셜오일은 저마다 독특한 향과 치료적 특성을 가지고 있어서, 사람의 마음을 진정시키고 이완시켜주는 오일이 있는가 하면 자극시키고 활성화시켜주는 오일도 있다. 재스민과 네롤리 향은 우울증을 개선해주고 마조람은 불안증을 해소한다. 페퍼민트는 정신을 집중하는 데 좋다. 신체적인 효과도 뛰어나 살균, 방부, 항염에 좋고, 일반적인 감염증이나 감기, 인플루엔자 등에도 효과가 있다.

역사

향을 사용하는 아로마요법은 고대로부터 종교 의식이나 행사에서 신과 자연과 인간 사이의 영적 교류를 유도하는 수단으로 이용되었다. 6천 년 전 고대 이집트에서는 다른 나라와 향을 교역하기도 했으며, 레바논에서는 시더 우드(히말라야 삼나무) 향, 시리아에서는 장미 향, 바빌론에서는 몰약, 유향, 계피 향 등이 애용되었다.

이와 더불어 마사지와 미용 치료가 발달하고, 식물과 꽃에서 추출한 오일과 에센스, 크림 등을 제조하고 사용하는 기술도 개발되기 시작했다. 이후 특수한 식물의 향기와 살균 효과를 이용하고 방향성 식물로 시체를 썩지 않게 방부 처리하는 기술이 개발되어 수천 년을 이어오게 되었다. 인도의 가장 오래된 책인 '베다'에도 700종이 넘는 방향제가 수록되어 있다. 17세기 유럽에서는 의사들이 향은 물론 다른 의약품의 원료 성분으로도 이용하기 시작하였다.

이와 같이 식물에서 정제한 향유, 이른바 에센셜오일에 대한 사용 방법과 치료 효과에 대한 연구가 거듭되었고, 현대에 이르러서는 유럽, 특히 영국과 프랑스를 중심으로 의학 영역에서 본격적으로 이용되었다. 프랑스의 산부인과 의사 지롤트는 부인의 질 분비액을 채취하여 미생물에 가장 잘 대항하는 에센셜오일을 선택할 수 있는 진단 도표 아로마토그램, aromatogram 를 만들어 사용하기도 하였다. 에센셜오일은 합성화학 물질이 만들 수 없는 수백 개의 천연 화학 물질로 이루어져 있고 생명력을 가지고 있어 치료의 위력이 대단하다는 사실도 밝혀냈다.

에센셜오일의 기능

식물의 생화학적 구조상 에센셜오일의 역할과 기능은 매우 중요하다. 세포 사이에 존재하는 호르몬과 같은 역할은 물론 생리적 기능을 조절하고 정보를 전달하는 일을 맡고 있다고 볼 수 있다. 생화학적 반응을 촉진시키고 병이나 해충으로부터 자신을 보호하며 부화와 번식에 중요한 역할을 수행하는 것이 바로 에센셜오일이다. 또, 세포 사이의 정보를 전달하고 스트레스 상황에서 호르몬을 분비하여 대처하는 반응을 보이도록 작용하기도 한다.

예를 들면 세이지라는 식물의 에센셜오일은 에스트로겐이라는 호르몬을 함유하고 있어 월경주기를 조절해주는데, 이 성분은 인삼, 파슬리, 호프, 감초

| 용도별로 섞어 쓰는 에센셜오일 |

용도	아로마 오일
공기 정화	라벤더나 베르가모트 6방울, 유칼립투스 1방울, 주니퍼베리 1방울
강력한 살균	히솝 4방울, 시나몬 4방울, 베르가모트 4방울
요리 냄새 제거	레몬 6방울, 오렌지 6방울
두통	멜리사 4방울, 페퍼민트 2방울이나 로만캐모마일
감기, 기관지염	페퍼민트 2방울, 유칼립투스 2방울, 로즈마리 2방울, 네롤리 2방울
기침, 천식	① 히솝 6방울, 페퍼민트 4방울 ② 유칼립투스 2방울, 벤조인 2방울, 타임 2방울
정신 집중 결여, 정신적 피로	레몬그라스 2방울이나 멜리사, 페퍼민트 2방울, 바질이나 레몬 2방울, 베르가모트 1방울
불면증	① 로만캐모마일 4방울, 라벤더 6방울 ② 네롤리 4방울, 제라늄 2방울, 마조람 6방울, 로즈우드 2방울

등에도 함유되어 있다. 로즈마리에는 담즙의 분비를 증가시키고 배설을 촉진시키는 성분이 함유되어 있다. 에센셜오일은 세포를 증식시키고 재생시키는 기능도 수행한다. 라벤더, 제라늄, 마늘, 히솝, 세이지와 같은 식물은 항암 효과를 가지고 있는데, 이러한 성분은 식물의 잎, 뿌리, 껍질, 꽃, 씨앗 등 여러 부위에 존재한다. 이들 방향식물들은 주로 건조한 지역에서 자라며, 에센셜오일은 태양의 힘으로 만들어지고 우주적 환경에서 그 힘을 발휘한다고 할 수 있다.

후각과 향기

방향식물이 향기를 내뿜으면 우리의 후각 신경이 뇌의 가장 오래된 부분인 변연계에 직접 연결되어 온갖 감정과 정서에 관한 기능에 영향을 준다. 후각 신경은 우리의 콧속에서부터 뇌까지 직접 뻗어 있는 신경으로서 뇌로 연결되는 유일한 직접 통로라고 할 수 있다. 뇌 속 깊숙이 자리한 변연계는 성적 본능, 배고픔, 목마름 등의 원시적 욕구를 담당하고 있는 부위로 후각 신경에서 온 자극이 전기적 신호로 이곳에 도달하여 곧바로 소화 기관, 생식 기관 등에 연결되고 정서적 행동과 생리적 반응이 나타나게 된다. 이러한 과정을 통해 방향제가 신체적, 정신적으로 인체에 영향을 주고 치료 효과를 보이는 것이다.

대단히 예민한 후각 세포는 한 개의 향수에서 천억만 개의 다른 냄새를 판별할 수 있다고 하지만, 우리의 코는 수백 개의 냄새만 구별이 가능하다. 이런 냄새의 차이를 언어로는 모두 표현할 수 없기 때문에 우리는 '장미 같은 냄새', '딸기 같은 냄새' 등으로 이야기할 수 있을 뿐이다. 후각 신경은 뇌에 연결되어 있으나 언어로 구별되는 것이 아니라 상상과 감각적인 것으로 인지되기 때문에 분석적이고 이지적인 형태로는 나타낼 수 없는 것이다.

후각에 이상이 생기면 맛과 색, 생각에 영향을 주고 감각 및 사고 등이 부분적으로 변하게 된다. 예를 들어 냄새를 맡지 못하면 맛을 모르거나 감각이 둔할 수밖에 없다.

사람은 생식기와 가슴, 유방, 복부 등의 분비샘에서 페로몬이라는 특별한 냄새를 뿜어내는데, 이것은 사향, 머스크 향 같은 향수의 냄새와 유사하다. 예를 들어 여학교 기숙사에서 학생들의 월경주기가 비슷해지는 현상이 일어나는 것은 겨드랑이 등에서 분비되는 페로몬에 의해 동시성이 유발되기 때문이다. 또, 유치원 아이들에게 엄마가 입었던 옷을 가려내게 하면 정확하게 찾아낸다고 한다.

로즈마리

향기는 정신과 밀접하게 관련되어 있다. 종교적 의식이나 행사에서 향기를 사용하면 그 분위기가 다르게 나타나고 '신성한 냄새'를 통해 환희를 맛보기도 한다. 행복, 사랑, 기쁨과 같은 정신적 감동은 냄새를 통해서 증폭되고 온몸으로 퍼져서 색다른 경험으로 유도되기도 한다. 냄새에 대한 감각은 기억과도 밀접하게 연결되어 있다. 후각 경험은 대단히 정확할 뿐 아니라 쉽게 지워지지 않는다. 한 잔의 차에서 퍼지는 향기 덕분에 생생한 기억을 되찾기도 한다. 정신치료 중에 라벤더, 로즈, 재스민 등을 이용하여 불안과 우울 상태에서 벗어나고 안정 상태를 유도하는 방법이 있는데, 이 또한 이러한 원리를 응용한 것이다.

아로마요법은 어디에 사용할 수 있나

흔하고 일반적인 증상에 도움을 준다

사람들은 두통, 소화 장애, 스트레스, 긴장, 식욕부진, 불면증, 불안 등의 흔한 증세에도 의사를 찾거나 약을 먹는데, 이때 자연치료의 하나로 에센셜 오일과 아로마치료를 시도해보는 것이 좋다. 아로마치료는 면역 능력을 높이고 각 내부 장기, 분비선, 호르몬의 기능에 영향을 주며, 박테리아나 바이

| 가장 많이 사용하는 에센셜오일 10가지 |

종류	효과	증상
캐모마일	진정 효과	월경전증후군, 소화 장애, 알레르기 증상(비염 등), 여드름, 습진, 그 밖의 피부 질환
유칼립투스	방부 효과	월경전증후군, 소화불량, 알레르기 증상, 피부 질환
제라늄	수렴 효과	베이고 멍든 데, 무좀, 벌레 물린 데, 피부 진정 효과, 습진, 이뇨 작용, 우울증, 부종
라벤더	진통 효과	두통, 상처, 그 밖의 통증, 벌레 물린 데, 방부, 지방성 피부, 여드름, 불면증, 우울증, 부종
로즈	방부 효과	목감기, 부비강염, 충혈, 눈 부은 데, 얼굴 부은 데, 혈액순환 장애, 모세혈관확장증, 불면증, 월경전증후군, 우울증, 폐경기 장애, 성기능 장애, 식욕부진증, 진정 효과
로즈마리	자극 효과	심신피로증, 기억력 장애, 호흡기 질환, 류마티스관절염, 운동 후 통증, 그 밖의 통증, 지방성 모발에 대한 수렴 효과
시더우드	방부 효과	건조하고 갈라진 피부, 여드름, 이완 및 진정 작용, 명상 유도, 성기능 강화
마조람	진통 효과	생리통, 두통, 목감기, 안정 효과, 불면증, 혈액순환, 무좀, 여드름
재스민	항우울 효과	우울증(특히 산후우울증), 성기능 개선, 출산 시 수축 작용 강화
네롤리	안정 효과	불면증, 불안증, 우울증, 혈액순환, 여드름, 진통 효과, 생리 장애, 요통

라벤더

유칼립투스

제라늄

마조람

재스민

네롤리

러스, 곰팡이균에 대한 저항력을 높여 감기, 비염, 호흡기 질환 등에 효과적이다. 또, 신경 자극, 근육 강화 및 이완 효과로 류마티스관절염, 근육통증에도 좋다.

에센셜오일은 그 호르몬 작용을 이용해서 월경 장애, 폐경기 장애 등의 여성 질환, 임신과 출산은 물론 아토피성피부염, 여드름 등 피부 질환에도 적용할 수 있다. 그러나 무엇보다도 마음을 진정시키는 효과 때문에 큰 병보다는 생활에서 흔히 겪게 되는 작은 증상들을 없애는 데 효과적으로 이용할 수 있다. 각 오일의 치료적 성질에 따라 거의 모든 병과 증세에 치료 효과를 기대할 수 있으며, 중독의 위험이 없는 자연적인 방법이기 때문에 약물로 인한 부작용을 줄일 수 있다.

감정을 조절한다

향은 감정에 영향을 주어 안정, 흥분이나 성욕을 불러일으키며, 특히 흡입하면 감정에 큰 변화를 일으켜 슬픔, 불안, 공포, 우울, 분노 등의 감정을 조절할 수 있다.

성 기능을 돕는다

사람들은 삶의 중요한 부분의 하나인 섹스를 통해 활력을 얻고 행복하고 충만한 삶을 영위한다. 에센셜오일은 다음의 세 가지 측면에서 성 기능에 영향을 미친다.

- 성호르몬이나 신경화학 물질을 자극함으로써 성적 활기를 불어넣고, 몸과 마음을 진정시켜 성적 만족을 가져다준다.
- 성기나 생식 기관을 자극하고 강화시켜 신체적 원인에 의한 불감증이나 성기능 장애를 극복하도록 돕는다.
- 마음의 문을 열고 자연스럽게 성적 화합이 이루어지도록 돕는다.

미용 효과가 뚜렷하다

피부는 약 1.6평방미터로 우리 몸에서 그 면적이 큰 기관이다. 바람, 추위, 햇볕, 공기, 물 등의 자극에 쉽게 노출되며, 독성 물질과 몸 안의 노폐물을 내보내는 기능을 수행하는 기관이기도 하다. 에센셜오일은 피부 관리는 물론 화상, 여드름, 감염, 염증, 자극성 피부 등의 치료에 광범위하게 이용할 수

성생활에 도움을 주는 아로마요법

있다. 약물성 미용제와 달리 자연의 약재로서 살아 있는 세포에 생기를 불어넣어 탈모, 머리카락의 탈색, 비듬 등에도 효과가 좋다.

향수, 화장품으로도 좋다

자연산과 유사하게 만든 합성 향수와 화장품은 피부를 보호하기도 하지만 부작용 또한 매우 심각하다. 이에 비해 천연산 향은 그 냄새와 생명력이 뛰어날 뿐만 아니라 부작용도 거의 없다. 에센셜오일은 향수는 물론 화장품 대용으로도 쓸 수 있다.

몸과 마음의 조화를 유도한다

인도의 고전 의학에 입각한 에너지 센터, 즉 차크라를 마사지하거나 에센셜오일을 흡입하면 에너지 센터가 열리고 정화되어 몸과 마음의 조화와 균형을 얻을 수 있다.

깊은 명상에 드는 데 도움을 준다

정신세계에 영향을 주어 이완, 명상, 높은 차원의 정신적 세계로 이끌어 준다. 몇몇 종교에서는 영육을 치유하기 위해 특정한 에센셜오일을 사용한다.

요리에도 좋다

에센셜오일을 요리나 드링크를 만드는 데 사용하기도 하는데, 약용식물, 과일, 양념 등과 잘 섞으면 단 한 방울의 오일로도 맛깔스런 음식을 만들 수 있다.

주위 환경을 개선한다

방이나 사무실에 뿌리면 상쾌한 향기가 나고 활력이 생긴다. 옷이나 침대에 뿌리면 편안하고 안락한 기분을 느낄 수 있다. 접시나 그릇의 냄새를 제거할 뿐더러 살균 효과도 얻을 수 있다.

에센셜오일의 화학 성분과 효능

에센셜오일은 휘발성이 상당히 강한 액체로 종이나 천에 떨어뜨리면 금방 흔적이 사라진다. 물에는 용해되지 않지만 식초에는 약간 용해성이 있다.

반면 알코올에는 잘 흡수되며 식물성 오일, 지방, 왁스와 쉽게 섞이는 성질을 가지고 있다. 에센셜오일은 테르펜, 에테르, 세스퀴테르펜, 알코올, 페놀, 알데히드, 케톤, 유기산으로 이루어져 있으며, 비타민, 호르몬, 항생 물질, 살균 물질 등을 함유하고 있다. 에센셜오일은 약 0.005%에서 10%까지 짜낼 수 있는데, 예를 들어 400g의 오일을 얻기 위해서는 라벤더 60kg, 로즈마리 200kg이 필요하다.

아로마 램프

에센셜오일의 사용법

아로마 발향

향로, 아로마 램프, 증발기를 이용하여 어디서나 향을 낼 수 있다. 이 방법은 감기, 기관지염, 기침, 천식 등 호흡 기관의 문제는 물론 예민하고 흥분된 상태, 피로, 불면증에도 효과적이다. 집 안에 기분 좋은 향기가 나게 하고 요리할 때 음식 냄새를 제거하며, 벌레나 박테리아, 바이러스를 퇴치하고 그 성장을 억제한다. 환자와 함께 생활하는 경우 병의 전염을 막아주고, 침실에 켜놓으면 불면증을 치료한다.

초로 되어 있는 것도 있고 전구로 되어 있는 것도 있는데, 초는 보통 3시간 정도 타들어가고 전구로 된 것은 비싸지만 영구 사용이 가능하다. 아로마 램프에는 물과 오일을 채울 수 있는 용기가 있는데, 사용 후에는 항상 세척하여 나중에 향이 서로 섞이지 않도록 해야 한다.

용기의 아로마 용액은 서서히 증발되는데, 끓거나 너무 뜨거워지면 오일의 치료 효과가 줄어든다. 따라서 하루 종일 사용하거나 너무 빨리 바꾸지 않도록 한다. 완전히 증발되면 램프를 반드시 꺼두어야 한다. 향이 강하기 때문에 램프를 끈 후에도 몇 시간 동안 향기가 지속될 것이다. 전기를 이용한 확산기를 이용하거나 스토브 위에 그릇을 올려놓고 오일을 섞어 향을 발산시킬 수도 있다.

램프에 사용되는 오일은 평균 6~15방울이다. 처음 시도하는 사람은 여러 종류의 향을 맡아보고 선택하는 것이 좋으며, 일반적으로 섞어서 사용한다.

아로마 목욕

물 흐르는 소리를 듣거나, 수영을 하거나, 아름다운 호수를 바라볼 때면 몸과 마음이 평화로워지고 편안하게 느껴진다. 많은 종교 의식에서 물로 몸을 씻는 행위는 영혼을 정화시킨다는 의미를 지니고 있으며, 물은 몸과 영혼을 깨끗이 해주고 활력을 되찾아준다. 도시에 살다 보면 바다나 호수에서 수영을 하거나 계곡에 평화롭게 앉아 휴식을 취한다는 것은 사실상 불가능하다. 그러나 가정에서 에센셜오일을 물에 타서 목욕을 하면 이와 동일한 효과를 얻을 수 있다. 따뜻한 물에 오일을 혼합하면 피부에 빨리 스며들고 침투된 오일은 임파액이나 혈액 같은 체액에 의해 온몸으로 전달되어 치료가 필요한 내부 장기, 세포, 분비샘, 신경조직 부위에 도달한다. 나아가 피부가 팽팽해지고 부드러워지며 젊어지고 독성 물질과 냄새를 제거할 수 있다.

목욕은 적어도 20분 이상 해야 하는데, 오일이 피부로 스며들기 위해서는 충분한 시간이 필요하기 때문이다. 그러나 오일로 목욕했다고 해서 빠른 효과를 기대해서는 안 된다. 오일은 작은 에너지 입자들로 피부의 상태와 대사에 따라 작용하는 시간이 다르기 때문이다. 그러나 목욕 중에 흡입하는 향은 감정에 즉각적인 영향을 미친다.

보통 6~15방울을 목욕물에 떨어뜨려 사용하는데, 오일이 더 빨리 용해되고 작용하게 하기 위해서는 따뜻한 물을 사용하는 것이 좋다. 오일은 물에서 스스로 용해될 수 없으므로 식물성 오일이나 벌꿀, 우유, 크림 등과 섞어야 한다. 비누도 오일을 용해시키지만 그 효과가 떨어질 우려가 있다.

오일이 피부에 더 잘 흡수되도록 하기 위해서는 먼저 더운물을 욕조에 채우고 안에 들어가 몇 분간 기다린 다음 목욕물에 오일을 붓고 손으로 부드럽게 저어 물과 오일을 잘 섞는다. 절대로 빈 욕조나 흐르는 물에 오일을 붓지 말아야 하는데, 욕조에 들어가기 전에 증발될 수 있기 때문이다.

오일을 희석하는 데 쓰이는 재료는 네 가지 정도로 그 특징은 다음과 같다.

- **식물성 오일 50~80ml** : 피부의 탈수를 막고 촉촉하게 한다.
- **벌꿀 20ml 또는 크림** : 오일을 유액화하여 피부에 도움을 준다.
- **식초 50~80ml** : 유액화 작용을 돕는다.
- **액체 비누** : 피부의 불필요한 지방분을 제거하고, 유액화 작용을 한다.

아늑한 기분과 치료 효과까지 얻을 수 있는 에센셜오일 목욕

식물성 오일 중에는 호호바 오일, 아보카도 오일, 헤이즐너트 오일, 아몬드 오일 등이 좋다. 아몬드 오일은 에센셜오일의 침투를 활성화시킨다. 호호바 오일은 왁스에 해당되지만 지성 피부, 여드름, 염증성 피부에 효과가 좋다. 에센셜오일을 식물성 오일과 섞어 사용하면 보디로션과 같은 역할을 하여

| 전신 목욕법 |

용도	아로마 오일
자극적이고 상쾌한 아침 목욕	로즈마리 4방울, 페티그래인 2방울이나 베르가모트 3방울
청결하고 상쾌한 목욕	① 레몬 3방울, 제라늄 3방울 ② 주니퍼베리 4방울, 로즈마리 2방울, 펜넬 2방울
근육 이완	로즈마리 4방울, 마조람 2방울, 라벤더 3방울
감기, 감염증	라벤더 3방울, 로즈마리 2방울, 타임 2방울
우울, 두려움	① 클라리세이지 4방울, 베르가모트 2방울 ② 멜리사 6방울, 바질 4방울
초조, 흥분	① 제라늄 6방울, 바질 4방울 ② 오렌지 5방울, 재스민 1방울
정신적 혼란	① 멜리사 6방울, 바질 4방울 ② 레몬 6방울, 레몬그라스 2방울, 라벤더 2방울
쇼크	클라리세이지 4방울, 마조람 2방울, 로즈 2방울, 일랑일랑 2방울
긴장 이완, 명상	프랑킨세스 6방울, 패출리 4방울, 베르가모트 2방울, 라벤더 3방울
고혈압	일랑일랑 4방울, 마조람 4방울
류마티스	로즈마리 6방울, 유칼립투스 6방울, 캠퍼 1방울
체내 독성 제거	제라늄 2방울, 로즈마리 2방울, 주니퍼베리 2방울
봉와염(박테리아가 혈관에 퍼져 온몸이 감염된 상태)	주니퍼베리 6방울, 오렌지 2방울, 사이프러스 2방울, 레몬 2방울
열	페퍼민트 4방울, 유칼립투스 2방울, 블랙페퍼 1방울 (10분 정도가 적당, 이후 수면을 취하는 것이 좋음)
복통	클라리세이지 4방울, 로만캐모마일 4방울
전신 이완, 불면증	① 로만캐모마일 4방울, 라벤더 4방울, 네롤리 4방울 ② 로만캐모마일 2방울, 라벤더 3방울, 클라리세이지 3방울
자극이 필요할 때	로즈마리 6방울, 베르가모트 2방울
근육 활력 증진	로즈마리 3방울, 주니퍼베리 2방울, 페퍼민트 1방울

라임

베르가모트

클라리세이지

페퍼민트

일랑일랑

피부에 기름막을 만들어준다. 이 막에는 에센셜오일이 들어 있으므로 수건으로 닦아내지 말고 그대로 몸을 말리거나 피부에 가볍게 로션을 발라주는 것이 좋다. 음악을 틀고 촛불을 켜두면 더욱 좋은 효과를 낼 수 있다.

목욕 방법에는 전신을 목욕하는 방법과 엉덩이 부위만 목욕하는 방법, 그리고 발만 목욕하는 방법 등이 있다.

아로마 마사지

에센셜오일로 마사지를 하면 오일이 피부를 통과하여 장기에 영향을 주고 향은 후각 신경을 통해 감정 상태에 영향을 주어 목욕요법과 같은 효과를 얻을 수 있다. 오일은 서서히 피부에 스며들어 피부 각 층을 통과하는데 희석한 식물성 오일로 새로운 세포가 생성되고 노폐물이 배출되는 과정이 더욱 촉진되어 피부가 생기를 띤다. 피부의 첫 층을 통과하면 에센스는 임파계와 혈관계에 침투되어 몸 전체로 퍼지는데, 이 과정이 약 20분 정도 걸린다. 마사지 후에는 휴식을 취하면서 향기를 맡도록 한다,

희석을 위한 식물성 오일로는 에센셜오일의 침투력을 높여주는 아몬드 오일이 가장 많이 사용되며, 그 밖에도 아몬드 오일, 호호바 오일, 아보카도 오일, 해바라기 씨 오일, 헤이즐너트 오일, 맥아 오일 등을 쓸 수 있다.

호호바는 액체 왁스로 피부에 윤기를 주고 부드럽게 만들어주며, 맥아 오일 10%를 혼합하면 마사지 오일의 산화를 막을 수 있다.

마사지 오일을 만드는 방법은 다음과 같다.

- 에센셜오일 10~20방울에 식물성 오일 50ml를 혼합하면 1% 정도 희석이 되는데, 감정, 마음, 신경을 안정시키는 효과가 있다.
- 에센셜오일 30~40방울에 식물성 오일 50ml를 혼합하면 3% 정도 희석이 되는데, 내부 장기에 대한 치료 효과가 있다.

아보카도

감정, 정신에 대한 효과를 얻기 위해서는 에센셜오일을 적게 혼합할수록 더 강력해지는데, 이것은 결국 향의 양에 비례하지 않고 향의 질에 비례한다는 것을 의미한다.

희석에 사용하는 식물성 오일의 양은 모두 50ml로 한다. 마사지에는 많은 오일이 필요하므로, 오일 방울 수를 식물성 오일 50ml에 비례해서 만든다. 이런 마사지 오일은 갈색 유리병에 담고 맥아 오일을 혼합하여 상하지 않도록

| 마사지법 |

용도	아로마 오일
자극이 필요할 때	로즈우드 15방울, 제라늄 6방울, 오렌지 4방울
이완	라벤더 15방울, 샌들우드 10방울, 멜리사 5방울
면역 기능 항진	라벤더 20방울, 베르가모트 5방울
근육통	주니퍼베리 10방울, 로즈마리 8방울, 라벤더 8방울, 레몬 2방울
결합조직 강화	라벤더 3방울, 맥아 오일 50방울
피곤하고 아픈 다리	로즈마리 15방울, 라벤더 10방울
체중감소, 순환 촉진(특히 엉덩이나 허벅지 부위)	주니퍼베리 20방울, 사이프러스 10방울
피부를 부드럽게	라벤더 15방울, 네롤리 4방울, 로즈 4방울
가슴의 탄력 키우기	일랑일랑 15방울, 제라늄 10방울
정맥류	① 주니퍼베리 10방울, 사이프러스 10방울, 레몬 5방울 ② 로즈마리 10방울, 주니퍼베리 6방울, 라벤더 6방울 (매일 마사지하되 정맥 위에 직접 마사지하지 말 것)
류마티스	① 주니퍼베리 10방울, 로즈마리 10방울, 라벤더 5방울, 레몬 5방울 ② 캠퍼 10방울, 로즈마리 15방울, 유칼립투스 10방울
봉와염	① 오렌지 15방울, 사이프러스 10방울 ② 사이프러스 10방울, 제라늄 6방울, 세이지 3방울
우울, 흥분	① 베르가모트 8방울, 로즈우드 8방울, 재스민 2방울 ② 일랑일랑 8방울, 패출리 4방울
두통, 감기 몸살, 정신적 탈진	희석하지 않은 라벤더를 이마나 관자놀이에 마사지
현기증, 기억력 감퇴	희석하지 않은 로즈마리 3방울을 이마나 관자놀이에 마사지

마사지에 사용하는 캐리어 오일

보관해야 한다. 맥아 오일은 악취가 나지 않게 해준다. 반드시 마사지를 시작하기 며칠 전에 마사지 오일을 만들어놓아 에센셜오일과 식물성 오일이 잘 혼합되게 한다.

아로마 흡입

코로 향을 들이마시는 흡입법은 호흡기 감염, 부비강염, 감기, 천식, 기침, 두통, 편두통 등에 특히 효과적이다. 오일 입자는 흡수되면 즉시 질병 부위로 옮겨져 치료 효과를 보인다. 흡입된 오일은 전신은 물론 정신과 감정에 영향을

감기, 인플루엔자에 걸렸을 때 더운물이 담긴 그릇에 오일을 떨어뜨리고 수건으로 머리와 그릇을 두른 다음 흡입한다.

티슈에 오일을 떨어뜨려 흡입한다.

줄 뿐 아니라 바이러스의 성장을 막고 박테리아를 제거하며, 통증을 없애고 진정 작용과 거담 작용을 한다.

흡입할 때는 2L이하의 더운물에 에센셜오일을 최대 6방울(보통 2~3방울)까지 혼합하여 넓은 그릇에 담은 다음 얇은 망사로 덮고 향을 들이마신다. 뜨거운 증기에 화상을 입지 않도록 물을 너무 뜨겁게 하지 말고 코로 들이마신다. 최소 10분 정도 흡입한다. 얼굴 증기요법도 마찬가지로 실시한다.

건조 흡입법도 있는데, 에센셜오일 2~3방울을 티슈나 헝겊에 묻혀서 코로 흡입하는 것으로 차 안이나 직장 등에서도 쉽게 할 수 있다. 공공장소에서 생기기 쉬운 감염증을 예방하고 비행기 멀미, 두통, 코 충혈 등을 해결하는 데도 좋은 효과를 나타낸다. 예를 들어 비행기 멀미나 코가 건조해질 때는 베르가모트와 라벤더 1방울을 티슈에 묻혀 흡입하고, 콧속이 충혈되면 에센셜오일 4방울을 헤이즐너트 오일 10ml에 혼합하여 콧속에 뿌린다.

더운물 1L에 다음의 처방에 따라 오일을 타서 흡입하도록 한다.

아로마 복용

액체를 희석하여 복용하기 좋게 캡슐로 만든 에센셜오일이 프랑스, 영국, 이탈리아, 독일 등에서는 흔하게 쓰이지만, 미국을 비롯한 다른 나라에서는 권하지 않고 있다. 내복 후 위와 장에서 과잉 반응을 보이는 경우는 오일이

| 흡입법 |

용도	아로마 오일
두통	멜리사 1방울, 페퍼민트 2방울, 라벤더 2방울
감기	① 유칼립투스 2방울, 페퍼민트 2방울, 티트리 2방울 ② 클라리세이지 1방울, 레몬그라스 2방울, 로즈마리 4방울
독감	유칼립투스 4방울, 캠퍼 1방울, 페퍼민트 1방울
목감기	타임 3방울
호흡 기도의 가래	히솝, 베르가모트, 샌들우드, 유칼립투스, 바질, 마조람, 페퍼민트 중에서 선택하여 6방울을 사용
부비강염, 부비강 출혈	유칼립투스, 바질, 페퍼민트, 타임, 티트리 중에서 선택하여 6방울을 사용
천식	히솝 3방울, 라벤더 2방울, 페퍼민트 1방울
심호흡	프랑킨세스 4방울

순수하지 않거나 용량이 너무 많기 때문이다. 오일 양이 많다고 효과가 빠르거나 더 좋은 것은 아니며, 오히려 아주 소량에서도 강한 효과를 보일 수 있다. 내복을 위한 처방은 전문의의 지시와 감독에 따라야 하므로 구체적인 내용은 생략한다.

아로마 발 목욕

두통, 편두통, 월경통(생리통), 감기, 피로감, 발의 통증에 효과가 좋다. 반사요법의 이론에 따르면 모든 내부 장기가 반사 반경을 따라 발바닥에 연결되어 있으므로 발바닥을 마사지하거나 목욕하는 것이 좋다.

아로마 엉덩이 부위 목욕

따뜻한 물에 에센셜오일을 섞어 엉덩이 부위만 좌욕하는 방법이다.

아로마 뒷물

여성의 외음부에 뒷물을 하는 것으로, 에센셜오일을 따뜻한 물에 타서 잘 저은 후 질 속에 뿌리는 방법이다. 오일을 호호바나 아몬드 오일에 혼합하여 탐폰이나 천연 스펀지에 묻혀서 사용하기도 한다.

ㅣ발 목욕ㅣ

용도	아로마 오일
발이 피로할 때	티트리 6방울이나 마늘, 유칼립투스 3방울, 라벤더 3방울
발에 땀이 많이 날 때	사이프러스 3방울, 라벤더 3방울, 세이지 3방울
발이 피곤하고 아플 때	주니퍼베리 5방울, 로즈마리 2방울
복통	클라리세이지 4방울, 페퍼민트 2방울

티트리

ㅣ엉덩이 부위 목욕ㅣ

용도	아로마 오일
치질	사이프러스 5방울, 주니퍼베리 3방울, 프랑킨센스 2방울
성기능 장애, 불감증	클라리세이지 6방울, 재스민 2방울, 페퍼 2방울
성기 헤르페스	멜리사 6방울, 로즈 4방울이나 베르가모트 6방울
성병	샌들우드 4방울, 라벤더 2방울, 로즈 1방울

사이프러스

| 여성 질환 목욕 |

용도	아로마 오일
생리통	① 클라리세이지 4방울, 마조람 3방울, 페퍼민트 2방울 ② 사이프러스 6방울, 클라리세이지 2방울
불규칙적 또는 간헐적 생리	클라리세이지 4방울, 멜리사 3방울, 로즈 1방울
외음부 가려움증, 냉증, 박테리아나 곰팡이 감염	① 로만캐모마일 3방울, 베르가모트 3방울, 페퍼민트 1방울 ② 로즈 2방울, 라벤더 4방울, 베르가모트 2방울

아로마 국소 찜질

더운물, 찬물을 이용한 찜질법은 가장 오래된 방법으로 통증, 쪼이는 아픔, 근육통, 부어오른 데, 삔 데, 멍든 데 등에 사용한다. 에센셜오일을 필요 부위에 집중적으로 찜질하면 효과가 빠르게 나타나는데, 이는 물 자체의 치료 효과뿐 아니라 오일이 스며들게 도와주는 물의 성질 때문이다.

이 찜질법은 최소 20분 정도 압박시켜 실시한다. 더운물 찜질은 류마티스 관절염, 신경통, 근육통, 요통, 월경통, 치통, 귀 통증, 열, 기관지염, 피부염, 종기, 미용 목적 등에 좋으며, 찬물 찜질은 두통, 부어오른 데, 인대 손상, 근육 늘어진 데, 멍든 데, 삔 데, 타박상, 테니스엘보, 눈이 아프고 당길 때 사용한다.

찬물 찜질은 물의 온도가 체온과 같아지면 다시 갈아준다. 더운물 찜질은 보온을 위해 그 위에 마른 수건을 덮어주어야 효과적이다. 주의할 것은 눈 위는 절대로 희석하지 않은 오일로 찜질해서는 안 된다는 것이다. 눈을 찜질할 경우에는 많이 희석해서 사용해야 한다.

| 관자놀이에 찬 습포

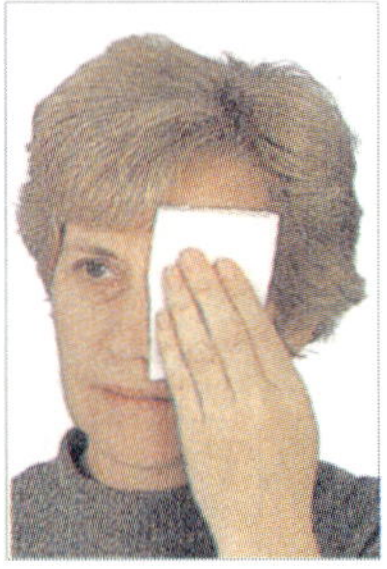
| 눈 위에 찜질

- 눈 위 찜질

물 1컵에 오일을 희석하여 솜에 적신 후 솜 패드를 눈 위에 최소 10분 정도 덮어놓는다.

- 더운물 찜질

에센셜오일 5~10방울에 물 1L를 부어 잘 섞어 희석한다. 물에 타월을 잘 적셔 적당히 짠 후 찜질한다.

용도	아로마 오일
근육통	로만캐모마일 2방울, 로즈마리 2방울
복통	바질 2방울, 로즈마리 2방울, 펜넬 1방울
생리통	클라리세이지 3방울, 마조람 2방울
일반적인 통증 완화	페퍼민트 2방울, 라벤더 2방울, 로만캐모마일 2방울
여드름	라벤더 2방울, 레몬 1방울

– 찬물 찜질

용도	아로마 오일
건조한 피부	로즈 2방울, 네롤리 1방울, 로만캐모마일 1방울
기름기가 많은 피부	로즈 1방울, 샌들우드 1방울, 제라늄 1방울
민감한 피부	블루캐모마일 2방울, 로즈 1방울
피부의 활력	베티베르 2방울, 네롤리 1방울

– 기타

용도	아로마 오일
두통, 열사병	로즈 3방울, 멜리사 1방울, 라벤더 1방울(이마에)
열	① 레몬 2방울, 라벤더 1방울(이마에) ② 유칼립투스 2방울(발에)
삔 데, 멍든 데	라벤더 2방울, 펜넬 2방울(발에)
두통, 숙취	제라늄 4방울, 레몬 1방울

| 피부를 자극하는 에센셜오일 |

유칼립투스, 캠퍼, 카주푸트, 시더우드, 카르다몸, 클로브, 레몬그라스, 멜리사, 페퍼, 페니로열, 오레가노, 페퍼민트, 파인 등은 피부를 자극하므로 주의해서 사용해야 한다. 이런 오일들은 기본적인 민감도를 검사한 다음에 사용하는 것이 좋다.

에센셜오일 만드는 법

식물 전체나 잎, 꽃, 뿌리, 줄기, 열매, 껍질, 수지(수피에서 분비되는 액체) 등 식물의 세포벽을 깨서 에센셜오일을 추출한다.

물에 담가 우려내는 방법

꽃잎을 뜨거운 기름 속에 담가두면 세포벽이 허물어지면서 기름 속으로 흡수가 되는데, 햇빛에 1~2주 정도 노출시킨 다음 기름과 에센스를 분리시켜 에센스만 사용하는 오래된 방법이다.

냉각 압축 방법

오렌지, 레몬, 자몽, 탄제린, 라임 등 감귤류 과일의 에센스를 얻을 때 사용하는 방법이다. 신선하고 오염되지 않은 과일의 껍질을 냉각 압축해서 그 에센스만 뽑아내는 것으로, 질이 좋아 내복약으로도 적합하다.

증기 증류 방법

가장 기본적이고 흔한 방법으로, 뜨거운 물이나 증기를 이용하여 식물로부터 에센스를 분리한다. 일정 온도가 되면 세포벽이 깨지고 에센스가 증발하는데, 증발된 에센스를 냉각해서 액체화시켜 유리병에 담고 남은 물은 화장품의 원료로 사용한다. 오늘날 공장에서 대량으로 생산하기 위해 쓰는 방법이나, 페퍼민트처럼 많은 에센스가 들어 있는 식물에서만 가능하다.

솔벤트 추출 방법

에센셜오일을 적게 함유하고 있는 식물, 예를 들면 재스민이나 수지 성분의 식물에 쓰는 방법인데, 이 방법으로 뽑아낸 오일은 아주 섬세한 향기를 가지고 있다.

| 오일에 넣고 우려서 걸러내는 방법

첫 번째 방법은 꽃을 구멍 뚫린 쇠망 위에 올려놓고 에센셜오일이 용해될 때까지 물로 계속 씻어준 다음 증류시켜 오일을 물과 분리한다. 두 번째 방법은 꽃의 오일을 용해제인 솔벤트, 즉 페트롤 에테르 따위로 분해하는 것이다. 그런 다음 용해제를 증발시키고 풀처럼 남아 있는 물질(고체 에센스라 하며, 왁스나 엽록소가 같이 함유되어 있음)을 알코올과 혼합하여 120℃로 끓인 다음 다시 차게 식혀 필터로 여과한다. 다시 한번 남아 있는 알코올을 증발시켜 제거하면 알코올에 완전히 용해되는 절대성 에센스가 남게 된다.

요즘은 낮은 압력에서는 기체, 높은 압력에서는 액체가 되는 액화성 가스인 CO_2를 이용한다. 낮은 온도에서도 생산이 가능해져 백합처럼 대단히 미묘하고 연약한 향기도 잘 보존할 수 있게 되었다. 솔벤트를 이용한 엡솔루트 에센스는 내복용으로는 적합하지 않는데, 그 이유는 솔벤트 찌꺼기가 남아 있을 수 있기 때문이다.

엄프라지 방법

엄프라지 방법은 예전에는 많이 쓰던 전통적인 방법이었으나 오늘날에는 달맞이꽃을 분리하는 데만 사용한다. 이 방법을 사용하면 집에서 직접 간단하게 만들 수 있다.

꽃잎을 쇠망 위에 펼쳐놓고 동물성 지방이나 오일을 묻힌 헝겊을 씌워놓은 다음 계속 새로운 꽃잎을 추가해 지방이나 오일이 완전히 에센셜오일로 빠져나올 때까지 계속한다. 이 과정은 약 3주가 걸리는데, 이렇게 뽑아낸 용액에 알코올을 첨가하고 증류시켜 지방이나 오일로부터 에센셜오일만 분리한다. 이렇게 얻은 에센셜오일을 엡솔루트 에센스라 하며 내복약으로는 적합하지 않다. 동물성 지방이나 오일은 전신 마사지 오일, 크림, 포마드 등 피부 미용제로 사용할 수 있다.

엡솔루트 오일은 값이 상당히 비싼데, 장미꽃 400kg에서 겨우 50ml의 오일이 추출되기 때문이다. 그래서 일부 회사에서는 엡솔루트 오일에 식물성 오일을 99% 희석하여 시판하기도 하는데, 이렇게 만든 오일은 향기는 강하지만 그 효과는 거의 없다.

갈색 병

에센셜오일 저장 방법

에센셜오일은 황갈색 또는 갈색 병에 넣어 서늘한 곳에 보관해야 한다. 햇볕이나 따뜻한 온도에 변질되기 쉬우나, 잘 관리하면 수년간 보관이 가능하다. 단, 감귤류 오일은 6개월 정도만 보관할 수 있다. 사용 직후 뚜껑을 단단히 닫아 증발을 막아야 하며, 플라스틱 병에 보관하면 에센셜오일이 플라스틱과 화학 반응을 일으켜 못쓰게 된다.

에센셜오일의 일반적 특징

에센셜오일은 종류에 따라 특성이 다양하다. 로즈 오일은 대단히 진하고 라벤더는 물처럼 연한데, 모두 상당히 농축되어 있으며 그중에서도 엡솔루트 오일은 가장 높은 농도를 유지하고 있다. 공기에 노출되면 모두 빠르게 증발하는데, 증발 시간은 종류에 따라 다양하다.

에센셜오일은 원래의 꽃이 풍기는 냄새와 항상 일치하지 않으므로 냄새로 구별하는 것이 쉽지 않다. 오일이라 부르지만 사실 지방성이 아니며 지방이나 다른 물질에 쉽게 용해되기 때문에 진정한 의미의 오일도 아니다. 색이 다양해서 녹색(장미, 베르가모트), 파란색(저먼캐모마일), 갈색(재스민), 붉은색(몰약)을 띠며, 이러한 색채는 치료 효과를 더욱 높여준다. 예를 들어 저먼캐모마일은 파란색으로 진정 효과가 있으며 붉은색을 띠는 피부의 염증을 가라앉혀준다.

에센셜오일은 옷감에 물을 들일 수도 있고 가연성(인화성) 물질이기 때문에 불이 잘 붙기도 한다. 한 예로 오렌지 껍질을 촛불에 대고 짜보면 에센셜오일이 나와 불꽃을 더 잘 일으키는 것을 볼 수 있다.

기본적인 에센셜오일 사용법

대부분의 에센셜오일은 희석하지 않은 채 피부에 사용해서는 안 된다. 특히 눈에 들어가면 대단히 위험하며 점막이나 성기 부위 등 연약한 부위에 희석하지 않은 오일을 사용해서는 안 된다.

희석하는 방법은 식물성 오일, 알코올, 우유, 액체 비누, 거품이 이는 크림 등과 혼합하는 것이며, 내복을 위해서는 많은 양의 물이나 벌꿀과 혼합한 후 세게 흔든 다음 사용해야 한다. 순수한 에센셜오일은 그 자체로 절대 녹지 않고 분해되지도 않는다.

더 효과적이고 좋은 향을 만들기 위해 몇 가지 에센셜오일을 혼합하여 사용하기도 한다. 라벤더는 일반적으로 다른 오일의 치료 성질을 더욱 높여주고,

오일은 흔히 블렌딩해서 쓴다.

클로브는 혼합된 향을 더욱 강화시켜주며, 베르가모트는 향의 균형을 잡아준다. 이 오일은 또 냄새가 별로 좋지 않은 향에 혼합하면 냄새를 좋게 해준다.

희석할 때는 같은 성질을 가진 오일을 혼합하는 것이 중요하며, 빠르게 증발되는 것을 막으려면(향로에 이용하거나 향수로 사용할 때) 빨리 증발하는 오일과 서서히 없어지는 오일을 같이 혼합하는 것이 좋다. 에센셜오일은 대부분 안전하지만, 간혹 많은 양을 사용하면 독성이 생기거나 부작용이 나타날 수 있으므로 주의하여 사용해야 한다.

증상별 에센셜오일 사용법

차갑고 만성인 종기

베르가모트, 라벤더, 로만캐모마일, 마늘, 티트리 오일 등으로 더운 찜질을 한다.

뜨겁고 급성인 종기

양파 오일로 찬 찜질을 한다.

무좀

아침저녁으로 티트리나 몰약, 라벤더 오일로 발 목욕을 하거나, 식물성 오일 50ml에 라벤더 15방울, 몰약 15방울, 티트리 40방울을 혼합하여 발 마사지를 한다.

출혈

유칼립투스, 제라늄, 레몬, 로즈 오일 중 하나를 선택하여 물에 희석시킨 후 면봉에 묻혀 출혈 부위에 바른다.

기관지염

- 로즈마리 오일을 하루 3~4회 5분 정도 흡입한다.
- 식물성 오일 50ml에 타임 80방울과 라벤더 20방울을 혼합하여 가슴 부위에 문지른다.
- 뜨거운 물 1L에 타임 10방울과 라벤더 2방울을 혼합하여 가슴 부위에 찜질한다.

화상

문제 부위에 라벤더 오일을 묻힌 천 조각을 붙이거나 라벤더 오일을 가볍게 발라준다. 알로에 베라와 라벤더를 혼합해서 사용해도 좋다.

세균감염증

맥아 오일 50ml에 오레가노 20방울과 제라늄 10방울을 혼합하여 매일 마사지한다. 생식기 주위의 세균감염증은 1주일에 2회씩 수개월간 엉덩이 부위를 목욕한다.

멍든 데

펜넬, 라벤더, 히솝으로 찬 찜질을 한다.

습진

알로에 베라 50방울, 라벤더 15방울, 임모텔 15방울을 혼합하여 매일 문지른다.

피부곰팡이균감염증

호호바 오일 50방울, 티트리 20방울, 라벤더 1방울을 혼합하여 매일 꾸준히 바른다.

발톱 무좀

알코올과 라벤더, 몰약을 혼합하여 그 용액으로 매일 1회씩 1주일간 발톱 끝을 씻어준다.

삔 데

라벤더, 베르가모트, 유칼립투스로 마사지하거나 연고를 바른다.

중이염

유칼립투스 20방울, 라벤더 5방울을 세게 흔들어 혼합한 다음 솜뭉치에 2방울을 묻혀 귀를 청소한다. 라벤더 희석액을 귀 부위에 문질러도 좋다.

입 주위 피부, 점막 궤양
몰약 2방울을 궤양 부위에 바른다.

코피
레몬 2방울을 얼음물에 떨어뜨린 다음 솜 패드에 묻혀 코 위에 올려놓는다.

햇볕에 탄 데
페퍼민트 6방울, 라벤더 4방울을 물에 풀어 목욕한다.

편도선염
베르가모트 20방울, 타임 20방울, 시나몬 5방울을 혼합한 물로 매일 3~4회 목 안을 헹군다. 이 용액 2방울을 물 1컵에 떨어뜨려 목 안을 헹구어도 좋다.

사마귀
희석하지 않은 라벤더, 유칼립투스를 매일 사마귀 부위에 가볍게 바른다.

| 에센셜오일의 순도 알아보기 |

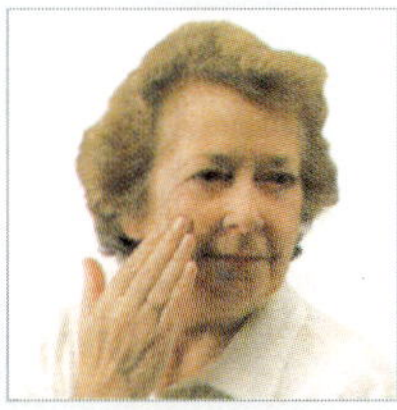

- 오일 1방울을 손가락 위에 떨어뜨려 기름 성분이 느껴지면 식물성 오일이 혼합되어 있을 가능성이 높다.
- 에센셜오일은 원래 물과 혼합되지 않는 성질이 있으므로 만약 물에 오일 1방울을 떨어뜨렸을 때 잘 혼합되거나 혼탁한 우윳빛으로 변하면 다른 물질과 혼합된 화장용, 공업용일 가능성이 높다.
- 오일 1방울을 흰 종이 위에 떨어뜨렸을 때, 오일이 증발하면서 아무런 흔적도 남기지 않았다면 순수한 에센셜오일이라 볼 수 있으며, 반면에 기름기가 남아 있다면 다른 물질과 혼합된 것이라고 볼 수 있다.
- 냄새를 맡아보아 알코올 냄새가 나면 에틸 알코올이 혼합된 것이다.

- 흔히 사용하는 에센셜오일

바질, 베르가모트, 시더우드, 캐모마일, 클라리세이지, 사이프러스, 유칼립투스, 펜넬, 제라늄, 재스민, 주니퍼베리, 라벤더, 레몬, 마조람, 멜리사, 몰약, 네롤리, 오렌지, 패출리, 페퍼민트, 로즈, 로즈마리, 샌들우드, 타임, 티트리 등

바질

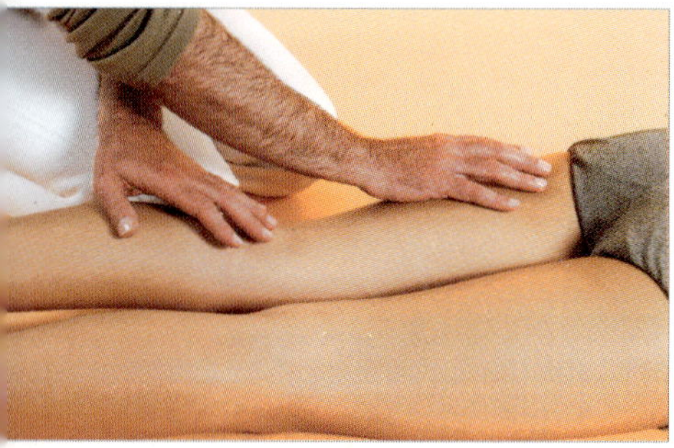

단, 성기 부위의 사마귀에는 사용하지 않는다.

정맥류

아몬드 오일 100ml에 로즈마리 20방울, 주니퍼베리 20방울, 레몬 10방울을 혼합하여 정맥 주위를 매일 문지른다.

피부가 따갑게 아플 때

아몬드 오일 20방울과 로즈 4방울을 혼합하여 문지른다.

상처, 염증

벤조인, 베르가모트, 블루캐모마일, 유칼립투스, 제라늄, 라벤더, 몰약, 페퍼민트, 티트리 등이 사용된다.

ㅣ 좋은 에센셜오일을 선택하는 법 ㅣ

적절한 가격에 진정한 치료 효과를 거두기 위해서는 자연적이고 순수한 품질의 에센셜오일을 구입하는 것이 무엇보다 중요하다. 유기농법으로 재배한 식물에서 얻은 오일이 가격 면에서는 약간 비싸지만, 품질 면에서 좋은 효과를 기대할 수 있다. 재스민의 경우에는 식물 자체가 그리 많은 오일을 함유하고 있지 않기 때문에 수백 톤의 재스민 꽃에서 겨우 400g의 순수 오일을 추출할 수 있을 뿐이다. 꽃은 해가 뜨는 아침 일찍 수확하고 오일은 밤에 얻어내는 것이 좋다. 낮에는 오일이 줄기나 잎으로 이동하기 때문이다.

때에 따라 이득을 많이 남기기 위해서 순수 오일은 최소화하고, 유사한 오일이나 식물성 오일, 알코올 또는 합성 오일을 혼합하는 일이 많은데, 이런 경우 냄새가 아무리 좋아도 생명력이 없기 때문에 치료 효과가 떨어진다. 또한 희석시킨 오일은 순수 오일에 비해 치료 효과가 완전치 못하며, 독성이 있는 용해제를 사용해서 에센셜오일을 추출할 경우에도 독성 물질이 남아 있기 때문에 순도가 떨어질 수 있다. 여기서 말하는 순수하고 자연적이며 완전한 오일이란 기름이나 합성 물질 또는 다른 에센셜오일이 혼합되지 않은 것을 의미하며, 또한 재증류하지 않은 것을 말한다.

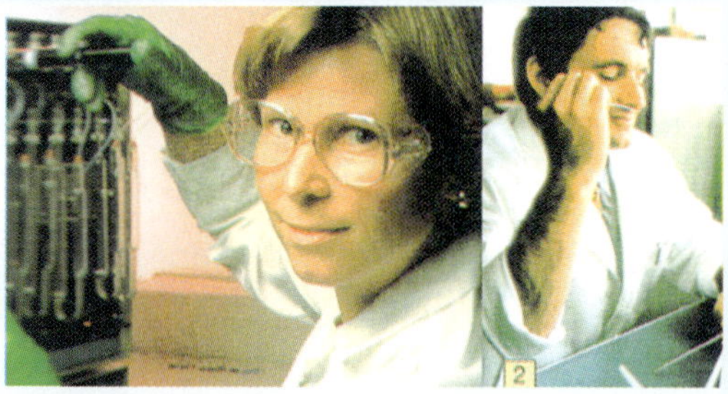

ㅣ 오일의 품질 검사

피부 관리

피부의 역할은 다양하다. 몸을 보호하고 호흡을 하여 독성 물질이나 노폐물을 제거하며 비타민을 생성한다. 그 밖에 체온을 조절하고 체액을 배설하며, 털을 성장시키고 화상, 상처 등으로부터 보호하며, 기온의 변화를 즉각 알려주는 역할도 한다. 한마디로 피부는 우리 몸 내부의 기능, 즉 몸 안의 균형 정도, 건강 상태, 체액 결핍 등을 외부에 반영시켜 여러 증상으로 나타나도록 한다. 물을 충분히 마시지 않거나 음식물로 비타민을 충분히 섭취하지 않으면 피부는 점점 퇴화되고 그 기능을 상실하게 되어 문제가 생긴다. 호르몬의 갑작스런 변화(여성의 경우 월경이나 폐경 등)도 피부를 자극하는 요인이 된다. 또, 생활의 급격한 변화, 감정이나 기분 상태, 그리고 바람, 물, 햇볕, 먼지, 공기 중의 독성 물질도 피부가 즉각적인 반응을 보이게 하는 요인이다.

피부의 조직

피부는 3개의 층으로 되어 있다. 첫 번째 층은 우리가 보는 제일 바깥층, 즉 표피층으로 죽은 세포로 덮여 있으며 아래층으로부터 새로운 세포가 차올라오면서 세포의 제거와 생성이 일어나는 곳이다. 이는 피부 세포의 끊임없고 완전한 피부 정화를 보여주는 현상으로, 대사 기능이 빠를수록 피부는 더 부드럽고 건강하다. 죽은 세포가 오랫동안 피부에 붙어 있으면 더럽고 건조하고 노화된 피부로 변하게 된다. 두 번째 층은 진피층으로 땀샘, 기름샘, 혈관, 감각 신경, 모낭 등이 있는 곳이다. 세 번째 층은 피하층으로 근육, 지방 조직 등이 붙어 있는 층이다. 이 얇은 층이 손상되면 건강하지 못한 피부로 보이는데, 아로마치료는 피부의 불균형이나 기능 부족을 교정하는 데 도움을 준다.

에센셜오일이 가지고 있는 여러 성분들은 이 세 피부층에 영양분을 주고 진정시키며 부드럽게 하고 생기를 불어넣는다. 또, 자극, 염증 제거, 정화, 수분 공급 등의 역할도 한다.

에센셜오일은 건강한 피부에서 건강한 모발이 자라도록 돕는다. 일반 화장품이나 미용 제품은 대부분 합성 물질로 피부의 상태를 짧은 시간에 일시적으로 좋게 만들어주지만, 대부분 피부의 겉에만 작용하기 때문에 결과적으로 피부를 민감하게 하고 손상을 줄 수 있다. 이들 상업용 화장품의 성분은 대부분 동물성 물질로 이미 그 물질 자체가 죽어 있고 생기가 없는 입자로 되어 있어 살아 있는 세포에 영향을 주지 못한다. 오로지 몸에 해가 없는 약용식물과 에센스만이 생명체의 기능을 유지하고 교정시켜나갈 수 있다.

기초적인 관리 방법

여드름, 벌레 물린 데, 사마귀, 화상 등 몇 가지 특별한 경우를 제외하고는 에센셜오일을 희석하지 않은 채 피부에 직접 적용해서는 안 된다. 희석에는 순수한 식물성 오일, 자연산 크림, 자연산 샴푸, 순수한 증류수, 생수 등을

| 피부 관리 |

피부	아로마 오일
정상 피부	베르가모트, 시더우드, 제라늄, 라벤더, 네롤리, 로만캐모마일, 로즈, 로즈우드
건성 피부	시더우드, 제라늄, 재스민, 라벤더, 오렌지, 로즈, 로즈우드, 일랑일랑
지방성 피부	베르가모트, 시더우드, 사이프러스, 프랑킨센스, 제라늄, 주니퍼베리, 라벤더, 레몬, 로즈
민감성 피부	재스민, 오렌지, 로만캐모마일, 로즈
자극성 피부	블루캐모마일, 로즈
노화된 피부	사이프러스, 펜넬, 프랑킨세스, 라벤더, 몰약, 네롤리, 오렌지, 패출리, 로즈, 베티베르
염증성 피부	블루캐모마일, 캐롯시드, 제라늄, 히숍, 임모텔, 몰약, 페퍼민트, 로즈, 시더우드, 티트리
여드름	베르가모트, 카주푸트, 제라늄, 주니퍼베리, 라벤더, 로만캐모마일, 로즈, 티트리
튼(거친) 피부	벤조인, 블루캐모마일, 캐롯시드, 제라늄, 라벤더, 패출리, 로즈, 시더우드
세포 재생 및 활성	프랑킨센스, 라벤더, 네롤리, 로즈, 샌들우드, 티트리
땀 분비 조절	베르가모트
땀 분비 감소	주니퍼베리, 레몬
여드름	라벤더, 레몬, 티트리(희석하지 않은 것)
기미, 주근깨	레몬, 양파
피부 정화	바질, 주니퍼베리, 레몬, 니아울리, 페퍼민트
피부 염증, 피부병	블루캐모마일, 카주푸트, 캐롯시드, 시나몬, 클로브, 유칼립투스, 히숍, 주니퍼베리, 몰약, 양파, 페퍼민트, 세이지, 샌들우드, 타임
봉와염	사이프러스, 주니퍼베리, 라벤더, 오렌지, 오레가노, 로즈마리
곰팡이균 감염, 무좀	유칼립투스, 마늘, 라벤더, 티트리
피부 가려움증	시더우드, 재스민, 페퍼민트, 로만캐모마일
손 튼 데	레몬, 몰약, 양파, 로즈, 샌들우드

사용하는데, 아몬드 오일, 아보카도 오일, 호호바 오일, 올리브 오일, 땅콩 오일, 해바라기 씨 오일, 맥아 오일 등이 권할 만하다. 이 혼합 용액이 산화되지 않고 비타민 E를 피부에 제공해주기 위해서는 맥아 오일 10%를 혼합하는 것이 좋은데, 특히 비타민 E 오일 20ml를 모든 얼굴 마시지용 에센셜 오일에 넣는 것도 좋다.

이 얼굴 마사지 오일을 얼굴에 바르고 15분 정도 그대로 두었다가 요구르트, 벌꿀, 아보카도, 맥아 오일, 레몬, 진흙 등과 같이 얼굴 팩 용도로 사용할 수 있는데, 굳은 상태가 되도록 20분 정도 놓아둔다. 그리고 따뜻한 물로 잘 씻어내고 얼굴을 말리되 메이크업은 바로 하지 말고 피부가 충분히 호흡할 수 있는 시간을 갖도록 한 후에 하는 것이 좋다.

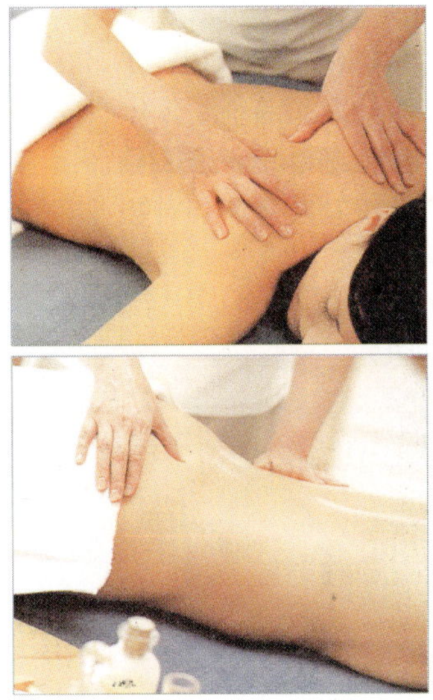

아로마 피부 관리

미용 관리(화장)

얼굴 마사지 오일은 영양분 공급과 자극, 다른 이물질로부터 보호, 그리고 너무 건조해지는 것을 막는 기능을 가지고 있다.

미리 손을 잘 씻고, 에센셜오일에 식물성 오일 50ml, 즉 호호바, 아몬드, 아보카도 오일을 모두 혼합하여 사용한다. 특히 맥아 오일 10ml와 다른 식물성 오일 10ml를 혼합하면 영양분이 많은 화장품이 된다. 지성 피부나 여드름에는 호호바 오일이 좋으며 미네랄 오일은 사용하지 말아야 한다.

얼굴 증기요법

에센셜오일의 증기로 얼굴에 자극을 주고 얼굴을 청결하게 하는 방법으로 이 요법 후에는 가벼운 페이셜 오일이나 토너를 바르도록 한다. 이 요법은 모두 뜨거운 물 0.5~1L의 증기를 만들어 사용한다.

얼굴 마사지

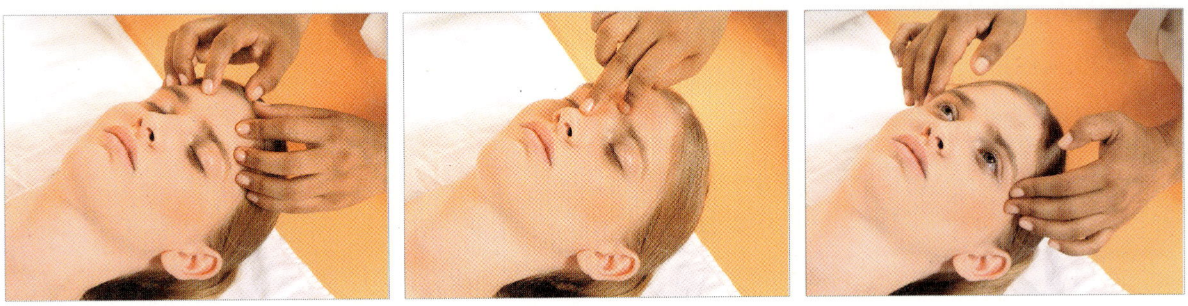

얼굴 증기요법

- **정상 피부** : 라벤더 4방울, 제라늄 4방울, 패출리 4방울
- **지성, 여드름 피부** : 주니퍼베리 4방울, 레몬 4방울, 사이프러스 4방울

얼굴 습포법

증기요법과 같이 보습과 자극 효과를 줄 수 있으며, 오일보다 빠르게 피부에 흡수된다. 보통 0.5L의 뜨거운 물에 적셔 사용하며, 피부는 대단히 부드럽고 산뜻한 향기로 호흡하게 된다.

- **건성 피부** : 로즈 2방울, 로만캐모마일 1방울, 네롤리 1방울
- **지성 피부** : 로즈 1방울, 샌들우드 1방울, 제라늄 1방울
- **여드름 피부** : 라벤더 2방울, 주니퍼베리 2방울 또는 레몬 1방울, 베르가모트 1방울 또는 티트리 4방울
- **자극성 피부** : 블루캐모마일 2방울, 몰약 1방울, 히솝 2방울 또는 로즈 1방울
- **노화된 피부** : 베티베르 2방울, 프랑킨센스 1방울, 몰약 1방울 또는 네롤리 1방울

페이셜 토너

피부를 깨끗이 닦아낸 후 사용한다.

- **건성, 정상 피부** : 라벤더 4방울, 제라늄 2방울을 지하수나 증류수 50ml에 혼합하여 사용하고, 로즈 20방울, 로만캐모마일 8방울과 혼합하여 사용하거나, 로즈 200ml에 알코올 8ml를 혼합하여 사용한다.
- **지성 피부** : 베르가모트 4방울, 라벤더 2방울을 지하수나 증류수 50ml에 혼합하여 사용하거나, 베르가모트 6방울, 라벤더 4방울, 로즈 200ml를 보드카 7ml와 같은 알코올에 혼합하여 사용한다.
- **다목적용 토너** : 제라늄 8방울, 베르가모트 8방울, 사이프러스 4방울, 라벤더 2방울을 지하수나 증류수 500ml에 혼합하여 사용한다.

얼굴 마스크 팩

페이셜 마스크

피부를 깊숙이 청소하고 자극을 준다. 진흙 마스크가 가장 좋은데, 진흙은 독성 물질을 자석처럼 빨아들이는 역할을 한다. 진흙에는 실리카, 철, 마그네슘,

| 얼굴 마사지 |

피부	아로마 오일
건성 피부	시더우드 10방울, 제라늄 2방울, 일랑일랑 5방울, 로즈우드 3방울
지방성 피부	레몬 15방울, 사이프러스 12방울, 라벤더 10방울
여드름	베르가모트 15방울, 주니퍼베리 10방울, 사이프러스 6방울이나 티트리 15방울
노화된 피부	라벤더 5방울, 프랑킨센스 5방울, 네롤리 4방울, 로즈 4방울
자극성 피부	① 샌들우드 10방울, 블루캐모마일 5방울, 로즈 5방울 ② 클로브 2방울, 시나몬 1방울, 블루캐모마일 3방울
주름살	펜넬 15방울, 라벤더 5방울, 로즈 5방울
정상 피부	라벤더 15방울, 제라늄 8방울, 로즈 4방울

아연, 칼슘과 같은 정화 미네랄 성분이 들어 있기 때문이다. 모든 재료를 그릇에 넣고 저어 물감처럼 만들어 얼굴에 바르고 그대로 15분 정도 둔 다음 마르면 따뜻한 물로 깨끗이 씻어낸다. 쓰다 남은 마스크 용액은 냉장고에 보관한다.

- **정상, 건성, 민감성 피부** : 라벤더 1방울, 제라늄 1방울을 자연산 진흙 50g, 아보카도나 벌꿀 25ml, 물 50ml와 혼합하여 사용한다.
- **여드름 피부** : 주니퍼베리 1방울, 베르가모트 1방울을 진흙 50g, 요구르트 25ml, 물 50ml와 혼합하여 사용한다.
- **노화된 피부** : 프랑킨센스 1방울, 몰약 1방울을 진흙 50g, 벌꿀이나 아보카도 25g, 물 50ml와 혼합하여 사용한다.
- **지성 피부** : 캠퍼 1방울, 주니퍼베리 1방울을 진흙 50g, 레몬 25g, 물이나 벌꿀 50ml와 혼합하여 사용한다.

로션과 오일

다음의 에센셜오일을 식물성 오일과 혼합하여 사용한다.

- **일반적 용도** : 로즈 20방울, 라벤더 5방울을 아몬드 오일 80ml, 호호바 오일 25ml와 혼합하여 사용한다.
- **지성 피부** : 시더우드 7방울, 사이프러스 7방울, 프랑킨센스 5방울을 호호바 오일 100ml와 혼합하여 사용한다.

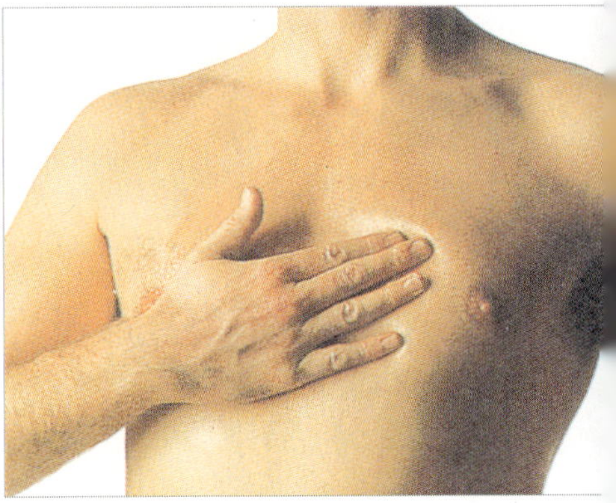

| 보디로션 마사지

- **자극성 피부** : 로만캐모마일 7방울, 로즈 7방울, 제라늄 5방울을 호호바 오일 100ml와 혼합하여 사용한다.
- **노화된 피부** : 프랑킨센스 7방울, 라벤더 7방울, 패출리 5방울을 아몬드 오일 80ml, 호호바 오일 25ml와 혼합하여 사용한다.
- **봉와염** : 주니퍼베리 10방울, 로즈마리 7방울, 라벤더 4방울을 호호바 오일 100ml와 혼합하여 사용한다.
- **결합조직 약화** : 로즈마리 30방울, 로즈 10방울을 호호바 오일 100ml, 맥아 오일 100ml와 혼합하여 사용한다.

크림

크림은 가끔 피부의 숨구멍을 막을 수도 있다. 페이셜 오일만으로도 충분하지만, 크림을 한 가지 정도는 사용하는 것이 좋다. 물 40mg, 벌꿀왁스 10mg, 에센셜오일 10~15방울,식물성 오일 40mg을 혼합하여 만들거나, 물 40mg, 벌꿀왁스 10mg, 에센셜오일 20방울, 오일 50mg, 카카오버터 40mg을 혼합하여 만든다. 만드는 방법은 먼저 뜨거운 물에 오일과 벌꿀왁스를 넣어 마요네즈처럼 만든 다음 거품을 내는 기구에 넣어 물이 다 흡수될 때까지 돌린다. 물이 다 흡수되었다고 생각되면 멈추고, 마지막으로 에센셜오일을 부드럽게 잘 저어 혼합한다. 크림을 만들 때는 스테인리스 스틸 용기를 이용하고, 만들어진 크림은 작은 도자기나 그릇에 담아 냉장 보관하면 2개월까지 사용할 수 있다.

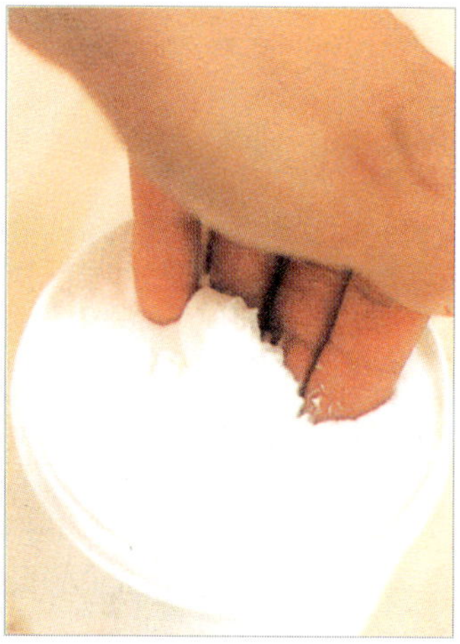
아로마 크림

다목적용 크림

라놀린 10mg, 벌꿀왁스 5mg, 카카오버터 5mg을 한꺼번에 혼합하여 액체가 될 때까지 녹인다. 여기에 아몬드 오일을 넣고 140℃까지 열을 가한 후 잠시 멈추었다가 계속 저으면서 로즈 워터를 혼합한다. 용액이 식어 차가워질 때까지 가장 낮은 속도로 믹서기를 계속 돌리면서 마지막으로 에센셜오일을 혼합한다. 알로에 베라 크림, 베지터블 젤리 등 자연산 향기 없는 크림에 원하는 에센셜오일을 혼합하여 사용한다.

상처용 크림

베지터블 젤리나 자연산 크림 85g, 베르가모트나 로만캐모마일 10방울, 라벤더 10방울, 유칼립투스 5방울을 혼합하여 만든다. 냉장 보관하여 사용한다.

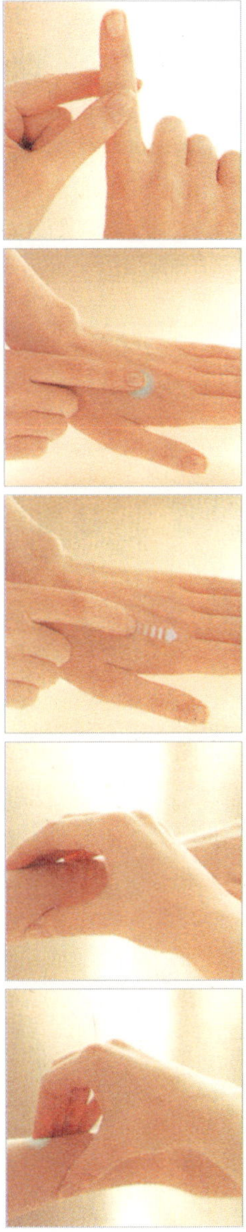

손 크림

베지터블 젤리나 알로에 베라 크림 85g, 몰약 5방울, 로즈 5방울, 샌들우드 5방울을 혼합하여 사용한다.

손톱 크림

식물성 오일 15ml, 레몬 20방울, 또는 식물성 오일 20ml, 라벤더 4방울, 사이프러스 4방울, 샌들우드 4방울을 혼합한 용액에 손가락을 10분 정도 적시거나 이 용액을 손톱에 가볍게 바른다.

손톱 관리

용도	아로마 오일
손톱 갈라짐	레몬, 양파
손톱 관리	사이프러스, 라벤더, 샌들우드 등

모발 관리

햇볕, 바람 등에 오랫동안 노출되어 가늘어지고 건조해진 머리카락에는 적절한 관리가 필요하다. 기름기 있는 머리카락도 영양이 필요한데, 에센셜오일로 치료한 후 적어도 20분에서 2시간 정도 두었다가 몇 차례 샴푸하도록 한다.

다음의 에센셜오일을 올리브 오일이나 호호바 오일 50~80ml와 혼합하여 사용한다.

- **정상 모발** : 라벤더 10방울, 로즈마리 20방울
- **기름기 있는 모발** : 사이프러스 10방울, 시더우드 10방울, 주니퍼베리 8방울
- **비듬** : 유칼립투스 10방울, 로즈마리 20방울

샴푸

케라틴과 18가지 아미노산이 함유된 단백질 샴푸로 머리를 감고 두피를 마사지하면 좋은 효과를 기대할 수 있다. 머리카락이 잘 자라게 하려면 피부 속 모공을 에센셜오일로 자극하여 성장을 촉진한다. 로만캐모마일, 레몬은 밝은 색 모발에, 샌들우드와 로즈마리는 검은색 모발에 좋다. 세정제가 들어 있지 않은

| 모발 관리 |

용도	아로마 오일
정상 모발	시더우드, 클라리세이지, 사이프러스, 주니퍼베리, 라벤더, 레몬, 로만캐모마일, 로즈마리, 로즈우드, 세이지
지방성 모발	시더우드, 클라리세이지, 사이프러스, 주니퍼베리, 라벤더
비듬	유칼립투스, 로즈마리
탈모	시더우드, 주니퍼베리, 세이지, 티트리

아로마 모발 관리

자연산 샴푸 453g에 다음의 에센셜오일을 넣고 잘 흔들어 혼합하여 사용한다.

- 정상 모발 : 라벤더 또는 로만캐모마일 10방울
- 건조한 모발 : 시더우드 10방울
- 기름기 있는 모발 : 로즈마리 10방울
- 비듬 : 로즈마리 5방울, 시더우드 4방울, 또는 로즈마리 10방울
- 탈모 : 시더우드 3방울, 로즈마리 3방울

린스

머리를 샴푸로 청결히 감고, 아로마 용액을 이용하여 린스를 한다. 에센셜오일 5~10방울을 물 500ml와 혼합하여 사용한다.

- 밝은 색 모발 : 레몬, 로만캐모마일
- 검은색 모발 : 로즈마리, 로즈우드 또는 샌들우드
- 기름기 또는 비듬이 있는 모발 : 클라리세이지, 라벤더

셀프 메이드 향수

현재 유통되고 있는 대부분의 향수는 합성 원료를 사용한 것이며, 에센셜오일이 소량 함유된 것도 있다. 향수는 남에게 자신의 매력을 돋보이게 하고 향기로운 냄새로 보다 나은 대인관계를 맺기 위해 사용한다. 에센셜오일의 향은 연한 향에서 진한 향까지, 또는 달콤한 향에서 나무 향, 꽃 향, 사향(머스크)까지 그 종류가 다양하다. 이러한 여러 가지 특성을 지니고 있는 오일을 선택하여 즐겨 사용할 수 있는 향수를 만들 수 있다.

인공향과 달리 자연향은 뇌에 뚜렷한 반응을 일으켜 자신과 주위 사람의 기분에 좋은 영향을 미친다. 자연 향수는 선택된 에센셜오일과 호호바 오일 같은 보조 오일을 혼합하여 만드는데, 보통 에센셜오일 25~30방울을 호호바 오일 8ml에 혼합하여 최소 1주일 이상 향이 잘 혼합되도록 두었다가 사용한다.

음악에 비유하자면 에센셜오일의 여러 가지 향을 잘 혼합하는 것은 오케스트라를 지휘하는 것과 같다. 직접 향을 혼합해보면 세 가지의 향이 있다는 것을 알 수 있다. 상향은 맨 처음에 맡을 수 있는 빨리 증발되는 향이고, 가장 핵심이 되는 중향은 오랫동안 발산되는 향이며, 하향은 증발의 마지막에 남아 은은하게 풍기는 향이다. 에센셜오일의 양으로 향의 강도를 조절하며, 튀지 않는 우아한 향을 만들 수도 있다. 다음은 몇 가지 기본 향수 제조법이다. 모두 호호바 오일 8ml에 에센셜오일을 혼합하여 만든다.

아로마 향수와 발향

ǀ 기본 향수 제조법 ǀ

- **강력하고 남성적인 향수 :** 샌들우드 15방울, 시더우드 5방울, 로즈우드 5방울, 레몬그라스 2방울
- **가볍고 달콤한 향수 :** 로즈 4방울, 로즈마리 4방울, 네롤리 2방울, 샌들우드 4방울
- **강력하고 달콤한 향수 :** 로즈마리 8방울, 재스민 4방울, 일랑일랑 4방울, 바닐라 1방울, 베르가모트 1방울
- **꽃 향수 :** 베르가모트 10방울, 제라늄 8방울, 네롤리 5방울, 베티베르 5방울

ǀ 실온에서 향이 증발되는 시간 ǀ

빨리 증발하는 향(3시간 이내)	중간 향(6시간 이내)	서서히 증발하는 향(2일 이내)
베르가모트, 캐모마일, 유칼립투스, 그레이프프루트, 주니퍼베리, 라벤더, 레몬, 마조람, 페니로열, 로즈마리, 버베나	아니스, 바질, 카르다몸, 클라리세이지, 클로브, 코리앤더, 사이프러스, 펜넬, 제라늄, 히솝, 니아울리, 너트메그, 오렌지, 페퍼, 페퍼민트, 페티그래인, 파인, 클라리세이지, 탄제린, 타임	바질, 벤조인, 시더우드, 시나몬, 프랑킨센스, 재스민, 몰약, 샌들우드, 바닐라, 일랑일랑, 암바

| 향수의 강도 |

연한 향	중간 향	강한 양
벤조인, 베르가모트, 캠퍼, 시더우드, 사이프러스, 펜넬, 그레이프프루트, 라벤더, 마조람, 미틀, 페티그래인, 파인, 로즈우드, 탄제린	아니스, 카주푸트, 클라리세이지, 클로브, 제라늄, 진저, 히솝, 주니퍼베리, 레몬, 레몬그라스, 마조람, 오렌지, 오레가노, 페니로열, 로즈, 로즈마리, 세이지, 샌들우드, 타임, 버베나	암바, 바질, 카르다몸, 캐모마일, 시나몬, 코리앤더, 유칼립투스, 프랑킨센스, 마늘, 재스민, 머스크, 몰약, 너트메그, 패출리, 페퍼민트, 바닐라, 베티베르, 일랑일랑

| 혼합 처방에 사용하는 에센셜오일의 양 |

에센셜오일의 양	방울 수	에센셜오일의 양	방울 수
에센셜오일 4ml	70 ~ 90방울	상처, 염증	50ml에 60방울
에센셜오일 8ml	140 ~ 160방울	여드름	50ml에 60방울
에센셜오일 15ml	280 ~ 350방울	흡입에 사용	물 1L에 5방울
에센셜오일 30ml	560 ~ 700방울	습포에 사용	물 1L에 10방울
얼굴에 사용	50ml에 15 ~ 20방울	향로	6 ~ 15방울
전신에 사용	50ml에 15 ~ 20방울	내복	3방울
목욕에 사용	50ml에 50방울 보통 1회 목욕에 25 ~ 50ml	모발 관리 모발 린스	6 ~ 15방울 물 1L에 10방울
마사지에 사용	50ml에 25방울	클렌징 마스크	6 ~ 15방울

아로마와 성생활

향은 곧바로 뇌의 변연계로 전달되기 때문에 성에 영향을 주는 것은 물론 호르몬의 양을 조절하기도 한다. 동물 세계에서 냄새는 성적 자극을 주어 짝을 선택하는 데 이용된다. 후각이 매우 발달된 동물의 경우 멀리 떨어져 있는 상대방을 정확히 찾아내고 수천 종의 냄새를 구별한다.

성적 자극은 거의 성호르몬의 냄새에 의해 자극되는데, 향과 성 사이의 관계는 대단히 미묘하며 사람에 따라 다양하다. 어떤 냄새를 좋아하든 상대방의 몸에서 나는 냄새는 매력, 동정, 사랑 등의 감정을 불러일으키는 중요한 역할을 한다.

몇몇 유명한 향수는 강한 성적 자극을 유도하는 최음적인 향을 함유하고 있으며, 에센셜오일의 향은 성 활동에 영향을 주어 성기능 장애, 불감증, 발기불능 등의 치료에도 쓰인다. 그러나 항상 염두에 두어야 할 것은 불감증, 발기장애 등은 심리적 원인에 의한 경우가 많으며 단순히 향의 흡입만으로 문제를 해결할 수는 없다는 사실이다.

성욕을 돋우는 목욕이나 보디로션이 성생활에 도움이 되며, 골반 부위 목욕은 생식 기관의 기능을 강화시켜 발기와 오르가즘을 돕는다.

- **성 활동을 자극하는 오일** : 카르다몸, 시나몬, 코리앤더, 블랙페퍼, 페퍼민트
- **성호르몬을 자극하는 오일** : 재스민, 샌들우드
- **진정 · 안정 작용, 사랑하는 마음이 생기게 하는 오일** : 클라리세이지, 네롤리, 패출리, 로즈, 일랑일랑
- **발기, 오르가즘을 돕는 오일** : 생강, 인삼, 블랙페퍼, 주니퍼베리
- **성적 흥분을 감소시키는 오일** : 마조람, 라벤더

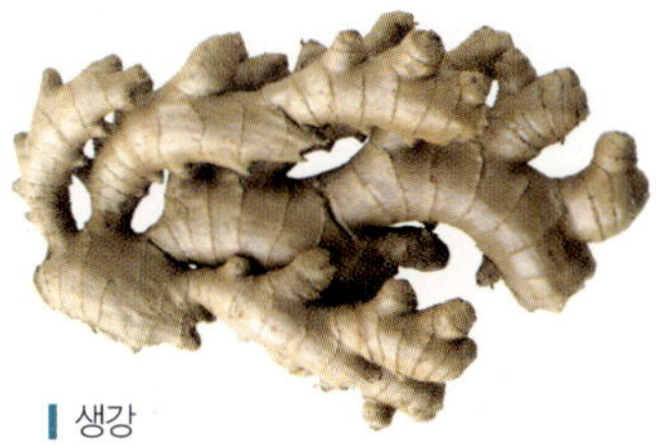
생강

사용 방법

- **향로** : 패출리 5방울, 샌들우드 2방울, 로즈 2방울 또는 일랑일랑 4방울, 네롤리 2방울, 베르가모트 1방울 또는 샌들우드 5방울, 재스민 2방울을 사용한다.
- **전신 목욕** : 일랑일랑 4방울, 샌들우드 2방울, 블랙페퍼 1방울, 카르다몸 1방울 또는 재스민 4방울, 베르가모트 2방울을 벌꿀과 크림에 혼합하여 사용한다.
- **보디로션** : 샌들우드 15방울, 재스민 2방울, 일랑일랑 4방울, 로즈 4방울을 식물성 오일 50ml에 혼합하여 사용한다.
- **엉덩이 부위 목욕** : 주니퍼베리 8방울 또는 진저 오일, 샌들우드 2방울을 사용한다.

여성을 위한 아로마요법

월경전증후군

월경 전이나 월경 중에 체액이 증가되어 일어나는 현상으로 아랫배와 유

방이 부풀어 오르고 정신 집중력이 떨어지며 우울하고 초조해지는 증상을 말한다. 운동을 하면 정신적, 정서적 증상이 좋아지고 체내에 고인 물이 없어지는데, 특히 수영은 물이 지닌 치료 효과 때문에 많은 도움이 된다.

에센셜오일은 이러한 월경전증후군의 치료에 효과가 있는데, 클라리세이지, 제라늄, 로즈 등이 함께 쓰인다. 클라리세이지는 월경주기의 모든 시기에 고루 영향을 미치는 중요한 역할을 하며, 목욕요법, 마사지, 습포와 같은 방법으로 사용한다.

체액정체는 특히 펜넬, 주니퍼베리, 로즈마리, 제라늄 같은 이뇨 효과가 있는 오일로 목욕하거나 마사지함으로써 개선할 수 있는데, 월경전증후군 치료에 중요한 것은 증상이 시작되기 전에 1주일 정도 지속적으로 사용해야 한다는 것이다. 펜넬 차를 많이 마시는 것도 치료에 도움이 된다.

감정의 변화, 우울, 초조 등은 클라리세이지, 베르가모트, 재스민, 로즈의 향으로 균형을 찾을 수 있으며, 이 오일들을 목욕, 로션, 향로에 사용하면 기분이 좋아진다.

월경

월경으로 두통, 현기증 등이 있을 때 멜리사나 페퍼민트를 이마 습포, 흡입, 목욕에 사용하면 증상을 해결할 수 있다. 간단히 티슈나 헝겊에 몇 방울 떨어

| 월경 기간에 사용하는 오일 |

용도	아로마 오일
불규칙한 월경	클라리세이지, 멜리사, 로즈
무월경, 적은 월경량	바질, 캐러웨이, 클라리세이지, 사이프러스, 펜넬, 히솝, 주니퍼베리, 레몬그라스, 오레가노, 멜리사, 몰약, 너트메그, 로만캐모마일, 로즈마리, 세이지, 사이프러스, 페니로열, 타임
월경통	벤조인, 베르가모트, 진저, 히솝, 재스민, 페퍼민트, 로만캐모마일, 로즈, 세이지, 싸사프러스
통증 완화	아니스, 카주푸트, 캐롯시드, 클라리세이지, 사이프러스, 주니퍼베리, 라벤더, 마조람, 멜리사, 페퍼민트, 로만캐모마일, 페니로열, 싸사프러스
월경이 길어지고 출혈이 너무 심할 때	시나몬, 사이프러스, 프랑킨센스, 페니로열, 로즈
기분을 향상시키고 싶을 때	베르가모트, 클라리세이지, 프랑킨센스, 제라늄, 그레이프프루트, 재스민, 라벤더, 멜리사, 오렌지, 로즈, 로즈우드, 탄제린, 일랑일랑

뜨려 코 밑에 대고 흡입하는 방법도 있다. 골반 목욕이나 질 세척, 더운 습포 등도 좋다.

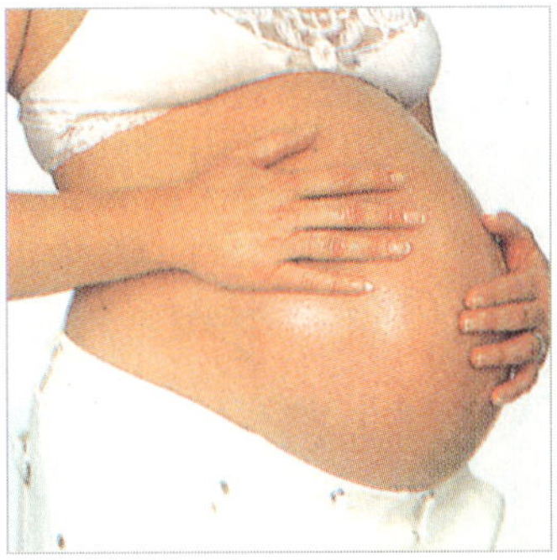

임신 중 아로마 오일 마사지

임신

임신 중에는 절대로 에센셜오일을 내복해서는 안 되며, 외용으로도 고농도나 높은 용량으로 사용해서는 안 된다. 바질, 캠퍼, 캐롯시드, 시나몬, 시더우드, 히솝, 마조람, 페퍼민트, 몰약, 오레가노, 페니로열, 세이지, 타임 등은 유산을 유발할 수 있다. 펜넬, 재스민, 페퍼민트, 로즈, 로즈마리 등은 태아에 손상을 입힐 수 있으므로 특히 임신 첫 3개월간은 이 오일들을 내복하지 않는 것은 물론 높은 용량으로 마사지 또는 목욕을 해서도 안 된다.

임신 첫 달에 속쓰림이 있을 때는 만다린을 흡입이나 복부 마사지에 이용하면 효과가 있고, 제라늄, 라벤더, 프랑킨센스, 페퍼민트, 로즈 등을 목욕이나 마사지에 낮은 용량으로 이용하면 내장 기관이나 기분 상태를 조절하는 데 도움이 된다.

태아가 자라면서 산모의 복부 피부가 팽창되는데, 라벤더로 부드럽게 마사지하면 살이 트는 것을 예방할 수 있다. 태아의 성장과 더불어 산모의 체중이 증가하면 발과 다리가 붓고 아프며 쉽게 피곤해지는데, 이때 로즈마리와

| 여성을 위한 아로마요법 |

용도	아로마 오일	
월경전증후군	로즈마리 6방울, 주니퍼베리 4방울, 제라늄 2방울	
월경 장애	마조람 4방울, 클라리세이지 4방울, 로즈 2방울	
향로 사용	로즈 2방울, 베르가모트 2방울, 재스민 2방울, 클라리세이지 4방울, 네롤리 2방울	
오심, 구토	페퍼민트나 멜리사 또는 로즈 2방울을 1컵에 혼합하여 내복한다.	
월경이 늦어질 때	엉덩이 부위 목욕	클라리세이지 6방울, 마조람 4방울, 페퍼민트 2방울
	질 세척	클라리세이지 4방울, 로즈 2방울
	뜨거운 습포	클라리세이지 4방울, 마조람 4방울, 페퍼민트 2방울
월경이 길어지고 출혈이 심할 때	엉덩이 부위 목욕	사이프러스 5방울, 프랑킨센스 5방울, 로즈 3방울
	질 세척	사이프러스 3방울, 프랑킨센스 2방울, 로즈 2방울
	뜨거운 습포	사이프러스 4방울, 로즈 1방울

폐경기를 아로마요법과 운동으로 극복할 수 있다.

제라늄으로 마사지하면 좋다. 산모의 등도 태아의 무게로 인해 무리가 갈 수 있는데, 로즈마리와 라벤더를 혼합한 오일로 등을 마사지하고 유방을 비롯한 전신에 로즈로 만든 로션을 만들어 발라주면 좋아진다.

출산

라벤더와 재스민을 혼합한 오일을 헝겊에 묻혀 배 위에 올려놓으면 출산 시 자궁수축을 깊고 강하게 하고 통증을 완화시키는 효과가 있다. 재스민은 출산 후 자궁이 본래의 위치와 크기로 돌아가는 데도 도움을 준다.

갓 태어난 아기의 방에 로즈, 재스민, 베르가모트 같은 좋은 향이 나게 하면 병원의 소독 냄새로부터도 벗어날 수 있다.

부인병

자궁 질환에는 클라리세이지, 사이프러스, 프랑킨센스, 재스민, 몰약, 파슬리, 로즈 등 자궁에 영향을 주는 오일을 사용한다. 특히 파슬리가 좋다. 습포나 마사지, 목욕에 이용한다.

폐경

갑자기 열이 오르고 지남력이 없어지는 폐경기증후군에는 펜넬, 제라늄, 로만캐모마일, 클라리세이지, 사이프러스 등 에스트로겐과 같은 호르몬 물질이 들어 있는 오일을 사용한다. 이들을 향로나 목욕, 마사지에 이용하거나, 약용 차로 만들어 마신다.

어린이를 위한 아로마요법

아이들은 강력한 자생력을 지니고 태어나며 어른들에 비해 독성이 강한 환경이나 불건강한 영양 상태 등에 노출될 기회가 적기 때문에 그다지 큰 문제는 없다. 그러나 학교에 다니기 시작하면 박테리아, 바이러스 등에 노출되어 새로운 병과 증상이 나타날 위험이 있으며, 이런 때 에센셜오일을 사용한다.

아이들에게는 아주 소량의 에센셜오일로 충분하다. 캐모마일과 라벤더가 가장 많이 쓰이는데, 주로 통증, 경련, 쥐가 날 때, 또는 신경을 안정시키는 데 효과적이다. 이 오일을 최대한 희석하여 목욕용이나 로션으로 사용한다. 그러나 내복은 삼가야 한다.

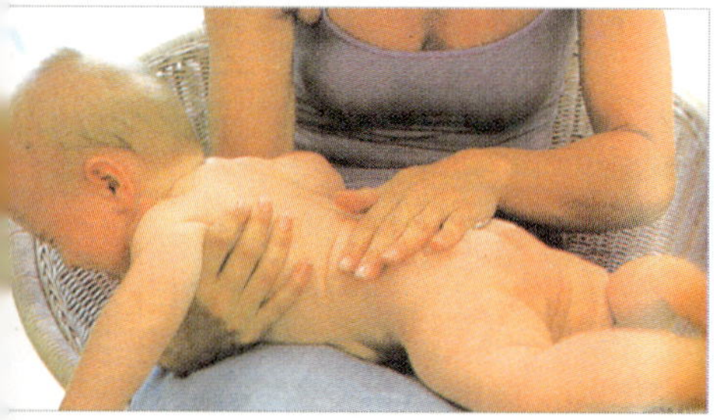

아로마 마사지는 어린이에게도 효과적이다.

| 어린이를 위한 아로마요법 |

용도	아로마 오일
통증 완화, 수면 유도	로만캐모마일 2방울, 라벤더 2방울을 식물성 오일에 혼합하여 사용
피부 관리를 위한 목욕	로만캐모마일 2방울, 로즈 1방울을 벌꿀 2스푼과 혼합하여 사용
감기	유칼립투스 3방울을 벌꿀 2스푼에 혼합하여 목욕, 또는 유칼립투스 2방울을 베개 밑에 뿌림, 유칼립투스 4방울이나 클라리세이지를 향로로 증발
복통	로만캐모마일 2방울로 더운 찜질
두통	로만캐모마일 2방울이나 라벤더로 찬 찜질
수면 유도, 긴장 완화	라벤더 2방울을 베개 밑에 떨어뜨리거나 향로로 증발
치통, 귀의 통증	로만캐모마일 1방울로 더운 찜질, 또는 희석한 로만캐모마일을 잇몸에 토닥거려주거나 솜에 적셔 귀에 꽂음
기침, 상기도 감염	유칼립투스 2방울이나 사이프러스 또는 히솝이나 라벤더를 끓인 물 1L에 떨어뜨려 흡입, 또는 1방울을 베개 밑에 떨어뜨리거나 향로로 증발
백일해, 기침	유칼립투스 2방울, 바질 1방울, 히솝 1방울을 물 1L에 넣고 흡입
유아용 보디오일	로즈 3~5방울이나 로만캐모마일을 식물성 오일 20ml에 혼합하여 사용

처음에는 소량으로 시작하여 아이의 성장과 더불어 차츰 증량하는 방법으로 사용하면 안전하다. 아이들은 각자의 예민도가 있는데, 어느 정도 자란 아이에게는 스스로 오일 냄새를 맡게 하여 그 효과를 알게 하는 것도 좋다.

| 만다린

아유르베다와 아로마요법

향기와 정신세계

6천년간 동양의 많은 종교와 학파들이 향기가 그들의 정신세계에 미치는 영향을 실험한 결과, 호흡이 깊어지고 감정이 안정되며 정신을 더 높은 경지로 끌어올리는 효과가 있음을 밝혀냈다.

자연향을 맡으며 우리의 영혼과 식물의 영혼이 만나게 되는데, 식물들도 감정과 의식세계를 가지고 있다는 것이 과학에 의해 밝혀지고 있다. 우리의 정신세계를 개발시키는 데 중요한 역할을 하는 명상에서도 향기를 빼놓을 수 없다. 명상에 적합한 향은 사람에 따라 다르고, 미치는 효과 또한 사람에 따라 다를 수 있다.

영혼을 연구해온 많은 학자들은 우리 몸을 영혼의 세계에서 볼 때 다른 차원의 기준으로 나눌 수 있다고 믿는다. 인도의 아유르베다 의학에서는 일정한 신체 부위에서 생성되는 에너지 센터를 차크라라고 부른다. 우리의 육신은 7개의 에너지 센터로 나뉘는데, 이 센터는 척추를 중심으로 활력 에너지가 분포되어 있어 분비샘, 감정, 영혼의 부분을 관장하는 역할을 한다는 것이다. 이 모든 에너지 부위들이 잘 조화를 이루면 활력이 넘치는 건강한 생활을 할 수 있지만, 여러 가지 정신적, 신체적 장애로 균형이 깨지면 병이 발생한다.

차크라와 향

중동 지역의 종교에서 차크라 부위에 따라 영혼의 역할을 돕기 위해 사용해온 향을 분류해보면 다음과 같다.

- **암버** : '향의 대왕' 으로 불리며, 심장 부위에 영향을 주어 심장 질환과 영혼의 역할에 도움을 준다. 나무의 수지에서 추출하여 만든 오일로 향이 강하고 오래간다.
- **프랑킨센스** : 사람마다 다른 색과 빛을 발하는 후광을 정화하고, 깊고 이완된 호흡을 도와 의식세계를 넓히며, 명상을 깊고 완전하게 한다.
- **머스크** : 심장 장애, 성기능 장애, 활력저하에 사용하며, 최음 효과가 강하다.
- **몰약** : 안정 및 정화 작용이 있어 명상에 많이 사용한다.
- **로즈** : '향의 여왕' 으로 불리며, 육체, 정신, 그리고 아유르베다에서 말하는 또 다른 정신세계인 아스트랄과 에테릭에 해당하는 모든 부위를 정화하고 의식세계를 높은 경지로 이끈다. 심장을 위한 향으로 4번째 차크라를 만들어 사랑, 열정, 우정 등을 생겨나게 한다.
- **샌들우드** : 거친 감정과 이기심을 조절하고 3번째 차크라의 기능을 촉진한다. 1번째와 7번째 차크라에도 자극을 준다.

에센셜오일은 개인에 따라 차이를 나타낼 수 있으므로 직접 혼합하여 자신의 파장에 맞는 오일을 만들어 사용한다. 직감에 의존하여 만들 수도 있다.

오일을 각 차크라 부위에 시계방향으로 둥글게 마사지하면서 그 부위에 집중하고 상상과 영상화를 시도한다. 꽃봉오리가 활짝 열리면서 거기서 에너지가 쏟아져 나오는 상상과, 사방으로 그 에너지가 퍼지면서 각 장기와 기관으로 전파되는 영상을 떠올린다. 매주 한 차례씩 번갈아가며 시도한다.

| 차크라와 연관된 에센셜오일 |

- 제1차크라 (뿌리 차크라)

척추의 맨 아래 부위인 항문과 생식기 사이에 위치한다. 신장, 다리, 발, 생식기, 항문, 척추, 신경, 피부 등을 지배한다. 살고자 하는 의지, 생존의 에너지, 땅 끝에 해당한다.

- 시나몬, 클로브, 너트메그, 블랙페퍼, 샌들우드

- 제2차크라 (천골 차크라)

배꼽 밑의 아랫배 부위로 성적 본능, 생식을 관장한다. 또, 난소, 고환, 자궁, 생리 기관, 복부, 골반, 요추를 관장한다.

- 인삼, 머스크, 샌들우드, 일랑일랑

- 제3차크라 (태양 차크라)

어깻죽지 아래 위장 부위에 위치한다. 거친 감정, 이기심 등을 관장한다. 또, 간, 쓸개, 위, 장, 교감신경계, 내장 기관, 췌장, 횡격막을 관장한다. 이 부위의 기능 장애로 각종 암, 소화 장애, 피부병 등이 나타난다.

- 인삼, 레몬, 로즈마리, 클라리세이지, 타임

- 제4차크라 (심장 차크라)

심장 부위 뒤의 척추에 해당한다. 사랑, 열정, 우정, 단체 의식, 즐거움 등에 관여하고 심장, 혈액순환, 폐 아랫부위, 가슴, 면역 기관 등을 관장한다.

- 네롤리, 페티그래인, 로즈, 로즈우드

| 차크라와 색상

- 제5차크라 (목 차크라)

인후 기저 부위에 위치하고, 창조성, 비전, 환상, 교류, 표현 등에 관여한다. 마음과 감정을 연결하는 센터로 성대 부위, 호흡기, 소화기, 인후, 팔, 손, 갑상선, 부갑상선 등을 관장한다.

- 베르가모트, 프랑킨센스, 제라늄, 재스민

- 제6차크라 (눈썹 차크라)

양쪽 눈썹 중앙에 위치하고, 직감, 지성, 선견지명, 지혜, 현명함에 관여한다. 편견이나 감정 없이 직시할 수 있는 '제3의 눈'이 위치한 곳으로 이마, 귀, 눈, 코, 뇌하수체, 신경 계통을 관장한다.

- 카주푸트, 시더우드, 유칼립투스, 주니퍼베리, 페퍼민트

- 제7차크라 (왕관 차크라)

머리의 꼭대기에 위치하고, 모든 혼이 모여 있는 체내 에너지의 총본부로 인성과 신성의 연결 부위다. 신의 사랑과 인간의 의지를 조화시키는 곳이며, 뇌, 중추신경, 대뇌피질, 송과선 등을 관장한다.

- 앰버, 캐모마일, 라벤더, 몰약, 로즈

차크라	색 상	보 색
뿌리 차크라		
천골 차크라		
태양 차크라		
심장 차크라		
목 차크라		
눈썹 차크라		
왕관 차크라		
차크라	자홍색 또는 흰색	연두색 또는 흰색

에센셜오일과 점성술

우리나라에는 비교적 생소하지만 서양과 아랍 문화권에는 별자리를 이용하여 건강과 행불행을 점치는 점성술이 일반화되어 있다. 점성술로 풀어본 개인의 상태와 아로마요법으로 건강을 다스리는 방법을 소개한다. 점성가는 각 식물, 꽃, 나무 등을 색채와 향기, 자라나는 위치에 따라 특정한 별과 연관하여 생각한다. 중세기부터 각 에센셜오일의 향이 지정된 별자리가 있었다고 한다. 여기에서는 공기, 불, 물, 땅의 네 가지 기본 요소로 나누는데, 만약 공기에 해당되면 자신이 가볍고 공중에 떠 있으며 비현실적이라는 느낌을 갖게 될 것이다. 이때 땅기운의 향을 맡으면 훨씬 균형 잡힌 자신을 발견할 수 있다.

공기 · 불 · 물 · 땅으로 나눈 성격과 에센셜오일

– 불기운이 부족할 때

자존심이 약하고 열정이 부족하다. 도전을 기피하고 생활의 기쁨을 모르며 자발성이 약한 상태다.

- 시나몬, 몰약, 네롤리, 오렌지

– 불기운이 너무 많을 때

과잉활동, 안절부절, 충동성, 부주의 등이 나타난다.

- 캐모마일, 펜넬, 재스민, 머틀

| 행성과 에센셜오일 |

행성	아로마 오일
태 양	벤조인, 베르가모트, 프랑킨센스, 몰약, 네롤리, 오렌지, 패출리, 로즈마리, 탄제린
달	캐모마일
화 성	바질, 코리앤더, 마늘, 양파, 블랙페퍼, 클라리세이지
금 성	제라늄, 은방울꽃, 네롤리, 로즈, 타임, 일랑일랑
수 성	캐롯시드, 클라리세이지, 펜넬, 라벤더, 마조람
토 성	캠퍼, 사이프러스, 유칼립투스, 프랑킨센스, 파인
목 성	아니스, 클로브, 코리앤더, 재스민, 주니퍼베리, 멜리사, 클라리세이지
천왕성	시더우드, 샌들우드

| 별자리와 에센셜오일 |

별자리	오일	별자리	오일
목양좌	진저, 로즈마리	천칭좌	네롤리, 로즈, 타임, 일랑일랑
황소좌	마조람, 타임	전갈좌	바질, 코리앤더, 마늘, 타라곤
쌍둥이좌	클라리세이지, 버베나	궁수좌	시더우드, 멜리사, 클라리세이지
게좌	히솝, 재스민, 멜리사	염소좌	사이프러스, 파인
사자좌	캐모마일, 오렌지	물병좌	프랑킨센스, 미틀
처녀좌	펜넬, 라벤더, 페퍼민트	물고기좌	클로브, 시나몬, 샌들우드

– 물기운이 부족할 때

감정이나 느낌이 부족한 상태로 남의 감정을 잘 느끼지 못하고 자신의 직감도 믿지 못한다. 모든 것을 합리화하는 경향이 보인다.

- 캐모마일, 펜넬, 재스민, 머틀

– 물기운이 너무 많을 때

감정적으로, 일상생활을 극복하기 어렵고 도전을 기피한다. 반면에 사랑, 자비, 예민함 등은 극도로 발달된다.

- 시나몬, 몰약, 네롤리, 오렌지

– 땅기운이 부족할 때

비현실적으로, 돈, 집, 일, 가족 등에 무관심, 책임 회피, 무한정한 창조성, 상상력, 정신세계 몰입 등이 강하다.

- 바질, 시더우드, 머스크, 패출리, 샌들우드

– 땅기운이 너무 많을 때

상상력과 비전이 부족하고 참을성이 없으며 생활이 무미건조하다.

- 베르가모트, 그레이프프루트(자몽), 라벤더, 민트, 오렌지

– 공기기운이 부족할 때

극단적으로 물질주의적이며, 행동이 앞서고 새로운 것과 기대하지 않은 것에는 무관심하다.

• 베르가모트, 그레이프프루트, 라벤더, 민트, 오렌지

– 공기기운이 너무 많을 때

너무 많이 생각하고 계획하는 경향이 있다. 자발성이 없고 현실성이 부족하며, 꿈이 많고 과잉으로 민감하며, 일을 멀리하지 못하고 창조성, 조직성, 사교성이 강하다.

• 바질, 시더우드, 머스크, 패출리, 샌들우드

한의학과 아로마요법

한의학의 오행설은 우주 만물을 몇 가지 기본 물질로 나누고 이에 고유한 성질을 부여한 것이다. 이 성질은 물질이 아니라 존재로서 이해되며, 수, 금, 화, 목, 토로 대표되는 다섯 가지 본질적인 자연 현상으로 분류한다. 오행설은 생물학적 성장발달의 연중 순환성과 결부되어 있는데, 목은 봄이요, 화는 여름이요, 금은 가을이요, 수는 겨울이며, 토는 늦여름에 해당한다. 또, 자연과 나의 존재는 균형적이고 상호의존적이라는 시각을 갖고 있다.

한의학은 자연 환경과 인간의 병리학, 생리학 사이의 관계를 해석하고 인간의 감정, 몸의 기관, 조직을 자연과 결부하여 분류한다. 예를 들면 달콤한 향은 비장(지라), 췌장(이자)의 기능을 회복시키고 심장을 진정시킨다. 특히 벤조인, 일랑일랑 같은 레진과 꽃의 향이 이에 해당한다. 한의학에서 비장,

| 오행과 에센셜오일 |

구성요소	작용	증상	오일
木	성장력, 활동력, 창조력	분노, 좌절, 엄격	제라늄, 팔마로사, 로즈우드, 바질, 그레이프프루트
火	최고조의 활동력, 즐거움, 민감성, 명랑, 활달, 외향성	열정 부족, 우울증, 즐거움이 없고 쌀쌀하고 냉담함	샌들우드, 오렌지, 베르가모트, 일랑일랑, 아틀라스 시더우드
土	균형, 중심, 이상적인 명상	산만한 사고, 자아의식 부족, 완전히 지침	베르가모트, 패출리, 샌들우드, 베티베르, 아틀라스 시더우드
金	순결, 정돈, 슬픔 전이, 과거 회상, 외면을 사랑함	호흡기 질환, 갑자기 깊은 시름, 근원을 알 수 없는 슬픔	라벤더, 레몬, 유칼립투스
水	휴식, 평온함, 의지와 실천	불면증, 공포, 끊임없이 나른함	라벤더, 캐모마일, 클라리세이지, 페티그래인, 아틀라스 시더우드

췌장은 양의 에너지가 부족한 것으로 기력쇄잔, 수족냉증, 식욕부진, 복부팽만감을 관련되어 있다고 해석한다. 유칼립투스나 파인과 같이 자극적인 향은 침투적이고 분산적이어서 폐의 기를 활성화하고 점액을 제거한다. 생강, 코리앤더의 향은 내부 장기에 골고루 따뜻하고 활력적으로 퍼져나가 혈액순환을 촉진하고 기분을 고양시킨다. 레몬, 자몽의 향은 톡 쏘면서 시큼해서 간담계를 자극하며 상쾌하고 신선한 기분을 느끼게 한다. 주니퍼베리, 저먼캐모마일은 그 향이 쓰고, 간, 신장, 심장의 기를 자극하여 움직이고 옮기고 제거하는 작용을 한다.

한의학에서는 차고 습한 기운이 호흡기와 비뇨기에 장애를 일으킨다고 보는데, 이때는 유칼립투스, 티트리, 클라리세이지 향으로 치료한다. 주로 하향에 속하는 아로마 에센셜오일들은 땅기운土氣에 해당한다고 볼 수 있다. 또, 비장에 양 에너지가 부족하면 걱정, 근심이 생기는데, 이때는 진정 작용을 하는 오일로 치료한다.

한의학에서 양기가 부족하다는 진단이 나오면 흔히 한기를 느끼며, 피곤하고 의욕이 없으며 스태미나가 부족하고, 자신감이 없고 허리에 통증이 느껴지며 소변의 색이 창백해지는 등의 증상이 나타나는데, 이는 신장의 기능이 나쁘기 때문이다. 설진과 맥진을 해보면 양 에너지가 부족한 증상으로 혀가 창백해 보인다. 이때는 로즈마리, 생강, 타임 등을 사용하는데, 이들 오일은 양 기운을 높여 혈액순환을 촉진하고 소화 기관을 자극한다.

반대로 양 에너지가 넘칠 때는 지나치게 왕성한 활동력과 불면증, 감성적인 스트레스가 생기는 증상이 나타난다. 시진과 설진을 해보면 열에 민감하고 갈증을 느끼며, 몸이 붓고 혀에 노란 태가 끼어 있다. 이때는 저먼캐모마일이나 멜리사를 쓰면 위나 간, 심장의 열이 자고 위염이 줄며 심장두근거림이 없어진다.

음기가 부족하여 열이 나고 갈증이 심하며 부산한 증세를 보일 때 혀를 보면 빨갛게 충혈이 되어 있고 발과 손이 차갑다. 이때는 로즈와 제라늄 오일을 써서 심장을 가라앉히고 폐의 음 기운을 강하게 해준다. 로즈마리로는 양 에너지를 강화한다.

에센셜오일과 생활

몇몇 에센셜오일은 부엌에서 사용하는 양념 이름과 같은데, 순수한 천연 에센셜오일은 고도로 농축된 양념으로 쓸 수 있다. 단, 주의할 점은 극소량을 사용하며 조리 후에 첨가해야 향이 증발하지 않는다는 것이다. 4인분에 1~2방울 정도면 충분하다.

가정에서 에센셜오일 이용법

- **빨래** : 라벤더 2방울을 떨어뜨린다.
- **설거지** : 레몬 즙을 떨어뜨린다. 항균 및 소독 작용이 있다.
- **청소** : 레몬, 라벤더, 페퍼민트
- **다림질** : 천에 뿌린 후 다림질한다. 향이 강하고 서서히 증발하는 암버, 시더우드, 제라늄, 재스민, 라벤더, 로즈, 샌들우드, 일랑일랑 등을 사용한다. 물 1L에 희석한 시더우드 20방울도 아주 효과적이다. 셔츠, 속내의에 상쾌한 느낌을 준다.
- **사우나** : 유칼립투스, 페퍼, 세이지, 타임, 시더우드, 파인, 레몬 등을 사용한다. 항균 효과가 강하고 감기 등의 전염을 막는다.
- **모기, 나방, 파리가 있는 실내** : 바질, 시더우드, 시트로넬라, 클로브, 사이프러스, 유칼립투스, 제라늄, 레몬그라스, 멜리사, 페퍼민트 등을 향로에 사용한다.
- **쥐가 있는 지하실** : 물 1L에 유칼립투스 5방울을 혼합하여 뿌리면 쥐가 사라진다.

| 요리에 쓰는 에센셜오일 |

- **이태리 요리** : 바질, 마늘, 마조람, 오레가노, 클리세이지, 타임을 식물성 오일에 희석
- **마요네즈** : 마늘
- **샐러드 드레싱** : 바질, 마늘, 파슬리, 레몬, 페퍼민트
- **샐러드 오일** : 마늘, 바질, 로즈마리
- **케이크** : 레몬, 오렌지, 바닐라를 벌꿀에 희석
- **디저트** : 그레이프프루트, 오렌지, 탄제린, 바닐라
- **소스** : 바질, 마조람, 세이지를 식물성 오일에 희석
- **골드 드링크** : 베르가모트, 레몬, 오렌지, 탄제린
- **차** : 베르가모트, 펜넬, 재스민, 페퍼민트, 로즈, 클라리세이지 등을 차에 혼합
- **벌꿀 음료** : 라벤더, 오렌지, 멜리사, 탄제린을 녹인 벌꿀에 혼합

사용에 주의해야 하는 에센셜오일

피부 자극에 주의해야 하는 오일

특히 민감한 피부에 조심해야 하는 오일은 바질, 카주푸트, 캠퍼, 캐러웨이, 카르다몸, 클로브, 코리앤더, 유칼립투스, 레몬, 레몬그라스, 멜리사, 너트메그, 블랙페퍼, 페퍼민트, 클라리세이지, 타임, 버베나 등이다.

또, 베르가모트나 오렌지 같은 감귤류 오일은 버갑텐이라는 성분 때문에 바르고 곧바로 햇빛에 노출되면 감광 독성을 일으키므로 6시간 이내에 강한 햇빛에 나가지 않도록 주의한다.

임신 중에 피해야 하는 오일

바질, 캠퍼, 캐러웨이, 캐롯시드, 시더우드, 클로브, 히솝, 프랑킨센스, 주니퍼베리, 마조람, 몰약, 너트메그, 오레가노, 페퍼민트, 로즈마리, 클라리세이지 등은 임신 중에 사용을 피해야 한다. 고농도로 마사지하거나 목욕하면 유산의 위험이 있다. 특히 임신 첫 3개월에 주의를 요한다.

고혈압이 있을 때 주의해야 하는 오일

히솝, 로즈마리, 세이지, 타임 등. 목욕, 마사지에 소량으로만 사용한다.

10방울 이상 내복했을 때 독성을 나타내는 오일

아니스, 캠퍼, 시더우드, 시나몬, 클로브, 펜넬, 히솝, 레몬, 너트메그, 오레가노, 페니로열, 파인, 세이지 등. 한 번에 10방울 이상을 내복해서는 안 된다.

간질이 있을 때 주의해야 하는 오일

간질의 경향이 있는 사람은 마사지, 목욕, 흡입 시 아주 소량으로만 사용해야 한다. 특히 히솝, 펜넬, 세이지, 로즈마리 등을 조심한다.

동종요법과 아로마요법

일반적으로 동종요법과 아로마요법은 같이 시행하지 말아야 한다. 특히 캠퍼, 페퍼민트는 동종요법 치료를 방해할 수 있다. 그러나 목욕, 향로, 피부미용 등은 동종요법 치료를 크게 방해하지 않는다.

음악요법

음악요법 music therapy 은 음악활동을 통해 신체와 정신의 기능을 향상하고 개선시켜 스트레스를 해소하며, 더 나아가 바람직한 삶의 질을 추구하도록 도와주는 요법이다. 음악요법은 정신 질환에서부터 발달 장애, 노인 질환에 이르는 폭넓은 치료 영역에 쓰이며, 대상 환자의 연령층도 어린아이에서 노인까지 다양하다.

이미 고대 그리스, 로마시대부터 연극이나 음악을 통해 긴장을 해소시키고 카타르시스를 경험하게 한 역사가 있다. 현대에 와서는 보다 전문화되고 분화된 음악요법으로 발달하였으며, 음악치료사가 시행하는 수동적 음악치료와 창조적으로 연주를 하는 등 스스로 시행하는 적극적 음악요법이 있다.

음악치료의 효과를 볼 수 있는 음악 감상법을 소개하자면, 우선 자신의 스트레스 상태나 감정 상태를 정리하는 데 도움을 주는 음악을 선택하는 것이

| 정서 상태와 클래식 음악 |

- 마음 진정과 명상을 위한 음악

헨델의 라르고, 바하의 토카타와 푸가, 차이코프스키의 안단테 칸타빌레

- 전신 이완과 스트레스 탈출을 위한 음악

쇼팽의 야상곡, 바그너의 저녁별의 노래, 드뷔시의 아라베스크 1번, 비발디의 오보에 콘체르토

- 용기와 힘을 주는 음악

베토벤의 피아노 콘체르토 5번, 브람스의 교향곡 2번, 라흐마니노프의 콘체르토 엘레기아크

- 무기력과 따분함에서 벗어나기 위한 음악

리스트의 헝가리 랩소디, 림스키코르사코프의 세헤라자데, 비제의 카르멘, 하이든의 트럼펫 콘체르토

- 우울, 불안, 슬픈 감정에서 벗어나기 위한 음악

하이든의 플루트 콰르텟, 멘델스존의 피아노 콘체르토, 차이코프스키의 피아노 콘체르토 1번, 라흐마니노프의 피아노 콘체르토 2번, 생상스의 교향곡 3번

- 기분이 들뜨고 흥분해 있을 때 듣는 음악

바하의 G선상의 아리아, 베토벤의 교향곡 6번, 비발디의 사계 중 플루트 콘체르토, 로드리고의 아랑후에즈 콘체르토, 모차르트의 플루트와 하프를 위한 콘체르토

- 분노를 가라앉히기 위한 음악

바하의 두 대의 피아노를 위한 콘체르토, 보케리니의 기타 퀸테트, 모차르트의 바이올린과 피아노를 위한 소나타, 헨델의 하프 콘체르토

매우 중요하다. 자신의 마음 상태와 일치하는 음악을 감상함으로써 서서히 감정의 변화를 유도하는 동질성의 원리를 이용한다. 노래를 같이 부르거나 악기를 연주하고 몸을 움직여 율동을 가미하는 것들도 얼마든지 가능하다. 음악을 선택할 때는 멜로디를 고려해야 하는데, 예를 들면 늘 긴장하고 있는 사람에게는 저음의 음악으로 긴장을 이완시켜주고, 너무 늘어진 사람에게는 고음의 음악으로 삶의 활력을 되찾아준다. 다음으로는 음의 강도가 중요하다. 예를 들면 부드러운 음악은 친밀감을 가져다주며, 허약하고 소극적인 사람에게는 안전한 분위기를 조성시켜 위압과 강요에서 벗어날 수 있도록 도와준다. 강약의 변화, 음색, 화음, 리듬 등도 중요하다. 예를 들면 활력을 주고 신체활동을 촉진시키는 리드미컬한 음악은 듣는 이의 기분을 끌어올리고 운동활동과 근육 운동을 강화시켜준다.

실제로 자연에는 'f분의 1 리듬' 이라는 것이 있다. 잔잔한 바다의 파도소리, 피부에 스치는 산들바람, 별의 반짝임 같은 대자연의 자극은 평온함과 안정감을 준다. 그러나 폭포소리, 천둥, 지진, 폭풍우 같은 자연 현상은 일정한 궤도에서 벗어난 자극으로, 여기에는 f분의 1 리듬이 없고, 감각적으로는 불안, 공포, 위험을 느끼게 한다.

f분의 1 리듬은 뇌의 α파와 일치한다. f분의 1 리듬의 자극에 뇌가 f분의 1 리듬이 되고, α파가 발산하여 정신 기능이 활발해지고 의식이 명쾌해지고 가벼워지면서 주의력이 높아져 전체를 통찰할 수 있는 상태, 즉 생명력과 활력, 정신력이 최선인 상태가 조성되는 것이다.

마음을 편안하게 해주는 음악으로 보통 클래식 명곡을 꼽는데, 그 이유는 클래식 명곡이 바로 f분의 1 리듬을 가지고 있기 때문이다.

차요법

차요법 tea therapy 은 차를 마심으로써 스트레스를 해소하고 질병을 예방하는 방법으로, 서양에서는 이미 로마시대에 시작되었고 동양에서도 중국, 일본, 우리나라 등에서 널리 이용되어왔다. 특히 재스민, 로즈마리 등의 허브 차들이 문화권마다 그 전통을 이어왔다. 세이지, 타임(백리향), 펜넬(회향풀), 남유럽산 향쑥의 일종인 서던우드, 백합의 일종인 차이브 등도 널리 알려졌으나, 현대의학이 발전하면서 더 이상 치료적 차원에서 그 중요성과 장점이 부각

되지 못하고 관심을 끌지 못하게 되었다. 그러나 아직도 곳곳에서 전통적인 대체요법으로 계승되어 단순하고 간편하며 해가 없는 약초로 만든 차를 복용하고 있다.

현재 1년에 수백만 톤의 말린 차 원료들이 거래되고 있을 정도로 차를 선호하는 사람들이 많아졌다. 차의 종류에 따라 한 번 맛을 보면 그 향을 잊을 수 없는 차도 있으며, 또 마시면 불편한 증상이 사라지게 하는 차도 있다. 활력을 되찾아주고 정신을 고양하는 효과가 있는가 하면, 통증을 완화하고 편안하게 잠을 잘 수 있도록 도와주며, 피부를 깨끗하게 하고 소화력을 증가시키는 차도 있다.

그러나 차가 항상 좋은 점만 가지고 있는 것은 아니다. 차가 지니고 있는 자극 성분은 알칼리성으로 카페인과 유사하며 커피처럼 중독성이 있다. 차는 오래 끓일수록 타닌 성분이 강해지는데, 타닌은 위의 점막에 달라붙어 위의 중요한 분비를 방해하여 소화에 좋지 않다.

중국인, 인디언, 유럽인들은 그들만의 다도와 차에 대한 지식을 발전시켜 왔다. 예를 들어 라즈베리 잎 차는 임신부가 출산 몇 주 전부터 복용하면 출산의 통증과 기간이 훨씬 줄어드는 효과가 있다. 차는 마시는 것 외에도 찜질약으로 붙이는 것, 피부에 문질러 바르는 것, 눈에 넣어 씻어내는 것, 목욕, 뜸 등 다양한 방법으로 이용된다.

가장 좋은 것은 자신의 정원이나 밭에서 직접 재배하여 공기가 잘 통하는 곳에서 말려 사용하는 것이다. 수확한 것을 모아 유리병이나 냉동실에 보관하거나 용액으로 만들어 보관하는 것도 좋다.

차요법을 처음 시도하는 경우에는 적은 양으로 마셔보고 그 사용 방법과 지시를 잘 따라야 한다. 특별한 경우가 아니라면 대부분 물 1컵을 끓여 차 1스푼을 넣고 1~2분 우려낸 뒤 필터로 걸러 마신다.

제라늄(양아욱)

차요법의 효능

즐거움과 기쁨을 주는 차

- 재스민, 제라늄, 로즈 : 즐거움을 준다.
- 캐러웨이, 로즈힙, 자라난화 : 기쁨을 준다.
- 라벤더 : 안정감을 준다.
- 오렌지 꽃 : 잠이 잘 오게 한다.

- 아니스 열매 : 약용, 향료로 쓴다.
- 라임 : 나른한 즐거움을 준다.
- 나도고수 : 향료로 쓴다.

라임

피를 맑게 하고 식욕을 조절하며 피로를 풀어주는 차
- 우엉, 펜넬, 짚신나물
- 용담과의 초본, 검은딸기 잎, 옥수수수염
- 갈퀴덩굴
- 자작나무 잎 : 비타민 C와 미네랄이 풍부하다.
- 마테 : 포만감을 주어 체중 조절에 도움이 된다.

우엉

위통을 없애주는 차
- 캐러웨이, 나도고수, 펜넬
- 아니스, 민트류, 커민, 안젤리카, 딱총나무
- 히스, 링 : 배에서 꼬르륵 소리가 나고, 갑자기 배가 아플 때 도움이 된다. 향기가 좋다.
- 생강 : 구충제로 쓴다. 식후 1컵 정도 마시면 좋다. 입 안에서 서서히 녹인다.
- 민트 : 특유의 향이 나며, 특히 여성에게 좋다.
- 캐모마일 : 입 냄새 제거, 속 쓰린 데 좋다.
- 센나 잎 : 복통에 좋다.
- 코리앤더 : 복통에 좋다.

펜넬

심장과 정신을 보강하는 차
- 옥수수수염, 타임
- 멜리사, 산사나무, 질리 꽃
- 붉은 장미, 백합
- 유리지치나무 : 효과 빠른 강심제다. 우울 상태를 개선한다.
- 멜리사 : 아침마다 복용하면 정신이 맑아진다. 탈모를 막는다.

용담

피부를 아름답게 하는 차
- 치커리 꽃, 별꽃, 자작나무 잎
- 스커비 풀, 파슬리 잎, 히솝

- 할미꽃, 라임 꽃, 호밀 풀
- 산딸기, 쑥국화, 붓꽃
- 로즈마리, 노란양국, 세이지, 동백나무
- 로즈마리, 세이지, 동백나무, 캐모마일, 현삼 꽃은 로션이나 세면용 액으로도 사용한다.
- 쐐기풀 : 히스타민과 같은 성분이 함유되어 있다.
- 아이브라이트 : 눈의 염증을 치료하고, 눈을 맑게 한다.
- 민트 : 가려움증을 제거한다.
- 산딸기 : 수렴 작용과 피부의 공기구멍을 청소하는 작용을 한다.
- 갈퀴엉금 : 여드름을 치료한다.
- 서양 현호색과풀 : 찬물로 세수하면 효과가 있다.

민트(박하)

컴프리

통증을 없애주는 차

- 산딸기, 검은딸기 잎
- 아그리모니, 질경이, 캐모마일
- 정향나무 : 치통에 효과가 있다.
- 고추나물 : 로션처럼 외부 상처에 바르면 통증이 사라진다.
- 쐐기풀 : 화상으로 인한 통증을 치료한다.
- 화란국화 : 편두통을 치료한다.
- 호프 : 두통을 치료한다.
- 민들레 : 두통, 담낭의 통증을 없애준다.
- 컴프리 : 삔 데, 멍든 데를 치료한다.
- 아니카 : 피부 열창을 치료한다.

미나리

제비꽃

항균, 살균 효과가 있는 차

- 금련화, 고추풀
- 끈끈이주걱, 미나리
- 고추나물 : 살균 효과가 있다.
- 마늘 : 목감기, 입 안의 궤양을 치료한다.
- 제비꽃 : 입 안의 상처에 좋다. 양치질할 때 사용한다.
- 조팝나무 : 비뇨기, 소화기의 염증을 제거한다.
- 계피 : 감기를 치료한다.

민들레

- 민트, 세이지, 히숍, 펜넬, 타임 : 항생 효과가 있다.

땀이 나게 해 노폐물 제거 효과가 있는 차

- 마조라니, 멜리사, 우엉
- 독사지치, 페퍼민트
- 라임 꽃 : 땀 촉진, 감기 치료
- 톱풀 : 효과가 강력하므로 주의한다.

이뇨 효과가 있는 차

- 셀러리, 제라늄, 개밀
- 파슬리
- 월귤나무, 글라벨 뿌리
- 갈퀴덩굴 : 체내의 산과 알칼리의 균형을 돕는다.
- 민들레 : 소변 배설을 촉진한다.
- 부추 : 비뇨 기관의 거북한 증상을 제거한다.
- 옥수수수염 : 효과가 상당히 빠르다.
- 큰매화노루발 : 체내에 정체된 수분을 제거한다.

라벤더

감기, 기침에 좋은 차

- 베르가모트, 옥수수수염, 톱풀
- 머위, 캠퍼, 계피, 톨루발삼
- 해총, 야생 민트, 개구리밥나무
- 히숍, 라벤더
- 세이지 : 소염, 진통 효과가 있다.
- 타임 : 기관지의 염증을 제거한다.
- 펜넬 : 진통 효과가 있다.

캐모마일

해열에 좋은 차

- 유리지치나무, 히숍, 용담
- 아그리모니, 쐐기풀
- 화란국화 : 해열과 편두통 완화 효과가 있다. 유럽에서는 편두통 특효약으로 알려져 한때 샌드위치 등에 넣어 먹기도 했다.

샤프란

자작나무

짚신나물

코리앤더

찜질과 습포에 좋은 차

통증 완화를 목적으로 찜질, 습포에 사용하면 혈액순환을 증가시키고 핏줄을 이완하며, 피부를 따뜻하게 하고 피부 말초신경을 풀어준다.

- 휘틀로 풀, 제라늄, 고추, 마조라니
- 갈퀴덩굴, 현삼, 로즈마리
- 소나무
- 현삼 꽃 : 큰 근육이 뭉치는 장딴지 통증에 찜질하면 좋다.
- 노란양국 : 수면을 유도한다.
- 바위앵도나무 : 크림용. 통증을 제거한다.
- 질경이 차 : 치아 농양 등 구강 치료에 좋다.
- 아니카 : 삐고 멍든 데 좋다.
- 컴프리 : 멍든 데 좋다.

간장을 보호하고 해독하는 차

- 메그워트, 쑥국화, 야생 민트
- 아그리모니, 애기똥풀, 쐐기풀
- 브룸, 보그빈, 바베리, 생크추어리
- 민들레 : 간장, 담낭의 기능을 보강하며, 가벼운 이뇨 작용, 해독 작용이 있다. 하제로 쓰이며, 칼슘, 철분, 마그네슘, 칼륨, 실리콘이 함유되어 있다.
- 센나 잎 : 변비를 치료한다.

수면을 돕는 차

- 라임 꽃, 귀리, 오렌지 꽃
- 백합, 노란구균앵초, 시계초
- 세이지
- 노란양국 : 가장 많이 쓰이는 정온제다. 수면을 유도한다.
- 골무꽃 : 강한 신경안정 효과가 있다.
- 발레리안 : 신경안정 효과가 있다.
- 노란개불알꽃 : 신경 질환, 히스테리에 효과가 있다.

활력 증강, 보양 및 강장 효과가 있는 차

- 세이지, 자작나무, 노란구륜앵초

- 앵초, 민트, 괭이밥
- 동백나무
- 쐐기풀 : 비타민이 풍부하며, 조혈 작용을 한다.
- 범꼬리 : 수렴제로 쓰인다.
- 마테 : 타닌 성분이 없다.

고추나물

외부 상처에 좋은 차

- 고추나물, 석잠풀, 카펜터 풀
- 민트, 스페어민트, 민트류, 멜리사
- 로즈마리, 라벤더, 펜넬
- 월계수, 민들레, 화란국화
- 아니스, 체르빌, 코리앤더
- 금누매 : 멍든 데, 날카로운 도구에 베인 데, 타박상 등에 좋다.
- 금잔화 : 칼로 베인 상처를 소독한다.
- 쐐기풀 : 화상을 치료한다.
- 운드워트 : 빠른 치료와 회복 효과가 있다.
- 세이지 : 양치질에 쓴다.

세이지

색채요법

색채치료

"하루 종일 빨간 양말을 신은 사람은 잘 때 발이 따뜻하고 검은 양말을 신은 사람은 발이 차다", "고혈압 환자가 파란색을 보면 혈압이 낮아진다", "핑크색 상자에서 꺼내 먹는 과자가 더 맛있다"는 말들에서 우리는 색채가 얼마나 우리의 건강과 밀접한 관계가 있는지 실감하게 된다.

최근 색채는 사회, 심리, 경영, 의학 분야에 적용되어 활발하게 발전하고 있다. 인터넷 사이트에 컬러와 관련된 섹션이 많이 등장하고 있는 것을 보아도 색채요법의 열기를 짐작할 수 있다. 이들은 모두 색이 어떻게 인간의 신체와 정신에 영향을 미치는가를 실증적으로 소개하고 있다.

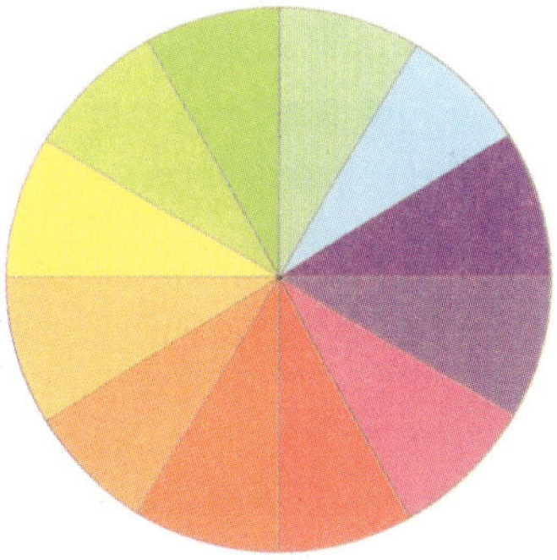
색상환 표

색채요법 color therapy 의 원리는 우리가 색채로부터 느끼는 단순한 심리적 영향을 넘어 색채를 일정한 파장을 지닌 에너지 또는 영양소로 간주하는 데서 출발한다. 즉, 빛과 열과 소리가 그 종류와 성질에 따라 각각 다르게 인체의 건강에 영향을 주는 것처럼 색채도 자신이 가지고 있는 고유한 파장과 진동수에 따라 하나의 에너지 형태로 사람과 동식물에게 영향을 준다. 이러한 사실은 계속 과학적으로 증명되고 있다.

유럽의 어느 학자는 몸의 한 부위에 영양 성분이 있는 물질을 주사하고 파란빛을 쪼여보니 그 부위가 이완되면서 물질의 흡수가 증가되었다는 사실을 밝혀낸 바 있다.

사무실을 온통 빨간색으로 칠하고 직원들의 행동을 관찰한 미국 대체의학자들의 실험도 재미있는 예다. 이 회사 직원들은 출근 후 첫 2시간 동안 평소의 2배에 달하는 작업 능률을 보였으나 3~4시간이 지나자 심각한 불안 증세를 나타내기 시작했다. 친하게 지내던 동료와 말다툼을 하고 심지어 몸싸움까지 벌이다 몹시 지쳐 귀가한 뒤 곧바로 곯아떨어졌다. 대체의학자들은 이들의 아드레날린선이 심각한 피로 상태에 있음을 확인하고, 앞의 행동을 보인 이유가 빨간색 일색의 사무실에서 장시간 일했기 때문이라는 결론을 내렸다. 또 다른 예로 결장암으로 고통을 겪는 환자의 방에 파란색으로 조명을 한 결과 30분 만에 고통이 상당한 수준으로 완화된 것을 들 수 있다.

이처럼 색채요법은 각각의 색조가 특유의 높고 낮은 진동을 방출하고 그 진동이 사람으로 하여금 편안함과 흥분, 따뜻함과 차가움 등의 변화를 느끼게 하는 원리로 각종 질병을 치료한다. 색채를 이용한 치료는 약물처럼 증상을 흐리게 하거나 위장하지 않고 오히려 새로운 생명력으로 재생시키고 재건시켜주는 자연치유에 해당한다고 할 수 있다.

색채치료에서는 붉은색, 노란색, 파란색, 녹색, 보라색 등 원색을 이용하거나 이들을 혼합하여 원하는 다른 색을 만들어 사용할 수 있다. 색채요법을 적용했을 때 인체가 반응하여 나타나는 결과는 매우 느리지만, 일단 치료 효과가 나타나면 오랫동안 지속된다는 장점이 있다.

색은 예로부터 인간의 환경에서 중요한 위치를 차지했다. 고대 그리스인은 성전에 색을 배치했고, 중국인은 얼굴이나 혓바닥의 색깔 변화를 살펴 병을 진단하는 데 이용했다.

색은 또한 영양제라 할 수 있다. 색이 가지고 있는 영양소는 20가지 이상이다. 옥수수처럼 노란색을 띠는 식품에는 비타민 A가, 시금치처럼 푸른색 식품에는 각종 미네랄이 풍부하게 들어 있다. 색은 또한 하나의 에너지원으로서 고유한 파장과 진동수를 가지고 인체에 파도처럼 신호를 보내고 영양소를 공급하며 역동적으로 사람의 심신 상태를 조화롭고 균형 있게 유지하고 복원시켜주는 작용을 한다.

색은 현대를 살아가는 우리들의 환경과 일상생활에 긴밀한 영향을 주고 있으며, 색채가 없는 세상은 상상할 수 없다. 따라서 자신도 모르게 각인된 색채 이미지가 어떤 것인지 밝혀내어 조정해주면 인테리어, 의상 코디네이션, 화장술, 환경 설계 등에서 한결 쾌적한 분위기를 연출할 수 있다.

현재 실험적으로 연구개발 단계에 있는 색채치료의 종류와 방법은 다음과 같다.

빛의 성질과 치료 효과

색을 이해하기 위해서는 빛의 성질과 그 치료 효과에 대해 먼저 알아볼 필요가 있다. 1927년 미국 펜실베이니아 발드윈 박사의 연구 보고서에 의하면 우리 몸의 각 구성 요소들은 독특한 파장의 색을 가지고 있다고 한다. 수소의 가장 두드러진 색은 붉은색이고 산소는 파란색이며, 또 우리 몸에 햇빛이 들어오면 프리즘의 색깔로 갈라진다고 했다. 이 보고서에 따르면 스펙트럼의 붉은색 쪽으로 갈수록 더 자극적이며, 파란색 쪽으로 갈수록 더 안정적이며 정적이었다. 소리의 파장이 각각 음을 맞추어 서로 화음을 이루듯 색채의 파장도 서로 색을 이루어 어떤 결과를 만든다. 발드윈 박사는 약 6년여에 걸쳐 색채가 인체의 기능을 복원시키는 데 어떤 작용을 하는지 연구하였다. 그는 색채를 이용하면 그 어떤 의학적 치료보다 쉽고 단순하면서 빠르게 치료할 수 있다고 생각하고, 심장병, 천식, 알레르기, 폐렴, 눈의 염증, 녹내장, 백내장, 멍든 데, 그리고 수술 후의 회복에 색채치료의 효과를 실험해보았다. 한 예로 목

| 색채와 특정 장기의 관계 |

색	장기	색	장기
붉은색	간	레몬색	췌장, 흉선
심홍색	신장, 전립선	초록색	뇌하수체
주홍색	고환, 난소	파란색	송과선
오렌지색	갑상선, 젖샘	남색	부갑상선
노란색	눈의 맥락막	보라색	지라

뒤에 생긴 종기를 색채치료로 10일 동안 꾸준히 치료하였더니 통증이 훨씬 줄어들었고 치유된 뒤에도 흔적이 거의 없었다고 한다.

색채치료는 화상에 대해서도 효과를 보였다. 화상은 스펙트럼의 붉은색이 파괴적인 영향을 미친 것이므로, 산소에 해당하는 스펙트럼의 파란색을 화상에 쏘여주면 통증이 해소되고 조직이 빠르게 원상 복귀되어 치료 과정이 상당히 단축되는 것으로 보인다. 한 예로 8세 어린이가 심한 화상으로 수액 치료에도 불구하고 48시간 동안 소변을 보지 못하였는데, 주홍색을 신장 부위에서 약 50cm 떨어진 곳에 20분 정도 비추었더니 2시간 후 아이가 비로소 소변을 보게 되었다.

정신 질환과 색채요법

정신 질환에 사용한 색채요법의 예를 들어보자. 36세 주부가 수년간 깊은 우울증에 빠져 항우울제를 오랫동안 복용해왔다. 그러나 약물의 부작용만 보일 뿐 뚜렷한 회복의 기미가 없었다. 그야말로 회색빛 나날을 보내고 있었던 셈이다. 이 환자에게 하루 1~2시간씩 노란색과 초록색을 번갈아가면서 얼굴과 앞가슴 부위에 쏘여주고 물도 노란색 컵에 마시게 하였다. 삶의 의미를 잃고 주부로서의 기능을 상실했던 환자가 얼마 지나지 않아 표정이 밝아지면서 말을 하기 시작하고 행동이 빨라지더니 급기야는 집 안팎의 일에 관심과 의욕을 보였다. 이것은 색채가 환자의 생리 기능과 뇌의 대사 과정에 영향을 주면서 나타나기 시작한 치료 결과다.

무엇보다도 색채치료의 원리를 이해하는 데는 햇빛의 색에 대해 알아보는 것이 도움이 될 것이다. 빛과 색과 에너지를 제공해주는 햇빛은 삼각형의 유리로 그 빛을 쉽게 분석할 수 있는데, 검은색은 색이 없는 것이며 하얀색은 모든 색이 다 합쳐져 있는 것이다. 이러한 햇빛이 우리 몸에 많은 영향을 주고 있는 것이 바로 색채요법의 대표적인 예라 할 수 있다. 즉, 햇빛은 세포의 기능을 촉진시키고 땀샘의 배출은 물론 피의 흐름을 촉진시킨다. 햇빛을 보지 못하면 창백해지고 시들해지는 반면, 너무 오래 햇빛에 노출되면 열사병, 화상 등의 위험이 있다. 특히 자외선에 과다 노출되는 경우에는 피부의 표피가 응고되고 각질화되어 암을 일으키기도 한다.

우리들은 색채를 이용하여 심리적 안정을 얻는 것뿐 아니라 병적 증상까지 치유할 수 있는 시대에 살고 있다.

색채의 심리적 영향과 응용

색채가 가지고 있는 에너지는 일종의 전기자장파에 속하며, 이러한 전기자장파는 근육과 정신은 물론 신경 활동에 영향을 미친다. 예를 들어 사람에게 어떤 색을 5분 정도 비춰주면 근육 활동은 물론 정신 활동까지도 변하는데, 우울한 기분을 높여주고 들뜬 기분은 가라앉혀주는 색채의 효과를 실험적으로 경험할 수 있다.

암버 박사는 비만증과 체중 미달의 원인이 붉은색과 파란색의 부조화에 있다고 하였다. 비만증은 파란색이 너무 많아서, 체중 미달은 붉은색이 너무 많아서 생긴다는 것이다. 따라서 비만증에는 붉은색 식품을 섭취하는 것이 좋고, 체중 미달에는 파란색 식품을 섭취하는 것이 좋다.

색채요법은 병원, 일상생활, 그리고 산업과 마케팅 분야에서 활발하게 응용되고 있다. 병원에서 환자의 회복을 빠르게 하고, 학교에서 학생들의 집중력을 돕고 눈의 피로를 덜어주며, 호텔 등에서 손님들이 편안함과 친근함을 느끼게 해주는 것 등이 여러 분야에서 활용되는 색채의 심리적 효과들이다.

갈색은 격의 없음을 나타내는 색으로 사람을 자주 상대해야 하는 기자, 상담원, 보험 모집인, 방문 판매원 등에게 좋다. 신호등의 일단정지 신호로 사용하는 노란색이 상품 판매에서 잠재적 구매자들에게 좋은 이미지를 준다는 연구논문도 있다. 실제로 영국에는 사람들이 자살을 많이 시도하는 다리가 있었는데, 이 검정색 '자살 다리'를 녹색으로 다시 칠하고 난 뒤부터 자살률이 급격히 감소되었다고 한다.

색채가 건강에 미치는 영향

가디알리 박사의 분사광치료는 색채치료의 임상적 응용으로 볼 수 있는데, 그 원리는 어떤 특정 색이 신체의 특정 장기에 영향을 준다는 것이다.

브런너 박사는 당뇨 환자의 간장 부위에 노란색과 오렌지색을 비춘 후 인슐린을 145unit 써야 했던 환자에서 25unit로 낮추었다고 보고한 바 있다.

컬러 TV는 방사선을 방출하고 벽에 반사되어 해를 주는데, 어린아이의 경우 TV를 보다가 행동과다증 등이 나타나기도 한다. 심지어 TV를 낮은 볼트의 X-레이 기계라고까지 이야기하는 학자도 있다.

그 밖에 수많은 실험적, 임상적 색채치료를 통해 밝혀진 중요한 사실 중

| 색채의 파장 |

A.U.(암스트롱 유니트)

색	파장	색	파장
붉은색	6,000~67,000A.U.	초록색	5,000~5,500A.U.
오렌지색	5,900~6,000A.U.	파란색	4,700~65,000A.U.
노란색	5,800~5,900A.U.	보라색	4,300~46,000A.U.

하나는, 색채가 일종의 영양분 또는 발육제에 해당한다는 것이다. 색채를 함유한 영양분은 식품을 통해 몸으로 들어가 건강에 많은 영향을 주는데, 색이 가지고 있는 영양소로는 나트륨, 칼슘, 마그네슘, 철, 카드뮴, 크롬, 니켈, 구리, 아연 등 16개의 미네랄과, 산소, 수소, 질소, 탄소 등 20개의 중요한 성분이 있다.

색채와 비타민

햇빛이 비타민 D의 원료라는 사실은 잘 알려져 있다. 비타민들은 또한 특정 색채와 연관되어 있는데, 대부분의 노란색 계통 식품은 비타민 A가 풍부하고, 오렌지색은 비타민 C, 붉은색과 오렌지색은 비타민 B군이 풍부하다.

색채와 식품

젠슨 박사는 과일, 채소 등 식품이 가지고 있는 천연의 색이 인체의 건강은 물론 질병 회복에도 큰 영향을 준다고 하였다. 옥수수, 스쿼시, 복숭아 등 노란색 채소와 과일은 하제의 작용을 하고, 비트, 체리 등 짙은 빨간색 채소와 과일은 피를 만들며, 시금치, 완두콩, 케일, 배추, 파슬리 등 푸른색 채소는 미네

| 색채와 비타민 |

색	비타민	색	비타민
노란색	비타민 A	보라색	비타민 D
빨간색	비타민 B12	주홍색	비타민 E
붉은색과 오렌지색	다른 비타민 B군	남색	비타민 K
오렌지색	비타민 C		

랄을 제공한다. 예를 들어 비트 주스와 딸기 주스를 조합하면 좋은 조혈 효과를 얻을 수 있다.

또, 그릇에 물을 담아 붉은빛이 드는 곳에 두었다가 아침에 마시면 몸의 세포를 자극하여 활기를 돕고, 파란빛을 비춘 물을 저녁에 마시면 안정을 얻고 쉽게 수면을 취할 수 있다. 파란색 또는 빨간색 컵에 물을 담아 햇빛에 노출시킨 후에 마셔도 같은 효과를 볼 수 있다.

색채와 눈의 치료

안과 의사인 바비트 박사는 파란색과 녹색에 눈의 홍채를 수축시키는 작용이 있다고 하였다. 빨간색은 원시, 파란색은 근시를 치료하는 데 상당한 효과가 있다. 파란색은 시야를 멀리 밖으로 확대되게 하여 근시에 도움을 주고, 빨간색은 가까이 모아지게 하여 원시를 교정해준다. 즉, 리듬과 균형을 맞추어 눈에 색을 비춰주면 눈의 활동력을 높일 수 있다.

러스트 박사의 백내장 치료법은 색이 있는 불빛을 이용하여 피와 임파액의 순환을 자극시켜 충혈 현상을 풀고 눈 조직에 있는 독성물까지 제거해준다는 것이다. 색채치료로 백내장이 치료되는 것은 짙은 페인트 색을 테레빈 오일로 벗기는 것과 같은 원리다.

색채를 이용한 백내장 치료에 대해 구체적으로 설명하면 다음과 같다. 먼저 백내장 환자에게 눈을 감게 한 후 20cm 정도 떨어진 곳에서 푸른 불빛을 비춰준다. 빛의 강도는 낮게 시작하여 점차 높여나가는 것이 더 효과적이다. 붉은색은 자극성이 가장 강해 순환을 증대시키고, 노란색 역시 자극적이나 붉은색보다는 강도가 약하며, 녹색은 중간의 위치로 살균 효과가 뛰어나다. 색채치료를 하는 방은 어두워야 효과가 높다. 백내장에서 녹색은 렌즈(수정체)의 크리스털화를 약화시키고 혼탁 상태를 분산시키며 궤양에 의한 각막 표면의 결빙 상태를 흩트려준다. 또, 색이 망막에 작용하여 전체 신경계에 작용할 수 있는 활력을 가져다준다.

치료 시간은 정도에 따라 정해야 하는데, 보통 5~10분씩 12~24회 반복하는 것이 좋다. 책상 위에 전등을 설치하고 15cm 정도 떨어진 곳에 편안히 앉아 빛을 비추면 초기 백내장의 경우는 2주 정도의 치료로 반응이 나타나는 것을 볼 수 있다. 진행성의 경우는 2~3개월 후에 다시 또 시작하는데, 5일~1주일 정도 치료하고 2일 정도 쉬는 것이 좋다.

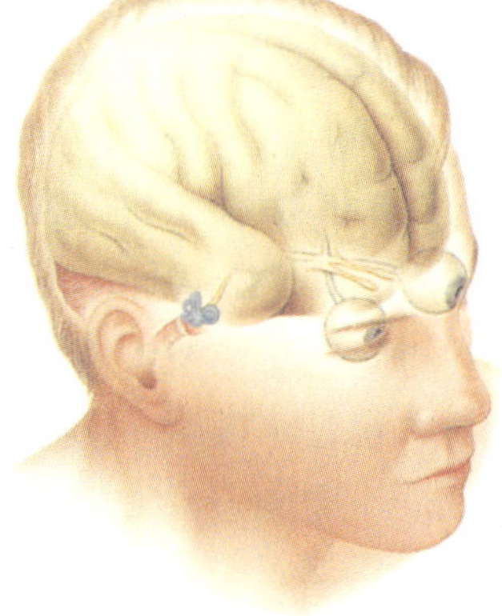

눈과 뇌

녹색 파장에는 눈의 충혈 상태를 풀어주는 효과가 있어 녹내장에 10분 정도 비춰주면 안압이 내려간다. 하루 2번씩 1주일에 2회 실시하는 것이 좋다.

일반적으로 눈을 건강하게 하는 데도 색채요법을 다음과 같이 이용할 수 있다.

- 12볼트 12와트의 전구를 이용한다. 15cm 정도 떨어진 곳에 앉아서 컬러 필터를 눈과 전구 중간에 놓고 25분 정도 치료한다.
- 붉은색과 녹색을 10분 정도, 파란색을 5분 정도의 순서로 치료하거나, 오렌지색 10분, 녹색 10분, 파란색 5분 정도의 순서로 치료한다. 또는 붉은색, 녹색, 파란색, 오렌지색이나 노란색, 파란색을 각 5분 정도씩 치료한다. 치료의 마무리를 파란색으로 하는 것은 이 색이 안정감을 주기 때문이다. 붉은색은 자극을 주고 녹색은 충혈을 풀어주는 효과가 있으므로, 처음에 붉은색, 녹색, 파란색의 순서로 치료한 후 오렌지색과 노란색을 비춰주면 에너지 효과가 몇 배로 증가한다. 붉은색과 녹색을 번갈아 비추는 것은 마치 찬물과 더운물을 교대로 사용하는 것과 같이 수축과 이완의 효과가 있다. 이러한 자극들은 중추신경과 교감신경계에 영향을 주는 것은 물론 뇌의 기능을 강화한다.

색채치료의 방법

색채치료는 역사적으로 자연 그대로의 방법, 즉 햇빛에 전신을 노출시켜 우리 몸에 필요한 색을 받아들이는 방법에서부터 옷과 안경을 이용하는 방법, 중세 성당의 스테인드글라스 등으로 이어져왔으며, 정신병동에서 그림요법, 미술치료 등을 통해 환자의 정신 활동과 정서 상태 교정을 돕는 단계로 발전하게 되었다.

색채치료는 보통 식전 또는 식후 2시간 이후에 먼저 방을 어둡게 한 다음에 실시하는데, 치료는 1시간 이내로 하고 너무 강한 불빛은 피하는 것이 좋다.

색채치료의 방법 가운데는 8가지 색(빨강, 오렌지, 노랑, 초록, 터키, 파랑, 보라, 심홍)으로 된 여러 모양의 카드를 4가지 색씩 2열로 배열해놓고, 가장 좋아하는 색부터 차례로 3가지를 선택하게 하는 심리치료 방식이 있다. 그 색을 선택한 이유를 직접 설명하게 하고, 마지막으로 자신의 색이 무엇이며 그것이 의미하는 과거, 현재, 그리고 미래를 알게 함으로써 현재의 생활과 조화를 이루며 문제를 해결해나갈 수 있도록 돕는 방법이다.

여기서 사용하는 색채 카드의 모양은 좌뇌의 지적이고 의식적인 요소를 내포하고 있다. 예를 들어 네모꼴은 안정과 견고함을 보이는 등 행위적 표현을 나타내는 것이다.

무의식 또는 의식세계에 자신도 모르게 지울 수 없는 강렬한 인상으로 내면 깊숙이 각인되어 있는 색의 이미지는 환자의 일상생활, 태도, 대인관계, 행동, 정서 등에 중요하게 작용하기 때문에 자신의 문제를 객관화하고 치유할 수 있는 좋은 재료가 된다.

각 색의 특징

빨간색

힘과 에너지, 흥분과 연관되어 있으며, 공포심과 무절제한 열정, 분노를 자극한다. 눈에 띄는 가시 색 중 가장 느린 진동파를 가지고 있어 다른 색보다 빠르고 즉각적인 영향을 미친다.

치료에 있어서는 혈액순환을 촉진하고 아드레날린 분비를 증가시켜 따뜻하고 자극적이며 충혈 상태를 풀어준다. 습진, 홍역, 충혈, 수술 후 통증, 요통, 근육통, 관절염, 신경염, 좌골신경통, 그 밖의 마비증상 등에 효과가 있다. 모발이나 얼굴색이 붉은 사람, 열이 있는 사람, 흥분 상태에 있는 사람, 급성 염증이 있는 사람에게는 좋지 않다. 빈혈 환자의 심장 부위에 비추면 적혈구 수가 증가하고 발바닥에 비추면 혈액순환이 좋아진다.

빨간색 식품에는 비트, 토마토, 홍당무, 붉은 양배추, 붉은 콩, 자두, 수박, 포도, 맥아, 간 등이 있다.

주홍색

뇌를 자극하고 염증을 감소시키며 동맥을 자극하고 신장에 에너지를 불어넣는 효과가 있다. 심리적으로는 용기를 북돋아주는 색이다.

연분홍색

신체보다는 정신적 측면에 더 많은 영향을 주는 색으로 몸의 진동을 높여 활력을 준다. 불면증이 있다면 연분홍색 이불보다는 파란색 이불을 덮는 것이 좋다. 열이 있는 사람, 흥분 상태에 있는 사람에게는 좋지 않다.

주황색

정신적으로 우울하고 초조한 상태에 있을 때 발바닥이나 다리에 주황색(오렌지색) 빛을 비추거나 노란색 종이에 글씨를 쓰게 하면 그런 감정과 상태로부터 쉽게 벗어날 수 있다.

치료에 있어서는 칼슘을 많이 갖고 있으므로 췌장에 작용해서 소화를 돕고 대사 기능을 높인다. 대체의학자인 브런너 박사는 당뇨병 환자의 간 부위에 오렌지색 빛을 비추어 인슐린 분비량을 조절한 실험 결과를 보고하기도 했다. 천식, 호흡기 질환, 근육수축증, 소화 장애, 궤양, 갑상선 기능 장애, 의욕이 떨어졌을 때 등에 사용할 수 있으며, 췌장, 심장, 목 부위에 비추면 효과적이다. 모발을 부드럽고 윤기 나게 해주고, 신경조직의 긴장을 풀어주며, 갑상선과 간의 기능을 강화한다. 심장박동을 강하게 해주고, 폐에 영향을 주어 기관지염을 완화시키며, 부갑상선 질환 등에 치료 효과를 보인다.

월경통, 월경량 감소 등 모든 종류의 분비 기능에 관계가 있고, 칼슘과 관련된 뼈, 치아 문제, 결핵 등을 치료할 수 있다. 간질, 신장결석, 담석증, 통증, 류마티스 치료에도 사용한다.

주황색이 많이 함유된 식품에는 오렌지, 복숭아, 살구, 자몽, 레몬, 바나나, 파인애플, 참외, 호박, 당근, 옥수수, 감자, 달걀, 치즈, 버터 등이 있다.

노란색

지혜, 이해심, 휴식 등을 주는 색으로 부엌에 칠하면 좋다. 단, 너무 밝은 노랑을 자주 사용하면 정신적 초조감을 유발하여 분열 증상을 나타낼 우려가 있다. 요오드, 철, 금, 인, 은, 황산 등이 들어 있어 피를 깨끗이 해주는 것은 물론 점액성 분비물을 제거하는 작용을 하여 감기에 효과적이다. 제산제와 하제의 기능, 뼈를 튼튼히 해주는 효과, 흉선과 간을 도와 기억력을 높이는 효과 등이 있다.

초록색

강력한 치료 효과를 가진 대표적인 색으로 심신이 지친 사람에게 놀랄 만한 힘을 준다. 특히 교감신경에 작용하여 전신의 생리 기능을 조절하고 조화롭고 균형 잡힌 심리 상태를 유도한다. 세정 작용이 있어 신장, 간장의 기능을 돕고, 매연, 공해, 해로운 물 등에 해독 작용을 한다. 뇌하수체를 자극하고, 피가 응고되어 있는 것을 풀어주며, 근육을 튼튼하게 해준다.

초록색 빛은 담석증 치료에 효과를 나타내며, 충혈 현상을 없애고 혈압을 낮춘다. 녹색 안경을 하루 10~30분 정도 착용하면 시신경 보호 효과가 있으나, 너무 오래 사용하는 경우 오히려 두통을 일으킬 수 있다.

초록색 식품에는 다양한 녹색 채소, 양배추, 아스파라거스, 셀러리, 청고추, 완두콩, 시금치 등이 있다.

청록색

청색과 녹색을 혼합한 색으로 충분한 안정, 정온 효과를 나타낸다. 마음을 차분하게 가라앉히며, 두통, 부어오른 증세, 흥분, 화상, 가려움증 등에 효과가 있다. 청록색 빛을 1주일에 2회 정도 비추면 피부가 좋아진다.

파란색

파란색은 신성함, 진정, 희망의 색이다. 하늘색 옷을 입은 여자는 남자들의 보호 본능을 자극한다. 우울증 환자는 사용을 피해야 하는데, 지나친 파란색 노출은 우울한 감정을 유발하기 때문이다.

치료에 있어서는 빨간색과 반대의 성질을 가지고 있다. 마음을 차분히 가라앉히며, 해독시키는 효과가 있다. 열, 빠른 맥박, 통증, 가쁜 호흡, 감염, 염증 등에 주로 쓰이며, 혈압을 낮추고 흥분 상태와 난폭한 상태를 차분히 가라앉혀준다. 살균 작용이 있으며, 출혈을 멈추고자 할 때, 목이 아플 때, 급성 류마티스, 쑤시는 두통, 극심한 불면증, 고혈압, 탈모 방지에 좋다. 뇌막염, 뇌신경성두통, 열사병, 신경통, 그리고 초조감, 안절부절 등의 정서 장애에도 효과가 있다. 그러나 마비 증세, 변비, 만성 류마티스, 우울증 등에 사용하는 것은 절대 금물이다.

식품에는 블루베리, 푸른 자두, 청포도 등이 있다.

남색

짙은 파란색과 보라색을 혼합한 색으로 피를 정화하고 눈이나 귀의 염증 등을 깨끗이 해독하는 효과가 있다. 임파선이 붓는 열성 질환, 급성 기관지염, 간질, 내장 기관의 출혈, 코피, 그리고 폐, 코, 편도선 등에 좋다. 세균에 강하여 점액성 장염, 이질, 설사 등에 효과적이다.

보라색

비장을 자극하고 백혈구 생산을 촉진한다. 혈압을 낮추고 혈관의 수축을 조절하며, 임파선과 근육 운동을 안정시키고 나트륨과 칼륨의 균형을 유지시켜준다.

방광 질환, 뇌진탕, 간질, 신장 장애, 신경통, 류마티스, 좌골신경통, 피부질환 등에 효과적이다. 식욕을 조절해주는 작용이 있으므로 비만증 치료에, 그리고 심장 활동을 편안히 해주므로 불면증 치료에 사용된다.

자색

파란색과 빨간색을 혼합한 색으로 임파선에 의한 혈관의 확장을 돕고 정맥을 자극한다. 신장 기능을 낮춰 수면을 유도하고 혈압 저하, 소화 촉진 등의 효과가 있다.

자색 식품에는 빨간 양배추, 비트, 자색 포도, 검은딸기, 브로콜리 등이 있다.

심홍색

빨간색과 보라색을 혼합한 색으로 모든 종류의 심장병에 효과가 있다. 기관지염, 신장결석에 사용되며, 이뇨와 혈액순환 작용이 있다. 심장과 신장 기능에 좋다.

공기요법

공기요법 또는 산림욕은 호흡을 통해 산소를 들이마시는 것 외에도 피부에 자극을 준다는 데 그 중요성이 있다. 공기는 우리가 입고 있는 옷의 섬유조직 사이에도 포함되어 있어 체온을 유지시키며, 몸 표면을 감싸는 공기는 땀샘의 활동에도 영향을 준다.

치료 원리와 효과

- 공기가 통하고 땀을 흡수할 수 있는 통기성과 흡수성이 있는 옷이 좋으며, 합성섬유보다는 면이 좋다.
- 털양말은 땀을 내보내고 발을 따뜻하게 하지만 땀이 증발하면 냉기가

만들어져 감염에 대한 저항력을 떨어뜨린다. 모직 스카프를 목에 두르는 것도 같은 결과를 초래한다.

- 땅의 역할도 중요하다. 흰 모래는 태양광선을 검은 부식토처럼 흡수하지 않고 다시 반사하여 차가움을 느끼게 한다.
- 땅이 고르지 못하면 공기의 흐름이 부서지며, 땅이 증발시키는 습도는 우리의 피부 기능에 영향을 미친다.
- 숲 속 식물의 대사 작용도 우리에게 좋은 영향을 주는데, 산소를 내보내고 이산화탄소를 흡수하기 때문이다.
- 건조하고 찬 공기는 대사 활동을 촉진하고, 습한 열성 공기는 땀을 배출시키며, 따뜻한 공기는 땀을 마르게 한다.
- 무더운 공기는 땀의 배출을 방해하고 면역성을 떨어뜨려 병이 생기게 한다. 또, 식욕을 떨어뜨리고 우울하게 만든다.
- 찬 공기에서 더운 공기로, 건조한 공기에서 습한 공기로 변화시키면 피부에 자극이 되어 대사 기능이 활발해진다. 그러나 현대인의 생활은 일정한 온도가 유지되고 에어컨 등의 사용으로 공기 순환에 많은 문제가 있다.
- 산림욕은 피부, 폐, 기관지에 작용하며, 호흡 강도에 영향을 주어 객담, 점액질 등을 효과적으로 배출시킨다.
- 열을 동반한 질환, 기관지염, 만성 신장염, 관절염 등에 효과적이다.

산림욕장

방법

집에서 하는 공기욕은 처음에는 몸의 일부를 찬 공기에 노출시킨 후 점차 몸 전체를 노출시키는 방법으로 진행한다. 노출 정도와 시간은 신체 상태에 따라 결정하는 것이 좋다.

산림욕은 휴양림을 찾아 산책하는 것으로, 심호흡과 명상을 시도하고 음악을 듣는 것도 효과적인 방법이다.

광선요법

사람도 다른 생물체처럼 24시간 주기로 되풀이되는 낮과 밤의 변화, 즉 빛의 변화에 반응하는데, 생체 리듬 또는 서캐디안 리듬 circadian rhythm 이 바로 그것이다. 아침에 꽃이 피고 저녁에 지는 것, 일조량이 적은 지역에서 겨울철에 우울증이 많은 것도 빛이 생체의 생리 기능과 건강에 영향을 준다는 증거다.

광선치료 또는 빛치료는 항생제가 개발되기 전에 뼈와 관절, 신장 등 내장기관, 피부의 결핵성 질환에 효과적으로 이용되었다. 광선치료는 피부와 혈액순환에 영향을 줄 뿐 아니라 근육을 자극하여 충혈 상태를 풀어주는데, 혈관 분포가 적은 곳보다 혈관 분포가 많은 폐나 복막 등에 더 큰 영향을 준다. 광선치료는 피부에 있는 신경말단 부위 등을 포함한 신경조직에도 자극을 주어 대사 기능을 활성화시킨다.

태양광선은 상처 부위에 멸균 작용을 하고, 자외선은 살균과 비타민 D 생성에 도움을 준다. 광선 중 적황색 선 20%와 청보라색 선 1%는 피부를 통과하여 대부분 혈관으로 흡수된다. 혈관에 들어간 일부 광선은 조혈 기능에 직접 또는 간접적으로 작용하여 빈혈을 치료하는 작용을 한다.

광선치료는 농양 치료, 신경 안정, 수면 유도에 효과가 있을 뿐만 아니라 늑막이나 관절 강 속에 고여 있는 물을 흡수시키기도 한다. 일반적으로 건선, 신경염, 좌골신경통에 효과를 보이며, 폐결핵, 심장병에는 위험하다. 심장이나 신장에 병이 있을 때는 낮은 기온에서 실시하여 강한 반응을 줄이도록 한다.

현대의학에서는 광선치료를 정신과 질환인 계절성정동장애 seasonal affective disorder 에 사용한다. 그 밖에 거식증, 에이즈, 유방암 등에도 적용하는 사례가

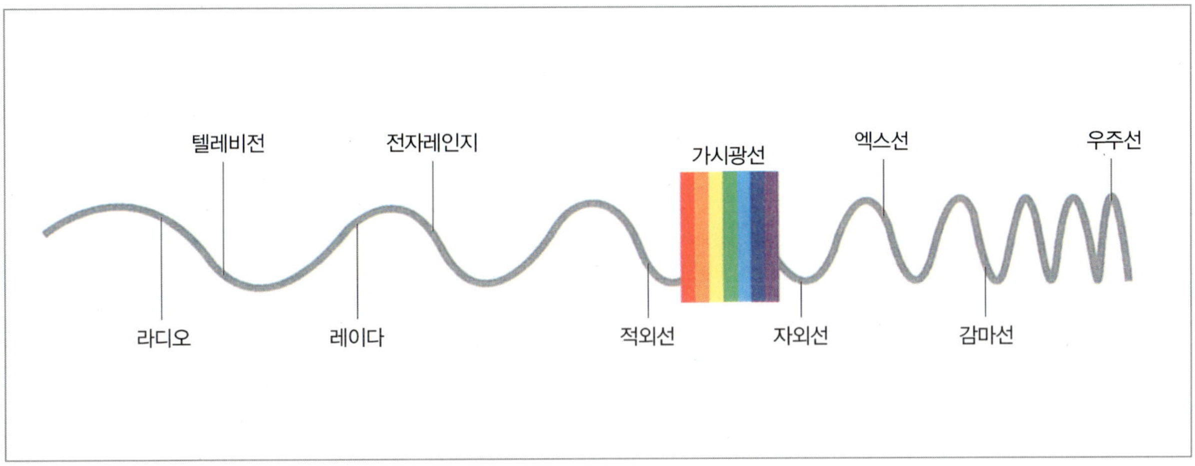

빛의 파장에 따른 종류

있으나 아직 검증된 것은 아니다.

광선치료는 사용하는 광선의 종류에 따라 자외선광선치료, 색채광선치료, 광역동치료 photodynamic therapy 등으로 나눈다.

일반적인 빛치료법

- 처음 치료할 때는 따뜻하다고 느껴질 정도의 약한 광선으로 시작하여 피의 순환을 증가시킨다.
- 중간 정도의 광선으로 광선욕을 한다. 노출 정도에 따라 피부 색소가 변하는데, 처음에는 붉은색으로 변한다.
- 오랜 시간 강한 햇빛에 노출시키는 강도 높은 치료를 잘못하면 염증, 물집, 피로, 고열 등이 발생할 수 있으므로 주의한다.
- 태양빛에는 화상이나 피부암의 위험이 있다. 특히 강한 햇빛에 오래 노출되어 발생하는 악성 흑색종에 주의한다.
- 아침에 햇빛이 가장 강하다. 나무 그늘 아래서 실시하는 것이 좋다. 머리를 가리고 땅이나 바다에 반사된 빛을 이용한다.
- 높은 지역이나 눈이 쌓인 곳은 태양빛이 강하므로 노출 시간을 줄이는 것이 좋다.
- 가만히 앉아 있는 것보다 걷기나 운동을 하면서 노출하는 것이 훨씬 더 효과적이다.

일반적인 빛치료법은 하루에 3번 정도 실시하되, 첫날은 발만 5분, 둘째 날은 다리 전체를 5분, 발을 10분, 셋째 날은 허벅지를 5분, 다리를 10분, 발을 15분 정도 노출시킨 뒤 점차 전신을 노출시키는 것이다.

09 과일 · 채소 · 약용식물요법

과일요법, 채소요법, 약용식물요법은 과일, 채소, 약용식물을 다양한 증상과 병의 치료와 예방, 건강 증진에 이용하는 요법을 말한다. 체내에 독성 물질이 축적되지 않고 부작용을 일으키지 않으며 풍부한 비타민, 미네랄, 섬유질을 공급할 수 있다는 장점이 있다. 특정 식물이 가지고 있는 약리 작용을 분석하고 의학적으로 치료 효과가 뛰어난 성분들을 천연 약재로 이용하여 인체의 치유력과 면역 기능을 높여주는 치료법이다. 당뇨병, 고혈압, 천식, 위장병, 부인병, 소아과 질환 등 다양한 병증에 이용되며, 여성의 피부 미용, 다이어트에도 효과가 높다.

과일요법

감

잘 익은 감 800g을 썰어 1컵 분량의 끓인 물에 넣고 말린 민트 잎 10~25g을 첨가한 후 뚜껑을 덮고 40분 정도 둔다. 이 물을 잘 짜서 마시면 상한 생선이나 굴로 인한 식중독, 숙취로 인한 두통에 효과가 좋다.

잘 익은 감 6개를 2컵 분량의 끓인 물에 넣어 4시간마다 2컵씩 마시면 만성 설사가 멈추고 칸디다 같은 이스트균 감염을 치료해준다.

감귤류

- 감귤류 과일에는 자몽, 레몬, 오렌지, 라임 등이 속한다.
- 고혈압과 비만 환자에게 도움을 준다.
- 잇몸 출혈 시 레몬으로 몇 번 문지르면 출혈이 멈춘다.
- 치통에는 라임 주스가 효과적이다.
- 1주일에 2~3회 자몽과 레몬 · 라임 주스를 같은 양으로 혼합한 물로 양치질을 하면 치아가 하얗게 유지된다.
- 감귤 껍질로 만든 차는 뼈가 아프고 근육이 쑤시는 감기 몸살 증세와 열이 나는 데 효과적이다.
- 감귤류 과일에 있는 산성 물질은 모발을 부드럽게 해주고, 주스를 퍼머에 이용하면 5개월 이상 지속된다. 머리를 감을 때는 오렌지 6~9개와 자몽 1개, 레몬 · 라임 1/2개를 짠 다음 잘 혼합하여 사용한다.
- 아프고 상처 난 다리나 발에 레몬이나 라임 주스 또는 노란 양국화 크림을 발라 문질러주면 효과적이다.
- 기름진 음식을 먹을 때는 오렌지나 레몬 조각을 뿌려 콜레스테롤을 낮춘다.
- 목이 아프거나 후두염이 있을 때는 레몬 주스나 레모네이드를 마시거나 양치질을 하면 효과적이다.
- 위염 증세, 속 쓰린 증세에는 자몽 껍질을 갈아서 입 안에 넣고 빨아 먹거나 씹어 먹으면 좋다.

- 매일 아침 식사 전에 올리브 오일 500ml를 마시고, 식사 후에는 자몽

주스를 1/2컵 정도 마시면 담석 제거에 도움이 된다.

- 감귤 껍질을 갈아 만든 차는 장염이나 가스가 찼을 때 좋다. 싱싱한 감귤 껍질을 갈아 2컵 분량의 끓인 물에 넣고 30분 정도 식힌 다음 1컵씩 마시면 좋다.
- 오렌지 전체를 먹으면 게실염이 개선되고, 신선한 라임 주스를 따뜻한 물에 혼합하여 마시면 설사를 멈추게 할 수 있다.
- 비만 환자가 매일 자몽을 1/2개씩 먹으면 배고픔을 줄여 음식을 덜 먹게 되어 체중 조절에 효과적이다.
- 레몬 껍질을 이마에 대고 있으면 두통이 사라진다. 또, 레몬 2개를 잘라 뜨거운 물에 짜서 마시면 머리에서 손 등의 말초 기관으로 피가 이동하여 편두통이 사라진다. 뜨거운 레몬 주스를 섞은 물에 맨발을 담그고 서 있어도 효과적이다.
- 레몬 주스를 짜서 모기나 벌레 물린 곳, 벌에 쏘여 가려운 곳에 바르면 효과적이다.

I 레몬으로 주름살을 제거하는 방법 I

- 레몬 2조각을 끓인 다음 물을 조금 붓고 뚜껑을 닫아 3시간 정도 둔다. 이 용액을 잘 걸러내어 피부에 세 손가락 끝으로 원을 그리면서 마사지하는 형태로 부드럽게 문질러준 다음 마를 때까지 기다렸다가 젖은 수건에 올리브 오일을 조금 묻혀서 닦아낸다. 아침저녁으로 반복해주면 주름살이 제거된다.
- 레몬 3~4개와 라임 1개를 약간 뜨거운 물에 절인 다음 손수건에 적셔서 피부에 30분 정도 덮어주면 상태가 상당히 좋아진다. 레몬 1~2개를 넣어 만든 바나나 스프도 피부에 좋다. 산성이 강한 식품인 레몬은 좋은 수렴제로, 땀구멍을 닫아주고 피부를 팽팽하게 해준다. 오렌지 주스도 레몬과 마찬가지로 처지고 나이 든 피부에 좋다. 무화과 스프에 귤 주스를 혼합하여 얼굴에 30분 정도 바르고 있다가 찬물로 깨끗이 씻어내면 피부에 탄력이 생긴다.

I 2단계 피부 관리법 I

- 사과 사이다와 끓인 물을 동량으로 혼합하여 만든 용액을 면봉에 적셔 피부에 문지른다.
- 신선한 오렌지 주스를 그 위에 바르고 마르게 한 다음 젖은 수건으로 얼굴을 가볍게 닦아준다.

대추야자

고환암, 위암, 자궁암, 간암 등에 효과가 있는 것으로 알려져 있다. 대추야자에 있는 20% 정도의 아미노산은 글루타민산 성분으로 위산을 희석시키는 효과가 있어 소화력 증진에 도움을 준다.

대추야자 6개를 넣어 7분 정도 끓인 다음 아침저녁으로 마시면 장운동을 활발하게 하여 변비에 효과적이다.

딸기류

- 모든 종류의 딸기류 과일은 심장과 혈액의 정화에 좋다. 여러 의학 저널들은 딸기류를 매일 먹으면 뇌졸중의 위험이 40% 줄어든다고 보고하고 있다.
- 방광, 위장관의 배설 및 정화 기능을 강화한다.
- 항바이러스 효과가 있다. 특히 라즈베리, 블루베리, 크랜베리 등은 장관 내 바이러스(헤르페스 등) 등을 불활성화시킨다.
- 칸디다 이스트균 감염, 암, 백일해, 그 밖의 단백질 부패로 생긴 유독물을 제거하는 작용을 한다.
- 모유나 금달맞이꽃에서 나오는 감마리놀렌산 Gamma Linolenic Acid; GLA 을 함유하여 면역력, 중추신경계 등을 강화한다.
- 여자에서 월경전증후군, 편두통, 월경통 등을 치료한다.
- 남녀 모두에서 심장 기능과 순환 기능을 강화하고 콜레스테롤 수치를 떨어뜨린다. 에스키모들이 지방이 많은 육류를 먹으면서 많은 양의 딸기를 먹는 이유가 여기에 있다. 고혈압, 관절염 등도 감마리놀렌산이 많은 딸기를 섭취하면 도움이 된다.

바나나

껍질의 효능

- 당뇨 합병증으로 생긴 다리의 궤양 부위에 바르면 치료 효과가 있다.
- 푸른 바나나 껍질을 뜨거운 물에 달여 복용하면 고혈압에 좋다.
- 노랗게 익은 바나나 껍질 안쪽 면을 화상 부위에 붙이면 치료 효과가 있다.

| 딸기류 과일과 열매의 종류별 효능 |

- 구즈베리

인디언들 사이에서 자궁 질환, 임신에 의한 이상 증상, 습성 피부염 등에 좋다고 알려져 왔다.

- 딸기

치아의 치석 형성을 막고 깨끗한 피부를 만들어준다. 딸기를 반으로 잘라 치석이 있는 치아에 문질러주거나 칫솔에 묻혀 양치질한다.

딸기 주스를 입 안에 오랫동안 머금고 있는 것도 도움이 된다. 딸기 주스 1컵, 벌꿀 1/4컵을 혼합하여 수초간만 끓인다. 이것을 식힌 다음 물 1/2~1컵, 타임 차 1/2컵, 페퍼민트 오일 4방울을 첨가한다. 이 물로 입안을 헹구면 살균과 입 냄새 방지 효과가 있다.

- 라즈베리

분만 통증을 줄이고 순산을 돕는다. 라즈베리 차를 임신 9개월 정도부터 하루 1컵씩 마시고, 분만실에 들어가기 전에는 진하게 우린 차를 4컵 마신다. 말린 라즈베리 잎 100g을 4컵 분량의 끓인 물에 40분 정도 담가 식힌다. 오심, 구토, 멀미에는 이 차를 하루 2회 마시면 증상이 사라진다.

- 로스힙

비타민 C가 풍부하여 감기, 인플루엔자, 폐렴, 기관지염과 다른 호흡기 질환에 효과적이다. 단, 말리거나 차로 만드는 과정에서 비타민 C가 손실될 우려가 있으므로 주의해야 한다. 로스힙 100g을 미지근한 물에 20분 정도 담가두었다가 잘 짜고 벌꿀을 타서 바로 마신다.

- 블랙베리

장운동을 정상화한다.

- 블루베리

미르틸린이라는 물질이 혈당치를 떨어뜨린다. 블루베리 차는 당뇨병에 효과적이다. 블루베리 잎 25g을 1컵 분량의 끓인 물에 담가 우려내어 하루 4회 마신다. 췌장의 베타세포에서 인슐린 생산을 증가시키며, 지사제 작용도 한다.

- 산사나무 열매

심장, 순환 기능에 도움을 주며, 협심증 등에 효과적이다. 짓이긴 열매 1스푼을 1/2~1컵 분량의 찬물에 넣어 8시간 증류시키고 끓여 즙을 짜고 벌꿀을 타서 마신다.

- 엘더베리

화상, 눈병, 기침, 후두염 등에 효과적이다. 엘더베리 주스에 계피, 너트메그, 클로브 각 25g을 혼합하여 30분 정도 끓여 식힌 다음 벌꿀 1/2컵을 넣어 차게 마신다.

- 주니퍼베리

화상, 상처, 그리고 감염 부위에 특효가 있다. 짓이긴 주니퍼베리 200g을 끓는 물에 넣고 1시간 정도 끓인다. 또, 이 차의 증기를 20cm 떨어진 곳에서 얼굴에 수건을 두르고 흡입하면 코, 후두, 폐의 염증이나 충혈 상태에 효과가 있다. 진한 위스키나 알코올, 음료수에 사용한다.

- 크랜베리

급성 요로감염증 환자에게 크랜베리 주스를 하루 2컵씩 3주간 마시게 했더니 70% 이상이 완벽에 가깝게 회복되었다는 임상 실험 결과가 있다. 강력한 박테리아 살균 효과가 있으며, 크랜베리 주스 100ml를 하루 4회 수일간 복용하면 신장결석 치료에 효과적이다.

과육의 효능

- 설사에 좋다.
- 목이 아플 때 목 주위에 바나나를 짓이겨 바르면 치료 효과가 있다.
- 글루텐에 대한 과민반응으로 나타나는 소아지방변증에는 하루에 바나나 10개를 먹으면 좋다.
- 간식으로 먹으면 소화에 좋고, 특히 아침에 먹으면 더욱 효과적이다.
- 노인들의 경우 잘 익은 바나나를 하루 1회 16~30일 정도 먹으면 소화 장애가 사라진다.
- 당뇨병 환자의 인슐린 쇼크를 방지하는 데 도움을 준다.
- 운동선수(풋볼, 레슬링)에게 감자와 함께 제공하면 근육 강화, 체중 증가의 효과가 있다. 음료와 함께 하루에 2개씩 먹는 것도 좋다.

복숭아

- 수분과 미네랄이 풍부하다.
- 복숭아 잎은 소화 장애, 변비에 도움을 준다.
- 멍들거나 삔 부위의 피부에 복숭아 잎 3~5개를 갈아 우유 2컵에 넣고 25분 정도 끓인 다음 식혀서 로션처럼 바른다. 건선, 피부의 발진이나 염증 등에도 치료 효과가 있다.
- 복숭아나무 껍질 2/3컵을 말려 사과 식초 2컵과 증류수를 넣고 5일 정도 따뜻한 곳에 보관한다. 그 후 낮은 온도에서 끓여 위스키 1/2컵을 붓고

❙ 살구로 아름다운 피부 만들기 ❙

- 신선한 살구를 조각내어 물과 함께 즙을 만든 다음 올리브 오일을 조금 넣고 1~2분 정도 저어 잘 섞는다. 이것을 얼굴, 목 등에 얇게 바르고 45분 정도 두었다가 물로 깨끗이 씻어낸다.
- 우유 1컵에 레몬 1/2조각, 살구 주스를 넣어 잘 섞은 다음 얼굴에 다시 바르고 손가락 끝으로 부드럽게 굴리면서 마사지한다.
- 아침에 일어나서 보리 비누나 오트밀 비누로 부드럽게 얼굴을 씻어준다.
- 1주일에 3회 정도 실시하면 건강하고 아름다운 피부를 가질 수 있다.

잘 덮어 보관하여 시럽처럼 만든다. 이 시럽 1스푼을 3~4시간마다 먹으면 열이 내리고 장 내 기생충이 제거된다.

- 복숭아 잎 3개와 감자 3개에 물 8컵을 붓고 끓인 다음 복숭아 잎과 감자는 제거하고 반죽을 할 때 넣으면 훌륭한 이스트가 된다.

사과

- 설사와 변비에 좋다. 특히 삶은 사과는 변비에 아주 효과적이다.
- 사과에는 지사제와 같은 효과를 내는 성분이 들어 있다.
- 사과 주스는 천연 항생제로 폴리오바이러스나 복통을 동반하는 감기에 효과적이다.

석류

말린 석류 씨는 장 내 회충 제거에 좋다. 말린 석류 씨 7~9개를 오븐에 7시간 구운 다음 빻아 가루로 만든다. 이 가루 1스푼을 파인애플 주스 100ml에 타서 마신다.

| 사과 사이다의 효능 |

- 담석 제거 효과가 있다. 사과의 펙틴, 섬유질이 콜레스테롤 수치를 떨어뜨려 콜레스테롤로 된 담석을 예방하고 치료한다. 사과 사이다를 하루 5회 1/2컵씩 4일간 복용한다.
- 화상에 효과가 있다. 사과 사이다를 거즈에 묻혀 화상 부위에 바른다.
- 벌레 물린 데, 벌에 쏘인 데도 효과가 있다.
- 비듬 제거 효과가 있다. 사과 사이다로 머리를 감는다.
- 몸 냄새 제거에도 효과가 있다.
- 상처 나고 피로한 발, 운동선수의 발에 효과가 있다. 사과 사이다에 발을 담근다.

수박

- 배뇨 효과와 완하제 효과가 있어 변비에 좋다.
- 파슬리 차와 함께 수박 껍질 부위를 뜨거운 물에 30분 정도 끓여 마시면 황달이 없어진다.
- 수박의 씨는 이뇨 작용이 뛰어나 방광염을 완화한다. 낮은 온도로 45분 정도 가열하여 가루로 만든 다음 1컵씩 마시면 기생충도 박멸된다. 또, 이마에 바르면 편두통이 사라지고 습포로 간이나 비장 부위에 붙이면 통증이 사라진다. 콩밥을 먹고 가스가 찼을 때도 수박을 먹으면 가스가 제거된다.
- 화상 부위에 수박 즙을 바르면 치유가 잘 되는데, 1도 화상의 경우 8~9일 정도의 시간이 걸린다.

열대 과일 – 구아바, 망고, 파인애플, 파파야

- 잘 익은 구아바는 약한 심장을 튼튼하게 하고, 폐와 목구멍의 응혈 상태를 풀어준다.
- 구아바 잎을 알코올 추출물로 만들어 복용하면 간질발작에 치료 효과가 있다. 구아바 잎 10개를 가볍게 짓이겨 병에 넣고 보드카 1컵, 진 1컵을 부어 혼합한다. 이것을 하루 2회씩 잘 흔들어주면서 15일 정도 둔다. 그 다음 체로 거르고 다시 어두운 곳에 보관한다. 이 알코올 추출물을 2스푼씩 먹으면 경기나 간질의 치료에 도움을 준다.
- 망고, 파인애플, 파파야는 모두 위장 장애에 치료 효과가 있다. 특히 망고는 위의 흥분 상태를 가라앉히고 장운동을 촉진시켜 변비를 없애준다.
- 망고 1개를 썰어 얼음물 1컵에 넣고 주스를 만들어 마시거나, 망고 주스 1/2스푼, 라임 주스 1/4스푼, 바닐라 4방울을 혼합하여 하루 2회 복용하면 호흡기 문제에 도움을 준다.
- 잘 말린 큰 망고 잎 2개를 4컵 분량의 끓인 물에 넣고 1시간 정도 두었다가 걸러낸다. 이 물을 하루 2컵씩 3일 정도 계속 마시면 안정 및 진정 효과를 얻을 수 있고 고혈압 증세에도 도움을 준다.
- 망고 잎은 당뇨병성망막증, 안구혈관 장애에 효과가 있다. 당뇨병의 합병증으로 눈의 망막에 퇴화성 병변이 생기고 미세혈관이 터지면서 산출

물이 쌓이게 되는데, 망고 잎 차를 마시면 치료와 예방에 도움이 된다.

- 파인애플 주스를 며칠 계속 마시면 브로멜라인 성분이 힘줄의 염증과 통증 제거에 도움을 준다.
- 브로멜라인은 생쥐 임상 실험에서 혈액을 묽게 하여 혈액 응고를 막고 혈액순환 장애를 없애주는 것으로 밝혀졌다. 하루에 파인애플 주스 1컵과 파인애플 1/2개를 먹으면 좋다. 단, 혈우병 환자는 절대 먹어서는 안 된다.
- 파인애플은 사마귀, 티눈 제거에 좋다. 사마귀 부위를 파인애플 조각으로 몇 차례 문지른다. 티눈은 파인애플 조각을 붙여 반창고로 봉하고 하룻밤 지낸 다음 뜨거운 물에 담그면 없어진다.
- 파인애플과 로즈마리를 끓는 물에 넣어 만든 용액은 습진, 발진, 건선 등 피부 질환과 치질에 효과적이다.
- 파인애플 주스나 파파야 주스 200ml는 모든 종류의 멀미에 좋다.
- 파파야 과즙에 들어 있는 효소 파파인은 단백질의 분해에 효과적이며, 코브라 등 독사의 독성 물질을 분해하고 해독시킨다.
- 파파야는 장 내 기생충 박멸에 좋다.
- 파파야와 해바라기 씨 오일을 혼합하여 얼굴에 바르면 오염된 피부가 깨끗해지며 여드름에도 좋다. 달걀흰자 4개를 혼합하여 사용하면 더욱 효과적이다.
- 입술 튼 데, 입 안의 상처, 혀 갈라진 데, 편도선염, 상처 등에 파파야를 문질러주거나 잎을 갈아 붙여주면 치료 효과가 있다.
- 파파야 가루, 마늘 가루와 올리브 오일 2컵을 혼합하여 거즈에 거른 다음 병에 담아 10일 정도 둔다. 이 용액을 귀에 1~3방울 떨어뜨려주면 귀의 염증이 사라진다.
- 파파야 1개를 잘라 물 1컵과 사과 식초 2컵을 붓고 30분 정도 끓인 다음 잘 짜서 1스푼씩 마시면 젖이 잘 나온다.

자두

- 자두 주스 2컵을 마시면 입 안의 상처, 감기로 인한 궤양 등이 치유되고 목 아픈 증세가 사라진다.
- 자두 5~6개, 코리앤더 씨 25g, 무화과 5~6개를 잘 혼합하여 먹으면 만성 변비를 2시간 이내에 해결할 수 있다.

체리

- 통풍 치료에는 체리(하루 12개)나 체리 주스(하루 3회 1스푼씩), 체리 차만큼 효과적인 것도 드물다.
- 야생 체리는 감기, 기침에 좋다. 주전자에 물 3컵, 위스키 1/2컵, 흑당밀 1/2컵을 넣고 끓인다. 불을 줄이고 말린 체리 400g을 넣어 잘 저은 후 다시 덮고 25분 정도 끓인다. 물의 양이 줄어들어 걸쭉해지면 걸러내고 병에 담아 시원하고 건조한 곳에 보관한다. 이 용액을 50ml씩 천식, 기관지염, 폐기종, 흡연, 감기 등으로 인한 기침에 수시로 마신다.
- 체리 차는 조개, 생선 등으로 인한 식중독에 해독 작용이 있다. 물 1L에 체리 1움큼을 넣고 7분 정도 끓인 다음 20분 정도 둔다. 이 차를 하루 2컵 이상 마신다.

키위

- 칼륨이 풍부해 고혈압 환자에게 좋으며, 이뇨제 역할을 하여 체내의 염분을 제거해준다.
- 소화 효소가 들어 있으며, 활력을 높이고 상처를 치유한다.

포도와 건포도

- 피부를 윤택하고 깨끗하게 해준다.
- 포도주는 심장발작을 줄여준다. 실험 결과에 따르면 술을 적당히 마시는 사람이 전혀 마시지 않는 사람보다 심장발작 위험이 30% 정도 낮다고 한다. 적당한 음주는 유익한 콜레스테롤(HDL)을 높이고 동맥을 막히게 하는 해로운 콜레스테롤(LDL)을 낮추기 때문이다. 적당한 음주란 백포도주나 적포도주를 하루 1/4컵 정도 마시는 것을 말한다.
- 뜨거운 물 3컵에 건포도 1컵, 메이플 시럽 1/4~1스푼을 넣고 잘 저어 혼합한다. 이것을 하루 1컵씩 마시면 면역 기능이 향진된다.

채소요법

가지

- 복통을 제거한다.
- 꼭지 부분은 알코올 성분을 감소시키는 효과가 있어 알코올 중독 증세가 있는 사람에게 좋다. 그 밖에도 독버섯 중독, 흡연자의 기침 등에 효과적이다. 가지의 꼭지 부분을 조각내어 10~50g을 물 2컵에 20분 정도 끓여서 마신다.
- 양파, 사과, 요구르트 등과 함께 장에서 콜레스테롤과 결합하여 배출시키는 성분이 있다.
- 가지의 꼭지나 윗부분을 24~30시간 정도 서서히 구워 가루로 만든 다음 소금 100g과 켈프 50g을 혼합하여 다시 굽는다. 이것을 치약처럼 잇몸에 문지르면 치주염 등에 효과가 있고 치아를 튼튼하게 해준다. 코피가 날 때 물 1/2컵에 타서 마시거나 콧속에 묻혀주면 출혈이 멈춘다.

감자

- 감자 껍질은 염증, 멍든 데, 삔 데, 화상, 골절, 치질, 종기, 맹장염, 관절염, 신경통, 습진 등에 좋다. 감자 껍질과 양배추, 무, 시금치 등 녹색 채소를 함께 갈고 밀가루, 찬물을 넣어 끈적끈적한 상태로 만들어서 상처 부위에 붙이면 빠른 치료 효과가 있다.
- 중간 크기의 감자 하나(찐 것 100g)는 약 84kcal로, 열량이 낮아 체중 조절에 좋다.
- 감자를 얇게 저며 눈꺼풀 위에 3조각 정도씩 붙이면 눈의 염증과 통증이 사라진다. 또, 신경통에 구운 감자를 붙이면 통증이 해소된다.
- 생감자 즙은 위궤양, 화상, 염증 치료에 좋다.
- 감자는 비타민 C와 칼륨이 풍부하며, 심장병을 예방해준다.
- 정신적, 정서적 안정에 도움을 준다.
- 장 내 세정 작용이 높다. 장운동을 활발하게 하고 변비에 도움을 준다.
- 피토첼라틴이라는 성분이 카드뮴, 구리, 수은, 납 같은 중금속 오염을 해독한다.

- 어린아이가 핀, 바늘, 동전 등을 삼켰을 때 먹이면 독이 해독되어 쉽게 빠져나온다.

고추나물

- 피부암, 괴사, 기저세포암에 도움을 준다. 고추나물 2움큼에 올리브 오일 120ml, 백포도주 1,000ml, 테레빈 오일 400ml를 혼합하여 10일 정도 햇빛에 둔다. 연고 상태가 되면 벤조인을 추가하여 문제 부위에 바른다. 화상, 멍든 데, 습진, 건선에도 효과가 좋다.
- 뇌와 척수에 영향을 주며, 뇌실에 물이 차는 병인 뇌수종에 치료 효과가 있다.
- 장염 증세에 치료 효과가 있다.
- 거담 효과가 있어 기관지염 치료에 쓰이며, 신경안정 작용이 있어 폐경기, 우울증 등에 좋다.
- 이뇨 작용이 강해 체내 독성 물질을 쉽게 배출한다. 통풍과 관절염 치료에 도움을 준다.

당근

- 당근 차를 양치질에 이용하면 강한 살균 효과가 있다. 3컵 분량의 끓는 물에 껍질을 벗긴 당근 200g을 넣고 20분 정도 더 끓인다. 그대로 30분 정도 두었다가 잘 짜서 냉장 보관하여 사용한다.
- 당근 주스는 화상, 상처 부위에 효과적이며, 부어오른 데나 염증에도 좋다.
- 당근에는 베타카로틴이라는 항암물질이 있다. 1986년 역학 저널은 마가린, 튀긴 음식, 육류를 많이 먹는 사람에서 췌장암 발병률이 높은데, 이런 사람이 매일 당근과 감귤류를 먹으면 발병률과 콜레스테롤 수치가 낮아진다고 하였다.
- 높은 자연당 성분 때문에 에너지 자극제로 쓰이며, 특히 당근과 파인애플 주스를 같은 양으로 혼합하여 마시면 저혈당 환자에서 좋은 에너지원이 된다.
- 당근 죽은 유아의 설사에 좋다. 가스를 만들어 변을 부드럽게 해주며, 양배추와 같이 이용하면 더욱 효과적이다.

- 당근의 섬유질에는 화학성 오염 물질들에 대한 방어 기능이 있다. 해로운 화학 물질로 인해 체중감소, 설사 등이 있을 때 당근과 양배추가 방어력을 키워준다.
- 하루에 당근 2~3개를 먹으며 담배를 끊는 데 성공한 사례가 있다.
- 미지근한 당근 주스는 천식 치료에 좋다.

마늘과 양파

- 피의 응고를 방지하고 혈압을 낮추며, 고혈압, 당뇨병에 치료 효과가 있다. 불면증을 해소하고 기생충을 제거한다. 부비강 염증에 의한 두통에도 치료 효과가 있다.
- 마늘에는 광범위한 항생제 효과와 예방 효과가 있어 일반 항생제로 15%밖에 치유할 수 없는 척수뇌막염을 82% 정도까지 치유한다는 연구 보고가 있다.
- 마늘 추출물에는 암세포를 죽이는 면역 기능이 있다. 열, 폐렴, 피부 질환에도 좋은 효과가 있다.
- 흡연자, 천식 환자, 알레르기 환자의 호흡에 도움을 준다. 마늘 7개를 벌꿀에 잘 혼합하여 보관하였다가 끓는 물에 3시간 정도 녹인다. 이것으로 목, 가슴, 배, 어깨 등에 습포를 하면 호흡이 원활해지고 응혈 현상이 풀린다. 유칼립투스 3g을 혼합하면 효과가 더욱 좋다.
- 마늘과 고추를 넣은 주머니를 만들어 이용하면 겨울에도 체온을 올릴 수 있다.
- 잘 말린 양파를 끓인 물에 50분 정도 담가두었다가 체로 걸러 린스 대신 사용한다. 모발이 본래의 머리색을 되찾고 윤기가 나며 건강해진다.
- 양파는 염분 대용으로 사용할 수 있다. 고혈압 환자 등 염분을 제한해야 하는 사람들은 소금 대신 양파 1~2개를 먹으면 좋다.
- 화상, 벌레 물린 데, 골절 등에 좋다. 부추와 양파를 기름에 살짝 볶다가 얇게 썬 감자와 함께 약 30분 정도 잘 볶는다. 이것을 곱게 으깨어 화상 부위나 벌레 물린 데 바른다. 삔 데, 멍든 데, 골절 부위 등에 파와 요구르트를 혼합하여 발라도 효과가 좋다.
- 적당한 크기로 썰어 오븐에 익힌 양파를 아픈 귀에 몇 번 반복해서 대주면 귀의 통증이 사라진다. 마늘과 양파로 만든 오일(마늘 3개, 양파 1/2개를

올리브 오일 25g에 절여 10일간 보관한 것)을 아픈 귓속에 5~7방울 떨어뜨리거나, 아픈 치아에 문질러주어도 통증이 사라진다.

머위

천식, 기관지염 등 호흡기 계통에 뛰어난 효과가 있다. 물 4컵을 끓여 식힌 후 머위, 서양톱풀, 질경이 잎과 꽃을 넣고 약 1시간 동안 둔다. 뚜껑을 열고 15cm 정도 떨어진 곳에서 5분 정도 호흡한 다음 잘 짜서 1컵 정도 마신다.

무

- 소화 효소가 풍부하다. 전분이 많은 음식, 즉 곡류, 파스타, 감자 등과 함께 먹으면 소화에 도움을 준다.
- 지방을 제거한다. 당근과 무 즙 각 25g, 물 2컵, 간장 7방울, 레몬 즙 25ml, 켈프 25g을 혼합하여 5분 정도 끓여서 마시면 몸에 쌓인 지방이 제거된다.
- 무 뿌리를 끓여 그 물을 마시면 기침과 열이 가라앉고 식욕이 회복된다.
- 무 썬 것을 우유 1컵, 옥수수 전분 10g에 혼합하여 마시면 설사가 멈춘다.
- 무 썬 것(2개)과 적포도주 1/2컵을 혼합하여 하루 2회 마시면 소변을 자주 볼 수 있고 신장결석과 담석 제거에 좋다.
- 무 썬 것을 얼음과 함께 화상 부위에 발라주면 빠른 치료 효과가 나타나며, 통증과 감염을 막을 수 있다. 여기에 아연과 비타민 E를 혼합하면 회복이 더 빨라진다.
- 무에 들어 있는 설파라는 성분에는 항암 효과가 있다. 무 주스가 위암, 유방암에 효과적이라는 의학 보고가 있었으며 간장과 췌장의 질환에도 효과적이라고 한다.

미나리

- 미나리 스프는 혀와 입술, 입 안의 물집이나 잇몸이 부은 데, 악취 등에 좋다. 미나리와 당근 200g에 물 4컵에 붓고 물이 1/3~1/4로 줄어들 때까지 끓여서 마신다.

- 미나리로 습포를 하면 두통이 있거나 신경이 예민할 때 좋다. 병에 미나리 1움큼을 넣고 끓인 사과 식초 3컵을 부어 시원한 곳에 몇 시간 두었다가 잘 짠다. 이 물에 수건을 적셔 이마에 올려놓는다.
- 습진, 피부염은 미나리 끓인 물로 씻어주면 효과적이다.
- 미나리는 이뇨 효과가 높아 폐의 울혈, 통풍으로 인한 부종 등을 없애준다. 미나리 25g을 1컵 분량의 끓인 물에 넣고 20분 정도 두었다가 짜서 마신다.

바닐라

- 바닐라 꼬투리 4~6개에 코냑 2컵을 붓고 하루에 몇 번씩 잘 흔들어주면서 21일 정도 둔다. 이 용액을 하루 2~3회 10~20방울씩 마시면 성적 흥분제가 된다.
- 히스테리와 정서적 상처를 치유하고 안정시킨다.

버섯

- 가늘게 썬 버섯에 물 1/2~2컵을 부어 끓이다가 켈프를 넣고 30분 정도 더 끓인다. 열을 낮춰가며 물이 1/4~1컵이 될 때까지 끓인다. 이 차는 몸의 응혈 현상을 풀어주고 신장 기능을 촉진하며, 열을 내려주고 긴장을 이완한다.
- 아연 함량이 높아 화상, 상처, 피부염 등에 좋고, 전분이 많은 음식의 소화를 도우며, 전립선 기능을 항진시킨다.
- 켈프, 버터, 밀과 함께 버섯 스프를 만들어 먹는다.

비름

- 여드름, 건선, 습진에 좋다.
- 질염, 월경과다, 질 세척에 효과적이다.
- 치주염, 구강 세척에 효과적이다.
- 설사, 결장 염증, 항문 상처 등에 좋다.

생강

- 구토나 메스꺼운 증상을 가라앉힌다.
- 혈액의 응고를 막는다. 내출혈 등의 부작용이 있는 와파린 같은 합성 혈액응고제와 달리 안전하다.
- 근육통, 관절통, 복통, 신장결석통, 신경통, 치통 등의 아픈 부위에 생강 끓인 물을 대면 효과가 있다.
- 고혈압으로 인한 두통, 또는 열, 목과 코의 증상, 인후염 등을 가라앉힌다. 생강 가루를 찬물과 함께 반죽하여 이마에 붙이면 두통이 해소된다.

셀러리

- 줄기와 씨앗에 혈압을 낮추는 프탈라이드라는 성분이 들어 있다. 중국의 한 연구는 고혈압 환자 16명 중 14명을 셀러리 주스로 치료하였다고 보고한 바 있다. 셀러리 주스 200ml를 벌꿀과 함께 1일 3회 1주일 동안 복용하면 효과가 있다. 셀러리 주스를 당근 주스와 함께 하루에 200ml 정도 마시면 신경이 안정되고 마음이 진정된다.
- 말벌에 쏘여 통증이 심할 때 셀러리 줄기를 짓이기거나 즙을 짜서 바르거나 붙이면 즉각적인 효과가 있다.
- 체중 조절에 도움을 준다.

순무

- 콜레스테롤 수치를 낮추고 장운동을 활발하게 해준다. 순무 10g, 레몬 주스, 켈프, 물 25g을 혼합하여 마신다.
- 감기, 콧물, 열이 나고 목이 부을 때 등에 마늘, 양파, 감자, 당근 등과 함께 끓여서 마시면 좋다.
- 순무를 1주일에 한 번 먹고 치아와 잇몸을 마사지하면 플라크(치태)가 제거된다. 순무 즙은 알루미늄 등 중금속을 해독시키고, 몸이나 땀 냄새 등을 없애준다.
- 순무 8g을 갈아 멍든 곳에 30분 정도 문지르거나 덮어두면 부기, 통증 등이 사라진다.

시금치

- 항암 및 종양성장 억제 효과가 있는 히스티딘이라는 성분이 들어 있다.
- 망간이 들어 있어 당뇨병에 효과가 있다. 시금치 1움큼에 켈프, 레몬과 라임 주스 1/2~1컵, 물을 넣어 낮은 온도에서 1시간 정도 끓인다. 이것을 하루 2회 1/2컵씩 마신다.

쑥

- 진통 효과가 뛰어나다. 암, 관절염, 부종, 삔 데, 골절 등으로 인한 통증에 효과가 높다. 쑥 10g에 위스키 2컵을 붓고 매일 잘 흔들어주면서 11일 정도 둔다. 그 다음 걸러내어 시원한 곳에 보관하며 내복 또는 외용으로 사용한다. 이 용액은 기생충 박멸에도 효과가 있다.
- 벌레 물린 곳에 쑥 잎을 갈아 사과 식초와 함께 거즈에 묻혀 바르면 효과가 있다.
- 간염, 황달에 좋고, 독성 물질로부터 간장을 보호해준다. 쑥 잎 100g을 2컵 분량의 끓인 물에 넣고 미지근해질 때까지 두었다가 하루 3회 공복에 1/2컵씩 마신다.

양배추

- 설파와 히스티딘 성분에 종양성장 억제 작용이 있어 직장암, 결장암 등 암을 예방한다. 해로운 화학첨가제를 해독하고, 인체의 면역 기능을 높여준다.
- 나쁜 콜레스테롤(LDL) 수치를 떨어뜨려 동맥경화증을 예방한다.
- 장운동을 증가시켜 배설 기능을 촉진한다. 양배추(생것 또는 조리된 것)를 1주일에 2회 먹는 것만으로도 장 기능이 좋아진다. 섬유질의 수분 함유 능력으로 변의 무게가 20% 이상 증가한다.
- 머리, 피부, 손과 발의 이스트균감염증과 월경전증후군에 효과가 있다. 질 세척용으로도 사용한다.
- 생 양배추나 양배추 주스는 위궤양, 십이지장궤양 등에 치료 효과가 있다. 양배추 주스 1/2컵을 아침저녁으로 복용하면 완벽한 제산제 역할을 한다.

- 우라늄과 X-레이 치사량에 노출된 동물에게 양배추 잎을 먹인 결과 방사선 피해를 막을 수 있었다는 보고가 있다. 양배추 섭취는 컴퓨터, TV, 마이크로웨이브, 고압 전선 등에 노출되기 쉬운 환경에 필수적이다.
- 천식, 기관지염, 폐렴, 좌골신경통, 신경통, 통풍, 감기 등에도 좋다.
- 류마티스관절염, 요통, 복통 등에 삶은 양배추 잎에 올리브 오일을 발라 통증 부위에 붙이고 타월로 덮어두면 효과적이다.

오이

- 썰어서 취침 전 눈꺼풀 위에 30분 정도 덮어주면 눈의 피로가 사라지고 염증이 제거된다.
- 으깨거나 갈아서 피곤하고 아픈 발을 담그면 발이 편안해진다.
- 입술이 마르거나 피부가 건조할 때 문질러주면 촉촉하고 부드러워지며 윤기가 난다.
- 주름살 제거에 효과적이다. 오이 2조각을 미용 크림, 올리브 오일 25ml에 잘 혼합하고, 다시 벌꿀, 진흙 25g, 옥수수 전분 약간을 섞는다. 이것을 약 30분 정도 냉장하여 차게 한 다음 레몬이나 라임 등과 함께 얼굴, 이마 등에 바른다.

옥수수

- 찐 옥수수는 다리가 붓고 소변이 잘 나오지 않는 등의 신장 문제에 효과적이다.
- 옥수수 죽은 기름을 제거하여 피부를 깨끗하게 해준다.
- 옥수수 전분은 기저귀 피부염, 옻나무 피부염, 벌레 물린 데 효과적이다.
- 옥수수수염 차는 신장결석 등 신장 문제에 효과적이다. 옥수수수염 50g을 뜨거운 물 1컵에 넣어 20일 정도 담갔다가 3~4시간 간격으로 1/2컵씩 마신다.

올리브

- 올리브 오일에 포함되어 있는 지방산의 주성분인 오메가-9 불포화지방산,

| 90% 이상 확실한 담석 제거법 |

- 단식 기간 2일 정도는 채소, 과일만 먹는다. 당근 주스 1컵, 복숭아 주스 1컵, 자두 주스 1/4컵, 파슬리 1단, 올리브 50g을 혼합하여 냉장 보관하고 4시간 간격으로 2컵씩 마신다. 샐러드는 먹되 커피, 차, 육류, 밥, 빵 등은 절대 금한다.
- 2일 정도 매일 저녁 커피 관장을 한다.
- 3~5일 정도 올리브치료를 한다. 공복에 아침, 점심, 저녁으로 올리브 오일 400ml, 자몽 주스 70ml, 사과 식초 2스푼, 사과 시럽 1스푼을 혼합하여 복용한다.
- 효과가 없으면 1주일 정도 계속하되, 기운을 차리기 위해 정상적인 식사를 할 수도 있다. 단, 육류, 커피, 기름기 있는 음식, 쌀밥 등은 삼가야 한다.
- 3일 간격으로 레시틴 50g을 섭취하면 예방과 재발 방지에 도움을 준다.

즉 올레산은 혈청 콜레스테롤 농도는 낮추고 고밀도 콜레스테롤(HDL-콜레스테롤)의 농도는 저하시키지 않아 고지혈증 환자에게 특히 유익하다. 모유에도 가장 많이 함유된 지방산으로 아기의 성장, 발달을 돕는다.

- 올리브 오일 50ml를 마시면 속쓰림, 소화 장애, 궤양 등에 효과가 있으며, 올리브 오일을 달걀흰자와 함께 화상 부위에 바르면 빨리 아물게 하는 효과가 있다.
- 주름지고 윤기 없는 얼굴, 복부 등에 올리브 오일 200ml와 달걀노른자 2개를 혼합하여 바르고 30분 정도 두면 막이 형성되면서 탄력 있는 피부로 변한다.
- 어린이의 치통에 올리브 오일을 치아에 살짝 발라주면 효과적이다.
- 수영 등으로 물이 들어간 귀에 올리브 오일 13방울, 마늘 오일 7방울, 비타민 E 400IU를 잘 혼합하고 더운물을 부어 만든 용액을 떨어뜨리면 증상이 회복된다. 단, 고름이 나올 때는 해서는 안 된다.

완두콩

- 만성 여드름 증상에 좋다. 완두콩 껍질, 말린 캐모마일 70g을 끓인 물에 넣어 식힌다. 이 물을 1컵 정도 마시고 3시간 간격으로 세수를 한다. 습진,

피부염, 건선, 옻 옮은 피부, 헤르페스 등에도 효과가 있다.

- 완두콩 2움큼을 1컵 분량의 끓인 물에 넣고 50분 정도 끓여 식힌 물로 세수를 하면 피부가 고와지고 깨끗해진다.

치커리

- 치커리 차에는 피임 효과가 있다. 치커리 뿌리가 정자를 일시적으로 불임 상태로 만든다는 보고가 있다.
- 치커리 차를 하루 2컵씩 마시면 간과 비장을 정화하고 황달을 치료하는 효과가 있다.
- 치커리 차를 식후에 1~2컵 마시면 혈중 콜레스테롤 수치를 낮추는 효과가 있다.
- 빈맥 또는 심장이 두근거리고 빨리 뛰는 증상에 디기탈리스와 같은 강심제 효과를 나타낸다. 그러나 아직 인체에 적용하여 인정된 결과가 나오지는 않았다.
- 치커리 뿌리 차 1컵에는 위산을 중화시키는 효과가 있다.
- 담석 용해에 효과적이다. 치커리 뿌리 70g을 끓인 물 1L에 넣고 낮은 온도에서 20분 정도 끓인 뒤 불을 끄고 치커리 200g을 더 넣고 45분 정도 끓인다. 이 차를 하루 2회 식사 중간 중간에 몇 컵씩 마신다. 특히 잠들기 2시간 전에 마시는 것이 가장 효과적이다.

컴프리

- 컴프리 뿌리와 금잔화로 만든 차를 하루 2회 2컵씩 마시면 위십이지장 궤양에 효과가 있다. 제산 작용이 있어 궤양, 상처에 탁월한 효능을 나타낸다.
- 1912년 영국의 의학 저널과 1963년 실험 생화학 저널 등이 뿌리와 잎에 게르마늄과 코발트 성분이 있어 하악골암을 비롯한 암에 항암 작용을 한다고 발표한 바 있다. 그러나 한꺼번에 많은 양을 섭취하면 간에 해롭다.
- 컴프리 차는 멍든 데나 찰과상에 효과가 있다. 말린 컴프리 뿌리와 잎 50g을 끓여서 식힌 물에 넣고 1시간 동안 두었다가 마신다.

콩

- 강인성 유지와 활력에 도움이 되는 스태미나 식품이다.
- 검은콩 주스는 변비와 운동과다증에 효과가 있다. 검은 메주콩 50g을 물에 넣고 10분 정도 끓여서 두었다가 하루 3회 1컵씩 마신다.
- 항프로테아제 성분이 있어 암 발생과 전이를 억제한다. 또, 나쁜 산화기가 방출되는 것을 막아 DNA 파괴나 암 발생을 방지하고, 암세포가 조직으로 침투하는 것에 저항하여 방사선으로 인한 암 발생을 방지한다.
- 콜레스테롤과 트리글리세리드를 저하시킨다.
- 1주일에 2회 이상 콩 식품을 섭취하면 당뇨병 환자에서 혈당치를 떨어뜨릴 수 있다.
- 미네소타 대학 토비안 박사의 연구에 따르면 콩에는 고혈압, 뇌졸중, 신장병을 예방하는 효과가 있다고 한다. 콩밥은 체내의 칼륨을 높여 고혈압을 예방하고 치료해준다.
- 육류를 대신하여 에너지와 스태미나를 제공한다. 스탠퍼드 대학 심장병 예방센터의 영양학자들이 가장 이상적인 육류 대용 식품으로 소개한 바 있다.

토마토

- 씨와 껍질이 설사를 막아주며, 칼륨 성분은 신장에 좋은 영향을 주고 혈압을 낮춘다.
- 껍질을 벗겨 으깬 것을 버터, 우유에 담갔다가 바로 피부에 바르면 햇볕을 차단하는 효과가 있다.
- 토마토 조각을 상처 부위나 진물 나는 데 붙이고 거즈로 감으면 통증과 염증이 사라진다.
- 저혈당 환자나 힘이 없고 피곤한 사람에게 토마토 주스를 마시게 하면 글리코겐 생산을 돕고 활력을 돋구어준다. 특히 잘 익은 토마토는 과당이 많아 좋은 피로회복제가 된다.
- 코오러스와 유황 성분이 중요한 해독 작용을 한다. 이들은 간에서 노폐물을 걸러내는 일을 도와 간경화를 막는다. 또, 간을 재생하고 활성화하며, 동물성 지방을 용해시켜 동맥경화를 막는다.

파슬리

- 식초로 깨끗이 씻어서 씹어 먹으면 구취가 3~4시간 이내에 제거된다.
- 비타민 A와 C가 풍부하고, 다른 채소들에 비해 아미노산 함량이 높으며, 히스티딘 등이 있어 항암 효과가 뛰어나다.
- 신장염, 신장결석, 소변이 잘 나오지 않거나 소변 볼 때 통증이 있는 증상 등에 효과가 있다. 파슬리 400g을 4컵 분량의 끓인 물에 넣고 40일 정도 둔 다음 짜서 하루 4회 1컵씩 마신다.
- 파슬리 차는 성적 흥분제 역할도 한다.
- 멍들거나 삔 데 바르면 치료 효과가 있다.

호박

- 호박 속을 갈아서 얼음과 혼합하여 화상 부위에 덮어주면 염증이 가라앉는다.
- 호박과 스쿼시의 씨는 부종, 통풍, 신장결석, 소변 볼 때의 통증 등에 효과적이다. 씨를 갈아서 4컵 분량의 끓는 물에 넣고 20분 정도 끓여 30분 정도 두었다가 하루 몇 컵씩 마신다.
- 호박 잎은 삐거나 멍들고 인대가 늘어난 데, 허리 통증, 골절에 좋다. 문제 부위에 캐모마일 크림을 바르고 호박 잎으로 만든 습포를 오랫동안 붙여 둔다.
- 호박 잎을 8컵 분량의 물에 넣고 끓인 다음 35분 정도 두었다가 마시면 열이 내리고 설사가 멈춘다.
- 나이가 들면 전립선에 이상이 오는데, 호박 시럽을 복용하면 그 기능을 정상으로 유지할 수 있다. 익힌 호박 씨와 스쿼시 150g을 갈아서 벌꿀에 혼합하여 진한 시럽으로 만들고, 여기에 계피와 레몬 주스를 섞어 매일 아침 1스푼씩 마신다. 회충 박멸에도 좋다.
- 호박 속을 이마나 관자놀이에 붙이면 편두통이 사라지고, 목, 가슴 등에 붙이면 신경통이 사라진다. 신선한 호박 줄기를 잘라 그 물을 귀에 몇 방울 떨어뜨리면 귀의 통증이 사라진다.
- 꽃을 갈아 상처 나고 긁힌 피부에 바르면 효과가 있다.

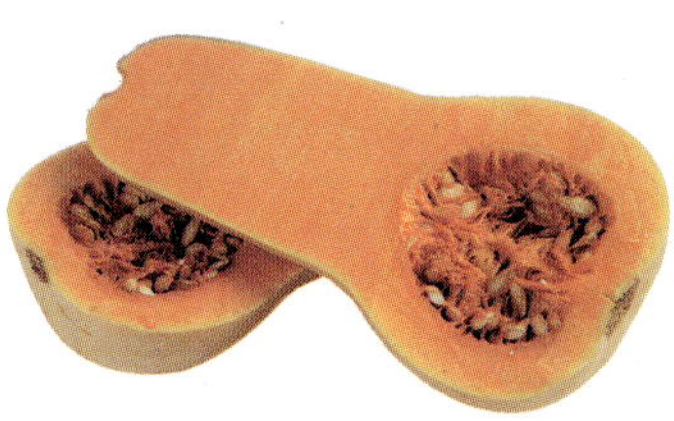

허브 · 약용식물요법

가시 남천

뇌막염을 일으키는 뇌막염균에 살균 효과가 강하고 대장균, 연쇄상구균 등에도 효과가 있다. 가시 남천 50g을 물 800ml에 넣고 7분 정도 끓인 다음 25분 정도 두었다가 마신다. 전갈, 독사, 방울뱀 등에 물렸을 때도 이 차를 바르거나 마시면 좋다.

계피

- 충치와 입 냄새에 효과가 있다. 계피 용액 1/2스푼을 따뜻한 물에 타서 양치질한다.
- 위산과다, 속쓰림에 효과가 있다. 계피와 생강을 함께 끓여 마신다.
- 감기로 인한 열이 내리고, 충혈 증상, 코막힘이 사라진다. 계피 1조각과 클로브를 2컵 분량의 물에 넣고 3분 정도 서서히 끓인다. 불을 끄고 레몬주스 2스푼, 벌꿀 1/2~1스푼, 위스키 2스푼을 혼합하여 잘 저은 다음 20분 정도 우려낸다. 3~4시간 간격으로 1/2컵씩 마신다.
- 계피나 건포도가 든 빵에는 아플라톡신이 생기지 않는다. 독성 곰팡이로 간암 등을 일으키는 아플라톡신은 빵 종류에 주로 생긴다.
- 질 세척제로 이용할 수 있다. 계피 조각 8~10개를 4컵 분량의 끓인 물에 넣고 불을 줄여 5분 정도 끓인 다음 불을 끄고 45분 정도 우려낸다.
- 발암억제제로 음식에 이용할 수 있다. 계피산이 음식의 많은 화학 물질로부터 발생하는 암을 억제한다.

고추냉이

- 주로 근육통, 가슴통증 등에 마사지 오일로 쓰인다.
- 머리 린스와 피부 미용에 사과 식초와 함께 쓰면 효과가 있다. 고추냉이 뿌리 25g을 버터, 우유 1컵과 혼합하여 30분 정도 잘 저은 다음 보관하여 사용한다.
- 고추냉이 차는 겨울에 손발이 차고 혈액순환이 잘 되지 않을 때 몸을

따뜻하게 해준다. 생강과 고추냉이 뿌리 25g을 4컵 분량의 끓인 물에 넣고 낮은 온도에서 10분 정도 끓인 다음 1시간을 두었다가 1컵씩 마신다. 미나리, 겨자 등을 첨가해도 좋다.

골든실(히드라스티스)

골든실

- 1974년 미국 캘리포니아의 앤더슨 박사는 골든실 뿌리 가루 3g과 컴프리, 노란 양국화를 1컵 분량의 끓인 물에 잘 혼합하여 15분 정도 두었다가 체로 잘 거른 다음 하루 3회 눈에 떨어뜨려주면 눈의 염증, 각막과 홍채의 염증, 헤르페스에 효과가 있다고 하였다.
- 칸디다나 이스트균 감염에는 골든실 뿌리 가루 10~25g을 3컵 분량의 물에 잘 혼합한 용액으로 씻어준다. 입 안에 상처나 염증이 있을 때 양치질을 해주어도 좋다.
- 옻나무 피부염에는 골든실 뿌리 가루 25g을 끓인 물 1L에 잘 혼합한 용액을 바르면 효과가 있다.
- 당뇨병 환자가 골든실 제제를 하루 2캡슐 복용하면 인슐린 필요량을 줄일 수 있다. 단, 저혈당은 주의해야 한다.
- 부비강 염증과 충혈에는 골든실 가루와 물로 만든 용액을 콧속에 들이마시면 효과가 있다.

귀리 기울(오트 브랜)

- 유익한 콜레스테롤은 높이고 해로운 콜레스테롤은 낮춘다.
- 당뇨 환자의 인슐린 필요량을 줄여준다.
- 목욕에 이용하면 건성과 접촉성 피부염에 도움을 준다. 오트밀 10~25g을 6컵 분량의 끓인 물에 넣고 30분 정도 식힌 다음 다시 끓인 물로 얼굴 등을 세수하면 피부가 깨끗해진다.
- 발의 피로, 각질이 심할 때 도움을 준다. 오트밀을 넣고 끓인 물에 발을 담근다.

나팔꽃

- 나팔꽃 용액은 두통과 눈의 염증에 효과가 있다. 나팔꽃 200~400g을 2컵 분량의 진에 넣어 밀봉한다. 매일 2회씩 잘 흔들어주면서 2주 정도 창가에 두었다가 헝겊으로 걸러낸다. 이 용액을 수건에 적셔 이마나 감은 눈 위에 덮으면 증상이 사라진다.
- 야외에서 벌레, 모기 등에 물렸을 때 나팔꽃 잎을 잘 으깨어 문지르면 효과가 있다.
- 헤르페스, 당뇨성 다리 궤양, 매독성 궤양, 일반적인 상처에 바르면 효과가 있다.
- 종기와 부스럼에 나팔꽃 잎 1움큼을 갈아서 찬물 2스푼을 섞어 습포로 붙이면 효과가 있다.

너트메그(육두구)

- 가스, 소화불량, 메스꺼움, 구토 등의 위장 장애와 신장 장애에 효과가 있다. 너트메그 가루, 느릅나무 껍질 10~25g을 찬물에 혼합하여 죽으로 만든 다음 물 1L에 끓여서 사용한다.
- 알코올, 마리화나(대마초) 중독에 대체 물질로 사용한다. 개박화와 함께 중독 현상을 일으키지 않고 부작용이 없다. 성적 흥분, 발기 등의 효과도 있다.

너트메그

느릅나무

- 무릎 관절 부위의 상처, 습진 등에 바르면 효과가 있다.
- 레몬 주스와 느릅나무 용액으로 만든 레모네이드는 열을 내리고 소화력을 증진한다.
- 기침이 나거나 목이 따가울 때 계피, 너트메그와 혼합하여 사탕처럼 만들어 복용하면 좋다.

달맞이꽃(이브닝 프라임로즈)

달맞이꽃

- 영국 리드 대학 정신과에서 달맞이꽃 캡슐 500mg을 비타민 B3 · B6 · C, 아연과 함께 정신분열증 환자에게 복용시킨 결과 현저한 회복을 보였다.
- 달맞이꽃 오일 3ml를 월경 전 15일부터 투여한 결과 우울증 등 감정 동요가 감소하고 월경전증후군 증상에 상당한 호전을 보였다.
- 감마리놀렌산이 혈압을 현저히 낮춘다. 감마리놀렌산은 동물 실험에서 스트레스에 대한 심장의 적응력을 높이고 고혈압이 있는 쥐의 혈압을 떨어뜨리는 것으로 밝혀졌다.
- 효소 성분이 관상동맥 질환, 고혈압, 고지혈증, 암, 조로증, 알레르기성 습진, 피부염, 감염증 등 만성 질환에 효과를 보인다.

당귀

당귀

- 10여 종이 있으며, 여성 질환에 치료제로 사용되어왔다. 인삼 다음으로 많이 사용되며, 빈혈, 불규칙한 월경, 월경전증후군, 안면홍조 등 폐경기 증상, 질수축증에 효과가 있다.
- 바닐라 향의 백색 결정체 쿠마린이 고단백 부종, 특히 임파선이 부었을 때 효과를 나타낸다.
- 버갑텐(베르가모트 오일의 주성분)이 관절염을 동반한 건선에 치료 효과를 나타낸다.
- 버갑텐, 리나룰, 보르네올 성분이 항박테리아, 항균 작용을 한다.

대황

- 칼륨, 칼슘이 많고 인은 비교적 적다. 대황 즙은 치아의 에나멜 층을 튼튼하게 하고 충치를 예방한다.
- 레인과 에모딘이 피부암을 억제하는 항암 작용을 한다.
- 관절염, 건선, 헤르페스, 습진, 간염, 여드름에 효과가 있다. 대황 뿌리 가루 400g과 줄기 간 것 200g에 포도나무 뿌리 가루 250g, 3컵 분량의 진을 혼합하여 15분 정도 두었다가 걸러내고 양배추 즙 1/4~1컵을 다시 혼합하여 사용한다.

- 중국산 대황 뿌리의 세노사이드 E와 F 성분은 하제 효과가 있어 변비 치료에 쓰인다. 수렴 효과가 있어 소량을 복용해도 설사를 멈추게 하는 등 이중의 성질을 가지고 있다.
- 타닌산이 혈관을 수축시켜 십이지장궤양과 출혈에 좋은 효과를 보이며, 췌장염, 담낭염, 황달 등에도 좋다. 대황 뿌리 10~25g을 1~4컵 분량의 끓인 물에 넣고 40분 정도 끓여서 사용한다.

로벨리아

로벨린염이 금연과 통증 완화에 도움을 준다. 이 용액 6~8방울을 혀 밑에 떨어뜨리면 니코틴 갈구증이 상당 부분 가라앉으며, 6방울 정도를 귀에 떨어뜨리거나 치아 주위 잇몸에 문지르면 귀와 이의 통증이 사라진다.

로즈마리

- 페퍼민트, 클라리세이지, 타임과 함께 아로마요법에 흔히 이용되며, 항박테리아 작용을 한다.
- 류마티스, 통풍 등에 효과가 있다. 신선한 로즈마리 꽃 2움큼을 2컵 분량의 브랜디에 혼합하여 하루 2회씩 잘 흔들어주면서 10일 정도 둔 다음 로즈마리와 3 : 1의 비율로 라벤더를 혼합한다. 이 용액을 하루 2회 1스푼씩 복용한다.
- 항산화 작용이 있어 음식을 보관할 때 방부제 대신 사용할 수 있다.
- 로즈마리 오일은 두통에 뛰어난 효과가 있다. 단순히 이마에 바르는 것만으로도 효과를 볼 수 있다.
- 위장관의 가스를 제거하고, 소화를 촉진하며, 간과 담낭의 담즙 분비를 원활하게 유지시켜준다.
- 향긋하고 상쾌한 향으로 인해 화장품과 향수를 만드는 데 쓰이며, 샴푸와 비듬제거제에도 사용된다.
- 양치질에 사용하면 입 냄새가 사라진다. 말린 로즈마리 꽃과 잎 70g을 끓인 물 1L에 넣고 30분 정도 두었다가 걸러서 사용한다.

로즈마리

몰약

몰약(미르)

- 입 안의 상처, 잇몸의 염증 등에 도움을 준다.
- 항생제 효과가 있어 감염증이나 알레르기에도 효과적이다.
- 양치질에 사용하면 악취가 사라지고 목의 통증도 없어진다. 몰약 가루 25g, 파슬리 2개, 정향나무 3개, 골든실 가루 6g을 끓인 물 1L에 혼합하여 사용한다.

무화과 열매

무화과

- 목감기, 폐의 염증에 효과가 있다. 무화과를 잘라서 2컵 분량의 끓인 물에 넣고 5분 정도 끓인 다음 식혀서 4시간 간격으로 1/2컵씩 마신다.
- 변비에 효과가 있다. 무화과, 건포도, 보리를 4컵 분량의 끓인 물에 넣고 15분 정도 끓인 다음 감초 뿌리 6~50g을 넣고 30분 정도 식힌다. 이 물을 밤에 1컵씩 마신다.
- 종기나 상처 부위에 무화과 열매를 잘라서 붙이면 효과가 있다. 치아에 문질러 닦으면 이를 깨끗하게 관리할 수 있다.
- 하트웰 박사의 5년여에 걸친 조사와 일본 학자들의 조사 결과 무화과 즙을 복용하면 벤즈알데히드에 의해 암의 50% 정도가 호전될 수 있다고 한다.
- 피신이라는 설파제가 관절염 등에 도움을 준다. 무화과를 1/2~2컵 분량의 끓인 물에 넣고 몇 분 정도 두어 부드럽게 한 다음 갈아서 습포로 만들어 붙인다.

민들레

민들레

- 줄기를 끓여 만든 즙을 손등이나 몸에 난 사마귀, 거무스름한 반점 등에 문지르면 깨끗해진다.
- 봄철 민들레 뿌리의 마니톨은 고혈압 치료에 효과가 있다. 민들레 차는 3월 중순~5월 중순에 수확한 것이 가장 좋다. 조각낸 민들레 뿌리 50g을 2컵 분량의 끓여서 식힌 물에 넣고 1분 정도 끓여 다시 식힌다. 여기에 잎 50g을 넣고 40분 정도 두었다가 짜서 하루 2컵씩 마신다.

- 간염, 간경화증, 황달에, 그리고 독성과 담석 제거에 흔히 쓰인다. 싱싱한 민들레 잎, 줄기, 뿌리 500g을 2컵 분량의 끓여서 식힌 물에 넣고 물이 반으로 줄 때까지 끓인 다음 잘 걸러서 하루 6회 25ml 정도 마신다.
- 영국의 데이비드 포터튼 박사에 의하면 민들레 뿌리는 인슐린 성분이 많아 당뇨병 환자에게 좋다고 한다.
- 1951년 미국의 의학 저널에 의하면 민들레 꽃은 야맹증 치료에 상당한 효과가 있는데, 어둠 속에서도 잘 보게 하는 헬레닌 성분과 비타민 A, 비타민 B2 때문이라고 한다. 민들레 꽃 한 움큼을 2컵 분량의 끓는 물에 넣고 20분 정도 달인 다음 하루 2회 1컵씩 마신다.
- 민들레 차는 홍역, 이하선염, 수두 등 소아기 전염병에 효과가 있다. 말린 민들레 뿌리 50g을 2컵 분량의 끓인 물에 넣고 12분 정도 끓인 다음 식힌다. 여기에 잎 70g을 넣고 반시간 정도 두었다가 짜서 마신다. 모든 종류의 염증, 특히 호흡기 계통 염증에 효과가 탁월하다.

민트(박하)

민트

- 민트 잎 50g을 2컵 분량의 끓여서 식힌 물에 넣고 50분 정도 두었다가 차게 해서 마시면 편두통이 사라진다.
- 페퍼민트 차에 벌꿀을 타서 마시면 신경 계통이 안정되면서 위가 진정되고 소화가 잘 된다.
- 페퍼민트는 강력한 항바이러스 작용이 있어 헤르페스 치료에 좋다.

바질(나륵풀)

- 잎이나 씨앗으로 차를 만든다.
- 바질 차는 다목적 건강 차로 불안, 편두통, 출산 전후 여성의 혈액순환, 모유분비에 효과가 있다. 열을 떨어뜨리고, 안과 질환에 세척용으로 사용되며, 구강의 칸디다, 이스트균 감염 시 양치질에 이용해도 좋다.
- 마른 바질 25g을 1컵 분량의 물에 넣어 10분 정도 우려낸 다음 잘 짜고 조롱나무 용액 2스푼을 첨가한다. 이 용액을 앞이마에 바르면 두통에 효과를 보인다.

발레리안

- 뿌리가 히스테리, 고혈압, 요통, 편두통 등에 효과가 있다.
- 천연 정온제, 안정제다. 베일포트리에이트라는 성분이 중추신경계에 광범위한 정온 및 안정 작용을 하고, 뇌 · 척수 신경계의 수용체에 부착되어 스트레스와 긴장으로 인한 증상을 줄인다. 말린 발레리안 뿌리 10~25g을 끓인 물 1L에 넣어 30분 정도 두었다가 하루 1~2컵씩 마신다.

벌꿀

- 따뜻한 물로 몸 전체를 닦아 피부의 공기구멍을 이완시킨 다음 꿀을 얇게 바르면 주름살이 펴지고 더러운 부위가 깨끗해진다. 우유, 달걀흰자, 레몬 주스, 사과 식초 등을 혼합해도 좋다.
- 불면증에는 벌꿀 2스푼을 레몬과 오렌지 주스에 혼합하여 1/2컵 정도 마시면 효과가 있다.
- 알레르기에는 알레르기 계절이 시작되기 한 달 전부터 식후에 벌꿀 1스푼을 먹고 이틀 간격으로 작은 벌집 1조각을 씹어 먹으면 눈물과 콧물이 나는 증상을 80%까지 예방할 수 있다.
- 어린이의 장염, 설사 등에 효과가 있다. 벌꿀 4스푼을 물 200ml에 타서 잘 저어 마시면 설사가 멈춘다.
- 벌꿀을 혀 밑에 넣고 있으면 더운 날에 몸을 차게 유지할 수 있다.
- 벌꿀의 포도당은 소화가 잘 되고 혈관 속으로 빨리 흡수되어 빠른 시간 내에 에너지화하며, 과당은 서서히 녹아 흡수되어 혈당을 일정하게 유지해준다.
- 기침, 후두염, 목이 쉬거나 따갑고 염증이 있을 때 벌꿀에 절인 마늘을 1스푼씩 먹으면 효과가 있다.

- 화분에는 레시틴 15%, 단백질 20%가 들어 있으며, 에너지, 비타민, 미네랄의 공급을 원활히 해준다.
- 밀랍은 강한 항생제 역할을 하여 합성 항생제의 사용을 줄이는 데 도움을 준다.
- 로열젤리는 정자 수를 증가시키고 생식기 성장을 촉진하는 회춘 효과가 있다고 한다. 매일 로열젤리 20mg을 먹으면 불임, 성욕부진에 효과가 있으며 입술이 바짝바짝 마르는 데도 좋다.

비트

- 노란색, 붉은색, 흰색 세 종류가 있다.
- 1950년대 후반 헝가리 소마 병원의 알렉산더 프렌지 박사는 모든 종류의 암에 오로지 붉은색 비트만을 먹게 하는 치료를 시도하였다. 그 결과 폐암으로 진단된 50세 남자에서 6주 후 암이 없어지고 4개월 후 체중이 10kg 늘고 E.S.R 수치가 정상으로 돌아왔다고 한다. 또, 전립선암 환자에게는 비트치료를 하고 자궁암 환자에게는 하지 않은 결과, 전립선암 환자는 1개월 후 카테터를 제거하고 걸어 다닐 수 있게 되고 체중이 는 반면, 자궁암 환자는 체중이 점차 감소하였다. 3개월 후 두 사람의 체중 차는 10.5kg에 이르렀다. 실험 결과 비트 뿌리에 항암물질이 있는 것으로 밝혀졌다. 이것은 소화액에도 손상되지 않는 안정성을 가진 물질로, 그 본질은 아직 명확히 밝혀지지 않고 있으며 붉은색을 내는 활성 물질로 추측되고 있다. 프렌지 박사는 베타인이라는 붉은색을 내는 물질을 항암물질로 추정했다.
- 비트치료는 간에서 해독 작용을 할 수 있는 시간적 여유를 주면서 서서히 진행해나가야 한다. 단시간에 너무 많은 비트를 섭취하게 되면 암세포가 급속도로 파괴되어 열을 낸다. 실제로 유방암 환자가 너무 많은 비트를 섭취하면 간에서 노폐물을 처리할 수 있는 용량보다 빠른 속도로 암적 상태가 정화되는 것을 볼 수 있다.

비트

| 비트의 효능 |

- 비트 뿌리는 좋은 철분 공급원이다. 특히 여성에서 부족하기 쉬운 철분을 보충해준다. 붉은 비트 뿌리 가루 25~50g을 물이나 주스 2,000ml에 혼합하여 마신다.
- 비트, 당근, 방풍나물은 저혈당에 효과가 있다.
- 비트 샐러드는 항암 식품이다. 마릴랜드 연구소 듀크 박사의 샐러드요법에 따라 잘 씻은 싱싱한 붉은 비트 1컵, 셀러리 300g, 치커리 200g, 세이지 200g, 토마토 2개, 중간 크기 오이 1개, 양파 1/2개, 마늘 1개, 호두 1움큼, 땅콩 1움큼, 커민 100g, 아마 씨 100g, 고춧가루 2자밤으로 샐러드를 만들고 기호에 따라 다진 마늘, 레몬 주스 등을 뿌려서 먹는다.
- 비트, 양배추로 만드는 러시아식 비트 스프도 건강에 좋다.
- 비트 뿌리는 쉽게 구할 수 있으며, 독성이 없어 섭취에 제한이 없다.

세이지

세이지

- 벌레 물려 가렵고 부어오른 데 효과가 있다. 잎을 짓이겨서 씹어 침과 함께 문제 부위에 붙인다.
- 목이 아플 때, 편도선염, 객담 등에 효과가 있다. 잎 50g을 1/4~1컵 분량의 끓인 물에 넣고 35분 정도 끓인 다음 잘 짜서 벌꿀 등과 함께 1/2컵씩 마신다.
- 불필요한 모유를 마르게 한다. 따뜻한 세이지 차 2컵을 하루 1회 1주일 정도 마신다.
- 지나친 땀 흘림을 억제한다. 잎 70g을 4컵 분량의 끓인 물에 넣고 호프, 쐐기풀, 장미, 딸기 잎, 호두 잎 각 25g을 더하여 1시간 동안 두었다가 복용한다.
- 알레르기나 불안, 건선, 습진 등으로 피부가 가려울 때 효과가 있다. 세이지 차를 문제 부위에 발라주면 10분 이내에 효과가 나타난다.
- 기억력 등 정신 기능 활성화에 도움을 준다. 잎 800g을 5분 정도 갈아서 브랜디와 혼합한 다음 뚜껑을 잘 닫아 보관한다. 이 용액 25g을 물 2/3컵에 타서 마신다.
- 간장에 좋다. 세이지 차 1/2컵을 비트 주스 1/4컵, 토마토 주스 2/3컵에 혼합하여 하루 1~2회 마신다.
- 천연 머리 염색제로 이용할 수 있다. 잎 50g을 홍차와 혼합하여 끓인 다음 식혀서 머리에 바른다.
- 혈액 응고를 방지하는 작용이 있어 심장병, 심근경색을 예방한다.
- 카스카라, 센나 등과 함께 비습관성 천연 변비 치료제로 쓰인다.

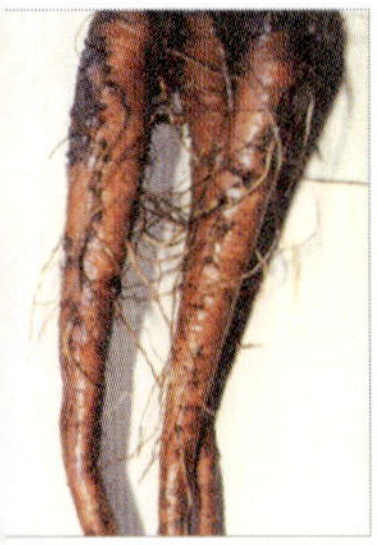

소리쟁이
소리쟁이 뿌리
소리쟁이 잎사귀와 꽃

소리쟁이

- 뿌리는 좋은 정혈 효과가 있으며 당근보다 비타민 A 함량이 높아 야맹증에 좋다.
- 소리쟁이 차는 피부의 가려움증, 염증 등에 효과가 있고 사우나할 때 마셔도 좋다. 뿌리 400g을 2컵 분량의 끓인 물에 넣고 12분 정도 끓인 다음 1/2~1시간 우려내어 하루 4컵 마신다.
- 기관지염, 상기도 감염, 폐기종 등에도 좋은 효과를 보인다.

쇠뜨기

쇠뜨기

- 실리콘 함량이 매우 높다. 피와 결체조직에서 단백질 분자를 잘 결합하게 한다. 콜라겐 성분이 있는 실리콘은 골절, 인대가 늘어났을 때 빠른 효과를 보이며 골다공증에도 좋다.
- 모발, 손발톱, 피부 등의 결합력에 도움을 주고 뼈, 치아 등을 튼튼하게 한다.
- 소변과 대변으로 인한 출혈에 쇠뜨기 차를 45분 간격으로 1/2컵씩 복용하면 효과가 있다. 쇠뜨기 50g을 2컵 분량의 끓인 물에 넣어 30분 정도 두었다가 하루 3컵씩 마시면 이뇨 효과가 있다.

스컬캡(골무꽃)

- 발레리안 뿌리와 함께 신경안정 효과가 뛰어나다. 근육이 뒤틀리고 경기를 일으키는 증세에 효과가 있다.
- 말린 발레리안 뿌리 25g을 끓인 물 1L에 넣고 3분 정도 끓인다. 여기에 스컬캡 가루 70g을 넣고 다시 끓여 40분 정도 우려낸 다음 1/2~1컵을 2시간 간격으로 마신다.
- 유익한 콜레스테롤(HDL)은 높이고 해로운 콜레스테롤(LDL)은 낮추며, 지방세포가 뭉치는 것과 동맥이 딱딱해지는 것을 막아준다. 근육과 관절이 부어오르는 증세를 해소시켜 류마티스관절염에도 좋다.
- 불면증, 우울증, 불안증, 긴장성두통을 해소하며, 쓴맛은 소화력을 높인다.

심황

- 잎이 피부의 궤양, 여드름, 건선, 습진 등에 효과를 보이고, 나병, 수두, 홍역 등에도 좋다.
- 출산 후 지혈에 효과가 있다. 끓인 물 1L에 가지 400g을 넣고 45분 정도 끓인 다음 잘 짜고 심황 가루 1/2스푼을 넣는다. 미지근해질 때까지 두었다가 걸러서 이용한다.
- 항염증 작용이 있어 부종, 관절염 등에 효과가 있다.
- 강한 항암 효과가 있어 임파종의 발육을 억제한다는 보고가 있다.

- 혈중 콜레스테롤 수치를 낮추고 간에 지방이 쌓이는 것을 막는다. 가지와 함께 섭취하면 더욱 효과적이다.
- 장 내 가스를 제거한다.
- 항산화 작용이 있어 기름이나 지방 식품의 저장성을 높인다. 올리브 오일, 간장, 참기름을 오래 보존시키고 생선, 새우의 냉장 저장 기간을 늘려준다.

쐐기풀

- 지혈 효과가 뛰어나다. 한 임상 실험에서 양의 동맥을 절단한 후 쐐기풀 차를 거즈에 문혀 상처에 덮어두었더니 몇 분 내에 출혈이 멈추었다고 한다. 쐐기풀 1움큼을 2컵 분량의 끓인 물에 넣고 1시간 동안 두었다가 짜서 식혀 마신다. 쐐기풀에서 짠 즙만으로도 출혈을 멈추게 할 수 있다.
- 모발 성장을 촉진한다. 가시쐐기풀 로션을 머리에 바르고 마사지하면 머리카락이 새로 난다. 가시쐐기풀 2움큼과 로즈마리 3/4움큼, 캐모마일 1움큼, 세이지 2/3움큼을 4컵 분량의 진에 넣고 하루 2회씩 잘 흔들어 주면서 2주 정도 그늘에 두었다가 거른 다음 보관하여 사용한다.
- 비만 치료에 도움을 준다. 이른 봄에 채취한 쐐기풀을 찬물에 잘 씻어 말린 다음 1주일 정도 냉장고에 두었다가 스프 등 요리에 이용한다.

아마

아마

- 스위스의 프럭 박사는 아마 50g을 1/2컵 분량의 끓인 물에 넣고 4시간 정도 불린 다음 그 물을 마시면 완화제 작용을 하여 장운동을 활발하게 한다고 하였다.
- 거칠어진 피부에 도움을 준다. 아마 씨를 2컵 분량의 따뜻한 물에 담가 두었다가 다음날 끓여서 걸러낸 것에 사과와 식초, 글리세린을 첨가하여 약간의 열을 가한 후 다시 비트를 혼합하여 병에 담아두고 거칠어진 피부에 바르면 훌륭한 피부 로션이 된다.

알로에

- 방사선에 노출되거나 화학 물질, 햇볕 등에 화상을 입은 피부의 손상된

조직 회복에 효과가 있다.

- 욕창, 칸디다, 이스트균감염증, 위장관 궤양, 헤르페스 등에 효과가 있다.
- 사마귀, 벌레 물린 데, 벌에 쏘인 데 등 피부 문제에 효과가 있다.
- 잎을 잘라서 상처 부위에 바르거나, 연고, 가루약, 물약으로 된 것을 사용한다.
- 수분 96%, 펄프 4%로 되어 있다.
- 복합탄수화물 분자로 되어 있어 촉촉이 수분을 공급하며, 18가지 아미노산과 비타민, 설파, 실리콘, 칼슘, 철, 구리 등 미네랄을 함유하고 있다.
- 잎 속에 점액질인 알로에 베라 겔이 함유되어 있다.
- 콜럼버스가 알로에가 배 안에 있는 한 모두가 건강했다고 한 것과, 예수의 시신을 보존하는 데 사용했다는 기록이 있다.

알로에

엉겅퀴

- 간 해독 효과가 뛰어나다. 한 임상 실험에서 쥐 2마리에게 독버섯을 먹인 후 그중 한 마리에게 매일 엉겅퀴 풀을 주었더니 내출혈 없이 깨끗이 치유된 반면, 엉겅퀴 풀을 주지 않은 다른 쥐는 3시간 이내에 죽었다고 한다.

엉겅퀴

옻나무

- 빈혈, 피로, 월경전증후군에 효과가 있고 여성 질환에 기능보강제 역할을 한다. 철분 함량이 높고 천연당, 인삼과 유사한 성분이 다량으로 들어 있다.
- 일본의 최근 연구에 의하면 흑색종(멜라닌종) 암세포 증식 억제에 효과가 있다고 한다.

우엉(버독)

- 가장 광범위하게 사용되는 정혈제다.
- 만성 피부 질환, 습진, 건선, 부스럼, 종기, 눈 다래끼, 헤르페스, 매독 등에 좋다.
- 마른 우엉 뿌리 100g을 끓인 물에 넣고 뚜껑을 덮어두었다가 7분 정도 끓인다. 이것을 2시간 이상 담가두었다가 최소 하루 2컵씩 공복에 마신다.

우엉 꽃과 뿌리

월귤나무

- 신장결석, 담석증에 효과가 좋다. 마른 우엉 뿌리 가루 50g을 4컵 분량의 물에 넣고 10분 정도 끓인 다음, 개박하 가루 70g을 혼합하여 1/2~1시간 두었다가 걸러서 레몬 주스 25ml나 메이플 시럽 10ml를 넣어 마신다. 그리고 정확히 10분 후에 올리브 오일 25ml를 마신다. 이 방법은 조직을 자극하고, 결석을 녹여 몸 밖으로 쉽게 빠져나오게 한다. 치료 기간에는 튀김이나 기름기 많은 음식, 탄산음료, 정제 탄수화물, 백설탕, 육류 등을 삼가는 것이 중요하다. 또, 오른쪽 겨드랑이 아래 베개를 대고 오른쪽으로 누워 자면 돌멩이가 보다 쉽게 빠져나온다.
- 활력을 찾아주는 등 수술 후 회복에 도움을 준다. 연어나 송어 등 싱싱한 생선 28g에 우엉 뿌리 14~28g, 참기름 1스푼, 정맥보리 2/3컵, 생강 간 것 25g, 산파 1/2컵, 라임 주스 50ml를 섞어 1/2~5시간 끓인 물을 복용한다.

월귤나무

체내에 축적된 요산을 줄여주고, 신장결석, 방광결석, 방광염 등의 통증을 완화한다. 신선한 잎을 브랜디에 1주일 정도 담가두었다가 썰어서 1컵 분량의 끓인 물에 넣고 20분 정도 끓인다. 잎을 담가두었던 브랜디를 1스푼 첨가해서 마신다.

은행나무

은행나무

- 껍질에는 발기와 성욕 촉진 등의 효과가 있다.
- 잎에는 피의 응고를 풀어주는 성분이 있어 혈전증에 쓰인다.

제라늄

제라늄(양아욱)

- 컴프리 뿌리, 느릅나무나 떡갈나무 껍질, 현삼 잎 등과 함께 손상된 인대나 탈장 근육을 강화시키는 데 사용한다.
- 제라늄 연고는 얼굴의 상처, 발진, 다리의 궤양 등에 효과가 있다. 제라늄 잎 6g과 벌꿀을 잘 혼합하여 끓인 다음 글리세린 10g, 느릅나무 가루 250g을 넣어 만든다.

차(녹차, 홍차)

차

- 카페인이 들어 있어 머릿속 핏줄을 수축시켜주므로 편두통에 효과가 좋다. 중국 한의학 대학병원의 임상 실험에서 편두통이 92%까지 회복되었다고 보고한 바 있다. 녹차나 홍차 2티백을 더운물 1컵에 넣고 20분 정도 두었다가 따뜻할 때 마신다.
- 위장의 염증, 감염에 효과가 좋다. 장이나 간장 장애에 하루 4~5회 마신다.
- 동맥경화증을 예방하고 치료하는 효과가 있다. 녹차나 홍차의 카페인은 콜레스테롤 수치를 낮추고, 폴리페놀은 비타민 C, P와 조화를 이루어 심장의 혈관벽을 강화한다.
- 치아 건강에 도움을 준다. 대만의 젖먹이 생쥐를 대상으로 한 실험에서 흰 빵, 정백설탕, 탄산음료 등 충치를 유발하는 식품과 함께 녹차나 홍차를 준 생쥐들에서 녹차나 홍차를 주지 않았던 생쥐들보다 충치가 덜 발생했다고 한다. 홍차 1티백을 더운물에 6분 정도 담가두어 불소가 충분히 우러나오게 한 다음 식후에 마시거나 입 안을 헹구어낸다.

캐모마일

- 두통, 편두통, 운동과다증 등에 캐모마일 요법을 14일 정도 실시하면 효과가 있다. 싱싱한 꽃이나 말린 꽃 50g을 끓는 물에 40분 정도 담가두었다가 잘 짜서 1~2컵씩 마신다.
- 피부와 모발 건강에 도움을 준다. 1주일에 몇 차례 캐모마일 차로 씻으면 건강하고 부드러워지며 윤기가 난다.
- 캐모마일 크림은 주름살, 피부의 염증 등에 탁월한 효과가 있다.
- 근육강직, 일시적 사지마비, 피부의 감염증 등에 효과적이다. 물 0.5~1L를 끓이고 캐모마일 꽃 50g을 넣어 20분 정도 담가두었다가 하루 2~3회 1컵씩 마시거나, 염증 부위에 바른 뒤 찬물로 깨끗이 씻어낸다.
- 요통, 마비, 강직 부위에 오일로 만들어 마사지하면 효과가 있다. 작은 병에 싱싱한 꽃을 채우고 올리브 오일을 꽃 위로 넘치게 부은 다음 뚜껑을 단단히 닫아 2주 정도 그늘에 놓아두었다가 냉장 보관한다. 사용할 때는 따뜻하게 데워서 문제 부위에 마사지한다.

캐모마일

- 눈이 피곤하거나 아플 때 캐모마일 티백을 차가운 물에 적셔 눈 위에 대고 있으면 아주 효과적이다.
- 꽃의 아즐린이라는 성분에 알레르기 치료 효과가 있어 꽃가루 알레르기에 좋다. 알레르기 계절에는 캐모마일 차를 하루 3~4컵 마신다(어린아이는 1~2컵). 증기 흡입에 이용해도 좋다. 20~25cm 정도 떨어진 곳에서 수건을 두르고 12~15분 정도 증기를 들이마신다.
- 간 조직을 재생시키는 효과가 있다. 쥐를 대상으로 한 임상 실험에서 아즐린과 구아이아즐린 성분이 외과적으로 잘라낸 간 조직을 재생시키는 것으로 밝혀졌다. 캐모마일 차 6컵을 2일에 1번 마시거나 3~4컵을 매일 마시는 방법이 있다. 간염, 에이즈 등에도 시도해볼 만한 방법이다.

커민

간, 위, 담낭 문제로 인한 복부 통증에 효과가 있다. 커민 씨 2스푼을 물에 넣고 2시간 정도 끓인 다음 어느 정도 식힌다. 여기에 페퍼민트 오일 3~4방울을 떨어뜨리고 수건을 적셔 온습포를 한다.

커피

- 커피 가루를 피부에 문지르거나 바르면 피부가 부드러워지고 활기를 찾는다. 피부의 혈액순환을 촉진하는 효과가 있으며, 얼굴, 목 부위에 마사지하면 짧은 시간 내에 피부에 윤기가 생긴다.
- 1년에 몇 차례 커피로 관장을 하면 체내의 노폐물과 독성 물질이 제거된다. 1980년 미국의 의학 저널에서도 커피 관장에 대해 언급한 바 있다. 끓인 커피에 미지근한 물 2~3컵을 넣고 올리브 오일 50ml를 첨가한다.

코리앤더(고수)

잎과 씨앗은 생식기에서 나는 악취나 입 냄새를 제거한다.

코리앤더 씨 70g을 끓여서 식힌 물 400ml에 넣고 1시간 정도 끓인다. 물이 반으로 줄어들면 신선한 오렌지 껍질과 대추야자 50g을 넣고 15분 정도 더 끓인 다음 완전히 식힌다. 여기에 말린 코리앤더 잎과 파슬리 25g을 넣고 페퍼민트 오일이나 상록수 오일 1~2방울을 떨어뜨린 다음 잘 저으면서 30분 정도 끓인다. 냉장 보관하고 필요할 때마다 조금씩 바르거나 양치질에 사용한다.

콜라나무

- 정신 활동을 증진시켜준다는 과학적 근거가 있는 약용식물이다. 아파 라오 박사가 15명의 정신 지능 장애 아동들에게 매일 콜라나무 캡슐 500mg을 투여하였더니, 3개월 후 집중력이 현저하게 증가되었다고 한다.
- 정맥염 또는 정맥류를 감소시킨다.
- 카페인과 테오브로민이라는 흥분제가 들어 있어 중추신경 자극, 혈압 상승, 심장박동 증가 효과가 있다.
- 1974년 미국 의학 저널에서 알코올, 담배, 약물의 중독에서 벗어나기 위한 대용품으로 권장한 바 있다.
- 1985년 뉴잉글랜드 의학 저널에서 열매가 정자의 운동을 저하시키고 여자의 경우 질 세척을 하면 질 속의 정자가 죽는다고 발표한 바 있다.

콜라나무

클로브(정향)

- 치통에 바르거나 문지르면 1시간 이내에 효과를 볼 수 있다. 항균 작용이 있어 구강 세척 효과도 좋다. 뜨거운 물 2컵에 클로브 3개 또는 클로브 가루 1/4스푼을 혼합하여 20분 정도 끓여 사용한다.
- 클로브 2개를 입에 넣고 서서히 빨아먹으면 알코올 냄새가 풍기므로 술을 마신 효과를 낼 수 있어 금주에 많이 이용된다. 단, 절대로 씹거나 삼켜서는 안 된다.

클로브

타임(백리향)

- 항바이러스, 항박테리아 작용을 한다.
- 자연이 만든 가장 훌륭한 항생물질이다. 타임 1다발을 끓인 물 1L에 넣고 30분 정도 두었다가 짜서 하루 3~4컵씩 마신다. 이 용액을 양치질에 사용하면 구강 살균, 악취 제거와 충치에 좋고, 마시면 감기, 바이러스 감염, 열, 알레르기 등에 효과가 있다. 또, 천식, 기관지염, 가슴통증에

타임

습포로 이용할 수도 있다. 손발을 씻으면 곰팡이균, 열 등이 제거되고, 칸디다나 이스트 질염에도 좋다. 그 밖에 화상, 멍든 데, 식욕부진, 구강염, 치주염 등에도 효과가 있다.

- 타임 차는 혈관수축과 근육긴장을 이완하는 효과가 있어 편두통, 위통, 근육통 등에 1잔씩 마시면 효과적이다.
- 식수를 정화하는 효과가 있다. 타임 한 움큼을 2컵 분량의 물에 넣고 끓이다가 불을 낮추어 20분 정도 더 끓인 다음 걸러서 마신다.
- 타임 연고는 상처, 멍, 여드름, 발진 등에 효과가 있는데, 특히 얼굴, 목, 이마 등의 병변에 좋다. 타임 두 움큼을 미리 가열한 버터기름에 넣고 뚜껑을 닫아 1시간 정도 끓인다. 이것을 걸러 다시 5분 정도 끓이고 벌꿀 집 25~50g, 바닐라 10g을 넣어 만든 연고를 서늘한 곳에 보관하고 필요할 때 문제 부위에 마사지한다. 연고를 만드는 데 필요한 버터기름이라는 약용 연고는 버터 900g을 서서히 거품이 날 때까지 끓여 위쪽의 거품은 버리고 나머지를 2일 정도 식힌 다음 유리병에 담아두고 사용한다. 실온에서 6개월 정도 보관하여 쓸 수 있다.

타피오카

- 습포로 이용하면 습진, 종기, 헤르페스에 효과가 있다. 타피오카 16g을 감자 간 것 25g, 물 약간과 잘 혼합하여 끈적끈적한 상태로 문제 부위에 바른다.
- 위궤양, 장염 등에 치료 효과가 있다. 1컵 분량의 끓인 물에 젤라틴 50g을 넣고 타피오카 100g, 달걀흰자 8개, 메이플 시럽 1컵을 혼합하여 잘 저은 다음 냉장 보관하여 먹는다.
- 수유 중인 여성의 유방 염증과 통증에 좋다. 금방 끓여낸 타피오카와 우유를 거즈에 발라 통증 부위에 붙인다.
- 물에 풀어서 관장을 하면 어린아이의 설사에 좋다.

톱풀

톱풀(가새풀)

- 상처, 부종, 통풍, 그리고 조직이나 관절에 염증이 있을 때 큰 효과를 보인다. 1969년 약학 저널에 톱풀 속의 단백질, 탄수화물 복합물, 글리코

프로테인 성분이 상처나 염증 부위에 바로 작용하여 치료하는 역할을 한다는 것이 보고된 바 있다. 쥐에게 톱풀 용액을 투여하였더니 염증이 35% 이상 줄었다고 한다. 말린 톱풀 70g을 2컵 분량의 끓인 물에 넣어 3분 정도 끓이고 20분 정도 우려낸 다음 하루 수차례 1컵씩 마신다.

- 톱풀 차는 젖꼭지 통증, 입술 갈라진 데, 헤르페스, 치질 등에 효과가 있다.
- 톱풀, 쐐기풀, 금잔화를 4컵 분량의 끓는 물에 7분 정도 달이고 45분 정도 우려낸 다음 마시면 녹내장과 백내장에 좋다.

펜넬(회향)

- 펜넬 씨는 구취 제거, 모유분비 촉진, 식욕 증진, 염증이나 자극이 있는 눈에 효과가 있다. 펜넬 씨 10~25g을 끓인 보리차에 넣고 5분 정도 더 끓여 20분 정도 담가둔다. 이 차를 1/2~1컵씩 계속 마신다.
- 펜넬 씨를 구운 생선 등에 넣으면 비린내가 사라져 맛이 한층 좋아진다.

펜넬

현삼

- 천식을 완화하는 효과가 있다. 잎과 꽃을 4컵 분량의 끓인 물에 반시간 정도 담가두었다가 2컵씩 마신다.
- 가슴두근거림, 이상맥박, 협심증 증상에 효과가 있다. 현삼 2묶음과 꽃을 1/4~4컵 분량의 끓인 물에 넣고 1시간 정도 끓인 다음 글리세린 10g을 추가하여 매일 복용한다.
- 잎과 꽃 1움큼을 1/4~4컵 분량의 물에 40분 정도 끓여 식혀두었다가 관장에 이용하면 장 내 세균 감염을 차단해준다.
- 어린이의 편도선염, 이하선염, 수두 등에 효과가 있고 췌장염에도 좋다.
- 피부의 궤양, 상처, 화상이나 치질 부위에 바르면 좋고 귀의 통증에도 효과가 있다. 잎과 꽃을 2컵 분량의 올리브 오일에 8일 정도 담가두었다가 걸러서 차가운 곳에 보관하여 사용한다.

호자 덩굴

- 임신부가 하루 1~3컵씩 마시면 유산을 막고 쉽게 출산한다. 말린 호자 덩굴 10~50g을 2컵 분량의 끓인 물에 넣고 30분 정도 끓인다. 라즈베리 잎을 같이 넣어도 좋다.
- 노인과 어린아이의 눈 질환에 사용하거나, 매독, 임질, 이스트균 감염에 세척제로 쓴다. 끓인 물 1L에 호자 덩굴 1/2움큼을 라즈베리 잎, 딸기 잎과 함께 넣고 30분 정도 끓인 다. 2번 정도 체로 걸러 사용한다. 취침 전에 1/2~1컵씩 마시면 불면증에도 효과가 좋다.

호프

- 결핵균, 나병균, 박테리아균 등에 살균 효과가 있으며, 화농성 상처, 코 흘림, 농양 등의 치료에도 효과적이다. 호프 1/2컵을 1/4~2컵 분량의 보드카나 브랜디에 혼합하여 잘 흔들어 보관한다. 이것을 매일 2스푼씩 복용한다. 좌욕창 등에는 거즈나 솜에 묻혀 바르기도 한다.
- 비듬에 호프 용액을 린스처럼 사용하면 효과가 있다.
- 정신을 안정시켜 불면증, 불안증 등에 효과가 있다. 호프와 발레리안 뿌리를 함께 끓여 조금씩 마신다. 호프는 잘못 보관하면 그 진정 효과가 빨리 사라지므로 주의한다.
- 모유분비, 배란주기 등에 관여하는 에스트로겐이 들어 있어(호프 100mg에 에스트로겐 2만~3만IU 함유), 성욕을 촉진하며 유방암과 전립선암을 치유하고 예방한다.

| 용액제 만드는 법 |

- 보드카 1/4~1컵에 계피 가루 1/2~10스푼을 혼합하고 물을 부어 50% 알코올 상태로 만든다.
- 이것을 병에 담고 아침저녁으로 잘 흔들어주면서 2주일 정도 둔다. 그 다음 잘 걸러내어 보관하며 복용한다.

꽃류, 땅콩 · 견과류, 씨앗류를 이용한 요법

꽃류

- 국화는 고혈압, 두통, 현기증, 불면증에 효과가 있다. 꽃 150g을 4등분 하여 나누어놓는다. 그중 하나를 컵에 담아 끓인 물을 붓고 호일로 덮어 15분 정도 둔다. 아침 8시부터 4시간 간격으로 하루 4회 1개월 정도 마신다. 고혈압 환자 46명을 대상으로 이 방법을 시행하였더니 35명 정도가 호전되었다는 연구 결과가 있다.
- 금어초 꽃과 잎, 뿌리는 백내장, 결막염을 비롯한 모든 종류의 눈 질환에 좋은 치료 효과를 보인다. 4컵 분량의 증류수를 끓여 깨끗이 씻은 금어초 뿌리 1움큼을 넣고 뚜껑을 덮고 불을 낮춰 15분 정도 끓인다. 불을 끄고 금어초 1개를 넣은 다음 뚜껑을 덮고 1시간 정도 끓인다. 병에 담아 냉장 보관하여 사용한다.
- 나팔수선화는 헤르페스, 다리의 궤양, 종기, 상처 등에 효과가 있다. 나팔수선화와 국화 잎을 갈아 만든 약을 문제 부위에 붙이고 깨끗한 천이나 타월로 덮어 45분 정도 둔다. 삔 데, 멍든 데, 탈골 부위 등에도 좋다.
- 데이지는 통풍, 관절염, 간과 방광의 염증에 좋으며, 관장에 이용하면 장염 등에 효과가 있다. 꽃 2움큼을 4컵 분량의 물에 1시간 10분 정도 끓여서 걸러낸 물에 벌꿀을 넣어 하루 3~4컵 정도 마신다.
- 백합 밑동, 뿌리, 잎을 잘 짓이겨 풀과 같이 붙여준다. 올리브 오일 10ml를 혼합해도 좋다.
- 붓꽃은 몸의 부기, 멍든 데 효과가 있다. 뿌리 800g을 2컵 분량의 백포도주에 넣어 10일 정도 냉장 보관한 다음 하루 2회 2~3스푼씩 마신다.
- 장미는 식욕부진, 거식증 등 식사 장애에 효과가 있다. 8컵 분량의 생수에 붉은 장미 꽃잎 2움큼, 노란 양국화 50g을 넣고 뚜껑을 잘 닫은 다음 25분 후에 짜서 하루 6회 1컵씩 마신다.
- 접시꽃은 위궤양, 십이지장궤양에 효과가 있다. 4컵 분량의 물을 끓여 꽃 1/2~1움큼을 넣고 끓인 다음 걸러서 식후에 1컵씩 마신다. 신장결석에는 하루 2~3컵을 마시면 효과를 볼 수 있다.
- 제라늄은 좋은 수렴제로 설사와 출혈에 효과가 있다. 뿌리 50g을 2컵 분량의 끓인 물에 넣고 불을 낮춰 7~10분 정도 더 끓인 다음 잎 1/2움

백합(나리꽃)

접시꽃

큼을 넣고 40분 정도 두었다가 걸러낸다. 이 물을 3시간 간격으로 1컵씩 마신다. 찜질 약으로 만들어 출혈 부위에 붙여도 효과적이다.

- 페투리아는 좋은 안정제로 안절부절, 불면증, 불임 등에 좋다. 잎 10g을 1/4~1컵 분량의 뜨거운 물에 25분 정도 담가두었다가 마신다.

땅콩 · 견과류

- 땅콩버터는 위장 장애에 도움을 주며, 변비 치료, 기생충 제거에 좋다. 땅콩버터 2스푼을 소금과 함께 오트밀에 넣어 먹는다.
- 땅콩버터는 출혈 방지 효과가 있어 혈우병 환자에게 좋다.
- 개암나무 열매(헤이즐너트)는 페퍼민트와 같은 향기를 내어 구취 제거와 치통에 효과가 있다.
- 도토리는 강한 타닌산을 함유하고 있으며, 화상, 피부 발진 등에 습포로 이용한다. 또, 떡갈나무 껍질을 2/3컵 분량의 끓인 물에 20분~1시간 담가두었다가 걸러내어 이틀에 1회씩 마시면 간장 장애와 동맥경화를 예방할 수 있다.
- 찐 밤은 위장관의 궤양, 궤양 출혈에 치료 효과가 있다.
- 브라질너트는 아미노산과 비타민이 풍부하여 뇌 기능 개선에 도움을 준다. 아미노산은 뇌 기능에 활력을 주고 중추신경계의 신경전달물질을 만드는 데 이용된다.
- 아몬드 오일은 손 튼 데, 헤르페스, 건선, 기저귀 발진 등에 효과가 있다. 레몬 1개로 주스를 만들고 라임 즙을 아몬드 오일 100ml에 혼합하여 목 아플 때, 폐에 문제가 생겼을 때 마셔도 효과적이다.
- 코코넛은 질염, 무좀, 가려움증, 백내장 등에 도움을 준다. 코코넛 껍질을 1주일 정도 햇빛에 말려 가루로 만들어 보드카에 11일 정도 담가두었다가 질염, 무좀, 가려운 데 등에 사용한다. 백내장에는 코코넛 주스를 떨어뜨려주면 효과가 있다.
- 피칸 호두와 일반 호두로 습포를 만들어 이마에 덮으면 편두통이 사라진다.
- 호두는 치석을 없애준다. 호두 잎 50g과 껍질 25g을 2컵 분량의 끓인 물에 넣고 1시간 달인 후 하루 2컵씩 마신다.
- 호두나무 껍질과 잎은 충치를 없애고 치아를 건강하게 한다.

- 가슴통증, 심장병에 호두 껍질의 내부 벽에 붙어 있는 나무 부분을 떼어 삶아서 차로 만들어 하루 3컵 정도 마시면 좋다.
- 호두 껍질 100~400g과 잎을 생수에 24시간 담갔다가 물이 반으로 줄 때까지 끓인다. 이 물을 머리에 바르면 검은 머리가 난다.
- 검은 호두나무 껍질은 크리스털 성분을 함유하고 있어 전기 감전이나, 고혈압, 피부암 등에 의한 근육 마비에 효과가 있다.
- 호두 3개와 생강 뿌리 3쪽으로 죽을 만들어 먹으면 객담과 기침이 사라진다.

씨앗류

- 다양한 씨앗들이 지나친 육류나 지방 섭취로 인한 질환들에 효과가 있다.
- 참깨, 잇꽃, 해바라기 등의 씨앗에서 얻는 오일은 관상동맥심장병을 예방한다. 피토스테롤이라는 복합체가 혈중 콜레스테롤 수치를 낮추고 동맥벽에 지방 침착물이 쌓이는 것을 막는다.
- 오일을 하루 1~2스푼 섭취하면 혈액의 짙고 정체성 있는 성질을 줄여주어 뇌, 심장, 동맥벽의 혈액순환에 도움을 준다.
- 참깨 2~3스푼을 물과 함께 갈아서 벌레나 거미에 물린 데, 화상 부위에 바르거나 헝겊에 적셔 덮어주면 치료 효과가 높다.
- 참기름 500ml와 벌꿀집 90ml를 혼합하여 사용하면 상처 부위가 빨리 치료된다.
- 따뜻하게 데운 참기름을 귓속에 떨어뜨리면 딱딱한 귀지가 녹아 밖으로 쉽게 나온다.
- 참기름 3스푼과 레몬 주스 1/2스푼을 혼합하여 머리카락에 바르면 비듬이 제거되고, 이마에 문지르면 두통이 사라진다.
- 참기름은 변비에 효과가 있다. 참기름을 불린 쌀과 함께 갈아서 물, 꿀을 넣고 낮은 온도에서 끓여 스프를 만들어 2컵을 마신다.
- 해바라기 씨는 신경을 안정시키고, 부신호르몬을 증가시켜 흡연자들에서 나타나는 알레르기 등을 감소시킨다.
- 해바라기 씨는 이명에 도움을 준다. 해바라기 씨 가루 2스푼을 1~2컵 분량의 끓인 물에 넣고 15분 정도 더 끓인 다음 불을 낮추고 30분 정도 두었다가 4~6시간 간격으로 1컵씩 마신다.

약용식물 용액 및 오일 만들기

약용식물 용액

약용식물 용액은 약용식물이 시들기 전에 그 신선한 성분들만을 추출하여 보존하고 활용하기 위해 에틸알코올을 이용하여 만든다. 알코올은 효과적인 용해제이자 보존제다. 약용식물 용액을 만드는 법은 중세 유럽에서 발달이 시작되었다.

특히 19세기 독일의 의학자 사무엘 하네만은 '마더 팅크처mother tincture' 라는 용어를 사용하였으며, 알코올로 약용식물 용액을 만들어 동종요법에 이용하였다.

재료

신선한 금잔화 꽃 40g, 알코올 100ml (보드카나 브랜디 같은 60° 이상의 식용 알코올을 사용하며, 의학용 또는 공업용 알코올은 사용을 금함)

약용식물과 알코올의 비율은 보통 2:5로 한다.

방법

① 잘게 썬 약용식물을 알코올과 혼합한다. 블렌더를 이용할 때는 재료를 넣고 1분 정도는 저속으로, 그 후에는 고속으로 혼합해준다.

② 이 혼합액을 갈색 유리병에 담고 마개를 꼭 닫아둔다. 이때 밀폐력 있는 마개를 사용하여 산화를 막는다.

③ 이 병을 매일 흔들어주면서 3주 정도 어두운 곳에 둔다.

④ 3주 후 체로 거르고 짜고 종이 필터에 여과시킨다. 이것을 갈색 유리병에 담아 그늘진 곳에 보관하면 3년 정도 두고 쓸 수 있다.

ㅣ약용식물 용액 만들기

약용식물 우려내기

약용식물을 우려내는 법

차를 달여 마시는 방법과 같으며, 약용식물의 잎, 꽃, 씨앗 등에서 물에 녹는 활성 성분과 아로마 성분들을 추출하기 위해 사용하는 방법이다.

① 잘게 썬 약용식물 25g을 물 1컵에 혼합하여 끓는 물에 넣는다. 물은 약수나 미네랄워터가 좋다.(탄산수, 소다수는 금함) 주의할 것은 약용식물을 끓여서는 안 된다는 점이다. 중요한 성분인 아로마 오일이나 비타민, 다른 활성 성분들이 증기나 열에 소실되거나 불완전해지기 때문이다.
② 10분 정도 우려낸 다음 체로 거르거나 짜서 병에 담고 밀봉한다. 냉장고에 두면 24시간 정도 보관이 가능하고, 냉동고에서는 장기간 보관할 수 있다.

약용식물을 진탕하는 법

약용식물 뿌리, 껍질, 씨앗 등 딱딱한 부분에서 물에 녹는 활성 성분들을 추출하기 위해 사용하는 방법이다.

① 냄비에 물을 붓고 약용식물을 넣어 아주 낮은 온도에서 오랫동안 끓인다.

약용식물 진탕하기

물은 약수나 미네랄워터가 좋다.

② 약용식물 양은 25g 정도로 하되, 물을 끓이는 시간에 비례하여 혼합한다.

③ 가장 좋은 것은 끓이기 몇 시간 전에 약용식물을 물에 미리 담가두는 것이다.

④ 끓이면서 자주 흔들어주어 용액이 잘 혼합되게 한다.

⑤ 끓인 용액을 잘 걸러 병에 담고 밀봉한다. 냉장고에 두면 3일 정도 보관이 가능하고, 냉동고에서는 장기간 보관할 수 있다.

정신을 안정시키는 약용식물 용액

재료

톱풀 꽃 5g, 오렌지 잎 10g, 금잔화 꽃 5g, 캐모마일 꽃 10g, 레몬 잎 10g, 레몬 발삼 꽃 10g, 페퍼민트 잎 10g, 양귀비 꽃술 10g, 라임 꽃 10g, 레몬 버베나 잎 10g, 귀리 기울, 미네랄워터

방법

① 큰 스테인리스 스틸 냄비에 미네랄워터, 귀리 기울을 붓고 5분 정도 끓인 다음 약용식물들을 넣고 즉시 불을 끄고 뚜껑을 덮는다.

② 15분 후 이것을 면주머니에 담아 목욕물에 넣는다.

③ 면주머니의 내용물이 목욕물에 퍼지게 하거나, 면주머니로 피부를 부드럽게 문질러주면 정신이 안정되고 편안한 상태가 된다.

④ 비누 등 세제를 사용하지 말고 가볍게 샤워한 다음 바로 잠자리에 들면 숙면을 취할 수 있다.

아로마 오일

재료

고추나물 꽃잎 10g, 올리브 오일 50ml

방법

① 신선한 고추나물 꽃잎을 가위로 잘라 올리브 오일에 담가둔다. 블렌더를 이용할 때는 처음 1분은 저속으로, 다음 1분은 고속으로 혼합해준다.

아로마 오일 만들기

② 이 혼합물을 입구가 넓은 그릇에 옮겨 담고 밀봉한 다음 햇빛이 드는 곳에 매일 잘 흔들어주면서 3주일 정도 둔다.

③ 체로 걸러 꽃잎을 제거하고 종이 필터에 다시 여과시킨 다음(망사나 베로 짜도 됨) 그릇 밑에 남는 묽은 용액은 버리고 오일만 갈색 유리병에 담아 보관하여 사용한다.

아로마 진흙 마사지

재료

금잔화 꽃 2g, 라벤더 꽃 2g, 장미 꽃술 2g, 벌꿀 10g, 요구르트 20g, 아몬드 오일 4ml, 오렌지 에센셜오일 50방울, 미네랄워터 120ml, 진흙 100g

방법

① 스테인리스 스틸 냄비에 미네랄워터를 끓인 다음 불을 끄고 금잔화, 라벤더, 장미를 넣고 뚜껑을 덮는다.

② 20분 후 잘 짜고 여과시킨 다음 벌꿀, 요구르트, 아몬드 오일, 오렌지 에센셜오일을 혼합한다.

③ 이 용액에 진흙을 녹여 잘 젓고 손으로 잘 짓이겨준다.

④ 용액이 너무 진하면 아몬드 오일을 더 넣는다.

⑤ 이 용액으로 온몸을 각 부위마다 2분 정도씩 마사지한다. 팔, 다리에서 시작하여 몸의 중심으로 마사지해오되, 팔, 다리는 수직으로, 얼굴, 목, 가슴, 배는 둥글게 마사지한다.

⑥ 마사지가 끝나면 15~20분 정도 욕조에서 휴식한다.

⑦ 비누 등 세제를 사용하지 말고 샤워로 마무리한다. 몸을 말린 다음 면 가운을 입고 쉬면 피부가 독소를 제거한 상태에서 호흡하게 된다.

아로마 진흙 팩 만들기

모발용 오일

재료

말린 캐모마일 꽃 30g, 말린 금잔화 꽃 30g, 아몬드 오일 27ml, 맥아 오일 25ml

방법

① 잘게 썬 꽃을 입구가 넓은 유리그릇에 담고 아몬드 오일과 맥아 오일을 부은 다음 햇빛이 드는 곳에 1개월 이상 둔다. 산화를 막기 위해 뚜껑을 꼭 닫아 공기가 통하지 않게 한다.

② 잘 짜고 종이 필터로 여과시킨다.

③ 이렇게 얻은 오일을 샴푸처럼 머리카락에 발라 머리를 감는다. 비듬 제거, 건성 또는 지방성 두피 관리에 효과적이며, 머리결을 부드럽고 윤기 있게 해준다.

목욕용 오일

재료

월계수 잎 가루 2g, 계피 5g, 버베나 잎 3g, 클로브 잎 3g, 너트메그 1g, 마조람 잎 3g, 캐모마일 잎 5g, 로즈마리 잎 3g, 세이지 잎 4g, 타임 잎 2g, 브랜디 1/2L, 속새 줄기 30g, 미네랄워터 400ml, 레몬 에센셜오일 50방울

방법

① 유리그릇에 브랜디 1/2L와 준비한 약용식물을 넣고 뚜껑을 꼭 닫는다. 가끔 흔들어주면서 2주 정도 두었다가 종이 필터로 여과시켜 보관한다.
② 속새 줄기를 미네랄워터에 끓여 20분 정도 진탕한다. 미지근해질 때까지 두었다가 걸러서 앞의 용액에 혼합한다.
③ 레몬 에센셜오일 50방울을 넣어 완성한다. 목욕이나 마사지에 이용하면 근육이 풀리고 관절이 부드러워진다. 두피에 문지르거나 양치물로 사용해도 좋다.

페이셜 로션

재료

잘 익은 싱싱한 파인애플 100g, 껍질 벗긴 사과 40g, 흰 진흙 5g

방법

① 파인애플은 두껍게 조각내어 껍질을 벗기고, 사과도 껍질을 벗긴다.
② 블렌더에 파인애플, 사과, 진흙을 넣고 저속으로 1분, 고속으로 1분 혼합한다.
③ 용액이 너무 진득하면 벌꿀 1스푼을 첨가한다. 이 로션을 얼굴, 목 등에 바르거나 면 헝겊에 묻혀 얼굴에 덮어둔다(입술과 눈 주위는 피함). 한 달에 3회 정도 이렇게 하면 얼굴이 놀라울 만큼 깨끗해진다.

페이셜 로션 만들기

주름 제거용 페이셜 크림

16세기에는 이 크림을 '하늘이 내린 용액'이라 불렀다. 얼굴 피부를 깨끗하고 부드러우며 젊고 싱싱하게 가꾸어준다. 노화를 방지한다.

재료

흑빵이나 호밀 빵 75g, 사과 식초 1/2L, 신선한 달걀흰자 2개, 벤조인 용액(피부에 항염증, 강장 효과가 있음) 50ml

방법

① 그릇에 잘게 부순 흑빵과 사과 식초를 넣고 뚜껑을 꼭 닫아 하룻밤 재운다.
② 블렌더에 달걀흰자와 함께 넣고 저속으로 1분, 고속으로 1분 혼합한다.
③ 그릇에 잘 걸러놓고 벤조인 용액을 혼합하여 잘 흔들어준다.
④ 피부를 깨끗이 씻고 이 크림을 바른다.

약용식물을 이용한 증기요법과 페이셜 팩

여드름, 지성 피부 등에 효과적이며, 땀샘과 모공을 깨끗이 청소해주는 항염증, 수렴제 작용을 한다.

재료

금잔화 꽃 20g, 캐모마일 잎 10g, 라벤더 잎 10g, 마조람 잎 10g, 호두나무 잎 10g, 로즈마리 잎 10g, 세이지 잎 10g, 라임 잎 10g, 타임 잎 10g, 미네랄 워터 2L, 진흙 50g

방법

① 그릇에 약용식물과 끓는 물을 넣고 뚜껑을 닫는다.
② 10분 후 그릇을 식탁에 올려놓고 뚜껑을 열어 증기를 쏘인다. 이때 그릇과 얼굴 주위에 수건을 둘러 증기가 얼굴에 집중되게 한다.
③ 이 용액에 진흙을 넣고 달여 진하게 용해시킨다.
④ 이 진흙 팩을 1~2㎜ 두께로 얼굴에 바르고 30분 정도 누워 있는다.
⑤ 여드름, 지성 피부의 경우에는 진흙이 마를 때까지 놓아두면 지방을 더 많이 빨아들이게 된다.
⑥ 미지근한 물로 얼굴을 씻어내고 건조시킨다.
⑦ 오이 즙이나 토마토 주스 같은 쿨링토너를 면 헝겊에 묻히고 아몬드 오일이나 금달맞이꽃 오일 2방울을 떨어뜨려 얼굴에 가볍게 두드려준다. 그 다음 티슈로 두드려 건조시킨다.
⑧ 주의할 점은 항상 피부를 건조시켜야 하며 용액이 묻어 있는 상태로 두지 말아야 한다는 것이다.
⑨ 얼굴에 영양크림을 부드럽게 바르는 것으로 마무리한다.

10 보완대체의학의 진단법

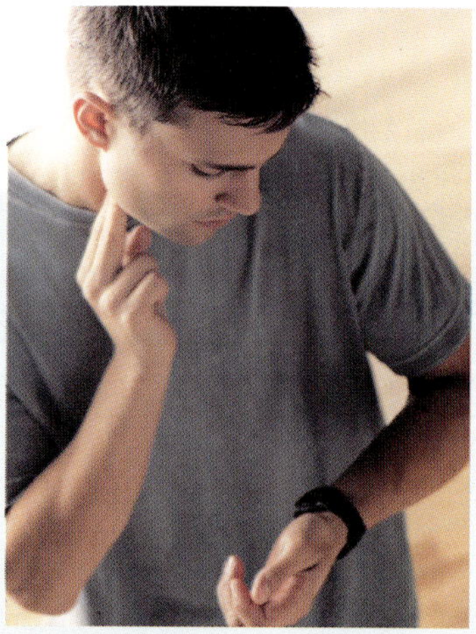

이 장에서 소개하는 진단법들은 우리 몸의 각 부위를 특수한 방법으로 테스트하여 질병의 유무와 기능 상태를 측정하고 그에 따른 적절한 식이요법, 영양요법, 수기요법 등 보완대체요법을 선택하는 데 도움을 준다.

근육의 강도

근운동응용요법 applied kinesiology 의 원리를 이용한 근육의 강도 테스트. 각 근육을 테스트함으로써 내부 장기의 문제를 간접적으로 알 수 있는데, 이는 각 장기와 근육 사이의 복잡한 신경 근육 연결 과정을 통해 이루어지는 근운동응용요법의 원리를 이용한 것이다.

맨 처음에 피검사자가 장기와 관련된 근육의 강도를 알아낼 수 있는 일정한 자세를 취하면 검사자는 압력을 가해 피검사자의 자세를 풀려고 시도하고, 피검사자는 그에 대항하여 처음에 취했던 자세를 지키려고 하는 과정 중 발생되는 힘과 반응의 정도에 따라 근육의 강도를 측정한다.

여기서는 각 근육의 테스트 방법을 그림과 함께 설명하고 약한 근육을 보강시켜주는 근운동응용요법과 영양치료에 도움이 되는 식품 또는 피해야 할 식품을 소개하고자 한다.

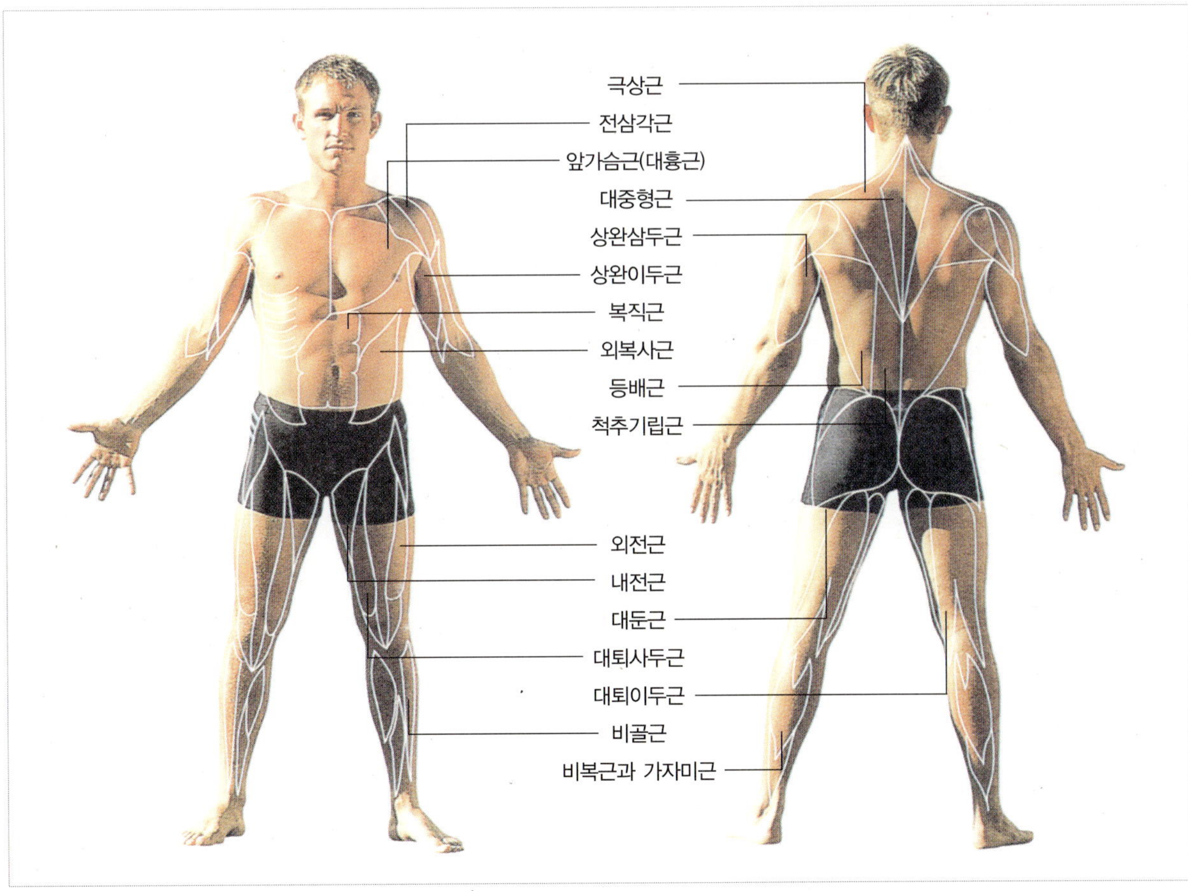

극상근 : 스트레스검사

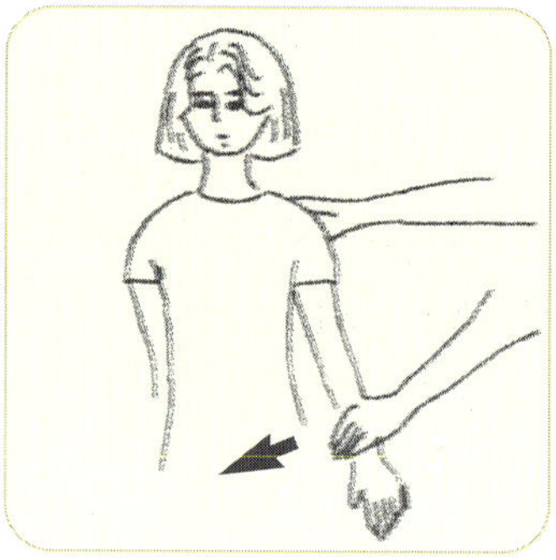

똑바로 서 있는 상태에서 팔을 15° 정도 벌리게 하고, 검사자가 벌린 팔을 밀면 그에 대항해서 팔을 벌린 상태를 유지하도록 한다.

만약 힘없이 밀리면 이는 정신적인 스트레스와 불안감 같은 과도한 정신노동으로 인해 기능이 떨어져 있는 상태이므로, 어깨선과 겨드랑이까지의 부분에 힘을 주어 깊숙이 눌러주고 뒷골과 목이 만나는 부위를 깊이 눌러준다. 그런 다음 조금 전과 동일한 테스트를 해보면 팔의 저항력이 강해진 것을 알 수 있을 것이다.

이상의 방법과 병행하여 어깨 근육의 바깥쪽 부위와 안쪽 부위 근육을 문질러주면 더 확실한 효과를 얻을 수 있다.

앞가슴근 : 위장기능검사

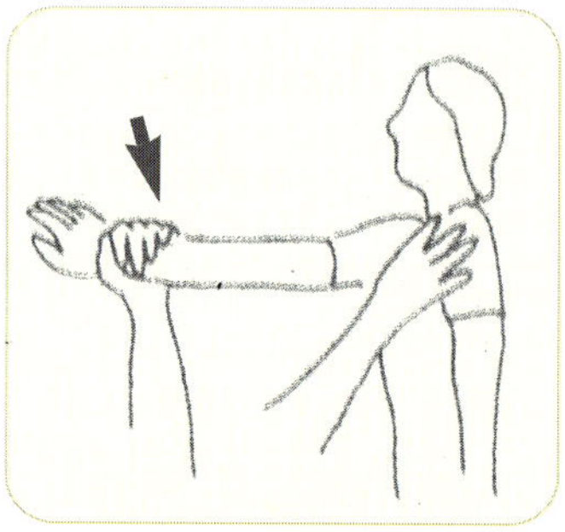

똑바로 서 있는 상태에서 오른쪽 팔을 어깨선 위치까지 들어올려 밖으로 뻗게 하며, 엄지손가락은 펴서 발가락 쪽을 향하도록 한다. 검사자는 뻗은 팔을 밑으로 내리도록 힘을 주고 본인은 그것에 저항하게 한다.

이는 위장과 밀접한 관계가 있으며 알레르기 상태와 음식의 성분에도 예민하게 반응한다. 기능이 약해져 있으면 오른쪽 가슴 아랫부분을 깊게 마사지해주고, 척추 뼈 5번째와 6번째를 각각 눌러주면서 마사지를 해준다. 이런 방법과 함께 쇄골 아래와 겨드랑이 윗부분을 눌러주면 더욱 좋다.

등배근 : 췌장기능검사

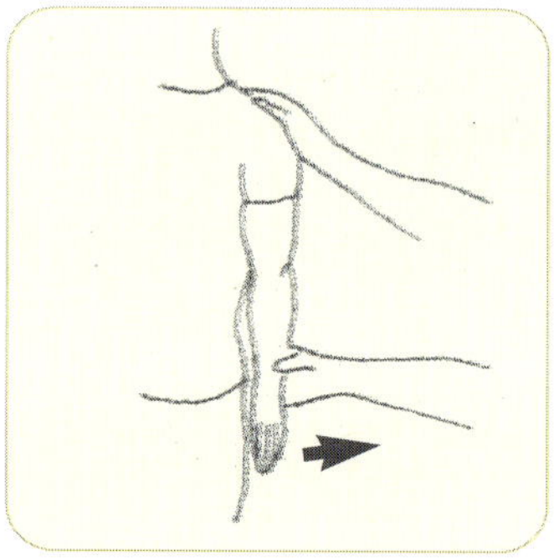

오른쪽 팔을 겨드랑이에 꽉 붙이고 서 있도록 한 다음, 검사자는 그 팔을 떼어내 벌리도록 힘을 가하고 본인은 그 힘에 저항을 해본다.

이는 췌장과 연관되어 있으므로 당뇨병, 고인슐린증, 저혈당 환자의 경우에는 쉽게 팔이 벌어지는 반응을 나타낸다. 등뼈 6번째를 깊게 마사지하고 오른쪽 겨드랑이 뒤쪽을 같이 마사지한다.

장모지대립근 : 췌장기능검사

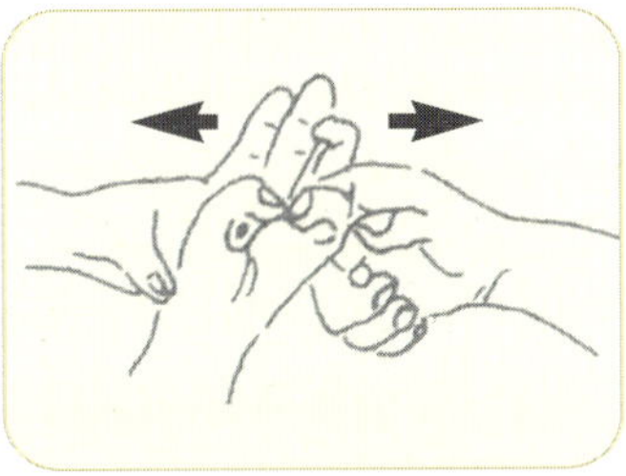

엄지손가락과 새끼손가락을 모아 붙여 링 모양을 만들고, 검사자가 링 사이에 손가락을 걸어 붙어 있는 손가락 사이를 떨어지게 한다.

이것도 췌장을 검사할 수 있는 테스트 방법으로, 등뼈와 오른쪽 겨드랑이 뒤쪽을 앞의 등배근에서처럼 마사지하면 강해질 수 있다.

견갑하근 : 심장기능검사

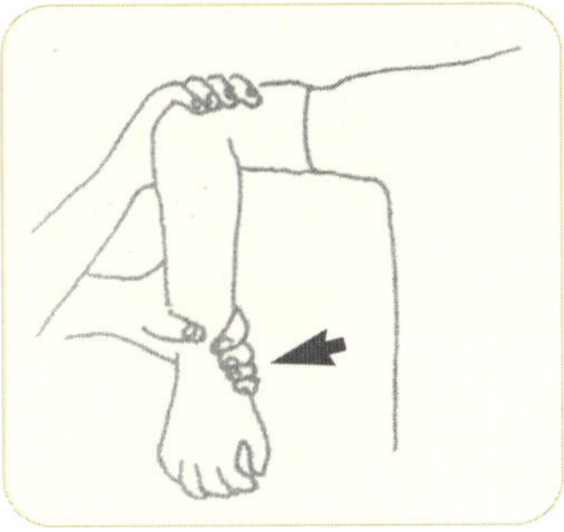

오른쪽 팔꿈치를 구부린 상태로 있게 하고 검사자가 구부린 팔을 안쪽으로 밀어 넣으려고 하는 것에 대항하도록 한다.

이는 심장의 기능을 테스트하는 것으로 뒤쪽 어깻죽지 근육에 대한 검사이며, 가슴이 뛰고 어지러우며 순환에 이상이 있을 때 약한 반응을 보인다. 앞가슴과 뒷등의 2~3번째 척추를 깊게 눌러주거나 오른쪽 쇄골 바깥쪽과 오른쪽 겨드랑이 윗부분을 깊게 마사지해준다.

영양치료로 칼슘, 비타민 E, 비타민 B, 뼈, 유제품, 콩류, 딸기, 레몬, 오렌지, 밀기울, 맥주 효모가 필요하다.

대퇴사두근 : 소장기능검사

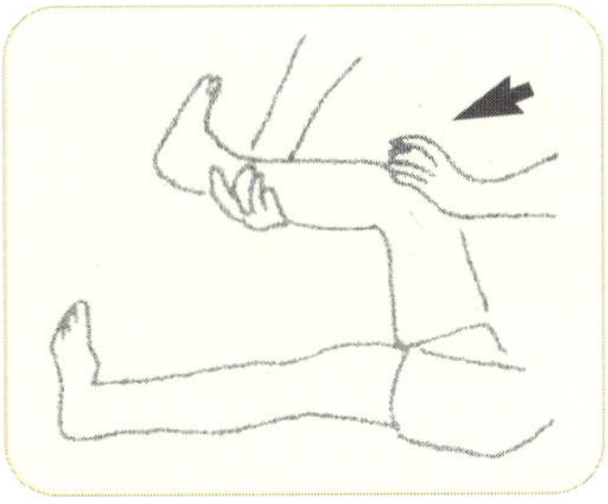

누운 상태에서 오른쪽 무릎을 구부리고 검사자가 구부린 무릎을 펴도록 압력을 가하는 검사 방법이다. 소장 기능이 약해져 있으면 쉽게 무릎이 펴진다.

늑골 8~11번째를 늑골선을 따라 깊게 눌러주면서 마사지하거나 등 쪽 8~12번째 척추를 마사지해준다.

영양치료로 이스트, 맥아, 요구르트, 간 등이 필요하다.

비골근 : 방광기능검사

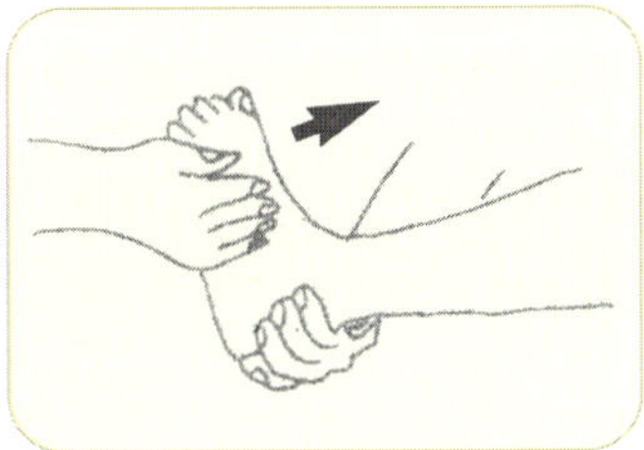

누운 상태에서 오른쪽 발을 바깥으로 틀어서 벌리게 하고 검사자가 한 손으로는 발뒤꿈치를 고정시키고, 다른 손으로는 바깥으로 젖힌 발을 안쪽으로 돌려 밀어본다.

이는 방광 기능의 검사로 방광 기능이 저하되어 있으면 발이 쉽게 안쪽으로 돌려진다. 요추 5번째를 깊게 마사지하거나 치골 윗부분을 마사지하며, 장딴지 무릎 뒤쪽이나 발꿈치 뒤쪽을 마사지해준다.

영양치료로 티아민이 많이 들어 있는 음식인 배, 콩, 곡류, 과일, 양배추, 이스트, 달걀 등과 칼슘이 들어 있는 뼈, 유제품, 채소, 콩류 등의 식품이 필요하다. 옥살린산이 들어 있는 커피, 초콜릿 등은 피하는 것이 좋다.

요근 : 신장기능검사

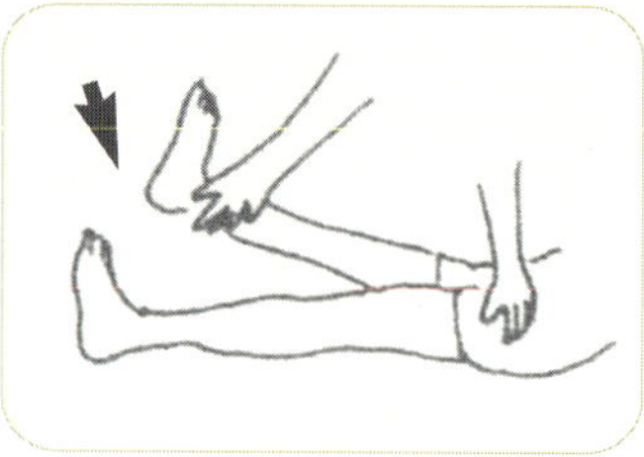

반듯하게 누운 상태에서 오른쪽 다리를 땅에서 45° 정도 들어올린 상태를 유지하게 하고 검사자는 다리를 밑으로 내리는 압력을 가한다.

이는 신장기능검사인데 엉덩이 위쪽 요추 부위의 근육에 대한 강도에 따라 반응이 나타나며, 신장 기능의 혈액 여과 정도에 따라 여드름, 습진 등의 피부 질환과 심장 질환을 유발한다.

척추 12번째와 요추 1번을 깊게 마사지하고 오른쪽 엉덩이 외측 부위를 마사지해주거나 배꼽 상부의 2.5cm 정도 되는 부위를 눌러준다.

물을 많이 마시고 비타민 A · E, 파슬리, 후추, 채소 등을 섭취하는 것이 도움이 되며, 커피, 알코올은 피하는 것이 좋다.

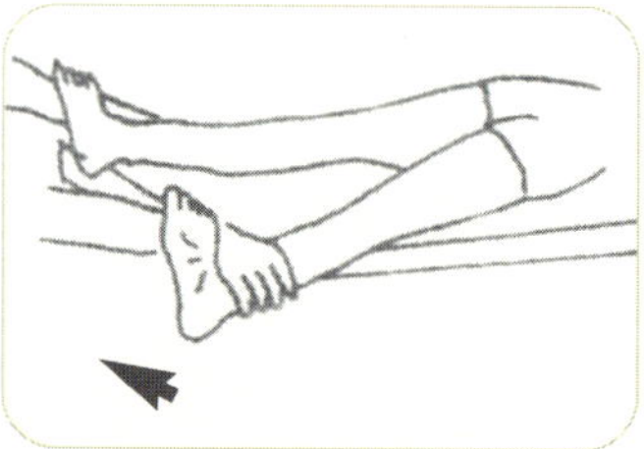

둔근 : 순환 및 성기능검사

반듯이 누운 상태에서 양쪽 다리를 바깥쪽으로 벌리게 하고 검사자가 벌린 다리를 안쪽으로 모으려고 시도한다. 월경통, 전립선 장애, 성기능 장애, 유방통이 있을 때 약한 반응이 나타나고 골반이나 어깨선이 높아져 있을 때도 마찬가지다. 치골 윗부분이나 요추 5번째를 눌러주면 기능이 더욱 강화된다.

비타민 E가 풍부한 맥아, 푸른 완두콩, 녹색 채소 등이 좋다.

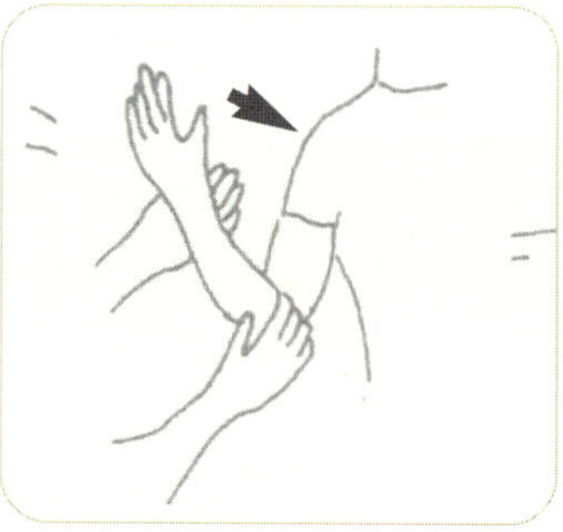

소원근 : 내분비기능검사

서 있는 상태에서(차렷 자세) 오른쪽 팔꿈치를 위로 90° 되게 굽힌 다음, 검사자가 굽힌 팔꿈치를 안쪽으로 밀어 넣어 90° 각도를 좁히려고 시도한다.

이는 갑상선 기능 장애, 소화 기관 장애, 간염, 체중에 변화를 가져오는 질병 등을 알아보기 위한 방법이다. 경추 2~3번째 늑골 부위와 흉골 부위를 지압

한다. 또는 어깨 바깥쪽 끝과 어깨뼈가 척추와 만나는 부위를 눌러준다.

유기 요오드인 해초류, 켈프와 생선 등이 도움이 된다.

전삼각근 : 담낭기능검사

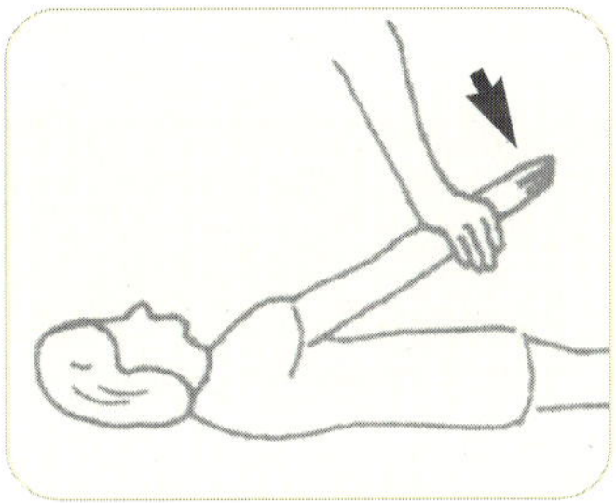

팔을 모으고 위를 보고 반듯이 누운 상태에서 오른쪽 팔을 45° 각도 위로 올리고 있으면 검사자가 그 팔을 밑으로 밀어 내리려고 시도한다.

이 검사는 담낭 기능을 보는 것으로 두통이 심한 환자, 지방을 과다하게 섭취하는 사람 등에서 약하게 나타난다. 흉추 3~5번째 부위를 눌러주거나 늑골 3, 4, 5번을 지압해준다. 쇄골 바깥쪽 1/3 부위를 눌러주고 어깨선에서 팔 쪽으로 1/3쯤 내려온 부위를 눌러준다.

비타민, 당근, 파슬리, 녹색 채소 등이 도움이 되고, 기름, 튀긴 음식 등은 좋지 않다.

대흉근 : 간기능검사

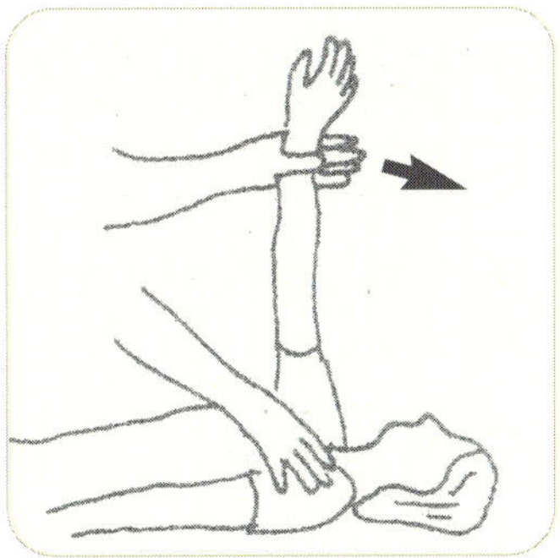

반듯이 누워 오른쪽 팔을 위로 똑바로 들어올린 상태에서 검사자는 팔을 위쪽 방향으로 젖히려고 시도한다.

이것은 간장기능검사로 녹내장 등 간장 기능과 관련이 있는 증세가 있을 때 약한 반응을 보인다. 간은 위장관에서 흡수된 모든 물질을 해독하고 단백질과 지방을 분해하며 효소를 만드는 역할을 한다. 흉추 5, 6번째 오른쪽 부위나

| 근육과 기능검사 |

근육 명	기능검사 명	근육 명	기능검사 명
극상근	스트레스검사	요근	신장기능검사
앞가슴근	위장기능검사	둔근	순환 및 성기능검사
등배근	췌장기능검사	소원근	내분비기능검사
장모지대립근	췌장기능검사	전삼각근	담낭기능검사
견갑하근	심장기능검사	대흉근	간기능검사
대퇴사두근	소장기능검사	전거근	폐기능검사
비골근	방광기능검사	대퇴근막	대장기능검사

늑골 5, 6번째 오른쪽 부위를 깊게 눌러준다. 또한 가슴뼈 7번째 늑골 부위와 오른쪽 어깨와 팔의 근육이 만나는 부위를 지압해준다.

비타민 A가 풍부한 녹색 채소, 파슬리, 후추 등이 도움이 되고, 튀긴 음식, 단 음식, 알코올, 탄산음료, 커피 등은 좋지 않다.

전거근 : 폐기능검사

서 있는 상태에서 오른쪽 팔을 앞으로 뻗어 45° 각도로 위를 향하게 하고,

I 알레르기를 일으키는 물질을 찾아내는 방법 I

- 향수 알레르기

어느 회사원이 오래 계속되는 잔기침으로 업무와 생활에 상당한 지장을 받고 있었다. 정확한 원인을 알지 못한 채 해소천식 정도로 생각하고 여러 가지 약물치료를 계속했다. 그러나 시간이 흘러도 증상은 호전되지 않았고, 마침내 근육검사를 이용한 간단한 알레르기 진단법을 통해 그 원인이 평소에 부인이 뿌려주던 향수에 있었다는 것을 발견할 수 있었다. 소화 장애나 피부 변화 등의 다양한 증상을 동반하는 알레르기가 있을 때 실시하여 알레르기 반응을 일으키는 물질, 즉 알레르기항원을 찾아내는 이 방법은 향수뿐만 아니라 식품, 음료, 보조 식품, 의약품, 담배, 알코올, 먼지, 곰팡이 등도 그 대상이 된다.

- 몸의 근육을 균형 상태로 만들고 검사를 시작한다.
- 누운 상태에서 한 손에는 향수를 들게 하고, 다른 한 팔은 직각으로 올리게 한 다음 테스트를 실시한다. 향수 알레르기가 있다면 손에 힘이 빠져 밀어내려는 저항력이 약해진다.

테스트 대상 물질이 식품인 경우 씹어보게 하는(삼키면 안 된다) 방법도 사용하는데, 이때는 입 안을 미리 헹궈내고 테스트를 실시한다. 보편적으로 36회 정도의 근육 테스트를 거치게 되면 근육이 지치게 되므로 식품 등에 대한 테스트를 할 때는 주의를 해야 한다.

- 복숭아 알레르기

- 누운 상태에서 한 손에는 복숭아를 들게 하고, 다른 한 팔은 직각으로 올리게 한 다음 테스트를 실시한다. 복숭아 알레르기가 있는 사람은 손에 힘이 빠져 밀어내려는 저항력이 약해진다.

이런 사람은 되도록 복숭아를 먹지 않는 것이 알레르기로 인해 생길 수 있는 여러 가지 증상에 대한 예방과 치료에 도움이 될 것이다.

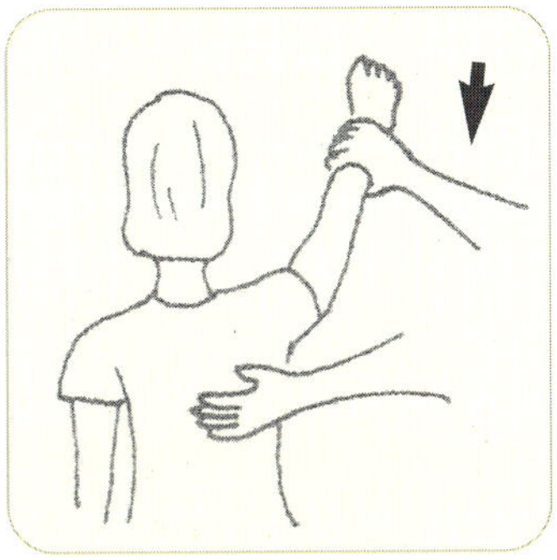

검사자는 이 팔을 아래로 내려뜨리려고 시도한다. 이때 검사자는 왼손으로 어깻죽지 옆구리를 붙잡아 고정시킨다.

이것은 폐기능검사로 가슴, 횡격막 등에 이상이 있을 때 오른팔이 힘없이 내려온다. 흉추 3, 4, 5 부위를 누르고 늑골 3, 4, 5 부위를 지압해준다. 아니면 오른쪽 어깨 왼쪽과 겨드랑이 부분이 만나는 곳, 그리고 9번 늑골 왼쪽 부위와 겨드랑이가 만나는 부위를 눌러준다.

비타민 C가 풍부한 고추, 감귤류 과일이 도움이 되며 물을 수시로 많이 마시는 것이 좋다.

대퇴근막 : 대장기능검사

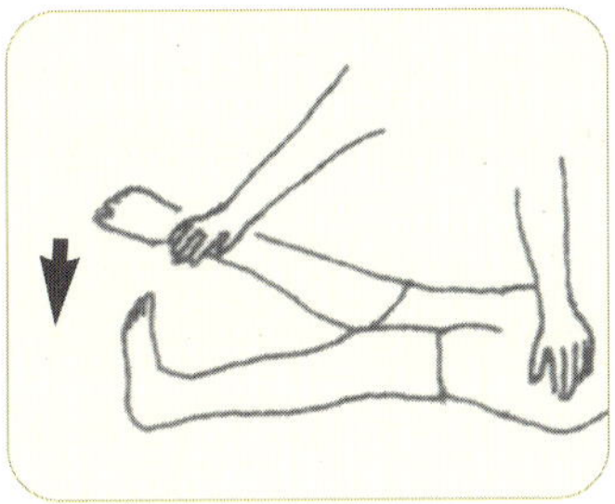

반듯이 누운 상태에서 위로 오른쪽 다리를 45° 각도 올리면 검사자가 이를 아래로 밀어내는 시도를 한다.

이것은 대장 검사로 변비, 수축성대장염, 설사 등의 증상이 있을 때 약하게 나타난다. 요추 2, 4번과 골반이 만나는 3각형 부위를 마사지하거나 양쪽 왼쪽 허벅지 근육을 허리 부분에서 무릎 부분까지 깊게 마사지한다.

물을 수시로 많이 마시는 것이 좋으며 벌꿀과 탄수화물은 변비가 있을 때 일시적으로 도움을 준다. 철분, 간, 맥주 효모, 녹색 채소 등도 좋다.

맥박

맥박은 심장에서부터 시작되는 혈액순환 기능을 나타내주는 중요한 척도다. 또, 우리 몸의 기본적인 에너지 정도를 나타내는 것으로 보완대체의학에서는 특히 몸 안의 조직이나 내장 기관의 이상 유무를 아는 중요한 지표가 된다.

왼손 엄지손가락의 손목 부위에 비골신경동맥을 찾아 오른손의 둘째, 셋째, 넷째손가락을 차례로 대고 가볍게 눌러보면 맥박이 뛰는 것을 느낄 수 있다. 특히 셋째손가락이 누르고 있는 부위가 가장 크고 확실하게 느껴질 것이다.

일반인들의 정상 맥박수는 1분에 72회 정도인데, 80 이상 또는 60 이하로 빠르거나 느리게 뛰면 맥박에 문제가 있다고 할 수 있다. 60 이하는 저혈압, 빈혈, 갑상선 기능 저하, 면역 저하, 혈액순환 장애가 있는 것으로 볼 수 있고, 80 이상은 과잉 대사 기능 상태, 염증 상태, 열이 있는 상태, 피의 과잉 산성화 상태, 불안이나 정신적 스트레스가 있는 상태, 심한 경우 심장이나 폐에 이상이 있는 상태로 볼 수 있다. 그 밖에도 운동선수는 대체로 맥박이 느리고 운동 직후나 흥분 상태에서는 맥박이 빨라지므로 참고해야 한다.

맥박으로 병을 진단하는 데는 많은 경험과 기술이 필요한데, 비교적 쉽고 간편한 맥박 진단법으로 전통 중국 의학에 의한 방법을 소개한다.

왼손의 둘째손가락으로는 심장, 셋째손가락으로는 간, 넷째손가락으로는 신장의 기능 상태를 알 수 있다. 오른손의 둘째손가락은 폐, 셋째손가락은 비장, 넷째손가락은 신장의 기능을 나타낸다.

- 맥박의 깊이, 위치에 따라 진단한다. 표면에서 강하게 느껴질 때는 급성 질환으로 의심되고, 더 깊은 내부에서 뛰는 것처럼 느껴질 때는 만성 질환으로, 빨리 뛰는 맥박은 열이나 심장에 이상이 있는 것으로 의심된다. 이것은 병에 대한 우리 몸의 외부적 저항으로 나타나는 현상이라고 볼 수 있다.
- 느리고 약한 표면 맥박은 결핍과 냉한 상태를 의미하는데, 이때는 생강, 계피, 마늘을 함께 끓인 물에 벌꿀이나 엿기름을 탄 따뜻한 것으로 보충해주는 것이 효과적이다.
- 깊고 느리고 약한 맥박은 내부가 차가운 상태, 즉 빈혈이나 에너지가 약한 상태를 의미하는데, 이때는 피를 보충하고 기와 양의 기운을 돕는 인삼, 계피, 생강, 당귀가 효과적이다.
- 미끄러지듯 둔하고 축축한 맥박은 몸 안에 물이 차 있고 담이 있는 상태를 의미하는데, 이때는 담을 제거하고 물을 빼주는 약초를 사용해야 한다. 거담제인 현삼, 이뇨제인 파슬리, 부추, 옥수수수염 등이 효과적이다. 단, 임산부는 생리상 이러한 맥박을 보일 뿐 정상이므로 걱정할 필요가 없다.
- 긴장 상태이거나 예민한 사람은 기타 줄처럼 팽팽한 느낌을 주는 맥박을 보이는데, 이때는 이완 효과가 있는 약재나 정신 훈련이 필요하다.
- 딱딱한 맥박은 심한 통증으로 인한 것이므로 빠른 시간 내에 원인 규명을 하도록 한다.

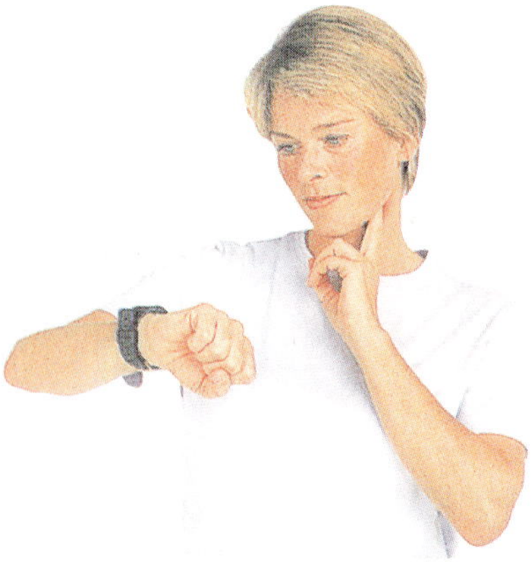

맥박 재기

혈압

혈압이란 우리 몸에 흐르고 있는 혈액의 압력을 말하는데, 이것은 심장혈관 계통의 기능과 몸의 질병 유무를 알아내는 중요한 척도가 된다.

고혈압

고혈압은 흔히 나이가 들면 생길 수 있는 병으로 생각하기 쉽지만 반드시 그렇지만은 않다.

| 혈압과 보완대체요법 |

- 뇌졸중이나 심장병, 신장병의 위험을 알 수 있다.
- 부신의 기능을 알 수 있다. 부신은 호르몬을 조절하고 면역 기능을 관장하는 중요한 역할을 한다.
- 아드레날린이라는 스트레스 호르몬을 분비하여 혈압을 조절한다. 스트레스와 혈압은 아주 밀접한 관계가 있다.
- 정상 혈압은 평균 140/90이다. 이때 140은 수축기 혈압, 즉 혈압기로 꽉 조인 상태에서 측정하였을 때 처음에 나오는 압력을 말한다. 90은 이완기 혈압, 즉 꽉 조인 상태를 풀어주었을 때의 압력, 동맥이나 작은 핏줄에 평상시에도 지속되고 있는 압력 상태를 말한다. 이것이 90 이상이면 심장발작의 위험이 따르게 된다.
- 앉아서 재는 것과 서서 재는 혈압에는 차이가 있다. 이것은 부신이 스트레스에 대항할 수 있는 적응 용량을 나타내는 것이다. 차이가 5 이상이 되어야 하는데, 이 정도의 차이를 보이지 않는 경우는 저혈압 상태로 부신 기능의 장애, 현기증 등의 증상이 나타난다.
- 저혈압은 일반적으로 100/70 이하를 말한다. 선천적으로 대사 작용이 낮은 상태, 갑상선 기능 저하, 피로, 몸이 차가운 증상이 나타난다. 이때는 자극성 약용식물인 고추, 인삼, 계피가 도움이 되며, 음식으로는 고단백 식품이 필요하다.
- 내부의 열이나 간 출혈로 인한 고혈압에는 간을 정화하는 약용식물이 도움이 된다. 포도 뿌리, 민들레 뿌리 등이 이에 해당한다.
- 담, 점액, 체액의 정체로 인한 고혈압에는 이뇨제 효과가 있는 약용식물이 도움이 된다.
- 혈압 조절 기능이 있는 마늘을 하루 1/2쪽씩 먹는다.

유전, 식생활, 생활습관, 스트레스, 그 밖의 밝혀지지 않은 원인 등으로 발생하며 소아기에서 그 원인을 찾기도 한다. 미국의 경우 15%의 소아가 고혈압으로 고생하며 65세 이상이 되면 50% 이상이 고혈압에 걸린다는 통계가 있다.

고혈압은 증세가 서서히 나타난다. 고혈압의 원인으로 신장 질환, 대동맥 결손, 동맥순환 장애 등이 있으나, 이보다 더 많은 원인을 명확히 밝히지 못하는 본태성고혈압이라 부르는 것이 있다. 염분이 많은 식사, 비만도 고혈압을 일으키는 원인이 된다.

혈압은 적어도 3번은 반복해서 측정해보아야 한다. 흥분 상태나 운동 후에 측정하면 혈압이 올라갈 수 있기 때문이다. 수축기 혈압이란 심장이 박동할 때의 동맥의 압력을 말하고, 이완기 혈압이란 심장박동 사이 이완 상태 때의 동맥의 압력을 말한다.

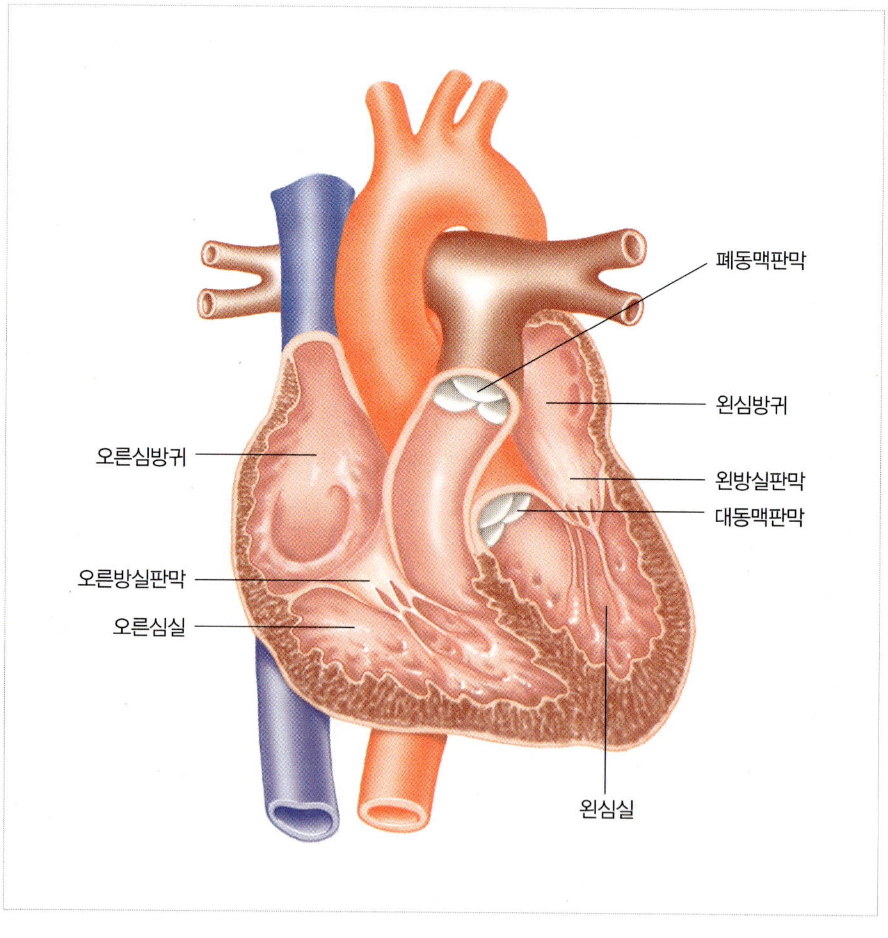

심장의 내부

저혈압

수축기 혈압이 90mmHg 이하로 떨어져 있을 때를 말하며, 현기증, 빈맥 등과 함께 의식이 흐려지는 쇼크 상태에 빠지기도 한다.

노인에서 흔한 기립성저혈압은 누워 있다가 갑자기 일어나게 되면 동맥혈의 순환이 순간적으로 부족하게 되어 혈압이 떨어지고 현기증과 혈관수축이 일어나는 현상을 말한다. 이때는 서서히 일어나도록 권유한다.

그 밖에도 저혈압은 혈관 내 피의 양이 부족하거나 심장 근육의 장애, 심장 질환, 또는 대동맥 판막의 장애 등으로 올 수 있다.

몸무게

몸무게는 개인에 따라 차이가 있으나, 비정상적인 몸무게는 만성적인 질병과 관련이 있을 수 있다. 위가 무겁게 느껴지고 가슴과 엉덩이가 무겁게 처지는 경우, 조금만 움직여도 숨이 가쁘고 땀이 많이 나는 경우에는 몸무게를 감량해야 한다. 그 밖에도 밤에만 특히 심한 목마름을 느끼거나 식욕증가, 불면증, 몸에서 냄새가 나거나 온몸이 딱딱하고 팔다리가 쑤실 때, 가슴 밑이나 엉덩이 사이, 팔 밑에 붉은 반점들이 생길 때 등이 해당된다.

| 체중 감량을 위한 보완대체요법 |

- 적절한 운동과 식사로 대사 활동을 원활하게 한다.
- 약용식물은 저칼로리 영양소를 제공하고 식욕을 감소시켜 체중 감량에 좋다. 이런 약용식물에는 밀, 보리 등이 있으며, 독성과 내장 기관의 정체 상태를 제거하는 약용식물로는 엉겅퀴 덩굴, 별꽃, 펜넬, 센나, 장군풀, 트리팔라 등이 있다.
- 영양과 동화작용을 돕는 약용식물로는 펜넬, 싹이 튼 눈, 보리 등이 있다.
- 우유, 지방 함유 식품, 기름진 식품 등을 피해 칼로리 흡수를 줄이고, 소금 섭취를 줄여 체액정체를 막으며, 식욕을 자극하는 강한 향료의 사용을 줄여야 한다.
- 다이어트 식품이나 암페타민 같은 약물로는 잠시 효과를 볼 수 있을 뿐 체중이 다시 불어나므로 주의한다. 우리 몸은 이런 종류의 약물이 일으키는 체내 불균형 상태를 회복하기 위해 반응한다.
- 대사 장애나 기질적 장애로 체중이 불어날 때는 별꽃, 펜넬을 복용하여 몸의 균형을 바로잡는 것이 도움이 된다.

| 체질량지수 BMI |

- 체질량지수 body mass index, BMI 는 적절한 체중을 알아내는 유용한 척도다.
- 몸무게와 키를 킬로그램과 미터 단위로 잰다.
- 다음과 같이 체질량지수를 산출한다.

$$\text{체질량지수} = \frac{\text{몸무게(kg)}}{\text{키(m)} \times \text{키(m)}} \qquad \text{보기)}\ 24.8 = \frac{70\text{(kg)}}{1.68\text{(m)} \times 1.68\text{(m)}}$$

- 체질량지수를 20~25 범위에서 유지하는 것이 좋다.
  (한국인의 경우 18.5~22.9)
- 아래 차트를 이용하면 자신의 체질량지수를 쉽게 알 수 있다. 차트에서 키와 몸무게의 교차점에 해당하는 부분이 자신의 체질량지수 범위다.

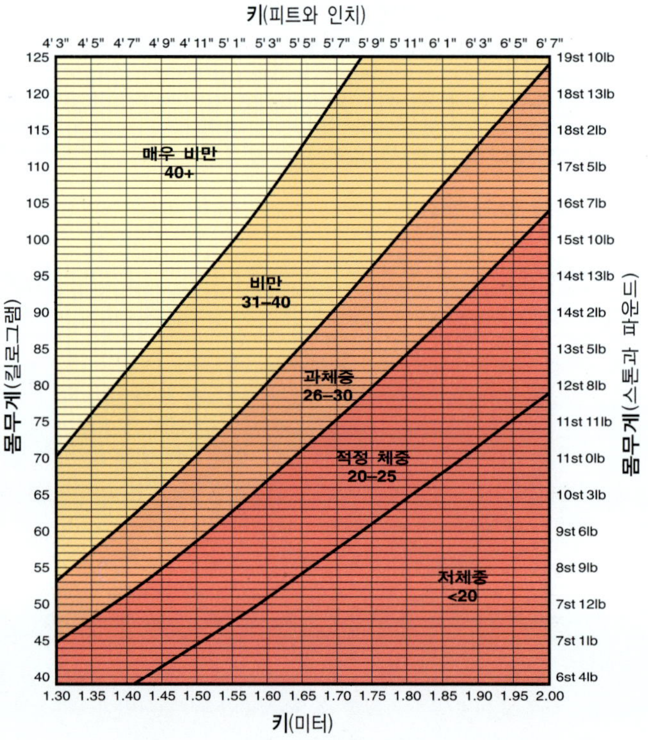

한국인의 체질량지수 기준

- **저체중** : 18.5 미만
- **정상체중** : 18.5~22.9
- **과체중** : 23.0 이상
- **위험체중** : 23.0~24.9
- **비만 1단계** : 25.0~29.9
- **비만 2단계** : 30.0 이상

머리카락

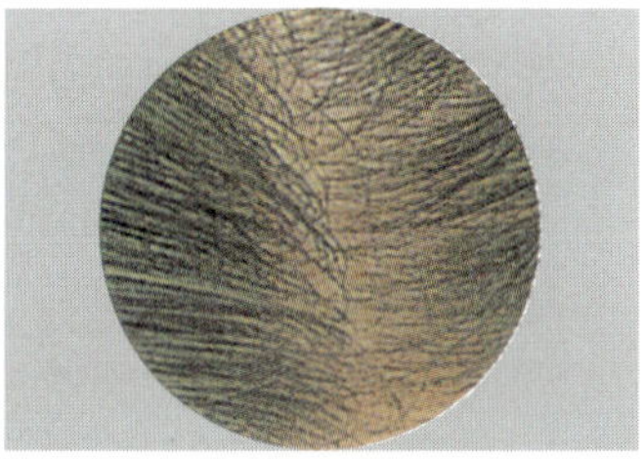

머리카락은 두피의 작은 모세혈관들에서 영양을 공급받아 성장한다. 머리에 윤기가 나면 혈액과 순환계 상태가 양호한 것이지만, 푸석푸석하고 윤기가 없다면 단백질과 비타민 B가 부족하고 소화 장애와 영양소의 동화작용이 결핍된 것을 의미한다.

탈모

두피를 가볍게 두드려주어 자극을 주는 치료가 효과적이다. 이 방법은 두피의 혈액순환을 도와주고 피의 에너지를 많이 모을 수 있게 하기 때문이다. 매일 지속적으로 해주면 머리카락이 더 이상 빠지지 않고 새로운 머리카락이 자라게 하는 자극제 역할을 한다. 유전적인 탈모의 경우에는 효과가 적지만, 그렇지 않은 경우에는 3개월 이상 지속적으로 하면 효과가 나타난다.

백발

머리가 세는 것을 늦춰주는 약초로 빈혈 치료 효과까지 있는 약(예 : Ho Shou Wou)이 있는데, 피와 간에 활성화 작용이 있어 하루 12스푼 정도 먹으면 상당한 효과를 볼 수 있다. 특히 컴퓨터 앞에서 장시간 일하는 사람에게 효과적이다. 서양 약초로는 참소루쟁이속의 식물이 좋다.

눈

눈의 충혈은 비타민 C · K · E와 B-복합체, 아연 부족 등으로 생기게 된다. 홍채의 외곽 부위가 하얗고 구분이 확실하지 않으면 시력이 나빠져 감각이 둔해진 상태라고 할 수 있다. 바깥쪽 테두리는 흰자 부위와 구분되어 있고 안쪽 테두리는 동공과 경계되어 있는데, 그 사이의 검은 부위가 홍채다.

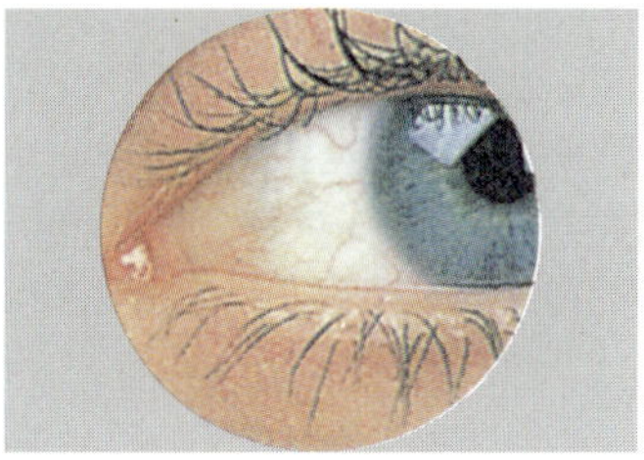

또, 불빛에 동공이 즉각 반응을 나타내지 않고 수축되지 않은 채 열려 있으면 뇌 기능 약화, 뇌의 미세한 손상, 약물 중독을 의심할 수 있다. 골든실이나 눈을 맑게 해주는 결명자 차 또는 트리팔라 차로 눈을 세척하면 효과를 볼 수 있다. 이들 약재는 백내장, 녹내장에도 효과가 좋다.

혀

혀의 상태는 맥박과 함께 가장 많이 사용되는 진단 수단으로 몸 전체의 건강 상태를 나타낸다.

- 창백하고 축 처져 있는 혀 : 허약, 빈혈, 수분 정체 상태
- 짙고 붉은 색깔의 혀 : 염증 상태
- 백태가 끼어 있는 혀 : 감기, 소화불량, 소화 기관의 출혈로 알칼리화되어 있는 상태
- 황색의 혀 : 산성 상태로 독성, 염증, 출혈 상태
- 갈라지고 봉우리가 밋밋하고 하얀 돌기가 돌출되어 있는 혀 : 비타민 B가 결핍된 상태
- 떨리는 혀 : 신경 계통의 약화 상태
- 말려 있는 혀 : 긴장 상태
- 주위가 이빨 자국처럼 울퉁불퉁한 혀 : 수분 정체 상태, 에너지가 떨어진 상태

입술, 입, 코

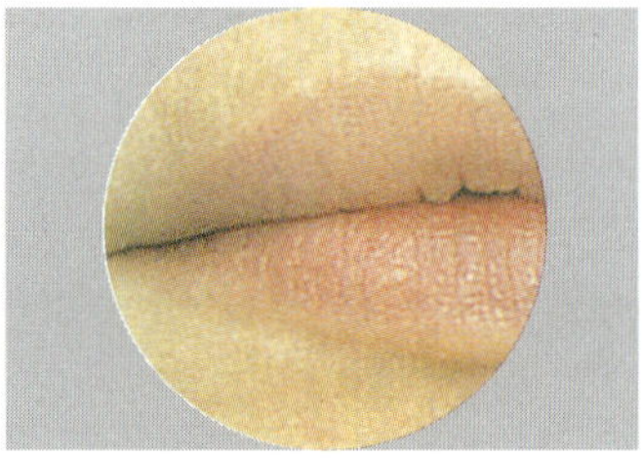

오랫동안 입술이 갈라지고 입가나 코 주위가 붉어져 있는 것은 염증, 소화 기관의 산성화 상태를 나타낸다. 이런 현상은 비타민 B군을 흡수하고 이용하는 기능이 떨어져서 나타나는데, 장의 과잉 산성화로 비타민 B군을 생성해내는 장 내 박테리아균이 불균형을 이루기 때문이다. 이때는 설탕은 물론 과일에 들어 있는 당분도 피해야 한다.

치주, 치아

비타민 B가 결핍되면 치주에 붉은 염증이 생기는데, 엽산, 비타민 C, 인 등의 결핍은 소화 기관이 지나치게 산성화되었기 때문에 나타나는 현상이다.

백설탕 등 정제된 탄수화물을 과잉 섭취하거나 음주와 흡연이 지나치면

면역 기능을 저하시켜 충치, 만성 치주염이 발생한다. 피가 나는 치주에는 탄수화물 성분의 꽃받침 부위가 효과적이며, 계피 가루, 월계수 열매, 떡갈나무, 알륨 뿌리 등 약초 성분으로 된 치아용 가루약도 효과적이다.

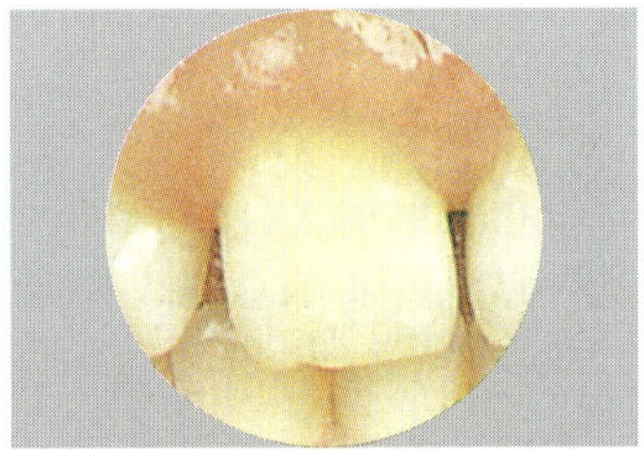

입 냄새

강한 입 냄새는 소화 장애, 산성화, 위장관의 음식 부패가 원인인데, 이때는 섬유질 식품이나 위장을 청결히 해주는 역할을 하는 트리팔라를 매일 저녁 섭취하여 냄새를 없애주는 것이 좋다. 그리고 될 수 있으면 튀긴 음식, 커피, 설탕, 육류, 알코올 등 산성 식품을 먹지 않는다. 약용식물은 백리향속 식물과 계피, 정향나무를 혼합하여 사용하면 효과적이다.

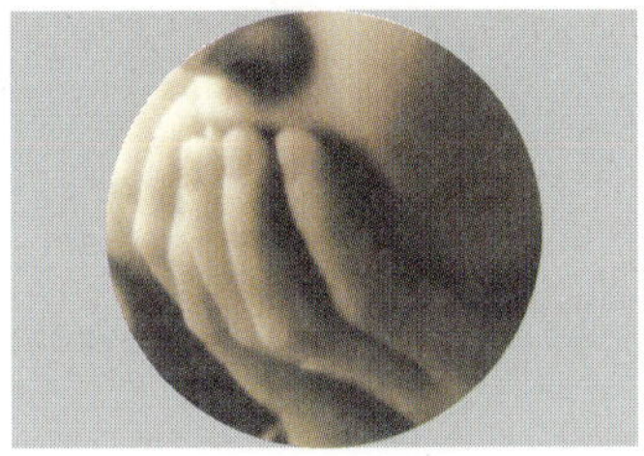

소화

섭취 식품이 불균형하거나 장 내 정상 세균이 감소하면 헛배, 복통, 가스 참, 심하면 장염 등이 나타난다. 이때는 발효 식품인 호산균과 잘게 썬 양배추에 식초를 넣어 담근 김치가 효과적이다. 유전적, 체질적으로 유제품 알레르기 있다면 유제품을 피하고, 곡류와 단백질 식품을 과일이나 과일 주스와 섞어서 먹지 말아야 하는데, 소화 장애 같은 부작용을 일으킬 수 있기 때문이다. 그러나 가볍게 쪄서 먹는 것은 소화와 동화작용에 도움이 되므로 괜찮다. 또, 트리팔라를 밤에 복용하면 소화 기관을 정화시켜준다.

부종

눈 주위, 다리 등에 가장 흔히 나타나며 부신이나 신장 기능의 장애가 주 원인이다. 이는 신장에 붙어 있는 부신에서 피의 염분을 조절하는 호르몬을 분비하고 있기 때문이다. 염분이 과잉 정체되어 있는 상태로 소금이 과잉 섭취되어 있을 때나 부신이 약해져 있을 때 나타나며, 갑작스런 부종은 알레르기 반응으로 일어날 수도 있다. 중년 이후에 오는 부종은 주로 앉아서 생활하는

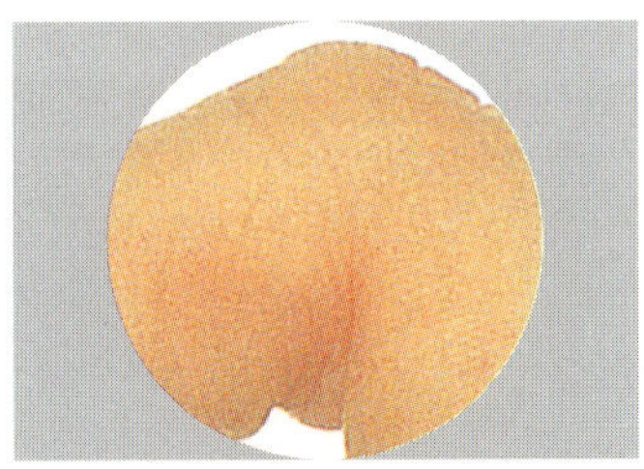

습관 때문에 나타나는데, 이때는 규칙적으로 운동을 하고 필요할 때는 이뇨 작용에 도움이 되는 약용식물인 민들레 잎, 속새, 펜넬 씨를 이용하면 더욱 좋다. 그러나 무엇보다 염분 섭취를 최대한으로 줄이는 것이 중요하다.

호흡

알레르기나 만성 비염, 또는 기침과 같은 증세로 나타나지만, 폐와 심장에 가벼운 염증이 있거나 고갈 상태가 되면 기침도 없게 된다. 양고추냉이 뿌리와 사과 식초 1스푼을 혼합하여 매운 맛이 사라질 때까지 씹거나, 작은 감초 뿌리와 함께 끓인 물 1컵에 넣어 충분히 식힌 다음에 마시면 부비강을 정화시키는 데 효과적이다. 매운 약용식물인 검은 후춧가루, 생강, 아니스를 큰 알약으로 만들어 벌꿀에 섞어 복용하면 부비강이 치료된다.

대변

| 대변의 상태에 따른 증상과 치료 방법 |

대변의 상태	증상과 치료
정상 대변	• 무르지도 딱딱하지도 않음
묽은 대변	• 소화가 약한 상태 • 동화작용이 부족한 상태
옅은 회색 대변	• 담석, 담즙이 막혀 있음 • 간염, 콜레스테롤이 높음
설사	• 생강, 계피 차에 너트메그 가루 1스푼을 섞어 사용 • 아질풀 속의 식물과 검은딸기를 차나 가루로 사용 • 간과 혈액 정화 효과가 좋은 트리팔라를 사용

소변

| 소변의 상태에 따른 증상과 치료 방법 |

소변의 상태	증상과 치료
색깔이 없는 소변	• 신진대사가 저조한 상태 • 심한 알칼리성 상태 • 단백질이 필요
냄새가 강하고 색깔이 짙은 소변	• 요산이 많은 상태
피가 섞인 소변	• 염증이 생긴 상태
오줌 줄기가 약한 소변	• 전립선 비대 상태 • 통증이 심할 경우 전립선염이 의심됨 • 건포도, 다미아나, 야자과, 씨 없는 과일(딸기류 등), 강제제 원료가 효과적
잦은 소변	• 에너지 결핍 상태
양이 적은 소변	• 울혈, 정체, 신진대사 과잉
혼탁한 소변, 통증을 동반한 소변	• 요로결석 • 요로감염 • 그라벨 뿌리, 파슬리, 제라늄 뿌리가 효과적 • 설탕, 육류, 커피, 알코올 등 산성 식품은 피할 것
신장결석으로 인한 통증을 동반한 소변	• 허리에 뜨거운 생강 찜질이 효과적

보완대체의학의 질환별 치료법

01 순환기 질환

수족냉증

증상과 원인

몸의 체온은 순환되는 피부의 실핏줄을 통해 유지되는데, 빈혈, 출혈, 갑상선 기능 저하 등의 증상이 있을 때 손발이나 몸통이 차고 짜릿해지는 느낌이 든다.

여러 가지 복합적인 원인이 있으나 대부분은 대사 장애, 갑상선이나 부신의 기능 저하, 순환 장애가 있을 때 발생하며, 유전적인 원인도 있다. 그 밖에 찬 음식, 날 음식, 주스, 조리가 제대로 안 된 음식 등을 먹었을 때나 불안, 긴장, 초조한 상태에서도 발생한다.

치료

찬 음식, 찬 공기 등 추운 환경을 피하고, 특히 허리 아래를 따뜻하게 유지하며, 날 과일, 날 채소는 추운 계절에는 가능하면 삼간다. 육류를 섭취하여 열량을 높이거나, 카레 등 매콤한 음식, 심황, 코리앤더, 커민, 아위, 호로파 종자, 붉은 칠리, 고추 등을 음식에 곁들이고, 계피, 생강 등을 양념으로 첨가하여 먹으면 좋다. 또, 계피 25g, 생강 뿌리 4쪽, 정향나무 800g, 육두구나무, 후춧가루를 적당히 혼합한 차에 벌꿀을 타서 마시면 효과적이다.

그 밖에 안젤리카 뿌리, 감초 뿌리, 사르사파릴라나 싸사프러스 껍질을 25g 정도 차에 추가해서 끓인 다음 식혀서 마시거나, 생강가루, 후춧가루, 벌꿀을 혼합하여 진하게 범벅해서 하루 1~3회 25g씩 먹어도 좋다.

벌꿀에 후추 가루 또는 생강 가루 등을 타서 마신다.

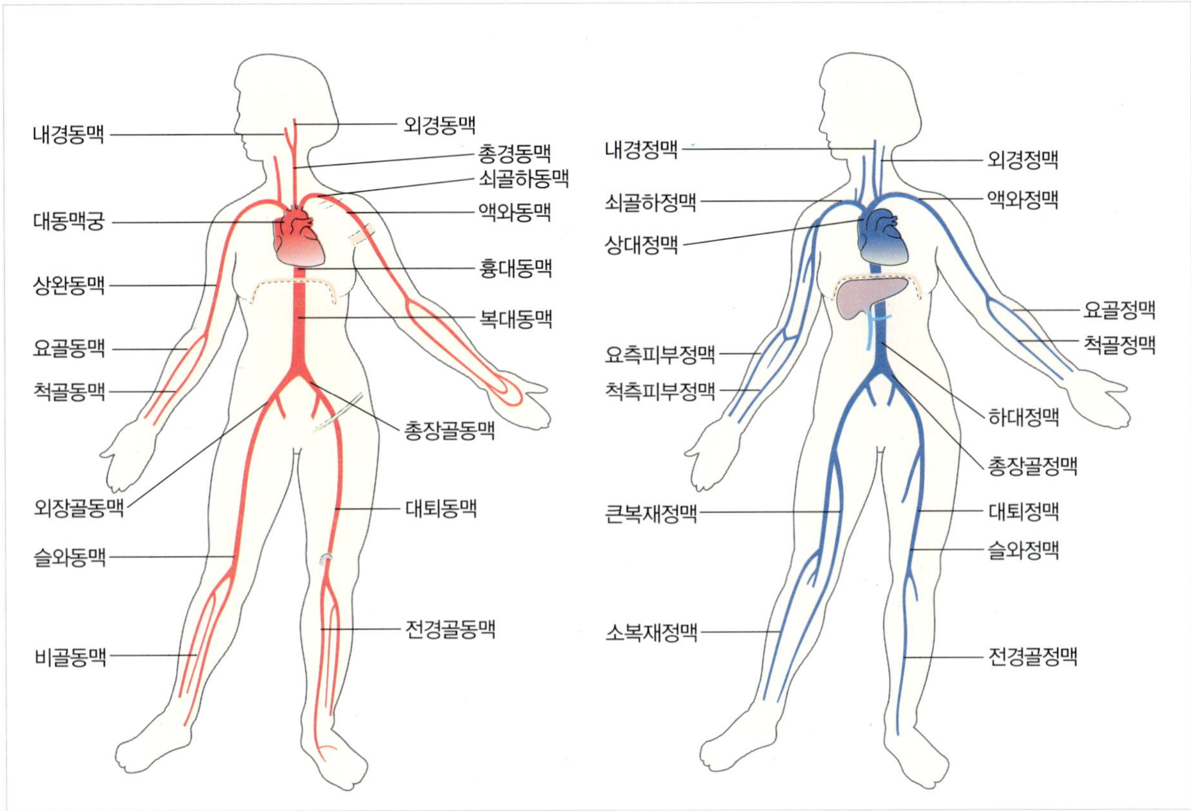

우리 몸 안의 핏줄들 – 정인혁, 「사람해부학」에서

발이 찬 경우 양말 속에 고춧가루를 뿌려두면 즉각적인 효과가 있고, 동종요법 약물로는 페럼 포스, 아르세니쿰 등을 사용한다.

하루에 비타민 B6를 100~300mg 복용하거나 비타민 B3 1,000mg, 칼슘 1,000mg, 마그네슘 500mg 등을 복용하면 증상이 호전될 뿐 아니라 신경계통이 안정된다.

수치료로 발목까지 찬물에 담그는 동작을 5분 간격으로 반복하여 혈액순환을 증가시키는 방법을 이용한다.

정맥류 및 치질

증상과 원인

정맥은 심장의 펌프 작용으로 혈액을 밀어주는 구조로 되어 있지 않고, 단지 근육의 수축력(특히 다리 부위에서)과 정맥 혈관 속의 밸브 기능으로 피를 심장까지 되돌려 운반하는 일만을 한다. 즉, 조직 깊숙이 동맥에 둘러싸여 있는 정맥은 강력한 순환력으로 피가 순환된다. 그러나 피부에 가까이 있는 정맥은 근육이나 결체조직에 싸여 쉽게 혈관벽이 부어오르고 꼬인다. 이러한 현상으로 정맥류가 형성되는데, 건강하게 정맥혈이 심장까지 되돌아가기 위해서는 심호흡과 근육 수축력이 필요하다. 심호흡으로 깊게 들이마시는 동작을 통해 혈액이 효과적으로 가슴으로 빨려 올라오게 되므로 정맥류 환자에게는 이러한 호흡법이 좋다.

정맥류는 유전일 수도 있고, 운동부족, 장시간 서 있는 직업, 임신, 꼭 끼는 옷, 변비, 체중과다 등으로 쉽게 유발되기도 한다. 주로 다리와 고환에 많이 생기는데, 이를 정맥 절류라 부른다. 직장이나 항문의 안팎에 생기는 경우는 치질이라 한다. 항문 주위의 정맥이 늘어나 통증, 출혈, 가려움증이 나타나는 것은 비만, 운동부족, 임신, 복부 종양, 기침 등으로 직장과 복부 정맥에 압박이 가해져 발생한다.

치료

일반적으로 주의해야 할 점은 장시간 서 있거나 다리를 꼬고 앉아서 일하는 것 등을 피하는 것이며, 누워 있을 때는 다리를 머리보다 위로 올려 중력의 힘으로 정맥혈이 심장 쪽으로 흐르게 한다. 또, 찬물로 정맥류 부위를 식혀 조직의 탄력성을 강화하고 정맥의 순환을 원활하게 해준다.

약용식물도 치료에 도움을 주는데, 속새, 마디풀 등에는 규석이 다량 함유

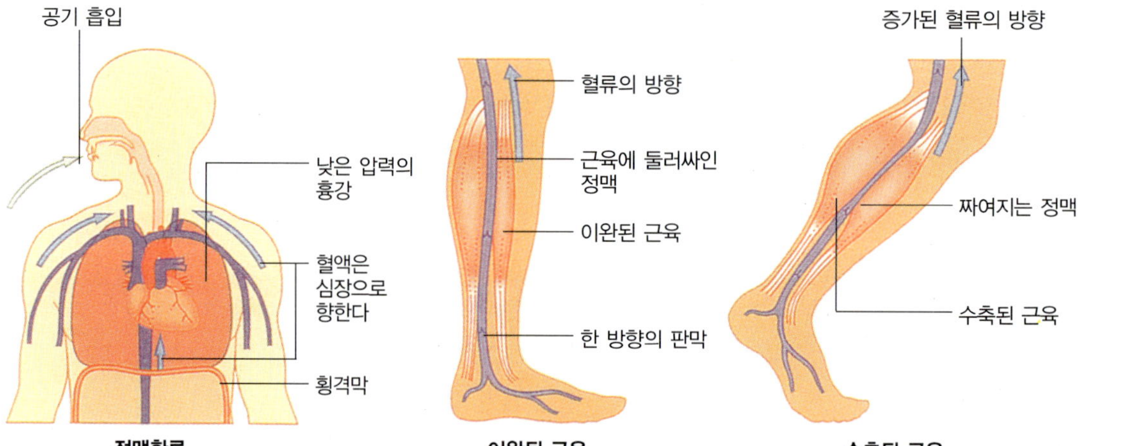

정맥환류　　이완된 근육　　수축된 근육

되어 있어 결체조직을 강화하고 정맥의 흐름을 자극한다. 특히 이들 식물을 물에 혼합하여 교질 상태의 용액으로 만들어 사용하면 최대의 효과를 얻을 수 있다.

산사나무, 서양톱풀, 냉이, 메밀 등은 루틴과 같은 바이오플라보노이드를 많이 함유하고 있어 정맥 혈관벽을 튼튼하게 해준다. 마로니에나 조롱나무에도 수렴제 작용이 있는 타닌, 사포닌, 플라보노이드 성분이 많아 정맥 혈관벽의 침투성을 낮춰준다. 사용 방법은 이들 용액을 얼음으로 만들어 천으로 싸서 문제 부위에 덮어주는 것이다. 골든실이나 금잔화, 금송화를 연고로 만들어 바르거나 달여서 복용하면 정맥 순환에 좋고, 염증이 가라앉으며, 통증이 완화된다.

치질의 통증에는 조롱나무를 달인 용액에 좌욕을 하면 효과적이다. 캐모마일, 참소루쟁이, 현삼, 컴프리, 느릅나무 껍질을 글리세린과 함께 섞어 항문 좌약으로 사용하기도 한다.

혈액순환 개선을 위한 셀프 마사지

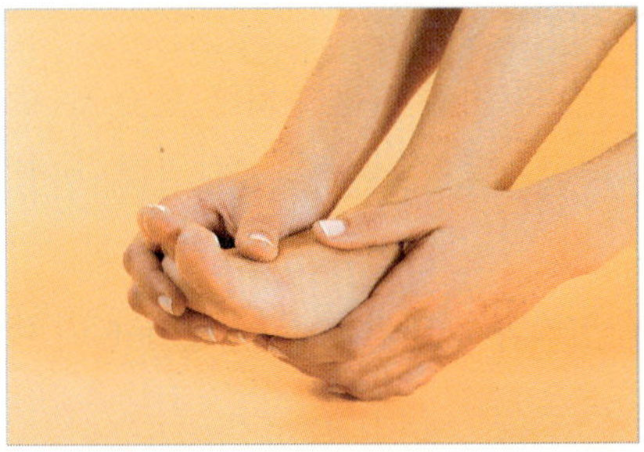

1. 먼저 오른발부터, 발에서 위로 올라가며 마사지한다.

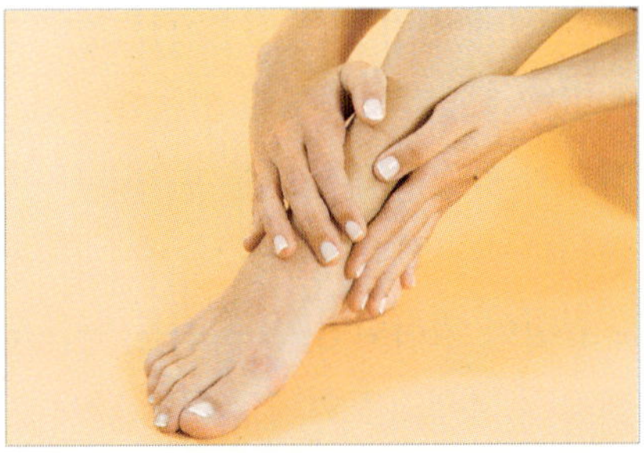

2. 원을 그리며 발목을 마사지한다. 한 손씩 번갈아 발목을 감싸준다. 오일이나 크림을 바르면 마사지가 더 수월하다.

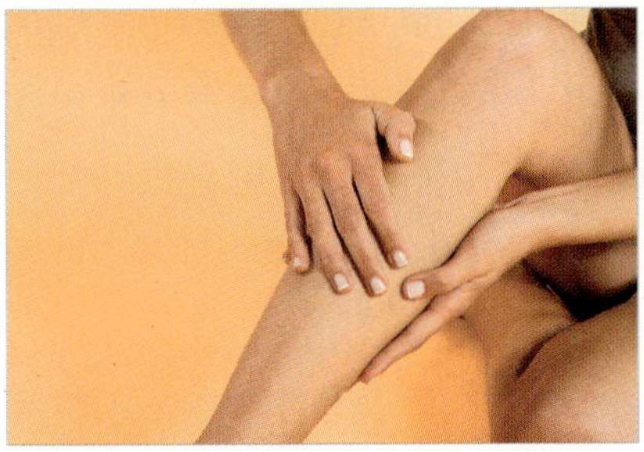

3. 양손으로 정강이와 종아리를 마사지한다.

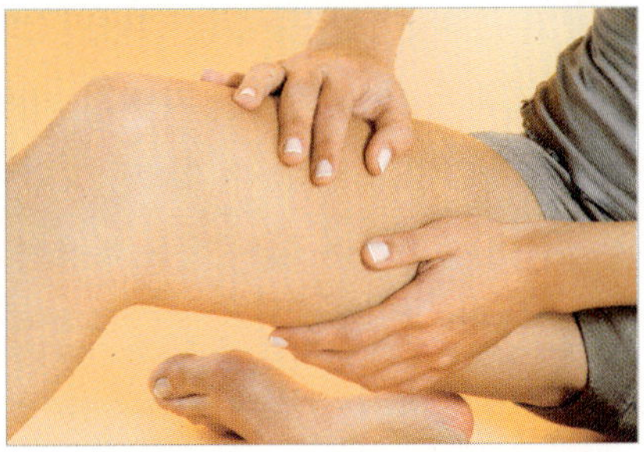

4. 한 번에 한 손씩 부드럽게 원을 그리며 무릎뼈(슬개골)를 마사지한다. 그 다음 위로 올라가며 허벅지 안쪽을 마사지한다. 다리를 들어올리는 쪽이 더 편하다면 그렇게 해도 무방하다. 한 손은 위쪽으로 다른 손은 아래쪽으로 마사지한 후 허벅지 양옆도 마사지한다. 다른 쪽 다리도 같은 방법으로 마사지한다.

빈혈

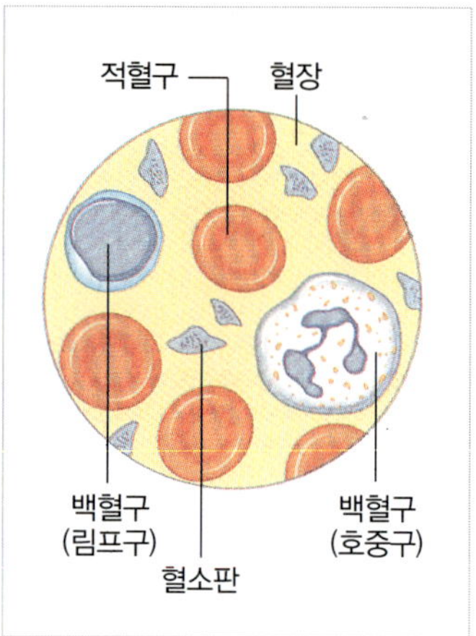

혈액 성분의 구성

증상과 원인

얼굴이 창백해지거나 조금만 움직여도 숨이 가빠오는가 하면, 불면증, 현기증, 의식 혼탁, 감염 증세 등이 나타난다. 그 원인과 종류는 다양하지만, 헤모글로빈 결핍으로 혈액 내 산소가 부족해서 오는 경우가 대부분이다. 원인이 다양하기 때문에 단순히 철분 부족 때문에 발생하는 것으로 생각하는 것은 옳지 못하다. 다른 요인으로 엽산이나 비타민 B12 결핍, 단백질 부족 등이 있는데, 비타민 B12는 보통 식사로 충분히 보충이 되지만 소화 흡수에 문제가 있는 경우 결핍이 생길 수 있다.

백혈병에서는 혈액 세포를 만들어내는 골수에서 적혈구 생성이 방해를 받기 때문에 빈혈이 동반되어 나타난다. 그 밖에도 헤모글로빈의 비정상적 형태인 시클세포, 스페로사이토시스 등으로 인해 빈혈이 나타나기도 한다. 또, 많은 출혈(위장관 출혈, 치질로 인한 출혈, 장기간 계속된 월경 등)이 원인이 되기도 하고, 드물게는 갑상선 기능 저하, 타라세미아 같은 내분비 장애 및 선천성 혈액 질환으로 인해 유발되기도 한다.

일반적으로 남성보다 여성에서 임신 등으로 인해 빈혈이 자주 오고, 위생 상태가 불량하고 영양이 부족하기 쉬운 빈곤 계층, 노인층에서도 쉽게 빈혈 증세가 나타난다.

빈혈이 의심되면 먼저 전문가를 찾아 정확한 원인과 종류를 알아내고 치료를 시작하는 것이 중요하다.

치료

철분 흡수에 도움을 주는 비타민 C가 풍부한 파슬리, 미나리, 딸기, 쐐기풀, 장미 열매 등을 섭취하면 자연적, 영양학적으로 균형과 조화를 동시에 얻는 일거양득의 효과를 볼 수 있다. 그 밖에도 용담, 민들레, 옐로우 도크, 도깨비 부채풀을 혼합하여 끓인 물을 복용하면 위장관벽에서 철분 흡수를 촉진하는 작용이 있어 철분 결핍으로 인한 빈혈을 치료할 수 있다.

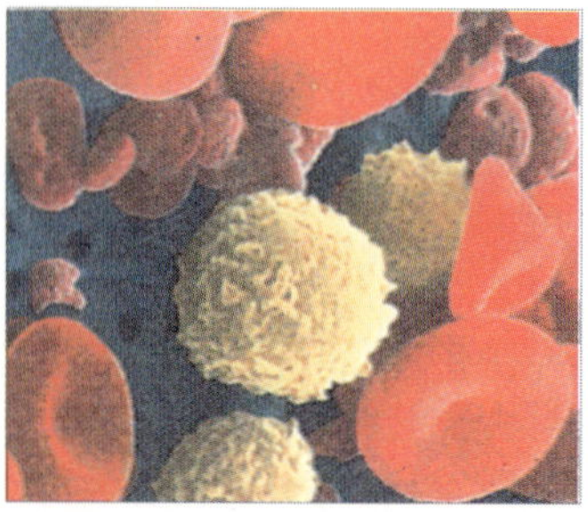

적혈구

알코올 중독자나 약물(피임약 포함)을 장기적으로 복용하고 있는 사람들에서 흔히 영양소나 엽산 결핍으로 빈혈이 나타나는데, 이때는 균형 잡힌 영양요법과 함께 엽산이 많이 함유되어 있는 맥아, 양조효모, 호두, 밤, 녹색 채소, 소간 등을 많이 섭취하면 좋다. 또, 당근, 비트, 케일, 토마토, 브로콜리,

시금치, 알팔파, 자두, 포도, 살구 등을 즙으로 복용하는 것도 좋다. 그 밖에도 마늘, 컴프리 뿌리, 민들레, 라즈베리 잎을 혼합한 주스로 적혈구 수치를 증가시켰다는 의학 보고도 있었다.

아로마요법에서 캐모마일과 레몬 오일은 특히 적혈구 생성을 촉진하는 데 유용하다. 동종요법 약물로는 칼슘 포스페이트, 페로우스 포스페이트 등이 쓰이며, 철분 흡수를 돕는 비타민 C, 구리, 낮은 용량의 아연, 헤모글로빈 생성을 돕는 비타민 E도 필요하다.

동맥경화증

증상과 원인

동맥경화란 동맥의 혈관벽이 두꺼워지는 증상을 말한다. 일차적으로 지방이 동맥의 혈관벽에 침착되고, 더 진행하면 혈관벽이 단단해지고 석회화되어 여러 증상과 부작용이 나타난다. 만약 신장으로 가는 동맥에 이러한 과정이 일어나면 혈압이 오르고, 뇌로 가는 혈관에 문제가 있으면 노인성치매를 포함한 여러 가지 문제가 발생할 수 있다. 또, 심장 동맥을 침범하면 협심증이나 심부전증이 발생한다.

하루 종일 앉아서 일하거나 비만인 사람의 경우에도 문제가 될 수 있다. 통계에 의하면 1주일에 6회 이상 육류를 먹는 사람은 그렇지 않은 사람보다 심장발작 위험은 4배, 심장병에 걸릴 확률은 2배 이상 높다고 한다.

치료

육류를 먹지 않는 채식주의자들은 콜레스테롤, 트리글리세리드, 혈중 지방 농도 등이 낮아 심장병 발생률도 상대적으로 낮다. 육류와 염분 섭취를 제한하고, 콩류 등 단백질, 섬유질 식품을 섭취하며, 호박, 참깨, 신선한 과일을 자주 먹도록 한다.

동맥경화증 환자는 지금 당장 식단에서 모든 동물성 지방을 불포화지방으로 바꾸도록 한다. 최근 조사에서 생선 기름에 많은 EPA나 DHA 같은 프로스타글란딘이라는 호르몬 전前 단계 물질이 동맥경화 증상을 감소시킨다는 결과가 나왔다. 하루에 비타민 B6 50mg, 레시틴 1,000mg를 복용해도 같은 효과를 볼 수 있으며, 비타민 C와 바이오플라보노이드, 비타민 E 200~400IU,

| 동맥경화증의 발생 과정 |

동맥경화증, 즉 동맥의 죽종과 경화는 모두 동맥의 막힘이나 약화를 가져온다.

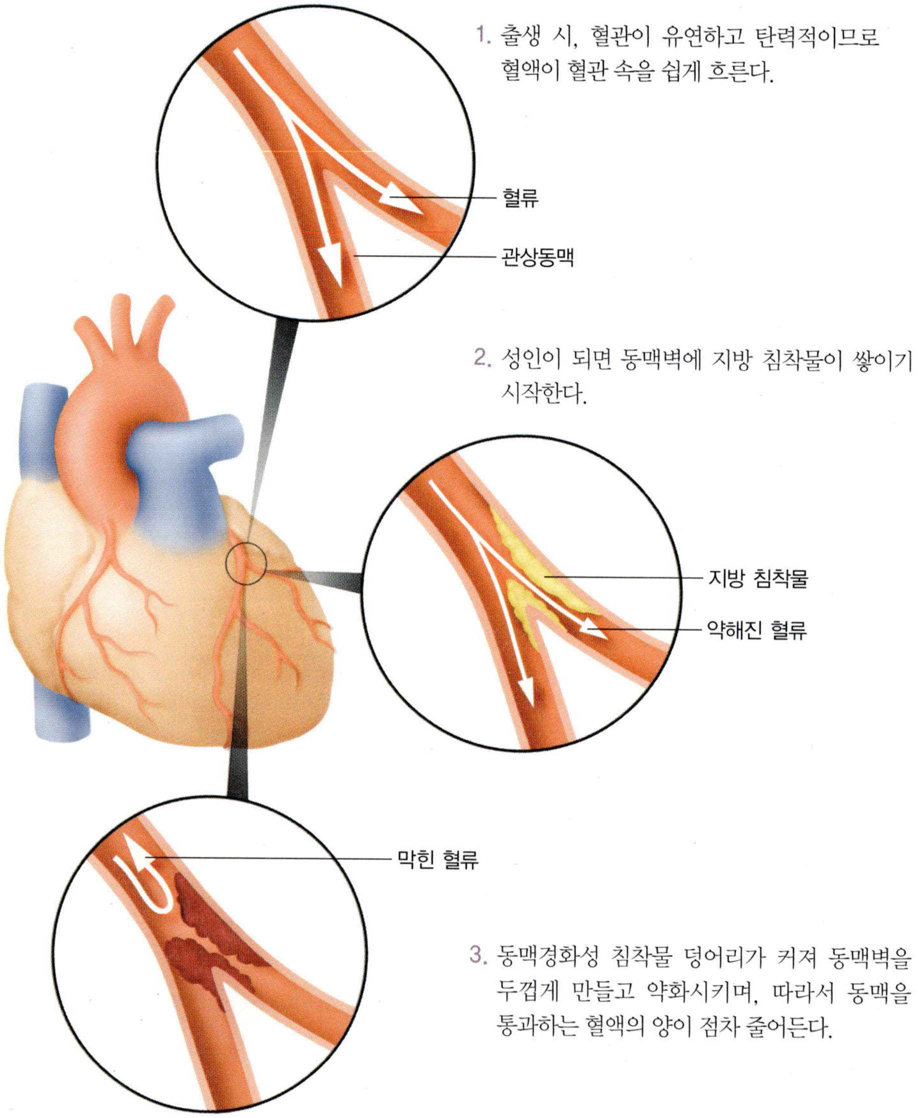

셀레늄 200㎍으로 동맥경화를 극복할 수 있다.

식품 중에는 사과, 레몬, 아티초크, 월귤나무 열매, 양배추, 체리, 부추, 양파, 해초, 호밀, 미나리, 콩, 해바라기 씨, 호두가 좋다. 생마늘을 규칙적으로 섭취하면 동맥 혈관 내 지방을 아주 효과적으로 줄여준다.

산사나무, 라임 꽃, 서양톱풀, 미슬토(겨우살이) 등의 약용식물은 혈관을 이완시키는 효과가 있으며, 자작나무 잎, 실비아, 속새, 조팝나무 중 하나를 택하여 뜨거운 물에 우려서 마셔도 좋다.

징코 빌로바 *Ginkgo biloba* 라는 학명을 가진 은행나무 잎 성분은 뇌로 가는 피의 양을 늘려 혈액 응고를 막고 협심증을 조절해준다. 아로마요법으로 주니퍼 베리, 레몬 오일을 향로를 이용하여 흡입하거나 마사지하면 좋다. 또, 30분 이상씩 1주일에 3회 이상 규칙적으로 운동을 하도록 한다.

이처럼 무엇보다도 생활습관을 변화시키는 것이 중요한데, 금연, 긍정적인 생활 태도, 규칙적인 활동과 함께 저지방, 저설탕, 고섬유질 식품을 먹는 식습관을 들여야 한다.

어지럼증

증상과 원인

순간적인 현기증에서부터 지속적으로 이어지는 어지럼증까지 다양한 형태로 나타난다.

현기증은 주로 빠르게 움직이는 상황에서 생기는데, 앉거나 누워 있는 상태에서 갑자기 일어나려고 할 때 생기는 가벼운 현기증에서부터 방향 감각을 완전히 상실하여 균형을 잃어버리는 심각한 형태의 현기증이 있다. 현운 현상 vertigo 은 가장 심각한 형태로 어지럼증이 몇 시간 동안 계속되는 것이다.

앉았다 갑자기 일어날 때 나타나는 어지럼증은 뇌로 흐르는 피의 양이 급격히 줄어서 생기고, 혈압이 낮거나 고혈압 치료제의 영향 등으로 생기기도 한다. 그 밖에 뇌의 손상, 감염증, 과다한 약물 복용, 음주와 흡연, 빈혈, 동맥경화증, 고혈압, 경추의 이상 등도 원인이 된다.

치료

원인을 알고 치료를 해야 하는데, 영양결핍으로 인한 현기증에는 비타민

B-복합체(특히 콜린, 판토텐산, 이노시톨 등), 비타민 C · E, 철, 칼슘, 마그네슘, 바이오플라보노이드 등을 복용하며, 척추 교정을 시도하는 자연요법을 이용해본다. 알코올, 약물, 담배는 당연히 줄여야 하며, 안경을 쓰는 경우 도수의 변화를 검사해야 한다.

02 소화기 질환

일반적 소화 장애

양배추는 소화 장애에 좋다.

섭취 식품이 불균형하거나 장 내 정상 세균이 감소하면 헛배, 복통, 가스 참, 심하면 장염 등이 나타난다. 이때는 발효 식품인 호산균과 잘게 썬 양배추에 식초를 넣어 담근 김치가 효과적이다.

유전적, 체질적으로 유제품 알레르기 있다면 유제품을 피하고, 곡류와 단백질 식품을 과일이나 과일 주스와 섞어서 먹지 말아야 하는데, 소화 장애 같은 부작용을 일으킬 수 있기 때문이다. 그러나 가볍게 쪄서 먹는 것은 소화와 동화작용에 도움이 되므로 괜찮다. 또, 트리팔라를 밤에 복용하면 소화 기관을 정화시켜준다.

가스가 차거나 헛배가 부를 때

증상과 원인

음식의 소화 과정에서 위나 장에 수소, 질소, 메탄 등의 가스가 발생하는데, 가스가 과잉으로 생기면 방귀, 트림, 복통, 아랫배에서 꼬르륵 하는 소리 등의 증상이 나타난다. 음식을 먹거나 마실 때 공기와 탄산가스를 같이 마셔서도 생긴다. 특히 콩류는 가스를 많이 만들며, 음식을 충분히 씹지 않고 삼켜도 소화가 제대로 되지 않아 발효에 의해 가스가 많아진다. 제산제, 완화제, 염증이나 감염도 원인이 된다. 장 내 가스는 규칙적인 장운동으로 제거될 수 있다.

치료

음식이 원인이라면 양을 줄이거나, 종류나 조리법을 바꿔본다. 특히 음식을 먹을 때 항상 천천히 씹어 먹는 것이 중요하다. 당분간 바나나, 우유, 오이, 콩, 양배추, 브로콜리 등 가스를 많이 만드는 식품은 피하도록 한다.

안젤리카, 아니스, 캐러웨이, 캐모마일, 코리앤더, 펜넬, 마늘, 톱풀, 파슬리, 민트, 사보리 등의 차나 추출물이 도움이 된다. 10~15분 좌욕을 실시하는데, 먼저 더운물에 3분 정도, 곧바로 찬물에서 10초 정도를 3회 반복한다.

신선한 생강 3~4쪽과 캐모마일 25g을 1컵 분량의 끓인 물에 넣어 마시고, 여기에 펜넬이나 벌꿀을 첨가해도 좋다. 숯가루 10~25g을 넣어 마셔도 가스가 제거된다.

동종요법 약물로는 브라이오니아, 아르세니쿰 등을 사용하며, 아로마요법으로 클로브, 바질, 페퍼민트 등의 향을 맡아 위산의 분비를 조절한다.

변비

증상과 원인

변비는 흔히 저섬유질, 고지방, 고당분 음식 등 좋지 않은 음식의 섭취와 불규칙한 배설 습관, 운동부족 등으로 나타난다. 크게 두 가지 형태로 분류하는데, 그 하나는 이완형 변비로 위장벽의 근육이 약해지고 기능이 떨어져서 생기며, 다른 하나는 긴장형 변비로 신경과 근육의 강한 경직으로 장운동이 억제되어 생긴다.

치료

이완형 변비에는 규칙적 운동, 복부에 대한 치료 마사지와 함께 통밀, 현미, 과일, 채소, 그리고 최고의 자연 완화제인 자두, 사과 같은 고섬유질 식품을 섭취하는 것이 가장 좋은 자연요법이다. 그래도 효과가 없으면 감초와 라즈베리 잎, 대황 뿌리, 생강 1쪽, 민들레 뿌리 2쪽을 혼합해서 진탕하여 마시면 아주 효과적이다.

변비 치료에는 주스가 좋다.

캐모마일, 생강, 발레리안, 민트 잎 각 1쪽과 감초, 마, 민들레 뿌리 각 2쪽을 뜨거운 물에 우려내어 마시고, 이와 더불어 긴장 해소에 적합한 근이완요법을 실시하는 것도 현명한 자연요법이 될 것이다.

실리움 씨앗(특히 흰 것보다 검은 것) 50g을 1컵 분량의 뜨거운 물에 넣고 5분 정도 두었다가 레몬이나 자몽 즙, 벌꿀 등을 혼합하여 식후에 마시면 장에 윤활 작용을 하여 변을 부드럽게 하며, 모든 변비에 좋다. 사과, 블루베리, 레몬, 비트, 오이, 당근을 혼합하여 즙을 만들어 7~10일 단식하는 중에 먹고, 찬물과 더운물을 이용하는 수치료법을 병행하는 것도 효과적이다. 콩류, 콜리플라워, 양배추 등은 장 내 가스를 생성시키므로 삼가도록 한다.

동종요법 약물로는 설파를 사용하며, 아로마요법으로 페퍼민트 오일을 복부에 마사지하여 장운동을 촉진한다.

위궤양, 십이지장궤양, 식도궤양, 궤양성대장염

증상과 원인

통증, 혈변, 열, 소화불량, 신트림, 복부팽만감 등 다양한 증상이 나타나며, 자극이 강한 향료나 음식을 섭취하면 더 심해진다.

스트레스, 자극성 음식, 담배, 알코올, 기생충 등이 원인이 될 수 있다. 우유를 끊여 먹으면 증상이 일시적으로 사라지지만 우유를 다시 먹으면 재발하는 등 우유와 관련된 경우도 있다. 아스피린, 스테로이드 제제 등이 궤양을 유발하기도 하는데, 심하면 출혈과 위벽, 복막 등에 구멍이 생긴다.

치료

최소 처음 2주 정도는 안정을 취하면서 삶은 채소 등으로 자주 소량의 식사를 하는 식으로 음식을 조절한다. 느릅나무와 제라늄 뿌리 가루를 50g 정도씩 혼합하여 물을 붓고 벌꿀을 약간 넣어 하루 3회 마신다. 비타민 A와 E를 함께 복용하고 아연 제제를 보충해주며 스트레스를 방지한다.

컴프리 차, 캐모마일 차 등은 대단히 효과적으로 통증, 염증을 없애준다. 말린 캐모마일 꽃을 3컵 분량의 끓인 물에 20분 정도 담가두었다가 1컵을 마신 다음, 천장을 보고 똑바로 5~10분 정도 누웠다가 먼저 왼쪽으로, 그 다음에는 오른쪽으로 굴러 누워 있고, 마지막으로 배를 깔고 엎드려 있는 식의 이른바 '구르는 요법'을 각 단계마다 5분씩 실시한다. 이것은 캐모마일

위염

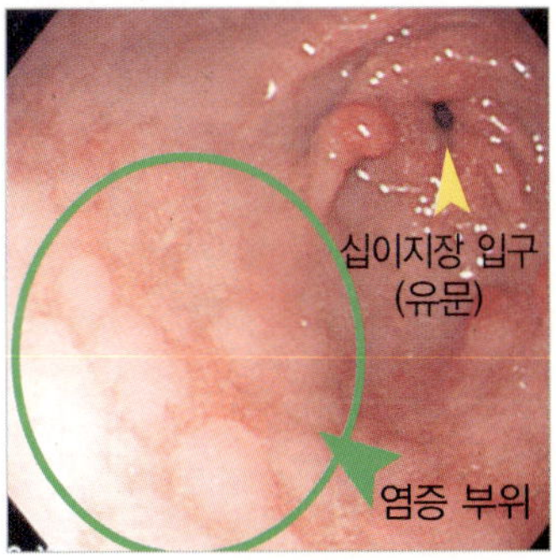

위궤양

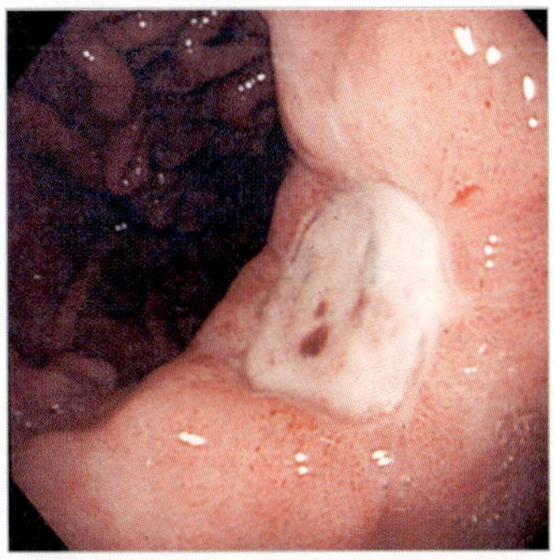

위암

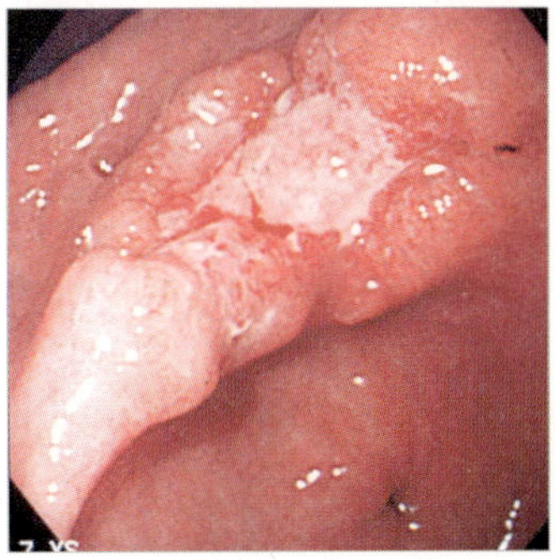

위염, 위궤양, 위암의 내시경 소견

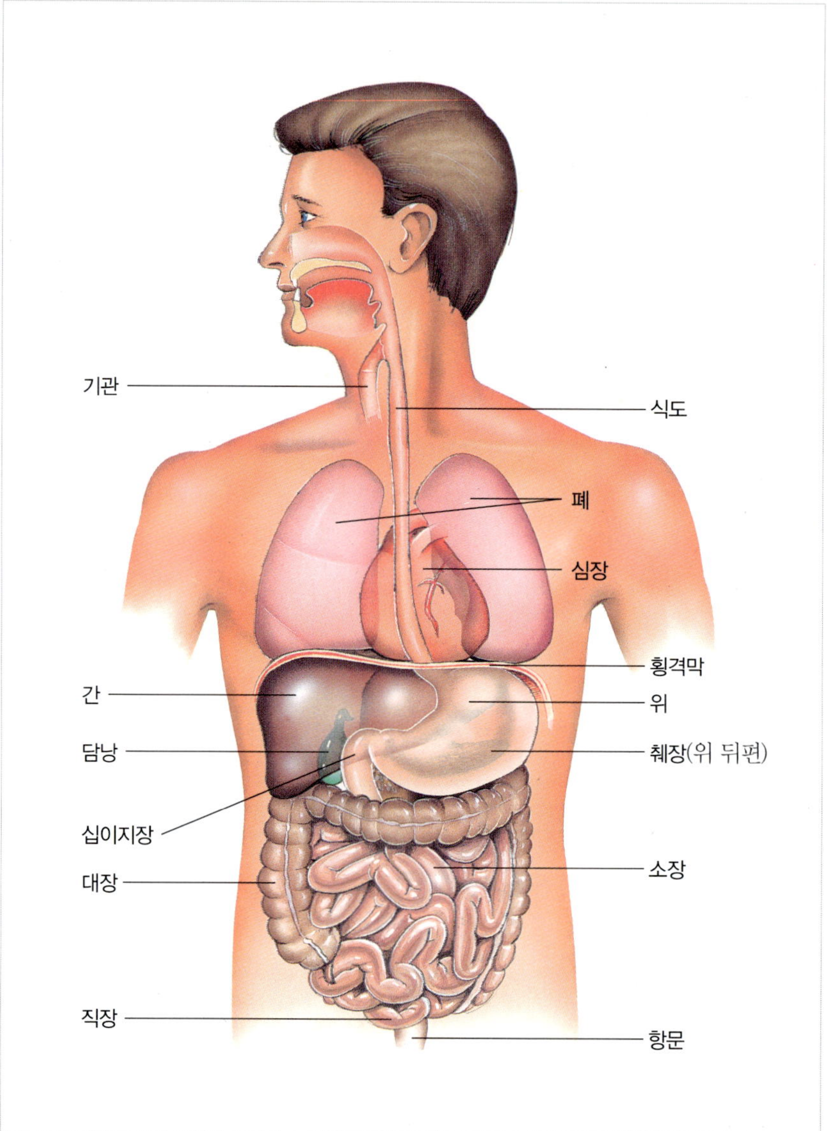

복부의 주요 기관

차가 위장관 점막에 골고루 흡수되어 영향을 미치게 하는 요법으로 하루 3회 실시한다. 그 밖에 하루 3회 200ml씩 생양배추 주스를 셀러리, 당근, 파인애플과 함께 마시는 방법도 있다.

동종요법 약물로는 카모밀라, 아르세니쿰을 사용하고, 아로마요법으로 캐모마일, 제라늄, 레몬 오일을 흡입하거나 복부에 마사지한다. 수치료법으로 복부에 더운물 찜질과 찬물 샤워를 번갈아가며 실시한다.

위산과다, 속쓰림

증상과 원인

위에 산이 많아서 속쓰림, 소화불량 등이 나타나는 것으로 위가 더부룩하고 공복 시 위통이 찾아오며, 가스가 차 있기 때문에 배가 불러 있는 느낌이 든다.

가장 흔한 원인으로는 과다한 스트레스, 식사 문제, 생활 스타일 등을 들 수 있다. 체내의 산과 알칼리 균형이 깨져서 산성 쪽이 되면 위산 분비가 많아지며, 음식이나 알코올을 과다하게 섭취해도 위의 활동을 촉진시켜 같은 상태가 된다. 또, 커피, 알코올, 포화지방산이 많은 음식, 담배 등은 소화 기관 자체 내의 위액에 대한 자연적 방어 기능을 깨뜨린다.

위 내용물이 위와 십이지장의 벽을 부식시킨다.

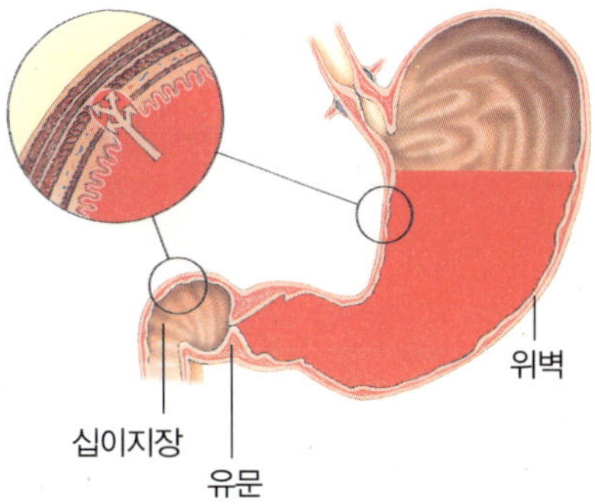

소화궤양이 주로 발생하는 부위

치료

제산제를 장기간 복용하면 심각한 만성 부조화 상태가 초래된다. 성분 중의 나트륨 바이카보네이트는 체내의 나트륨을 과부화시켜 알칼리성으로 만들며, 이 제제와 아스피린을 알코올 섭취 후에 복용하면 피를 토할 수도 있다. 알루미늄 하이드록사이드 제제 또한 변비의 주원인으로 장폐색증, 알츠하이머병과 같은 신경 장애를 초래하고, 마그네슘 하이드록사이드 제제는 설사와 신경 질환을 유발한다.

부작용이 있는 제산제 대신 신선한 레몬을 이용하면 좋다. 레몬을 물에 짜서 마시면 속쓰림이 없어지고, 즙을 하루 1/2~1컵 복용해도 같은 효과를 볼 수 있다. 그 밖에도 캐모마일 차를 마시고 동종요법 약물인 아니카를 생수에 녹여 마신다. 알칼리성 식품 중 당근 주스, 셀러리, 시금치, 비트, 토마토 주스는 모두 단백질과 요산 제거, 항생 효과를 지니고 있다.

커피, 콜라, 니코틴은 절대 피하고 린덴 차, 페퍼민트 차를 자주 마시면서 식사는 조금씩 자주 하도록 한다. 상태가 좋아질 때까지 1주일에 1회 식사 대신 과일만 먹는 날을 정하여 산과 알칼리 불균형 상태를 개선해주면 인체의 자연 면역 기능이 강화된다.

록펠러 연구소의 실험 결과에 의하면 식품 섭취에 따른 혈액의 알칼리성 정도에 따라 암세포의 성장이 영향을 받는다고 한다. 인체의 산성화를 피하기 위해 알칼리성 식품과 산성 식품을 4:1의 비율로 섭취하는 것이 좋은데, 특히 생과일과 채소 주스는 산성 체질 개선에 효과적이다.

당근, 레몬 주스

피해야 할 음식은 모든 종류의 육류, 기름기 많은 생선, 달걀, 치즈, 크림,

우유, 버터, 정제 곡류, 흰 빵, 케이크, 도넛, 가공 식품, 홍차, 커피, 코코아, 초콜릿, 알코올, 겨자, 후춧가루 등이다.

약용식물로는 산성을 중화시키는 우엉 뿌리, 민들레 뿌리, 치커리 뿌리, 제비꽃 잎, 자두 등을 이용한다. 식후에 캐모마일 차를 마시면 칼슘에 의해 위산이 중화되며, 그 밖에 컴프리 잎, 감초 뿌리, 느릅나무 껍질 차도 좋다. 민간요법으로 베이킹소다 1/2스푼을 물 1컵에 타서 식후에 마시는 방법이 있고, 동종요법 약물로는 칼슘 카보네이트를 사용한다.

복통

증상과 원인

유아 복통은 10명 중 1명꼴로 발생하며 모유보다는 우유로 키우는 아이에서 흔한데, 아이가 갑자기 울면서 손발을 움츠리고 얼굴이 붉어지며 때굴때굴 구른다. 아이에게 갑자기 복통이 생기면 경험이 없는 부모들은 당황하게 되는데, 조여드는 장의 통증으로 발작성 구토와 복통 등이 나타나면 다른 심각한 급성 질병과 구별해서 대처할 필요가 있다.

양배추, 양파, 생강, 초콜릿, 향신료 등을 섭취하였을 때 발생하기 쉽고, 단백질에 대한 알레르기 반응으로 나타나는 경우도 있으므로 잘 살펴보아야 한다.

치료

열이 나면서 설사나 변비가 생기면 즉시 전문의의 도움을 받아야 한다.

자연요법으로 아이에게 음식물을 줄 때는 머리를 편안한 위치에 두고, 트림 등을 확인하면서 아픈 배 부위를 부드럽게 손으로 마사지하여 가스가 나오도록 도와준다. 또, 안고 앞뒤로 흔들어주고 따뜻한 패드를 대주며 조용한 음악을 들려준다. 가능하면 모유를 먹이고 저녁에는 따뜻한 물로 목욕시켜 편안하게 잠들 수 있게 하며, 아이의 주위에서 담배를 피우지 않는다.

양파, 마늘, 브로콜리, 바나나, 오렌지, 햄, 베이컨, 초콜릿, 카페인 등은 피한다. 페퍼민트, 펜넬, 아니스, 캐모마일을 차로 만들어 연하게 희석하여 마시게 해도 좋다.

설사

증상과 원인

장운동이나 수분이 증가되어 나타나는 생리적 이상 현상을 말하며, 만성 설사의 경우 장의 상태에 이상이 있다고 보아야 한다. 수분이 장벽에서 흡수되지 않아 너무 많은 양의 수분이 대변으로 빠져나가는 증상이다. 오염된 식품이나 물을 먹었을 때 나타나며, 섭취 6시간 이내에 생기는 설사는 식중독으로 포도상구균 같은 박테리아에 의한 것이고, 섭취 12~48시간 이후에 생기는 설사는 살모넬라균 같은 박테리아에 의한 것이다.

그 밖에 음식알레르기, 장티푸스, 약물 독성, 아메바성이질 등이 원인이 되며, 대장암, 과민성대장증후군, 불안증, 크론병, 다발성게실증 등은 만성 설사를 일으킨다. 제산제, 카페인, 과다한 과일 섭취 등도 설사를 유발할 수 있다.

치료

자연요법으로 전해질 균형을 맞추기 위해 소금과 설탕을 넣은 물이나 보리차를 마시며, 항생제, 제산제, 혈압강하제, 카페인 등을 제한하고 유제품을 삼간다.

영양요법으로 양배추 즙으로 장 내 상처를 치유하고 쌀뜨물과 블랙베리 주스, 사과 주스 등으로 장을 안정시킨다. 열대 과일 주스는 장을 자극하므로 피한다. 아이들의 설사를 진정시키는 데는 바나나, 요구르트, 삶은 당근, 당근 스프 등이 좋다.

칼륨, 칼슘, 마그네슘 등으로 설사로 잃기 쉬운 미네랄을 보충하며, 장 내 세균의 균형을 맞추기 위해서는 아시도필루스가 필요하다.

약용식물로는 베르베린 성분이 있는 슬리퍼리엘름, 라즈베리, 골든실이 장 내 박테리아 감염을 막고, 마시멜로 뿌리와 딜은 장 내 점막을 치유한다. 생강, 에키나시아, 컴프리, 캐트닙 차도 항염 효과가 있어서 좋다.

모든 과일, 음식을 삶거나 끓여서 먹도록 하며, 무엇보다 중요한 것은 위생을 청결히 하여 예방하는 것이다.

설사에는 죽이나 스프가 좋다.

장염

증상과 원인

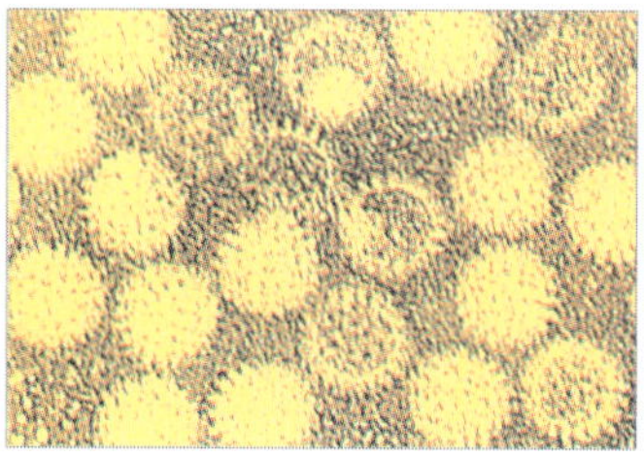
장염을 일으키는 오타 바이러스

대장에 염증이 생겨 설사나 변비가 계속되는 상태로 오래되면 만성으로 발전할 수 있다.

바이러스, 박테리아, 기생충 감염 등이 원인이며, 항생제 장기 복용, 노인의 장 내 혈액공급 장애도 원인으로 작용한다. 궤양성대장염의 경우 소아 · 청소년기에 알 수 없는 원인으로 시작되기도 한다. 잘못 조리된 음식, 과음, 빨리 먹는 습관, 스트레스, 불안 · 초조 상태 등으로도 발생한다.

치료

아스피린 같은 진통제나 항염제를 함부로 사용하지 말고, 심한 증세가 지속되면 전문의의 도움을 받도록 한다. 대장암이나 궤양성대장염 여부는 검사를 통해 알아보아야 한다. 단전호흡, 요가, 바이오피드백요법, 명상, 운동 등으로 긴장과 스트레스를 조절하고 해소한다. 규칙적인 배설 습관으로 장 내 독성 물질의 축적을 막고 저지방, 고섬유질 식사로 장 건강을 유지하며, 스트레스, 불안 상태를 잘 관리하고 불필요한 제산제나 변비약, 소화제 복용을 금하는 등 예방도 중요하다.

만성 장염 환자에서는 비타민 D 결핍 증상이 보이므로 보충해야 한다. 판크레아틴은 소화를 돕고, 달맞이꽃과 연어의 오일은 필수지방산이 풍부하여 장염 치료에 좋다. 마그네슘과 칼륨을 투여하여 결핍된 미네랄을 보충한다.

영양요법으로 수박, 참외, 켈프, 오이 등이 좋고, 사과나 배처럼 펙틴이 함유된 과일도 도움이 된다. 채소는 익혀서 먹도록 한다. 당근이나 양배추 주스 등은 설사를 멈추게 하고, 특히 양배추 가루는 위장관 궤양 치료에 큰 도움이 된다. 팝콘과 같은 씨앗, 표피가 함유된 식품과 유제품, 튀긴 음식을 피하고, 커피, 달걀, 생채소 등을 주의한다. 닭고기 등은 껍질을 벗겨서 먹고, 술, 담배는 금해야 한다. 아시도필루스를 복용하면 장 내 세균이 안정되고, 비타민 A · B, 엽산 등은 점막 재생 및 상처 치유에 도움을 준다.

약용식물로 몰약이나 골든실 차는 염증을 가라앉히고, 슬리퍼리엘름은 설사를 멈추게 한다. 컴프리 뿌리는 박테리아 감염을 없애고 궤양성 출혈을 멈추게 한다. 캐모마일, 뮬린, 야생 마, 호프 등은 진정 효과가 뛰어나고, 페퍼민트와 생강 차는 장 내 가스 제거에 좋으며, 알로에 겔도 위장 장애를 치료한다.

03 간장 질환

일반적인 간 질환

간의 기능

아직 그 기능이 모두 밝혀진 것은 아니지만, 간은 담즙을 분비하고 저장하였다가 소화에 필요할 때 꺼내서 사용하며, 음식물을 분해하고 대사 과정을 좋게 하여 우리 몸에 필요한 영양분을 만드는 기능을 가진 것으로 알려져 있다. 간은 이밖에도 중요한 효소를 만들어내고 유기물을 분해·변화·제거하는 화학적 기능을 하며, 아미노산과 당분이 장관을 통해 문정맥으로 들어오자마자 곧바로 작용할 수 있도록 돕는 역할을 하기도 한다. 2개의 항응고제, 즉 헤파린과 안티트롬빈을 생산하여 글리코겐의 형태로 저장해두었다가 응급 상황이나 운동 후에 에너지원으로 사용하기도 한다.

적혈구는 간에서 분해되어 새로운 혈액 세포와 조직을 만드는 데 쓰인다. 노폐물은 담즙으로 바뀌고, 단백질에서 나오는 니트로겐 노폐물은 요산으로 바뀌어 신장으로 보내져서 배출된다. 간은 또한 체내의 염분과 수분의 균형을 조절하는데, 이는 아미노산을 알부민으로 만드는 과정을 통해 이루어지며, 성장호르몬, 성호르몬, 기분을 관장하는 호르몬 등을 조절하고 인간의 성적 욕구나 성격적 특성 등과 연관되어 있다고 알려져 있다. 비타민 A·B·D와 철분, 아연, 구리 같은 중요한 미네랄을 저장하고 있다.

그러나 무엇보다 중요한 간의 작용은 혈액 속의 잡다한 독성 물질, 즉 공업적 독성 물질, 스프레이, 솔벤트, 약물, 알코올, 니코틴, 카페인 등을 제거

간의 주요 기능

하는 것이다. 또, 간은 심장을 보호하는데, 정맥을 통해 심장으로 들어오는 모든 독성 물질을 정화시켜 심장으로 보내고, 깨끗한 피를 혈관을 통해 내보낸다. 인간의 간은 피의 4분의 1을 저장할 수 있으며, 과잉된 피의 양을 조절하여 심장을 보호한다.

간은 인체에서 가장 큰 장기다. 인체의 화학 공장이라 불릴 만큼 모든 물질의 대사를 담당하고 그 대사 물질을 저장하는 일을 하고 있다. 성인의 경우 1분에

1.5L의 피가 걸러지고 매일 담즙 400ml를 만들어 담낭에 저장해두었다가 지방을 소화하는 데 이용한다.

간은 알코올, 약, 독성 물질들을 분해하고 에스트로겐, 스테로이드 등 호르몬을 비활성화시킨다. 이렇듯 간의 중심 기능이 체내의 독성 물질에 대한 해독과 정화에 있으므로 그 기능이 약화되거나 손상을 입으면 쉽게 질병에 걸리고 면역성이 떨어지게 된다.

간은 기분의 저조, 월경전증후군, 우울증, 정신적 증상들과 밀접한 관련이 있다. 이것은 간에서 일차적으로 스트레스가 생기면 호르몬이 과잉 분비되는 것을 중화시키고 조절하기 때문이다. 이런 것들이 충분하게 이루어지지 않으면 부적절한 감정과 반응이 나타나게 된다.

간은 뛰어난 재생 능력을 가지고 있어서 80%가 손상되거나 제거되어도 기능을 유지할 수 있다. 환경이나 식품 오염 등에서 오는 독성 물질이 간에 축적되고 체내에 독소가 쌓이면 일정 호르몬의 분비가 과잉 상태가 되고 필수 영양소는 결핍되어 피와 임파조직에는 이들 호르몬 과정을 거치지 못한 당분과 아미노산으로 가득 차게 된다. 이렇게 되면 우리 몸은 거의 절망적인 상태에 이르게 된다.

유럽의 어느 지역에서는 "오늘 당신의 간은 어떻습니까?"라는 말로 아침 인사를 대신하기도 하는데, 이것을 보더라도 간의 상태와 그날의 기분, 건강 등이 밀접하게 연관되어 있음을 알 수 있다.

치료

약용식물로는 민들레 뿌리, 매자나무, 볼도, 프링지나무, 용담, 도깨비부채꽃 등이 간 활성화에 도움을 준다.

간 질환에는 민들레 뿌리 28g을 끓는 물에 달여서 차로 만들어 하루 3~4회 정도 마시도록 한다. 그 밖에 로즈마리, 엉겅퀴 잎, 감초, 생강 각 800g과 야생마 1,600g, 민들레 뿌리 2,400g을 혼합하여 달여서 마시는 방법도 있다.

간경화증은 간염, 영양실조, 알코올 중독, 만성담도폐색증 등의 결과로 간세포가 파괴되고 굳어지는 것을 말한다. 이때는 고단백질을 섭취해서 간세포의 활성화를 돕고 지방이 많은 음식 대신 신선한 채소와 과일의 즙을 소량씩 자주 마시도록 한다.

간염은 특히 전염성과 합병증 때문에 문제가 된다. 자연요법으로 간에 이로운 생채소와 과일 주스(특히 당근, 사과, 비트, 라즈베리)를 먹고, 알코올, 지방이 많은 식품, 설탕 등은 피하며, 전문의의 처방 외의 불필요한 의약품 복용을 금해야 한다.

오른쪽 상복부에 통증을 느낄 때는 아주까리 오일을 바른 헝겊을 붙이거나 우엉 잎, 계피, 민트를 팩으로 만들어 덮어주고, 생강, 레몬, 호로파로 차를 만들어 마시면 통증이 진정된다.

니아신, 비타민 A(5만 IU 이상) 등의 메가비타민요법을 사용하거나 아스파틴과 메티오닌 등의 아미노산을 투여하면 암모니아 제거와 간세포 활성화에 도움이 된다.

아로마요법으로 로즈마리, 타임, 페퍼민트 향과 마사지요법이 사용된다. 동종요법 약물로는 라케시스 등이 쓰이며, 수치료법으로 간장 부위에 미지근한 캐스터 오일이나 생강, 감자 팩을 한다.

그러나 무엇보다 중요한 치료법은 간이 편안히 쉬면서 스스로 기능을 되찾을 수 있도록 정신적, 육체적 피로를 막고 안정을 유지하는 것이다.

간경화증

증상과 원인

기능을 상실한 간세포가 파괴되어 결체조직이나 섬유조직으로 바뀌어 간이 딱딱하게 굳어지면서 오므라드는 현상이다. 주로 서서히 그 증상이 발견되는 경화 현상이 생기면 간의 순환과 기능에 장애가 나타나기 시작한다. 머리카락이 가늘어지고 눈이 튀어나오며 황달 현상이 나타나고, 혈관이 늘어나 얼굴에 붉은 반점이 생기고 정맥이 터져 앞가슴 부위에 거미줄 모양의 혈관과 붉은 반점이 나타나게 된다. 남자의 경우 앞가슴이 커지고 간이 비대해져 부어오르며 근육이 위축되고 손가락이 굽어진다. 또, 부종, 피로, 오심, 소화불량이 발생한다.

원인은 주로 알코올, 단백질 부족을 비롯한 영양결핍, 간염, 담관폐색증, 울혈성심부전증, 매독 등이다. 뉴잉글랜드 의학 저널에서 찰스 데이비슨 박사는 간경화증은 동물성 단백질이 부족하고 탄수화물을 과잉 섭취하는 식생활을 하는 사람들에서 많이 발생하며 동물성 단백질의 질이 얼마나 좋은가와는 관계가 없다고 하였다. 그러므로 채식주의자일지라도 적당량의 우유, 치즈, 요구르트 등 유제품의 섭취가 필요하다.

치료

중국 의학에 따르면 간은 나무에 해당하고 채소, 식물 등과 자연적으로 친숙한 관계에 있는 장기에 속한다. 간이 재생하는 데는 단백질이 필요하지만, 간을 정화하고 독소를 제거하는 데는 당근과 녹색 채소가 필요하다.

좋은 단백질 식품에는 맥주 효모, 우유, 치즈, 요구르트, 곡류, 땅콩류 등이 있는데, 특히 유기성 육류를 선택해야 하며 항생제나 호르몬이 투여된 육류는 피하는 것이 좋다. 또, 정제 식품, 백설탕, 고지방 식품, 튀긴 음식, 커피, 술, 약물, 통조림과 색소, 첨가제, 방부제, 인공 화학물이 첨가된 식품 등을 삼가야 한다.

약용식물로는 밀크 시스탈 씨앗, 블레스드 시스탈, 민들레 뿌리, 오레곤 포도, 매자나무, 살구 잎, 볼도, 참소루쟁이 뿌리, 시호 뿌리가 간에 탁월한 효과를 보이며, 카스카라 껍질, 렙탄드라, 맨드레이크 뿌리는 간을 정화시켜 준다. 라이시베리를 아침에 곡물이나 차와 같이 복용하면 간 기능과 시력이 좋아지는데, 베타카로틴이 다량으로 함유되어 있기 때문이다. 민들레 뿌리, 살구 씨, 비트, 당근, 셀러리, 무, 우엉, 쐐기풀 등을 우려낸 차를 하루 1~2회 복용하고, 마늘, 오이, 레몬 즙 등을 규칙적으로 마시면 아주 좋은 효과를 볼 수 있다. 민들레 뿌리와 캐모마일 소량을 갈아 펜넬 씨를 추가하여 복용하면 만성 간 질환에 좋으며, 트리팔라는 최소한 1주일에 1번 또는 저녁에 1번씩 복용하면 효과적이다.

아로마요법으로 레몬, 로즈마리, 타임, 페퍼민트나 세이지 오일을 흡입하거나 목욕요법과 병용하면 좋다. 동종요법 약물로는 라케시스를 사용하고, 수치료법으로 감자나 생강 즙을 발라주는 방법이 있다. 아침저녁으로 20분 정도 함께 실시하면 더욱 효과적이다.

담낭염과 담석증

증상과 원인

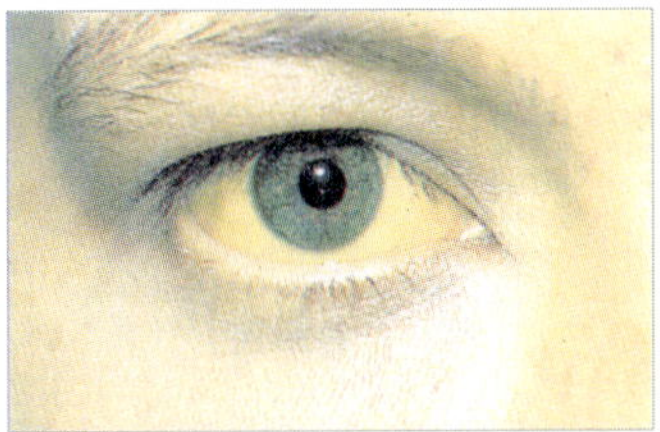
담석증으로 인한 황달 현상

담낭(쓸개)은 간 바로 밑에 붙어 있는 작은 기관으로 담즙을 농축시켜 저장해두고 지방을 분해하여 소화시키는 일을 한다. 담낭에 염증이 생기면 상복부 우측에 심한 통증과 열이 발생하고 메스꺼움과 구토 증세가 나타난다.

담즙은 콜레스테롤, 담즙염, 레시틴 등으로 구성되어 있다. 염증이 생기면 콜레스테롤이 크리스털화되고 담즙과 합쳐져 담석이 형성된다. 형성된 담석은 아무런 증상을 일으키지 않는 경우도 있으나, 담석이 담즙관의 통로를 막으면 담낭염 증상과 함께 황달 현상을 일으킨다. 특히 튀긴 음식이나 기름기 많은 식품을 섭취한 후에 갑자기 상복부 통증과 구토, 메스꺼움 등이 나타나면 담석증이나 담낭염을 의심해볼 필요가 있다.

치료

담석증이나 담낭염일 때는 의학적 검사를 통해 담석의 유무를 확인하고, 일정 기간 동안 고형 식품의 섭취를 피하고 생수만 마시면서 금식하는 것이 좋다. 그런 다음 배, 비트 뿌리, 또는 사과를 주스로 만들어 3일 이상 복용하다가 서서히 생 비트 뿌리를 조각내어 올리브 오일이나 신선한 레몬 주스와 함께 먹도록 한다. 레몬 주스 대신 사과 주스를 먹기도 한다.

민들레, 포도, 프링지나무 껍질, 화살나무를 각 800g씩 제라늄 뿌리와 혼합하여 끓인 것을 증세가 호전될 때까지 복용하면 염증을 가라앉히고 담낭의 기능을 되찾을 수 있다. 담석증은 민들레, 애기똥풀(미나리아재비), 컬버 뿌리처럼 강한 담즙 희석 작용이 있는 약용식물을 캐모마일, 그렘바크, 제라늄, 느릅나무처럼 진정 작용이 있는 약용식물과 혼합하고 진탕하여 마시면 치료에 도움이 된다. 그러나 많은 민간요법 차원의 담석 제거 방법들이 적지 않은 부작용만 초래하는 경우가 있으므로 주의해야 한다.

유럽이나 북미에서는 자연요법으로 올리브 오일과 레몬 주스 또는 자몽 주스 2,400g을 잠들기 전이나 아침에 일어나서 복용한다. 그러나 더 중요한 것은 과식을 하지 말아야 한다는 것이다. 비만과 담낭염은 서로 밀접한 관계가 있으며, 40대 이후 비만한 여성에서 위험이 높다.

예방이나 재발 방지를 위해서는 동물성 지방, 튀긴 음식, 매운 음식, 커피, 마가린, 초콜릿, 탄산음료를 삼가야 한다. 또, 알팔파와 레시틴은 지방 분해를 도와주고, 비타민 A · C, 콜린 등은 콜레스테롤 대사에 관여하여 담낭의 기능을 정상화하므로 담낭 질환의 예방과 치료에 절대적으로 필요하다. 일반적으로 채식주의자들에서 담낭 질환이 적은 것을 보면 섬유질 식품이 도움이 된다는 것을 알 수 있다. 비타민 B6를 옥수수 오일과 같이 복용하면 담즙이 콜레스테롤을 훨씬 더 잘 분해한다는 의학 보고도 있다. 동종요법 약물로는 포도필룸, 셀리도니움을 사용하며, 아로마요법으로 로즈마리와 파인 오일을 사용하면 담즙 대사를 원활하게 하고 염증을 제거하는 효과가 있다.

04 호흡기 질환

기침

증상과 원인

기침은 호흡기 통로를 막는 물질에 대한 반사 반응이라 할 수 있다. 중국 의학에서는 '폐의 기가 반란을 일으킨 현상' 으로 표현하기도 한다. 박테리아, 먼지 등 이물질이나 체내 노폐물이 호흡기 내부에 쌓이면 주름진 점막으로 분비물이 나와 이물질 등을 녹이고 밖으로 내보내는데, 결과적으로 호흡을 다시 원활하게 하고자 하는 기능이 바로 기침이라는 증상이다. 즉, 몸을 건강하게 유지하기 위한 방어 작용으로 기침을 하게 되는 것이다.

따라서 중추신경계를 자극하여 기침을 막고 억제하는 방법보다 약용식물을 이용하여 원인이 되는 자극 물질과 노폐물을 제거하는 방법이 더 효과적이고 근본적인 치료법이다.

치료

감기에 자주 걸리고 기침이 그치지 않는다면 면역 기능에 문제가 있거나 다른 심각한 병으로 발전하고 합병증을 유발할 수 있으므로 면역계를 강화하거나 필요한 검사를 받아야 한다.

단순한 기침은 가정에서 쉽게 기침약을 만들어 복용할 수 있는데, 큰 양파를 링 모양으로 잘라 작은 항아리에 넣고 벌꿀을 부어 하루 정도 두었다가 다음날 아침 주스로 만들어 마시면 두 식품이 가지고 있는 항균 작용과 거담 작용으로

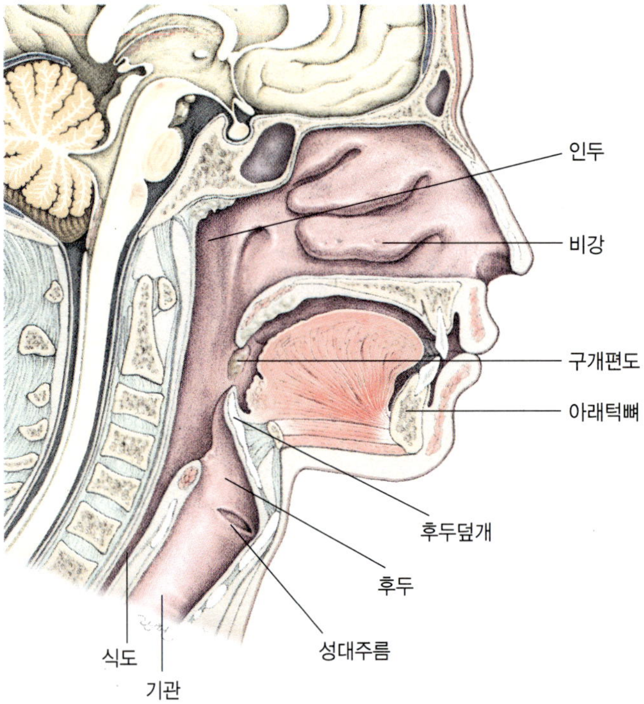

코와 목의 구조

인해 좋은 효과를 볼 수 있다. 증상이 계속되면 이 주스를 하루 4~5회 마시도록 한다.

제라늄, 머위, 우슬초, 페퍼민트, 또는 타임을 사용하여 가래와 균을 배출시키거나 죽이고 긴장된 호흡기를 이완 · 진정시킬 수 있다. 머위, 좁쌀풀, 제라늄 800g과 감초 뿌리, 아니스 열매 400g을 혼합하여 10분 정도 끓인 다음 짜서 마시는 방법도 있으며, 특히 건조한 기침 또는 경련성 기침에는 거담 및 항경련 작용이 있는 아이비(댕댕이덩굴)가 효과적이다. 어린 새싹에서 추출하여 만든 솔 잎 주스는 정유, 레진, 비타민 C가 다량 함유되어 있어 오래전부터 거담제와 기침약으로 쓰였다. 비타민 C와 함께 비타민 A도 호흡기 질환에 효과가 있으며, 특히 기도의 점막에 작용하여 감염균을 효과적으로 방어하는 데 도움을 준다. 비타민 A 5,000IU 이상을 복용하면 비타민 C의 작용이 더 증진되고 호흡기 질환을 예방할 수 있다.

아로마요법은 특히 기침에 효과적으로 작용한다. 베갯잇에 사이프러스 오일을 몇 방울 떨어뜨리고 자면 기침의 고통을 줄일 수 있다. 아니시드, 유칼립투스, 히솝도 같은 효과를 나타낸다.

동종요법 약물로는 아코나이트, 헤파 설파, 브라이오니아 등을 사용하며, 수치료법도 기침 해소에 도움을 준다. 잠자기 전 가슴 부위에 찬 물수건을 대고 있으면 순환이 촉진되는데, 물수건 위아래를 마른 수건으로 싸서 10분 간격으로 갈아 끼우도록 한다. 1시간 후 따뜻한 물수건을 대어주는 것으로 마무리한다. 미지근한 목욕물에 타임 오일을 뿌려 목욕하는 방법도 좋다.

브라이오니아

감기

증상과 원인

감기는 바이러스가 세포 내에서 번식하여 생기는 현상이므로 세포 밖의 박테리아만 죽이는 항생제는 소용이 없다. 자연의학은 병 자체에 대한 치료보다 면역 기능을 키워주는 데 중점을 두므로, 감기의 경우도 바이러스나 박테리아의 침입을 방어하고 인체의 치유 능력을 보강하는 방법으로 치료한다. 감기에 자주 걸리는 것은 작은 스트레스와 불규칙한 식사 등에 의해 면역력과 활력이 저하되어 있기 때문이다.

치료

감기를 예방하거나 치료하고자 할 때는 되도록 많은 양의 마늘, 양파, 미나리 등을 음식에 넣어 먹고 비타민 C를 하루 1~3g 복용한다. 바이러스 감염에 특효가 있는 비타민 C를 매일 1g씩 복용하면 감기의 기간과 증세가 심한 출혈을 줄일 수 있다. 일란성 쌍둥이 조사에서 비타민 C를 투여한 결과 19%만이 감기에 걸렸고, 38% 정도는 감기의 기간이 단축되었으며, 22% 정도는 현저한 증세의 완화를 보였다.

춥고 목이 아프기 시작하는 초기 증세에는 신선한 생강 조각과 계피 30g, 코리앤더 씨, 정향나무 잎 25g, 레몬 1조각을 물 500ml에 넣어 15분 정도 끓인 다음 2시간 간격으로 1컵씩 마신다. 벌꿀을 타도 좋다. 양딱총나무 꽃, 민트, 우슬초를 같은 분량으로 혼합하여 끓인 다음 마셔도 효과적이다.

아로마요법으로 라벤더, 유칼립투스, 타임 오일 각 8방울을 끓는 물 500ml에 넣고 그 증기를 흡입한다. 주의할 점은 임신 중에는 금하고, 어린아이의 경우 분량을 2분의 1로 줄여야 한다는 것이다.

감기에는 과일을 먹으며 휴식을 취하는 것이 가장 좋다.

독일의 수치료 센터에서 겨자 가루 1스푼을 적당히 뜨거운 물 2L에 풀어서 하루 2회 10분 정도 발을 담그고 수건으로 덮어서 몸의 열을 올려주는 치료를 하는 것을 본 적이 있다. 이와 같은 발 온욕법 외에 냉 · 온욕을 2~3분 정도 번갈아가면서 반복하기도 하는데, 끝날 때는 반드시 냉욕으로 마무리해야 한다.

동종요법 약물로는 겔세미움, 살릭스, 아코나이트 등을 사용하며, 반사요법으로 양쪽 손의 주요 포인트를 하루 3회씩 누르고 발 전체를 마사지해주면 피로가 풀리면서 강한 저항력을 유지할 수 있다.

후두염

증상과 원인

후두부 점막에 염증이 생겨 목이 쉽게 쉬고 가려우면서 따갑고, 기침을 하거나 침을 삼킬 때 목이 아프며, 점막에서 분비물이 나오는 증상을 말한다. 성대를 심하게 혹사하였거나 암으로 인해 올 수도 있으며, 그 밖에 흡연, 먼지, 오염, 스모그, 박테리아나 바이러스에 감염되거나 찬 공기에 갑자기 노출이 되었을 때도 나타난다.

치료

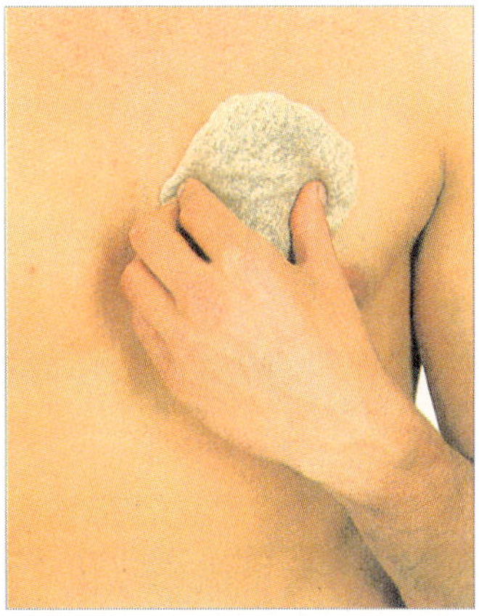
가슴 부위에 습포

목이 아픈 증세가 1개월 이상 계속될 때는 반드시 전문의의 진찰을 받아야 한다. 말을 아끼고 목을 편히 쉬면서 1~2일 정도 지낸 다음 멘톨이나 유칼립투스를 증기로 흡입하거나 오렌지 주스 또는 따뜻한 물로 양치질을 한다. 제라늄, 캐모마일, 컴프리, 감초, 생강과 벌꿀로 차를 만들어 마셔도 좋다. 비타민 B6 200mg, 비타민 C, 아연 150mg을 매일 복용하고 셀러리와 파슬리 주스를 마신다.

아로마요법으로 유칼립투스, 레몬 오일 등을 흡입하면 염증과 분비물을 제거하는 데 좋다. 가슴 부위와 목 부위에 더운물과 찬물 습포를 번갈아 시행하는 수치료법도 좋은 효과가 있다.

기관지염

증상과 원인

폐로 가는 공기를 운반하는 기관지의 점막에 염증이 생기는 증상을 말한다. 만성 기관지염은 사망에 이르는 원인이 되기도 한다. 예를 들면 폐의 작은 꽈리 모양의 주머니에 있는 탄력적인 벽에 손상이 가서 생기는 폐기종이나 폐렴 등이 동반되어 치명적이고 심각한 병으로 발전하는 것이다.

주요 증상으로 기관지벽에 붙어 있는 점액질 덩어리가 자극이 되어 자주 기침을 한다. 급성기에는 섬모가 박테리아와 더불어 먼지, 매연, 티끌 등을 위로 밀어 올리지만, 만성 기관지염의 상태에서는 섬모가 과잉으로 분비된 점액질에 묶여 기능을 상실하고 만다. 흡연이나 소량의 음주에 의해서도 증세가 악화될 수 있는데, 특히 담배를 계속 피우는 경우에는 치료를 해도 효과가 없다.

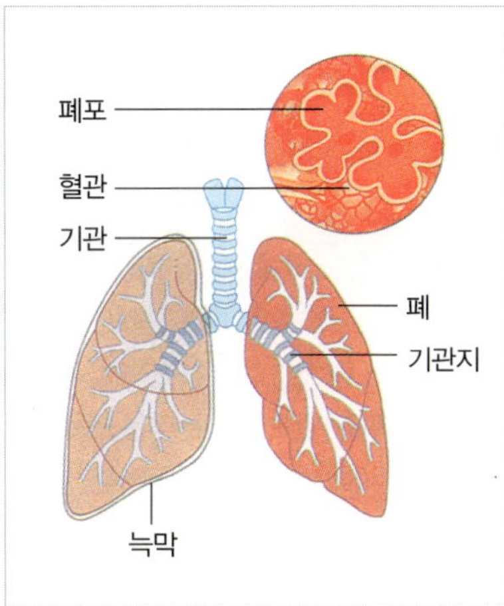

폐의 구조

치료

민트, 세네카, 금불초는 거담 효과를 지니고 있으며, 컴프리, 현삼, 제라늄, 감초, 아마 등은 진정 및 완화제의 역할을 하므로 단독 또는 혼합하여 사용하면 도움이 된다. 유칼립투스와 같은 항균 효과가 있는 약용식물 500g을 끓는 물에 15분 정도 우려내어 마시는 방법도 있다.

가래가 많고 흰색을 띨 때는 아직은 박테리아가 번식되지 않은 것으로 생강 뿌리와 발한 작용이 강한 서양톱풀, 할미꽃을 혼합하여 사용하면 효과적이다. 가래가 푸른색을 띠면 균이 번식된 것이므로 항균 효과가 높은 마늘과 꿀을 복용하는 것이 좋은데, 마늘 4쪽을 꿀 100ml에 밤새 재워두었다가 아침에 짜서 주스로 마신다.

특히 폐와 상기도 부위의 폐색증이나 감염의 경우에는 솔 잎, 유칼립투스, 타임을 적절히 이용하는 방법을 알아두면 좋다. 그 한 가지 방법이 아로마 요법이다. 끓는 물 500ml에 이 세 약초에서 짜낸 에센셜오일을 2방울씩 떨어뜨리고 안식향 용액을 1스푼 첨가하여 증발시키면 훌륭한 증기흡입치료가 된다.

바이러스 감염으로 기관지 기능에 이상이 오고 장기적으로 증세가 호전되지 않는 것은 몸의 전반적인 면역 기능이 저하되어 있기 때문이다. 충분한 휴식과 규칙적인 운동을 하고 필요한 비타민과 미네랄을 섭취하여 저항력을 길러주면

목에 찜질

서서히 회복할 수 있다. 수치료법으로 가슴 부위에 찬 찜질을 해주면 습한 공기가 순환 및 거담 작용을 촉진시키는데, 반드시 찬 물수건으로 위아래에 15분 간격으로 더운 찜질과 번갈아 시행하도록 한다. 동종요법 약물로는 히드라스티스나 헤파 설파를 사용한다.

폐렴

증상과 원인

폐렴균이나 바이러스에 의해 폐에 염증이 생긴 것이다. 2~6일 정도의 잠복기가 있고 난 후 한기가 들다가 고열이 나면서 맥박이 빨라지고 호흡이 어려워지며 가래와 기침이 심해진다.

치료

우선 몸을 따뜻하게 해주고 채소, 닭고기 스프 등을 먹는다. 유칼립투스 잎 20g, 감초 뿌리 10g, 생강 뿌리 6쪽을 물에 넣고 20분 정도 끓여서 마시거나, 올리브 오일에 마늘 간 것을 혼합하여 1~2시간마다 1스푼씩 복용한다.

가슴, 등 부위에 유칼립투스를 바르거나, 양파를 살짝 데쳐 면 헝겊이나 리넨 주머니에 싸서 등과 가슴 부위에 찜질하는 방법도 있다. 동종요법 약물로는 아코나이트, 히드라스티스 등을 사용한다.

부비강염

증상과 원인

두개골 내에는 코 주위로 공기로 차 있는 4개의 공동이 있는데, 이것을 부비강이라 한다. 흔히 감기와 같은 상기도 감염으로 이곳에 염증이 생기는 것을 급성 또는 만성 부비강염이라 부른다.

콧속의 통로처럼 부비강 내에도 점막이 주름져 있는데, 박테리아가 침입하면 끈끈한 점액을 분비하여 균을 잡아서 몸 밖으로 내보낸다. 그러나 만성이 되면 부비강에서 비강으로 통하는 배출구가 막히고 분비물이 고이게 되어 얼굴의 관자놀이 부위나 눈 주위가 아른아른 아프기 시작한다.

치료

알레르기나 만성 비염, 기침이 있을 수 있지만, 폐와 심장에 가벼운 염증이 있거나 고갈 상태가 되면 기침도 멎게 된다. 부비강을 정화시키는 데는 양고추냉이 뿌리와 사과 식초 25g을 혼합하여 매운 맛이 없어질 때까지 씹거나 작은 감초 뿌리를 함께 끓인 물 1컵에 적신 후 충분히 식힌 다음에 마시면 효과적이다. 또, 매운 약용식물인 후춧가루, 생강, 아니스에 벌꿀을 혼합하여 한 번에 1스푼씩 섭취하면 부비강이 치료되어 감기나 알레르기 증세가 없어진다.

알레르기성비염

증상과 원인

부비강 통로에 히스타민 반응을 일으켜 혈관이 확장되고, 주위에 있는 실핏줄의 침투성이 증가되어 점막이 부어올라 급성 또는 만성으로 점액이 분비되는 증상을 말한다.

분비물이 생기고, 코 안이 충혈되며, 부비강 부위나 측두부 쪽에 두통이 동반된다. 계절에 따라 일어나기도 하고 꽃가루, 먼지, 동물의 털에 의해 생기기도 한다. 면역성 저하, 설탕, 특정 음식 등이나, 과다한 알코올, 찬 음식, 지방성 음식이나 유제품의 섭취 등이 문제가 되어서도 나타난다. 면역성 결핍과 이런 식품들로 콧속 통로, 기관지, 폐 등에 점액성 분비가 많아지고, 생식 기관에도 급 · 만성 분비물이 증가되어 이차적인 감염 증세가 생긴다.

치료

면역 기능을 보강하고 생활에서 오는 스트레스를 해소하려 노력한다. 식생활 문제를 개선하는 것도 매우 중요하다. 소화력과 체온을 떨어뜨려 대사 기능을 저하시키는 설탕, 밀가루, 유제품, 찬 음식 등은 가급적 피하는 것이 좋다.

치료제로는 중국산 마황이 효과적이다. 마황은 2개의 알칼로이드, 즉 에페드린과 노르에피네프린(노르아드레날린)을 함유하고 있어서 아드레날린과 같은 작용을 하기 때문이다. 여기에 감초 뿌리와 야생 체리 껍질 또는 살구 씨 몇 조각을 함께 복용하면 통증을 완화하고 점액 분비물을 제거하며, 마황이 가지고 있는 자극 효과를 조절할 수 있다. 단, 고혈압이나 신경 질환이 있는 경우에는 마황의 사용을 절대 금해야 한다. 당근 340g, 비트 80g, 오이 80g을

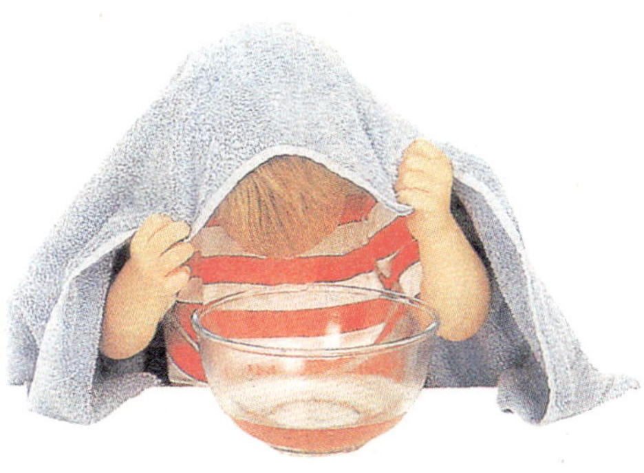

머리에 수건을 두르고 아로마 향을 흡입하는 것도 좋다.

혼합한 즙을 하루 2회 복용하는 채소요법도 효과적이다.

아로마요법으로 히솝 오일을 증발시켜 흡입하면 대부분의 알레르기 증상이 호전된다. 심황, 코리앤더, 커민, 호로파, 페퍼, 아위 같은 약용식물은 몸을 따뜻하게 해주는 효과가 있어 알레르기 증상을 제거해주며, 급한 상황일 때는 양고추냉이 뿌리를 씹어 먹으면 즉각적인 효과가 나타난다. 비타민 A·C·E와 B-복합체는 강력한 항히스타민 효과로 증상을 호전시키며, 셀레늄, 글루타치온 같은 항산화제도 도움을 준다. 또, 아시도필루스와 같은 박테리아균 등은 강한 면역 기능이 있어 장 내 산도를 유지해주며, 동종요법 약물인 사바딜라, 녹스 보미카, 유프라시아는 경직, 충혈된 알레르기 상태를 이완시킨다.

천식

증상과 원인

미세기관지의 통로가 일시적으로 수축되면서 갑자기 호흡이 곤란해서 숨을 헐떡거리며 쌕쌕거리는 증세가 발생하는 것을 말한다. 환자의 대부분이 먼지, 동물의 털, 여러 종류의 음식에 알레르기를 가지고 있으며, 습진을 동반하기도 한다. 흔히 가족력이 있고, 감정의 변화, 즉 분하거나 지쳐 있는 상태 등에 의해 천식발작이 쉽게 유발되기도 한다.

치료

천식 흡입기 사용

일반적으로 유칼립투스, 로즈마리, 타임, 체리 같은 약용식물이 천식발작을 진정시키는 데 효과가 있다. 로벨리아, 에페드라, 흰독말풀 등은 기관지 수축을 이완하고 점액질을 배출시키는 효과가 있지만, 독성이 강하기 때문에 전문의의 지시에 따라 조심스럽게 사용해야 한다.

또, 신경 계통을 진정시키는 상추, 호프, 캐모마일, 라임 꽃, 스컬캡 등이 이용되며, 감초를 혼합하면 거담과 부신호르몬의 기능을 강화하는 작용이 있다. 지치 꽃도 같은 작용을 하는데, 천연 코르티손을 분비하여 스트레스와 알레르기 반응에 효과적으로 대항하게 하고 호흡 기관을 진정시킨다. 호흡 기관은 감정, 정신의 상태와 밀접한 관계가 있으며, 꽃 추출물을 이용한 바크플라워요법은 이러한 감정이나 정신 활동의 개선에 상당한 영향력을 발휘

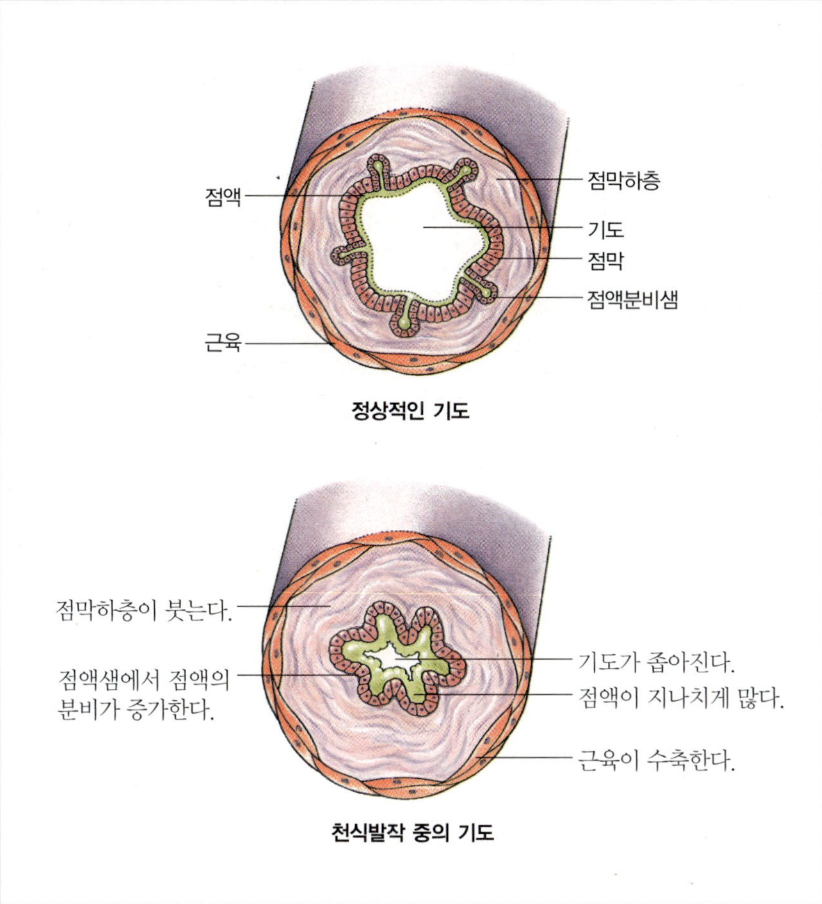

천식

한다. 그 밖에 심호흡, 수영, 요가, 걷기, 근이완요법 등으로도 호흡과 정신을 안정시킬 수 있다.

섭취하는 음식을 조사해서 어떤 음식에 민감하게 반응하는지 알아보는 것도 중요하다. 유제품, 달걀, 알코올 함유 식품 등이 유발 요인이 될 수 있으며, 어린 나이의 천식은 모유로 키우지 않은 경우에 더 자주 나타남을 알 수 있다. 일부 학자들은 마그네슘이 부족할 때 천식발작을 일으킨다고 하는데, 이때는 마그네슘을 하루 800mg 복용하면 발작 빈도가 조절된다. 증상이 심한 환자의 경우에는 흡입기 등을 가지고 다니면서 곧바로 응급 처치를 해야 한다. 비타민 B6 200mg과 비타민 C 복용도 천식발작의 횟수를 줄일 수 있다.

아로마요법으로 유칼립투스와 레몬 오일을 이용하면 강력한 거담 작용을 기대할 수 있으며, 베르가모트와 캠퍼 오일은 감염 증세를 제거하고, 펜넬, 로즈, 클라리세이지 오일은 수축성 경련 상태를 풀어준다.

05 내분비 대사 장애

당뇨병

증상과 원인

당뇨병은 심한 갈증, 잦은 소변, 배고픔, 체중감소, 피로감, 허약 증세 등으로 나타난다. 당뇨가 심해지면 신체 pH가 7.0 이하로 떨어지며 의식불명 상태에 빠져 위험해진다. 또한, 동맥이 점차로 좁아지기 때문에 순환계에 장애가 오며, 다리의 혈액순환에 이상이 생기면 살이 썩어 들어가기도 한다. 눈의 실핏줄이 터져 실명이 될 수도 있다.

당뇨병은 간단하게 혈액검사로 알 수 있으며, 두 가지가 종류가 있다. 첫째는 체내의 인슐린 분비 세포가 인슐린을 만들어내지 못하여 인슐린을 투여해주지 않으면 치명적인 상태가 되는 경우다. 이 유형의 당뇨병은 혈당을 조절하는 인슐린이 부족해서 생긴다. 인슐린과 단백질은 췌장의 랑게르한스섬에서 분비되는데, 그 양이 부족하면 탄수화물과 당 대사에 이상이 생겨 핏속에 당이 많아지고 이 당이 소변으로 나오는 것이다. 둘째는 임신이나 비만, 또는 중년기에 인슐린 생성이 일정하지 않아서 체내의 인슐린이 불규칙하게 분비되는 경우다. 이때는 식이요법과 운동요법으로 조절할 수 있다.

양파는 인슐린보다 더 혈당을 낮춰준다.

당뇨병은 유전적이기도 하지만, 후천적으로 설탕이나 정제 탄수화물의 과잉 섭취로 생긴다. 흥미로운 현상 중의 하나는 일생의 어느 단계에 이르러 췌장이 과하게 일을 하게 되면 저혈당 상태가 되었다가 후에 고혈당, 즉 당뇨병으로 변한다는 사실이다.

치료

원론적인 치료법은 설탕 섭취를 줄이고 칼로리가 높은 음식을 피하는 것이다. 전곡류, 콩, 생선, 찐 채소, 닭고기 등이 좋다. 튀긴 음식, 백설탕, 고지방 식사 등은 혈당을 위험한 수위까지 올릴 뿐 아니라 동맥경화증을 유발한다. 필수지방산이 많이 함유된 참깨, 해바라기 씨 등을 섭취하면 당뇨로 인한 체내의 생화학적 변화를 정상화하는 데 도움이 된다. 포화지방산과 기름기 많은 음식을 피하고, 대신 신선한 과일을 많이 먹는다. 정제된 설탕과 탄수화물을 피하고, 가공하거나 정제하지 않은, 섬유질이 많은 복합탄수화물을 섭취한다. 백설탕, 정제 탄수화물은 해롭고 복합탄수화물이 이로운 이유는 흡수도의 차이 때문인데, 정제된 설탕과 탄수화물은 당의 상태에서 그대로 핏속으로 빠르게 흡수되지만 전곡류, 시리얼, 과일, 벌꿀, 메이플 시럽, 채소 등은 서서히 분해되어 긴 시간 동안 당으로 분비되므로 갑작스럽게 혈당치를 높이지 않는다.

가장 중요한 보조제로 미네랄인 GTP 크롬이 있다. 이 미네랄은 맥주 효모에 특히 많이 함유되어 있으며, 인슐린의 양은 정상인데 크롬이 부족한 당뇨병에 필요하다. 발과 다리의 괴사 현상을 막기 위해서는 담배를 끊어야 한다. 흡연은 동맥 혈관을 더 수축시키기 때문이다. 거들, 나일론 스타킹, 꽉 조이는 신발 등을 피하고, 다리를 꼬고 앉는 등 다리의 동맥을 압박하지 말아야 한다. 알레르기 위험이 없는 비누와 따뜻한 물로 하루 2회 정도 발을 씻으며, 산쑥 재를 바르면 발의 염증이나 출혈을 막을 수 있다. 라틴아메리카 사람들은 선인장 잎을 당뇨병 치료에 사용하기도 한다.

부신 활동을 자극하여 혈당치를 올라가게 하는 일이나 스트레스를 피하고, 걷기와 규칙적인 운동으로 피의 순환을 원활하게 하여 인슐린의 필요량을 줄여야 한다. 비타민 A 2,500IU와 마그네슘 200mg을 하루 1회, 비타민 C 1,000mg, 비타민 B-복합체 100mg, 니아신 100mg, 칼륨 300mg, 망간 100mg, 아연 500mg을 하루 1~3회 복용한다. 이들은 혈액의 글루코오스 농도를 낮추고 당뇨병의 합병증을 감소시킨다.

아르기닌을 복용하면 저장된 인슐린의 배출을 촉진할 수 있다. 인슐린과 같은 작용을 하는 약용식물들은 췌장의 인슐린만큼 강력하지는 않지만 글루키닌이라는 물질을 함유하고 있으므로 효과가 좋다. 글루키닌은 월귤나무나 꽝나무 잎, 콩, 시더우드, 잼블, 양파, 트릴리움 뿌리에 많다. 오이 즙, 당근 주스 등에는 췌장에서 인슐린 분비를 촉진하는 식물성 호르몬이 들어 있다.

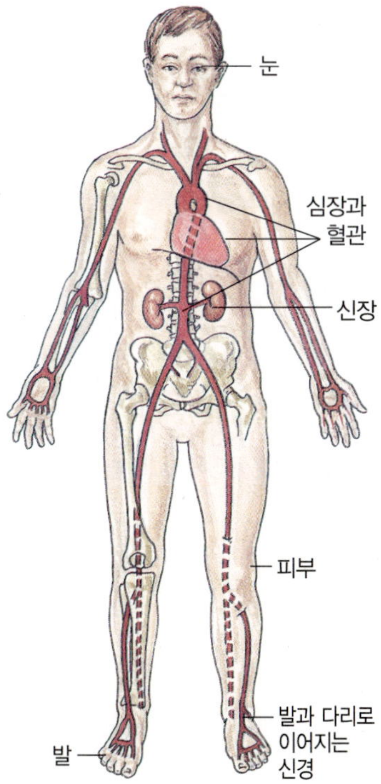

당뇨병의 합병증이 생기는 부위

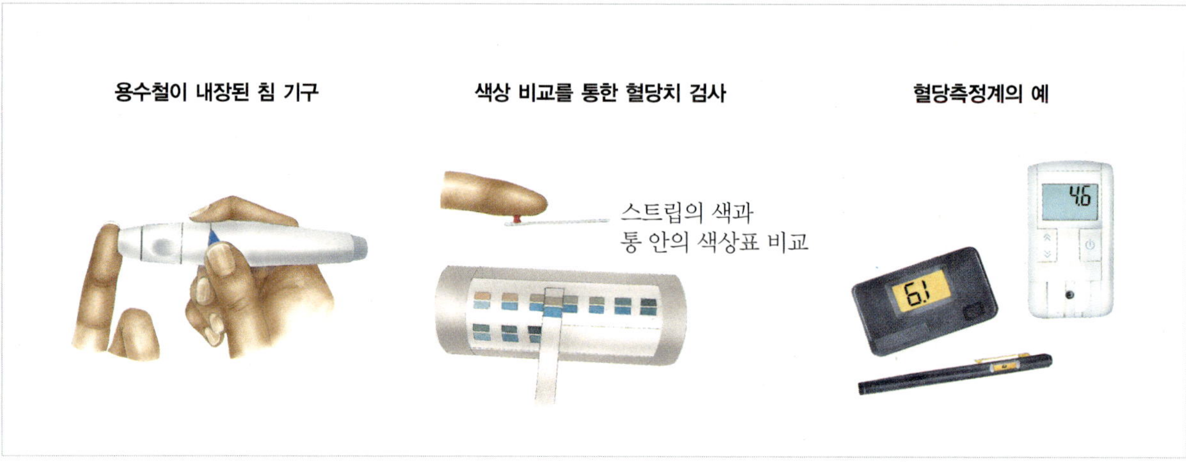

▎당뇨를 검사하는 컬러 매칭법과 당 수치 검사법

자연의학자 크리스토퍼 박사는 시더우드, 감초 뿌리, 히드라스티스 뿌리, 뮬레인, 고추를 동량으로 혼합하여 가루로 만들어 하루 3회 복용하도록 권한다. 증세가 가벼울 때는 월귤나무 잎 차가 효과적인데, 월귤나무 잎 20g을 끓인 물에 넣어 우려서 마신다. 아로마요법에는 유칼립투스, 제라늄, 주니퍼 베리 오일 등이 사용된다.

저혈당

증상과 원인

음식을 탐닉하고 특히 설탕을 갈구하며, 두통, 찬 손발, 심장두근거림, 만성 피로, 신경과민, 초조함을 호소하는 증세를 보인다. 백설탕의 과잉 섭취, 선천적 소인, 스트레스 등은 부신을 강하게 자극하는데, 이는 췌장에서 인슐린을 과다하게 분비하여 혈당을 광범위하게 소모시키는 결과를 초래한다. 또 다른 요인은 만성적인 단백질 결핍 상태로 스트레스에 쉽게 노출된 결과로 혈당치가 현저하게 떨어지는 경우다.

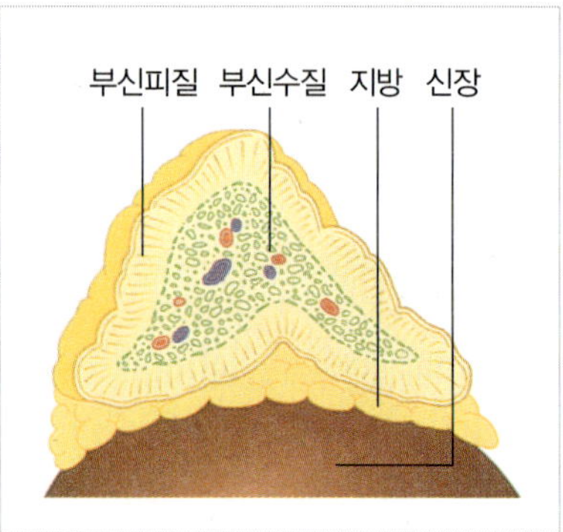

▎부신의 구조

치료

전곡류, 콩류, 채소, 남미산 퀴노아 씨, 호박 등이 도움이 된다. 생선을 1주일에 2회 정도 먹고, 과일은 찌거나 구워서 참깨와 함께 먹으며, 미역과 같이 각종 미네랄이 풍부한 식품을 섭취하도록 한다.

| 저혈당증 : 증상 체크리스트 |

- 식은땀, 춥고 냉습함
- 불안, 불쾌, 짜증을 느낌
- 떨리고 힘이 빠짐
- 집중이 어려움
- 입술이 얼얼함
- 창백해짐
- 허기를 느낌
- 졸림(조치를 취하지 않으면 의식을 잃게 됨)
- 시야가 흐려짐

혈당이 낮아진 사람들은 가끔 이상한 행동을 해 다른 사람들로부터 술에 취한 것으로 의심받기도 한다. 인슐린을 사용하는 사람들은 증상이 나타나면 최대한 빨리 음식을 먹으라는 신호로 인식해야 한다. 어떤 증상이 얼마나 심하게 나타나는가에는 개인차가 있다. 어떤 사람은 다른 증상이 나타나기 전에 배고픔을 먼저 느낄 수 있고 다른 사람은 입술이 얼얼해지거나 떨리는 증상이 먼저 나타날 수도 있다. 이 증상 모두를 경험하지 않을 수도 있지만 저혈당증이 지나간 후 두통이 생기는 것은 일반적이다.

백설탕, 정제 곡류, 밀, 귀리, 호밀은 제한하고, 커피, 허브 차를 제외한 차, 통조림, 대마초 같은 약물, 알코올은 삼가야 한다. 동물성 기름, 버터, 크림, 치즈, 베이컨, 돼지고기, 오리고기 등은 줄이고 설탕 대신 벌꿀을 먹으며, 옥수수, 닭고기, 채소, 과일, 참기름, 콩 등을 먹는다.

민들레, 우엉, 인삼, 감초를 동량으로 혼합하여 차를 만들어 하루 3회 복용한다. 스트레스에 대항하기 위한 인삼 복합제나 약용식물도 좋다.

갑상선과 임파선 부종

증상과 원인

몸 안에 침입한 감염균과 싸우는 저항 상태를 의미한다. 임파선이 붓는 것은 백혈구가 최초로 침입한 이물질, 병균 등과 싸우면서 생기는 증상이다. 갑상선 비대증은 요오드 섭취 부족으로 갑상선에서 호르몬이 과잉 분비되어 나타나는 증상이거나, 요오드를 적절히 처리하지 못하여 생기는 면역 글로불린의 반응이다.

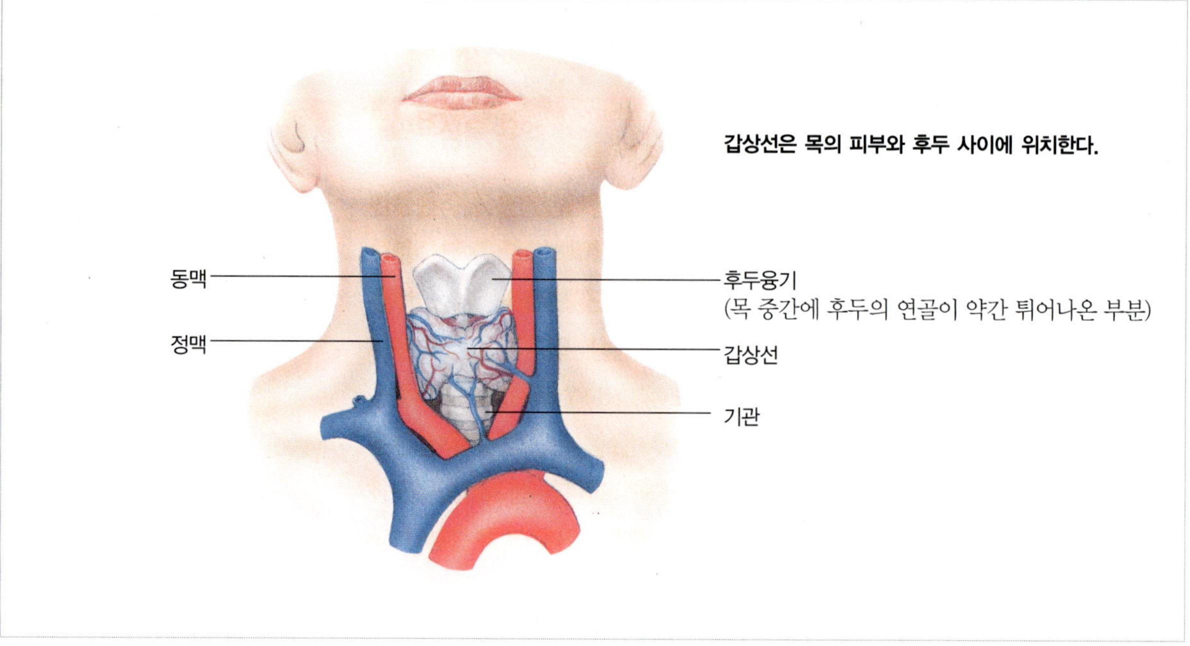

갑상선의 구조

치료

원인을 제거하면 부어오른 증상들이 대부분 없어진다. 증상이 3주 이상 지속되면 전문의와 상의해야 하며, 그동안 식초나 떡갈나무 껍질, 밤나무 잎, 호로파, 우엉 잎, 펜넬, 타임 등으로 냉찜질을 하면 부기가 빠진다.

가벼운 약용식물 완하제인 카스카라 껍질이나 트리팔라는 몸의 치료 능력을 증대시키며, 인삼 차도 영양의 균형을 맞추는 데 좋다. 말린 자리공 뿌리도 사용할 수 있지만 과민반응에 주의해야 한다. 동종요법 약물로는 벨라도나, 헤파 설파 등을 사용한다.

06 신경정신과 질환

우울증

증상과 원인

일시적인 슬픔, 우울한 감정, 실망감, 상실감에서부터 비탄, 가치 상실, 자살 충동을 보인다. 이러한 증세가 2주 이상 지속되면 의학적 치료를 받아야 하며, 특히 어린이나 청소년들 사이에 우울증이 많아지는 추세에 있으므로 주의를 기울여야 한다. 조울증은 기분이 들떠 있는 조증과 극심한 우울증이 번갈아 나타나는 상태를 말한다. 유전, 스트레스, 심리 변화, 그리고 저혈당 상태, 비타민과 미네랄 결핍(특히 비타민 B12 결핍), 알코올 중독, 약물 중독 등의 신체적 변화에 동반되어 나타나기도 한다.

흥미와 즐거움을 잃고 우울한 감정에 사로잡히며 다음의 9가지 증상 중 4가지 이상이 2주 이상 지속되면 우울증이라는 진단을 내릴 수 있다. 단, 6세 이하 어린이들은 처음 4가지 증상 중 3가지가 있어야 한다.

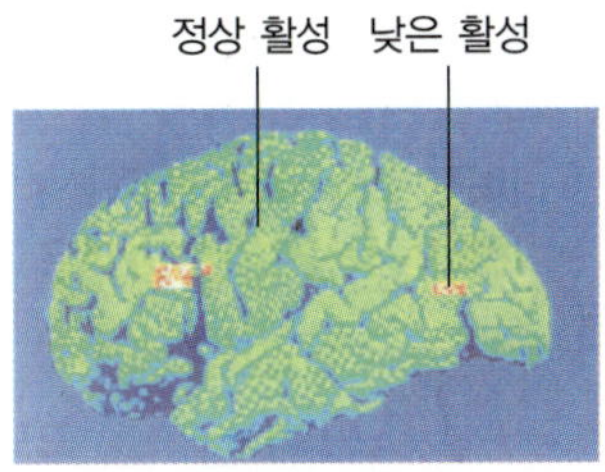

정상인의 뇌

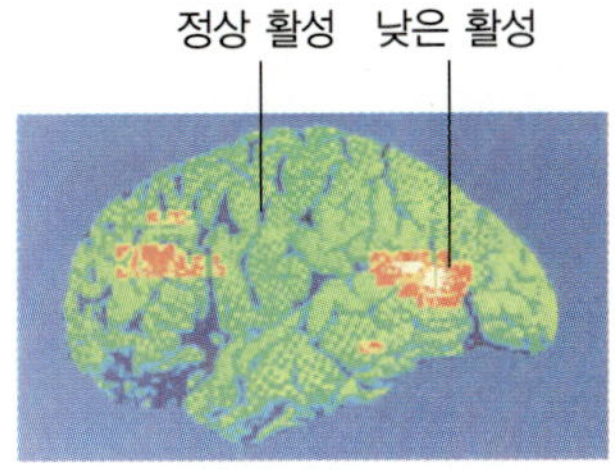

우울증 환자의 뇌

- 식욕이 왕성해지거나 체중에 큰 변화가 있다.
- 잠이 많아지거나 불면증이 있다.
- 행동이 과다해지거나 반대로 둔해진다.
- 평소 행동에서 흥미, 관심, 즐거움이 사라지고 성욕이 급격히 저하한다.
- 쉽게 피곤하고 에너지와 기력이 저하한다.
- 죄의식, 자신감, 가치관이 상실된다.

- 정신 활동에 지장이 있다.
- 죽음, 자살 등 극단적인 생각에 몰입한다.
- 그 밖에 초조감, 대인관계 회피, 잦은 울음, 과민함, 흉통, 근육통, 심장 두근거림, 귀울림 등이 있다.

치료

심한 경우에는 전문의의 적절한 치료가 필요하지만, 자신의 노력이 절실히 요구되는 질환이다.

적당한 휴식과 규칙적인 운동이 필요하며, 외부 활동과 정서적 지지가 가장 중요하다. 전신 마사지, 심호흡, 식이요법, 비타민 A · C와 B12, 엽산 등 B-복합체, 칼슘, 마그네슘 보충요법도 활용할 수 있다.

약용식물 차가 도움이 되며, 세이지, 인삼, 민트, 유리지치, 페퍼민트 차 등에 정향나무를 첨가해서 마시면 좋다. 몸에 수분이 너무 많아도 우울증이 생기는데, 이때는 이뇨 효과가 있는 민들레, 큰매화노루발, 발레리안, 부추, 옥수수수염, 매자나무, 주니퍼베리 등을 이용한다.

만성적인 우울증에는 전신의 정화를 위한 독성제거요법이 효과적이다. 방법은 3~4일간 과일만 먹되, 날 것과 익은 것을 번갈아 먹고 맥주 효모 10g을 채소 즙과 함께 더운물에 혼합하여 하루 2컵 마시며, 다음 4일간은 상추, 양배추, 셀러리, 토마토, 당근, 양파, 미나리, 비트 뿌리 등으로 만든 샐러드를 곁들여 먹는 것이다. 이후 1개월은 다음의 방법으로 식사한다. 아침에는 전곡류, 씨눈, 건포도, 자두와 다른 과일 등을 혼합하여 먹는다. 점심에는 잎과 뿌리가 있는 삶은 채소 28g을 먹는다. 저녁에는 앞의 재료로 만든 샐러드에 치즈 가루나 커티지 치즈를 곁들이고 요구르트나 과일을 먹는다. 음료로는 식전에 채소 즙 2컵을 마시고 적은 양의 과일 즙을 수시로 마신다. 1주일에 2회 정도는 가볍게 익힌 달걀을 먹고, 흰쌀밥은 되도록 삼가는 것이 좋다.

이와 같은 정화요법을 실시하면 열, 염증, 붉은 반점, 설사 등의 일시적인 생리 반응이 나타나기도 하는데, 이때는 이런 증상이 없어질 때까지 희석한 과일 즙만 마시면서 며칠간 단식을 해야 한다. 단식 후에는 하루 정도 과일만 먹고, 다시 정화요법을 실시하며, 이 기간에는 다른 약을 복용해서는 안 된다.

우울증에 효과가 높은 비타민이 들어 있는 오트밀

동종요법 약물로는 라이코포디움, 세피아, 아피스 등을 사용하며, 아미노산 중 티로신, 페닐알라닌, 트립토판이 우울증 치료에 효과적이다. 아로마요법으로 바질, 페퍼민트, 베르가모트, 제라늄 같은 에센셜오일을 흡입하거나

| 우울증에 도움이 되는 이완운동 |

이완운동은 간단한 이완 방법으로, 최대 20분이 소요된다. 이 운동은 침대 또는 마루에 누워서 할 수도 있고 편안한 의자에 앉아서 할 수도 있다. 단, 의자를 사용할 때는 목을 받치는 것이 있는지 확인하라. 처음에는 저녁에 시도하는 것이 좋을 수 있는데, 어떤 사람은 너무 많이 이완되어 그 자리에서 잠들기도 한다. 요령을 터득하면 원하지 않는 한 졸지 않으면서 어디서나 실시할 수 있다.

1. 온몸의 힘을 뺀다. 침대나 의자에 모든 체중을 싣는다. 온몸이 토마토가 가득 든 자루처럼 무겁게 느껴져야 한다.

2. 두 팔을 옆으로 힘없이 늘어뜨린다. 다리 역시 늘어뜨린다. 어깨에서 힘을 뺀다. 머리끝에서 발끝까지 온몸을 이완시킨다. 침대나 의자에 푹 파묻힌다.

3. 이완운동이 처음이라면 근육을 이완시키는 법을 배워야 한다. 다리 상부의 근육을 최대한 딱딱하게 한다. 긴장과 이완의 차이를 느낄 것이다. 얼굴에서 시작해서 머리끝에서 발끝까지 같은 방법을 반복한다. 얼굴을 긴장시키고 이를 꽉 물었다가 푼다. 그 다음 목 근육을 긴장시키고 다시 푼다. 어깨가 귀에 닿도록 움츠린 다음 떨어뜨린다. 같은 방법으로 팔, 가슴, 배, 등, 다리, 발가락 등을 하나씩 긴장시켰다 풀기를 반복한다.

4. 시작할 때에 비해 근육이 덜 긴장하는 것을 알게 될 것이다. 그 느낌을 기억하라. 일단 요령을 터득하면 근육을 이완시키기 전에 긴장시키지 않아도 된다.

5. 몸이 이완되고 풀어졌다고 느껴질 때 호흡을 서서히 늦춰 느리고 고르게 호흡한다. 호흡에만 집중한다. 내뱉는 숨과 들이마시는 숨의 길이를 같게, 길고 천천히 호흡한다. 머리가 가벼워졌다고 느껴지면 중단한다. 20분 정도 지나면 시작할 때에 비해 한결 나아진 것을 느낄 것이다. 보다 침착하고 여유 있게 된다.

목욕에 이용하면 우울증 증세를 개선시킬 수 있다. 라벤더, 캐모마일, 타임, 캠퍼 등의 오일도 같은 용도로 이용할 수 있다.

불면증

증상과 원인

잠을 제대로 자지 못하는 일만큼 인체의 균형을 파괴시키는 것도 없다. 인간은 생리적 특성이나 개인적 습성에 따라 잠자는 시간이 각기 다르고 나이가 들면서 수면 시간이 점차 줄어들기 때문에 정상적인 수면 시간을 정하기는 어렵다.

수면 중에 뇌파검사를 해보면 느린 파장이 나오는데 이것은 깊은 잠과 충분한 수면 상태를, 반대로 빠른 파장을 보이는 REM 수면은 꿈을 꾸거나 활발한 정신 활동이 일어나고 있는 상태를 나타낸다. 이러한 상태가 심해지면 충분히 잠을 자지 못했다는 느낌이 들고 자주 깨게 된다.

불면증의 가장 흔한 원인은 낮에 고조된 긴장감이나 스트레스가 풀리지 않고 잠자리까지 연장되기 때문이다. 이럴 때는 잠자리에 들기 전에 긴장을 풀어주는 근육이완요법과 명상법을 활용하면 큰 도움을 받을 수 있으며, 평소에 규칙적인 운동을 통해 과잉 반응으로 흥분되어 있는 신경계를 안정시켜야 한다. 또, 커피나 차, 카페인이 함유된 음료 등도 원인이 될 수 있으므로 밤늦게 음료나 음식을 마시거나 먹지 않는다.

어떤 이유로 불면증이 생겼더라도 수면제를 복용하는 일은 삼가야 한다. 약용식물인 바리움은 합성 안정제와는 달리 복합 유기물질이므로 부작용이나 중독성의 염려가 거의 없기 때문에 불면증을 해소하는 데 많이 이용되고 있다.

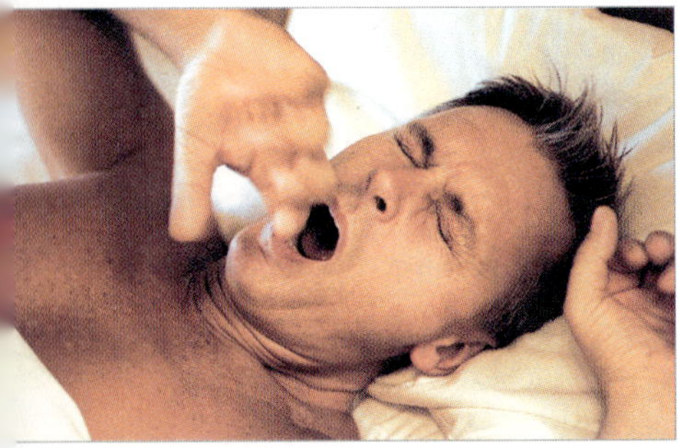

치료

캐모마일이나 라임 꽃 25g에 물 1컵 비율로 끓여 마시면 좋은 효과를 볼 수 있다. 또, 시계초와 스컬캡, 그리고 발레리안과 호프 각 800g, 감초 400g을 혼합하여 50g에 물 1컵의 비율로 달여서 잠들기 30분 전에 마시면 진정 및 수면 효과가 있어 쉽게 잠들 수 있다. 건조시킨 호프를 베갯잇에 넣고 자도 호프에 있는 에스트로겐 호르몬 성분의 안정 효과로 숙면을 취할 수 있다.

아로마요법으로는 목욕물에 약초를 넣고 몸을 담그는 방법이 사용된다.

| 숙면을 위한 10가지 Tip! |

1. 편안한 자세로 잔다.
2. 엎드려 자지 않는다.
3. 환기를 잘 하고 일정한 실내 온도를 유지한다.
4. 소음과 빛이 새어들지 않게 한다.
5. 좋은 베개를 사용한다.
6. 침실 청소에 독한 세제를 사용하지 않는다.
7. 개, 고양이가 침대나 침실에서 자지 못하게 한다.
8. 침실에 화초를 많이 두지 않는다.
9. 화장을 지우지 않거나 향수 냄새가 남은 채로 잠자리에 들지 않는다.
10. 최근에 페인트칠한 방에서 자지 않는다.

대표적인 것으로 약용식물이나 라벤더를 가득 채운 옥양목 주머니를 목욕물에 넣고 몸을 담가 휴식을 취하면 효과적이다. 단, 욕조 안에서 잠들지 않도록 주의해야 한다.

만성 불면증은 레시틴이나 이노시톨, 콜린, 비타민 B5 · B6로 해결할 수 있지만, 너무 강한 비타민 B-복합체는 오히려 각성 효과를 일으킨다는 사실을 명심한다. 캐모마일 차에 레몬과 생강 1~2쪽을 띄워 마시면 신경안정 효과가 뛰어나며, 감기, 열, 소화 장애, 월경통에도 효과가 있다. 그 밖에 가벼운 시리얼, 우유 1컵에 바나나를 곁들이면 트립토판이라는 아미노산이 긴장을 풀어준다. 동종요법 약물로는 벨라도나 등을 사용한다.

편두통

증상과 원인

전형적인 편두통은 어느 한쪽 머리에 심한 통증이 오고 시력이 희미해지면서 오심과 구토가 나타나는 것이다. 두통은 뇌혈관 동맥이 처음에는 수축되었다가 나중에는 이완되면서 생기는 것으로 알려져 있다. 따라서 고통이 오랫동안 지속될 때는 얼굴이나 머리 부분에 분포되어 있는 동맥들이 팽창되어 있고, 만져보면 아프고 딱딱하게 굳어 있는 것을 느낄 수 있다.

편두통을 포함한 전반적인 두통 증상은 뇌종양이나 뇌혈관 장애 등 심각한 병변 때문에 생길 수도 있지만, 대부분 정신적인 스트레스나 긴장에 의해서

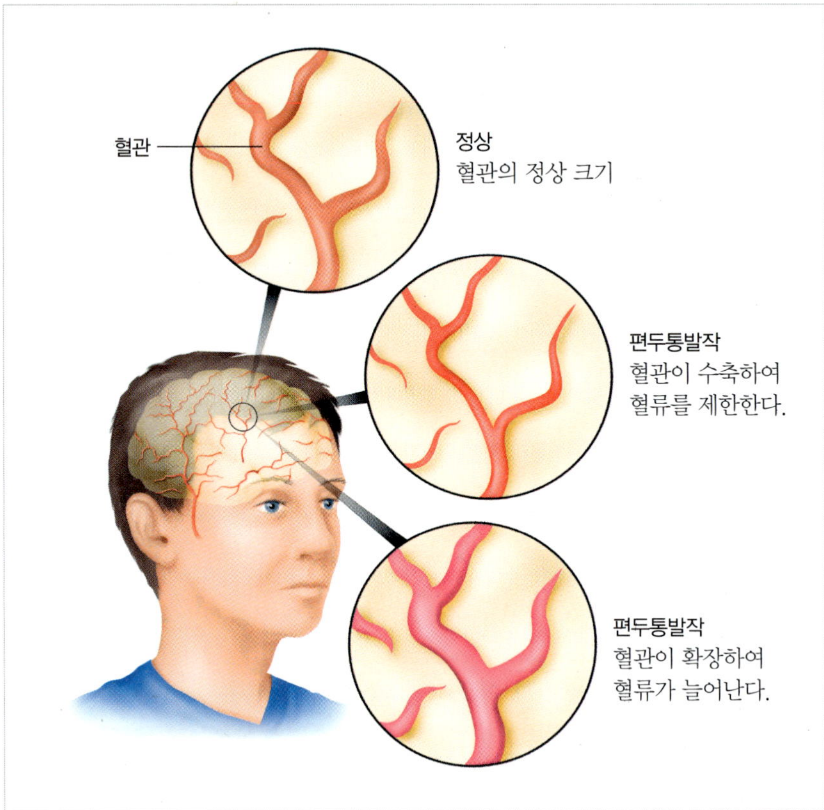

편두통의 원인은 뇌혈관의 크기가 변하면서 혈류 패턴에 장애를 일으키는 것으로 생각되고 있다.

생긴다. 이럴 때는 근육이완요법처럼 다리에서 점차 윗몸 부위로 옮기면서 긴장된 근육을 풀어주는 자연요법이 효과적이다. 편두통은 성취욕이 강한 사람이나 완벽주의자에서 잘 나타나므로, 이런 사람은 자신의 생활 태도를 조금 여유롭고 느슨하게 풀어줄 필요가 있다. 유럽과 미주 지역의 가정에서는 약용식물을 이용한 자연의학 치료로 두통을 다스리는 것을 자주 볼 수 있다.

치료

평소에 신선한 화란국화 잎을 빵에 끼워 먹으면 편두통을 예방할 수 있다. 또, 캐모마일 꽃, 산사나무 잎, 호프 열매, 박하나무 껍질을 20g씩 혼합하여 달여 마시거나, 두루미냉이와 스컬캡 1,600g과 일본 할미꽃 400g을 함께 달여 우려낸 즙을 마시면 두통이 사라진다. 여기에 라임 꽃, 발레리안, 로즈마리, 버베나 등을 추가하여도 좋다.

국소적으로 통증 부위에 발라서 두통을 치료하는 방법도 있다. 로즈마리나 라벤더 오일 10방울을 식물성 오일과 혼합하여 통증 부위에 부드럽게 문지르거나, 민트 잎을 찧어서 붙이면 좋다. 구토를 동반하는 두통에는 민트나 캐모마일 꽃을 달인 즙이 효과가 있다.

편두통은 특정 음식에 의해 유발될 수도 있다. 커피, 차, 코코아, 초콜릿, 이스트, 오렌지, 바나나, 치즈, 알코올, 크림, 피클, 정어리 등이 자신에게 유발요인이 되는지 검사해볼 필요가 있다.

영양요법으로 비타민 C · E, 칼슘, 아연, 셀레늄 등을 복용할 수 있고, 동종요법 약물로는 아니카, 벨라도나 등을 사용한다. 그 밖에 자연의학적 물리치료법을 이용하여 경추의 부적합이나 압통 부위를 교정하고 마사지해주면 쉽게 두통의 고통에서 벗어날 수 있다.

간질

증상과 원인

일상생활을 정상적으로 하다가도 갑자기 의식을 잃고 쓰러져 손발 등에 경련이 일어나고 입에서 거품이 나오는 질환이다. 뇌파를 검사해보면 뇌에서 전기가 돌연히 방전되는 것을 볼 수 있다.

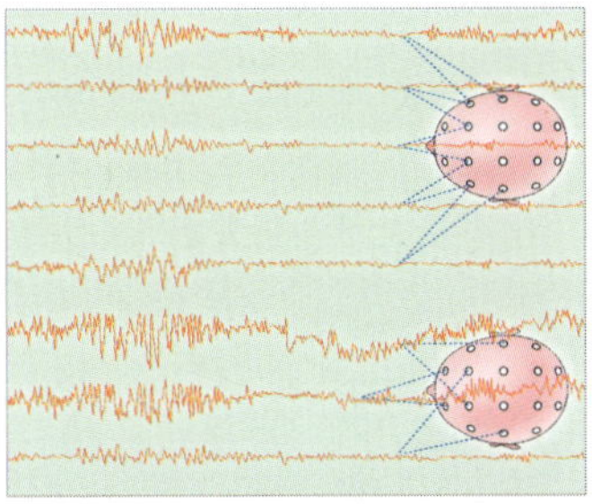

뇌파검사에서 기록된 간질발작 중에 관찰되는 뇌의 전기적 활동 – 무질서하고 불규칙한 전기적 활동이 증가되어 있다.

보통 소아기에 시작되고 그 형태도 다양하다. 전신 발작, 부분 발작, 또는 눈에 보이는 발작 없이 가볍게 의식만 혼미해지는 간질, 헛소리, 환각 등 정신 증상을 보이는 간질 등이 있다. 뇌의 병변 부위에 따라 분류하기도 한다.

정확한 원인은 아직 밝혀지지 않고 있다. 뇌에 손상이나 상처가 있을 때도 나타나지만 3분의 2는 뚜렷한 원인이 발견되지 않고 있다. 나머지 3분의 1은 출생 시의 뇌손상, 뇌막염, 파상풍, 뇌성마비, 뇌암, 뇌혈관 장애 등의 뇌 병변으로 온다. 의식이 수초에서 수분 동안 없으며 비명을 지르고 주기적인 근육 경련, 착시, 환청 등을 보이며, 사람에 따라서는 그 전조로 전구 증상을 보이기도 한다.

치료

발작이 시작되면 위험한 부상을 막기 위해 안전한 장소로 옮기고, 호흡이 잘 되도록 목과 가슴 부위의 옷을 풀어주며, 혀가 말리거나 치아 사이에 끼어 상처를 입지 않도록 고무나 막대 등을 물려주어야 한다.

뇌파검사나 컴퓨터 뇌 촬영 등 정밀검사를 통해 병변을 확인할 필요가 있

| 간질 환자의 회복 자세 |

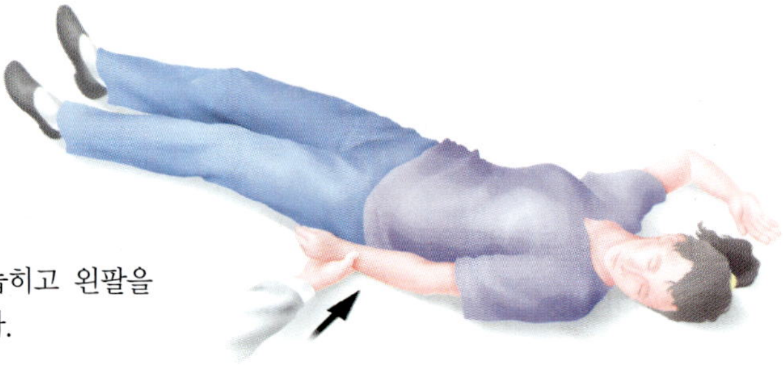

1. 환자의 등을 바닥에 대고 똑바로 눕히고 왼팔을 몸에 붙인다. 머리를 왼쪽으로 돌린다.

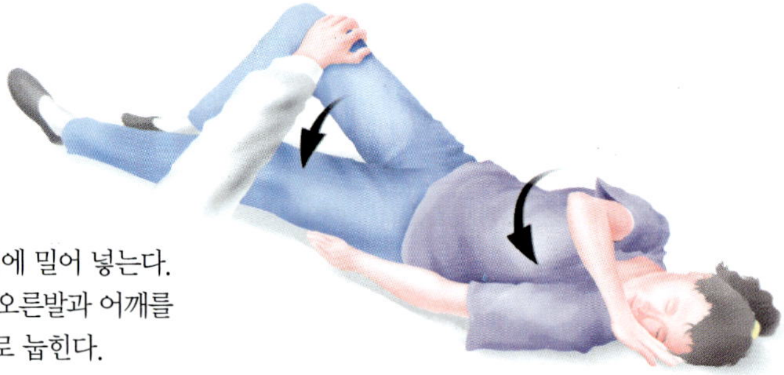

2. 환자의 오른손을 왼쪽 얼굴과 턱 밑에 밀어 넣는다. 무릎을 끌어올려 오른발을 세우고, 오른발과 어깨를 부드럽게 끌어당겨 환자를 왼쪽으로 눕힌다.

3. 무릎을 구부린 채로 오른발을 엉덩이 쪽으로 올린다. 왼팔이 몸에 눌리지 않고 뒤로 빠져 있는지 확인한다. 이렇게 하면 환자가 왼쪽으로 안정된다.

4. 회복 자세가 완성되었다.

으며, 딜란틴, 페노바르비탈, 테그레톨 등 다양한 항경련제로 치료한다. 자연요법으로 수면을 충분히 취하여 피곤하지 않게 하고, 규칙적인 식사로 공복감이 들지 않게 하며, 운동과 휴식이 중요하다. 강하거나 반짝거리는 불빛, 강렬한 음악의 영향으로 유발되는 간질발작도 있으므로 이런 환경을 피하는 것이 현명하다.

영양요법으로 녹색 채소, 당근, 신선한 과일, 주스, 전곡류, 저지방 식품 등이 좋고, 알코올, 카페인, 커피, 차, 초콜릿, 니코틴, 정제 설탕 등은 삼간다. 비타민 D는 보고에 따르면 항경련제와 같이 투여하면 경련을 줄인다고 한다. 비타민 B-복합체 중 특히 엽산과 B12도 보충해줄 필요가 있다. 티로신, 타우린 같은 아미노산은 뇌세포 활동에 필수적이며, 칼슘과 마그네슘도 신경전달 활동을 촉진시켜주는 데 필수적이다. 일부 간질 환자는 망간이 결핍되면 발작을 일으키므로 망간을 보충해주어야 한다.

크롬, 피콜리네이트는 뇌세포의 당분 대사에 관여하므로 복용을 고려해볼 만하다. 니아신과 콜린은 신경전달물질인 아세틸콜린의 생성에 필요하며, 아시도필루스도 약물의 장기 복용으로 인한 장 내 세균의 불균형을 교정하는 데 필요하다.

약용식물로 블랙코호시(검은노루삼, 승마)와 로벨리아는 신경 계통을 진정시키는 작용을 하고, 발레리안은 항경련 작용을, 은행 잎의 징코 성분은 뇌기능 촉진하고 기억력을 향상시키는 작용을 한다. 스컬캡은 중추신경계의 진정과 회복 능력을 높여준다. 피로와 스트레스를 줄이기 위한 예방법으로 휴식과 바이오피드백요법, 근육이완요법, 명상법 등을 익혀두는 것도 좋다.

만약 열이나 감염이 있으면 경련을 유발시킬 확률이 높으므로 조심해야 한다. 아침에 잠자리에서 너무 갑자기 일어나지 않도록 조심한다. 천천히 일어나면서 몸을 이완하는 운동으로 몸이 서서히 적응할 수 있게 한다. 입으로 풍선 등을 세게 불면 경련을 일으킬 수 있으므로 주의하고, 3D 입체영화 등 비전형적인 시각적 영상에 지나치게 노출되지 않도록 주의한다.

파킨슨병

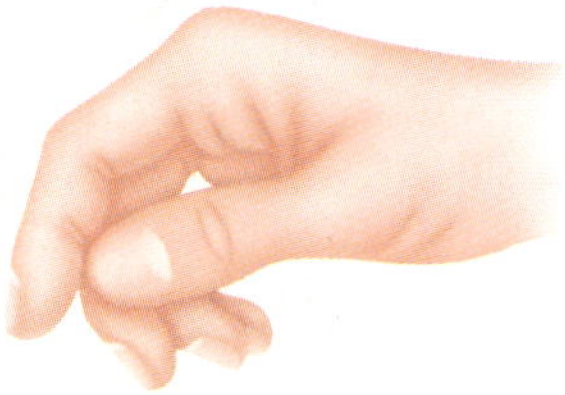

한 손 또는 양손의 떨림은 파킨슨병의 초기 증상 중 가장 흔하게 나타난다.

증상과 원인

온몸의 근육이 의지와 무관하게 떨리고, 손가락, 팔 등이 굽고 얼굴이 굳으며, 움직임이 둔해지는 병이다. 뇌막염, 혈관 질환, 뇌손상, 약물이나 알코올 중독, 매독 등에 의해 발생한다. 뇌세포의 퇴화 현상이 일어나고 도파민 물질의 분비가 결핍되어 있는 것으로 보인다.

치료

백설탕, 정제 식품, 알코올, 커피 등을 멀리해야 한다. 개불알풀, 타임, 세이지, 코호시 가루를 혼합하여 복용하거나, 발레리안, 인삼, 캐모마일, 생강을 1,600g씩, 그리고 호프, 감초, 스컬캡을 800g씩 혼합하여 끓인 물을 하루 3~4회 복용하면 효과적이다. 대황 뿌리, 오렌지 껍질, 목련 껍질을 감초 뿌리와 함께 물 4컵에 끓인 용액도 좋다. 비타민 B6, 마그네슘을 하루 3회 복용한다.

07 부인과 질환

냉증

증상과 원인

여성의 질은 폐나 기관지처럼 축축하게 젖어 있는데, 정제 식품, 백설탕, 포화지방, 유제품, 스트레스 등으로 점액의 분비가 심해지면 균이 번식하게 된다. 정상적으로 월경 2~3일 전후에 분비량이 많아지고 임신했을 때도 많아진다. 폐경 후에 주로 우유 색, 노란색 또는 빨간색의 분비물이 나오며, 냄새가 많이 나는 경우에는 암이나 유산의 가능성이 있으므로 전문적인 검사를 받아야 한다.

치료

식이요법과 약용식물을 이용하는데, 콩, 현미 등으로 절제된 식사를 하면서 간장 기능을 돕는 약용식물인 매자나무 뿌리, 참소루쟁이 뿌리 등을 사용하면 간과 피의 순환 및 정화에 효과적이다. 또, 더운물과 찬물로 번갈아가며 좌욕을 하면 골반의 순환을 촉진시켜 냉증을 치료할 수 있다.

– 급성 냉증

요로감염, 자궁염, 방광염 등이 대부분 그 원인이다. 참소루쟁이, 히드라스티스, 에키나시아를 이용하는데, 에키나시아 뿌리, 나무딸기 잎, 제라늄 뿌리를 차로 만들어 마시면 좋다.

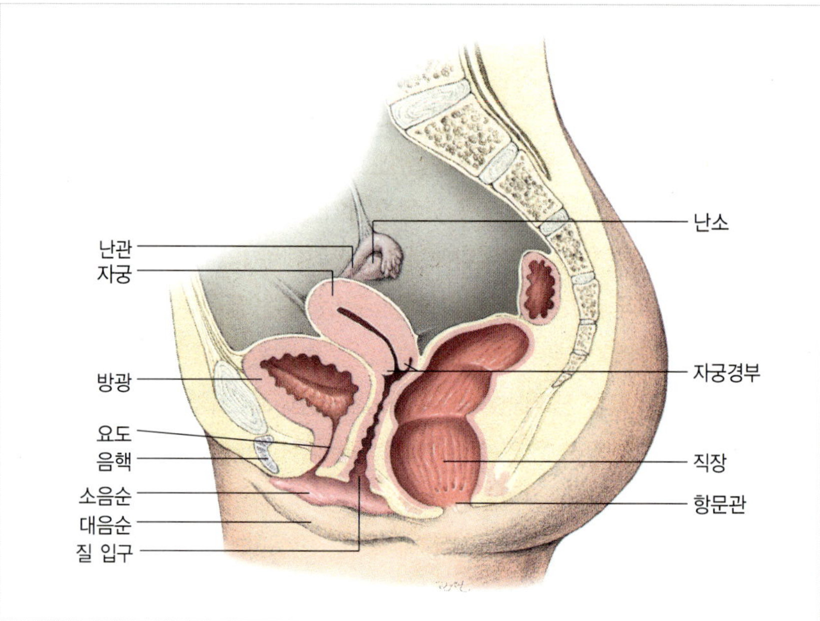

여성의 생식기

질 안에 넣어 사용하기 위해서는 히드라스티스, 참소루쟁이 뿌리, 나무딸기와 블랙코호시 뿌리, 에키나시아 뿌리 각각의 가루를 녹인 버터에 혼합한 다음 손가락 크기로 자르고 은종이에 잘 싸서 냉장고에 넣었다가 잠자리에 들기 전에 삽입하거나, 탐폰을 약용식물 용액에 적셔 삽입한다. 아침에는 미지근한 물로 씻어준다. 앞에 열거한 약용식물이나 요구르트 1~2스푼을 혼합하여 사용해도 효과적이다.

- 만성 냉증

허약 상태에서 만성적으로 냉을 보이는데, 빈혈, 복통, 설사 등이 동반된다. 당귀와 인삼이 좋고, 당귀 80~170g, 생강 4~6쪽을 물에 넣고 끓여 마셔도 효과적이다.

- 트리코모나스질염

트리코모나스균에 의해 냉이 많아지고 질이 충혈되며 통증과 가려움증이 생긴다. 심하면 질벽에 염증이 생기고 피가 나온다. 급성 냉증에서 사용하는 치료법과 함께, 마늘을 치즈 조각에 싸서 올리브 오일에 적셔 잠자리에 들기 전에 질에 넣고 아침에 깨끗이 씻어준다. 이 균에 특히 잘 듣는 약용식물로 알려진 콕스콤 꽃씨를 빻아서 사용해도 효과적이다.

- 월경불순

월경이 잦거나 양이 적으면 염증, 자궁의 부종, 난소의 기능 이상, 고혈압, 심장병, 변비, 신장 이상 등을 의심해보아야 한다. 냉이 추출물을 하루 2~3스푼 복용하고, 톱풀 잎과 꽃, 비트 뿌리, 클램 껍질을 가루로 내어 하루 3~4회 라즈베리 잎 차 1컵에 타서 마시면 좋다. 또, 인삼을 소량으로 하루 3회 복용하면 월경을 정상화할 수 있다. 당귀를 이용해도 좋다.

- 월경통, 무월경

주로 월경이 막히거나 굳어져서 생기는데, 캐모마일 꽃, 클램 껍질, 산사나무 등을 생강 6쪽과 함께 물에 끓여 마시면 효과적이다. 일반적으로 달고 짠 음식을 과하게 먹는 식생활 때문에 체내 균형에 문제가 생긴 결과 이러한 증세가 나타날 수 있으므로, 복합 비타민 · 미네랄 제제(특히 칼슘, 칼륨, 마그네슘)를 복용한다.

폐경기증후군

증상과 원인

폐경은 주로 50대 초반에 나타나며, 월경이 더 이상 계속되지 않아 임신이 가능한 상태가 끝났음을 의미한다. 여성은 이때 크고 작은 신체적 변화를 경험하게 되며, 인생의 의미에 대해 생각하고 불안이나 우울한 감정 등 정서적 동요를 일으킬 수 있다. 더불어 에스트로겐과 프로게스테론 호르몬의 감소로 얼굴이 화끈거리고 심장이 두근거리며 질 분비액이 줄어 건조해지는 증상이 나타나기도 한다.

폐경은 정상적인 생리적 변화일 뿐, 성적 기능과 능력이나 여자로서의 모든 상징성을 잃게 됨을 의미하는 것은 아니다. 폐경기를 건강하게 맞이할 수 있는 가장 근본적인 조건은 얼마나 정확하게 폐경에 대해 알고 있으며, 일어날 변화를 어떻게 받아들이느냐에 달렸다고 할 수 있다. 그와 더불어 규칙적인 운동, 균형과 조화를 이룬 식생활, 동반자와의 행복하고 원만한 생활 등이 폐경기에 겪는 불쾌하고 불편한 증상들을 최소화하고 예방할 수 있을 것이다. 원하는 공부를 하거나 취미를 살리고, 카페인이 첨가된 식품이나 음료를 줄이는 것도 한 가지 방법이다.

폐경기 여성

| 폐경기 증상 |

- 근심
- 피부와 모발의 변화
- 우울증
- 수면 장애
- 질 건조증
- 피로
- 두통
- 안면홍조와 야간발한
- 월경불순
- 과민반응
- 관절과 근육의 통증
- 성욕감퇴
- 성교통
- 가슴두근거림
- 집중력 저하
- 기억력 저하
- 배뇨 장애

치료

호르몬 불균형은 자연요법으로 몇 가지 약용식물을 사용하면 도움이 된다. 폴스유니콘 뿌리, 블랙코호시, 체이스트나무, 엉겅퀴, 스쿼바인, 감초 등을 800~1,600g씩 혼합하여 달인 물을 복용하면 효과적이다. 얼굴이 화끈거리는 증상에는 샐비어와 익모초를 혼합한 용액을 비타민 E와 함께 복용한다. 질 건조에는 비타민 E와 컴프리를 혼합하여 만든 연고를 직접 질에 바르면 질 내부가 부드러워진다. 또, 비타민 C와 바이오플라보노이드 섭취로 손실된 칼슘을 보완하는 것도 필요하다.

폐경기에는 우울증이 발생하기 쉬운데, 배우자의 따뜻한 배려와 위안, 모임이나 주위 사람의 지지와 환경적 안정 상태가 무엇보다 큰 도움이 되며, 전문의와 상의하고 지시를 받도록 한다. 야생 귀리, 존스워트, 버베나, 지치, 멜리사, 익모초, 로즈마리, 스컬캡 등은 정서적 안정을 주고 우울한 감정을 해소하는 약용식물들로 알려져 있다. 그 밖에 심장이 두근거리는 증상에는 발레리안, 산사나무 등이 효과적이다.

임신 구토증

증상과 원인

임신 280일은 급격한 신체적, 정신적 변화를 가져온다. 호르몬과 체중의 변화, 영양 및 심리 문제가 동반된다. 태아가 자라면서 복부와 방광을 누르고, 가스가 차며 빈뇨 현상이 생긴다. 자궁이 커지면서 큰 핏줄들이 눌려 현기증이 나고, 에스트로겐의 영향으로 몸이 부으며, 프로게스테론의 영향으로 변비 등이 생길 수 있다.

임신 구토증에는 캐모마일, 페퍼민트 차를 마신다.

치료

심한 임신 구토증에는 클로브, 계피, 생강을 캐모마일과 나무딸기 잎 차에 혼합하여 마시거나, 야생 삼이나 복숭아 잎, 페퍼민트를 차로 만들어 마시면 효과를 볼 수 있다.

원활하고 순조로운 출산을 위해서는 블랙코호시 뿌리 용액과 감송 향을 더운물 5~10방울에 혼합하여 하루 2~3회 복용하는데, 출산 예정일 4주 전부터 시작하고 출산 당일에는 같은 용량을 나무딸기 잎 차에 혼합하여 1~2시간 간격으로 마신다. 나무딸기 잎 차는 태반을 잘 빠져나오게 하고 자궁이 강하면서도 부드럽게 반응하도록 도와 출산을 원활하게 해준다.

출산 후 태반이 아직 나오지 않아서 생기는 출혈에는 조롱나무 껍질 추출물이나 차를 마시고, 태반이 나온 후에 생기는 출혈에는 셰퍼드퍼스 용액 30방울을 30분 간격으로 발라준다. 그 밖에 미국 백합 뿌리를 이용하기도 한다.

젖이 나오지 않는 증세

증상과 원인

함몰유두, 소유두 같은 선천성유선발육부전, 유선염 같은 유선의 위축 등이 모유부족 현상을 일으킨다. 모체의 영양불량, 정신적 충격, 우울증도 원인이 되며, 다산한 경산부나 고령의 초산부에서 산후 초기에 유즙 분비가 적어 젖이 나오지 않을 수 있다. 먼저 모유 분비를 감소시키는 원인을 찾아 제거해야 하며, 유방을 마사지하고 다량의 액체(특히 우유)를 마신다.

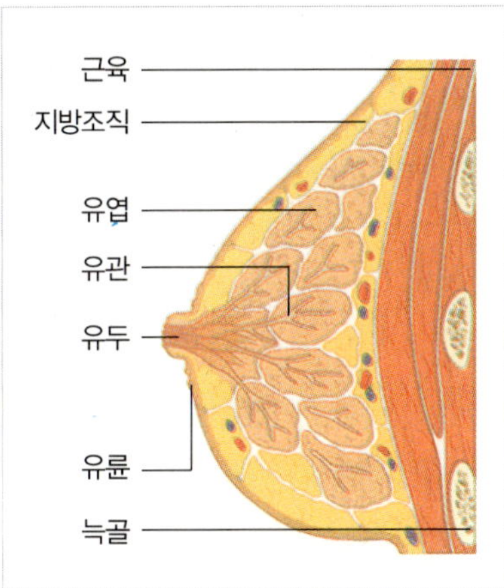

유방의 구조

치료

출산 후 유방이 붓고 젖이 잘 나오지 않을 때는 삼잎국화 뿌리 용액과 자리공 뿌리와 함께 만든 민들레 뿌리 차를 10~30방울씩 하루 3~4회 복용한다. 펜넬, 아니스, 캐러웨이, 커민, 나도고수, 호로 차도 젖을 잘 나오게 해주며, 제라늄 뿌리 차도 효과적이다.

유두가 아프고 염증이 생기면 컴프리나 금잔화 연고를 바르고, 비타민 E · B-복합체, 레시틴 등을 보조제로 사용한다.

자궁근종

증상과 원인

양성 종양으로 단단한 근육조직의 결절이 결체조직 속에 쌓여 생기는 병이다. 그 모양과 크기는 아주 다양하다. 30~45세 여성에서 많이 생기는데, 대부분은 폐경기가 되면 거의 없어지거나 생겨났던 것도 줄어든다. 증상이 전혀 없이 나타나기도 하지만, 크기가 큰 경우에는 여러 가지 증상을 동반한다. 월경의 양이 과다해지거나 적어지고, 냉 같은 하얀 분비물이 나오며, 월경주기가 불규칙해진다. 또, 덩어리가 더 커져 골반을 누르면 변비와 배뇨곤란을 일으키며, 허리가 아프고 하복부통도 나타난다.

아직 확실하지는 않지만 여성호르몬인 에스트로겐의 역할 때문에 생기는 것으로 추정하고 있으며, 유전적 성향과 환경적 영향에 의해 생기기도 한다. 또, 약물이나 알코올 중독, 스트레스, 주로 앉아서 일하는 것 등이 유발 요인으로 작용하는 것으로 보인다.

치료

골반검사와 X-레이 등으로 진단하며, 즉각적인 수술치료가 필요한 것은 아니다. 일단 자연치료를 시도해본 후에 수술을 시행하는 것이 좋다. 자연치료를 하면 몸이 스스로 암 조직을 부수고 흡수하는 자가 용해력을 기대할 수 있다. 이는 상처를 봉한 부위가 흡수되거나, 단식 때 다른 조직에 저장된 지방이 대신 쓰이는 것과 같은 원리다. 10일간의 단식요법으로 가장 중요하지 않은 조직이 분해되어 나머지 부분을 키워주는 원리를 이용한다.

처음 3일은 과일 주스만 마시고, 그 후 3일은 주스와 함께 생과일을 섭취하며 하루에 채소 주스 200ml를 마신다. 당근, 비트, 셀러리, 파슬리, 오이, 시금치, 미나리 주스 등을 이용한다. 나머지 4일은 아침에는 생과일과 감귤류의 주스를, 그리고 점심에는 빵, 감자 등 전분이 함유되어 있는 음식, 샐러드, 과일 등을 섭취한다. 저녁에는 찐 채소, 우유나 치즈, 신선한 과일을, 잠자리에 들기 전에는 채소 주스 1컵을, 그리고 사이사이 배가 고프거나 허기가 질 때는 생채소 주스나 과일을 섭취하는 것이 좋다.

변비가 문제가 되면 약용식물로 완화하고, 무릎과 가슴을 붙여서 하는 운동이나 골반근육운동, 수영 등을 하며, 좌욕을 더운물과 찬물로 번갈아 실시한다.

또, 간에 독성 물질이 과잉 축적되거나 오염되면 포도나무 뿌리, 시호, 민들레 뿌리 등의 약용식물로 간을 보호한다. 톱풀, 푸른 코호시 등의 추출물을 섞어 라즈베리 잎 차와 함께 하루 2~3회 25g씩 복용하면 골반의 순환을 도와준다. 불안, 정서 장애에는 발레리안 뿌리 용액을 앞의 혼합물과 함께 복용하고, 출혈이 있을 때는 레이디스맨틀과 셰퍼드퍼스 추출물을 사용한다. 동종요법 약물로는 카모밀라, 벨라도나, 펄사틸라를 사용한다.

자궁내막증

증상과 원인

자궁 내의 조직막이 절편되어 난소, 나팔관, 자궁근 등의 다른 조직에 묻혀 있어서 나타나는 증세를 말한다. 질, 골반, 장 등에도 나타날 수 있으며, 가장 흔한 부위는 골반의 깊은 복막강으로 알려져 있다. 월경 중에 에스트로겐의 반응으로 이들 조직 절편에서 자궁내막에서 일어난 것과 같은 방식으로 출혈을 하게 되는데, 그 출혈된 피가 다른 곳으로 빠져나가지 못해 주위 조직과 상처에 자극을 주고 결과적으로 섬유낭종이 생기는 것이다. 이 낭종이 터지면 검고 누런 출혈이 통증과 함께 발생한다. 자궁내막증은 25~40세에 월경 중에 함께 일어나며, 아이를 가지지 않은 여성에서 많이 나타난다. 자궁절제술을 받은 여성의 40~60%에서도 자궁내막증이 발견된다.

정확한 원인은 모르지만, 자궁 근육이 빠져나가는 것은 자궁수축 때 나팔관을 통해 조직 절편이 위로 밀려나가기 때문에 생긴다는 설과 미분화된 조직 세포가 복강 내에 있어서 자궁내막 조직을 형성하기 때문이라는 설이 있다.

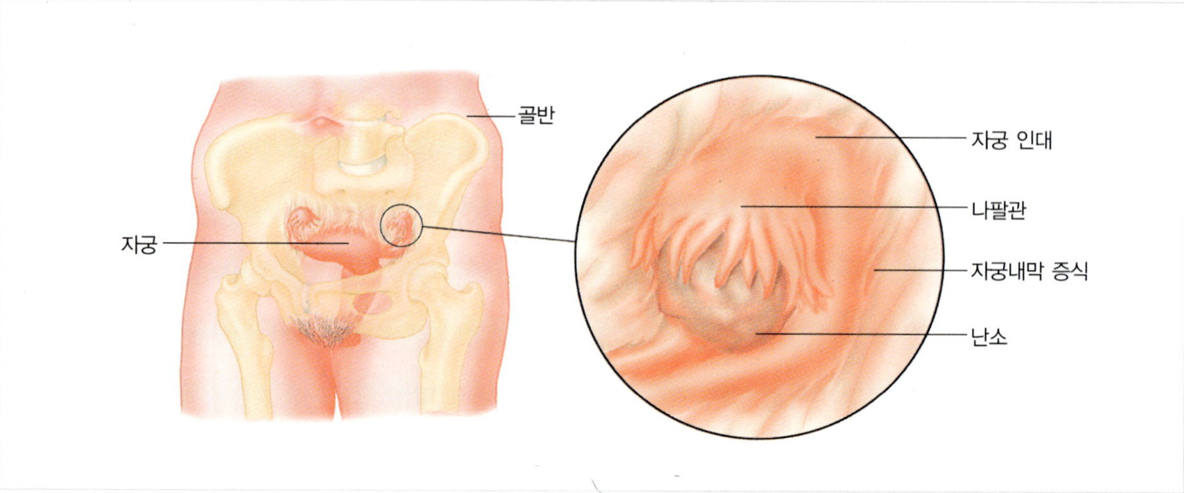

자궁내막증은 난소와 자궁을 다른 조직에 들어붙게 한다.

복통, 요통 등이 월경주기 때 생기고, 월경불순, 성교통, 오심, 구토, 변비 등이 나타난다.

치료

30분 정도의 조깅 등 운동요법으로 에스트로겐 수치를 떨어뜨리고, 복부와 허리에 뜨거운 찜질을 실시한다. 또, 침과 지압으로 통증을 제거하기도 한다. 항소염제인 에드빌, 누프린 등은 자궁수축을 일으키는 프로스타글란딘이라는 성분이 들어 있으므로 복용을 삼간다.

영양요법으로 동물성 지방을 줄이고 유제품과 육류를 피하며 채소 등에 많은 리놀레산을 많이 섭취한다. 생선에는 천연적인 항프로스타글란딘 성분이 함유되어 있어 피의 응고를 조절해준다.

자궁내막증이 자가면역 장애와 관련이 있다는 학설이 있으므로 신선한 과일과 채소, 비타민 C가 풍부한 식품을 섭취함으로써 면역체계를 튼튼하게 유지하고, 설탕이나 유해 식품 등은 피하도록 한다. 카페인은 통증을 악화시키고 흡연은 니코틴이 증상을 조장하므로 피하도록 한다.

비타민 E는 호르몬의 균형을 유지시키고 월경 출혈을 조절해주며, 비타민 A는 출혈로 인한 혈액의 손실을 줄이고, 철분은 출혈로 인한 빈혈을 예방해준다. 비타민 B-복합체는 혈액세포 생산을 돕고 호르몬 균형을 유지시켜 주며, 비타민 C는 혈관벽을 튼튼하게 해준다. 비타민 K와 클로로필은 심한 출혈을 억제시킨다. 자궁내막증이 체내의 칼슘 흡수 부족으로 온다는 이론에 근거하여 칼슘을 보충해주는 것도 도움이 된다.

약물식물로는 블랙코호시가 호르몬을 균형 있게 해주고 자궁 근육을 강화시키며, 크램바크는 자궁의 이완을 돕는다. 라즈베리 잎은 여성 생식 기관의 이상을 조절하고, 당귀는 자궁의 기능을 강화한다. 시베리아산 인삼은 비정상적인 출혈을 조절하고, 폴스유니콘은 난소호르몬을 자극한다. 젠티안은 철분이 많아 빈혈을 방지하며, 셰퍼드퍼스는 출혈을 억제하는 성분이 있어 치료에 도움을 준다.

칸디다감염증

증상과 원인

칸디다 알비칸스라는 이스트균의 감염으로 입, 목구멍, 소화 기관, 성기 등에 병변을 일으킨 상태를 말한다. 정상적으로 존재하는 이스트균이 조절되지 않고 번식하여 핏속 또는 조직 속으로 침투하여 아세트알데히드라는 독성 물질을 내면서 여러 가지 신체적, 정신적 증상을 일으킨다.

이 균은 습하고 따뜻한 곳에 잘 번식하며, 특히 임신한 여성의 질에 잘 생긴다. 칸디다질염에 걸리면 아주 가렵고 따가우며 짙은 백색 분비물이 나온다. 소화 기관에 감염되면 배가 불러오고 복통, 설사가 생기며, 구강에 감염되면 목구멍이 따갑고 구강선이 부어오르며 혀에 통증이 생긴다.

당뇨병 환자는 혈당치가 높아 쉽게 칸디다균이 번식되며 자주 칸디다 감염 증세가 나타난다.

현대인에서 칸디다 감염이 증가하고 있는 이유는 항생제와 스테로이드 제제의 남용에 있는 것으로 보인다. 그 밖에 항암제치료 등 생체의 면역 기능이 떨어진 상태에서도 이러한 감염 증세가 발현된다.

치료

단 음식, 설탕, 드링크류, 케이크, 비스킷 등을 선호하는 것은 이 균의 번식을 도와주는 셈이다. 이스트 포자를 가지고 있는 식품이나 발효 식품, 즉 버섯, 식초, 간장, 치즈, 건조 과일, 알코올, 엿기름 제품 등도 감염을 유도할 수 있으므로 피하는 것이 좋다. 대신 신선한 채소, 해초류, 콩과류를 섭취하도록

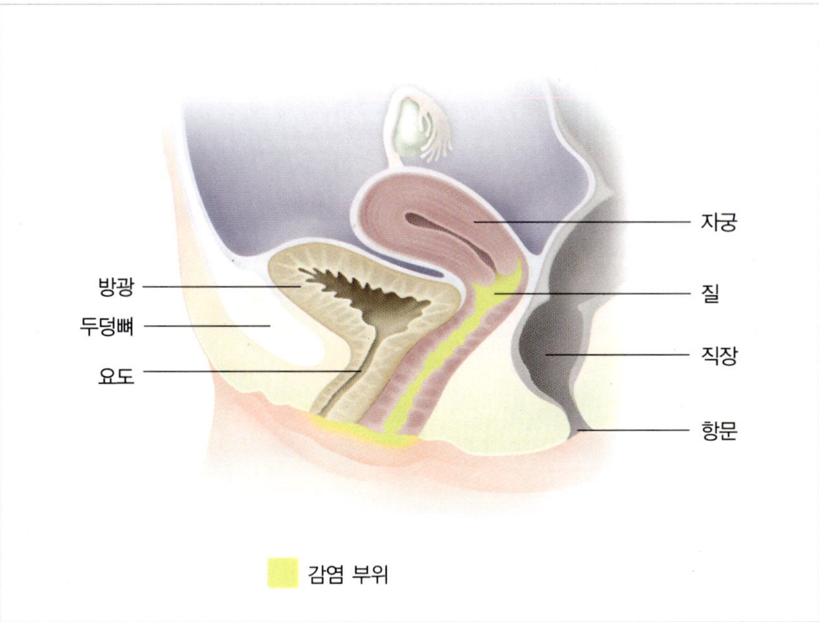

칸디다 알비칸스*Candida albicans*는 진균으로 일종의 이스트균이다. 칸디다 알비칸스는 아주 흔한 유기체로 정상적인 소화기에서 발견되며 피부나 질 속에도 소량 존재하지만 별다른 문제를 일으키지 않는다. 칸디다 알비칸스는 일반적으로 과잉 성장할 때 문제가 되며, 이 균에 취약한 사람에서도 문제를 일으킨다.

한다. 올리브 오일과 같이 올레산을 함유하고 있는 식품, 그리고 마늘과 같이 살균 효과가 있는 식품, 락토바실러스 제품을 섭취하면 칸디다의 증식을 억제할 수 있다. 금잔화, 골든실, 로즈마리, 히솝, 타임, 펜넬 등에도 곰팡이 억제 작용이 있으므로 약용식물과 에센셜오일을 혼합하여 질 세척제로 사용한다. 꼭 끼는 옷이나 나일론 팬티는 균의 증식을 도우므로 피하고, 캐모마일을 이용한 좌욕이나 목욕법이 효과가 있다.

구강칸디다증에는 조롱나무, 범꼬리나무, 샐비어 등의 성분으로 만든 수렴제를 사용하고, 타임 오일 2방울로 입 안을 깨끗하게 헹궈주면 증세가 완화된다. 더 쉬운 방법으로 레몬 주스를 희석하거나 금송화를 물 1컵에 희석한 용액을 사용한다.

요통

증상과 원인

요추 아래 부위에 허리 통증이 많은 사람들에서 나타나는데, 오랫동안 은근한 통증이 계속되는 것이 보통이며, 심하다가 덜했다가 하는 변화가 있고 재발되는 경우가 흔하다. 무거운 물건을 함부로 들어올리거나, 너무 딱딱

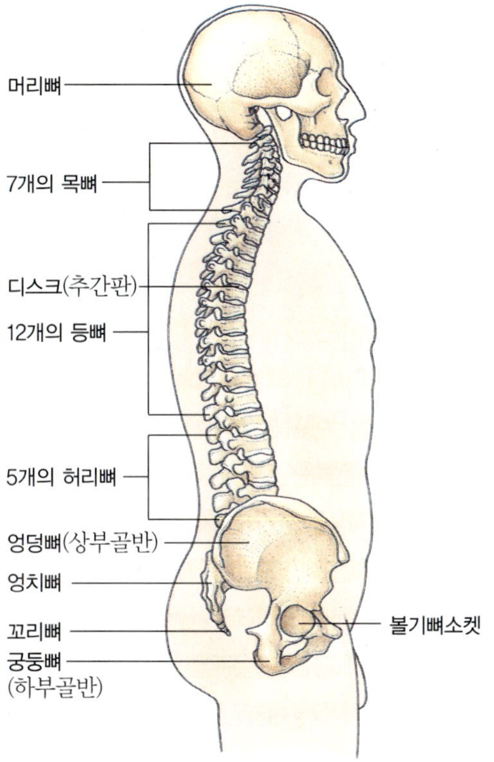

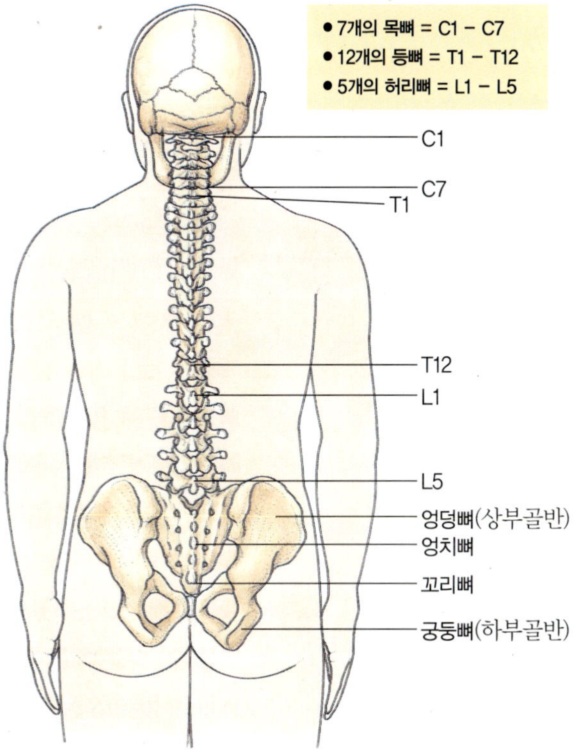

척추 – 옆에서 본 모습
옆에서 보면 사람의 척추는 굴곡을 이루는 모양이다. 척추는 고정된 구조물이 아니며, 척추뼈 사이에 완충 조직, 즉 디스크가 있어서 굽힐 수 있다. 척추뼈의 끝은 위로는 머리뼈에 닿아 있으며, 아래로는 골반에 닿아 있다.

척추 – 뒤에서 본 모습
뒤에서 보면 사람의 척추는 척추뼈라고 부르는 작은 뼈들이 차곡차곡 쌓여 곧게 선 기둥을 이루고 있다. 척추뼈는 그 순서에 따라 번호가 매겨진다.

척주 중에서 3개의 척추뼈를 옆에서 본 모습

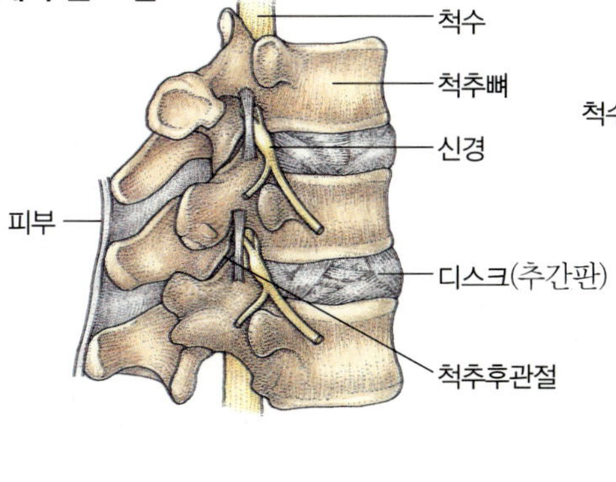

척추뼈의 단면

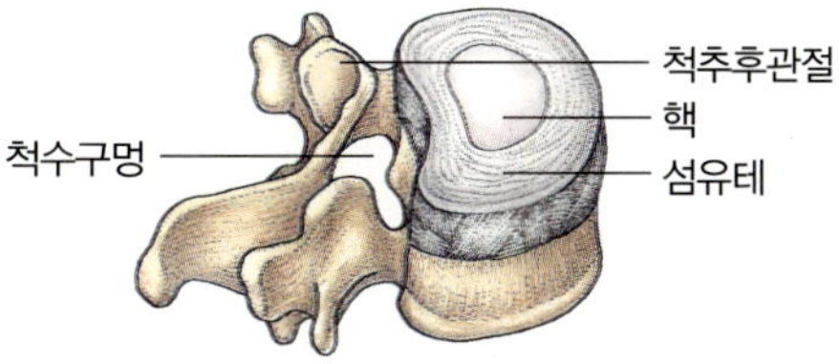

척추뼈들 사이에는 유연한 디스크(추간판)가 있다. 디스크는 둥글넓적한 판 모양으로, 젤리 같은 중심부(핵)와 매우 단단한 외부 조직(섬유테)으로 구성되어 있다.

하거나 너무 부드러운 매트리스에 오랫동안 누워 있을 때 발생할 수 있다. 디스크(추간판)가 삐져나오거나, 근육경직, 관절염, 척추굴곡증, 월경통, 여성 골반 장애 등으로도 생기며, 드물게는 신장 장애, 방광 질환, 십이지장궤양, 통풍, 종양 등으로 만성적인 증세가 발현되기도 한다. 그러나 대부분은 척추를 유지시켜주는 큰 근육들이 경직되어 일어나며, 그런 경우 자연적으로 해소되기도 한다. 한편, 요통이 다리로 뻗치는 증세를 동반할 때는 디스크가 부서지거나 파열된 상태일 수 있으므로 주의해야 한다. 요통의 4분의 1 정도는 특별한 원인에 의해서 발생하는 것으로 알려져 있다.

치료

열이 나고 토하면서 가슴이 답답하다가 요통이 갑자기 발생하면 바로 전문의의 진찰을 받아야 한다. 통증이 무릎이나 발 쪽으로 내려가거나, 3일 이후에도 사라지지 않으면 의학적 진단과 조치가 필요하다.

대부분의 요통은 안정하면서 휴식을 취하면 좋아지고, 척추와 복부 근육을 강화시키는 운동을 계속하면 호전된다. 이때는 반드시 서서히 근육을 풀어주는 운동부터 시작해서 근육 스트레칭으로 점차 강도를 높여가야 하고, 허리의 통증이 있는 국소 부위에 테니스공 등을 올려놓고 굴려주면 통증을 완화시킬 수 있다.

카이로프랙틱이나 수영, 사우나요법 등이 상당한 도움이 된다. 근육이 손상된 부위에 얼음 찜질을 1~2일 해준 다음 뜨거운 찜질을 한다. 또, 찬 찜질과 뜨거운 찜질을 30분 간격으로 번갈아 해주면 좋다.

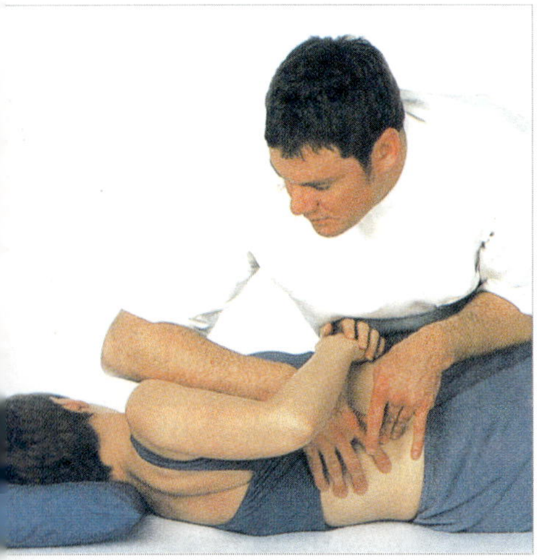
카이로프랙틱요법

유칼립투스, 페퍼민트와 같은 에센셜오일로 아로마 마사지를 하거나, 더운 물에 오일을 풀어 목욕을 하는 방법도 있다. 흡연은 추간판에 산소 공급을 줄여 통증을 악화시킬 수 있으므로 금해야 한다.

통풍이 의심되면 영양요법으로 육류나 동물성 단백질 섭취를 줄여 요산을 감소시켜야 한다. 스테로이드는 부작용이 많으므로 금한다. 신선한 과일, 채소, 전곡류, 해초류, 케일, 아몬드, 미나리, 콩, 해바라기 씨 등에 함유된 단백질을 많이 섭취하도록 한다.

뼈의 영양에 관련된 칼슘과 마그네슘을 많이 섭취한다. 실리콘은 칼슘 동화 작용에, 비타민 B12는 칼슘 흡수를 촉진시켜 건강한 근육섬유 생성에 도움을 준다. 그 밖에 비타민 C는 콜라겐과 결체조직을 증강시키고 항염증 작용을 나타내므로 필요하다.

약용식물로 버드나무, 컴프리, 호어스테일, 슬리퍼리엘름, 호프, 느릅나무 등은 진통 · 진경 작용이 있고, 근육 및 골격을 튼튼하게 해주며, 근육을 이완시키는 효과가 있어 많이 사용된다.

요통은 재발하지 않도록 예방하는 것이 중요하다. 물건을 들어올릴 때 허리와 무게 중심을 가깝게 하고, 의자등받이에 허리를 바짝 당겨 앉으며, 엎드려 있는 버릇 등은 교정하도록 한다. 근육을 이완하는 방법을 익혀 자주 실행하고, 비만과 변비를 예방하도록 한다.

08 소아과 질환

일반적인 증세에 따른 치료

- 열

캐모마일 차나 희석시킨 레몬 주스, 과일 즙(특히 딸기)을 먹인다. 버드나무나 사시나무 껍질 차를 목욕에 이용하거나 항문에 주입하면 열을 떨어뜨릴 수 있으며, 우유나 단백질 식품을 잠정적으로 줄이는 것도 효과가 있다.

- 설사

희석한 레몬 즙을 먹이며, 그래도 설사가 멈추지 않으면 보리차에 계피, 너트메그, 생강을 넣고 끓인 물을 먹여 탈수를 방지한다.

- 위장 장애

장의 통증에는 시라나 씨를 미지근하게 끓인 물을 여러 차례 마시면 최고의 효과를 볼 수 있다. 그 밖에 설사, 구토 증세가 있을 때는 느릅나무 죽을 끓여 벌꿀, 계피, 너트메그, 생강 등을 혼합하여 먹인다.

열이 날 때는 냉습포를 해준다.

- 기침, 감기, 미열

싱싱한 마늘을 갈아 벌꿀을 타서 시럽으로 만들어 반 스푼 정도 복용하면 항균, 항바이러스, 항기생충 작용을 하고 소화와 순환 작용을 도와 기관지염, 기침, 세균 감염 등의 예방과 치료에 좋다.

- 기생충

구충용 식물인 시나라 등의 동종요법 약물을 하루 4회 4~7일 정도 투여한다.

- 불안하고 설치는 아이

캐모마일과 레몬 향을 사용하면 진정 효과가 있고, 집중력과 기억력을 증진시킨다.

- 전염성 질환

캠퍼, 마늘을 헝겊에 싸서 속옷이나 주머니 등에 두면 전염성 균의 침입을 막을 수 있다.

- 삐고 멍들고 벌레 물린 데

컴프리, 질경이, 골든실로 만든 연고를 발라주면 즉각적인 효과를 볼 수 있다.

- 목 안이 아플 때

세이지 잎을 씹거나 차로 만들어 마시면 통증이 가라앉는다.

- 귀의 통증

마늘 1~2쪽을 갈아서 1/4컵 분량의 올리브 오일에 혼합하여 2~3일 정도 따뜻한 곳에 둔다. 이것을 헝겊으로 싸고 잘 짜서 여과시킨 물을 통풍이 잘 되는 곳에 몇 개월 보관하였다가 1~2방울을 귀에 떨어뜨려주면 훌륭한 치료제가 된다. 에키나시아 용액 3~5방울을 같이 사용하기도 한다.

- 피부 발진성 질환

할미꽃, 레몬, 금잔화를 물 30ml에 동량으로 혼합하여 만든 차를 하루 3회 마신다.

귀에 통증이 있으면 마늘을 갈아서 올리브 오일에 혼합하여 떨어뜨려준다.

야뇨증

증상과 원인

야뇨증은 아이에게는 수치감을 느끼게 하고, 부모에게는 좌절감을 안겨준다. 만성적인 습관이 되기 전에 고쳐주어야 하는데, 4~5세까지는 그다지 문제가 되지 않으나 사춘기까지 계속되면 치료를 해야 한다. 야뇨증은 가족력이 있어서 양쪽 부모가 모두 야뇨증이 있었던 경우 그 발생률이 높다. 또, 남자아이에서 조금 더 흔하여 7명 중 1명의 발생 빈도를 보인다.

대부분 심리적 요인이 크게 작용한다고 알려져 있으나, 최근에는 방광신경 이상이나 신체적 요인에 의해서도 자주 발생한다는 보고가 있다. 그 밖에 작고 약한 방광, 영양결핍, 요로감염, 극심한 피로감 등으로도 나타난다. 음식물 등에 의한 알레르기 반응으로 아이가 수면 방해를 받고 그로 인해 깊은 수면기에 영향을 받아 일어나기도 한다. 아이의 잠재된 적개심, 억눌린 성적 감정이 표출되거나 동생이 태어나 부모의 관심이 그쪽으로 쏠리게 될 때에도 증세가 발현되거나 악화된다.

치료

이미프라민 같은 항우울제가 요도의 괄약근을 수축시켜 증상을 없애주지만, 혈압, 심박동수, 불안, 초조 등의 부작용을 가져오기도 한다.

자연요법으로 부모가 교육을 통해 아이에게 수치심을 불러일으키지 않도록 주의하면서 기저귀를 착용하게 하거나 경고 신호음 또는 센서를 이용하여 방광 훈련을 시킨다. 잠자리에 들기 2시간 전부터 물을 많이 마시거나 음식물을 섭취하지 않도록 하며, 야뇨증을 보이지 않는 날을 표시하고 그에 대해 보상하는 방법도 효과적이다.

영양요법으로 방광 근육을 강화시키는 단백질을 섭취하도록 하고, 우유, 초콜릿, 소다수 등에 대한 알레르기를 없애도록 한다. 칼륨이 신장 기능에 영향을 주는 나트륨과의 균형을 위해 필요하며, 비타민 A는 방광 근육의 기능을 촉진시켜준다. 체리 주스는 방광의 염증을 없애고 배설 기능을 촉진하는 효과가 있다.

약용식물로 부추, 우바, 옥수수수염, 파슬리 등이 사용되는데, 이들은 방광의 기능을 강화하고 염증을 치료하며 칼륨 성분 등을 함유하고 있다. 그 밖에 주니퍼베리 주스, 골든실, 마시멜로, 수박 씨, 생강 등도 효과적이다.

09 비뇨기과 질환

전립선 질환

증상과 원인

전립선은 남성 생식 기관에 속하는 밤톨 모양과 크기의 분비샘인데, 염증이 생기면 부어올라 요도를 압박하고 자극한다. 방광에서 나오는 요도에 눌려 소변이 나오기 힘들고, 소변 줄기가 방울방울로 떨어지거나 찔끔찔끔 싸게

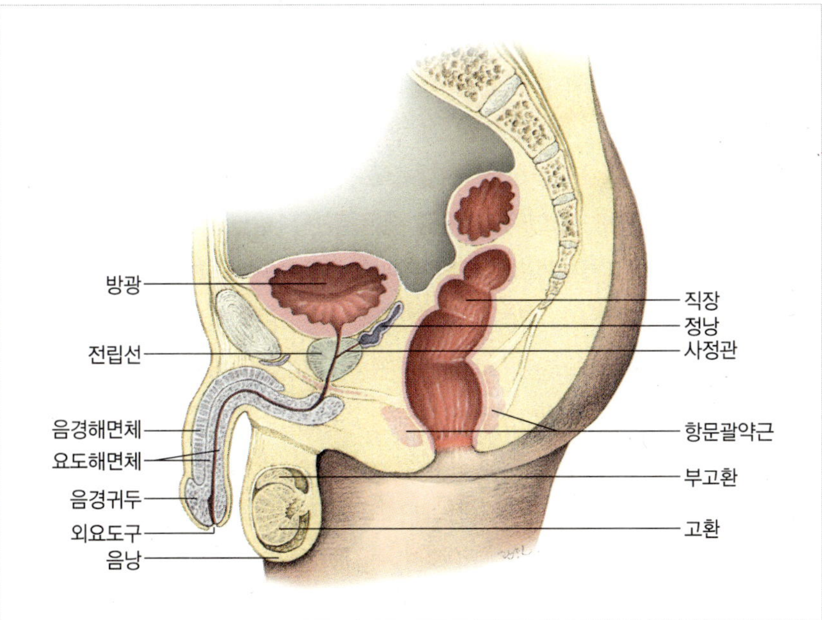

남성의 생식기

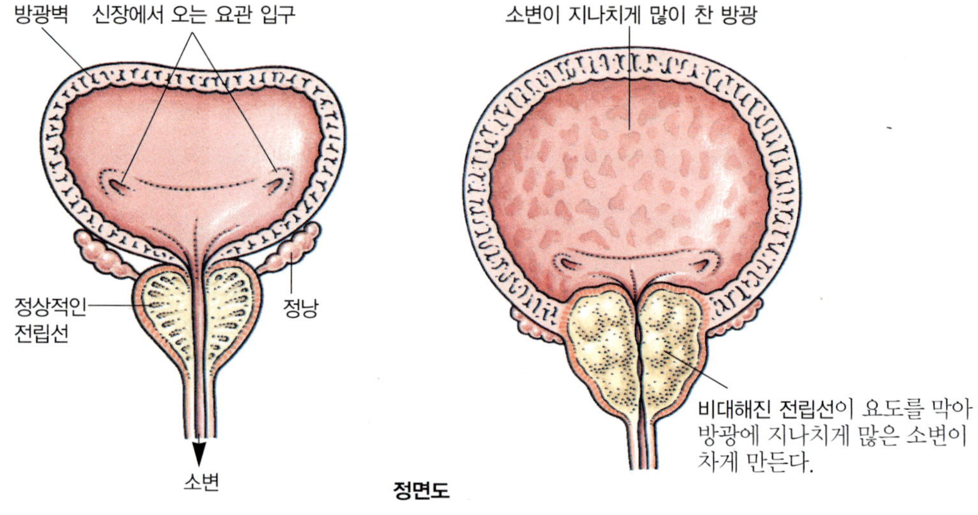

정상적인 전립선과 요도를 막는 비대해진 전립선

되는 증상이 발생한다. 또, 급하게 소변이 마려워지는 증상과 밤에 자주 화장실에 가게 되는 일도 벌어진다.

배뇨곤란으로 방광에 오랫동안 소변이 고여 있으면 균에 감염되어 방광염이 된다. 방광 윗부분으로 역압력이 발생하여 신장염도 일으킬 수 있다. 신장에까지 염증이 생기고 배설 기능에 문제가 발생하면 혈액 속의 요소가 고농도로 축적되어 의식이 혼미한 혼돈 상태에 빠지기도 한다.

전립선 질환에는 전립선염, 전립선비대증, 전립선암 세 종류가 있다. 전립선염은 비뇨기 감염이나 성병, 다른 혈액성 감염으로 전립선에 염증이 생기는 것을 말한다. 소변을 볼 때 심한 하복부 통증이 생기고 사타구니와 등 쪽에도 통증이 생기는 증상을 보인다. 특징적으로 열도 나타날 수 있으며, 무엇보다 자주 소변이 마려워지지만 막상 소변을 보려 하면 시원하게 나오지 않는 증상이 나타난다.

치료

전립선의 염증에는 월귤나무, 미역취, 개밀을 에키나시아, 속새와 혼합하여 끓인 물을 복용하면 효과를 볼 수 있다. 전립선비대증은 흔히 볼 수 있는 노년기 질환으로 북미와 유럽에서는 60세 이상 노인 중 반 이상이 이 병으로 고생하고 있다. 장시간 앉아서 일하는 것 등 여러 가지 원인이 있지만, 가장 큰 원인은 노화에서 오는 에스트로겐과 안드로겐 같은 성호르몬의 양적 변화다.

먼저 전문의의 진찰과 각종 검사를 거치고 치료에 임하는 것이 중요하다. 전립선비대증에 대한 자연의학적 치료에는 수치료, 캐모마일을 이용한 좌욕, 약용식물 복용 등이 있다. 속새, 개밀, 주니퍼베리, 월귤나무 각 60g을 물 500cc에 타서 좌욕하거나, 남성호르몬 형태의 영양 성분과 아연, 필수지방산이 다량 함유되어 전립선 치료에 좋은 호박 씨를 매일 복용한다. 비타민 E나 청미래 덩굴, 수국 등도 호르몬으로 인한 비대 증상에 효과가 있다. 또, 화분에도 성호르몬 기관에 작용하는 성분이 있다고 알려져 흔히 이용되고 있다.

전립선 질환에는 호박 씨 등 각종 씨앗이 좋다.

동종요법 약물로는 설파, 치마필라를 사용하며, 아로마요법에는 전립선을 비롯한 생식 기관의 기능을 강화하는 효과가 있는 일랑일랑이나 파인 오일이 사용된다.

방광염

증상과 원인

여성의 생식 기관과 배설 기관은 가까이에 위치해서 쉽게 염증이 일어날 수 있다. 또, 여성은 요도가 남성보다 짧아 감염이 쉽게 된다. 그러나 남성에서도 50세 이후 전립선 비대로 인해 방광염에 걸릴 확률이 높아진다. 원인은 주로 박테리아 감염인데, 아주 드물게 바이러스나 곰팡이에 의해 발생하기도 한다. 항문 주위의 대장균, 막대기 균주 등이 가장 흔히 문제가 되며, 임질균도 방광염을 일으키는 요인으로 작용한다. 허니문방광염이란 신혼 초 잦은 성교로 감염이 되는 경우를 말한다. 또, 출산, 특정 약물 복용 등도 방광에 염증을 일으킬 수 있다.

커피 등 카페인 음료의 과용, 알코올 중독, 흡연은 이 병을 악화시키며, 피임 기구도 염증을 유발할 수 있다. 아랫배 부위의 더부룩한 통증, 빈뇨, 배뇨통, 혈뇨 등이 나타나며, 열, 한기, 식욕부진, 오심, 구토 등이 동반되기도 한다.

치료

소변검사, 세균배양검사, 특수 X-레이 방광촬영 등을 통해 진단한 후 항생제로 치료하는데, 내성과 부작용에 유의해야 한다. 자연요법으로 배설을 촉진하는 물이나 과일 주스를 많이 마시면 효과적이다. 특히 크랜베리 주스는 가장 이상적인 자연 항생 주스로 알려져 있다. 특히 소변을 오랫동안 참지 말아야 하며, 좌욕을 자주 하면 통증과 염증이 완화된다.

영양요법으로 요구르트 이외의 유제품을 삼가고, 알코올, 카페인, 커피, 소다수, 설탕 등을 피해 박테리아의 증식을 막도록 한다. 레몬 주스, 보리차, 파슬리 주스가 이뇨와 통증완화 작용이 있어 도움이 되며, 마늘과 양파는 강한 항염증 작용을 한다. 셀러리, 수박 등에는 이뇨 효과가 있다. 비타민 B6, 이노시톨 등은 체내 수분 제거에 도움을 주고, 비타민 C와 바이오플라보노이드는 소변을 산성화하여 염증을 억제한다. 그 밖에 마그네슘과 칼륨은 이뇨 작용으로 잃기 쉬운 미네랄이므로 보충해주어야 한다.

약용식물로는 옥수수수염, 에키나시아, 민들레 뿌리, 골든로드, 마시맬로 차 등이 방광 내 염증과 균 제거, 이뇨 작용을 한다. 예방을 위해서는 위생 청결, 충분한 수분 섭취, 피임기구 사용 주의, 이완 훈련 등이 요구된다.

성기능 장애

증상과 원인

성에 대한 관심과 흥미가 없어지고 반응이 약해지는 상태를 말한다. 남성의 경우 발기가 되지 않고 사정이 이루어지기 어려우며, 여성의 경우 오르가즘에 도달하지 못하고 성교 시 통증과 불안이 동반된다. 많은 신체적 원인으로 성적 기능의 이상이 초래되나, 대부분은 심리적 원인으로 발생한다. 신체적 원인에는 신경마비, 신체적 결함, 약물의 부작용, 알코올, 고혈압, 당뇨병, 상해, 질병, 호르몬 결핍, 건강 악화, 과도한 성생활, 금욕 생활 등이 있고, 심리적 원인에는 상대방에 대한 성적 욕구의 결핍, 자신감 결여, 정신적 스트레스, 성에 대한 부정적인 시각 등이 있다. 또, 남성의 경우 만족시켜줄 수 없을 것이라는 막연한 두려움, 여성의 경우 임신에 대한 공포 등이 원만한 성생활을 방해하는 원인으로 작용한다.

치료

신체적 원인을 밝혀내는 것이 중요하다. 전반적인 신체 기능을 정상화시키기 위해 식이요법을 시도하는 것도 좋은 방법 중 하나다. 비타민 E, 아연, 마그네슘, 카로틴, 셀레늄, 망간, 필수지방산 등이 성 기능과 생식 기관의 기능을 강화시키며, 인삼도 좋은 회춘제 역할을 한다.

아티초크, 셀러리 뿌리, 클로브, 버베나, 호로파, 재스민, 페퍼민트, 양파, 질경이, 사보리, 톱야자, 안젤리카, 다미아나, 생강 차 등도 도움이 된다. 남성은 녹각과 인삼 복합물을 20mg의 용량으로 하루 2~3회 3~7일 정도 복용하면 양기를 북돋울 수 있다. 화분도 성호르몬 기관의 기능에 중요한 성분을 함유하고 있다고 알려져 있다.

배꼽 아래와 등허리 부근에 뜸을 뜨거나, 찬 찜질, 요가, 요추와 천추 부위 마사지 등을 실시하면 성 기능이 증가하거나 회복된다. 심리적 요인을 해결하기 위해서는 심리상담, 배우자와의 공동치료 등 성교육 프로그램을 이용하는 것이 좋다.

약용식물요법으로 당근, 시금치, 아스파라거스, 양상추를 혼합한 주스를 규칙적으로 마시면 효과적으로 성 기능을 회복할 수 있다. 아로마요법으로 성 기능 촉진 작용이 있는 일랑일랑, 시나몬, 주니퍼베리, 샌들우드 등을 흡입하면 좋은 결과를 기대할 수 있다. 수치료법으로는 캐모마일 약재로 목욕 또는 좌욕을 하는 방법이 있다. 동종요법 약물로는 설파를 사용한다.

10 피부과 질환

종기

증상과 원인

어느 한 부위에 국한되어 염증이 생겨서 곪고 그 부위가 노랗거나 하얗게 변한다. 우리 몸이 감염균과 싸워서 균을 고립시키고 결국은 몰아낸 결과로 나타나는데, 흔히 피부 바로 아래층에 생긴다. 아프고 누르면 고름이 나오며, 열감이 느껴지고 빨갛게 부어오르며, 심하면 전신에 두통, 식욕부진 같은 불편함이 느껴지기도 한다. 한편, 건조한 종기는 밖으로 나온 종기가 아니라 피부 내부로 재흡수되어 임파계로 흘러들어가는 형태를 말한다.

대사 작용이 잘못되어 있거나 독소가 축적되어 저항력이 떨어졌을 때 비위생적인 식사나 습관, 스트레스, 불면, 오염된 공기, 약물 복용 등이 원인이 되어 생긴다. 감염균은 상처 난 피부나 열창이 있는 곳, 땀샘이나 모공을 통해 침입한다.

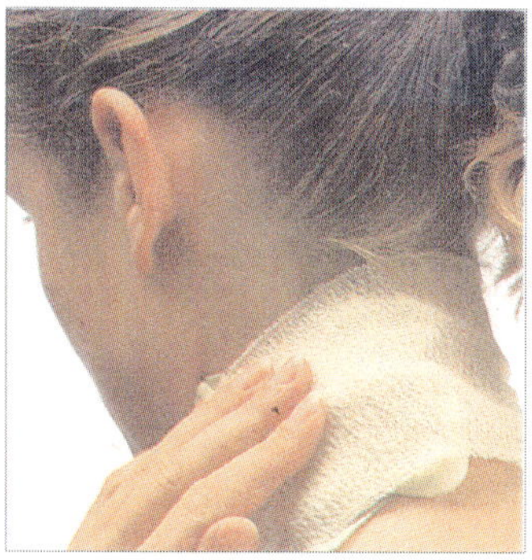
종기 위에 겔을 바르고 덮어둔다.

치료

가루로 된 호로파 종자나 아마 씨를 바르면 농을 제거할 수 있다. 시간은 좀 걸리지만 통증이 없다는 장점이 있다. 알로에 겔을 바르거나 양파를 살짝 데쳐서 종기 위에 덮어주어도 효과적이다.

손가락 끝에 난 종기는 레몬 즙에 담그거나 레몬 즙을 거즈에 묻혀 손가락을 싸고 있으면 좋아지는데, 이렇게 하면 열이 식고 부드럽게 통증이 줄면서 농이

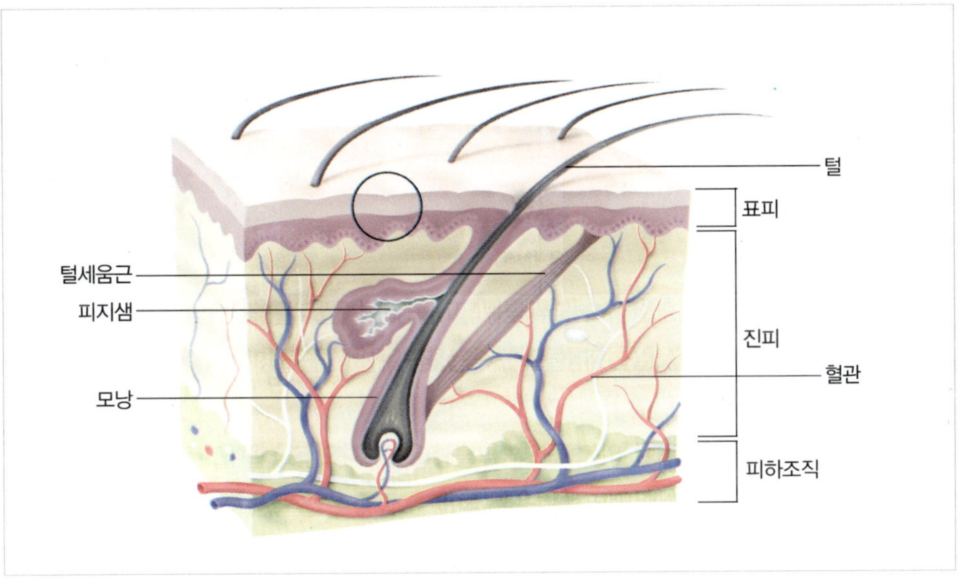

피부의 구조

녹아 밖으로 나온다. 하루 2~3회 계속하여 농이 가라앉은 다음에는 캐모마일이나 금잔화 로션 또는 찬물로 씻어낸다. 내복약으로는 에키나시아 가루, 골든실, 마늘을 하루 2~3회 정도 먹으면 효과적이며, 우엉과 버드나무 뿌리 차도 좋다. 동종요법 약물로는 헤파 설파, 실리시아, 칼슘 설파를 사용한다.

여드름

증상과 원인

신장, 간, 장관의 울혈 상태와 소화 기능 장애가 원인이 되기도 한다. 사춘기에는 테스토스테론 호르몬의 생성이 증가되어 호르몬 불균형이 초래되고 피부가 두꺼워지며 지방샘 분비가 증가된다. 이때 지방샘이 막혀서 주위 조직을 자극하고 염증을 일으키면 농이 생기고 전체적으로 피부가 더러워지면서 발생한다.

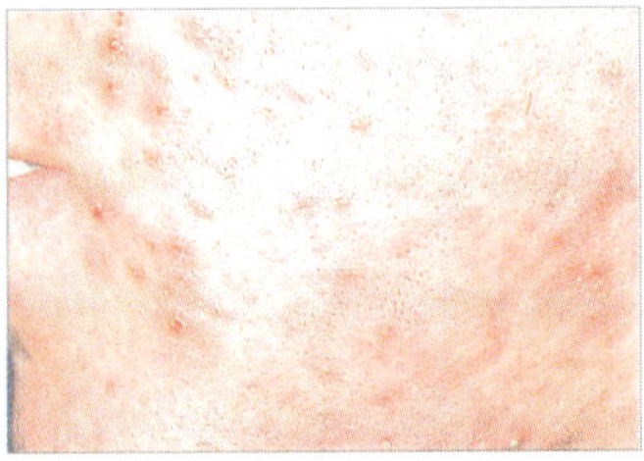

여드름 피부

치료

간과 장을 통해 노폐물을 제거하고 해독시켜서 피부로 땀을 배출시키는 약용식물이 치료에 효과적이다. 성급하게 비누로 문질러 벗겨내는 청소년들이 많은데, 이런 방법은 오히려 역효과를 낳는다. 식사를 조절하고 약용식물로 치료하면 정상적인 피부로 회복할 수 있다.

핏속의 당분 때문에 감염이 잘 되기도 하므로 설탕, 드링크류, 초콜릿, 파이 종류의 과자, 그리고 튀긴 음식, 맵고 짠 음식, 산성 식품은 피하는 것이 좋으며, 식사는 건강식으로 정제하지 않은 곡류, 콩류, 찐 채소, 채소, 생선 등을 균형 있게 해야 한다.

때로는 우유알레르기, 피임약, 비타민 B군이 원인이 되므로 이들 식품이나 약물을 최소 1개월 이상 중단해야 한다. 여성의 경우 월경이 가까워지면 여드름이 심해질 수 있는데, 이때는 여성호르몬을 대사시키는(간에 있는) 효소를 활성화하는 비타민 B6를 하루 50~200mg 복용한다. 또, 피부에 영양을 주고 혈관을 확장시켜주기 위해 니아신 100mg과 적외선을 하루 1~2분 정도 쏘이는 것이 좋다. 비타민 A 10만 IU와 비타민 E 800IU가 피부 감염을 치료하는 데 효과적이지만, 이것은 메가비타민요법에 해당하므로 전문가의 도움이 필요하다.

아연 50~100mg을 비타민 A와 같이 섭취하면 피부 재생에 큰 효과가 있는데, 아연은 민들레 뿌리, 별꽃, 옐로우 도크 뿌리 등에 많이 함유되어 있다. 정혈 작용이 강한 트리팔라를 약용식물과 같이 하루 3회 복용하는데, 싸사프러스 뿌리 껍질, 사르사파릴라 뿌리, 우엉 뿌리, 참소루쟁이, 민들레 뿌리, 레드 클로브를 동량으로 혼합하여 끓는 물 0.5L에 15분 정도 달여서 하루 3컵 복용한다. 간단하게는 당근 주스를 수시로 마시면 소화와 배설 작용을 도와 피부가 깨끗해진다.

비듬

증상과 원인

두피에 있는 표피의 세포가 비정상적으로 빨리 형성되고 소멸되는 현상 때문에 죽은 피부세포가 각질로 떨어져 나오는 증상이다. 단순한 박테리아 감염부터 호르몬 불균형, 소화 장애, 변비, 신경계의 부조화, 스트레스, 긴장까지 다양한 원인이 있는데, 스트레스, 호르몬 작용, 박테리아 감염, 그리고 식생활, 위생 상태 등이 가장 흔한 원인이다.

치료

매일 빗질을 하고 머리를 청결히 하며 두피를 자극하는 것이 간단하면서도 중요한 치료 방법이다. 단, 빗을 청결히 하고 남이 쓰던 것을 사용하지 않으며, 매일 손가락으로 5~10분 정도 두피를 마사지하고 가볍게 두드려주면 좋다.

알칼리성 샴푸, 약용식물 샴푸, 카스틸 비누가 효과적이며, 식초를 희석한 것, 에센셜오일로 희석한 쐐기풀 오일, 레몬 오일, 따뜻한 올리브 오일이나 아마 씨, 자작나무 껍질도 좋다. 캐모마일, 로즈마리, 세이지, 버드나무 껍질, 금누매 차, 용설란 주스나 수액, 생강 간 것을 올리브 오일이나 참깨 기름, 물과 혼합하여 손에 묻혀 두피에 마사지하고, 15~20분 정도 그대로 두었다가 깨끗한 물로 잘 헹구어주는 방법도 있다. 샴푸는 아연, EPA, 비타민 B-복합체, 비타민 E 등이 함유된 것이 좋다. 동종요법 약물로는 설파, 라이코포디움 등을 사용한다.

탈모증

증상과 원인

머리카락은 두피의 작은 모세혈관들에서 영양을 공급받아 성장한다. 머리에 윤기가 나면 혈액과 순환계 상태가 양호한 것이지만, 푸석푸석하고 윤기가 없다면 단백질과 비타민 B가 부족하고 소화 장애와 영양소의 동화작용이 결핍된 것을 의미한다.

탈모의 주원인은 유전, 빈혈, 호르몬 장애, 전반적 쇠약 상태, 스트레스, 약물 부작용 등이며, 그 밖에 자가면역 기능 장애 등도 원인이 된다.

치료

영양 상태 개선이 중요한 치료 방법이 될 수 있는데, 단백질뿐 아니라 실리콘 성분이 많이 함유된 알팔파, 컴프리, 쇠뜨기, 양파, 켈프, 보리 등을 섭취하는 것이 좋다.

아연 60~90mg을 6~8주 정도 복용하여 피부에 영양을 공급하고 머리카락의 성장을 촉진하는 방법이 있으나, 아연은 구리의 흡수를 방해해서 빈혈을 일으킬 수 있으므로 혈액검사가 필요하다. 비타민 A와 C를 투여하는 비타민 요법도 병행할 수 있다. 비타민 E 2,000IU, 니아신, 비타민 B6, 셀레늄

탈모증에는 컴프리 차, 보리 차 등이 좋다.

200mg이나 부신 추출물을 이용한다.

두피를 자극하는 효과가 있는 시더우드 오일, 올리브 오일, 유칼립투스 오일 등을 두피에 직접 바르고 마사지하는 방법도 좋다. 하루 1~2회 머리를 가볍게 두드리거나, 두피를 자극하는 도구로 오일을 바른 부위와 그 주위를 두드려 준다. 그 다음 다시 오일을 바르면 더 효과적으로 두피에 스며든다. 또, 알로에 샴푸를 사용하고, 세이지, 톱풀, 쐐기풀을 린스로 이용한다.

내복약으로 로즈마리 잎 28g, 그리고 소루쟁이 뿌리, 이팝나무 껍질을 14g씩 혼합하여 만든 차를 하루 3회 1/2컵씩 마시면 좋다.

습진

증상과 원인

전염성이 없는 피부의 염증으로 따갑고 가려운 발진 증세로 나타난다. 접촉성피부염은 가장 흔한 습진 중 하나다. 자극을 일으키는 물질과 접촉하여 피부가 파괴되거나 알레르기 반응을 일으켜서 오는 현상으로, 니켈, 크롬 등 자극성이 강한 화학 물질이나 세척제, 비누를 피하고, 그 잔류 물질이 옷 등에 남아 자극이 되지 않도록 조심하며, 화장품에 대한 알레르기 여부도 살펴보아야 한다. 그 밖에 고무장갑, 집먼지진드기, 양털, 나일론, 카펫, 매트리스 등도 흔한 원인들이다. 영양결핍으로도 습진이 올 수 있는데, 예를 들면 우유로 키운 어린아이에서 감마리놀렌산이 부족하여 습진이 생길 수 있다.

치료

해바라기 씨 오일, 잇꽃 오일 등 비타민 A · B · C · E가 풍부한 식품이 피부 건강에 도움이 된다. 음식에 의한 습진은 주로 유제품, 달걀, 밀, 토마토, 오렌지, 돼지고기, 초콜릿, 조개류, 튀긴 음식, 알코올, 설탕, 인공 감미료, 인공 색소 등에 의해 생기므로 이들을 되도록 피하고, 신선한 채소, 과일 등을 섭취한다. 딸기처럼 자연 살리실산이 많은 과일도 피부를 벗겨지게 만들 수 있음을 기억한다. 노인의 경우에는 피부에 영양을 공급하는 동맥이 딱딱해지면서 습진이 발생하는데, 이때는 우엉, 레드클로버, 현삼, 현호색, 야생 팬지, 원추 꽃, 쐐기풀을 우려낸 액을 복용하여 혈액을 정화하고 피부에 영양을 보충한다. 특히 아시도필루스를 복용하면 습진에 효과가 있다.

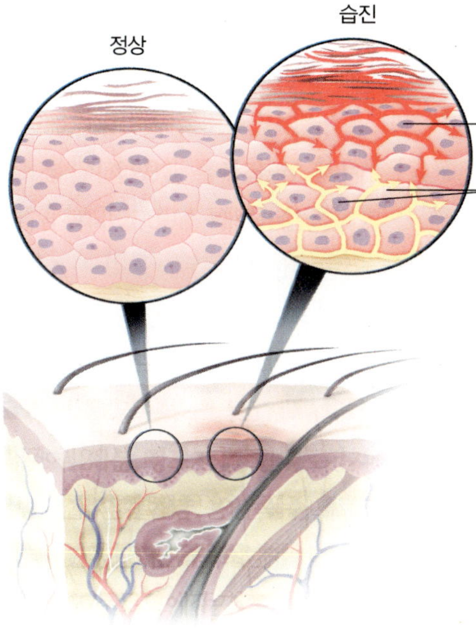

촘촘하게 서로 붙어 있던 각질형성세포들의 사이가 떨어지면 피부의 자연 보호막을 분해하는 화학 용매나 물 등 외부 인자들의 공격에 취약해진다.

신경 안정을 위해 귀리, 스컬캡을 이용하고, 부신 기능 보강을 위해 감초, 지치를 이용한다. 습진 치료를 위한 에센셜오일로는 캐모마일, 히솝, 세이지 등을, 연고제로는 금달맞이 꽃, 비타민 E 크림 등을 쓰며, 오트밀을 물에 풀어 목욕하는 방법도 있다. 염증을 줄이기 위해 미나리, 컴프리 뿌리나 잎, 별꽃을 오트밀에 혼합하여 습포로 만들어 피부에 붙이기도 한다. 가려움증에는 질경이 잎, 참소루쟁이 잎을 달인 물을 차게 해서 피부에 바르면 효과가 있다.

무좀

증상과 원인

운동선수의 발과 같이 주로 땀이 많이 나서 생기고, 습한 곳, 따뜻한 곳과 연관되어 발생한다. 심하면 가렵고 화끈거리며, 균열이 생기고 껍질이 벗겨져서 물집이 생긴다. 곰팡이균이 주원인이므로 위생 상태나 피부 관리에 신경을 써야 한다.

치료

발병 부위를 노출시키고 건조시키는 것이 가장 중요하다. 자연요법으로는 보릭산, 살리실산, 벤조산, 소금물 등을 이용하는 미네랄치료가 있으며, 금잔화, 에키나시아, 알로에 베라, 독미나리, 솔송나무, 노간주나무, 골든실, 사르사파릴라 등으로 만든 연고제나 가루약을 사용한다. 식초나 마늘 즙을 직접 도포하는 방법도 있고, 에키나시아, 히드라스티스, 사르사파릴라를 1컵 분량의 끓인 물에 10분 정도 담가두었다가 잘 건조시킨 환부에 적용하는 것도 좋다.

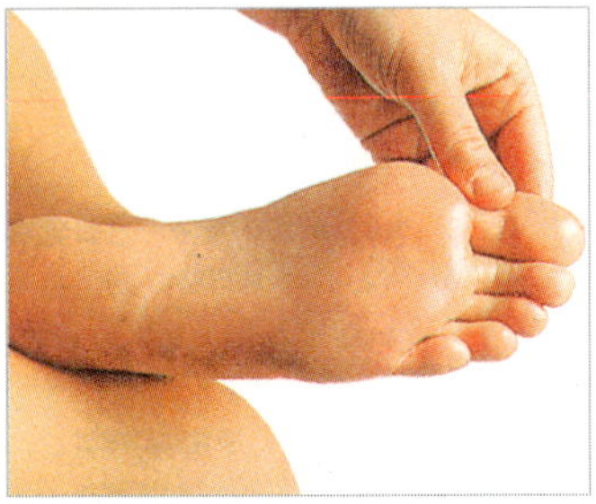
무좀에는 발을 노출시키고 약용식물을 바른다.

독미나리 껍질로 만든 가루를 환부에 뿌리면 무좀 증상뿐 아니라 발 냄새도 제거할 수 있다. 금잔화 비누나 연고도 가려움증을 없애고 치유를 빠르게 한다. 약용식물을 물에 풀어 발을 담그는 방법도 있는데, 이때는 히드라스티스, 잔대아재비, 질경이 등이 좋다. 안젤리카, 자작나무, 펜넬, 로즈마리, 세이지 등의 추출물에도 곰팡이균을 죽이는 성분이 있다.

건선

증상과 원인

건선은 비교적 흔한 피부 질환으로 백인의 경우 전체 인구의 4%가 앓고 있다. 건조한 은빛 비늘 딱지 모양의 피부 병변이 팔과 다리, 머리 등에 생긴다. 건조한 피부 딱지 밑으로 분홍빛 또는 붉은빛이 돌고 가렵다. 정확한 원인은 알려져 있지 않으며, 조직학적으로 피부의 표피층을 이루고 있는 상피세포가 과잉 생산되어 나타나는 현상으로 보인다. 표피층이 빠른 시일 내에 벗겨지면 그 밑의 내부 층이 노출되어 이차적인 문제를 일으킨다.

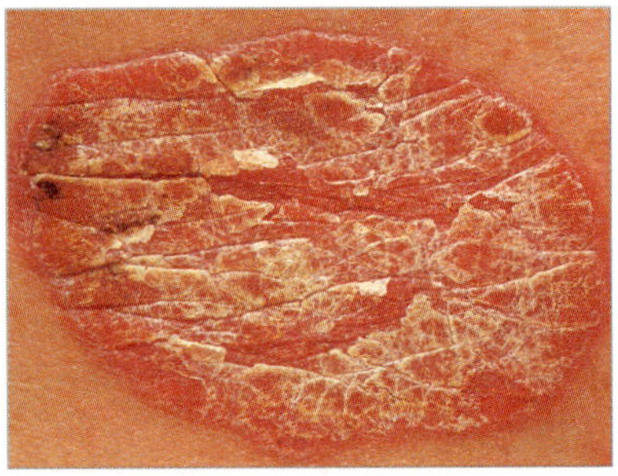
건선이 생긴 표피는 정상적인 피부에 비해 아주 빠르게 교체된다. 덜 성숙한 표피세포는 피부 표면에 도달하여 눈에 보이는 흰색의 늘어진 비늘을 가진 판을 형성한다.

건선은 관절염이나 손톱의 건강 상태 등과 관련되어 발생하고, 가족력이 있는 경우가 많다. 피부의 상피세포가 과잉 생산되는 것처럼 건선 환자의 생활은 스트레스가 많고 무리하며 급한 패턴을 보인다. 심한 정신적 충격 후에 부신피질호르몬의 혼란이 오면서 건선이 발생하는 경우도 있다.

치료

건선 환자는 우선 스트레스를 줄이는 방법을 모색해야 한다. 규칙적인 운동, 안정, 명상 등과 함께 스컬캡, 야생 귀리, 시계초, 호프 등 신경안정

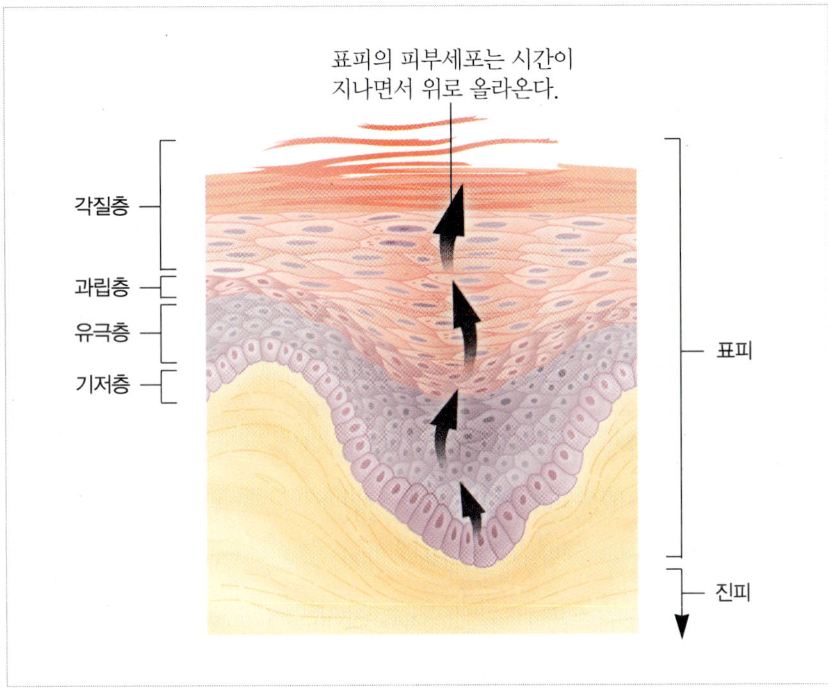

죽은 세포는 아주 작은 비늘처럼 피부에서 떨어져나가며, 약 4주에 걸쳐 피부 가장 깊은 곳에서 표면으로 올라온 다른 세포로 대체된다.

작용을 가진 약용식물을 이용한다. 또, 부신의 기능을 보강하고 스트레스를 이기는 데 도움을 주는 감초나 바크 꽃 추출물 등을 사용한다.

빠른 표피 박탈 현상으로 심하면 순환 기관에도 무리를 일으킬 수 있으므로 산사나무와 같이 심장순환계 강화 작용을 가진 약용식물을 사용하는 것이 좋다. 반면에 말초 혈액순환을 촉진시키는 발한제, 알코올, 순환촉진제 등은 피해야 한다.

아로마요법에는 라벤더와 올리브 오일을 혼합한 오일, 베르가모트 오일, 컴프리 오일 등이 널리 쓰인다. 오트밀 비누로 머리를 감고, 서양톱풀을 우린 용액을 넣어 목욕하는 방법도 효과적이다. 한편, 계속되는 표피 박탈은 영양 손실로 이어지므로 비타민과 미네랄을 보충해주고 당근 주스를 하루 2컵씩 마시도록 한다. 초음파로 피부 온도를 높여 치료하는 방법도 있으며, 비타민 E 연고를 사용하여 재발을 방지하기도 한다. 동종요법 약물로는 칼슘 설페이트, 실리시아 등을 사용한다.

최근 의학 연구는 건선 환자들이 비정상적으로 콜레스테롤 수치가 높다는 통계를 보여주고 있는데, 레시틴으로 약 76%의 치료 효과를 볼 수 있다고 한다. 레시틴은 콜레스테롤과 같은 지방 축적물을 조직으로부터 제거하는 작용을 하며, 콩, 해바라기 씨 오일 등에 많다.

헤르페스

증상과 원인

헤르페스 바이러스에 의한 것으로 피부에 작은 물집이 생기고, 터지면 딱지가 앉으면서 치료된다. 단순헤르페스 1형은 주로 입술, 눈 주위에 생기고, 단순헤르페스 2형은 성기 주위와 엉덩이, 장딴지 등에 발생한다. 대부분이 바이러스에 감염되고 몸의 저항력이 떨어져 바이러스가 활발하게 활동할 때 일어나는데, 주로 피부와 신경세포에 침범하여 가끔 또는 정기적으로 증상이 나타난다. 일반적으로는 크게 위험한 상태를 초래하지 않지만, 출생 시 산모의 성기로부터 헤르페스 감염균이 전염된 신생아는 심한 뇌손상을 입거나 사망에 이를 수 있으며, 면역성이 떨어져 있는 환자, 즉 암 환자나 장기 이식 환자 등에서 감염 위험이 높다.

공기 감염, 타월 등의 접촉, 피부 접촉, 성교 등으로 옮게 된다. 몸의 저항력이 떨어져 있을 때, 다른 병을 앓고 있거나 상처가 있을 때, 피곤할 때 발현되며, 산성화 상태, 열, 월경, 스트레스, 면도, 문지르는 행위 등으로도 쉽게 발생한다. 가렵고 따끔거리면서 물집이 형성되고 통증이 동반된다. 또, 열, 두통, 피로 등이 느껴지는데, 처음 발병할 때는 심하게 나타나지만 대부분 수주 이내에 사라진다.

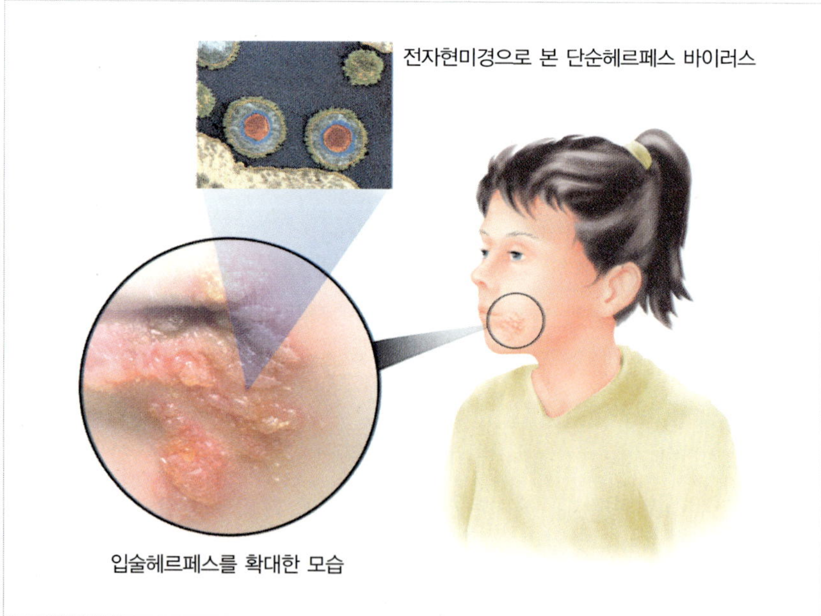

단순헤르페스 또는 입술헤르페스는 통상 입술 주위에 생기는 누르면 아픈 따끔거리는 물집이다. 활동성 습진이 있는 사람이 헤르페스 바이러스에 감염되면 물집이 전신에 급속히 퍼질 수 있다.

치료

정신적, 육체적 방어 능력을 키워주는 것을 주목적으로 해야 한다.

영양요법과 운동요법으로 바이러스의 침입을 막고 긍정적인 사고와 정신건강으로 스트레스를 관리하며, 몸의 면역성을 키우고 감염 부위를 청결하고 건조하게 유지해야 한다. 특히 샤워 후에는 반드시 마른 수건으로 물기를 닦아 환부를 건조하게 유지하고, 다른 부위로 전염을 막기 위해 수건을 따로 사용하며, 환부를 만진 손은 반드시 소독해야 한다. 맵고 신 음식, 자극이 강한 드링크, 커피, 알코올, 약물 등은 피하는 것이 좋다.

금잔화 가루나 옥수수 전분을 문제 부위에 뿌리거나, 유리지치 꽃, 애기똥풀, 컴프리 뿌리, 제라늄 뿌리, 수양버들을 동량으로 혼합하여 끓인 다음 피부에 붙인다. 조롱나무, 알로에 베라 겔, 감초, 마늘 주스, 끈끈이주걱 주스, 떡갈나무 껍질, 옻나무 잎을 양파, 당근과 혼합하여 발라준다. 유럽에서는 양배추 속의 잎을 갈아 환부에 바르고, 베이킹소다나 산화아연을 사용하기도 한다. 성기 부분의 헤르페스에는 식초, 요구르트, 캠퍼 로션, 벤조인 용액을 도포하거나 좌욕에 이용한다.

통증은 버드나무 껍질로 만든 용액으로 완화시킬 수 있으며, 아미노산, 특히 라이신, 비타민 C · B · D, 칼슘, 인이 많이 함유된 식품을 섭취하는 것이 좋다. 라이신, 포도 주스, 포도는 바이러스를 죽이는 힘이 강하고 헤르페스에 효과적이라는 실험 결과가 있다. 판토텐산 200mg을 하루 1회, 비타민 C 1,000mg을 2회, 라이신 1,000mg을 2회, 그리고 취란화 오일을 보조제로 복용하면 효과적이다.

또 한 가지 중요한 것은 충분한 휴식과 안정으로 몸의 기능을 정상화하고 원기를 북돋아야 한다는 점이다. 여기에는 명상, 이완요법 등이 효과적이다. 몸의 정화를 위해서 2일 정도 과일 주스 단식법을 시행하는데, 오렌지나 자몽 주스를 3시간 간격으로 마시면 바이오플라보노이드와 섬유질이 장 내 노폐물을 제거해준다. 이틀간의 단식 후에는 채소 샐러드나 당근, 비트, 민들레, 치브, 파슬리, 미나리 등으로 베타카로틴과 비타민 C, 칼슘, 철, 나트륨, 칼륨, 인, 설파 등을 충분히 보충하도록 하며, 몸이 완전한 면역 반응 능력을 최대화할 수 있는 식단을 짜도록 한다.

아로마요법으로는 제라늄과 레몬 오일을 환부에 발라준다.

엄지발가락 외반과 내반

증상과 원인

엄지발가락 내 · 외측으로 뼈가 튀어나와 붓고 아픈 증상을 말한다. 작은 마찰과 압력으로 관절 부위의 뼈가 돌출하여 생기기도 하고, 유전적인 영향으로 생기기도 한다. 만성적 압박과 자극으로 염증을 일으키고 물집이 생긴다.

치료

넉넉한 신발을 신고, 돌출된 부분과 마찰이 잦은 곳에는 덮개를 씌우거나 부드러운 솜 등을 넣어 마찰을 최대한 줄인다. 통증은 엡솜 소금물로 발을 씻으면 제거할 수 있다.

느릅나무 껍질, 골든실 등을 가루로 만들어 동량으로 혼합한 다음 발이나 양말 속에 뿌리거나, 올리브나 캐스터 오일을 매일 발라 부드럽게 해주고, 얇게 썬 마늘 조각을 붙이고 잔다. 그 밖에 레몬 주스나 테레빈 오일을 아침 저녁으로 가볍게 바르는 방법도 있다.

11 안과 질환

일반적인 눈의 질병

증상과 원인

결막염, 각막염, 눈의 충혈 등을 포함한다. 박테리아, 바이러스, 알레르기, 이물질, 충격, 상처, 눈 비빔 등으로 발생한다.

눈의 충혈은 비타민 C, 아연, 비타민 K, 실핏줄의 기능을 강화하는 비타민 E, 비타민 B-복합체의 결핍 등으로 생긴다. 홍채는 안구의 각막과 수정체 사이에 있는 둥근 모양의 얇은 막이다. 막의 중앙에 동공이 있으며, 홍채의 신축으로 동공이 축소되거나 확대되어 안구에 들어오는 빛의 양을 조절한다. 이 홍채의 외곽 부위가 하얗고 확실히 구분되지 않으면, 시력이 나빠졌거나 감각이 둔해졌기 때문으로 보면 된다. 또한 동공이 불빛에 즉각 반응하지 않고 수축되지 않은 채 열려 있으면, 뇌 기능 약화, 뇌의 미세한 손상, 약물 중독 상태에 빠진 것이다.

치료

눈에 이물질이 들어갔을 때는 눈을 비비지 말고 깨끗한 찬물로 씻어 내거나 소독한 면봉으로 제거하며, 화학 물질의 경우에는 즉시 안과의사의 도움을 받아야 한다.

한의학에서는 눈이 간에 의해 지배를 받는다고 한다. 간에 출혈 증상이 나타나고 고혈압이 되면 눈에 염증이 생기고 결막염이 자주 나타난다.

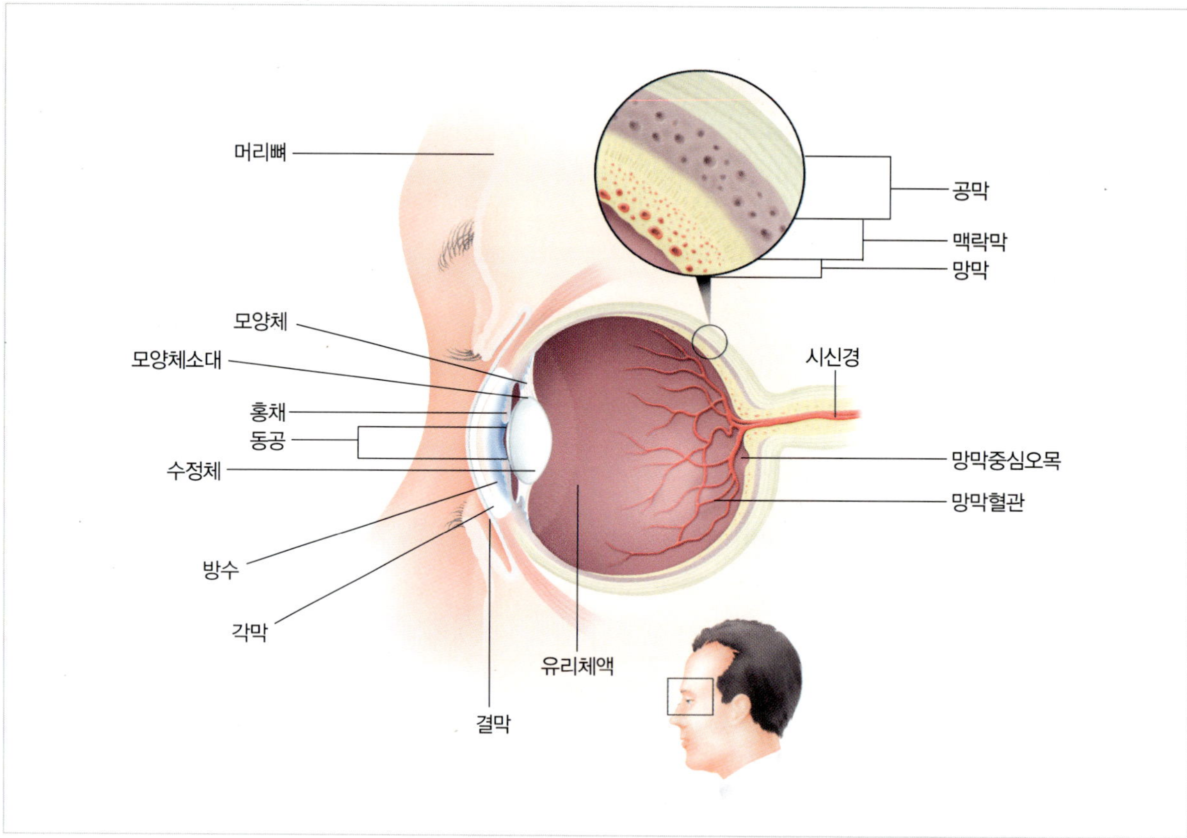

눈의 구조

눈을 맑게 해주는 히드라스티스나 결명자 차, 트리팔라 차로 눈 세척을 하면 효과를 볼 수 있다. 이들은 백내장이나 녹내장에 사용해도 효과적이다. 상록관목 뿌리 20g을 2컵 분량의 끓인 물에 20분 정도 담갔다가 하루 3컵을 마시거나, 히드라스티스 가루 1~2스푼을 복용한다. 또, 속새 차나 트리팔라 복합차로 눈을 씻어내는데, 트리팔라는 저녁에 내복약으로 복용해도 좋다. 너무 맵고 자극적인 음식, 뜨거운 음식, 설탕이 다량으로 첨가된 음식은 피하는 것이 좋다. 동종요법 약물로는 벨라도나, 펄사틸라를 사용한다.

| 눈의 피로를 푸는 방법 |

- 눈을 자주 깜박거린다.
- 눈에 손바닥을 대고 편안한 상태로 있는다. 처음에는 여러 색의 빛이 보이다가 시간이 지나면 캄캄한 상태가 되어 이완되고 긴장이 풀린다.
- 서 있는 상태에서 팔과 몸통을 양쪽으로 흔들어 풀어주고 눈을 편안하게 뜬다.
- 태양 아래 누워 눈을 감고 좌우로 얼굴을 바꿔가며 햇빛에 노출시켜주면, 1~2주 후에는 태양 빛의 영향으로 눈의 문제를 해결할 수 있다.
- 아침저녁으로 깨끗한 찬물로 1~2분 정도 눈을 씻어준다.
- 코로 글을 쓰는 동작을 하여 목과 얼굴의 근육을 풀어준다.
- 안구를 압박하지 않도록 주의하면서 눈 주위 근육을 마사지한다.
- 눈꺼풀을 힘껏 조였다가 풀어주면서 눈을 크게 뜨는 행동을 12회씩 반복한다.
- 눈꺼풀 위에 오이 조각을 붙이거나, 캐모마일, 골든실, 또는 유리지치 차를 발라준다.
- 그 밖에도 트리팔라, 속새, 결명자 차로 눈을 씻어준다.

백내장

증상과 원인

눈의 렌즈가 혼탁해서 점차 시력을 잃게 되는 눈 질환이다. 가장 흔한 것은 퇴행성 현상으로 일어나는 노인성백내장이다. 그 밖에 질병이나 손상, 연령 등에 관계없이 나타나기도 하는데, 특별한 통증 없이 점차 시력이 약해지고 초점을 맞추기 어려워져서 검사를 해보면 렌즈가 회색으로 혼탁해져 있다.

원인으로는 당뇨병, 안구 손상, 통풍, 리케차병, 선천성 갈락토세아병, 독성 물질, 안 염증, X-레이, 마이크로웨이브, 열, 약물 등이 있다. 임신 초기에 풍진을 앓은 산모에서 아기가 백내장에 걸려서 태어나기도 한다. 가장 흔한 형태는 나이가 들면서 점차 렌즈에 변형이 와서 영양분을 제대로 흡수하지 못해 생기는 것이다.

백내장에는 다양한 형태가 있지만 나이가 들수록 생기기 쉬운 백내장에는 위의 세 가지 유형이 있다.

치료

백내장을 예방하거나 진행 속도를 늦추는 데는 비타민 C, 리보플라빈, 칼슘으로 렌즈의 대사와 기능을 돕는 방법을 사용한다. 시력 장애가 심하면 수술로 렌즈를 제거하고 인공 렌즈를 삽입하거나, 콘택트렌즈나 안경을 착용하는 것이 좋다. 렌즈에 혼탁 증세가 있으나 시력 장애가 아직은 심하지 않다면, 희석한 과일 즙을 3~5일 정도 먹고 이후 약 1개월간 식이요법을 실시하는 것이 좋다. 방법은 녹색 채소와 과일 80%, 해바라기 씨 오일, 잇꽃 오일, 생선 단백질, 콩과류, 씨앗류, 유제품 등 불포화지방과 복합탄수화물 20%로 식사를 하는 것이다. 또, 매일 따뜻한 물로 관장하고, 더운물과 찬물 샤워를 번갈아 하며, 다음의 방법을 시행한다.

- 1주일에 3회 약용식물을 이용하여 목욕을 한다.
- 눈을 감고 10분 정도 엡솜염을 탄 따뜻한 물에서 목욕을 한다.
- 눈을 자연수로 씻어내고 앞이마를 씻는 수치료를 한다. 이 방법을 3시간 간격으로 3~5일간 계속하며, 발을 씻어내는 족욕도 함께 실시한다.
- 녹색, 노란색, 붉은색으로 색채치료를 한다. 12시간 간격으로 눈을 감고 5~10분간 번갈아가며 색을 쏘이되 너무 밝지 않게 한다. 재생 능력을 키워주는 뛰어난 효과가 있다.

- 당근, 감자, 진흙으로 도포한다. 그 밖에 히솝, 펜넬, 민들레, 컴프리, 캐모마일을 이용할 수 있다.
- 비타민 A · C · D · E · B-복합체, 칼슘, 화분, 벌꿀, 실리카 등 보조 치료제를 이용한다. 생쥐를 대상으로 한 실험에서 비타민 E가 백내장 생성을 감소시켰다는 실험 결과가 있다. 비타민 E 400~800IU, 비타민 C 1,000~5,000mg, 아연 30mg을 복용하면 당뇨병 환자에서 백내장을 예방하고 지연시킬 수 있다. 시스틴, 메티오닌 같은 아미노산도 진행을 늦추는 것으로 알려져 있다.
- 약용식물요법을 이용한다. 눈을 맑게 해주는 소귀나무 껍질과 히드라스티스를 동량으로 혼합한 것 1스푼을 끓인 물 1컵에 10분 정도 담가둔다. 이것을 헝겊으로 걸러낸 다음 그 물로 양쪽 눈을 하루 2~3회 씻어주면 눈의 혈액순환이 원활해지고 백내장을 예방할 수 있다. 그 밖에 중동 지역에서는 국화과의 관상식물인 시네라리아, 메리티마 즙을 눈에 떨어뜨리는 방법을 쓰기도 한다.

결막염

증상과 원인

결막에 생기는 염증으로, 눈이 충혈되고 부으며 눈곱이 끼고 눈물이 난다. 박테리아나 바이러스의 감염 또는 알레르기나 물리 화학적 자극이 원인이다. 시력 장애까지 오는 경우는 극히 드물다. 매연, 대기 오염, 화학약품, 알레르기, 콘택트렌즈, 눈 화장 시 감염 등도 원인이 된다. 대부분 포도상구균에 의해 손을 거쳐 눈으로 오염된다. 헤르페스 바이러스에 의한 결막염은 눈에 궤양이 생겨 시력 장애가 초래될 수 있으므로 주의해야 한다.

치료

자연요법으로 눈에 손을 대지 말고, 담배연기, 먼지 등 공해가 심한 환경에 노출되지 않게 하며, 수영을 삼간다. 약 5분간 따뜻한 물을 적신 수건으로 눈에 습포를 한다. 알레르기에 의한 염증에는 찬물 습포가 효과적이다. 또, 생감자를 얇게 썰어 눈 위에 붙여두면 부기가 빠지고 눈에서 누런 딱지 등이 흘러나오는데, 이를 식염수로 깨끗이 씻어낸다.

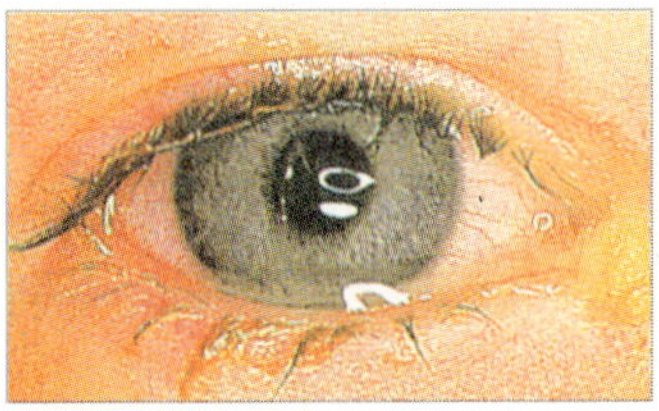

결막염

영양요법으로 유제품, 밀가루 음식 등 알레르기의 원인이 될 수 있는 식품들을 삼가고, 당근 주스나 과일 주스로 식사를 대신하여 피를 깨끗이 해주며, 비타민 A를 섭취하여 눈의 기능과 병균 감염에 대한 면역성을 높여준다. 비타민 C는 염증을 가라앉히고, 아연은 면역 기능을 높여준다.

약용식물요법으로 아이브라이트나 골든실 차로 눈을 씻어내고, 아그리모니로 눈 점막의 염증을 제거한다. 콘플라워로는 내부적으로 감염된 염증을 없애고, 금잔화 차로 눈 위를 습포하여 염증을 없앤다. 캐모마일이나 펜넬 차도 항염작용이 강하다.

예방요법으로 수건 등을 따로 쓰고 손을 항상 깨끗이 씻는다. 그리고 눈을 비비지 말아야 한다.

녹내장

증상과 원인

안구의 압력이 높아져서 잘 볼 수 없게 되는 병이다. 과로, 수면부족 따위가 원인이며, 두통, 구토를 수반하고 심하면 실명하기도 한다. 시력을 잃은 눈동자의 색이 푸르게 보이는 데서 이런 이름을 붙이게 되었다. 맹인의 약 15%가 녹내장이 원인이라는 통계가 있을 정도다. 정상적인 안압은 15~20mmHg인데, 그 이상이나 이하가 되면 시신경을 손상시켜 녹내장이 발생한다.

급성 녹내장은 가족력으로, 그리고 눈의 부상, 렌즈의 이탈, 포도막염, 스트레스나 영양결핍, 콜라겐 대사 이상 등으로 발병한다. 또, 공해나 환경오염에 의해 안구 내압이 상승하면서 발생하고, 고도근시, 백내장, 당뇨병, 스테로이드나 고혈압 치료제 복용도 원인이 된다.

시력이 서서히 떨어지다가 나중에는 전체 시력이 떨어진다. 특히 아침에 두통과 안압통이 심하고 시야가 뿌옇게 흐리며, 빛 주위에 무지개 같은 둥근 형태가 만들어지고 오심, 구토증이 발생한다.

치료

안압 측정과 정기적인 검진이 필요하다. 눈의 과도한 사용을 피하고, 눈의 압력을 올리고 콜라겐 조직에 나쁜 영향을 주는 스테로이드를 사용하지 않는다. 항히스타민제나 충혈방지제 사용을 삼가고, 알코올, 커피, 니코틴 등을 피한다. 또, 소금과 설탕을 피하고, 한 번에 물을 많이 마시지 않도록 한다.

비타민 B-복합체, 비타민 B6 등은 안압을 조절해주고, 이노시톨은 눈 점막을 건강하게 유지시켜준다. 칼슘, 마그네슘은 눈의 결합조직을 강화하고, 루틴은 안압을 낮춘다. 비타민 C와 바이오플라보노이드는 안압 감소, 콜라겐 대사 촉진 등의 효과가 있다. 비타민 A는 특히 야맹증을 예방하고 외부 자극으로부터 눈을 보호해주며, 니아신은 눈의 혈관에 축적된 지방 덩어리를 깨끗이 제거해준다.

약용식물인 빌베리, 포스콜린, 아그리모니는 눈의 조직과 점막층을 강화하고, 아이브라이트는 신경과 조직에 탄력성을 준다. 펜넬과 캐모마일 차로 눈을 씻어주는 것도 효과적인 방법이다.

예방요법으로 컴퓨터, TV, 책 등을 볼 때 눈이 피곤하지 않도록 자주 휴식을 취하고, 저염, 저설탕, 저지방 식품이나 채소, 과일을 많이 섭취하며, 약용식물 차를 마시거나 눈 위에 습포를 한다.

12 치과 질환

충치

증상과 원인

주로 연쇄상구균 등의 박테리아에 의해 치아가 부식되는데, 처음에는 플라크가 치아에 침착되고 박테리아가 플라크에 기생하면서 부식을 시킨다. 플라크는 보이지 않는 박테리아 막으로 충치의 원인이 된다. 박테리아는 대사과정을 자극하고 증식시키는 탄수화물에 의존하는데, 박테리아가 기생하면 산이 증가되고, 특히 젖산과 단백질 가수분해효소가 증가되어 치아의 칼슘염이 파괴되고 부식된다.

치료

모든 정제 식품과 백설탕을 피하고 식후에 반드시 양치질을 한다.

약용식물 치약으로는 계피, 소귀나무과의 나무인 베이베리 껍질, 민트 잎, 떡갈나무, 참나무, 가시나무 등의 껍질 등으로 배합된 복합체가 좋다. 아로마요법으로 레몬 오일, 세이지 오일로 씻어내는 방법과, 클로브 오일을 통증부위에 희석해서 문질러주는 방법이 있다. 동종요법 약물로는 칼슘 후로라이드를 사용한다.

수은아말감은 중금속 중독의 위험이 있으므로 치과 의사와 상의하여 새롭고 안전한 방법으로 바꾸도록 한다. 치아가 누렇게 보일 때는 숯가루로 닦고 딸기 등을 짓이겨 씻어내면 하얗게 된다.

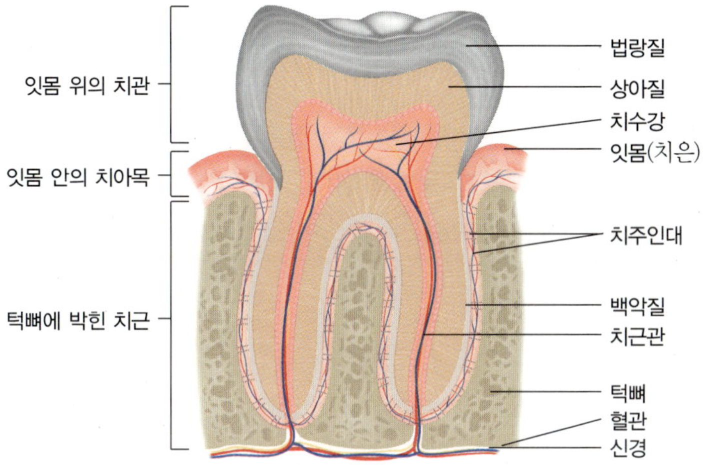

치아의 모양과 크기는 각기 다르지만 구조는 동일하다.

구취

입에서 심한 냄새가 나는 것은 소화 장애, 산성화, 위장관의 음식 부패 때문이다. 섬유질 식품이나 위장을 청결히 해주는 트리팔라를 매일 저녁 섭취하면 냄새를 없앨 수 있다. 그리고 산성화 식품인 튀긴 음식, 커피, 설탕, 육류, 알코올 등은 되도록 피하는 것이 좋다.

약용식물로 백리향속 식물인 타임, 계피, 정향나무를 혼합하여 사용하면 효과적이다.

치주염, 구강염

증상과 원인

박테리아 감염으로 잇몸에 염증이 생겨 피고름이 나오거나 치아를 둘러싸고 있는 조직에 염증이 생기는 것을 말한다. 더 진행되면 치아 결손을 초래하기도 한다.

통증은 거의 없으나 잇몸이 붉게 충혈되고 부어오르며, 누르면 아프고 쉽게 피가 난다. 또, 세균이 주위 조직에 침범하면 치아 사이가 벌어지면서 고름이

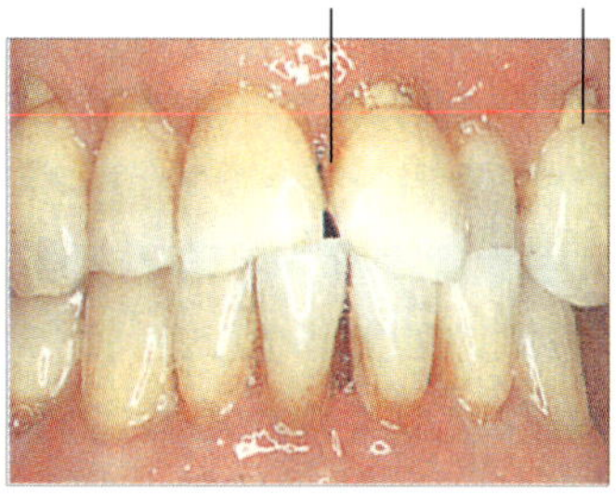

치주염

차고 악취를 풍기게 된다. 박테리아가 치아와 잇몸 사이에 침착되면 플라크가 형성되어 잘 닦여지지 않는데, 이렇게 되면 박테리아가 만들어내는 독성 물질과 효소에 의해 주위 조직이 자극을 받고 염증이 생겨 치주염이 된다.

시간이 지나면 플라크는 타르로 변해서 단단한 치석이 되고 충치가 발생한다. 그 밖에 이를 가는 버릇, 당뇨병, 갑상선 질환, 흡연, 먹는 피임약, 비타민결핍증, 스트레스 등으로도 생기게 된다. 사춘기, 임신 중에는 호르몬의 영향으로 일시적인 치주염이 생길 수 있으며, 설탕이나 정제 식품 등에 의해 발생하기도 한다.

치료

첫째, 조롱나무, 떡갈나무 껍질, 참소루쟁이 껍질, 베이베리, 히드라스티스, 몰약을 간 다음 잘 걸러서 만든 치약을 사용한다. 사과 사이다, 식초 1스푼을 물 1컵에 타서 입 안을 헹구면 플라크와 타르를 제거하고 예방할 수 있다. 컴프리 뿌리 차를 하루 4회 입 안에 넣고 헹구면 염증이 제거된다. 비타민, 미네랄 보조제를 섭취하고 정제 식품, 가공 식품, 설탕 등은 피한다.

케에스요법으로 3%의 하이드로겐 페록사이드 1스푼을 베이킹소다에 혼합하여 치아와 잇몸 사이에 바르거나 붙여주면 플라크와 박테리아가 제거된다. 그 다음 소금물로 입 안을 헹구어준다. 용액 제제로는 에키나시아, 우엉 뿌리, 포도 뿌리 각 20g, 감초 뿌리 50g을 혼합하여 뜨거운 물에 타서 하루 3회 식전에 마신다. 매일 아침 조롱나무 추출물과 유칼립투스 오일을 직접 잇몸에

| 건강한 치아 |

치과 질환을 예방하고 건강한 치아를 유지하는 방법

- 연 2회 이상 정기적으로 점검을 한다.
- 인스턴트식품, 당분이 많은 식품을 피하고, 식후에는 물로 입 안을 헹구거나 양치질한다.
- 치실로 치아를 청결히 하고, 숯, 목탄, 베이킹소다, 아니스, 몰약, 히드라스티스로 만든 천연 치약이나 구강 세척기를 사용한다.
- 5분 정도 잇몸을 자극하고 마사지한다.

발라도 효과적이다. 일본에서는 석류의 꽃받침을 태운 가루나 재를 잇몸에 바르기도 한다. 정향나무 오일을 치아에 바르거나 삼잎국화 뿌리를 문질러 주면 효과적이다. 동종용법 약물로는 칼슘, 프루오나이드를 사용하며, 아로마 요법으로 레몬과 세이지 오일을 잇몸에 마사지하거나 린스한다.

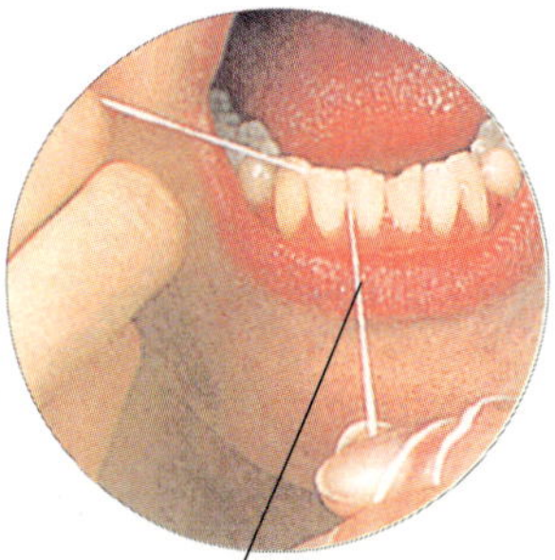
치실로 치아 주위를 감싼다.

아구창

증상과 원인

볼 안, 혀, 입술 안쪽, 치주 등에 주로 발생하는 궤양으로 감기처럼 흔하게 왔다가 사라진다. 음식물을 섭취할 때 쓰리고 아프다. 바이러스에 의해 주로 발생하는데, 보통 1주일이면 자연스럽게 치유된다. 인구의 20% 정도가 이 병으로 고생하는데, 학생들에서 많이 발생하며 남성보다 여성에서 많다. 정확한 원인은 아직 밝혀지지 않았지만, 주로 정신적, 신체적 스트레스로 인해 발생하며 가족력이 있는 경우가 많다. 일부 여성에서는 월경 때 자주 발생한다. 호두, 초콜릿, 조개, 열대 과일 등에 대한 알레르기도 관계가 있다고 한다. 철분, 엽산, 비타민 B12 등의 결핍으로도 생기며, 구강 위생이 불결해도 발생한다. 용혈성 연쇄상구균에 이차 감염되기 쉽고, 면역 기능의 이상과 관련이 있다. 정신적 스트레스, 즉 이혼, 가까운 사람의 죽음, 직장 이동 등이 있고 난 뒤에도 발생률이 높다.

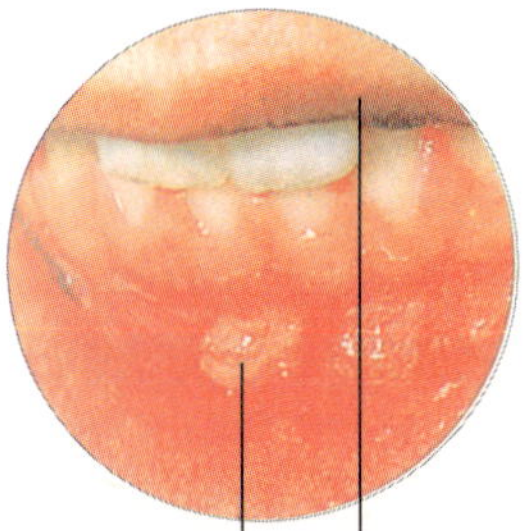

치료

빨대로 음료를 마시는 등 궤양 부위에 대한 자극을 피하고, 얼음으로 통증을 풀어준다. 하이드로겐 페록사이드 1/2스푼을 물에 타서 구강청결제를 만들어 입 안을 헹구어낸다. 제산제를 입 안에 넣고 헹구어 궤양을 아물게 하거나, 차의 타닌산으로 통증을 완화시킨다.

영양요법으로 상처 회복에 도움을 주는 설파 성분이 있는 양파 샐러드를 자주 먹고, 요구르트, 비타민 C, 감자, 양배추 즙 등을 섭취하면 궤양의 치료 및 회복을 촉진할 수 있다. 라이신으로 아미노산을 보충하면 궤양의 발생을 막을 수 있으며, 비타민 B-복합체는 면역 기능을 강화시켜준다. 비타민 E 캡슐을 궤양 부위에 직접 발라주면 빨리 회복된다.

골든실, 몰약, 세이지, 로즈마리, 주니퍼베리 오일 등으로 입 안을 헹구거나 발라주면 항염증 및 수렴 작용이 있어 큰 효과를 볼 수 있다. 예방이 중요하므로 구강 내에 상처가 생기지 않도록 양치질 등에 세심한 주의를 기울이고, 비타민 C를 하루 500mg씩 복용하며, 요구르트를 매일 마신다. 무엇보다도 스트레스를 줄이기 위해 충분히 쉬고 운동과 여가를 즐기는 것이 좋다.

13 퇴행성 질환

노인성치매

증상과 원인

노화는 보편적이고 본질적으로 진행되는 정상 노화와, 운동부족, 식생활 문제, 약물 중독, 스트레스 등으로 인한 이상 노화, 그리고 정신 질환, 신체 질환, 사고 등에 의한 병적 노화 등으로 구별된다. 이중에서 정상 노화와 이상 노화는 일상생활의 개선을 통해 어느 정도 진행 과정을 늦출 수 있으며, 병적 노화도 질병을 예방함으로써 어느 정도 방지할 수 있다.

노인 건강은 질병이나 불구에서 벗어난 상태만을 의미하는 것이 아니며, 나이에 걸맞은 자율성과 창조력, 효율성을 확보하고 유지하는 것이 중요하다. 노인성치매 등 생활에 질적 영향을 미치는 부분에 대한 연구가 활발히 진행되고 있다. 1976년 일본에서 69~71세 노인 422명을 대상으로 전반적인 건강 상태를 추적, 연구한 적이 있었다. 이들 중 건강을 유지하면서 치매에 걸리지 않았던 사람들의 특성이나 공통점을 찾아보았는데, 담배를 피우지 않고, 마르지도 비만하지도 않은 중간 체격에, 폭주나 금주보다는 적당량의 술을 마시는 것으로 나타났다. 특히 식생활을 관찰해보면 음식을 오래 잘 씹어 먹는 습관을 가진 노인이 건강했는데, 음식을 오래 씹을수록 뇌 혈류량이 증가한다는 실험 결과가 이 사실을 뒷받침해주고 있다. 먹는 양과 관계없이 음식을 얼마나 잘 씹어서 섭취하느냐가 건강에 중요하다는 것이다.

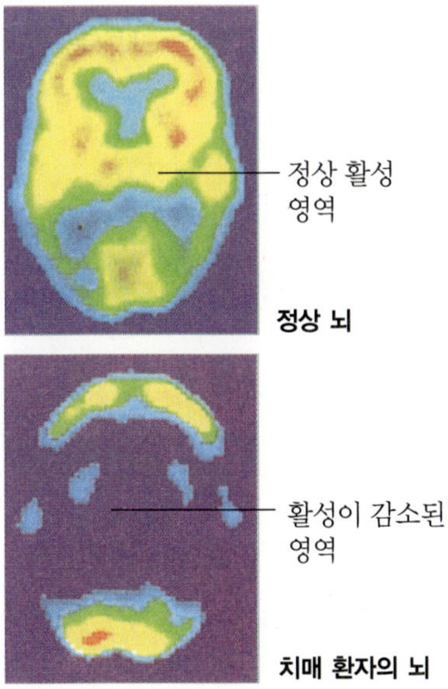

정상 뇌와 치매 환자의 뇌 비교

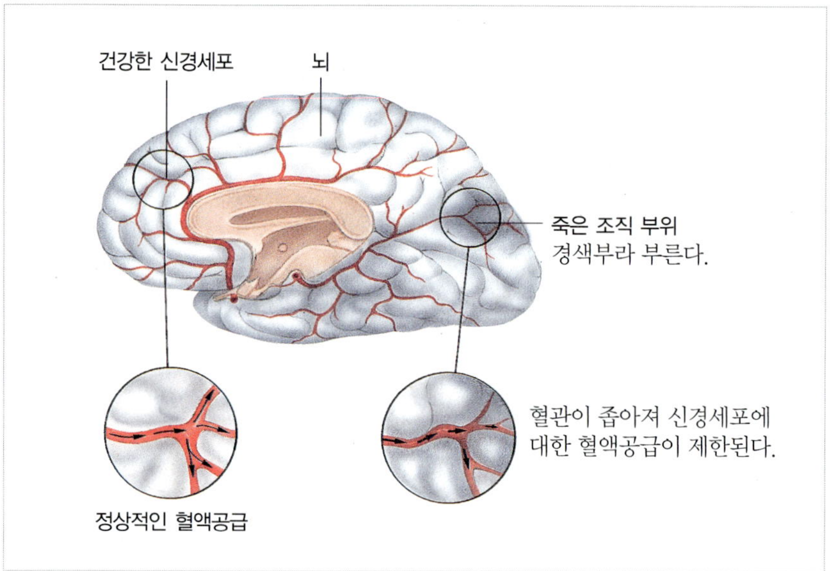

뇌는 아주 많은 혈액을 필요로 한다. 혈액공급이 제한 또는 차단되면 일부 세포가 죽게 된다.

치료

장수식이란 특정한 식품이나 물질이라기보다는 적당량의 식사, 과일, 채소, 유제품 섭취를 의미하며, 신선한 공기, 쾌적한 환경에서 즐거운 마음으로 생활하는 것이 중요하다. 쥐를 이용한 임상 실험에서 생후 1년은 식사를 제한하고 성장하면서 자유식을 한 쥐가 가장 오래 건강하게 생존했으며, 태어나서부터 줄곧 식사를 제한하지 않았던 쥐는 가장 먼저 죽고 말았다. 이 결과에서 절제된 적당량의 음식을 골고루 섭취하는 것이 가장 이상적인 식생활임을 알 수 있다.

현대인의 주된 사망 원인은 암, 심장병, 뇌졸중 등 성인병인데, 이런 질병들로 인한 사망률은 식사로 35%, 금연으로 30%까지 줄일 수 있다. 결국 식생활 개선과 금연으로 60~70%의 암을 예방할 수 있으며, 나머지는 염분 섭취를 줄이고 성생활, 직업, 환경오염 등을 개선함으로써 가능하다. 금연, 절주와 함께 염분 섭취를 제한하면 고혈압과 위암을 줄일 수 있고, 생채소, 녹색 채소를 섭취하면 암을 예방할 수 있으며, 식물성 섬유질을 섭취하면 변비와 대장암을 예방할 수 있다. 또, 칼슘으로 건강한 골격을 유지하고, 설탕 섭취 제한과 즐거운 담소, 골고루 나누어 먹는 습관 등은 중요한 건강 지침이다.

수명이 연장되고 인구가 고령화되면서 노인성치매는 더욱 늘고 있다. 대표적인 치매로 뇌혈관성 치매와 알츠하이머형 치매가 있는데, 이들이 전체 노인성치매의 80% 이상을 차지한다. 뇌혈관성 치매는 뇌경색증, 뇌출혈 등 혈관 장애가 원인이며, 고혈압, 심장병, 당뇨병, 고지혈증 등이 위험 인자로 작용한다. 알츠하이머형 치매는 정확한 원인으로 밝혀진 것은 없지만, 알루미늄 같은 중금속 물질, 유전적 소인 등이 관련되어 있는 것으로 추측된다.

치매는 주로 기억 상실, 정서 장애, 행동 장애 같은 증상을 보인다. 즉, 보통의 정상적인 망각과는 다르게 계속 진행되는 기억상실증, 최근 사건에 대한 망각, 환상 등 사고 장애, 목적 없이 배회하고 안절부절못하는 행동 장애를 보인다. 이는 뇌세포의 감소, 세포 복원력의 장애 등으로 생리적 노화가 오면서 지능과 감정, 그리고 의지에 노화 현상이 동반되어 지적 능력, 적응력, 판단력이 현저히 감소되고 의욕이 떨어지기 때문이다.

노인성치매를 예방하기 위해서는 건강한 뇌세포를 자극하여 뇌 활동을 유지하고, 흥미를 가지고 배우는 생활 자세, 취미생활을 통해 정서적 안정을 유지하며, 친구들과의 사교로 적절한 감정 발산, 우호적인 대인관계를 유지하는 것이 좋다. 또, 머리에 물리적인 충격이나 타박상을 입지 않도록 조심하고, 정기적인 검진을 통해 성인병의 조기 발견과 예방에 힘쓰는 일도 중요하다.

조사에 의하면 치매 증상이 나타나더라도 대인관계가 좋고, 여유 있는 마음가짐과 생활 태도를 가질 때, 경제적으로 안정되어 충분한 간호와 안심하고 지낼 수 있는 생활공간이 갖추어 있을 때 치료 경과가 훨씬 좋았다. 노인의 건강 유지에 무엇보다 중요하게 작용하는 것은 마음가짐과 삶의 의미일 것이다. 흔히 노인들에게 나타나는 삶의 상실감이 가장 부정적인 감정 상태라고 하지만, 엄밀히 따지면 이는 노화의 진행 과정에서 나타나는 자연스러운 현상이기도 하다. 문제는 그 상실감을 보완하기 위해 외부에서 무언가 대체물이나 대상을 찾으려 하는데, 결과적으로 그러한 활동이 무의미하며 일시적인 위안밖에 되지 못한다는 것이다. 삶의 보람을 부와 명예 획득, 또 원한을 없애는 데 두었을 때 결국 남는 것은 무엇이겠는가? 그것보다 삶의 보람을 자신의 내부에 두고 내면적 성숙과 새로운 의식세계를 경험하는 것을 목적으로 삼는다면, 한결 차원 높고 의미 있는 생을 보낼 수 있을 것이다. 퇴직과 은퇴로 인한 사회적 상실감도 이제 일선에서 물러나 새롭게 자신이 하고 싶은 일을 할 수 있는 기회라고 생각하면 편안히 받아들일 수 있을 것이다.

인간은 가치와 의미를 추구하며 사는 존재이며, 노년기에 들어서도 삶의 가치, 육체적, 정신적으로 건강한 삶을 추구하고 영위할 수 있다. 남을 위해 봉사하고 인간적인 생활을 하며, 충분한 휴식과 수면, 적당한 영양 상태를 유지하면 그것이 곧 질병에 대한 면역성을 길러주고 질적으로 향상된 노년

기를 보내는 현명한 방법이 될 것이다.

약용식물요법으로 창포 뿌리, 인삼, 당귀, 녹각 등을 가루로 만들어 혼합하여 하루 3회 20~30mg씩 복용한다. 은행 잎 추출물은 혈관이완 효과가 뛰어나 혈액순환을 증진하고 뇌동맥경화증, 기억력 상실, 현기증 등의 증세를 개선하므로 40mg씩 하루 3회 복용한다. 비타민요법으로 비타민 C와 레시틴 500mg을 하루 3회 섭취하고, 비타민 E와 셀레늄도 보충한다.

관절염

증상과 원인

관절 부위에 염증이 생기면 여러 가지 증상과 합병증이 나타난다. 관절염은 크게 두 종류로 나눌 수 있는데, 하나는 골관절염이고, 다른 하나는 류마티스관절염이다. 관절 부위에 통증이 오면서 뻣뻣하고 붓는 등 퇴화 증상을 보이는 것은 같다. 치료에 앞서 전문의의 진단을 통해 어떤 종류의 관절염인지 확인하는 것이 중요하다.

골관절염은 운동 등으로 관절이 손상을 입거나 찢어져서 오는 경우가 많지만, 비만 등으로 관절에 무리한 무게가 주어졌을 때도 이차적으로 발생한다. 흔히 손가락의 마지막 마디에 단단한 뼈 결절이 생기면서 발병한다. 45세 전에는 남성에서 많고, 45세 이후에는 여성에서 많이 나타난다. 폐경 이후 여성에서 많이 나타나는 것은 에스트로겐 호르몬이 감소되어 부갑상선호르몬의 작용에 더 민감하게 되고, 뼈의 칼슘 성분이 소실되기 때문이다. 적절한 식사 조절과 규칙적인 운동, 그리고 즐거운 마음으로 생활하는 태도를 가지면 탈 칼슘화 과정, 즉 골다공증을 일으키는 현상을 줄일 수 있다.

반면에 류마티스관절염은 자가면역 장애에 속하는 질환으로, 인체의 방어력에 문제가 생겨 자신의 조직을 공격하고 파괴하여 나타나는 현상이다. 불량한 항체가 관절의 염증과 붓는 증세, 그리고 통증과 뻣뻣한 상태를 유발하는 것이다. 골관절염과 달리 류마티스관절염은 여러 관절에 침범하며, 인체의 대칭되는 관절에 동일한 증세를 가져온다. 통증이나 부어오르는 증세는 이 관절에서 저 관절로 옮겨 다니고 온도나 기후 변화에 따라 변하며 심해지기도 한다. 류마티스관절염은 만성 질환에 속하며 호전 현상을 보이다가 나빠지고 반복된다. 여성에서 더 많고, 가족력이 있는 경우 발생률이 4배에 이른다.

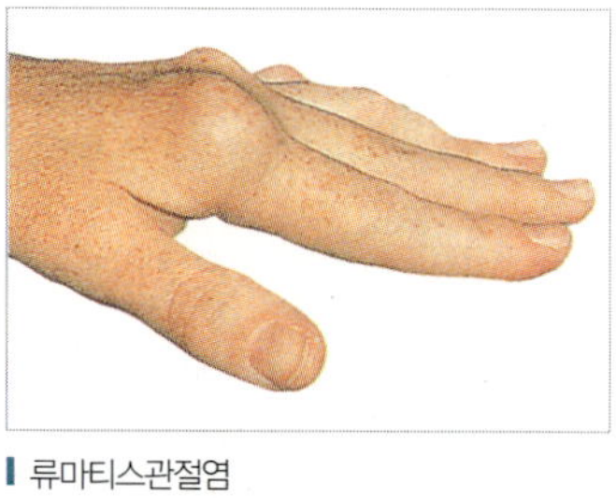

류마티스관절염

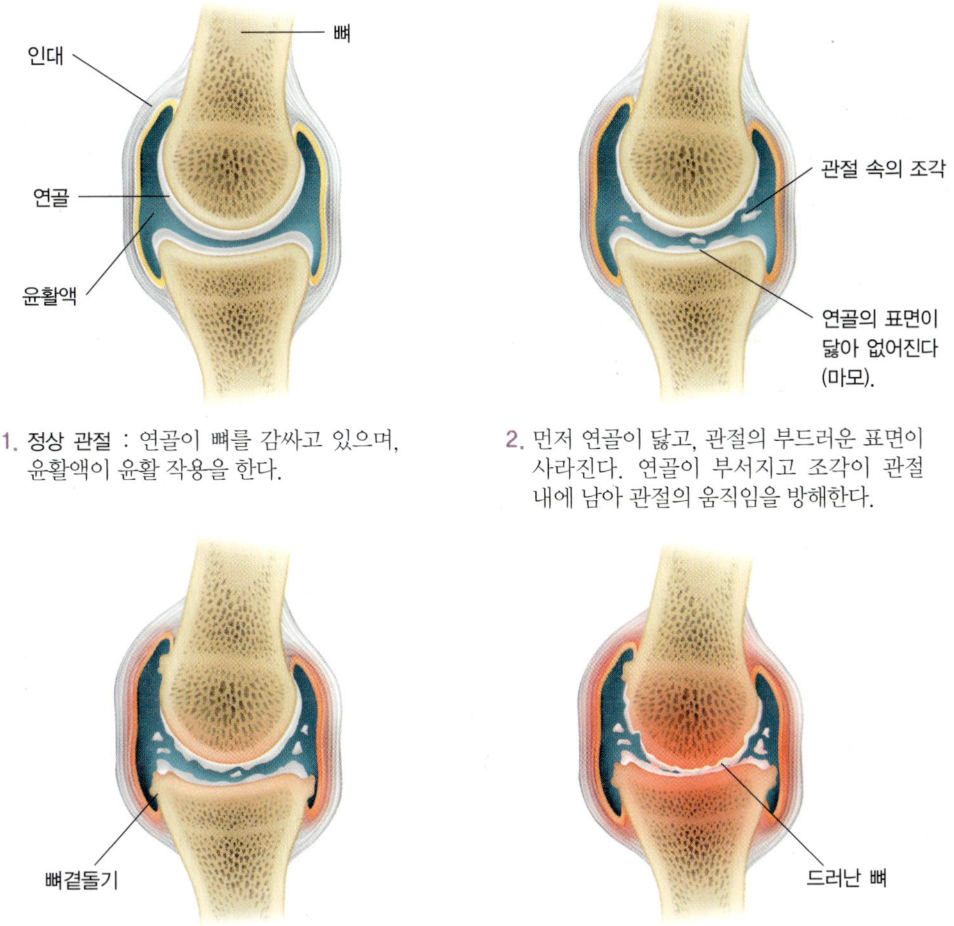

1. 정상 관절 : 연골이 뼈를 감싸고 있으며, 윤활액이 윤활 작용을 한다.

2. 먼저 연골이 닳고, 관절의 부드러운 표면이 사라진다. 연골이 부서지고 조각이 관절 내에 남아 관절의 움직임을 방해한다.

3. 관절의 가장자리에 '뼈곁돌기'라 부르는 돌기부가 생겨, 움직임을 방해하고 통증을 유발한다.

4. 연골이 너무 닳아 마침내 뼈가 드러난다. 관절이 뻣뻣해지고 통증이 생긴다. 윤활액이 증가하여 관절이 붓는다.

골관절염의 진행

치료

자연요법은 전체적인 대사 기능의 조절, 호르몬과 영양 상태의 균형 유지, 순환과 신경 계통의 조화에 초점을 맞춘다. 기본적인 방법으로 식사를 조절하는데, 비타민, 미네랄, 필수영양소가 골고루 갖추어진 음식을 섭취하면서 뼈와 연골의 건강을 유지시키는 것이다. 무엇보다도 균형 잡힌 전체식이 이와 같은 조건을 만족시켜주는 이상적인 식사가 될 것이다.

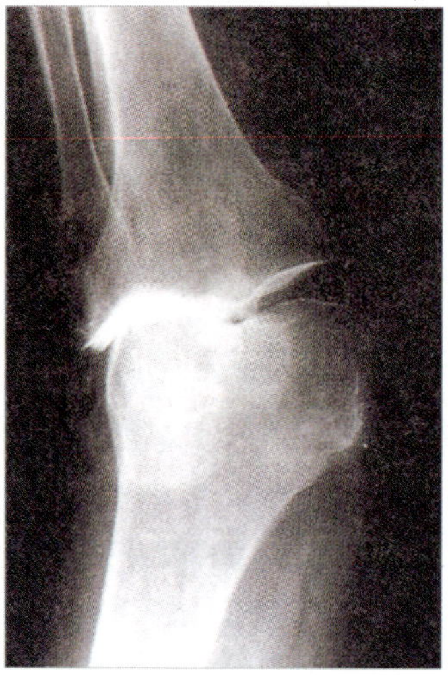

▎관절염 X-ray 사진

시금치는 옥살린산이 많아 관절통을 일으키며, 커피나 강한 차 종류도 자극적이므로 피한다. 대신 카페인이 없는 허브 차나 생수를 마신다. 이뇨제를 포함한 몇몇 의약품들도 이 병을 자극할 수 있으므로 전문의와 상의해야 한다. 류마티스관절염이 있을 때는 자신의 식단에 면역 기능을 방해하는 알레르기 유발 물질이 있는지 점검하고 민감한 음식은 배제한다.

모든 관절염 환자, 특히 폐경 이후 여성에게는 칼슘 섭취를 권장하는데, 알레르기가 없는 유제품, 취침 전의 따뜻한 우유 1컵, 녹색 채소, 참깨 기름 등이 좋다. 또, 감자 즙, 파슬리, 미나리, 알팔파, 해초류도 도움이 된다.

청미래 넝쿨, 감초, 블랙코호시 등을 복용하여 호르몬의 균형을 맞추거나, 버드나무 껍질, 포크위드로 염증을 완화하는 방법도 좋다. 류마티스관절염에는 천연적인 항염증 호르몬의 효과를 얻기 위해 감초와 야생 마처럼 부신 기능을 보강하는 약용식물을 처방한다. 관절염을 유발하고 악화시키는 만성적인 긴장이나 불안은 신경안정 효과를 주는 야생 귀리, 스컬캡, 크램바크 등으로 치료한다. 또, 민트나 타임, 로즈마리 같은 아로마 오일을 염증이 있는 관절 부위에 도포하거나 부드럽게 문질러주면 회복이 빨라진다.

페닐알라닌과 같은 항염증 작용을 발휘하는 아미노산과 아연, 망간, 니아신, 비타민 C, 칼슘 제제는 연골조직 강화하고 통증을 진정시킨다. 동종요법 약물로는 아피스, 브라이오니아, 루스톡스 등을 사용한다.

통풍

증상과 원인

또 다른 종류의 관절염으로 엄지발가락 같은 관절 부위에 요산의 결정체가 축적되어 몹시 고통스러운 통증을 일으킨다. 통풍은 퓨린이라는 대사 물질을 정상적으로 처리하지 못하는 유전적 장애 때문에 생기는데, 옥스퍼드 대학의 연구팀이 전자장파치료로 효과를 거두었음을 보고한 바 있다. 체내에 요산이 축적되어 생기는 관절염과 같은 대사 장애로 요산이 크리스털화해서 관절, 인대, 신장 등의 조직에 침착되고 염증을 일으켜 붓고 조직을 파괴하는 질환이다.

보통 30세 이상의 성인에서 나타나고, 여성의 경우는 폐경 이후에 나타난다. 특히 비만, 고혈압, 당뇨병, 심장혈관 장애가 있는 사람에서 흔하게

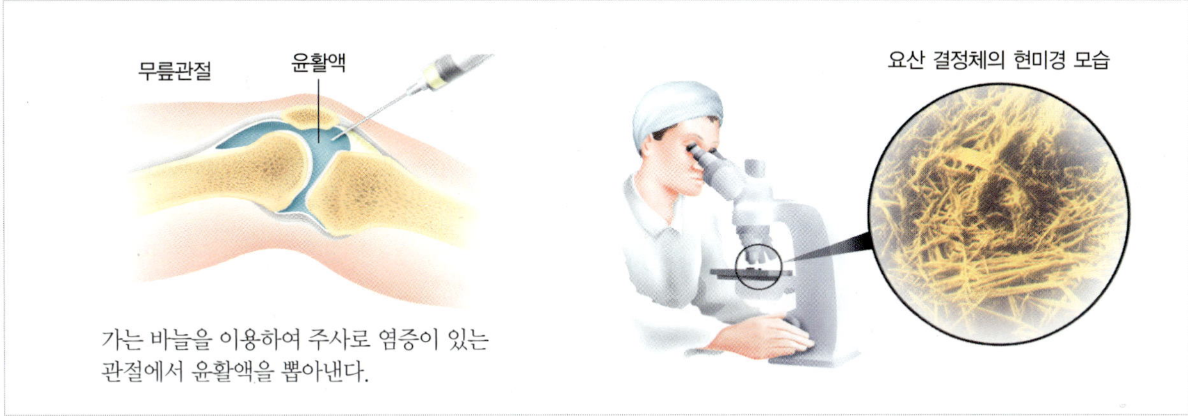

통풍발작은 관절 내에서 갑작스레 결정이 만들어지며 생긴 요산에 의해 일어난다. 붓고 빨개지며 통증을 일으키고 염증이 심해진다.

나타난다. 식품과 관련된 질병으로 스트레스, 비만 등에 기인하기도 하고, 효소 결핍이나 요산을 대량 방출하는 항암제를 복용하고 있을 때, 만성 빈혈증, 신장 이상, 건선 등으로 유발되기도 한다.

관절통이 심한 경우 90% 이상이 엄지발가락의 첫째 마디부터 통증이 온다. 관절이 붓고 붉어지며, 열이 나거나 한기를 느끼기도 한다. 주로 밤에 통증이 심하며, 과식, 과음, 부상, 약물 복용, 수술 후에 더 심하다. 통증은 1주일 이상 가지 않으며, 어깨, 등, 엉덩이 부위에는 통증이 드물다. 고혈압, 심부전증 치료제로 쓰는 이뇨제는 신장 기능에 영향을 주어 요산을 축적시키는데, 요산이 축적되면 신장결석이 발생할 위험이 크다.

치료

규칙적인 운동과 영양식으로 적정 체중을 유지한다. 단, 너무 급속하게 감량하면 오히려 요산이 갑자기 상승하므로 주의해야 한다. 통증이 있는 부위를 높이고 눕거나, 심하면 얼음 찜질을 한다.

돼지고기, 열대 과일, 자두, 피클, 식초, 건포도 등 산성 식품은 피해야 한다. 과당을 분해하지 못해 요산이 쌓이게 되면 통풍이 유발된다. 그 밖에 과식, 스트레스, 타박상 등도 우리 몸의 세포를 파괴시켜 요산 수치를 높이므로 주의해야 한다.

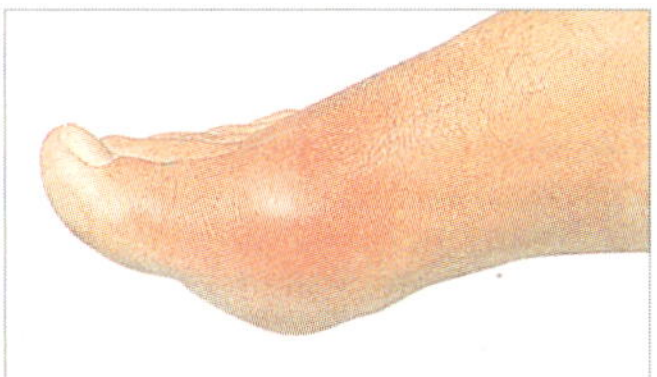
통풍

영양요법으로 퓨린이 함유된 식품의 섭취를 피하는 방법이 있다. 퓨린이 많은 식품에는 육류, 아스파라거스, 청어, 정어리, 홍합, 버섯, 백설탕, 고깃국 등이 있다. 마른 콩, 콜리플라워, 생선, 오트밀, 시금치, 포화지방, 배 등도 제한해서 섭취해야 한다.

알코올은 요산을 증가시키고 신장에서 배설하는 것을 방해하기 때문에 금물이다. 물을 많이 마셔 소변을 희석하고 요산 배설을 촉진한다. 신선한 과일, 채소, 주스류, 씨앗류, 고섬유질 식품이 좋은데, 체리 주스는 요산을 중화하고 딸기 등도 요산을 낮추어준다.

엽산은 요산을 생성하는 효소를 방해하므로 도움이 되고, 비타민 C도 요산을 낮추지만 대량으로 복용하면 오히려 요산을 높이므로 조심해야 한다. 비타민 E와 셀레늄은 류코트리엔 생산을 떨어뜨려 통풍으로 인한 관절 염증을 치료해 준다. 아연은 단백질을 분해해서 조직을 제거시키고, 게르마늄은 부종과 통증을 치료해준다. 알라닌, 글라이신 등도 요산을 감소시킨다.

약용식물로는 셀러리, 차파랄, 샤프란 등이 요산 제거에 도움을 주므로 차로 마시거나 즙으로 복용한다. 우엉, 자작나무 잎, 도깨비부채, 셀러리 씨앗을 함께 끓여 그 물을 마시면 염증이 제거되고 통증이 완화된다. 그 밖에 유카, 컴프리 뿌리, 윌로우 등도 도움이 된다. 티트리 오일로 관절 부위를 마사지하면 효과가 있다.

14 그 밖의 질환과 증상

중독증

문명의 발달로 인한 각종 스트레스의 급증, 생활 패턴의 변화 등으로 정신적, 신체적 질병이 발생하고 다양한 형태의 중독에 빠지는 경우가 많아지고 있다. 특히 설탕, 알코올, 커피, 담배, 약물에 대한 중독 등이 많다.

– 설탕 중독

설탕은 중요한 에너지원이다. 모유에는 분유나 우유보다 많은 양의 당분이 함유되어 있다. 정신적 활동이 활발할수록 당분이 든 음식을 더 찾게 되는데, 이것은 사고하는 과정에서 수많은 에너지가 소모되기 때문에 그 양을 보충하기 위한 것이다. 건강식품들에도 어느 정도 당분 성분이 들어 있지만, 그 정도로 중독 상태가 되지는 않는다. 그러나 상품화된 대부분의 식품이나 정제 식품은 맛의 효과를 높이기 위해 너무 많은 양의 당분을 넣어 설탕 중독 현상을 초래하는 경향이 높다.

여러 종류의 설탕 중에서 백설탕이 가장 해로운데, 사탕수수를 정제하는 과정에서 그 속에 있는 미네랄, 철, 칼슘 등 대부분의 영양소가 제거되거나 파괴되기 때문이다. 몸 안에 들어온 백설탕을 분해하기 위해서는 몸 안에 저장되어 있는 유용한 영양소를 소모해야 하는데, 이때 불균형이 초래되면서 더 강력한 당분 음식을 갈구하는 것이 곧 설탕 중독이다.

이러한 문제를 해결하기 위해서는 벌꿀, 메이플 시럽, 과일 등 천연 식품에서 당분을 섭취하고, 곡류 50~70%, 콩류 또는 약간의 유기성 동물 단백질 20~30%,, 찐 채소 10~20%의 비율로 식사하는 습관을 들여야 한다. 도저히 견딜 수 없을 때는 찐 과일 등을 먹는다. 정신적인 극복도 중요한 치료 역할을 하는데, 긍정적이고 즐거운 사고 및 생활 방식, 신뢰할 수 있는 대인관계 등으로 단맛에 대한 갈증을 해결하도록 한다.

– 알코올 중독

알코올은 칼로리는 높지만 영양분은 거의 없고 체내의 비타민 C를 소모시켜 영양결핍을 초래한다. 뿐만 아니라 아연, 마그네슘도 부족하게 되고 비타민 B12와 티아민, 엽산의 흡수를 방해해서 저혈당, 만성 피로, 두통, 궤양, 간경화증 등을 일으킨다. 남성의 경우 남성호르몬이 파괴되어 성 기능이 감퇴되고, 여성은 유방암, 피부암, 갑상선암에 걸릴 확률이 높아진다.

약용식물요법으로 안젤리카 뿌리, 스컬캡 각 20g을 3컵 분량의 끓인 물에 10분 정도 담갔다가 짜서 마신다. 여기에 떡갈나무 껍질 용액 5방울을 떨어뜨리면 알코올이 증발되므로 식사 전에 1컵씩 마시면 좋다. 특히 스컬캡 차는 손발이 떨리고 망상 상태에 빠지는 알코올 금단 증세에 효과가 있다. 생활에서 오는 문제, 심리적 갈등과 알코올의 관계를 분석해보고 생활의 변화를 시도해보는 것도 매우 중요하다.

단식을 통해 체내의 알코올 축적으로 생긴 독성 물질과 찌꺼기 등을 제거하는 방법도 있다. 특히 다양한 과일과 채소 즙을 이용한 단식은 재생 과정을 돕는 효소를 공급하므로 더욱 효과적이다. 단식은 보통 10~14일간 전문가의 지도 아래 실시하는데, 신선한 과일, 채소를 짜서 곧바로 마신다. 비트나 민들레, 레몬 즙 등은 물과 혼합하여 하루 2회 복용한다. 단식 후 정상적인 식사로 돌아올 때는 부드러운 음식부터 시작해서 단백질과 비타민 B가 풍부한 식품을 섭취하도록 한다.

알코올 중독에는 특히 비타민의 공급이 필수적이다. 비타민 A와 B-복합체는 신경염, 진전섬망 상태 등을 회복시키고, 콜린은 간에 지방이 끼지 않도록 돕고 신장을 건강하게 유지시킨다. 알코올로 인해 소모된 비타민 C, 아연, 철, 마그네슘, 칼륨을 보충하고, 글루타치온, 시스테인, 비타민 B 등의 항산화제로 숙취를 예방한다. 수치료도 해독과 순환 작용을 돕는 좋은 자연요법이다. 더운물과 찬물로 번갈아가며 샤워를 하고, 더운물로 관장을 한다.

– 커피 중독

커피는 부신자극제로 우리 몸에 필요한 에너지를 밖으로 방출시킬 뿐 그 무엇도 되돌려주지 않는다. 과다하게 마시면 생리적 불균형, 신경학적 장애, 배설 기관 장애, 고혈압, 피부 질환, 전립선 문제, 두통이 발생하고, 카페인으로 인해 빼앗긴 에너지를 보충하기 위해 설탕을 갈구하게 된다. 커피는 카페인 성분만 해로운 것이 아니며, 생물학적 불균형을 가져오는 산성 식품이다.

커피 금단 증세로 인한 심한 두통, 혼탁한 정신 상태를 없애는 치료 방법으로 창포 뿌리 가루, 스컬캡, 로즈마리 혼합물을 하루 4회 정도 복용하면 매우 효과적이다. 또, 커피 대용으로 민들레 뿌리 차를 마시면 간과 위장에도 좋다. 비타민 C 40,000mg을 대량 투여하는 방법도 있으나 전문가의 도움이 필요하다.

– 니코틴 중독

가장 끊기 어려운 중독 현상 중 하나다. 폐암의 일차적 원인은 물론, 여성의 경우 기형아 출산의 원인이 되기도 한다. 대부분 불안감, 권태감, 우울증, 외로움 등의 채워지지 않는 정서 상태를 보충하기 위해 담배를 피운다.

금연을 위해서는 스포츠, 요가 등 충분한 호흡을 필요로 하는 운동이 도움이 되며, 겨자 씨를 귀의 침 자리에 바르거나, 침을 맞는 것도 효과적이다. 담배를 피우고 싶을 때 단순히 귀에 테이프를 붙이거나 마사지해주면 그 욕구를 해소시킬 수 있다.

약용식물은 금연에 도움을 주고, 폐를 깨끗이 해주며, 방어력을 키워준다. 담배를 끊은 후 3~4일간 2시간 간격으로 인삼 500mg, 창포 뿌리 50mg을 복용하고 점차 그 용량을 줄여나간다. 인도에서는 창포 뿌리를 정신 활동을 돕는 보강제로 쓴다. 1~2주 후부터는 신체적인 갈증을 해소시킬 수 있으나, 정신적 갈등, 정서적 혼란을 얼마나 빠른 시간 내에 해결할 수 있느냐가 더 중요한 문제다. 칼슘, 비타민 B-복합체, B12 등을 경혈점에 주사하는 방법과 메가비타민요법 등도 활용되고 있으나 전문가의 도움이 필요하다.

– 약물 중독

코카인, 헤로인, 대마초 등 불법적인 마약류뿐 아니라 합법적인 안정제, 수면제, 진통제 등에 대한 중독도 보통 심각한 문제가 아니다. 약물 중독은 신체적 손상은 물론 위험한 생리적 변화를 초래하고, 건전한 생활 태도와 습관을 버리고 타락한 생활에 빠지기 쉽기 때문에 그 예방과 교육이 중요하다.

우엉과 민들레 뿌리, 감초, 야생 참마, 고투코라 각 20g을 끓인 물 0.5L에 15분 정도 담갔다가 하루 3컵씩 마시는 약용 차요법이 효과적이다.

만성 피로

증상과 원인

힘이 없고 쉽게 피곤하다. 허탈감, 무력감, 노곤함, 불안함, 우울증, 의기소침, 신경과민에 시달리고, 관절이 아프고 소화가 안 되며, 병에 대한 저항력이 약해지는 증세를 말한다. 급성 또는 만성적인 신체와 정신의 스트레스에 의해 생긴다. 지나친 운동, 오랜 투병 생활, 열, 영양실조, 알레르기, 장시간 햇빛 노출, 약물 과용, 화학 물질, 환경오염에 의해 나타나며, 정신적으로는 사회 · 경제적 변화, 가정이나 직장의 인간관계에서 오는 변화 등 생활의 중요한 변화들도 원인이 된다.

치료

정확한 원인을 찾는 것이 가장 중요하다. 그 다음 생활에 활력을 불어넣을 수 있는 방법을 모색하고, 휴식, 영양이 풍부한 식사, 적절한 운동, 깨끗한 환경, 스트레스 제거 등에 힘쓴다.

인삼, 아스파라거스, 옻나무 등은 에너지를 생성하고, 당귀, 참소루쟁이 뿌리는 피를 깨끗하게 정화한다. 지황 뿌리, 인삼은 원기를 증가시키는데, 차나 스프로 만들어 먹고, 가루나 추출물로 만들어 복용한다.

열

증상과 원인

병균에 감염되었을 때 나타나는 체온의 상승으로, 몸이 춥고 온몸이 쑤시는 증세가 동반된다. 또, 목이 마르고 탈수 현상이 생기며, 심하면 정신의 혼란과 경련이 나타난다. 박테리아, 바이러스의 침입으로 백혈구가 반응하여 나타난다.

치료

열은 특정 박테리아나 바이러스가 고열에 견디지 못하는 것을 이용하여 인체가 스스로 치료를 하기 위해 보여주는 생리적 현상이다. 열이 낮을 때는 발산되도록 두고 원인 제거에 노력한다. 그러나 39℃ 이상의 고열은 즉시 물과 식초를 혼합하여 적신 천으로 몸을 감싸거나 찬물로 몸을 적시고, 레몬 주스와 식초, 세이지 차를 물에 타서 목욕하는 방법으로 열을 내려주어야 한다.

민트, 할미꽃, 레드클로버 등의 혼합차를 마시면 열이 내린다. 어린아이의 경우 버드나무 잎과 껍질, 흰 포플러 껍질을 우린 물에 목욕을 시킨다. 버드나무는 아스피린처럼 해열 효과가 있고, 과일 주스는 갈증을 해소하고 비타민, 미네랄 보충에 도움이 된다. 철분은 박테리아와 곰팡이균이 생존하는 데 이용되므로 삼가는 것이 좋다. 동종요법 약물로는 아코나이트, 벨라도나, 페럼 포스페이트 등을 사용한다.

열사병

증상과 원인

장시간 태양열 노출로 두통, 현기증, 오심, 식욕부진, 눈앞에 점들이 보이고 귀가 울리는 증상이 나타난다. 피부 온도가 높아져 피부가 뜨겁고 건조해진다. 또, 갈증이 나면서 답답해지고 시름시름하며, 경련이 일어나면 호흡곤란과 함께 의식을 잃기도 한다.

장시간 열에 노출되어 몸의 온도 조절 기능이 상실된 것인데, 1~10분 내에 체온이 급격히 상승하면 곧바로 몸의 세포, 특히 뇌세포에 치명적 손상을 입게 된다. 아무리 건강한 운동선수라 하더라도 열사병에는 저항할 수 없다는 것을 명심해야 한다.

치료

응급 상황에서는 응급차를 불러 곧바로 처치해야 한다. 우선 서늘한 곳으로 옮긴 다음 옷을 벗기고 머리를 높인다. 찬물에 몸을 담그거나 찬물 샤워를 시키고 선풍기로 찬바람을 쏘여준 다음 체온이 정상으로 떨어질 때까지 알코올로 마사지를 계속 해준다.

예방을 위해서는 태양 노출을 피하고 항상 통풍이 잘 되는 곳에 머물도록 한다. 집 안에 복사열이 많은 경우 다른 서늘한 곳으로 피해 있는 것이 좋다.

몸을 차게 해주는 수박, 오이 냉채가 좋고, 완두콩은 핏속의 과잉 산성 상태를 해소시켜준다. 코리앤더와 요구르트, 접시꽃 차, 레몬 차 등을 이용하기도 한다.

비만증

증상과 원인

비만은 만성적인 질병의 원인이 된다. 위가 무겁게 느껴지고 가슴과 엉덩이가 무겁게 처지는 느낌이 들 때, 조금만 움직여도 숨이 가쁘고 땀이 많이 나며 밤에 특히 심한 목마름을 느끼고 식욕이 증가할 때, 잠을 충분히 못 잘 때, 몸에서 냄새가 나고 온몸이 뻣뻣하며 팔다리가 쑤실 때, 가슴 아래, 엉덩이 사이, 팔 아래에 붉은 점들이 생길 때는 체중을 줄여야 한다.

치료

적절한 운동과 식사로 대사 활동을 원활하게 한다. 밀, 보리 등은 저칼로리 영양소를 제공하고 식욕을 감소시킨다. 갈퀴덩굴, 별꽃, 펜넬, 센나, 장군풀, 트리팔라, 콤플렉스 등은 독성 제거와 내장 기관의 정체 상태 해소에 좋다. 펜넬, 보리 등은 동화작용을 돕는다. 대사 장애나 기질적 장애로 체중이 불어날 때는 펜넬, 별꽃을 차로 만들어 마시면 몸의 균형을 바로 잡을 수 있다.

유제품, 지방 함유 식품, 기름기 있는 식품 등을 피해 칼로리 섭취를 줄여야 하며, 소금을 줄여 체내의 수분 정체를 막아야 한다. 또, 강한 향료도 식욕을 자극하므로 줄여야 한다. 다이어트 식품이나 암페타민 등 약물치료는 몸에 해로우므로 주의해야 한다. 잠시 동안은 효과를 나타낼 수 있지만 장기적으로는 체중을 더 늘게 만들 뿐이다.

그레이프프루트(자몽)와 그 주스는 식욕을 감소시키고 지방을 연소시킨다.

화상

증상과 원인

화상은 열, 전기, 화학약품, 방사선 등에 의해 피부조직이 손상된 상태를 말한다. 햇볕에 탄 가벼운 화상에서부터 심하게는 3도 화상까지 다양하다.

1도 화상은 피부의 겉 부분만 손상된 것이며, 피부가 빨갛게 변하고 따끔거리고 가려우며 통증과 부어오르는 증상이 나타난다. 2도 화상은 피부의 내부 층까지 손상된 것이며, 1도 화상의 증상과 함께 물집이 생긴다. 3도 화상은 피부의 겉과 내부 층이 모두 손상된 것으로 즉각적인 치료가 필요하며, 피부가 까맣게 되고 물집이 생기며 피가 응고되기도 한다.

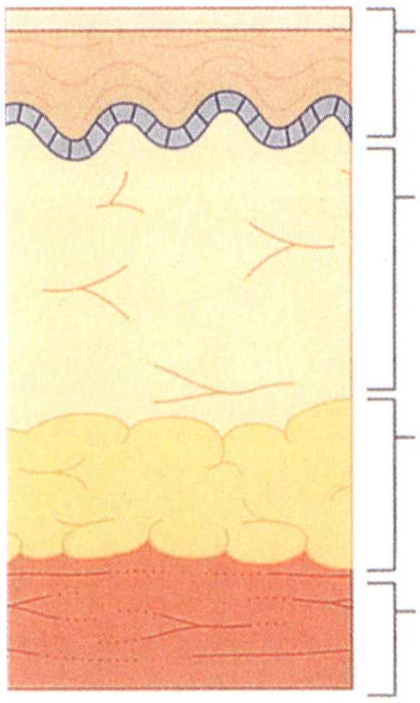

화상

치료

화상 입은 부분을 찬물(얼음물은 금물)로 식히고, 남아 있는 유발 물질을 깨끗이 씻어낸다. 감염을 막기 위해 소독을 하고 청결하게 유지하는 것도 중요하지만, 피부를 공기에 노출시켜 회복을 촉진하는 것이 더 중요하다.

1도 화상에는 컴프리, 세이지, 쐐기풀, 블루베리, 금잔화, 우엉, 느릅나무 껍질, 할미꽃, 별꽃, 라즈베리 등으로 연고를 만들어 화상 부위에 바른다. 또, 비타민 A · B · C · E 각 200mg과, 아연, 망간, 마그네슘, 구리 등이 풍부한 자연식이 회복에 도움을 준다.

2도 화상에는 비타민 E, 올리브 오일, 아마 씨, 참깨 기름, 라놀린, 벌꿀 등을 바른다. 물집을 터뜨리면 균이 감염될 수 있다.

3도 화상에는 비타민 E, 알로에를 바르면 상처를 줄일 수 있으며, 컴프리 뿌리나 잎 1쪽, 굴벨리아 1쪽, 밀 눈 오일 800ml, 벌꿀 800ml로 만든 연고를 3일 정도 두껍게 발라준다.

알로에 베라 겔은 모든 화상에 좋고, 금잔화 연고 같은 동종요법 약물도 화상 치료에 효과적이다. 생강 즙을 짜서 바르는 전통적인 방법이 이용되기도 한다. 아로마요법으로는 제라늄, 라벤더, 로즈마리 오일을 흡입하거나 마사지하는 방법이 있다.

벌레 · 개 · 뱀에게 물렸을 때

증상

통증, 부어오름, 경련, 의식 상실, 독성 침투로 인한 사망 등 다양하다.

치료

아주 가볍고 국소적인 벌 쏘임이나 모기 물린 데는 플라틴 잎 800~1,600g을 씹어 먹거나 담배 뭉치를 발라준다. 동종요법 약물로는 레둠을 사용한다. 모기나 해충에 물렸을 때는 환부를 물과 비누로 깨끗이 씻은 다음 아스피린 알약을 녹여 문지르면 증상을 가라앉힐 수 있다. 심한 가려움증이나 부어오르는 증상에는 칼라민 로션을 바르고 얼음 찜질을 하며, 베이킹소다수를 적신 수건으로 덮어둔다. 비타민 B를 먹으면 그 성분이 피부를 통해 배출되어 야외에서 모기떼가 달려들지 않는다.

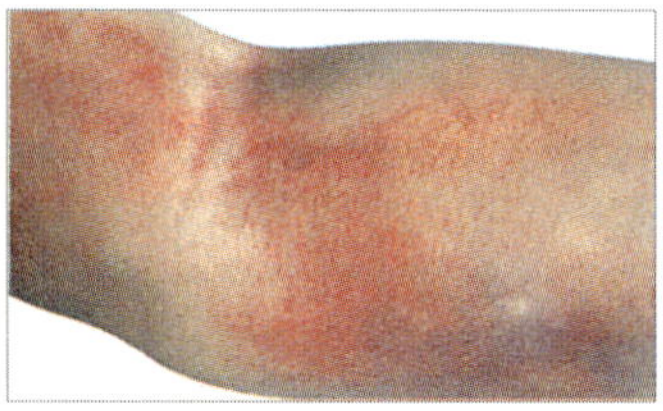
독사에 물리면

동물한테 물렸을 때는 물린 부위를 따뜻한 물로 깨끗이 씻어낸 다음 흡착기로 서둘러 피를 뽑아내야 한다. 급할 때는 입으로 빨아내거나, 면도칼로 피부를 절개한 후 에키나시아 용액 20~30방울을 30분 간격으로 떨어뜨리는 것을 최소 6회 이상 반복한다. 그 다음 매시간 또는 2시간마다 에키나시아 용액을 복용한다. 또, 부위를 노출시켜놓고 엡솜 소금물에 적신 수건으로 닦아낸다. 레드클로버와 우엉 뿌리로 차를 만들어 마시는 방법도 있다.

노화

증상과 원인

유전적으로 계획된 생화학적 변화, 환경적 영향, 개인적 활동 등에 의해 노화가 진행되는데, 정확한 원인은 아직 밝혀내지 못한 실정이다. 노화 속도는 개인마다 다를 수 있는데, 나이 듦을 긍정적으로 받아들이고 건강하고 품위 있게 살면서 몸과 마음을 잘 가꾸고 조화를 이루는 것이 건강하게 장수하는 비결이다. 생년월일에 따른 나이보다는 우리의 기능적 활동 정도에 따른 나이가 진정한 인생의 나이일 것이다.

치료

– 운동

에어로빅, 걷기, 수영, 자전거 타기 등 규칙적인 운동을 하고, 온천욕, 샤워 후 마른 수건으로 피부 문지르기 등 순발력과 자극을 증가시키는 방법을 쓰면 젊음을 오래도록 유지할 수 있다. 운동은 신체적인 조화를 이루는 가장 좋은 방법이다. 감정적 긴장 상태를 풀어주고, 혈압, 체중, 혈당, 호흡 기능, 스태미나 조절에 효과적이다. 요가, 수영, 산책 등을 의사와 상담 후 선택하여 꾸준히 실시한다.

55세 이후에 서서히 신체적, 정신적 변화가 생긴다.

– 정신 활동

긍정적이고 현실적인 사고로 스트레스를 적절히 관리하고, 지속적인 정신 활동으로 지적 흥미를 꾸준히 유지하며, 항상 무언가를 시도하는 창조적 자세를 갖는 것이 중요하다. 친구들과 좋은 관계를 유지하고, 즐거운 대화를 하며, 유쾌한 음악으로 활력을 찾아야 한다.

I 연령에 따른 신체와 정신의 변화 I

- 15세 전후

성호르몬과 같은 내분비 기관의 활동이 증가되어 대사의 불균형을 초래하고 체내에 과잉 축적된 노폐물을 제거하려는 생리적인 증상들이 자주 나타난다. 여드름, 피부 종기가 생기고 코 주위의 피부샘 확장이 일어난다.

- 20~30세

처음으로 영구적인 주름살이 코 주위에서 입 쪽으로 형성되고, 앞이마에는 지방조직이 감소되면서 수평으로 주름이 약간 생기기 시작한다. 코, 귀, 입 주위는 나이가 들수록 계속 주름이 확대되고 커지는데, 성장 속도는 그 사람의 전반적인 성장과 비례한다고 한다.

- 30~45세

근육의 강도가 서서히 떨어지고 반응 속도나 반사 속도가 느려진다. 눈 주위에 잔주름이 형성되고 골이 깊어지기 시작한다.

- 45~55세

여자에게는 폐경기, 남자에게는 성적 기능이 감소되는 시기다. 여자는 목소리가 저음으로 되고 남자는 높아진다거나, 여자는 몸에 털이 많아지고 남자는 털이 없어지기도 한다.
초조감, 우울증이 나타나고 갑자기 온몸이 추워지거나 화끈 달아오르는 홍조 현상과 함께 수면이 불규칙해지기도 한다.

- 55세 이후

신체적 쇠약 현상이 여러 방면에서 다양하게 나타나지만, 지적, 정서적 성숙은 계속된다. 노화가 진행되면 특히 소화 능력이 현저히 떨어지는데, 맛과 냄새에 대한 감각이 둔해지고 영양 흡수율이 저하된다. 예를 들어 65세가 넘으면 칼슘 흡수율이 떨어져 설사나 변비가 더 잦아진다.

- 영양요법

과다한 음식 섭취는 건강과 장수 능력을 저해한다. 균형 잡힌 적절한 식사가 중요하다. 적절히 조리한 곡류, 콩류, 채소, 절제한 유제품, 생선, 계절 과일 등을 섭취하는 것이 좋다. 기본식으로 식물성 단백질을 섭취하는데, 곡류 및 신선한 과일, 섬유질이 많은 신선한 채소로 식단을 구성한다. 육류는 되도록 줄이고 생선을 먹도록 한다. 요구르트를 꾸준히 먹어 소화 기능을 돕고 단맛을 내는 데는 설탕보다 벌꿀을 이용하며, 소금 섭취를 최소화하고 담배, 술, 커피, 지방, 자극이 강한 향료, 매운 음식, 알루미늄 복합체가 들어 있는 가공 식품들은 가급적 피한다. 마늘, 양파, 양배추 등에는 시스테인 같은 아미노산이 풍부하여 중금속 오염 등을 해독시키고 노화를 방지한다. 잘 계획된 정기적인 단식요법도 신체의 노화 방지와 활력 증진에 도움을 준다.

- 약용식물요법

인삼, 민들레 잎, 골든실 뿌리, 강장 이뇨제인 다미아나 잎 등이 전반적으로 활력을 증가시킨다. 겨울에는 인삼주, 여름에는 인삼차를 하루 2~3회 복용하는 것이 좋으며, 순환 작용을 증가시키고 호르몬 기능을 돕는 녹용도 도움을 준다. 라이시베리는 특히 카로틴이 풍부하고 항산화 작용이 강해 차로 마시면 효과가 좋다. 차파랄 차도 도움이 되며, 큰매화노루발은 이뇨와 장운동 조절 효과가 있다. 은행 잎 추출물은 뇌 순환 대사를 촉진하는 물질이 들어 있어 현기증, 귀울림, 기억력 장애, 의식 장애 등을 조절한다. 또, 동종요법은 기억력 장애, 소화력 저하의 개선에 도움을 준다.

- 아로마요법

로즈마리 오일은 기억력을 증진시키고, 캐모마일, 멜리사, 페퍼민트 오일은 불면증, 신경과민 상태 등을 개선한다. 이들 오일을 흡입하거나, 마사지 또는 습포로 이용한다.

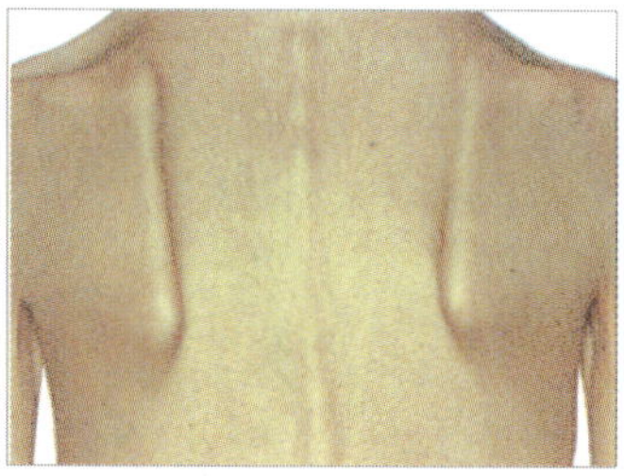
식욕부진증 환자

식사 장애 – 식욕부진증과 식욕항진증

증상과 원인

식사 장애는 요즘 사회 현상으로 부각될 정도로 심각한 질병이 되었다.

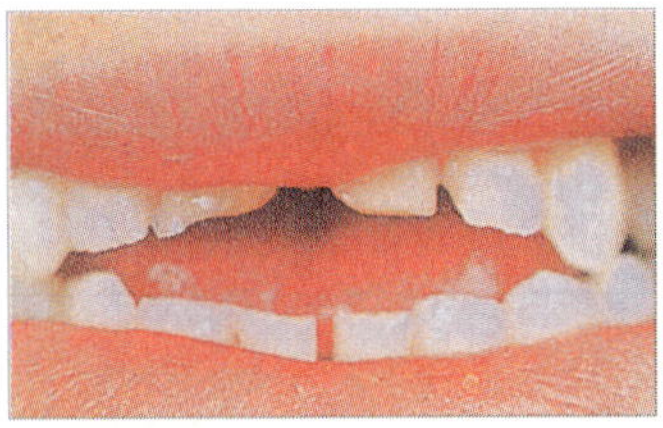
대식증의 결과

체중에 대한 강박관념에 시달리고 자의식이 부족한 젊은 여성들에서 많이 나타난다. 식사 장애에 걸리면 식사 후 대량의 설사제나 이뇨제를 먹고 몸 안의 음식물을 재빨리 제거하고자 한다. 사춘기나 대학생 나이에 많이 발생하고, 특히 고학력 고소득층 집안에서 성장한 여성들에서 많이 볼 수 있다.

식욕부진증이나 식욕항진증은 모두 자신이 비만이 될 것이라는 병적 공포에서 생긴다. 일부 식욕부진증 환자는 나중에 식욕항진증 환자로 바뀌기도 하는데, 결손 가정, 중독증을 가지고 있는 가정환경 등에서 흔하게 나타난다.

일부는 자신의 우울 증상을 해소하는 방법으로 식욕항진 증세를 보이고, 죄의식에서 벗어나기 위해 구토를 유발한다. 반복적인 구토로 치아의 에나멜이 부식되고 목이 부으며, 불규칙한 월경, 현기증, 느린 맥박, 저혈압 증세를 보인다. 수치감과 죄책감을 가지고 있으며, 우울, 자폐 증세와 자살 상념, 그리고 무엇보다도 강박적인 결벽증을 가지고 있다.

치료

환자와 가족 모두에게 정신 상담과 이해를 돕기 위한 교육, 그리고 상대방에게 사랑과 신뢰감을 표현하는 훈련이 필요하다. 자신의 분노와 우울을 표현하고 도움을 요청할 수 있도록 용기를 주며, 자신에 대한 부정적인 이미지를 긍정적으로 바꾸어주어야 한다.

영양요법으로 채소, 과일, 요구르트, 저지방 건강식품 등을 항상 주위에 두어 손쉽게 섭취할 수 있도록 해주면 해로운 식품을 접할 기회가 줄어든다. 하루 세 끼 규칙적으로 식사를 하며 굶어서 과식하는 일이 없도록 한다. 어떤 음식에 대한 갈망이 생기면 먹기 전에 20분 정도 기다리며 그것이 정말 배가 고파서가 아니라는 것을 주지시키거나, 생산적인 활동에 몰입하여 그에 대한 집착을 잊도록 한다.

종합 비타민과 미네랄을 복용하여 비타민 결핍으로 오는 식욕항진증을 조절하고, 아시도필루스로 장 내 세균을 안정시켜준다. 비타민 C는 분비샘과 세포조직을 재생시키고 아연은 단백질 대사에 중요한 역할을 하며, 철분은 식욕항진증 환자에서 흔한 빈혈을 치료해주고 게르마늄은 세포에 산소 공급을 원활하게 해준다.

약용식물로는 미네랄과 비타민이 풍부한 알팔파, 금달맞이꽃 오일, 캐모마일, 켈프 등이 좋다.

발 냄새

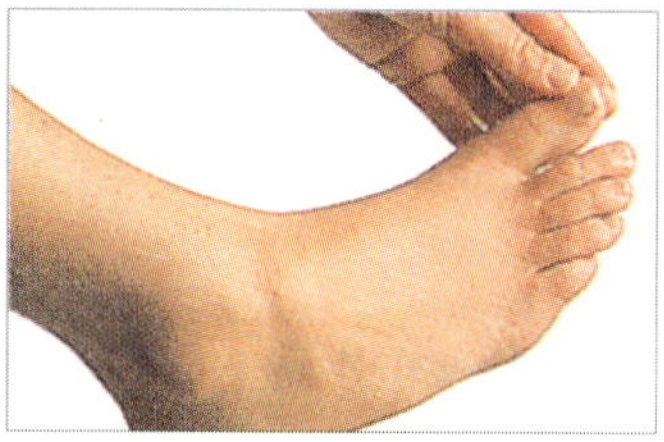
발 냄새는 세이지, 파인 오일 등을 탄 물에 발을 담그면 좋은 효과를 볼 수 있다.

증상과 원인

다양한 원인이 있을 수 있으며, 순환계나 소화계 이상, 스트레스, 갑상선 질환, 초조감, 빈혈, 산성도 이상으로 나타난다. 합성섬유 양말을 신었을 때, 발의 공기 소통이 원활하지 못할 때도 나타나며, 그 원인은 복합적이다.

치료

신발에 땀을 흡수하는 깔판을 깔거나 활석 가루를 뿌린다. 아연과 보릭산에 살리실산을 섞은 가루약이 좋다. 또, 엡솜염, 라벤더, 금잔화, 진초, 떡갈나무 껍질, 자작나무 잎, 식초 등을 물에 넣고 발을 담근다. 처음 5분 정도는 따뜻한 물에, 10~30초 정도는 찬물에 발을 씻는데, 이것을 2~3회 반복한 후 찬물로 마무리하고 잘 건조시킨 다음, 알코올이나 노간주나무 즙으로 문질러준다. 또 다른 방법은 건초나 솔방울 추출물을 적신 수건으로 5~6회씩 10일 정도 발을 덮어주고 이후에는 1주일에 1회씩 시행하는 것이다.

아로마요법도 효과적인데, 카주푸트, 클라리세이지 오일로 마사지하거나 물에 타서 발을 담근다.

종양

증상과 원인

환경오염과 수많은 발암물질에 둘러싸인 현대인에게 공포의 대상이 되고 있는 암은 그 종류가 수백 가지가 넘는다. 악성 종양은 흔히 폐, 유방, 위, 대장, 피부, 췌장, 간, 전립선, 자궁, 난소, 골수, 임파, 뼈, 근육 등에 생긴다. 백혈병은 혈액 종양, 임파종은 임파조직에 생기는 종양이다.

정확한 원인은 알려져 있지 않으나, 그 원인으로 작용하는 인자들을 분류해 보면, 음식과 관련된 것 35%, 담배와 관련된 것 30%, 성, 생식 기능과 관련된 것 7%, 직업과 관련된 것 4%, 알코올과 관련된 것 3%, 식품첨가제와 관련된 것 1%, 원인불명인 것 20%이며, 그 밖에 방사선 물질, 화학 물질, 비타민 결핍, 고지방 식품, 스트레스, 환경오염 등이 있다.

일단 이러한 요소에 의해 암세포가 발생하면 정상 세포보다 빠르게 증식하여 정상 기능을 파괴하고 영양분을 소모시킨다. 기침, 목이 쉬고 음식을 삼키기 곤란해지는 증상, 만성 소화 장애, 임파선 부종, 장 기능과 배뇨 기능 변화, 혈변, 혈뇨, 미열, 피로, 두통, 멍, 식욕부진, 체중감소, 복통, 요통 등 다양한 증상이 나타난다.

치료

정기적인 신체검사와 전문가의 진찰을 통해 조기에 발견하는 것이 치료의 지름길이다. 치료 방법에는 항암제치료, 방사선치료, 수술 등이 있다. 조직검사, 세포검사, 각종 영상진단, 화학분석검사와 내시경 등으로 정확하게 암 발생 유무를 확인해야 한다.

자연요법으로는 항암제와 방사선치료로 생기는 탈모 증상에 두피에 찬물 찜질을 하는 방법을 쓰고, 항상 바쁘게 활동하며 친구와 가족, 도움을 주는

I 암을 예방하는 생활법 I

예방이 무엇보다 중요하다. 다음의 사항을 생활화하도록 한다.

- 금연한다. 흡연은 폐암의 원인이며, 임신 중의 흡연은 아이의 암 발생률을 높인다.
- 절주 또는 금주한다. 과한 알코올 섭취는 구강암, 식도암, 위암, 간암을 유발한다.
- 저지방, 고섬유질 식품 섭취를 늘린다. 양배추, 브로콜리, 콜리플라워, 아몬드, 해바라기 씨, 참기름, 파슬리, 블루베리, 귀리, 감자, 당근 등을 많이 먹는다.
- 항암 효과가 있는 베타카로틴을 충분히 섭취한다.
- 암성 변화를 막고 특히 위암 발생을 줄이는 비타민 C를 충분히 섭취한다.
- 항산화제를 충분히 섭취한다. 셀레늄은 유방암 등의 발생을 줄이며, 게르마늄도 도움이 된다.
- 규칙적인 운동으로 면역 기능을 강화한다.
- 정상적인 성생활로 자궁경부암, 에이즈 등을 예방한다.
- 고환검사, 유방자가진단 등으로 조기 발견을 위해 노력한다.
- 유방, 자궁경부, 대장 등에 대한 정기검진을 받는다.
- 가족 중에 암 환자가 있었다면 가족 모두 정기검진을 받는다.
- 튀긴 음식, 동물성 지방 및 단백질, 커피, 차, 카페인, 염분이 많은 식품, 훈제 식품, 베이컨과 소시지(질산염 같은 발암물질 함유 식품) 등을 삼간다. 방부제, 인공감미료, 불소, 탄 음식, 오염된 공기 등도 피해야 한다.
- 비만, 체중 증가는 자궁암, 유방암 등과 관련이 있으므로 주의한다.
- 불필요한 X레이 촬영을 삼간다.
- 페인트, 농약, 헤어스프레이, 자외선, 아스베스토스와 비닐클로라이드, 염색 약품 등에 노출되지 않도록 주의한다.
- 집 안의 라돈 가스 발생량을 측정하여 방지한다.

봉사 단체와 긴밀한 교류를 갖고 자신을 긍정적으로 생각하며, 정신적 안정과 자기최면 등을 통해 건강한 삶을 꾸려나가기 위한 노력을 기울인다.

영양요법으로는 비타민과 미네랄을 대량 공급하여 세포의 산소 공급을 크게 늘리고, 고섬유질 식품을 섭취하여 독성 물질을 해독하고 배설하며, 당분, 동물성 지방, 카페인, 알코올 등을 금한다. 장 활동을 촉진하는 라이신, 자두 같은 과일과 채소를 자주 섭취하여 배설 순환을 원활하게 하고, 항산화제인 베타카로틴을 복용한다. 면역 기능을 강화하는 마늘도 좋다.

게르마늄은 세포의 산소 공급을 증가시켜 면역체계를 자극하며, 셀레늄은 단백질 소화에 필요하다. 비타민 B6는 방사선치료에 의한 조직 손상을 최소화하며, 비타민 A · C · D · E · B-복합체는 세포의 기능 강화, 해독, 칼슘 활용 등에 효과적이다. 아시도필루스, 클로로필은 장 내 세균과 혈액세포를 활성화하여 암세포와 대항하도록 해준다.

약용식물요법으로는 민들레, 차파랄, 에키나시아, 수마, 레드클로버, 발레리안 뿌리 등으로 독성 제거, 간장 보호, 혈액순환 촉진, 항암 효과를 기대할 수 있다.

좌욕창

증상과 원인

오랫동안 누워 있으면 눌리는 부위에 통증과 염증이 생긴다. 교통사고 환자, 마비 환자, 수술 환자, 장기 요양 환자 등에서 흔히 나타난다.

치료

컴프리 뿌리, 느릅나무, 삼잎국화 뿌리를 가루로 만든 것을 욕창 부위에 직접 바르고 붕대로 감아서 치료한다. 하루 1~2회 깨끗이 갈아준다. 상처가 회복되고 새살이 돋게 하기 위해서는 비타민 A · C · E · B-복합체, 아연, 리보플라빈, 구리 등 비타민과 미네랄을 연고나 보조 치료에 사용하며, 염증 제거와 살균 효과를 위해서는 세이지, 타임을 알코올에 약 4주간 담가둔 용액을 바르도록 한다. 아로마요법으로 캐모마일, 주니퍼베리, 제라늄, 라벤더 등을 이용하고, 동종요법 약물로는 헤파, 루스톡스 등을 사용한다.

활액낭염 및 테니스엘보

증상과 원인

어깨, 팔꿈치, 무릎, 발목, 뒤꿈치, 엄지발가락 부위의 활액낭에 염증이 생기는 것을 말한다. 조그만 주머니 같은 활액낭에는 윤활액이 들어 있어서 뼈, 근육, 인대 사이의 마찰을 줄이고 충격을 흡수한다. 비비고, 늘어뜨리고, 압박하는 등 충격이나 손상, 자극으로 생기며, 그 밖에 알레르기, 급 · 만성 염증, 통풍 등도 원인이 된다.

치료

급성일 경우는 젖은 찬 수건 3개를 환부에 대고 그 위에 마른 수건 2개를 1시간 정도 덮어둔 다음 환부가 따뜻해질 때까지 잘 문질러준다. 이 과정을 하루 2회 실시하고, 젖은 찬 수건 팩을 한 번 더 해준다. 캐스터 오일을 환부에 바르면 통증이 줄어든다. 또, 국화과 식물인 아니카, 유칼립투스, 생강, 사과주를 바르거나 덮어준다. 매도스위트, 팬지, 포플러, 버드나무를 우려낸 차를 마시면 염증과 통증이 사라진다. 또, 비타민 B12 · C · E, 과일 주스, 채소즙으로 단식을 하면 회복이 빨라진다.

만성일 경우는 관절 부위를 가볍게 운동하면서 운동량을 점차 늘려주면 도움이 된다. 고양이가 기지개를 켜듯이 어깨와 팔꿈치를 스트레칭하는 운동이 좋다. 버드나무 껍질로 만든 차는 아스피린과 같은 효과가 있는데, 위장 장애를 일으키지 않으면서 통증을 없애고 회복을 빠르게 해준다. 컴프리, 네트, 로즈마리를 동량으로 혼합하여 5분 정도 끓인 차도 도움이 된다. 또, 간유구는 관절 부위를 강화하는 것은 물론 딱딱함을 줄여주며, 파슬리 차는 관절에 산이 축적되어 생기는 통증을 감소시킨다. 체리 즙을 4일 정도 복용하면 관절염 치료에 좋다.

비타민 C 1,000~5,000mg, 판토텐산 250~500mg, 그리고 비타민 B6 100mg을 칼슘 1,000mg, 마그네슘 500mg과 함께 복용해도 좋다.

part B

보완대체의학 실제 편

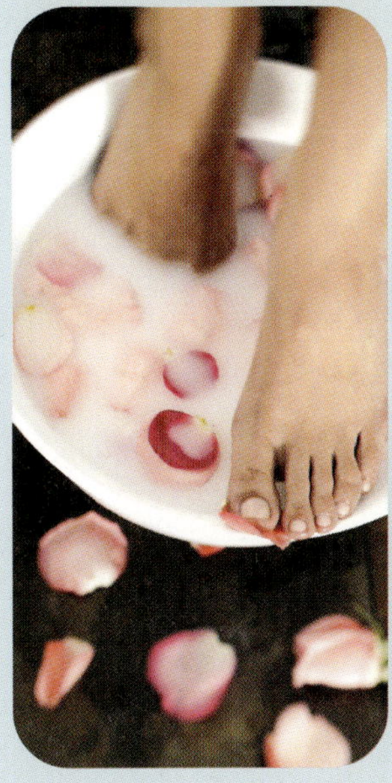

생활 속에서 안전하게 선택하는 보완대체의학

보완대체요법은 특정한 어느 한 가지 치료 방법을 일컫는 것이 아니다. 병을 치료하고 건강을 증진시킬 수 있으나 아직 완전히 과학적으로 검증되지는 않은 다양한 치료 방법을 모아놓은 것이 바로 보완대체의학이다. 따라서 어떤 증상과 질병에 어떤 보완대체요법을 선택하여 안전하게 사용할 수 있는지 아는 것이 무엇보다 중요하다.

01 보완대체의학을 안전하게 선택하는 방법

기질적으로 뚜렷한 병변이 있고 증상이 나타나는 질병, 응급을 요하는 상태, 수술이 필요한 질병, 세균에 감염되어 빠른 치료가 필요한 경우, 그리고 외상과 부상을 당한 상태에는 현대 서양의학적 치료가 우선해야 한다. 반면에 뚜렷한 기질적 병소 없이 증상만 계속되는 복합적 만성 질환, 확실한 병명이 없이 일상생활에 불편을 주는 기능성 장애나 신경성 질환의 치료에는 보완대체의학을 선택하는 것이 좋다. 또, 성인병이라 일컬어져왔던 생활습관병은 보완대체의학적 방법으로 생활습관, 식생활, 환경을 바꿈으로써 건강을 되찾을 수 있다.

미국질병관리센터의 연구 보고에서도 볼 수 있듯이 암의 37%, 뇌졸중의 50%, 동맥경화증의 49%, 심장질환의 54%는 생활습관을 바꿈으로써 예방이 가능하다. 또, 병을 앓고 있는 사람의 약 40%가 질병 초기에 병의 진행을 막기 위해 보완대체의학적 방법을 찾고 있으며, 만성 또는 퇴행성 질환을 앓고 있는 사람 중 일부는 현대 서양의학의 치료에서 부작용을 경험한 후 보완대체의학을 선택한다.

우리나라는 아직 보완대체의학에 대한 제도적 규제나 장치가 없어서 자칫 문란한 의료문화를 만들어낼 소지가 많을뿐더러 시행착오를 일으킬 가능성도 많다. 실제로 엉터리 시술로 인한 사고와 피해가 속출하고 있는 실정이어서 하루 빨리 적절한 대책이나 방안을 강구하여 국민건강에 도움이 되도록 하는 것이 필요하다. 저자의 견해로는 영국처럼 보완대체의학에 대한 특별관리법을 제정하여 보완대체요법이 필요한 경우 제도권 의학에서 전문 의료인의 관리 감독 하에 안전하고 합법적으로 시술해야 한다고 본다. 물론 보완대체의학도 서양 정통 의학처럼 병을 책임지고 근본적으로 완전히 치료한다고 생각해서는 안 되며, 단지 그 상태에서 최선의, 그리고 최적의 치료법으로 사용될 수 있다는 데 그 가치를 인정해야 한다.

보완대체의학으로 질병을 성공적으로 치료하기 위해서는 그에 대한 정확한 정보가 필요하다. 또, 자신의 건강 상태가 보완대체의학적 치료에 적합한가도 판가름할 수 있어야 한다. 보완대체의학을 선별하고 자신의 병 치료에 최상의 방법으로 선택하는 요령을 알아보도록 하자.

첫째, 환자의 증상과 고통을 주의 깊게 듣고, 필요한 검사를 시행한 후 문제가 되는 점들을 자세히 설명하며, 어떤 치료를 할 것인지 친절히 안내해주는 의사와 치료자를 선택한다. 환자가 생각하고 있는 보완대체요법에 대해 말했을 때 무조건 비판하는 의사는 편협한 지식과 판단력을 가졌거나, 환자에 대한 인간적인 관심이 없다고 볼 수도 있다. 환자에게 정말 도움이 되는 것이 무엇인지 고민하는 의사를 선택하는 것이 중요하다. 치료 방법의 선택에 따르는 고통과 비용 부담, 후유증에 대해 환자의 입장을 함께 나눌 의사가 필요한 것이다.

둘째, 의사라고 해서 모든 것을 알고 있다고 생각하지 않으며, 최신의 의학 지식과 자료를 찾고 환자와 같이 검토하는 자세를 가진 의사와 치료자를 선택한다. 확실한 전문 지식이 있는 치료자는 자신이 사용하는 보완대체요법의 한계를 분명히 알고 있다고 할 수 있으나, 만병통치를 주장하는 치료자는 일단 의심해볼 필요가 있다.

셋째, 시중에 떠도는 애매한 치료 사례와 자신이 읽거나 들었던 대체의학 정보를 그대로 믿고 따르는 우를 범하지 않는다. 보완대체요법에 대한 정보와 지식들은 상당히 조심스럽게 수용하거나 경계해야 하는 이중성을 가지고 있다. 특히 중증의 만성 질환이 있는 사람은 보완대체요법이 도움이 될 것인지 잘 검토해보아야 한다. 일회적이고 무책임하며 소모적인 위험한 방법들이 수두룩하므로 항상 신중하게 검토하여 위험한 결과로부터 자신을 보호해야 한다. 그러기 위해서는 정확한 정보와 지식을 알아내고 경험하는 노력이 필요하다.

넷째, 여러 보완대체의학 관련 전문가와 정보단체, 예를 들면 의학도서관을 통해 관련 정보를 확인하거나, 다른 환자나 친지의 정보와 경험을 참고, 비교해보고, 인터넷이나 의학정보조직, 관련 단체에 문의해본다. 관련 학회나 협회, 건강 단체 후원회, 전문가 집단이나 컨설팅 그룹 등을 통해 확인해보는 방법도 있다. 이를 통해 이용하고자 하는 보완대체요법이 자신이 가진 문제를 해결하고 과학적 근거가 있는 치료 방법인지 확인할 수 있을 것이며, 보완대체요법을 선택한 후에도 치료의 기준을 정하여 경과를 잘 관찰하고 효과가 있는지, 부작용은 없는지

보완대체요법 의료 행위	사이비 의료 행위
시술자가 의학적 전문교육 과정을 밟았거나, 이에 준하는 의학적 지식과 경험을 축적한 경우	시술자가 의학적 교육을 받지 않았거나, 의학적 근거를 무시하고 그 필요성을 거부하면서 시술하는 경우
축적된 경험적 사례로 충분한 임상적 결과를 가지고 있는 경우	개인적 경험에 의존해 편협하고 편파적인 개념으로 치료하는 경우
부작용, 독성 작용 등의 문제점이 공개되어 이에 대한 대책이 확립된 경우	만병통치로 인식하고 부작용과 독성 작용 등이 없는 치료법으로 믿으며 과대 선전하는 경우
과학적 검증과 메커니즘의 규명이 이루어질 수 있는 가능성이 있는 경우	비상식적, 비논리적이어서 과학적 규명이나 이론적 메커니즘의 성립이 불가능한 경우
적어도 미국국립보건원의 대체의학 분류에 포함되어 있는 경우	미국국립보건원의 대체의학 분류에 포함되어 있지 않은 경우

스스로 점검해보아야 한다.

구체적인 요법들 가운데 침술, 카이로프랙틱, 동종요법, 아로마요법, 피토테라피(약초요법) 등은 전문가를 찾아야 하는 대표적인 치료법이다. 특히 가벼운 증상의 해소를 위해 며칠간 치료하는 것이 아니라 만성 혹은 중증의 질환을 치료하기 위한 것이라면 반드시 전문가의 도움을 받아야 한다. 아로마요법은 스트레스, 불면증, 호흡기와 피부과 증상의 치료에 효과적이며, 카이로프랙틱 같은 수기요법은 요통의 치료에 효과적이다. 마사지요법은 근육의 긴장을 풀고 기분을 안정시키며, 침술은 통증을 없애준다.

이미 서양의학을 전공한 많은 의사들이 보완대체요법에 관심을 기울이기 시작했으며, 외국에서 전문가 과정을 수료하거나 워크숍 등에서 다양한 요법을 배워 환자 치료에 이용하고 있는 것도 대체의학을 한층 과학적이고 안전하게 접할 수 있게 한다는 점에서 고무적이 아닐 수 없다. 더 나아가 의사협회에서도 보완대체의학을 검증하고 임상에 적용할 수 있도록 분류하는 특별위원회를 발족시켜 이 분야를 더욱 발전시키려는 토대를 만들고 있다.

참고로 보완대체요법과 사이비 의료 행위를 구별하기 위한 대략적인 차이점을 정리해보면 409쪽 표와 같다.

02 혼자서 건강을 검진하는 방법

생물학적 연령을 측정하는 방법

다음의 체크리스트를 보고 각 항목에 따른 점수를 합산하여 건강 상태와 생물학적 연령을 알아본다. 내용을 읽고 지시하는 대로 더하거나 빼서 나온 마지막 숫자가 당신의 진짜 신체 나이, 즉 생물학적 연령이다.

현재의 나이에서 빼나가는 항목

1. 혈압이 140/90 이내의 정상범위에 들어 있다면	−1
2. 콜레스테롤 수치가 180 이하면	−1
3. 매일 전반적으로 좋은 컨디션을 유지하고 있다면	−1
4. 만성적으로 앓고 있는 병이 없다면	−2
5. 천식이나 호흡기 질환이 없다면	−1
6. 가만히 있을 때의 맥박수가 1분에 60 이하면	−1
7. 시력이 좋고 장애가 없다면	−1

현재의 나이에서 더해나가는 항목

1. 혈압이 140/90 이상이면	+2
2. 체중이 정상범위보다 많이 나가면	+3
3. 콜레스테롤 수치가 250 이상이면	+1
4. 하루 반 갑 이상 담배를 피우면	+2
5. 하루 2회 이상 드링크류를 마시면	+0.5
6. 운동한 후 지치고, 다시 원기를 찾는 데 시간이 오래 걸리면	+1
7. 빈혈기가 있고 어지러우면	+0.5
8. 감염이 잘 되고 면역성이 떨어져 있다면	+1
9. 변비에 시달리고 있다면	+1
10. 만성적으로 피곤해 있다면	+1
11. 가만히 있을 때의 맥박수가 1분에 80 이상이면	+0.5
12. 기억력이 나쁘고 곧잘 잊어버리면	+1
13. 시력 장애가 있다면	+1
14. 성생활에 문제가 있다면	+0.5

심장혈관의 튼튼한 정도

다음은 당신의 심장혈관이 얼마나 튼튼한지, 그래서 얼마나 오래 살 수 있는지 알아볼 수 있는 기준들이다. 다음 물음에 해당하는 점수들을 차례로 합산하여 총점을 계산해보자.

합산 결과가 40점 이상이면 심장 질환에 걸릴 위험이 상당히 높고, 20~39점이면 중간, 10점 이하면 아주 건강한 상태다. 점수가 높다고 반드시 심장병에 걸리는 것은 아니며, 상당한 위험을 안고 있음을 의미할 뿐이다.

나이

55세를 기준으로 심장병 발생률이 높아지므로 **56세 이상 +1, 55세 이하 0**

성별

남자가 여자보다 심장혈관 합병증 발생률이 높으므로 **남자면 +1, 여자면 0**

가족력

1. 조부모, 부모, 형제 등 직계가족이 심장병을 앓았고 60세 이전에 뇌졸중이 있었다면	+12
2. 직계가족이 60세 이전에 심장병을 앓았으나 뇌졸중이나 심장발작이 없었다면	+10
3. 직계가족이 60세 이후에 심장발작이 있었다면	+6
4. 가족력이 없다면	0

개인력

1. 50세가 되지 않았고, 심장발작이 있었거나 혈관수술을 했거나 뇌졸중이 있었다면 (이중 하나라도 해당되면)	+20
2. 50세가 넘었고, 심장발작이 있었거나 혈관수술을 했거나 뇌졸중이 있었다면(이중 하나라도 해당되면)	+10
3. 어느 것도 해당되지 않는다면	0

당뇨병

1. 40세가 되지 않았고, 당뇨병이 있으며, 현재 인슐린으로 치료를 하고 있다면	+10
2. 40세가 넘었고, 당뇨병이 있으며, 인슐린이나 경구용 당뇨약을 사용하고 있다면	+5
3. 식이요법으로 당뇨병을 조절하고 있거나, 당뇨병이 55세 이후에 발생했다면	+3
4. 당뇨병이 없다면	0

흡연

1. 하루 2갑 이상 담배를 피우면	+10
2. 하루 1~2갑 담배를 피우거나, 담배를 끊은 지 1년 이하라면	+6
3. 하루 6개비 이상 담배를 피우거나, 파이프 담배를 규칙적으로 피우면	+5
4. 하루 1갑 이하로 담배를 피우거나, 담배를 끊은 지 1년이 넘었다면	+3
5. 하루 6개비 이하로 담배를 피우거나, 파이프 담배를 규칙적으로 피우지 않는다면	+3
6. 담배를 끊은 지 5년이 넘었다면	+1
7. 담배를 피우지 않는다면	0

식사

콜레스테롤과 포화지방이 많은 식사는 동맥 혈관벽에 동맥경화성 침착물을 만들어 심장병의 위험을 높인다.

1. 매일 육류를 먹거나, 1주일에 7개 이상 달걀을 먹거나, 매일 버터, 우유, 치즈를 먹는다면	+8
2. 1주일에 4~6회 육류를 먹거나, 1주일에 4개 이상 달걀을 먹거나, 가끔 마가린, 우유, 치즈를 먹는다면	+4
3. 닭고기, 생선을 먹거나, 육류를 전혀 먹지 않거나, 달걀만 1주일에 3개 이하로 먹거나, 가끔 마가린을 먹는다면	0

콜레스테롤

1. 콜레스테롤 수치가 276 이상이면	+10
2. 콜레스테롤 수치가 225~275면	+5
3. 콜레스테롤 수치가 224 이하면	0

혈압

1. 160/100 이상이면	+10
2. 140/90 초과 160/100 미만이면	+5
3. 140/90 이하면	0

체중 (적정체중 = (키−100)×0.9)

1. 적정체중보다 10kg 이상 더 나가면	+4
2. 적정체중보다 5~9kg 더 나가면	+2
3. 적정체중보다 5kg 덜 나가면	0

운동

1. 걷기, 조깅, 사이클, 라켓볼, 수영 등 운동을 15분 이상 1주일에 1회 이하로 하면	+4
2. 1주일에 2회 운동하면	+2
3. 1주일에 3회 이상 운동하면	0

스트레스

1. 줄을 서서 기다릴 때 쉽게 지치고 초조해하면, 마감이나 약속시간 등에 급하게 서두르면, 쉽게 화를 내고 안절부절못하면	+4
2. 가끔 서두르거나 자신의 기분에 빠지게 되면	+2
3. 줄을 서서 기다릴 때 비교적 느긋하고 어떤 일이든 서두르지 않고 쉽게 풀어나가면	0

수명을 예측하는 건강 테스트

가정생활

1. 가족과 마음을 털어놓고 솔직하게 대화를 하면	+1
2. 가정에서 자신이 가치 있는 일원이라고 느끼면	+1
3. 가정에서 자신의 역할과 규칙을 잘 이행하고 융통성 있게 대응하고 있다면	+1

운동

1. 달리기, 사이클, 수영, 걷기 등을 하루 15분 이상 규칙적으로 하면	+3
2. 1주일에 3회 운동하면	+2
3. 1주일에 2회 운동하면	+1

영양

1. 채소, 과일, 곡류, 육류나 생선 등 4가지 식품군을 골고루 균형 있게 섭취하면	+1
2. 아침을 규칙적으로 먹고 간식을 가끔 먹으면	+1
3. 설탕, 소금, 패스트푸드를 멀리하면	+1
4. 체중이 정상이면	+1

해로운 물질

1. 담배, 대마초, 불필요한 약물을 복용하거나, 차나 커피를 하루 4잔 이상 마시면	+3
2. 담배는 피우지 않지만, 커피를 하루 4잔 이상 마시면	+2

알코올

1. 1주일에 3회 이상 술을 마시면	+1
2. 1주일에 2회 술을 마시면	+2
3. 1주일에 1회 술을 마시면	+3

성생활, 수면, 안전

1. 밤에 7~9시간 잠을 잘 수 있다면	+2
2. 성생활에 만족하고 있다면	+2
3. 차를 탈 때 항상 안전벨트를 착용하면	+2

성실성

1. 인생에 목표가 있다면	+1
2. 자신이 낙관적, 낙천적이라고 생각하면	+1
3. 부정적인 생각들을 스스로 조절할 수 있다면	+1
4. 편안하고 안락하게 살고 있다고 생각하면	+3

지적 능력

1. 독서, 학습 등 지적 활동을 계속하고 있다면	+1
2. 건강을 생각하고 그에 대한 책임을 느끼며 산다면	+1
3. 분노, 죄책감, 걱정 등을 스스로 조절하고 해결해간다면	+1

직장생활, 경력

1. 지금의 직업과 경력에서 전망을 보고 보람을 느낀다면	+1
2. 만족하고 편안한 직장이라고 생각하면	+1
3. 상관이나 동료와 잘 어울리고 조화를 이루고 있다면	+1

이상의 총점에 3을 곱하고, 다음의 질문에 대한 점수를 합산한다.

1. 조부모가 모두 80세까지 살았으면	+6
2. 부모가 모두 50세 이전에 뇌졸중이나 심장발작으로 사망했다면	−4
3. 부모, 형제, 자매가 50세 이전에 암, 심장병이 있었거나, 어렸을 때부터 당뇨병이 있었다면	−3
4. 1년에 4천만 원 이상 벌고 있다면	−2
5. 대학을 졸업했다면	+1
6. 전문직에 종사하거나 전문 자격증이 있다면	+2
7. 65세 이상으로 아직 일하고 있다면	+3
8. 책상에 앉아 일하는 직업이면	−3
9. 규칙적으로 육체노동을 해야 하는 직업이면	+3

10. 테니스, 달리기, 수영 등 규칙적인 운동을 1회에 30분 1주일에 **5회 이상 하고 있다면 +4, 2~3회 하고 있다면 +2**
11. 밤에 10시간 이상 잠을 자면 **−4**
12. 쉽게 긴장하고 화를 내며 저돌적이면 **−3**
13. 편안하고 수월하게 생활하고 있다면 **+3**
14. 행복하다고 **느끼고 있다면 +1, 불행하다고 느끼고 있다면 −3**
15. 하루 2갑 이상 담배를 피우면 **−8**
16. 하루 1~2갑 담배를 피우면 **−6**
17. 하루 0.5~1갑 담배를 피우면 **−3**
18. 하루 1/4L 술을 마시면 **−3**
19. 적정체중보다 50kg 이상 더 나가면 **−8**
20. 적정체중보다 30~50kg 더 나가면 **−4**
21. 적정체중보다 10~30kg 더 나가면 **−2**
22. 여자의 경우 매년 산부인과 정기검진을 받고 있다면 **+2**
23. 40세 이상 남자의 경우 매년 검진을 받고 있다면 **+2**
24. 30~49세면 **+2**
25. 50~69세면 **+4**
26. 70세 이상이면 **+5**

이상의 총계를 다음에 열거하는 수치에 맞추어보면 당신의 수명을 알 수 있다.

점수	남자의 평균 수명	여자의 평균 수명	점수	남자의 평균 수명	여자의 평균 수명
20~29점	71.2세	77.8세	60~69점	80.2세	83.6세
30~39점	71.3세	77.9세	70~79점	85.9세	87.7세
40~49점	73.5세	78.4세	80~89점	90.0세	91.1세
50~59점	76.1세	79.0세			

대화소통능력 테스트

다음 내용에 전혀 해당되지 않으면 1점, 가끔 해당되면 2점, 자주 해당되면 3점, 항상 해당되면 4점으로 계산한다. 점수가 높을수록 대화 능력이 높은 것이며, 25점 이하면 의사소통과 대화를 이끌어가는 문제에 신경을 써야 할 것이다.

1. 다른 사람과 1대1로 이야기하는 것을 좋아한다.
2. 소집단의 사람들과 이야기하는 것을 좋아한다.
3. 대중을 상대로 이야기하는 것을 좋아한다.
4. 사람들 앞에서 이야기할 때 긴장되거나 불안하지 않다.
5. 사람들은 내가 아주 편안하게 이야기한다고 말한다.
6. 사람들이 나에게 쉽게 자신의 문제를 이야기한다.
7. 내가 이야기하면 사람들은 잘 듣고 이해한다.
8. 나는 사람들이 나를 잘 이해하고 있다고 생각한다.
9. 사람들은 내가 대화를 잘하고 의사소통 능력이 있다고 말한다.
10. 나의 생각을 명확하고 간단하게 전달할 수 있다.

자기주장능력 테스트

다음 내용에 전혀 해당되지 않으면 1점, 가끔 해당되면 2점, 자주 해당되면 3점, 항상 해당되면 4점으로 계산해서 합계가 88점(만점) 중 60점 이상이면 자기주장과 의지가 뚜렷하고 확실하다고 판단할 수 있다. 점수가 낮으면 자기주장과 의지가 약하다고 볼 수 있으므로 자기주장을 확실하고 분명하게 펼치려는 노력을 기울여야 할 것이다.

1. 자신의 판단에 의존하는 편이다.
2. 자신의 판단을 스스로 신뢰하고 있다.
3. 자신이 느끼고 있는 것이 무엇인지 알고 있다.
4. 자신이 원하고 느끼는 것에 대해 정직하다.
5. 자신이 느끼는 것이 있으면 타인에게 구애받지 않고 표현한다.
6. 남들이 자신에 대해 느끼고 있는 것을 알게 한다.
7. 자신이 타인으로부터 받는 느낌을 그들에게 알려준다.
8. 타인의 생각, 의견, 행동에 대해 동의하지 못하면 공개적으로 표현한다.
9. 어떤 사람이 대단히 불공정하게 행동하면 그에게 항의한다.
10. 대인관계에 문제가 생겼다고 생각되면 그 생각을 상대방에게 알려준다.

11. 배우자나 상대자가 집안일을 공평하게 분담할 것을 주장한다.
12. 일할 때 능력 이상의 것을 요구하면 거절한다.
13. 하기 싫은 것을 요구하면 그에 대한 자신의 의견을 이야기한다.
14. 책이나 물건 등을 빌려가서 돌려주지 않으면 직접 이야기한다.
15. 집주인, 차 수리공 등에게 책임을 묻고 따진다.
16. 물건을 잘못 사면 교환이나 환불을 요구한다.
17. 줄 서기에서 새치기 당하면 그에 대해 항의한다.

18. 약속에 늦게 온 사람에게 주의를 준다.
19. 영화관이나 강의실에서 의자를 차거나 흔드는 사람이 있으면 지적한다.
20. 식당에서 음식이 잘못 나오거나 조리가 덜 되었으면 항의한다.
21. 도움이 필요하면 언제라도 눈치 보지 않고 요청한다.
22. 자신이 이야기하고 있을 때 누가 방해하면 지적한다.

수면 상태 분석

지난 2주일간의 수면을 되돌아보고 다음 질문에 답한다. 합계가 24~28점이면 가장 좋은 수면 상태이고, 21~23점은 양호, 19~20점은 적당, 0~18점이면 문제가 많은 편에 속한다.

잠자리에 들어 잠들기까지 걸리는 시간은

1. 1시간 초과	1점
2. 40분~1시간	2점
3. 20분~39분	3점
4. 20분 미만	4점

한번 잠들면 얼마나 잘 수 있나

1. 필요로 하는 시간보다 훨씬 적게 잔다.	1점
2. 필요로 하는 시간보다 약간 적게 잔다.	2점
3. 필요로 하는 시간보다 많이 잔다.	3점
4. 필요로 하는 시간에 적당하게 잔다.	4점

밤중에 깨어 다시 잠들기 어려웠던 적이 지난 2주일 동안 며칠 있었나

1. 6일	1점
2. 3~5일	2점
3. 1~2일	3점
4. 없다.	4점

하룻밤 동안 자다가 깨어 다시 잠들기가 어려웠던 적이 평균 몇 번 있었나

1. 4회 이상	1점
2. 3회	2점
3. 1~2회	3점
4. 없다.	4점

지난 2주일간 전반적인 수면 상태는

1. 전혀 잔 것 같지 않다. **1점**
2. 중간 정도의 불면 **2점**
3. 가끔 불면 **4점**
4. 충분히 잘 잤다. **6점**

낮 동안의 에너지 상태는

1. 졸리고 나른하다. **1점**
2. 대체로 피곤하다. **2점**
3. 적당한 활기 **4점**
4. 하루 종일 충만한 활기 **6점**

긍정적 사고 정도 평가

지난 몇 개월을 되돌아보고 다음의 내용 중 자신에게 해당하는 것에 1점씩 주어 합산한다. '긍정적 사고 ÷ 부정적 사고' 결과가 2점 이하면 문제가 있는 사고방식으로 생각하고 고쳐야 한다.

긍정적 사고

1. 인생이 흥미롭고 즐겁다.
2. 나는 정말 대단한 사람이다.
3. 재미가 있다.
4. 미래에 대한 큰 희망이 있다.
5. 자신을 조절할 수 있다.
6. 흥미가 있다.
7. 기분 좋고 편안한 저녁 시간을 항상 즐긴다.
8. 하고자 하는 일을 성취할 시간이 충분하다.
9. 사람을 좋아한다.
10. 나는 꽤 행운아다.
11. 하는 일이 재미있고 흥미롭다.
12. 나는 어떤 일이든 놓치고 싶지 않다.

부정적 사고

1. 성적으로 항상 좌절감을 느낀다.
2. 혼란 속에 산다.
3. 세상에 사랑할 만한 것이 없다.
4. 내 인생을 소모하고 있다.
5. 두렵다.
6. 아무도 나를 사랑하지 않는다.
7. 살고 싶지 않다.
8. 사람들은 우정을 더 이상 중요하게 생각하지 않는다.
9. 참을성이 없다.
10. '무슨 소용이 있나?' 하는 생각만 든다.
11. 모든 일이 우습고 한심하게 보인다.
12. 어느 날 나는 정신병원에 가 있을 것이다.
13. 누군가 나를 그럴듯하다고 생각한다면 나를

잘못 본 것이다.
14. 생존은 의미가 없다.
15. 자신이 추하다고 생각한다.
16. 내 감정을 설명할 수 없다.
17. 내가 진정으로 무엇을 원하는지 알 수 없다.
18. 나는 사랑할 수 없다.
19. 나는 쓸모없는 인간이다.
20. 모두 내 잘못이다.
21. '나에게는 왜 이렇게 나쁜 일만 일어나는가?' 생각한다.
22. 재미있는 일을 생각해낼 수가 없다.
23. 나는 아무것도 가진 게 없다.
24. 아이를 낳는다는 것은 잔인한 짓이다. 왜냐하면 인생은 살 가치가 없기 때문이다.
25. 우울에서 벗어날 수가 없다.
26. 모든 일들이 엉망이고 혼란스럽다.
27. 의지가 없다.
28. 일어설 수가 없다.
29. 죽고 싶을 때가 많다.
30. 남들이 나에 대해 이야기하는 것 같다.
31. 상황이 점점 악화되어가는 것 같다.
32. 나는 성질이 나쁜 편이다.
33. 인생은 불공평하다.
34. 좋은 친구를 만들 수 없다.
35. 10년 후의 내 인생은 상상할 수가 없다.
36. 내가 잘못된 것 같다.
37. 나는 이기적이다.
38. 내 기억력은 형편없다.
39. 나는 좋지도 않고 그저 그렇다.
40. 무슨 말을 들으면 쉽게 감정이 상한다.

스트레스 평가

지난 1개월을 되돌아보고 다음의 내용에 대한 자신의 상태를 체크한다. 전혀 해당되지 않으면 1점, 가끔 해당되면 2점, 자주 해당되면 3점, 항상 해당되면 4점으로 계산해서 합계가 40~75점 사이면 적절한 상태이며, 점수가 높거나 너무 낮으면 스트레스가 심하다는 것을 의미한다. 지난 1년을 기준으로 하는 경우에는 100점까지를 적절한 상태로 본다.

1. 긴장성두통이 있다.
2. 잠들기가 어렵거나 자주 깬다.
3. 피로감을 느낀다.
4. 과식을 한다.
5. 변비가 있다.
6. 허리가 아프다.
7. 알레르기가 있다.
8. 신경과민이다.
9. 악몽에 시달린다.
10. 혈압이 높다.
11. 두드러기가 난다.
12. 알코올이나, 처방 없이 먹는 약에 중독되어 있다.
13. 가려움증이나 염증이 있다.
14. 소화가 안 된다.
15. 숨이 가쁘고 헐떡거린다.
16. 걱정에 자주 빠진다.
17. 피부에 발진이 생긴다.
18. 월경 때 힘들다.
19. 오심, 구토가 있다.
20. 타인 앞에서 안절부절못한다.

21. 편두통이 있다.
22. 아침에 일찍 깬다.
23. 식욕이 떨어진다.
24. 설사를 자주 한다.
25. 목과 어깨가 결리고 아프다.
26. 천식기가 있고 잔기침이 있다.
27. 장염 증세로 설사, 변비가 잦다.
28. 우울할 때가 자주 있다.
29. 관절이 쑤시고 아프다.
30. 감기에 자주 걸리고 콧물이 난다.
31. 가벼운 사고가 자주 난다.
32. 처방약을 자주 먹는다.
33. 손발이 차다.
34. 심장이 뛰고 두근거린다.
35. 성생활에 문제가 있다.
36. 자주 화가 나고 분노가 느껴진다.
37. 타인과 대화하기가 어렵고 불편하다.
38. 정신이 산만하다.
39. 무슨 일을 결정하기 어렵고 주저한다.
40. 자신 없고 가치 없이 느껴진다.
41. 기분이 가라앉고 우울한 감정이 생긴다.
42. 위궤양 증세가 있다.

03 스트레스의 보완대체의학적 관리 방법

스트레스는 쉽게 말해서 우리 몸이 어떤 요구에 대해 반응하는 상태를 말한다. 우리가 생명을 유지하고 에너지를 가지기 위해서는 필수불가결한 요소이기도 하다. 스트레스의 특징은 에너지를 소모시킨다는 것이다. 우리는 일상생활을 하면서 여러 가지 요구를 받게 되는데, 그럴 때 일어날 수 있는 반응에는 신체적인 것도 있고 정신적인 것도 있다. 우리의 느낌으로는 추워서 오는 통증과 사랑하는 사람을 잃어서 오는 마음의 통증이 다르지만, 생리적 차원에서는 같은 것으로 받아들여진다. 즉, 신경에서 보내온 신호가 뇌에 도달하면 뇌에서 호르몬 기관으로 명령이 전달되어 고통을 극복할 수 있는 호르몬을 분비하게 된다. 이제 스트레스는 단순히 걱정하는 것, 고통스러운 것이라는 차원을 넘어서 우리 일상생활의 중요한 부분이 되어버렸다.

스트레스의 종류

일반적으로 스트레스는 다음의 세 가지로 분류할 수 있다.

첫째, 자극으로서의 스트레스는 주로 생활이 불쾌할 때 찾아온다. 둘째, 반응으로서의 스트레스는 어떤 상황에 직면하여 몸과 마음에서 일어나는 여러 가지 반응으로 나타난다. 셋째, 위협으로서의 스트레스는 극복할 수 없는 환경에 직면할 때 나타나는 반응 상태를 말한다.

자극으로서의 스트레스

스트레스는 불쾌한 상황을 의미하며, 그 영향으로 우리 몸이 반응하는 것을 말한다. 자극으로서의 스트레스에는 소음, 직장에서의 불쾌한 대화 등이 포함되며, 다음의 두 가지 특징이 있다. 첫째, 어떤 특정한 상황이 일률적으로 모든 사람에게 똑같이 스트레스로 작용하지 않는다는 것이다. 한 예로 디스코장의 시끄러운 음악이 어떤 사람에게는 흥분과 즐거움을 주지만, 어떤 사람에게는 스트레스를 줄 수 있다. 둘째, 동일한 상황이 같은 사람에서도 경우에 따라 스트레스가 될 수도 있고 그렇지 않을 수도 있다. 교통이 혼잡할 때 급하거나 바쁜 일이 있으면 스트레스가 되지만, 여유가 있고 충분히 쉰 상태에서는 스트레스로 작용하지 않을 수도 있기 때문이다. 그러므로 스트레스의 개념을 단순한 자극으로 평가하기는 어렵고, 그 사람이 나타내는 반응을 참고해야 한다.

반응으로서의 스트레스

한스 셀리에 박사의 이론에 따르면, 자극과 요구에 대한 우리 몸의 적응 정도 또는 방어 능력을 말한다. 모든 종류의 스트레스에는 일반적인 생리적 반응, 즉 일반적응증후군이 나타난다. 이 증후군은 세 단계로 나뉘는데, 맨 처음에는 경고에 해당하는 반응이 나타나고, 일단 이 시기가 지나면 저항기로 돌입한다. 두 번째는 스트레스 상태가 오기 전에 몸이 최대의 기능을 발휘하여 회복을 꾀하는 시기다. 세 번째는 탈진기로 저항기 후에도 계속되는 스트레스 때문에 지치고 모든 것이 고갈되는 시기다.

이 이론은 정신적, 정서적 부분의 반응과 그 중요성을 고려하지 않고, 생리적 반응 상태만 강조한 점이 그 한계라 할 수 있다.

위협으로서의 스트레스

우리가 극복하고 적응하기 어려운 상황일 경우에만 스트레스로 받아들이는 상태를 말한다. 다시 말하면 어떤 상황이 처음부터 스트레스였던 것이 아니라, 각자가 받아들이는 상황과 수용 태도에 따라서 스트레스로 받아들여진다는 의미로 최근에 대두된 이론이다.

스트레스의 반응

생리적 반응

신장에 붙어 있는 부신에 의해 나타나는 반응들로, 즉각적인 반응은 부신의 내부 수질에 의해서 일어나고, 지속적이고 장기적인 반응은 부신의 피질에 의해서 일어난다. 처음 반응은 신경조직의 활동을 증가시켜 저항 또는 도주를 용이하게 해준다. 부신 수질에서 아드레날린과 노르아드레날린을 잇속으로 분비시켜 신경조직에 영향을 주며, 심장을 뛰게 하고 혈압을 높인다. 혈관이 수축되고 당과 산소를 근육에 공급하기 위해 피부의 혈관들이 줄어들어 얼굴이 창백해지기도 한다. 또, 간의 활동력을 이용해 글루코오스를 분비시킨다. 이러한 스트레스 상태가 강하게 더 오랫동안 지속되면 부신피질이 관여하기 시작하며, 뇌하수체에 의해 부신피질자극호르몬이 분비되고 장기적인 스트레스 반응을 보이기 시작한다.

심리적 반응의 진행 단계

1. 불안과 두려움 같은 감정이 시작된다.
2. 불쾌하고 해로운 상황을 헤쳐 나갈 방법을 찾아서 노력한다.
3. 스트레스 전략이 성공하면 불안과 두려운 감정이 사라진다.
4. 전략이 실패하면 스트레스가 지속되고 우울, 위축감 등 심리적 반응이 일어난다.

스트레스, 어떻게 이길 것인가

1. 항상 가능한 것은 아니지만, 스트레스가 심할 것을 예상하여 미리 대비하는 것이 좋다. 예를 들면 시험을 앞두고 걱정만 하기보다는 더욱

집중적으로 공부를 하는 것이 낫다.

2. 스트레스 상황을 의식적으로 부정하면서 자신이 스트레스 상황과 무관하다고 생각하고 감정을 분리시킨다.
3. 이완요법으로 직접적인 반응을 지연시켜 서서히 스트레스에 적응하거나, 명상, 스트레칭을 통해 몸과 마음을 이완시킨다.

오랫동안 스트레스가 쌓이고 해결할 방법이 없으면 희망과 자신감이 상실되면서 우울증이 오고 자살 같은 극단적인 생각을 할 수도 있다. 신체적으로는 질병에 걸릴 가능성이 더 높아지기도 한다.

스트레스에 영향을 주는 요인들과 그 예를 보면 다음과 같다.

- **과거 경험** : 의사의 진찰을 두 번째 받을 때는 처음보다 마음이 훨씬 편해진다.
- **정보** : 수술에 대한 자세한 정보로 스트레스를 줄인다.
- **개인차** : 개인에 따라 스트레스를 받는 정도가 다르다.
- **주위의 후원과 배려** : 사회적 후원과 가족, 이웃의 뒷받침으로 스트레스를 줄일 수 있다.
- **조절 능력** : 가장 해로운 것은 절망감과 구제받을 길이 없다는 생각이다. 조절 능력을 가지고 있으면 이런 종류의 스트레스를 이겨낼 수 있다.

스트레스와 질병

질병에 걸릴 확률은 다음의 요인들과 밀접한 관계를 갖고 있다.

사회 경제적 수준

사회적으로 낮은 계층에 속하는 사람의 경우에는 식사, 주거, 직업, 적절한 의학적 치료를 받을 수 있는 기회의 차이, 그리고 경제적 영향 때문에 질병에 걸릴 확률이 높다.

직업 및 직장 환경

직업, 직장의 환경과 여건 등은 신체적, 정신적 질병의 발생과 밀접한 관계가 있다. 다음의 경우에는 스트레스로 인한 질병이 발생할 확률이 높다.

- 야간작업 등으로 생활의 생리적 주기가 무너지고 사회생활에 지장을 주는 경우
- 1주일에 72시간 이상 근무하는 경우
- 신체적으로 장애를 주는 소음, 부적절한 조명, 좁은 공간에서 근무하는 경우
- 우울증, 불면증, 위장 장애를 불러일으키는 반복적인 직업의 경우
- 책임감이나 정해진 시일 안에 완성해야 한다는 심적 압박감으로 고혈압, 위궤양 증상이 나타나는 경우
- 직장을 잃게 될 경우

생활양식

성격에 따라 A 유형과 B 유형으로 나눌 수 있으며, 생활양식은 질병과 밀접한 관계가 있다.

A 유형은 경쟁적이고 항상 압박감을 느끼며 살고 투쟁하는 스타일로 관상동맥 질환에 걸리기 쉬운 성격이다. 심장병이 발생할 확률도 높다. 반면에 B 유형은 조용하고 안정적이며 차분한 스타일에 해당한다.

생활환경

이사, 결혼, 교통사고, 친한 사람의 죽음 등이 스트레스로 작용하여 질병을 유발하는 요인이 될 수 있다. 조사에 의하면 발병하기 2년 전부터 주위에서 이러한 일들이 발생했음을 알 수 있다. 희망을 잃게 하는 어떤 사건이 잠재되어 있던 병을 유발시키는 요인이 될 때가 많다. 스트레스로 인해 몸의 저항력과 호르몬 분비의 생리적 기능 등에 변화가 생겨서 발병하게 된다.

스트레스의 무게

누구나 일상생활을 하며 자기 나름의 스트레스를 겪게 마련이다. 사람들은 스트레스가 많아 죽겠다거나, 스트레스를 어떻게 풀어야 할지 모르겠다는 말들을 자주 한다.

지금은 어린아이들도 쓰는 흔한 용어가 되었지만 의학적 견지에서 처음으로 스트레스를 정의한 사람은 1936년 한스 셀리에 박사였다. 스트레스는 환경으로 받는 여러 가지 자극에 대한 생체 반응으로 생리적, 신경학적 변화가 일어나는 것을 의미한다.

그렇다면 무엇이 스트레스를 일으키며, 어느 정도의 무게로 우리에게 영향을 주는가? 이에 대한 연구 중 가장 널리 알려져 있는 것이 미국 시애틀의 워싱턴 주립대학 정신과 교수 홈즈와 라헤의 조사다. 이들은 결혼을 일생일대의 중요한 일로 생각하여 그 스트레스 양을 50점으로 가정하고, 인생의 다른 변화나 사건들을 이와 비교하여 측정해보았다. 그 결과 배우자나 자녀의 사망, 이혼, 징역 등의 높은 점수부터 상사와의 충돌, 생활 조건의 변화, 개인적 성공 같은 낮은 점수까지 43가지 삶에 변화를 초래하는 사건들을 목록으로 만들었다. 이것으로 워싱턴 주립대학병원 인턴, 레지던트 86명에게 과거 1년간의 생활 변화를 체크하도록 하였더니, 그 점수가 150~199점인 사람은 37%, 200~299점은 51%, 300점 이상은 79%의 수준으로 질병에 걸릴 확률이 높았다.

과거의 사건을 추적하는 대신 향후 8개월간을 관

| 스트레스로 인해 나타나는 증상 |

- 불안감, 긴장감, 두려움, 안절부절, 초조감, 우울감, 의욕 상실, 자주 놀람, 눈물이 많아짐
- 피로, 집중력 저하, 기억력 감퇴
- 꿈을 자주 꿈, 자다가 자주 놀람, 한번 깨면 잠들기 어렵거나 아침 일찍 잠이 깸
- 현기증, 시야 흐려짐, 귀울림, 얼굴이나 몸이 화끈거림, 허함
- 얼굴이 창백하거나 경직됨, 눈꺼풀 떨림
- 입이 마름, 이를 심하게 갊
- 몸이나 손이 떨림, 땀이 많이 남
- 심장두근거림, 가슴 답답함, 호흡곤란, 잦은 한숨
- 삼키기 어려움, 속쓰림, 트림, 소화불량, 설사, 변비, 헛배, 체중감소
- 빈뇨, 성욕감퇴, 불감증, 발기부전
- 근육의 긴장, 통증, 경련

찰한 조사를 통해서도 역시 점수가 높을수록(스트레스 양이 많을수록) 발병률이 높았다. 실제로 심장 질환, 당뇨병, 위장 질환, 교통사고, 골절, 부상 등의 연구에서도 입증된 바 있지만 일생을 살아가면서 겪는 많은 사건들로 정신적 불균형뿐 아니라 신체적 질병이 유발되었던 것이다.

스트레스에 대해서는 많은 것들이 잘못 알려져 있다. 가령 나약한 사람만이 스트레스에 시달린다거나, 자아가 강하고 성취욕이 강한 사람일수록 스트레스가 더 심하고 이런 사람들이 스트레스를 자각한다는 학설은 잘못된 것이다. 실제로 스트레스가 심할수록 표면적인 증상이 나타나기 전까지는 본인도 스트레스를 잘 느끼지 못한다. 또, 스트레스에 처해 있다 하더라도, 무조건 드러누워 긴장을 풀고 쉬는 것이 전적으로 옳은 것도 아니다. 얼마나 깊고 효과적인 이완 상태에 들어가느냐가 관건이며, 양적인 부분만 감안할 수 없는 문제다. 아래의 표(대표적인 사건 38개로 간추렸다)와 같이 사건마다 스트레스 점수를 매기는데, 1년 이내에 점수가 300점 이상이 되는 경우 질병에 걸릴 확률이 가장 높다. 그리고 150~299점의 경우 약 50%, 150점 미만의 경우 30%의 수준이 된다. 즉, 점수가 높을수록 질병에 걸릴 확률이 높다.

스트레스 점수가 높다면 무엇보다 먼저 다음과 같은 대비책을 마련해야 한다.

- 자신에게 일어나는 생활의 변화를 잘 파악하고, 그것이 얼마만큼의 비중으로 자신에게 스트레스로 다가오는지 생각해본다.

| 사건과 스트레스의 무게 |

1. 배우자의 사망	100점	14. 가족의 변동(출생, 입 양 등)	39점	27. 개학이나 졸업	26점
2. 이혼	73점	15. 사업의 변동	39점	28. 생활환경의 변화(이사)	25점
3. 별거	65점	16. 경제상의 큰 변화	38점	29. 습관의 변화	24점
4. 감옥살이	63점	17. 친구의 사망	37점	30. 상사와의 불화	23점
5. 가족의 사망	63점	18. 전근	36점	31. 노동 시간이나 여건의 변화	20점
6. 사고나 질병	50점	19. 부부싸움	35점	32. 전학	20점
7. 결혼	50점	20. 이자 상환	31점	33. 여가 시간이나 종류의 변화	19점
8. 실직	47점	21. 대출 상환	30점	34. 사회활동의 변화	18점
9. 결혼생활의 갈등	45점	22. 일에 대한 책임감의 큰 변화	29점	35. 은행 등의 대출	17점
10. 은퇴	45점	23. 자녀의 독립	29점	36. 음식 섭취의 변화	15점
11. 가족의 질병이나 행동 문제	44점	24. 사돈과의 갈등	29점	37. 휴가	13점
12. 임신	40점	25. 개인적인 성취	28점	38. 휴무나 휴식	12점
13. 성적 갈등	39점	26. 아내의 취업이나 퇴직	26점		

- 생활의 변화가 자신에게 어떤 의미가 있는지 생각해보고 감정을 정리한다.
- 생활의 변화에 대처할 수 있는 다른 방법이 없는지 생각해본다.
- 시간을 충분히 가지고 결정을 내린다.
- 예상되는 변화를 생각하고 미리 계획을 세운다.
- 바쁘더라도 항상 일정한 속도를 유지하도록 노력한다.

대체의학적 스트레스 관리 방법

운동요법, 심리치료요법, 자가훈련요법, 정신적 훈련요법, 보완대체요법 등을 이용하면 스트레스에 효과적으로 대처할 수 있다. 보완대체요법에는 약용식물요법, 아로마요법, 바크플라워요법, 동종요법, 식이요법 등이 있다.

스트레스를 조절하는 방법이나 요령은 많은 시간을 요하는 초창기의 이론적인 방법부터 최근의 현실적이고 즉각적인 효과를 볼 수 있는 방법들까지 다양하다. 효과의 우열을 가리는 것은 쉽지 않은 문제이지만, 가장 일반적인 방법으로는 첫째, 식이요법이 있다. 영양이 고른 식사를 하고 아침을 거르지 말며, 카페인 등을 피하고 비타민 C를 복용하는 것이 좋다. 둘째, 의사의 처방을 받아 불안, 우울증 등의 2차 증상을 허브요법으로 치료한다. 셋째, 근육이완요법으로 몇 가지 근육을 이완시키는 훈련을 실시하거나 스트레칭을 한다. 넷째, 정신치료 등을 통해 근본적으로 스트레스에 대한 인식과 행동을 조절한다. 그 밖에도 명상, 최면 등 다양한 방법을 이용할 수 있다.

영양식이요법

일반적으로 신선한 채소와 과일을 충분히 섭취하고 육류는 소량을 섭취하는 것이 좋다. 성장호르몬이나 항생제를 투여한 가축의 고기는 우리 몸에도 영향을 주므로 주의한다. 가공 식품에는 인공색소, 첨가제, 보존제, 방부제 등이 들어 있어 문제를 일으킬 수 있다.

비타민 B-복합체와 C가 스트레스 관리에 긴요하게 쓰이는데, 비타민 C는 과일과 녹색 채소에 풍부하며, 비타민 B는 곡류, 달걀, 생선, 맥주 효모에 많이 들어 있다. 카페인 음료와 알코올은 자극적이고 신경 계통에 나쁜 영향을 미치므로 담배와 함께 피하도록 한다.

스트레스를 이기는 기본적인 식생활과 생활습관은 다음과 같다.

- 되도록 소식하고 음식을 천천히 잘 씹어서 먹는다.
- 충분한 수면을 취한다.
- 소화 작용을 방해하는 불안, 걱정을 다스린다.
- 담배, 술, 튀긴 음식을 피한다.
- 식사 중에는 물을 마시지 않는다. 대신 다른 시간을 택해 충분히 마신다.

약용식물요법

자연은 활발하게 생명을 유지하기 위한 최적의 상태로 존재한다. 약용식물은 이러한 자연의 조화를 지닌 귀중한 생명체다. 이들 식물은 자신의 생명을 유지하기 위한 복합적 화학 물질로 이루어져 있으며, 인간의 생리학적 측면에 커다란 영향을 끼치기도 한다. 지구의 에너지 흐름이 생명과 치유의 흐름으로 이어진다는 원리에서 생각해보면 약용식물의 섭취나 흡수는 곧 거대한 우주적 에너지원을 몸으로 끌어들이는 것으로 생각할 수 있다.

이들 약용식물이 지닌 성분 중 필요한 성분만 분리해서 활성 성분으로 합성하는 것은 결코 이롭지 않으며 오히려 해롭다. 이보다는 식물 전체의 조화와 상호보완적인 성분들의 혼합물이 우리의 에너지를 완벽에 가깝게 보완시켜줄 수 있을 것이다. 예를 들면 마황에는 천식, 고혈압 등의 치료에 쓰이는 에페드린이 들어 있는데, 이를 단독으로 사용하면 위험할 수 있다. 마황에는 이 성분 외에도 6개의 또 다른 알칼로이드가 함유되어 있으며, 이들의 조화를 통해서만 완전한 효과를 얻을 수 있다. 또, 강력한 이뇨 작용을 하는 인공화학 이뇨제를 먹으면 칼륨이 빠져나가 보충이 필요하지만, 대신 완벽히 조화를 이룬 필수미네랄들이 함유된 민들레 잎을 섭취하면 건강의 균형을 유지하면서 증상을 치료할 수 있다는 것도 흥미로운 예다.

자연적인 생화학 성분들로 스트레스의 모든 것을 해결할 수 있는 것은 아니다. 생명체라는 복잡하고 오묘한 조화물은 정신적인 측면을 무시하고는 건강을 유지할 수 없다. 특히 신경 계통에 작용하는 약용식물들은 스트레스의 치료에 지대한 영향을 끼친다.

아로마요법

에센셜오일을 마사지나 흡입에 이용하여 스트레스를 이겨내는 치료법이다. 캐모마일과 라벤더 오일은 페놀과 같이 살균 및 항생 효과가 있으며,

| 스트레스에 쓰이는 약용식물 |

- 신경을 안정시키는 식물

블랙코호시, 캐모마일, 크램바크, 호프, 히솝, 개불알꽃, 라벤더, 멜리사, 미슬토, 마더워트, 서양할미꽃, 시계초, 로즈마리, 고추나물, 골무꽃, 발레리안 등이 있다. 이들은 긴장을 풀어주고 불안감을 해소한다. 또, 신경계에 직접 작용하고 근육조직에 영향을 주며, 긴장된 근육을 풀어주고 통증도 덜어준다.

- 신경을 흥분시키는 식물

마테, 콜라, 커피, 차 등이 있다. 신경조직을 직접 흥분시키는 식물 성분은 그리 흔하게 사용되지 않는다. 부작용을 일으키고 정신적 흥분 상태를 초래하여 긴장과 불안을 유발할 우려가 있기 때문이다. 필요할 때 잠깐 소량으로 사용하면 유용하지만, 오래 사용하면 부작용이 따른다는 사실을 기억해야 한다.

- 만성 스트레스에 사용하는 식물

인삼은 몸의 기능에 균형을 찾아주고 흥분한 신경계를 이완시키고 안정시킨다.

- 응급으로 스트레스를 해소하는 식물

층층나무, 개불알꽃, 시계초, 발레리안, 야생 상추, 바크 플라워 응급처치 약물 등이 있다. 응급을 요하는 상태, 예를 들면 교통사고 등으로 정신적 혼란 상태에 빠져 불안해할 때 쓴다.

유칼립투스 오일은 병실 등에 뿌리면 공기를 정화시켜준다. 아몬드 오일 20방울에 마조람, 클라리세이지, 히솝, 재스민, 라벤더, 패출리, 파인, 로즈, 로즈마리, 버베나, 일랑일랑 등의 오일을 10~12방울 섞어 마사지하면 스트레스로 인한 정신적, 신체적 긴장 상태를 완화할 수 있다. 5~10방울을 물에 떨어뜨려 목욕하거나, 증발시키는 방법 등으로도 사용한다. (자세한 방법은 37, 148쪽 참조)

바크플라워요법

스트레스로 인해 여러 가지 부정적인 감정 상태가 나타날 때 손쉽게 이용할 수 있다. 걱정, 우유부단함, 외로움, 흥미와 의욕 상실, 과민 반응, 절망감, 과잉 관심이라는 7가지 감정에 따른 바크 용액을 선택하여 4방울을 혀 밑에 떨어뜨려 복용하거나 물 1컵에 타서 마시도록 한다. (자세한 방법은 140쪽 참조)

동종요법

체질을 분석하여 치료하는 전인적 치료법으로 신체적, 정신적, 심리적, 성격적인 모든 부분을 참조하여 가장 알맞은 동종요법 약물을 선택한다. 경험이 무엇보다 중요하므로 수년간의 수련을 거친 동종요법 전문의에게 처방을 받아야 한다. 스트레스를 받고 있는 사람의 성격, 습관, 생활 태도, 주변 환경과 상황 등을 면밀히 파악하여 그에 맞는 동종요법 약물을 선택, 투여한다. (자세한 방법은 67쪽 참조)

운동요법

스트레스는 몸과 마음이 서로 영향을 주면서 일어나고 반응한다. 따라서 운동요법으로 근육의 긴장을 풀어주면 마음이 진정되면서 스트레스가 해소된다.

근육인식훈련법

하롤드 겔드 박사에 의해 개발된 방법으로 우리 몸의 큰 근육들만 골라서 이완시킨다.

우선 편안하고 수동적인 상태에서 의식을 각 근육에 두고 뇌의 근육조절 센터가 훈련을 통해서 이완하도록 노력한다. 처음 12번은 이완하려는 각 근육의 이름을 읽어달라고 해서 그 근육을 의식적으로 이완시키고, 10~15초의 여유를 둔 후 다음 근육으로 넘어간다. 숙달이 되면 34번째부터는 스스로 해나간다. 원칙대로 정확하게 시행하는 것이 중요하며, 소음, 전화벨, 졸음 등 방해가 될 수 있는 요소들은 미리 제거하도록 한다. 훈련 도중에 졸음이 오면 눈을 크게 뜨고 팔을 뻗어 심호흡을 한 다음 다시 시작한다.

반듯이 누워 다리를 자연스럽게 약간 벌리고 팔을 편안한 각도로 놓는다. 필요하다면 어깨, 목, 엉덩이, 머리 등을 편안하게 받쳐준다. 눈을 감고 천천히 2회 심호흡을 한다. 호흡에 온전히 집중하되 호흡을 조절하려 하지 말고, 여유를 가지고 자연스럽게 심호흡을 한다.

1. 호흡하면서 가슴과 위가 올라갔다 내려갔다 하는 것을 관찰한다.
2. 각 호흡마다 가슴과 갈비뼈가 약간 늘어났다 줄어들었다 하는 것을 관찰한다.
3. 각 호흡마다 잠깐 휴식을 두는 것을 관찰한다.
4. 코로 찬 공기가 들어와 목으로 따뜻하게 들어가는 것을 관찰한다.
5. 폐가 어느 정도로 밑에까지 팽창되는지 관찰한다.
6. 호흡의 깊이가 규칙적인지 불규칙적인지 관찰한다.

7. 호흡할 때 민감하게 느껴지는 다른 신체 부위가 있는지 관찰한다.

얼마 후 편안하고 안정된 상태에서 규칙적으로 호흡이 일어나면 더 이상 호흡이 의식되지 않고 자연스럽게 이루어질 것이다.

다음은 각 근육에 집중하는 방법인데, 그 근육에만 주의를 모을 수 있도록 정신을 집중해야 한다. 오른쪽과 왼쪽 장딴지 근육에 정신을 집중시키고, 근육 안쪽에 각각 하나씩의 점을 상정하여 장딴지 근육이 이 점에 닿아 있다고 생각한다. 점차로 근육이 부드러워지면서 바닥 깊은 곳으로 빨려 들어가는 느낌이 들거나, 반대로 딱딱해지면서 위로 튀는 느낌이 들 것이다. 몇 번의 호흡을 더하면 이런 느낌이 더 명확해지는데, 다음의 순서대로 그 근육 깊숙한 곳에 초점을 맞추는 연습을 한다. 발뒤꿈치 → 장딴지 → 장딴지 중앙 부분 → 엉덩이 근육 → 손바닥 → 팔의 단단한 윗부분 → 팔 위쪽의 중앙 부분 → 어깨 바깥쪽 → 위장과 앞 복부 근육 → 가슴과 갈비뼈 → 등 아래 허리 부분 → 등 윗부분 → 목의 아래쪽, 뒤쪽, 옆쪽 → 하악 관절 → 볼 → 눈 → 관자놀이 → 머리 근육 순으로 시행한다.

2주쯤 지나면 익숙해지고 놀라울 정도로 이완이 잘 될 것이다. 일단 근육에 집중이 되면 다음에는 심호흡에 집중한다. 가라앉은 느낌, 무거운 느낌, 뜨거운 느낌, 찬 느낌, 피부 표면의 느낌, 피부 안쪽의 느낌 등을 다양하게 느낄 수 있다.

다 끝나면 심호흡이나 스트레칭 등을 하지 말고 그저 눈으로만 천장과 주위를 응시한 채 있는다. 처음에 눈을 뜨면 꿈같은 기분이나 자신의 몸이 아닌 것 같은 느낌이 들 것이다. 더 익숙해지면 이런 느낌이나 반응이 전혀 생소하거나 이상하게 느껴지지 않을 것이다. 이런 반응이 지난 다음에 2회 정도 심호흡을 하고 천천히 일어나 일상으로 돌아간다.

규칙적 호흡법

호흡은 이완에 필수불가결한 요소로서 체내의 모든 자율신경계는 물론 정서 등에 영향을 미친다. 긴장이 되고 불안할 때는 호흡이 빨라지고 얕아진다. 마음이 편안하면 호흡이 깊고 천천히 규칙적으로 일어난다. 규칙적 호흡법을 훈련하면 마음과 감정이 진정되고 스트레스가 해소된다.

하루 2회 5~15분 동안 조용한 방에서 시행하는데, 햇빛이나 자명종, 애완동물 등 방해물은 미리 제거한다. 등받이가 뒤로 젖혀지는 편안한 의자에 앉아 머리와 목을 편안히 기대고 손을 복부에 얹은 채 눈을 감는다. 천천히 그리고 깊이, 규칙적으로 심호흡을 한다. 절대 서두르지 말고 조용히 4, 5, 6까지 세면서 코로 숨을 들이마시고 내쉰다. 이때 가슴은 자연스럽게 팽창되도록 하고 들이마시는 것보다 내쉬는 시간을 더 길게 한다.

15~20회 호흡을 반복하면(1회에 15초 소요) 5분 정도 소요될 것이다. 익숙해지면 호흡할 때 따뜻한 에너지가 몸 안으로 들어오고 내쉴 때 몸이 가라앉으면서 깊숙이 빠져 들어가는 느낌을 받을 것이다. 다 끝나면 곧바로 일어나지 말고 그대로 12분 정도 쉰 다음에 일어나도록 한다.

근육수축훈련법

많은 정신적 스트레스가 큰 근육 안에 저장되어 쌓여 있는 상태이므로, 이 긴장을 풀어서 스트레스가 근육에서 뇌로 전달되는 것을 막아야 한다. 앞에 소개한 두 방법이 쌓인 긴장을 몸 밖으로 나가게 하는 것이라면, 근육수축훈련법은 불안과 긴장의 고리를 끊어 긴장을 능동적으로 풀어주는 방법이다.

앉거나 누워서 규칙적으로 몇 번 호흡을 한 후에 시작한다. 발 근육은 단단히 오므리고 발가락을 구부려 5~10초간 그대로 지속해서 긴장되게 한 후 풀어주면 시원하게 느껴질 것이다. 발의 긴장이 의식적으로 풀린 느낌이 어떤지 기억해두었다가 그 긴장 상태를 비교해본다. 다음에 장딴지 → 무릎 → 다리 → 엉덩이 → 뒷등 → 복부 → 가슴 → 어깨 → 팔 → 손 → 목 → 머리 → 얼굴 등의 순서로 긴장과 이완을 반복한다. 복부나 가슴 등은 특별히 뒤로 젖혀가면서 시행한다. 다 끝나면 심호흡을 몇 차례 하고 일어나 스트레칭을 한 다음 일상으로 돌아간다.

요가

다양한 몸동작을 통해 내면으로부터 편안함을 끌어내고 정신적인 깨달음의 경지에 들어가는 것을 목적으로 한다. 스트레스 관리와 해소에 이용하기 위해서는 보다 실질적이고 장기적인 훈련과 시간이 필요하다. (자세한 방법은 89쪽 참조)

댄스

자유와 표현이라는 두 가지 긍정적인 혜택을 얻을 수 있으며, 신체적 긴장과 억눌림을 풀어주고 발산하여 스트레스를 이겨낼 수 있다. 온갖 종류의 춤을 모두 이용할 수 있다.

알렉산더요법

전에 느끼지 못했던 몸의 균형, 움직임, 위치 등의 차이를 통해 긴장과 불균형을 바로잡아나가는 방법이다. 자세와 이완 두 가지에 관심을 두고 자연스러운 자세, 반듯한 자세를 통해 균형을 잡아가면서 일상생활 중에도 이완할 수 있는 방법이다.

정신적, 신체적 스트레스와 긴장은 몸에 만성적인 근육긴장과 뒤틀림을 가져오는데, 이 요법은 근육 강도를 조절하게끔 몸을 효과적으로 지탱하고 자유로운 움직임, 호흡, 혈액순환, 원활한 소화 기능을 위한 균형을 맞추어준다. (자세한 방법은 88쪽 참조)

카이로프랙틱

근육이나 척추 등 몸의 부위를 손으로 만져서 교정하고 이완시켜 긴장을 풀어주는 방법이다. (자세한 방법은 80쪽 참조)

근운동응용요법

근육의 특정 부위를 손으로 만져서 정신과 신체를 전인적 관점에서 바로잡고 풀어주는 요법이다.

(자세한 방법은 80쪽 참조)

마사지 및 지압법

신체적 접촉으로 긴장 부위를 풀어주고 에너지를 불어넣는 방법으로 마사지 오일을 사용하면 더 효과적이다. (자세한 방법은 84쪽 참조)

심신요법

정신치료와 상담치료 통해 스트레스의 원인이 되는 정신적, 정서적, 심리적 문제를 해결하는 방법이다.
(자세한 방법은 40쪽 참조)

화병에 대한 보완대체요법적 관리 방법

화병은 우리나라 고유의 스트레스성 질환으로 국제 정신 질병 분류에 언급이 될 정도로 잘 알려져 있다. 화병이라는 용어는 그 자체를 광범위하게 해석하자면 신경성 증상을 뜻하는 것으로 이해할 수도 있다. 좀더 전문적인 의미로는 심리적 요인이나 사회 환경이 생리적 기능에 변화를 가져와 정신적, 신체적 증상이나 질병을 일으키는 현상이라고 볼 수 있다.

이 분야에 대한 전문적인 연구도 의학의 역사와 함께 상당히 발전되어왔다. 역사적으로 정신과 신체 사이의 연관성을 밝히려는 시도는 소크라테스가 "정신에 대한 치료 없이 신체를 치료하는 것은 적절치 못하다."라고 언급한 것처럼 고대 그리스 의학에서부터 강조되어왔으며, 1950년대 스트레스 이론이 나온 이후 이와 관련한 정신 생리와 사회학적 연구, 내분비와 면역학적 연구, 관상동맥 질환의 연구, 스트레스의 관리와 정신 신체 질환에 대한 연구 등으로 발전되어왔다.

최근에는 스트레스를 받으면 엔도르핀이 방출되어 통증 조절에 관여하며, 수면과 각성주기, 그리고 체온조절 기능에 대한 연구를 통해 스트레스 노출과 기간이 발병과 관련되어 있다는 것을 알게 되었다. 또, 류마티스관절염 등과 같이 정신 신체 질환에 작용하는 감정의 역할을 조사하여 세포성 면역계와 액성 면역계에 미치는 스트레스의 연구가 시작되었고, 구체적으로 실험적 스트레스 상황이 T-임파구의 활동에 미치는 영향에 대한 연구가 활발해지고 있다.

그 밖에 배우자 상실 후의 우울과 슬픔 상태가 인체의 임파구를 감소시켜 질병에 잘 걸리게 하며, 주변의 위로와 따뜻한 보살핌 등 사회적 지지도가 높을수록 임파구가 증가하는 것 등이 밝혀져 스트레스의 관리와 치료에 많은 도움을 주고 있다.

화병의 치료법

다음은 화병으로 영향을 받을 수 있는 우리 몸의 변화와 질환, 그리고 이를 치료하는 방법들이다.

심장혈관 질환

관상동맥 질환에 걸리는 사람은 주로 일에 몰두하고 업무 수행에 전력을 쏟는 경향을 보인다. 또, 공격적이고 인내심도 적어 심장을 둘러싸고 있는 혈관들을 자극하여 심근경색, 심장마비를 일으킬 위험이 높다. 이러한 A 유형의 성격을 조절하기 위해 신경정신과 전문의의 정신치료나 신경안정제 복용이 필요하다. 본태성고혈압의 경우도 강박적인 성격의 소유자가 분노를 조절하지 못하여 혈압이 상승하게 되는 것이므로 혈압약 복용과 긴장완화요법, 바이오피드백, 행동치료, 명상법 등을 실시하는 것이 좋다. 그 밖에 울혈성심부전증, 심부정맥 등도 심신장애에 속하는 심장혈관 질환이므로 적절한 내과적, 정신과적 치료가 필요하다.

호흡기 질환

천식이 대표적인 스트레스 장애에 속한다. 의존적인 성격의 천식 환자에서 급 · 만성 스트레스 요인들에 의해 발작적인 천식이 유발되는데, 호흡조절 훈련법이나 이완요법, 그리고 천식 약 복용으로 치료에 임하는 것이 좋다. 과다호흡증이란 불안, 공포 같은 내재된 정신적 원인이 동기가 되어 심한 과호흡증을 일으키는 것으로, 봉투를 입에 대고 숨쉬게 하는 방법이나 정신치료와 확신요법을 적용한다.

위장 질환

화병, 스트레스와 밀접한 관련이 있다. 위궤양, 과민성대장증후군, 비만, 신경성식욕부진 등을 일으키는데, 강한 의존 욕구와 분노감으로 부교감 신경계가 흥분되어 위산 분비가 촉진되고 신트림, 가슴앓이, 설사, 변비가 반복된다. 제산제 복용, 식이요법, 긴장완화요법, 정신상담치료, 행동인지치료 등을 통해 과도한 심리적, 정신적 부담감과 신체적 손상을 치료해야 한다.

류마티스관절염, 요통, 만성 통증, 긴장성두통, 편두통

근골격계 등에 생기는 스트레스 질환으로, 대부분 직접적인 스트레스 상황을 경험하고 난 후에 발병한다. 끊임없이 피로감, 통증을 호소하게 하여 만성 질환자로 만드는 질병들이므로 초기에 진통제나 소염제 복용, 정신치료, 이완요법, 항우울제 복용, 바이오피드백, 물리적 치료 등이 필요하다.

내분비 질환

갑상선기능항진증, 당뇨병, 월경전증후군, 폐경기 장애 등이 모두 스트레스 장애에 속한다. 유전적 요인도 작용하는데, 정신적 스트레스나 신체적 과로, 식생활의 문제 등으로 현대인들을 괴롭히는 만성 질환으로 발전하게 만든다. 적절한 약물치료, 식이요법, 운동요법, 정신치료, 항우울제 복용 등을 종합적으로 시도해야 한다.

비뇨생식기 질환

자주 소변을 보는 빈뇨, 성욕감퇴, 발기부전 등이 스트레스 장애에 속한다. 신체적 증상만을 없애려는 편협한 치료 대신 정신적, 심리적 지지와 원인 제거를 위한 정신상담치료, 긴장이완요법, 호흡조절법 등을 시도해보는 것이 바람직하다.

신경정신과 질환

우울증, 수면 장애, 기억 장애 등도 정신적 원인에만 초점을 맞출 것이 아니라 신체적 기능 완화와 행동치료 등을 효과적으로 이용해야 한다.

그 밖에 이혼, 사별 등 심한 스트레스 후에 면역세포의 기능이 저하되어 각종 암에 걸리고 가려움증, 습진, 두드러기 등의 피부 질환이 발생하는 것도 모두 스트레스 장애에 속하므로 다양한 치료법들을 선택하여 관리해나가야 한다.

아로마요법

아로마요법은 누구나 손쉽게 시행할 수 있는 편리한 치료법이다. 자세한 것은 앞에서 이미 설명했으므로 이 부분에서는 각 증상에 대해 집에서 간단히 사용할 수 있는 방법을 소개한다.

- 향로 등 효과적으로 아로마 오일을 증발시켜주는 용기에 더운물을 넘치지 않게 채우고 거기에 라벤더 2방울, 페퍼민트 3방울, 로즈마리 2방울을 차례로 떨어뜨리면 스트레스로 혼란스러웠던 정신이 안정을 찾고 정신 집중이나 기억력 증진에 도움을 얻을 수 있다.
- 화병으로 심한 충격 후에 졸리거나 피곤한 상태가 계속되면 베르가모트 3방울, 로즈마리 2방울, 레몬 1방울, 바질 1방울, 파인 1방울을 욕조에 떨어뜨려 15분 정도 몸을 담그고 휴식을 취하면 거뜬하게 회복할 수 있다.
- 신경이 예민해지고 잠을 이루지 못할 때는 유향

1방울과 샌들우드 1방울을 헝겊에 묻혀 흡입하거나, 라벤더 2방울, 마조람 1방울을 향로로 증발시키면 쉽게 잠이 들고 숙면을 취할 수 있다.

- 화병으로 정신이 산만해지면 호호바 오일(마사지 오일) 15ml에 라벤더 4방울, 샌들우드 2방울, 로만캐모마일 1방울, 네롤리 1방울을 혼합하여 어깨, 등, 목 부위에 가볍게 마사지하면 안정된 상태로 돌아올 수 있다.
- 화병으로 목이 잠기고 기관지염 증상이 있을 때는 호호바 오일 15ml에 파인, 유칼립투스 각 5방울을 섞은 것을 혼합하여 가슴에 마사지한다. 목욕법으로는 각 10방울을 섞어 목욕물에 붓고 15분간 목욕한다. 흡입법으로는 각 15방울을 섞어 그중 3~5방울을 더운물이 담긴 그릇에 떨어뜨려 수건으로 머리와 그릇을 두르고 눈을 감은 상태에서 흡입한다.
- 코가 자주 막히고 축농증이 있으며 감기가 동반될 때는 유칼립투스 1방울, 오렌지 2방울, 페퍼민트 1방울을 섞어 그중 1~2방울을 손수건이나 거즈에 떨어뜨려 코에 가까이 대고 깊이 들이마신다.
- 전신쇠약 증상에 심한 신경쇠약이 동반될 때는 호호바 오일 10ml에 주니퍼베리, 라벤더 각 6방울을 혼합하여 온몸을 마사지하거나, 이것이 어려우면 목, 어깨, 등 부위를 부분적으로 마사지한다. 또는 각 10방울을 물에 붓고 15분간 목욕한다. 각 10방울을 섞어 그중 5방울을 더운물이 담긴 대야에 붓고 10분간 족욕을 하는 방법도 효과적이다.
- 심한 두통이나 편두통에 시달릴 때는 호호바 오일 15ml에 민트(또는 양국화, 라벤더, 로즈마리) 10방울을 혼합하여 관자놀이, 측두부, 이마 부위에 바른다. 또는 5방울을 더운물이 담긴 그릇에 떨어뜨려 수건으로 머리와 그릇을 두르고 흡입한다.
- 화병으로 소화불량이 되거나 가스가 찰 때는 아몬드 오일(마사지 오일) 8ml에 카르다몸, 민트, 오렌지 각 1방울을 섞은 것을 혼합하여 복부에 마사지한다.
- 화병으로 피부가 거칠어지고 여드름이 생길 때는 호호바 오일 10ml에 로만캐모마일, 라벤더를 같은 방울수로 섞어 여드름 부위나 얼굴 전체에 바른다. 또는 살구 씨 오일(마사지 오일) 15ml에 샌들우드 1방울, 팔마로사 2방울, 레몬 1방울, 라벤더 1방울을 혼합하여 아침저녁으로 사용한다. 흡수를 돕기 위해 마사지 후 습포를 시행한다. 또, 라벤더, 주니퍼베리 각 1방울을 더운물에 타서 1주일에 3~4회 얼굴에 습포를 하거나 얼굴 사우나에 사용하면 좋다.
- 성기능 장애(발기부전)에는 호호바 오일 15ml에 패출리, 샌들우드 각 3방울을 혼합하여 하복부에 바른다. 또는 더운물을 채운 향로에 3방울을 떨어뜨려 침대 맡에 두어도 좋다.

대표적인 질환과 증상,
보완대체요법으로 치료하기

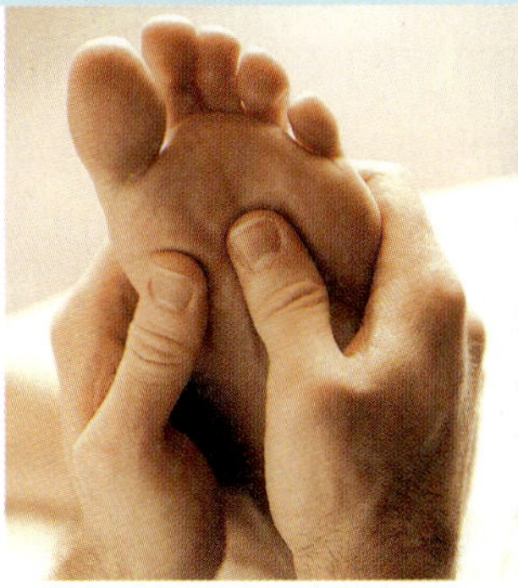

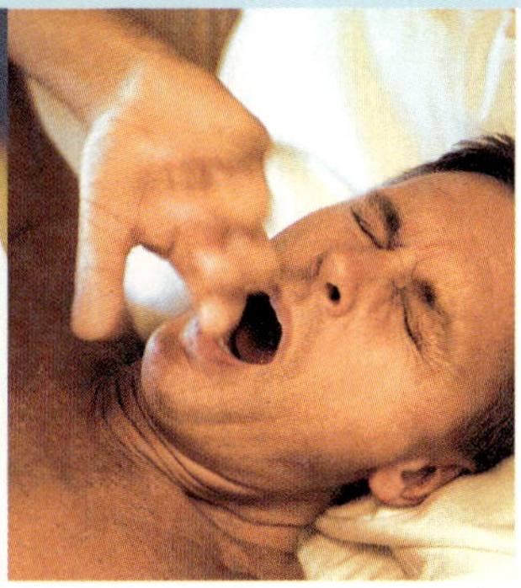

01 간장 질환과 신장 질환

- 휴식! 민들레, 당근 주스, 파슬리, 마늘, 미나리

간장 질환

중년의 신사 한 분이 진료실을 찾아왔다. 거무죽죽한 얼굴에 누르스름한 눈동자, 초조한 모습이었고, 첫마디는 온몸이 천근만근 무겁고 피곤해서 만사가 귀찮다는 것이었다. 검사 결과는 간염이었다.

간은 우리 몸에서 가장 큰 기관이며 몸 안의 중요한 대사 물질을 총괄적으로 정리하는 곳이다. 또, 출혈이 생기면 피를 응고시키는 기능을 수행하는데, 의사들이 간 기능을 볼 때 피가 응고되는 시간을 관찰하는 것도 그런 이유에서다. 간은 우리 몸에 필요한 단백질을 만들어내는 공장이기도 하다.

간이 손상되면 독성 상태에 빠져, 담즙이 대사를 하지 못하고 피부에 침착이 되며, 이 담즙이 소변으로 빠져나가 황달 현상이 온다. 알코올도 간에서 분해되는데, 너무 많은 양이 자주 들어오면 미처 처리하지 못하여 간이 손상을 입는다. 하지만 다행히 다시 소생하고 새살이 돋는 재생력도 가지고 있다. 간은 또 약물을 분해하는데, 12시간에 24알 정도를 처리하며 그 이상이 되면 위험할 수 있다. 따라서 약물을 복용할 때는 항상 안전 용량과 복용 시간을 지켜 간을 보호하도록 한다.

간염에 걸리면 특히 식욕이 떨어지고, 몸살을 앓듯 통증이 나타나며, 두통, 열, 구토증이 생긴다. 바이러스에 의해 A형, B형, C형으로 분류, 진단되며, 심하면 간경화증으로 발전할 수 있다. 황달의 경우 우울감, 전신쇠약, 복부팽만감이 나타난다.

간염을 이기는 자가치료법

- 떨어진 면역성을 보강한다. 알코올, 약물 남용, 비위생적인 식생활 등은 간에 지방이 쌓이고 조직에 독소를 품게 한다. 건강한 생활습관으로 오염 물질, 화학 물질, 병균 등의 침입을 막는다.
- 황색 채소, 케일, 배추 등을 자주 먹고, 보리, 현미, 잡곡을 적절히 먹는다.
- 붉은색 육류, 닭고기, 설탕, 알코올, 우유, 드링크류, 땅콩류, 자극이 강한 양념 등을 피한다.
- 민들레, 펜넬 씨 등 간 독성 제거 효과가 있는 허브를 이용한다.
- 베타카로틴 10~30mg, 비타민 B 50mg, 비타민 C 500mg, 비타민 E 400~6,000IU를 하루 용량으로

복용하되, 의사의 지시에 따라 용량을 조절한다.

- 항산화제이자 간 기능 활력제인 당근 주스를 마신다.
- 해초류를 먹는다. 미네랄, 비타민 A · B가 풍부하여 면역성을 높이고 간 기능을 강화한다.

신장 질환

신장 거래가 암암리에 성행하고 있다는 이야기가 가끔 나돈다. 신장은 두 개가 있으며, 하나만 있어도 기능할 수는 있다. 우리 주먹만한 크기로 등 쪽 갈비뼈 아래에 붙어 있는 신장은 혈액 속의 염분을 조절하고 물을 배출하며, 혈액세포의 성장을 자극하고 혈압을 조절한다.

신장에서 오줌관이 나와 방광으로 가는 길에 결석이 생기면 이 세상에서 가장 심한 통증을 경험하게 된다. 결석은 크기가 작은 것은 저절로 오줌에 섞여 빠져나오기도 하는데, 요즘은 초음파기로 분쇄하여 간단히 치료할 수 있다.

신장염은 대단히 위험할 수 있으므로 주의를 요한다. 등이 뻐근하게 아프고, 오줌에 검은 핏덩이가 나올 수 있으며, 열이 난다. 항생제로 염증을 빨리 제거하지 않으면 오줌관이 막혀 오줌이 신장으로 역류하여 신장이 붓고 혈압이 올라가게 된다. 신장에서는 적혈구생성호르몬인 에리트로포에틴이라는 물질을 분비하여 골수에서 적혈구를 만들도록 자극한다. 신장을 제거하면 빈혈이 생기는 것은 이 때문이다. 신장에 문제가 생기면 공통적으로 몸에 한기가 오고, 허리 통증, 방광 자극, 배뇨곤란, 부종 등의 증상이 나타난다.

신장 기능을 보호하는 자가치료법

- 단백질을 과잉 섭취하면 요산이 많이 생겨 신장을 해친다. 고단백식을 피하고 채식 위주의 식사를 한다.
- 수박 씨, 파슬리, 보리차는 급성기에 신장 기능을 회복시킨다.
- 마늘, 아스파라거스, 감자 껍질, 케일, 미나리, 셀러리 등은 신장에 도움을 준다.
- 커피, 알코올, 달걀, 담배, 계피, 생강 등을 피한다. 신장의 음 기운을 해쳐 빈뇨, 요통, 불안증, 구강건조 등을 일으키기 때문이다. 찬 음식, 생과일, 소금 등을 피한다. 신장의 양 기운을 해쳐 성욕감퇴, 배뇨곤란, 천식 등을 일으키기 때문이다.
- 베타카로틴 15~30mg, 비타민 B 25mg, 마그네슘 100mg을 하루 용량으로 복용하되, 의사의 지시에 따라 용량을 조절한다.

02 감기

- 감기를 이기는 10가지 자가치료법을 중심으로

겨울이면 어김없이 찾아오는 손님, 올해는 그냥 지나가나 했더니 기침에, 몸살에, 목구멍까지 따가우니 원수 같은 감기가 드디어 침공해 들어왔음이 틀림없다. 어느새 나의 약점을 간파하고 슬그머니 파고들어오다니! 그러나 바이러스의 기민함에 감탄하고 있을 게 아니라 나의 어리석은 생활습관과 약하기 짝이 없는 방어 능력을 개탄해야 한다.

매년 감기 치료에 소비되는 의료비는 엄청나다. 현대의학은 심장을 이식하고 유전자 치료를 하지만 감기바이러스는 잡지 못하고 있다. 200종 이상의 바이러스가 갖가지 상기도 감염(콧물, 기침, 후두염 등)을 일으키기 때문에 면역성이 없으면 변종되는 바이러스에 당할 수밖에 없다. 백신이 개발되었지만 그 많은 바이러스에 모두 대처할 수 없는 것이 현실이다. 따라서 감기에 대처하는 유일한 방법은 면역성을 기르는 것이다.

알레르기, 잘못된 식품, 과로, 약물 남용, 그리고 스트레스와 정신적 허약성이 바로 면역 기능을 떨어뜨리는 주범이다. 항생제의 오용과 남용은 자연적인 방어 능력을 더욱 떨어뜨려 회복을 방해하고, 항히스타민제, 진통제와 해열제, 그리고 소염제, 기침약과 시럽은 증상만을 감출 뿐이니 불을 끄지 않고 짚단으로 불을 덮는 행동과 같다. 항생제로는 바이러스를 죽이지 못하기 때문이다.

최근의 현대의학의 감기 치료법을 잠시 살펴보면, 합성 항원 인터페론 등이 실험 단계에 있고, 인플루엔자 A바이러스에 의한 감기에 예방적 치료 효과가 있는 플루마딘이라는 약제가 개발되었으나, 앞서 이야기한 바와 같이 감기바이러스의 다양성 때문에 비효율적이다. 그렇다면 이제 할 수 있는 일은 스스로 면역성을 기르는 자연의학의 방법밖에 없다.

감기를 이기는 10가지 자가치료법

다음의 10가지 자가치료법으로 감기와 한판 승부를 걸어보라. 반드시 성공할 수 있을 것이다.

1. 물을 많이 마신다

수분은 점액 분비물을 묽게 희석시켜 결과적으로 이차 감염을 막아준다.

2. 아로마 오일을 흡입한다

아로마 오일은 순식물성 향유로 살균과 면역 기능 증진 효과가 뛰어나며, 부작용이 없고 사용하기 간편하다. 감기에는 유칼립투스, 민트, 타임 오일이 좋다. 이들 아로마 오일은 자연치료 클리닉에서 처방받을 수 있다. 물을 채운 향로에 3~5방울을 떨어뜨려 증발시켜 호흡한다. 증발법 외에도 8~10방울을 따뜻한 목욕물에 넣고 온몸을 담그면 피부로 스며들어 전신에 효과가 미친다.

아로마치료는 기관지염, 천식, 폐렴 같은 호흡기 질환, 고혈압, 동맥경화, 협심증 같은 심장혈관 장애, 위염, 변비, 위궤양 같은 소화기 장애, 월경불순, 월경전증후군, 질염 같은 부인병, 여드름, 습진 같은 피부병, 기억력 장애, 학습 장애, 두통, 불면증, 비만, 우울증, 불안증 같은 정신 장애, 불감증, 발기부전 같은 성기능 장애, 그리고 알레르기 질환, 화상 등에도 치료 효과를 보이는 자연치료법이다. 또, 콧속에 불필요하게 약물성 충혈해소제 등을 뿌리는 것은 악순환을 거듭하게 하는 일이므로 삼가야 한다.

3. 충분한 휴식을 취한다

편안한 이완 상태가 감기로 인한 기관지염이나 폐렴의 합병증을 막을 수 있다는 예방의학 논문들이 다수 발표되어 있다. 한편, 가벼운 운동을 중단하지 말고, 운동 후에는 아로마 오일을 넣은 물에 20~30분 정도 발을 담가 혈액순환을 돕고 몸의 방어 능력을 높여주도록 한다.

4. 비타민 C를 섭취한다

비타민 C는 감기 기간을 단축시키며, 특히 하루 4회 500mg씩 단기간 복용하면 부작용 없이 효과를 볼 수 있다. 비타민 캡슐이 아니더라도 오렌지, 자몽, 딸기 등에서 충분한 비타민 C를 취할 수 있다. 그 밖에 비타민 A, 베타카로틴은 점막의 염증을 줄이고 면역성을 높여주기 때문에 같이 섭취하는 것이 좋다.

5. 신선한 채소와 과일을 섭취한다

더워진 몸과 염증으로 충혈된 점막을 보호하고 독성 물질을 신속히 배출하기 위함이다. 비타민과 미네랄 보충에 도움이 된다.

6. 아연 당의정을 빨아먹는다

아연 당의정이 마르고 따가운 목의 염증, 코감기 증상에 아주 잘 듣는다는 의학 보고가 있다. 그러나

| 이럴 땐 반드시 의사의 진단을 받아야 한다 |

다음의 증상이 보일 때는 지체 없이 의사를 찾아 적절한 진단과 치료를 받아야 한다. 감기가 진행되어 기관지염이나 폐렴, 중이염 등의 합병증을 일으킬 수 있기 때문이다.

- 고열이 3일 이상 지속되고 있다.
- 귓속이 따갑고 극심한 통증이 있다.
- 침 삼키기가 곤란하고 편도선이 부어 고름이 차 있다.
- 가래가 푸르고 피가 섞이며 많은 양으로 나온다.
- 가슴이 답답하고 숨이 막히며 흉통이 있다.
- 호흡을 할 때 쉿소리가 나면서 색색거리고 숨이 짧아진다.

과량의 아연 섭취는 아주 위험하므로 의사의 감독을 받아야 한다. 자연치료 클리닉에서는 동종요법으로 치료하여 극적인 증상 전환을 유도하기도 한다. 그 밖에 칼슘, 셀레늄, 마그네슘의 적절한 영양학적 배치로 면역성을 높여준다.

7. 긍정적이고 적극적인 태도를 갖는다

낙관적인 사고와 태도는 인체의 면역세포를 활성화시켜 감기바이러스의 침입을 저지하고 튼튼한 항체를 만들어준다. 자연치료의학에서는 감기바이러스와 싸우는 영상요법을 이용하기도 하는데, 실제로 현미경 상에서 염증들이 없어지는 것을 확인할 수 있다.

8. 마늘과 양파를 국물로 먹거나 차로 마신다

마늘은 강력한 항균 작용이 있고 면역 기능을 증진시켜 감기 증상을 쉽게 제거해준다. 양파 또한 진정작용이 뛰어나 염증을 가라앉히고 편안한 수면을 유도하여 빠른 회복을 도와준다.

9. 약용식물요법으로 부작용 없이 자연스럽게 극복한다

약용식물 각각이 지닌 약리 작용으로 목의 염증, 열이 나고 오한이 있는 증상, 기침 등을 치료할 수 있다. 자연치료 클리닉에서 먹기 좋은 캡슐이나 알약으로 처방받아 복용하거나 차로 끓여 마신다. 개박하, 감초, 호프, 등골나물, 발레리안, 컴프리 등의 동서양의 식물들이 그 원료가 된다.

10. 감기바이러스로 인한 생체의 비정상적 파장을 공명파장 치료기를 이용하여 건강한 파장으로 바꾸어준다

파장공명 조절 원리를 이용하여 우리 몸의 병든 전자파장을 정상적인 파장으로 조절, 교정함으로써 건강해지는 것이다. 자연치료의학의 원리를 이용한 치료법 중 하나다.

03 건망증

- 심각하면 병리검사를 받고, 기록하는 습관을 들인다

정신이 깜박깜박한다는 주부들이 많다. 가스레인지에 음식을 올려놓고 새까맣게 탈 때까지 잊어버리고 있다거나, 꼭 사야 하는 물건들 때문에 시장에 가서는 몇 가지를 잊어버리고 집에 돌아와서도 그 사실을 모르고 있다거나, 손에 가위를 들고도 가위가 없어졌다고 온 방을 뒤지는 일 등 많고도 다양한 사례들이 있다. 이런 일이 너무 잦아지면 자신을 원망하고 머리가 어떻게 된 것은 아닌지, 치매가 벌써온 것은 아닌지 온갖 생각이 들게 마련이다.

단순한 건망증과, 치매로 인한 기억상실증은 구별되어야 한다. 단순한 건망증은 일종의 재생 불량 상태다. 우리의 뇌에서는 모든 정보들이 기억 장치에 의해 기록되고 보존되는데, 그것을 꺼내 되살려주는 재생 장치가 불량할 때 이런 증상이 생긴다. 이러한 재생 불량 상태는 대부분 심리적인 원인으로 발생하는데, 예를 들면 남편에게 질책을 당했다거나 아이들 문제로 골머리를 앓고 있는 등 심한 스트레스로 대뇌 기능이 혼선을 빚어서 생기는 것이다. 또, 일시적인 정신착란 상태에 빠지는 경우에도 볼 수 있는데, 역시 자신이 감당 못할 엄청난 사건이나 심리적 충격에 의해 생기는 것이 대부분이다. 이러한 건망증은 어느 정도까지는 정상적인 반응이라 할 수 있다.

일어나는 모든 일들을 기억하고 있다면 어떻게 되겠는가. 그것도 끔찍한 일이 아닐 수 없다. 불필요한 기억들은 적당히 솎아버리는 것이 우리 인체의 신비한 기능인지도 모른다. 그러나 그 정도가 지나치거나 건망증이 시작되어 오래 계속될 때는 문제가 심각해진다.

여기서 알아두어야 할 것은 나이가 들면서 기억력이 약해지는 것은 사실이지만, 이름을 잊어버리거나 얼굴을 못 알아보는 것은 나이 때문에 생기는 일이 아니라는 것이다. 또, 앞으로 해야 할 일을 잊어버리는 것도 나이 때문이 아니라는 것을 알아둘 필요가 있다. 건망증은 오히려 그 사람의 생활습관이나 태도에 영향을 받는다고 볼 수 있다. 주위가 산만하여 어떤 사물이나 일에 집중하지 못하며 이것저것 생각하거나 보고 다니는 사람은 기억력이 떨어진다. 또, 자신이 기억하고 싶지 않은 일이나 불쾌한 사건은 훨씬 잘 잊고 기억하지 못한다.

혼자서 해결하기 어려운 심리적 문제나 갈등이 도사리고 있을 때는 정신과 전문의를 찾아 정신 치료와 상담을 받도록 한다. 또, 중요한 것은 자신의 건망증이 뇌의 기질적 이상으로 생긴 것인지, 병적 현상, 생리적 이상으로 생긴 것인지 구별해야 한다는 점이다.

누구나 쉽게 하는 자가치료법

- 메모나 기록 등 보조 수단을 사용한다. 자신의 기억력에만 의존하는 것보다 효과적으로 기억할 수 있다.
- 알루미늄이 함유된 물질을 섭취하지 않는다. 알루미늄 용기의 사용도 피한다.
- 심호흡, 명상, 운동, 요가 등 긴장된 마음을 풀어주는 이완요법을 실시한다. 심리적 스트레스나 깊은 상처에 의한 기억력 문제나 건망증에 도움을 준다.
- 영양 상태를 조절한다. 아세틸콜린은 뇌세포 사이에 기억된 메시지를 전달하는 데 관여하며, 된장 등 콩류에 함유된 포스파티딜콜린은 기억력 증진에 도움을 준다.

04 고혈압

- 비만 주의!
  예방과 치료는 금연, 금주, 음식을 조절하는 생활습관 개선부터

세계적으로 유명한 S그룹 중견간부 김 부장은 아침에 바삐 차를 몰고 출근하다가 시야가 흐려지며 현기증으로 쓰러질 뻔했다. 불경기에 대비한 경영 관리에 너무 신경을 썼더니 피곤해서 그런가 하고 대수롭지 않게 생각했으나, 점심에 직원들과 식사를 하러 가던 중에 갑자기 머리가 당기는 것 같은 묵직한 느낌과 함께 진땀이 나고 가슴이 두근거리며 또 다시 시야가 흐려졌다. 놀란 마음에 일찍 귀가해서 쉬려는데 이번에는 코피를 쏟았다. 아무래도 석연치 않아 병원을 찾으니, 의사가 혈압이 너무 높다고 했다. 김 부장은 남의 일인 줄만 알았던 고혈압이 자신에게도 왔구나 싶어 눈앞이 깜깜해졌다. 의사가 편안한 상태에서 다시 재어보자고 제안하여 10분간 침대에 누워 안정을 취한 다음 체크했으나 그래도 170/110이었다. 김 부장은 술, 담배, 격무, 스트레스, 비만 등을 피해야 한다는 의사의 권고를 들으며 걱정으로 빠져들었다.

누구나 쉽게 하는 자가치료법

- 혈압측정기로 집에서 수시로 혈압을 측정하면서, 생활습관, 식생활과의 관계를 잘 관찰하여 혈압의 변동을 초래하는 생활이나 음식 섭취를 조절한다.
- 담배를 끊는다. 흡연과 관상동맥 질환의 관계는 분명하게 밝혀져 있다. 금연만으로도 고혈압의 위험이 크게 줄어든다. 흡연자의 핏속에는 납, 카드뮴 성분이 비흡연자보다 월등히 많다. 금연만으로도 중금속 중독에서 벗어날 수 있다.
- 비만에 주의한다. 과체중이라면 당장 체중 조절을 위한 영양요법과 운동을 시작해야 한다. 전반적으로 마른 사람에서 질병 발생률이 낮다는 통계가 있다. 스트레스를 줄이고 전신을 이완하는 훈련을 한다. 호흡법, 요가, 음악요법들로 몸과 마음의 긴장을 풀어준다.
- 소금 섭취를 줄인다. 염분은 체액정체 현상을 일으켜 혈압을 높인다.
- 의사의 지시 없이 항히스타민제를 복용하지 않는다.
- 알코올 섭취를 삼간다. 알코올로 인해 아드레날린 분비가 상승하여 혈압이 올라간다.

영양식이요법

- 셀러리가 혈압을 떨어뜨린다는 의학 보고가 있다. 매일 신선한 셀러리를 먹거나 셀러리 오일을 복용한다.
- 동물성 지방, 치즈, 가공 식품, 카페인, 초콜릿, 백설탕을 피한다.
- 저지방 고섬유질 식품을 섭취한다. 양배추, 브로콜리, 비트, 당근, 시금치, 사과, 자두, 복숭아 등이 좋다.
- 칼슘 부족과 고혈압의 관계가 밝혀져 있다. 칼슘과 마그네슘을 보충해주면 혈압이 떨어진다.
- 염분 섭취를 제한한다. 저염분 고칼륨 식사로 혈압을 떨어뜨린다. 칼륨은 나트륨과 정반대로 수분을 몸 밖으로 내보낸다.
- 전문의의 지시에 따라 아연과 셀레늄 제제를 복용한다. 아연과 셀레늄은 극소량의 미네랄로 혈압 조절에 긴밀하게 작용한다.
- 리놀레산 같은 필수지방산, 비타민 C, 비타민 E도 간접적인 영향으로 혈압을 조절할 수 있다.

| 고혈압에 관한 10가지 의학적 상식 |

- 고혈압은 돌연사를 불러오고, 65세 이상에서 뇌졸중을 일으키는 가장 큰 원인 중 하나다.
- 고혈압은 심장이 펌프질하여 피를 동맥으로 내보낼 때 압력이 너무 높기 때문에 생기는 질환이다. 이처럼 심장에서 피를 순환시키기 위해 펌프질하는 압력이 너무 높으면 순환 계통 전체에 무리가 생긴다.
- 정상 혈압 140/90이란 수축기 혈압 140mmHg, 이완기 혈압 90mmHg라는 뜻이다. 수축기 혈압은 심장이 수축해서 피를 짜 내보낼 때 나오는 최대 혈압을 말하고, 이완기 혈압은 심장이 충분히 수축되고 난 다음 오는 이완 상태의 순간적 압력 상태를 말한다.
- 고혈압에는 크게 두 가지 종류, 즉 본태성고혈압과 이차성고혈압이 있다. 본태성고혈압은 뚜렷한 이유 없이 혈압이 높아지는 것으로, 전체 고혈압의 92%를 차지한다. 이차성고혈압은 다른 질병의 합병증으로 고혈압이 나타나는 것으로, 신장 기능 이상, 당뇨병, 호르몬 대사 장애 등에 의해 발생한다.
- 고혈압을 방치하면 신장 기능 이상, 안과 질환, 뇌 손상 등을 가져오기 때문에 확실히 치료해야 한다.
- 가족 중에 고혈압 환자가 있었다면 자신도 고혈압이 될 가능성이 높다. 비만, 흡연, 알코올 중독, 스트레스, 약물 남용, 고염분 섭취와도 관련이 깊으며, 임신 중, 그리고 피임약 복용 시에도 위험이 있으므로 주의를 요한다.
- 증상을 의식하지 못하는 경우가 많으므로 정기적으로 혈압을 체크해야 한다. 증상에는 어지럼증, 두통, 빠른 맥박, 진땀, 시력 장애, 잦은 코피 등이 있다.
- 잠을 못 자거나 스트레스를 많이 받거나, 항상 쫓기는 기분으로 생활하거나 편안히 쉬지 못하는 사람 등에서 고혈압 증상이 자주 나타난다.
- 완벽을 추구하고 야망과 성취욕이 강한 사람에서 고혈압이 많다.
- 고혈압 관리에는 식이요법, 약물치료, 운동요법, 자연치료법 등을 적절히 활용하는 것이 좋다.

약용식물요법

- 마늘은 혈압을 조절할 뿐 아니라 혈액 속의 콜레스테롤과 트리글리세리드 수치를 떨어뜨린다. 날것으로 먹는 것이 좋지만 냄새가 문제라면 조리해서 먹거나 캡슐로 복용한다. 양파에도 마늘과 같은 효과가 있다.
- 파슬리는 천연 이뇨제로, 합성 이뇨제와 달리 부작용이 전혀 없는 좋은 혈압치료제다.
- 미슬토는 오래전부터 사용해온 약용식물이지만, 독성이 있으므로 전문가의 지시에 따라 정제된 제제로만 사용한다. 혈압조절제뿐 아니라 항암제로도 사용할 수 있다.
- 산사나무는 유럽에서 오래전부터 사용해온 혈압강하제로 콜레스테롤 수치도 함께 떨어뜨린다. 또, 혈관벽에 콜레스테롤이 침착되는 것을 막고 혈관을 확장시키는 작용을 한다.
- 톱풀은 말초혈관의 근육이완을 돕고 혈액순환을 증가시킨다.

아로마요법

방향성 식물에서 추출한 순수한 에센셜오일을 코로 흡입하거나 피부에 마사지함으로써 혈압을 떨어뜨리거나 반대로 높여줄 수 있다.

일랑일랑과 마조람 오일 각 4방울을 물을 채운 향로에 떨어뜨려 증발시켜 흡입한다. 아로마 오일이 후각신경을 통해 뇌로 전달되고 중추신경에 의해서 혈관 기능과 혈압이 조절된다. 목욕물에 오일을 떨어뜨려 몸을 담그는 목욕법에는 코로 흡입하고 피부로 흡수하는 이중의 효과가 있다.

동종요법

환자 개개인의 증상에 대한 분석을 통해 적절한 동종약물을 선택해야 한다. 고혈압에는 기본적으로 디기탈리스와 칵투스, 또는 스피겔리아, 카보 베지타 등이 자주 쓰인다.

그 밖의 치료법

- **수치료** : 고혈압 환자의 경우 몇 가지 원칙을 지키면 유익한 자연치료 효과를 기대할 수 있지만 그렇지 못할 때는 역효과가 난다. 우선, 혈액순환을 원활하게 하기 위해서는 더운물과 찬물로 반복 습포한 다음 냉습포로 마무리하는 방법을 시도해본다.
- **근육응용조절요법** : 오른쪽 팔을 구부린 상태에서 구부린 팔을 안쪽으로 밀어 넣는 테스트를 실시한다. 이는 심장 기능을 검사하기 위해 뒤쪽 어깻죽지 근육(견갑하근)을 검사하는 것으로 고혈압을

| 고혈압 약물치료의 부작용 |

현대의학은 고혈압 치료에 이뇨제, 알파차단제, 베타차단제, ACE 억제제, 안지오텐신II 길항제, 칼슘통로차단제 등 다양한 약물을 처방한다. 이뇨제에는 빈뇨 등의 부작용이 있고, 칼륨 같은 전해질이 체내에서 고갈되기 쉬우므로 바나나, 오렌지 등 칼륨이 풍부한 식품을 섭취하여 보충해주어야 한다. 또, 임신이나 수유 중에는 이러한 이뇨제의 복용을 삼가야 한다. 혈관확장제는 오심, 구토, 두통, 현기증, 심장두근거림, 코막힘, 수면 장애 등을 일으킨다. 합성 심장호르몬 제제나 안지오텐신 길항제는 기침 등의 문제를 야기하는 것으로 나타나 있다.

비롯한 순환기 이상이 있을 때는 약한 반응을 보인다. 이때 앞가슴과 뒷등의 2, 3번째 척추를 깊게 눌러주거나 오른쪽 쇄골 바깥쪽과 오른쪽 겨드랑이 윗부분을 깊게 마사지해주면 혈압 조절 효과를 얻을 수 있다.

끝으로 혈압강하제나 우울증 치료제로 MAO 길항제를 복용하고 있는 사람은 티라민이나 티로신이 함유된 식품(바나나 등)의 섭취를 절대 금해야 한다. MAO 길항제와 티라민 성분이 합쳐져 혈압이 급격히 상승하면서 뇌졸중에 이를 수 있기 때문이다.

05 남성의 갱년기와 성호르몬

- 갱년기 장애, 심리적이고 사회적인 문제 등 복합적이다

한 중년 남자가 찾아와서 패치(몸에 붙이는 작은 거즈)를 처방해달라고 하였다. 나는 처음에 눈병이라도 생긴 줄 알았지만, 그가 원하는 것은, 신문에 보도된 남성들을 위한 호르몬대체요법 패치였다.

호르몬요법은 여성의 골다공증 예방과 폐경기 증상에 사용되어왔는데, 미국에서는 남성들에게 이 방법을 적용하여 서서히 테스토스테론 남성호르몬을 방출하게 도와주는 패치를 개발하였다. 이 남성호르몬패치법은 성욕을 증가시키고 근육을 키워주며 피곤을 모르고 생활할 수 있게 해준다고 알려져 있으며, 의학적으로 계속 검증을 해나가고 있는 상태다.

테스토스테론은 고환에서 분비되는 성호르몬인데, 뇌하수체라는 뇌의 한 부위에서 자극이 되면 생성되는 물질이다. 뇌하수체는 테스토스테론 외에도 정자 생산을 촉진하는 황체호르몬을 자극하며 남성의 이차 성징을 유발한다. 따라서 사춘기 전에 고환을 잃게 되면 목소리가 어린아이처럼 가늘어진다. 테스토스테론은 골격 발달에도 중요하여 이 호르몬이 부족하면 쉽게 골절이 되고 뼈가 가늘어진다. 나이가 들어감에 따라 서서히 생산량이 줄어들며, 고환이나 뇌하수체에 손상을 입으면 결정적으로 혈액 내의 호르몬 수치가 떨어져 근육이 왜소해지고 뼈가 가늘어지며 하루 종일 피곤해지는 증상이 유발된다. 이런 경우 테스토스테론패치요법이 큰 도움을 준다.

많은 남성들이 성기능 장애로 발기가 되지 않거나 성욕이 떨어지면 이를 성호르몬 탓으로 돌리곤 한다. 그러나 발기부전, 성욕감퇴의 증상은 당뇨병 등 특별한 질환의 경우를 제외하고는 대부분 그 이유를 발견하기 어렵다. 또, 테스토스테론도 정상인 경우가 대부분이다.

스트레스, 피로, 부부간의 불화나 성적 갈등 등도 흔히 원인으로 작용하며, 이 경우 불필요하게 테스토스테론 호르몬패치요법 등을 사용하는 것은 현명치 못하다. 또, 보디빌딩을 하는 남성들 사이에서 근육을 키우기 위해 테스토스테론을 고용량으로 단기에 투여하는 경우가 있는데, 이는 지극히 위험해서 심장병, 간 질환을 일으킬 수 있다. 갑작스럽게 근육을 키우면 심장 근육이 약해지고 간 기능이 저하된다. 호르몬패치요법은 암을 유발하기도 하며, 전립선암이 그 대표적인 예다. 실제로 테스토스테론이 줄면 전립선암의 크기도 줄어드는 것을 볼 수 있다. 반대로 테스토스테론을 고용량으로 투여하면 암이 커지고 크게 번진다. 따라서 전립선 문제가 명확하지 않은 환자에게 함부로 호르몬치료를 하는 것은 위험하기 짝이 없는 일이다.

남성의 갱년기는 중년 남성이 위기를 맞이하는 45~55세를 말하며, 여성과 달리 남성들은 성호르몬이 급격히 떨어지지 않는다.

일부 학자들은 테스토스테론이 떨어지는 것이 아니라 황체호르몬이 떨어지거나 글로불린결합호르몬 등이 떨어지는 것으로 보고 있다. 남성의 갱년기는 이 시기의 불확실성, 성적 능력 저하, 남성성 상실 등이 노화에 대한 두려움과 함께 나타나는 증상인데, 단순히 성호르몬이 떨어져서 오는 현상으로 보고 테스토스테론패치요법을 쓰면 문제가 생길 수밖에 없다. 테스토스테론 호르몬에 영향을 미치는 요인들이 많은데, 그중 하나가 알코올이다. 지속적으로 과음을 하면 고환의 테스토스테론 생성 능력이 저하된다. 다음은 남성들이 호르몬패치요법을 생각하기 전에 점검해보아야 할 사항들이다. 불필요한 호르몬요법의 피해를 벗어나면 남성으로서 한층 건강한 생활을 할 수 있다.

- 성 트러블이 있는 경우 먼저 파트너와의 관계를 분석해보고 상담을 받는다. 무조건 성호르몬의 문제라고 생각하는 것은 잘못이다.
- 생활습관을 점검한다. 흡연, 음주, 운동부족 등이 지속되어 성 문제가 생기는 것이 아닌지 확인해볼 필요가 있다.
- 충분한 휴식을 취해 피로가 쌓이지 않게 하고, 일할 때는 집중해서 열심히 한다. 여가와 오락을 적절히 즐기는 생활을 한다.
- 파트너와 함께 로맨틱한 시간을 계획한다. 야외에 나가거나 호텔에서 하룻밤 자는 등 일상에서 벗어나본다.
- 테스토스테론 결핍증은 극히 드물다. 따라서 정밀검사로 나온 결과가 아니라면 호르몬결핍증을 염려할 필요가 없다.
- 남성의 갱년기는 호르몬 문제라기보다 정신적, 심리적 기능의 현상으로 보아야 한다.
- 뇌하수체에 암이 생기면 고환의 테스토스테론 생산이 저하된다. 이 경우 뇌하수체가 원인이므로 아무리 테스토스테론을 주사해도 해결이 되지 않는다. 따라서 호르몬패치요법 전에는 반드시 이러한 일련의 검사들이 필요하다.
- 테스토스테론은 전립선암을 악화시킨다. 따라서 호르몬패치요법 전에는 반드시 전립선 검사를 받아야 한다.

06 눈병

- 아로마 습포, 눈병을 무난히 치료한다

여름철, 무더위가 오면 모두들 물가를 찾아 나선다. 멀리 해변으로 피서 갈 형편이 못 되면 아이들과 함께 가까운 수영장이라도 가야 한다. 물장구를 치면서 하루 종일 즐겁게 노는 것까지는 좋다. 그러나 다음날 아침 눈을 뜨려고 하니 위아래 눈꺼풀이 붙어 떨어지지 않는다. 손으로 겨우 뒤집어보니, 노란 분비물이 말라붙어 있고 눈동자가 빨갛게 충혈되어 있다. 눈이 타는 듯이 아프고 건조하다.

눈병에 걸린 것이다. 여름철 눈병은 수영장이나 불결한 장소에서 전염이 되어 급속도로 퍼지는 결막염이 대부분이다. 이 병은 눈의 결막 부위와 눈꺼풀 안쪽의 막 사이에 염증이 생겨 일어나는 것으로 박테리아와 바이러스에 의해 감염이 된다. 전염성이 강하며, 치료하지 않고 방치하면 상당히 심각해질 수 있다.

대부분 시력에까지 영향을 미치지는 않아 그다지 심각하게 생각하지 않지만, 안과를 찾는 환자 50명 중 1명이 결막염 환자다. 특히 산모의 자궁경부에 감염된 균에 의해 출산 시 신생아에게 감염이 되면 심한 부작용이 생기므로 즉각적인 치료가 필요하다. 각막에까지 염증이 생기는 경우도 있다.

원인

오염된 공기에 노출된 눈을 비비거나 수영장 물의 클로라인 소독제에 자극을 받아 생긴다. 그 밖에 담배 연기, 모래바람, 먼지, 꽃가루 같은 알레르기항원에 의해서도 발생하고, 때로는 콘택트렌즈 세척액, 눈 화장품, 부상, 이물질 등이 원인이 된다. 그러나 대부분은 불결한 손 때문에 포도상구균이라는 박테리아가 눈으로 전염이 되어 생기거나, 감기, 목감기에 관련된 바이러스에 의해 발생한다. 감기로 인한 경우는 가벼운 결막염이 생겼다가 저절로 소멸되기도 한다. 헤르페스 바이러스로 인한 경우는 눈에 궤양이 형성되어 시력 장애를 일으킨다. 바이러스에 의한 눈병은 학교 등 단체생활을 하는 곳에서 급속도로 퍼져나간다.

증상

박테리아성 눈병은 주로 노란 고름이 분비물로 생겨 진득거리면서 눈꺼풀에 딱지가 생긴다. 열은 없으나 눈이 붓고 핏발이 서며 가려워지기도 한다. 콘택트렌즈를 끼는 사람에서 자주 생기는데, 증상이 보이면 곧바로 렌즈를 빼내어 각막이 손상되고 시력을 잃는 등의 사고로 발전하지 않도록 해야 한다.

누구나 쉽게 하는 자가치료법

- 눈에 일단 염증이 생기면 눈을 비비거나 불결한 손으로 만지지 않는다.
- 눈을 안대로 가리지 않는다. 눈을 가리면 안구의 온도가 상승하여 박테리아나 바이러스가 더욱 증식하기 때문이다.
- 담배연기, 화학 물질, 먼지 등 눈을 자극하는 환경이나 물질들을 피한다.
- 눈의 긴장을 줄이기 위해 갈색 안경 등을 착용하는 것도 좋다.
- 눈병이 있을 때는 수영을 금한다. 클로라인이 눈을 더욱 자극하기 때문이다.
- 눈의 염증과 피로를 풀어주기 위해 5분 정도 미지근한 습포를 한다. 알레르기로 인한 염증일 경우에는 찬물로 습포한다.
- 눈꺼풀에 엷게 썬 생감자 조각을 붙여주면 부기가 빠진다.
- 눈 주위의 굶은 분비물이나 딱지 등을 증류수를 묻힌 면봉으로 깨끗이 닦는다. 소독용 증류수는 약국에서 쉽게 구입할 수 있다.
- 가장 간단하게는 수건을 더운물에 적셔 잘 짠 다음 5~10분간 눈 위에 습포하는 것을 하루 3~4회 반복하는 것도 좋다.

일반적인 병원치료법

의사는 시력, 눈동자의 움직임, 눈꺼풀, 동공반사 등을 주로 본다. 그 다음 슬리트 램프라는 정밀검사기로 눈 안을 들여다보고 눈에서 나오는 분비물을 채취하여 검사한다. 눈병이 알레르기에 의한 것으로 추정될 때는 항히스타민제를 처방하여 가려움증을 없앤다. 스테로이드 제제가 이용되기도 하나, 부작용을 조심해야 하며 현재 염증 상태에 있을 때는 사용해서는 안 된다. 항생물질이 든 안약이나 연고제도 흔히 사용되고 있다.

헤르페스가 있을 때는 더 특별한 치료가 행해진다. 헤르페스로 인한 눈병에 항생제를 사용하면 감염증이 더 악화될 수 있다. 보통 안약보다는 연고가 더 효과적으로 작용한다고 보는데, 연고를 아래 눈꺼풀 안쪽에 충분히 짜 넣고 눈을 감아 녹아들게 한다. 이때 처음 몇 분 동안은 시야가 흐릿할 것이다.

| 이럴 땐 반드시 의사의 진단을 받아야 한다 |

헤르페스성 눈병은 각막이 헐어 시력이 약해지는 등 심각한 결과를 초래할 수 있다. 다음의 증상이 보일 때는 지체 없이 의사를 찾아 적절한 진단과 치료를 받아야 한다.

- 시력이 떨어지거나 시야가 흐릿하게 보인다.
- 동공이 불안정하게 변한다.
- 불빛에 눈이 아프다.
- 불빛 주위로 둥근 원이 보인다.
- 눈에서 진한 분비물이 나온다.
- 눈에 부상을 입었다.

I 의사와 상담을 요하는 약물들 I

- 스테로이드 제제
- 알로푸리놀 – 통풍 치료제
- 혈액용해제
- 아스피린
- 경구용 당뇨약
- 이뇨제, 항히스타민제, 디기탈리스
- 마리화나
- 스트렙토마이신
- 설파제, 설폰아미드 제제
- 테트라사이클린
- 니코틴산(장기 사용 시 위험)
- 그 밖에 디아제팜, 할로페리돌 같은 신경정신과 약물, 퀴닌

영양식이요법

- 알레르기 반응을 유발할 수 있는 음식, 예를 들면 유제품, 열대 과일, 밀가루 음식 등을 식단에서 제외한다.
- 과일 주스, 특히 당근 주스를 이용한 단식요법을 단기간(1~2일) 실시하여 피를 맑게 해준다.
- 비타민 A는 눈의 기능을 증진하고 박테리아나 바이러스의 침입에 대한 저항력을 높인다. 100,000 IU를 하루 용량으로 1개월간 복용하고 이후 25,000IU로 유지한다.
- 비타민 C는 염증을 가라앉히고 회복을 촉진한다. 하루 2,000~6,000mg을 복용한다.
- 아연은 눈병의 치유 과정에서 중요한 역할을 하고 면역력을 높인다. 하루 50mg을 섭취한다.

약용식물요법

- 좁쌀풀 차로 눈을 씻어준다.
- 짚신나물 달인 용액을 눈에 부어 씻으면 눈의 점막에 수렴 효과가 있다.
- 삼잎국화 가루를 내복하면 눈의 염증에 효과가 있다.
- 금잔화 즙에 적신 헝겊을 눈 위에 습포하면 염증이 쉽게 가라앉는다.
- 양국화와 펜넬 달인 용액을 이용한 습포도 도움이 된다.
- 평소에 브로콜리, 생 양배추, 당근, 콜리플라워, 녹황색 채소, 해바라기 씨, 미나리 등을 섭취하면 눈을 건강하게 하고 염증을 줄일 수 있다.
- 설탕, 백미, 순백 밀가루 등을 피한다.
- 당근 주스는 눈의 피로와 염증, 시력 강화에 도움이 된다.
- 간유구는 오래 전부터 눈에 작용하는 중요한 영양원으로 사용되어왔다.
- 미국의 토드 박사는 마가린과 식물성 쇼트닝은 눈병을 악화시키므로 버터와 식물성 오일로 대치하는 것이 좋다고 했다. 또, 안과 수술 전후에는 비타민 A 10,000IU, 비타민 C 1,000mg, 비타민 E 1,200IU를 섭취할 것을 권하고 있다.
  - 잇꽃 오일과 같은 필수지방산을 섭취한다.

아로마요법

아로마요법 중에서도 습포법은 여름철 눈병을 무난하게 이겨낼 수 있는 좋은 자연치료법이다. 로즈 워터(장미 수) 2스푼에 양국화 오일 1방울을 섞어 헝겊에 적셔 잘 짠 다음 눈 위에 습포를 한다. 한편, 아로마 오일이 직접 눈에 들어가면 자극이 되어 충혈되고 위험하므로 대신 아로마 오일을 추출하고 남은 물로 만든 아로마 워터로 눈을 씻어내는 방법을 이용하기도 하는데, 이때는 로즈 워터가 많이 사용된다. 아로마 오일로 눈을 씻어내는 방법에는 반드시 아로마 전문의의 도움을 받아야 한다.

동종요법

펄사틸라, 클레마티스, 아코나이트, 헤파 설파 등의 천연 동종약물을 체질에 따라 처방받아 복용하면 빠른 회복을 기대할 수 있다.

| 눈병, 이렇게 예방한다 |

무엇보다 예방이 중요하다. 특히 여름철 눈병은 위생에 주의하여 감염을 막는 것이 가장 효과적인 예방법이다.

- 수건, 베갯잇 등을 따로 사용하여 전염을 막는다.
- 손톱을 짧게 깎아 눈의 점막을 다치지 않게 하고 눈이 오염되지 않게 한다.
- 20분 간격으로 눈을 잠시 감거나 창밖이나 먼 곳을 바라보아 피로를 풀어주는 등 눈을 건강하게 유지하기 위해 노력한다.
- 책상에서 책을 볼 때는 얼굴과 책이 평행이 되도록 세우고 본다.
- 일단 눈병이 발생하면 흐르는 물에 손을 깨끗이 씻어 청결히 유지하고 눈을 비비지 말아야 한다.
- 갑상선 질환에서는 안구가 튀어나오고, 담낭과 간 질환, 또는 간염, 담석 등으로 인한 황달에서는 눈동자가 노랗게 변한다. 고혈압, 당뇨병에서는 가끔 시야가 희미해진다. 비타민이나 미네랄 부족으로 인한 눈병도 있으므로 전문가와 상의한다.

07 당뇨병

– 동물성 지방을 삼가고
전곡류, 채소, 콩류, 과일 위주 식사에 가벼운 운동을 병행한다

우리 몸은 당을 연료로 하여 활동한다. 엔진을 가동시키는 휘발유와 같이 음식물에서 글루코오스라는 당분을 뽑아내 핏속으로 흘려보내 이를 모든 세포가 사용하는 것이다. 이때 당을 분해하는 인슐린이라는 호르몬이 없으면 당은 더 이상 쓸모가 없고 몸 안에 쌓이고 만다. 차의 연료통에 휘발유가 가득 들어 있어도 차 열쇠가 없으면 시동이 걸리지 않는 것과 마찬가지다. 그 밖에 인슐린과 관계없는 당뇨병도 있는데, 콜레스테롤, 지방을 너무 많이 섭취하여 췌장 기능이 떨어져서 생긴다. 당뇨병은 시력 장애, 신장기능 이상, 심장 질환, 신경조직 괴사 등 다양한 증상을 보인다.

증상

- 소변이 자주 나온다.
- 빨리 배가 고프고, 목이 마르다.
- 체중이 급격히 감소한다.
- 쉽게 피곤해진다.
- 자주 초조해 하고 안절부절못한다.
- 시야가 흐릿해진다.
- 멍이나 칼에 베인 상처가 쉽게 아물지 않고 오래 간다.
- 손발이 저리고 짜릿짜릿하다.
- 피부염, 치주염, 방광의 염증이 자주 재발한다.

| 인슐린 분비를 촉진하는 식품 |

오이, 마늘, 귀리, 오트밀, 두부, 된장 콩, 아보카도, 녹황색 채소, 맥아, 금달맞이꽃 오일

| 당뇨병에 피해야 하는 식품 |

설탕, 동물성 지방 식품(달걀, 육류, 우유), 백미

영양식이요법

육류, 치즈 등 동물성 지방을 철저히 줄여야 한다. 이들 식품은 인슐린의 활동을 방해하고, 체중을 불

리고, 콜레스테롤과 혈압을 올리기 때문이다. 과식을 금하고, 섬유질이 풍부한 식품과 복합탄수화물을 섭취해야 하는데, 전곡류, 채소, 콩류, 그리고 보리, 스피룰리나, 클로렐라 등 클로로필이 풍부한 식품과 레몬, 자몽 등 신맛이 나는 산성 과일을 골라먹도록 한다.

운동요법

1주일에 4~5회 한 번에 30분 이상 걷기와 스트레칭을 한다. 땀을 흘릴 정도의 운동량이면 혈당을 낮출 수 있고 혈액순환에도 도움이 된다. 경쟁을 하는 스포츠는 혈압과 콜레스테롤을 높일 수 있으므로 조심한다. 몸싸움을 하는 운동도 상처와 멍이 생겨 당뇨성괴사감염증을 일으킬 수 있으므로 좋지 않다.

지압반사법

손바닥의 엄지 밑에서 손목까지, 또는 정중앙 부위에서 엄지 밑까지 문질러주거나 골프공으로 자극한다. 발바닥의 정중앙 부위와 발바닥 안쪽 움푹 팬 부위를 엄지로 힘을 가해 자극한다.

아로마요법

제라늄 5방울, 생강 2방울을 미지근한 물을 채운 대야에 떨어뜨려 족욕을 한다. 또는 제라늄, 생강, 사이프러스 각 10방울을 아몬드 오일 30ml에 혼합하여 팔다리에 마사지하거나, 1주일에 2회 전신에 마사지한다. 그 밖에 당뇨병에 사용할 수 있는 오일로는 라벤더, 민트, 유칼립투스, 우슬초, 레몬 등이 있다.

그 밖의 치료법

- **허브요법** : 계피, 민들레 뿌리, 펜넬, 생강, 산사나무, 호로파 등을 갈아서 가루로 먹거나 진탕해서 먹는다.
- **비타민 · 미네랄요법** : 비타민 C 100~500mg, 비타민 B-복합체 50mg, 베타카로틴 15~30mg, 비타민 E 200~400IU, 비타민 B6 250mg, 아연 15mg을 하루 용량으로 복용한다.
- **수치료법** : 신장과 췌장 부위에 온습포를 번갈아 하면 인슐린 분비가 촉진되고 신장의 배설 기능이 증진된다.

08 두통

– 지압과 마사지로 간의 충혈을 풀고 에너지의 흐름을 원활하게 한다

두통이란 가끔씩 불규칙적으로 나타나는 머리의 통증이지만, 원인에 따라 장기간 지속될 수도 있고 다른 증상을 동반할 수도 있다. 대부분 스트레스, 긴장, 수면부족, 피로 등으로 발생하지만, 뇌출혈, 뇌압, 혈관 장애 등 심각한 뇌 질환이나 증상이 원인일 수도 있다.

긴장성두통이나 심인성두통은 얼굴, 목, 두피, 어깨 등의 근육이 정신적 긴장과 스트레스 등으로 경직되고 그곳에 분포되어 있는 혈관이 수축과 이완을 반복하여 통증이 나타나는 가장 흔한 증상들이다. 대부분 저절로 통증이 사라지고 후유증도 남기지 않지만, 심한 통증이 반복적으로 나타나는 경우에는 전문적 치료와 함께 다음의 자연치료법들을 이용해 본다.

한방요법

간과 내장의 부조화로 혈액순환 장애, 월경 장애, 골반 및 요추의 긴장, 저혈당 상태가 초래되고 이로 인해 임파순환, 기 에너지의 흐름이 막히고 정체되어 두통이 나타난다고 본다. 과로와 긴장을 풀기 위해 휴식, 마사지, 음악 감상, 음식 조절 등을 시행한다.

간과 췌장의 기를 복원시키는 담낭 혈인 뒷목덜미 상부와 대장 혈인 엄지와 검지 사이 협곡과 뭉친 근육에 지압을 가해서 기를 뚫어주도록 한다.

영양식이요법

- 레몬을 한 조각을 더운물에 짜서 마시면 간의 충혈이 풀리고 통증이 없어진다. 자몽 주스, 사과 주스도 같은 효과를 낸다.
- 검은깨 죽이나, 소량의 토마토 즙을 먹으면 간의 충혈을 풀 수 있다.
- 녹색 채소, 케일을 충분히 먹고, 특히 봄에 재발하는 두통에는 샐러드를 자주 먹는다.
- 초콜릿, 커피, 알코올, 육류, 치즈, 달걀 등은 두통을 유발하거나 악화시키므로 피한다.
- 사과 주스 240ml와 시금치 주스 30ml를 혼합하여 하루 1회 마시면 간이 해독되어 두통을 예방할 수 있다.

마사지요법

다음의 마사지와 규칙적인 심호흡을 병행하여 근육이완 효과를 높인다.

1. 양손의 손가락 끝으로 이마에서 후두부까지 적당한 압력으로 눌러주는 두피 마사지를 2~3회 반복한다. 이때 점차 양쪽 귀 부위까지 범위를 넓혀나간다.
2. 손으로 머리카락을 한 움큼 잡고 위로 잡아당겨 뒤틀어주면 두피가 자극되고 긴장이 풀린다.
3. 손가락으로 양쪽 관자놀이와 이마를 지긋하게 눌러주고 원을 그리면서 마사지한다.
4. 목 뒷덜미에서 어깨까지 누르고 집어주는 마사지로 마무리한다.

약용식물요법

민들레, 스컬캡, 버드나무 껍질 등을 우려낸 용액에는 살리신이라는 진통제 성분이 있다. 하루 2~3회 반 티스푼 정도를 복용하도록 한다. 발레리안, 양국화에도 같은 효과가 있다.

아로마요법

민트 오일 1방울을 로션에 섞어 코 밑과 귀 뒤에 발라주면 두통이 깨끗이 사라진다. 또, 라벤더, 양국화 오일을 향로에서 발향시키면 심한 편두통에도 효과가 있다. 그래도 호전되지 않는 두통은 아로마 전문 의사에게 처방을 받아 치료한다.

동종요법

변비가 동반된 두통에는 아코나이트, 브라이오니아 희석액 1~2방울을 혀 밑에 떨어뜨리면 효과가 높다. 송곳으로 찌르는 듯한 날카로운 통증에는 수십 번 물에 희석하여 더 이상 꿀 냄새가 나지 않는 상태의 벌꿀 희석액 1~2방울을 혀 밑에 떨어뜨린다.

그 밖의 치료법

- **수치료법** : 어두운 방에서 차가운 물수건을 베고 누워 쉬거나, 이마에 얼음물 수건을 대고 발은 따뜻한 물에 담근 채 20분 동안 앉아 있는다. 겨자를 푼 뜨거운 물에 발을 담그면 머리의 혈액순환이 원활해진다.
- **비타민 · 미네랄요법** : 티아민 1.5mg, 리보플라빈 1.8mg, 비타민 B6 2~10mg, 니아신 20mg, 비타민 C 250mg, 칼슘 700mg, 마그네슘 400mg을 하루 용량으로 전문가의 처방과 지시에 따라 복용한다.
- **근육이완요법과 심상요법** : 온몸을 스트레칭한 다음 팔다리에서, 몸통, 머리까지 근육을 풀어준다. 이때 머릿속으로는 온몸에 감겨 있는 스프링 코일이 점차 느슨하게 풀어지는 상상을 한다.

09 만성 피로증

– 휴식 시간을 철저히 지키고 명상의 시간을 갖는다

누구나 피로감을 경험한다. 특히 봄이 오면 겨우내 잠자던 개구리들이 뛰쳐나와 하품을 하고, 회사에서는 나른한 오후 시간에 눈치를 보며 꾸벅꾸벅 졸게 마련이다. 피로감은 에너지가 부족해서이기도 하지만, 심한 정신적 허약 상태나 우울증 상태에서도 나타난다. 피로감이 별다른 이유 없이 2주 이상 계속되거나 근육통증, 구토증, 열감, 우울증, 짜증 등이 지속되면 전문가를 찾아 피로의 원인과 만성 피로증 여부를 알아보아야 한다.

원인

- 영양 불균형으로 인한 저혈당 상태
- 비타민, 미네랄 결핍 : 비타민 B12 · C · E, 아연, 구리 등
- 카페인 중독
- 단백질 과잉 또는 결핍 : 과잉 시 요산 축적으로 신장이 손상되고, 결핍 시 도파민 부족으로 에너지 고갈 상태를 초래한다.
- 소화 기관이나 장 기능 저하 : 변비, 설사 등
- 운동부족 : 혈액순환, 임파액 정체 등

영양식이요법

- 철분이 풍부한 식품을 먹는다. 등 푸른 생선, 달걀, 파슬리, 양배추, 케일, 미나리, 사과, 비트, 당근, 포도 즙 등이 좋다.
- 비타민 B12가 풍부한 식품을 먹는다. 아몬드, 사과씨, 살구, 자두, 된장, 해바라기 씨, 해초류 등이 좋다.
- 베타카로틴 15~30mg, 비타민 B 50mg, 비타민 E 100~400IU, 칼슘 800 mg, 마그네슘 400mg, 로열젤리 1~2캡슐을 하루 용량으로 복용하여 보충한다.
- 엽산이 풍부한 식품을 먹는다. 검은콩, 배춧잎, 스피룰리나 등이 좋다.
- 정제 식품, 백설탕, 카페인, 알코올, 유제품, 육류, 기름을 피한다.

약용식물요법

- 홍삼 엑기스를 반 티스푼씩 하루 2~3회 복용한다.
- 한방에서는 비장과 췌장의 기가 허해서 팔, 다리의 힘이 빠진 상태로 이해하며, 이 장기들을 보하는

당근, 현미, 검은콩, 호박, 블랙페퍼, 양파, 생강, 펜넬, 마늘 등을 복용한다.

심상요법

조용한 방에서 편안한 자세를 취한 다음, 이마에 에너지를 불어넣는 띠를 두르고 있다고 상상한다. 점차로 온몸에 따뜻한 에너지를 들여보내고 있다고 생각하면서 상상속의 스위치를 조절하여 온몸에 골고루 기가 뻗치게 한다. 시간 나는 대로 마음을 가다듬고 이러한 심상요법을 시도하면 의외로 큰 효과를 볼 수 있다.

아로마요법

로즈마리나 제라늄 향을 맡으면 피로가 쉽게 풀린다. 이들 아로마 오일 1~2방울을 손수건에 떨어뜨려 코에 대고 심호흡을 하면 에너지가 충전되면서 기운이 난다. 라벤더 오일을 목욕이나 전신 마사지에 이용하면 더욱 큰 효과를 볼 수 있다.

그 밖의 치료법

- **수치료법** : 어깨, 등 부위를 냉수마찰한 다음 마른 수건으로 감싸주면 강력한 혈액순환 촉진 효과를 얻을 수 있다. 같은 방법을 가슴, 복부, 다리 부위에 계속 실시한다.
- **반사요법** : 한 손의 엄지 외측면을 따라 손목 부위까지 길게 뻗치면서 다른 쪽 손가락으로 눌러준다. 발도 엄지 외측면을 따라 발꿈치까지 길게 뻗치면서 눌러 자극을 주면 피로가 쉽게 풀린다.
- **명상요법** : 하루 2회 온몸의 힘을 빼고 편안한 상태로 앉거나 누워서 심호흡을 한다. 한 번에 20분 정도 머리끝에서 발끝까지 부분에 따라 근육을 이완시켜나가는 점진적 근육이완법을 병행한다.
- **음악요법** : 글렌 밀러, 베니 굿맨의 음악은 기분을 상쾌하게 하고 피로를 풀어준다. 가요나 팝송 중에서 비교적 빠른 템포와 감미로운 멜로디의 음악을 듣는다. 클래식과 팝, 재즈를 번갈아가면서 듣는 것도 한 가지 방법이다.
- **운동요법** : 단전호흡, 심호흡, 가벼운 근육 마사지, 아침 일찍 이슬이 맺힌 풀밭을 산책하며 명상하는 것 등이 도움이 되며, 운동 후에 레몬 주스나 뜨거운 차, 채소 스프 등을 먹으면 좋다.

10 변비

- 변비는 물로 치료한다
채소, 과일을 주로 먹는다
단전을 부드럽게 마사지하며 명상한다

변비는 두통과 더불어 현대인에게 아주 흔한 스트레스성 질환이다. 매일 시원하게 일을 보던 배변 습관이 이삼일 뜸해지다가 급기야는 화장실에 오래 앉아 공을 들여야 하는 지경이 되면 사태는 심각해진다. 40세 이상으로 3주 이상 배변이 되지 않거나 혈변, 심한 복통이 동반될 때는 전문가의 진찰이 필요하다. 변비 자체는 심각한 증상이 아니지만 후유증이나 악성 순환이 가져오는 문제들 때문에 빨리 교정해야 한다.

한방요법

대장은 비장, 췌장과 상호관련 있는 장기이며, 췌장은 소화 기능을 관장하고 기를 소장에서 대장으로 통하게 하여 대변을 소통시키는 기관이다. 설탕, 육류, 커피, 알코올 등 췌장을 약화시키는 음식을 먹으면 대장으로 통하는 기 에너지가 막혀 변비가 생긴다. 췌장을 강화하고 대장운동을 원활하게 하는 참기름, 벌꿀, 배, 자두, 복숭아, 사과, 살구, 호두, 아몬드, 당근, 비트와, 장 내 세균을 증식시켜 소화를 돕는 된장국, 해초류 등을 먹도록 한다.

영양식이요법

녹황색 채소, 과일, 콩과류, 전곡류 등 고섬유질 식품을 충분히 섭취한다. 매일 사과 주스, 올리브 오일, 귀리 등을 먹고, 4~8잔의 물을 마신다. 사과, 생강, 비트, 당근으로 주스를 만들어 마셔도 좋다. 파슬리, 시금치, 아스파라거스 같은 녹황색 채소에는 엽산이 풍부하여 변비 치료에 효과적이다. 매운 음식, 정제 식품, 설탕, 지방 등은 삼가야 한다.

아로마요법

로즈마리와 타임 오일 각 6방울을 아몬드 오일 15ml에 잘 혼합하여 복부에 바르고 시계 방향으로 원을 그리듯 마사지한다. 좋은 향과 함께 장운동이 활발해져 즉각적인 치료 효과를 볼 수 있다.

지압법

배꼽 아래 3cm 정도에 위치한 단전 부위에 손가락 끝을 대고 심호흡을 하면서 2분간 서서히 눌러주면 장 내의 에너지가 원활하게 소통이 되면서 배변 생리 기능이 돌아온다. 팔을 오므렸을 때 팔 가운데 겹치는 부분을 하루 3회 30초씩 눌러주어도 대장 기능이 살아난다.

그 밖의 치료법

- **동종요법** : 흑연, 나트륨을 가루로 만들어 물에 수십 배 희석한 다음 혀 밑에 1~2방울 떨어뜨린다.
- **수치료법** : 복부에 더운 습포를 하거나, 좌욕을 한다. 양국화 차로 관장을 하는 방법도 있다.
- **허브요법** : 민들레 뿌리, 호로파 콩, 아마 씨 등을 잘 우려서 하루 2~3회 복용한다.
- **반사요법** : 엄지로 발바닥의 정중앙 부위에서 발꿈치까지 눌러주면서 발마사지를 한다.
- **이완 · 명상요법** : 점진적 이완 훈련을 누워서 또는 앉아 있는 상태에서 팔, 다리, 몸통의 순서로 진행하거나, 15분간 하루 2~3회 명상을 한다.
- **음악요법** : 일정한 음으로 연주되는 긴 장조의 음악을 들으며 규칙적인 심호흡을 한다.
- **비타민 · 미네랄요법** : 하루에 비타민 C 500mg과 마그네슘 400mg을 같이 복용한다.
- **운동요법** : 걷기, 요가, 스트레칭 등이 좋다.

11 불면증

- 호흡법, 스트레칭, 독서, 명상, 호프나 양국화 차, 라벤더 오일

잠 못 이루는 밤이 많아진다. 계절 탓일까? 밤을 꼬박 새운 다음날은 하루 종일 피곤하고 집중이 어려워 일의 능률이 오르지 않는다. 베개에 머리를 대자마자 곧바로 잠 속으로 떨어지는 사람이 그렇게 부러울 수가 없고 나도 언제 저렇게 잠을 잤었나 싶다. 책을 보고 비디오를 보고 잠을 청해보아도 잠이라는 귀한 손님은 좀처럼 오지 않는다.

불면증 진단은 쉽게 내릴 수 있을지 모르겠으나, 그 원인이나 유발 요인들은 단순하지가 않다. 또, 처음부터 쉽게 잠들지 못하는 경우, 일단 잠이 들었다가도 자주 깨어 깊은 잠을 자지 못하는 경우, 새벽 일찍 깨어 더 이상 잠들지 못하는 경우 등 다양한 형태의 불면증이 있다.

보통 건강한 성인의 수면 시간은 하루 7~8시간이지만 이것 또한 4~10시간까지 개인차가 심하다. 갓난아이들은 보통 하루 16~18시간 잠을 자고, 4세쯤 되면 10시간, 10대에는 9시간도 모자란다. 반면에 65세 이상이 되면 하루 4~6시간 이내로 줄어든다. 일반적으로 나이가 들수록 수면 시간은 줄어든다.

한 가지 흥미로운 사실은 자신을 불면증 환자라고 생각하는 사람들 대부분이 자신이 생각하는 것보다 많은 수면 시간을 갖고 있다는 것이다. 즉, 실제 수면을 취했던 시간과 자신이 생각하는 수면 시간에 차이가 난다. 수면 장애로 고통받는 많은 사람들이 해결책을 찾지 못하여 부작용이나 중독성의 문제를 안고 있는 안정제나 수면제를 복용하곤 하는데, 이는 결코 바람직하지 못한 방법이다. 자연치료는 여러 가지 면에서 합리적이고 효과적인 불면증 치료법이라 할 수 있다.

원인

가장 흔한 원인은 역시 걱정, 근심이 심해져 불안증으로 발전한 데에 있다. 우리는 너무도 많은 고민과 갈등을 가지고 살아간다. 매일 쌓이는 이러한 정신적 노폐물들을 제대로 걸러내지 못하면 불면증에 걸리는 것이다. 다음으로는 카페인 중독이나 영양불량, 소화 장애, 혈당 저하, 약물 남용 등이 원인으로 꼽힌다. 천식과 같은 고통스런 호흡곤란이 있을 때 또는 칼슘이나 마그네슘 같은 미네랄 결핍으로도 나타난다. 전신 질병, 즉 폐, 간, 심장, 신장, 췌장, 내분비 기관,

뇌의 기능 이상이나 장기의 기질적 장애 시에도 수면이 방해를 받게 된다. 그 밖에 운동부족, 통증, 초조감, 과로, 그리고 신경안정제, 항우울제, 정온제 같은 정신과 약물, 알코올, 흥분제 등을 복용하다가 중단했을 때 오는 금단 현상도 원인이다. 늦게 잠자리에 드는 버릇, 낮잠 자는 습관들도 간과하기 쉬운 불면증의 원인들이다.

가슴, 등, 목, 뇌 등에 병변이 있을 때 생길 수 있는 위험한 증상으로 수면무호흡증이 있는데, 수면 장애의 하나로 밤중에 여러 차례 25~125초간 무호흡 상태가 나타나는 것을 말한다. 비만도 수면무호흡증을 유발할 수 있다.

증상

낮 시간의 피로감, 안절부절, 참을성 감소, 집중력 저하 등이 나타난다. 밤에 수시로 깨며 편하게 자지 못하고 한밤중에 깨어 잠을 이루지 못하는 절망감도 불면증 환자에서 흔한 증상이다. 가슴통증, 호흡곤란이나 호흡이 짧아지는 증상, 심장두근거림 등이 계속될 때는 다른 신체의 병이 숨어 있을 수 있으므로 의사의 진찰을 요한다.

정신 질환의 증상으로 불면증이 나타날 수 있다. 불안신경증, 우울증을 앓고 있는 사람은 특징적으로 아침 일찍 깨어 다시 잠들지 못하는 증상을 보인다. 조울증의 경우에는 정상인보다 훨씬 적게 자고, 정신분열증의 경우에도 한밤중에 일어나서 걸어 다니는 증상을 보일 수 있다. 치매 환자의 경우는 어두운 것을 두려워하여 밤에 초조해하고 정신착란을 일으킨다.

누구나 쉽게 하는 자가치료법

- 모든 불필요한 약물들을 멀리하고, 특히 바르비투르산염이나 벤조디아제핀 제제를 삼간다.
- 항상 같은 시간에 잠자리에 드는 습관을 들인다. 습관을 통해서 생체 리듬을 정상적인 주기로 바꾸는 것이 중요하다.
- 규칙적인 운동을 한다. 운동은 몸의 근육들을 이완시키고 피로를 풀어준다. 한 번에 20~30분 이상 1주일에 3회 이상 해야 효과가 있다. 단, 잠자리에 들기 전 같은 늦은 시각은 금하고, 너무 이른 아침도 더 큰 피로를 가져올 수 있으므로 피한다.
- 저녁에 하는 산책도 많은 도움이 된다.
- 알코올은 일시적으로 도움이 될지 모르지만, 장기적으로 많은 후유증을 남기며 한밤중에 깨어나는 등의 부작용을 초래한다.
- 흡연은 수면을 방해하므로 잠자기 직전의 흡연을 삼간다.
- 저녁을 너무 많이 먹지 않는다. 수면에 방해가 될 뿐 아니라 악몽을 유발할 수 있다.
- 침실을 최대한 아늑하고 편안하게 만든다. 소음을 줄이고 커튼을 이용하여 불빛을 효과적으로 차단한다. 공기를 원활하게 소통시키고 너무 춥거나 덥지 않게 한다.
- 순면이나 리넨 침구를 사용한다. 합성섬유는 피부자극이나 정전기를 일으켜 수면을 방해할 수 있다.
- 부드럽고 편안한 베개를 목 부위를 알맞게 받쳐줄 수 있는 높이로 벤다.
- 낮잠을 자지 않는다.
- 무겁거나 꼭 끼는 가운이나 잠옷은 피한다.
- 가벼운 스트레칭으로 근육을 부드럽게 하고 호흡법을 익혀 자연스럽게 잠들게 한다. 조용하고 편안한 음악을 타이머로 맞춰놓고 들으면서 잠을 청한다.
- 책을 읽고 TV를 보거나 목욕 등으로 심신을 이완

하는 시간을 갖는다.
- 라벤더 같은 아로마 오일의 향을 맡으면 효과적이다.
- 침실에서 가벼운 스낵을 먹는 것도 때로 도움이 된다. 트립토판이 함유된 우유는 수면을 유도하는 데 좋다.
- 잠이 안 오면 차라리 일어나서 졸릴 때까지 책을 보거나 일상적인 일을 하는 것도 한 가지 방법이다.
- 명상, 요가 등도 도움이 된다.
- 파트너와 사랑을 나눈다. 사랑은 가장 효능이 좋은 수면제라 할 만하다.

일반적인 병원치료법

불면증은 질병이라기보다 증상이므로 원인이 되는 신체적, 정신적 요인을 찾아 거기에 맞는 치료를 한다. 그러나 상당수에서 특별한 원인 없이 만성적이고 악순환적인 불면 증상이 계속되기도 한다. 이때는 뇌파검사나 수면 장애 진단법들을 동원하여 뇌파 소견을 보고 호흡 장애 유무를 파악해보는 등 정밀검사가 필요하다. 특히 수면무호흡증의 경우는 해당 전문의의 치료가 필요하다.

대부분의 불면증은 안정제나 수면제로 치료하는데, 바르비투르산염 계통인 세코날이나 벤조디아제핀 계통인 발륨이나 리브리엄을 사용한다. 그러나 항상 부작용에 주의해야 하며, 예를 들면 중추신경계를 억제시켜 과량 복용 시 사망에 이를 수도 있다. 특히 바르비투르산염 제제가 알코올과 섞이게 되면 치명적이다.

그러나 약물로 자연스런 수면을 유도하기란 요원한 일이며, 오히려 거북하고 불편한 증상만 돌출되고 피로감이 쌓이며 자꾸 약을 증량해야 하는 결과를 초래할 수 있다. 이런 현상을 약물의존성불면증이라 하며, 주위에서 흔히 발견된다. 약물치료는 근본적인 치료법이 아닐뿐더러 증상을 더욱 악화시키거나 깨어났을 때의 무거운 느낌과 개운치 못한 느낌으로 좌절감에 빠지게 만든다. 그리고 항상 심리적, 신체적 의존성과 남용을 걱정해야 한다. 따라서 약물치료보다는 자연치료로 잘못된 수면 습관을 고치기 위한 생활습관조절법이나, 이완요법, 바이오피드백, 약용식물요법 등을 시도해보는 것이 바람직하다.

영양식이요법

- 사과 식초 2티스푼, 벌꿀 1티스푼을 뜨거운 물에 타서 마신다.
- 벌꿀 2티스푼을 레몬 1개를 짠 주스에 타서 우유 1잔과 함께 마신다.
- 매운 음식, 초콜릿, 훈제육, 토마토 등을 저녁 늦게 먹지 않는다. 이들은 노르에피네프린 같은 뇌신경자극제를 방출시켜 수면을 방해한다.
- 밤에 혈당이 떨어지면 수면에 방해되므로 삶은 감자 1~2조각이나 빵 1조각 등을 잠자리에 들기 30분~1시간 전에 먹는 것도 도움이 된다.
- 잠자리에 들기 전에 포도를 반송이 정도 먹으면 편안한 잠을 유도할 수 있으며, 트립토판이 많은 바나나, 요구르트, 참치 등도 좋다.
- 시금치, 햄, 소시지, 설탕, 베이컨 등은 티라민 성분이 뇌의 흥분 물질인 노르에피네프린을 증가시키므로 피하는 것이 좋다.
- 셀러리와 당근을 갈아 만든 주스를 저녁에 마시면 마그네슘, 철, 나트륨 등의 미네랄이 수면에 도움을 준다.

비타민 · 미네랄요법

- 비타민 B와 이노시톨은 불면증을 유발하는 불안,

우울감 등을 조절하여 도움을 준다. 비타민 B-복합체 50~100mg, 비타민 B3 500~1,000mg을 저녁에 복용한다. 이노시톨은 250~500mg 정도가 좋다.

- 트립토판 500~1,000mg을 취침 전에 복용한다.
- 비타민 C, 바이오플라보노이드는 신경세포를 건강하게 한다.
- 비타민 E는 다리 근육 등의 반복적인 저림이나 떨림을 방지하여 도움을 준다.
- 칼슘, 마그네슘은 신경을 진정시키고 신경계를 안정시킨다. 이 두 미네랄이 부족하면 수면이 방해를 받는다. 칼슘 락테이트 1,000mg이나 칼슘 킬레이트 1,500~2,000mg을 식후 바로 복용하면 효과를 볼 수 있다. 마그네슘은 보통 1,000mg을 복용한다.
- 엽산을 복용한다. 엽산이 부족하면 다리 근육이 피로해지고 통증을 유발하여 수면을 방해한다.

약용식물요법

안정제나 수면제와 달리 특별한 부작용이나 중독성이 없어 좋은 효과를 보인다. 단, 독성 허브나 오염된 약초 등으로 인한 피해에 주의를 요한다.

- 호프와 양국화 차는 흥분된 마음을 가라앉히고 편안한 잠을 유도한다.
- 발레리안 뿌리는 진정 효과가 탁월하여 수면 장애에 효과적이다.
- 라벤더는 진정과 진통 효과가 탁월하며, 아로마 치료에도 사용한다.
- 천연 수면제인 상추를 발레리안, 시계초와 함께 사용한다.
- 로벨리아는 강력한 천연 신경안정제 역할을 한다.
- 스컬캡, 개박하는 효과가 탁월한 천연 수면제 역할을 한다.
- 라벤더, 호프, 시계초 등을 성긴 면으로 만든 주머니에 넣고 목욕물에 담가 목욕하면 자연스러운 수면을 유도할 수 있다.

아로마요법

식물의 꽃이나 잎, 열매, 줄기, 뿌리 등에서 추출한 에센셜오일을 이용하는 아로마치료는 가장 간단하면서도 효과적인 불면증 치료법이다. 아로마 오일을 흡입, 마사지, 목욕 등에 이용하여 코와 피부로 그 입자가 스며들게 함으로써 효과를 얻는다. 라벤더, 바질, 민트, 로즈, 양국화, 마조람 오일 등 다양한 종류가 쓰인다. 보다 전문적인 치료를 위해서는 아로마 전문 의사의 처방에 의한 혼합 오일을 사용하는 것이 가장 안전하고 효과적이다.

- 라벤더 오일 1방울, 양국화 오일 2방울, 마조람 오일 3방울을 잘 혼합하여 그중 1~2방울을 향로에 떨어뜨려 발향시키거나, 3방울을 목욕물에 떨어뜨려 목욕한다.
- 아로마 오일로 족욕을 하면 대단한 효과를 볼 수 있다. 더운물을 채운 대야에 앞의 혼합 오일 2방울을 떨어뜨리고 발을 담근다.

수치료법

체내 정화, 혈액순환 증진, 노폐물 제거를 기대할 수 있는 치료법으로, 찬물로 잠시 좌욕을 하거나 찬물수건으로 어깨, 목 뒤, 또는 온몸을 적셔주면 혈액순환이 좋아져 수면 유도 효과가 있다.

동종요법

2,000종 이상의 천연 약재를 최대한 희석하여 독

성분을 제거시키고 그 물질이 가지고 있는 생체 에너지와 기를 이용하여 치료하는 자연치료의학의 대표적인 치료법이다.

- 심한 정신적 스트레스로 인한 불면증에는 녹스보미카를 복용한다.
- 흥분되고 들뜬 기분에 의한 불면증에는 커피 동종약물을 복용한다.
- 불안과 걱정으로 인한 불면증에는 아르세니쿰을 복용한다.
- 긴장되고 예민한 상태일 때는 파시플로라를 시도해본다.

| 불면증, 이렇게 예방한다 |

- 이완법을 배워 평소 스스로 긴장을 풀어주고 피로가 쌓이지 않게 한다.
- 정해진 시간에 산책을 하고 잠자리에 드는 것을 습관화한다.
- 수면제 복용을 피하기 위한 방법을 강구한다. 대신 아로마 오일을 이용하거나 허브 차를 마신다.
- 우리 속담에 "일찍 자고 일찍 일어나면 건강해지고 명석해지고 부자가 된다."고 하였다. 이런 생활습관을 꾸준히 실천한다.

12 비만

- 인스턴트식품 NO! 채소, 과일, 운동

요즘은 온통 살 빼는 방법에 대한 정보와 광고로 아우성이다. 그만큼 비만이 많아졌다는 이야기일 수도 있고, 살기가 좋아져서 건강과 외모에 대한 관심이 높아졌다는 이야기일 수도 있다. 미국의 경우 전체 인구의 20%가 비만이며, 우리나라도 이에는 못 미치지만 증가 추세인 것만은 확실하다. 특히 어린아이들의 경우 식생활의 변화와 함께 비만이 눈에 띄게 늘면서 많은 건강 문제로 대두되고 있다. 또, 의학 연구들은 비만이 건강이나 수명과 밀접한 관계가 있음을 보고하고 있다.

비만이라 말하려면 연령에 따른 정상체중의 20%를 초과해야 한다. 하지만 더 정확히 말하자면 지방이 과잉 축적된 상태이므로, 몸무게만으로 비만 여부를 규정할 수 없는 경우도 많다. 근육이 발달하고 커지면 몸무게도 늘어나지만 이를 비만이라고 할 수는 없다.

비만은 단순히 많이 먹는 것 때문이라고 하기에는 복잡하고 다양한 문제들이 도사리고 있다. 우선 상식적으로도 유전적, 문화적, 신체적, 사회적, 경제적 요인들이 모두 관련되어 생기는 결과라는 것을 알 수 있다.

원인

- 과식, 과음, 운동부족
- 정제된 탄수화물, 섬유질이 적고 지방이 많은 음식 섭취
- 호르몬, 소화 효소액 등 분비샘 이상
- 유전적 성향
- 식욕항진증, 우울증 등 정신적, 정서적 장애

증상

- 움직임이 둔해 걷기가 불편하고, 발목이나 무릎에 무리가 따른다. 허리가 아프고 척추에 이상이 생길 수 있다.
- 지구력이 약화된다. 호흡이 힘들고 쉽게 피곤해진다.
- 수면 장애, 특히 수면 시에 호흡곤란이 생길 수 있다.
- 대인관계와 사회활동에 지장이 따를 수 있다. 자존감이 저하되고, 열등감이나 자기 비하에 빠지기 쉽다. 우울증으로 더 많은 음식을 먹는 악순환이 초래될 수 있다.

누구나 쉽게 하는 자가치료법

잉여 칼로리를 효율적으로 소모시키는 방법을 강구하는 것이 상책이다. 이때 칼로리보다 지방 분해에 초점을 맞추도록 한다. 규칙적인 운동이 강조되는 것도 바로 이 때문이다. 단순히 칼로리만 소모시키는 것이 아니라 식욕을 자연스럽게 억제하고 신체의 대사율을 증가시키는 운동을 해야 한다. 처음엔 10~15분 정도 매일 걷는 운동에서 시작하여 점차 거리와 시간을 늘려나간다.

- 너무 빨리 먹으면 배가 금세 다시 고파진다. 섬유질이 많은 음식은 씹는 시간이 자연히 길어지고 천천히 먹게 되어 효과적이다.
- 정말로 배가 고플 때만 먹는다. 갈증은 자주 배고픔과 혼동되므로 음료를 마셔본다. 불안, 좌절, 권태 등으로 음식에 손이 갈 때는 다른 대용할 만한 수단을 찾는다. 우울하고 외롭거나 화가 나 있을 때는 음식을 먹지 않는 것이 좋다.
- 책이나 TV를 보면서 식사를 하는 습관은 빨리 버리도록 한다. 활동량이 줄고 체중이 쉽게 늘게 된다.
- 변비에 걸리지 않도록 주의한다. 하루 6~8컵의 물을 마신다.
- 껌을 씹지 않는다. 위의 소화액을 분비시킨다.
- 피자, 햄버거, 닭튀김, 탄산음료 등 고칼로리 식품을 피한다. 이들은 칼로리가 높을 뿐만 아니라 쉽게 허기지게 하고 대사를 지연시켜 저장된 지방의 소모를 더디게 만든다.
- 체중을 줄이기 위해 이뇨제나 하제를 사용하지 않는다. 이들은 일시적인 효과를 보일 뿐 건강에 치명적인 부작용을 초래할 수 있다.
- 체중 조절은 계획에 따라 꾸준히 인내를 가지고 실시해야 한다. 급하게 효과를 얻고자 하거나 서

| 비만으로 인한 합병증 |

- 심장발작, 심장 질환
- 당뇨병
- 신장 기능 장애
- 고혈압
- 담낭 기능 장애
- 임신 중 부작용
- 암
- 간 기능 손상
- 치질
- 심리적 부작용
- 정맥류

| 비만에 피해야 하는 식품 |

- 버터, 전지우유, 치즈, 소고기, 돼지고기 등 육류, 마요네즈, 샐러드 드레싱
- 백미, 튀긴 감자, 옥수수, 바나나, 코코넛
- 백설탕, 저칼로리 당류(식욕 촉진)
- 소금, 매운 양념, 커피, 차
- 알코올(칼로리가 높음)

| 비만을 줄이는 좋은 식품 및 영양소 |

- 콩류, 찐 감자, 현미, 통밀빵
- 생선, 닭고기, 채소, 과일, 탈지 우유, 저지방 요구르트
- 앵초 오일(필수지방산 공급)
- 레시틴(지방 분해)
- 비타민 E(지방 대사)
- 비타민 B-복합체(식욕 조절)
- 메티오닌(식욕 조절)
- 판크레아틴(식욕 조절)

두르면 실패하기 쉽다.

일반적인 병원치료법

비만은 성공적으로 치료하기가 극히 어려운 것 중 하나다. 의사들은 대부분 다음의 공통적인 처방을 하고 있다.

- 열량 섭취를 하루 1,500kcal 정도로 제한한다.
- 1주일에 적어도 3~4회, 한 번에 15~20분 이상 운동한다.
- 체중은 단계적으로 서서히 감량해야 한다.
- 식이요법으로 5대 식품군을 골고루 함유한 식사를 한다.
- **비만치료제** : 비암페타민 제제는 식욕억제제로서 그 부작용이 따르며, 체내 에너지 필요량을 높여 체중을 빼는 약물들도 무리가 따르는 것으로 알려져 있다. 많은 비암페타민계 식욕억제제는 초조감, 불면증, 심장두근거림, 고혈압, 현기증, 전신무력감, 두통, 손떨림, 과잉자극반응 등 암페타민과 비슷한 부작용을 가지고 있다. 다이어트 제제들은 일시적인 효과만을 보이거나, 심각한 부작용을 초래하고 식생활 습관만 변화시키는 경우가 대부분이다. 디미트로피놀이라는 비만치료제는 백내장을 초래할 수 있으므로 특히 조심해야 한다.
- **지방흡입술** : 지방조직에 튜브를 삽입하여 지방세포를 빼내는 방법이다. 주위 조직을 손상시키고 통증과 혈액 응고 상태를 유발하는 등 생명에 위험을 초래할 수도 있다.
- **대장절단술** : 음식물이 흡수되는 장기 일부를 잘라내고 다시 이어주는 방법이다. 비타민, 미네랄 손실 등 부작용을 초래하여 시술 자체가 점차 줄어들고 있다.
- **위장스태플링** : 위의 크기를 줄이는 스태플링 시술로 한 번에 소화시킬 수 있는 음식의 양을 제한하는 방법이다. 수술을 여러 번 반복해야 하거나 위역류 현상이 일어나는 부작용이 있다.

이상의 수술 방법들의 경우 일정 기간이 지난 후 다시 체중이 불어나기도 한다. 극도로 비만한 사람들에서 발견되는 프레더윌리증후군에서는 염색체 이상으로 식욕이 억제되지 않아 끊임없이 먹을 것에 집착하고 지방을 비정상적으로 저장하는데, 이런 경우는 음식 섭취를 정상보다 줄여야 한다. 또한 기존의 의학적 치료법들은 성공률이 낮고 부작용이 있어서 환자들이나 의사들이 모두 실망하는 경우가 많다.

I 비만, 이렇게 예방한다 I

- 체중을 정기적으로 체크하고 기록하면서 식사와 운동량을 조절한다. 항상 일정한 식사와 생활습관을 유지하는 것이 중요하다. 폭식과 절식을 오가는 변칙적인 다이어트는 위험하다.
- 고지방, 고칼로리 식품을 냉장고에서 아예 없애고, 저지방, 저설탕, 고섬유질 건강식품 위주로 식단을 구성한다.
- 일시적인 다이어트로는 결코 이상적인 체중에 도달하고 유지할 수 없음을 잘 이해하고 영구적으로 생활 태도를 개선하는 것이 바람직하다.

영양식이요법

- 섬유질이 풍부한 식품, 복합탄수화물 식품, 신선한 채소와 과일, 저지방 식품이 대단히 효과적이다.
- 칼로리의 양보다 어떤 식품에서 만들어진 칼로리인지가 더 중요하다.
- 섬유질 식품은 지방의 배설을 촉진하고 당질 내성을 증가시킨다. 또, 위에 팽만감을 주어 과식을 방지한다.
- 탄산음료, 사탕, 과자, 콜라, 케이크, 아이스크림 등은 어린이 비만의 주범이다. 포테이토칩이나 콘칩 같은 스낵류는 40%가 지방이고, 아침식사 대용 시리얼은 60%가 설탕이므로 삼가야 한다.
- 너무 적게 먹는 것도 좋지 않다. 하루 최소 1,200 kcal는 섭취해야 건강이 유지된다. 연구 결과에 따르면 먹는 음식에 영양분이 충분하면 더 이상 음식을 갈구하지 않게 되고, 영양분이 충분하지 않으면 자꾸 과식하게 된다고 한다. 또, 필수영양소 섭취가 불충분하면 지방이 효과적으로 연소되지 못해 비만이 된다는 연구 결과도 있다.

약용식물요법

- 마황, 녹차 등은 지방 연소를 촉진한다. 단, 카페인을 함유하고 있어 불면증이나 초조감을 일으킬 수 있으므로 주의한다.
- 민들레 뿌리는 간 기능 강화 효과가 있어 비만인 사람들에서 흔한 간 기능 장애를 바로잡아준다.
- 우엉은 훌륭한 식욕 조절제다.
- 켈프는 체내 대사와 분비샘 활동을 자극한다. 또, 레시틴이 함유되어 있어 지방의 연소를 돕는다.

아로마요법

아로마 오일을 피부 마사지, 전신 목욕에 이용하면 지방 연소 등의 효과로 체중 조절에 도움이 된다. 주니퍼베리, 로즈마리, 제라늄 오일 각 3방울을 해바라기 씨 오일 20ml에 잘 혼합하여 복부, 엉덩이, 허벅지 등 지방 축적 부위에 마사지하거나, 목욕물에 넣어서 목욕한다. 아로마요법은 그 향이 대뇌에 영향을 주어 비만을 일으키는 감정 상태와, 신경전달물질이나 호르몬 분비를 조절하기 때문에 비만에 대한 아주 이상적인 전인치료법이다.

13 섹스와 성기능 장애

- 만족스러운 성관계의 핵심은
친밀한 커뮤니케이션과 다르지 않음을 깨닫는 것이다

나이 드신 선배 의사 한 분에게 환자를 진찰할 때 버릇이 하나 있다. 남자 환자일 경우 어떤 증상 때문에 병원에 왔건 먼저 팬티 안을 들추어보는 것이다. 한번은 팔목이 아파 골프를 치는 데 불편을 느낀 사람이 찾아왔는데, 옷을 벗게 하고 그 안을 들여다보았다. 환자가 어이가 없어서 아픈 곳은 그곳이 아니라 팔목이라고 했더니, 의사는 골프를 잘 치려면 이곳부터 똑바로 세울 수 있어야 한다고 했단다.

남자의 힘과 크기

남자들은 그곳의 사이즈에 관심이 많다. 이것은 동물세계에서도 예외가 아니며, 남성적인 기가 온통 거기에 몰려 있다고 생각하는 것이 통념인 듯하다. 이런 인식은 전쟁의 작전에도 이용되었는데, 미국 CIA는 베트남 전쟁 때 베트콩이 섞여 있는 부락민들에게 초대형 콘돔을 나누어주었다. 이유는 미군들의 강력한 힘을 보여주기 위해서였다.

드골 전 프랑스 대통령처럼 코가 크면 그것도 비례해서 클 것이라는 생각은 근거 없는 이야기인 것 같다. 누구나 흥분하면 별다른 문제가 없는 한 7.5~15cm까지 커지게 마련이다. 수술을 하면 50% 이상 더 늘릴 수 있다고 하나, 똑바로 세울 수 없다면 무슨 소용이겠는가. 그것이 똑바로 설 수 있는 것은 혈압 때문이다. 다시 말해서 풍선에 공기만 집어넣은 것과 물을 집어넣은 것의 차이다. 성적으로 흥분하면 해면체에 혈액이 가득 차고 얼마 동안 빠져나가지 못해 딱딱해지는 것이다.

그것이 똑바로 서지 않는 사람은 의외로 흔하다. 평생을 살아가며 이런 문제로 잠시 고민하는 경우는 4명 중 1명이고, 영구적으로 문제를 안고 사는 경우는 20명 중 1명이라는 영국의 통계가 있다. 원인은 3분의 1 내지 2분의 1이 정신적 또는 심리적인 것에 있다. 그 밖에도 당뇨병, 갑상선 질환, 빈혈, 혈압약 복용 등 다양한 원인이 가능하다.

필자는 남편의 발기부전을 상담해온 부인에게 다음과 같은 처방을 한 적이 있다. 나란히 붙어 있는 우표를 구입해서 잠자리에 들기 전에 남편의 그것에 빙 둘러서 붙여놓게 했다. 한밤중에 남편의 것이 솟아오르면 우표 한두 개가 떨어져나갈 것이다. 이 방법은 남편의 문제가 심리적인 것에 있음을 알려주기 위한 것이었다.

요즘은 이런 문제를 여러 가지 수술이나 기구, 비아그라 같은 신약으로 해결하는 모양이지만, 옛날에는 많은 민간처방이 이용되었다. 중국의 황제 조신은 예쁜 여자들을 발가벗겨놓고 코뿔소의 뿔에서 얻은 성분을 먹으면서 문제를 해결했다고 하나, 오늘날 우리는 황제도 아닐뿐더러 코뿔소의 뿔도 구하기 어렵다.

쐐기풀 뭉치를 주머니에 차고 다니면 효과가 있다는 풍문 때문에 한동안 유럽의 한량들 사이에서 이것이 유행했으며, 여성의 성기와 닮은 굴을 먹으면 좋다고 하여 굴 소비량이 늘어나기도 했다. 정력에 좋다면 바퀴벌레도 마다않는 우리의 세태처럼 외국에서도 스페인 파리를 갈아 만든 가루약이 유행했으나 온몸에 가려움증이 생기는 부작용이 문제가 되었다.

아로마치료는 후각신경을 통해 뇌의 중추신경계를 자극할 뿐 아니라 호르몬 분비를 촉진하고 생리적인 기능을 조절하는 일석삼조의 효과를 기대할 수 있다. 잠자리에 들기 전에 클레오파트라가 애용했다는 재스민이나 로즈, 일랑일랑, 블랙페퍼 오일 등을 침실에 1~2방울 떨어뜨려놓는다.

발기부전을 치료하는 방법

한 중년의 사내가 머뭇거리며 진료실로 들어왔다. 그는 간호사가 나가는 것을 기다렸다가, 제대로 발기가 되지 않아 병원을 찾았다고 말했다. 진찰을 시작하니, 약간 망설이다가 부끄럽다는 듯 자신의 사이즈가 남보다 작다며 이 상태를 벗어날 수 있는 방법이 없는지 물었다. 하지만 필자가 보기에는 결코 왜소하지 않은 사이즈였다.

남자들은 흔히 자신의 성기 사이즈에 신경을 쓰고

| 발기부전이 의심되면 |

다음의 심리적, 생리적 요인들이 자신과 얼마나 연관이 있는지 따져보면 의외로 쉽게 문제를 해결할 수 있다. 당뇨병, 고혈압, 우울증, 갑상선기능저하증, 알코올 중독, 흡연, 과다한 운동 등이 원인이 되며, 당뇨병 치료약, 고혈압 치료약, 항우울제 등을 복용하는 경우 발기 장애의 우려가 있다.

- 심리적 요인

- 스트레스, 애도 상태 등
- 성장기의 성 경험이나 기억
- 성적 고통의 경험, 성적 흥분 상태에 대한 편견
- 자신의 신체에 대한 이미지와 성기에 대한 편견
- 성관계에 대한 만족도
- 자신의 성적 능력에 대한 만족도

- 생리적 요인으로, 검사가 필요한 항목

- 당뇨병
- 빈혈
- 간 기능
- 테스토스테론, 프롤락틴 등 성호르몬
- 혈액검사
- 갑상선 기능
- 알코올 중독

남과 비교한다. 그러나 크기와 성 기능 사이에는 큰 관련이 없다. 단지 통념적으로, 특히 남성 사회에서 성기의 크기와 남성적 파워를 동일시하는 것이 문제일 뿐이다.

발기 장애 치료 방법은 원인에 따라 달라진다. 성 치료, 성 상담, 주사제, 약물 등이 많이 쓰이고, 성기에 인공보조물을 삽입하는 수술도 행해지고 있다. 이런 보조물에는 실리콘, 실린더 펌프, 배큠 확대기 등도 있으나, 모두 전문가의 처방에 따라 신중하게 시도해야 한다.

발기를 돕는 약재와 식품으로는 비타민 E, 인삼, 양파, 마늘, 굴, 조개 등이 있다. 요즘은 신비의 약물 비아그라가 엄청난 기대심리를 부추기고 있으나 이 역시 만능은 아니다. 또, 성기에 혈액을 축적하여 발기를 유지시키는 원리이므로 심장혈관 장애나 뇌혈관 장애 등이 있는 경우는 큰 부작용이 초래될 수 있다.

성기능 장애를 해결해주는 마법적인 한 가지 약물이나 특수한 방법은 있을 수 없다. 건강한 생활, 정신적 안정, 균형 잡힌 식생활, 규칙적 운동, 파트너에 대한 애정과 신뢰 등이 고루 갖추어져 조화를 이룰 때 자연스럽고 만족스러운 성생활이 가능함을 명심해야 한다.

행복한 성생활을 위하여

만족스런 성생활은 우리의 삶에 정신적, 육체적으로 많은 혜택을 준다. 조사에 따르면 규칙적이고 건강한 섹스를 즐기는 중년이 그렇지 않았던 경우보다 심장 질환이 훨씬 적었다고 한다. 섹스는 사랑과 교제와 행위가 삼위일체 되었을 때 가장 완전하다. 단순히 성 행위의 횟수로 성생활의 건강도를 잴 수는 없다. 최상의 성생활은 바로 자신의 전체적인 삶에서 응집되어 나오는 것이다. 섹스는 내면의 표현이며 새로운 도전이고 새로운 발견의 상징으로 표출되는 행위적인 현실이다. 성관계를 갖는다는 것은 상대와 정서적으로 가까워지고 감정적으로 친밀해짐을 의미한다. 섹스나 음악이 나타내는 표현은 모두 같은 원천에서 솟아나온 것으로 미묘한 우리 몸의 에너지 흐름을 통해 우리를 창조적인 존재로 만들어준다.

긍정적 사고와 가치관, 신뢰, 자신을 표현하는 능력과 남을 수용하는 자세 등 성공적인 대인관계에 필수적인 요소들이 성공적인 성관계에서도 필수적이다. 당뇨병, 알코올 중독, 심장병 등 신체적 조건들이 성생활을 방해하는 부분이 있을 수 있으나, 더 심각하게 영향을 미치는 것은 파트너와의 정신적, 감정적 교류의 장애다. 또, 먼저 자신의 몸을 사랑하고 자신의 성을 존중할 수 있어야 비로소 자연스럽게 상대방과의 만족스러운 성적 교제가 이루어진다는 사실도 잊지 말아야 한다. 만족스러운 성관계의 핵심은 효과적인 커뮤니케이션에 있는 것이다.

조나단 크레머와 다이안 더너웨이의 말을 빌리면 남자와 여자는 사용하는 언어가 근본적으로 다르다고 한다. 이때의 언어란 생리적, 물리적, 감정적, 정신적, 정서적 표현의 총합을 말한다. 남자와 여자가 이러한 근본적 차이를 극복하고 서로 이해하기 위해서는 개방적인 커뮤니케이션이 필수적이다. 대화하고 어루만지는 행위를 통해 이러한 커뮤니케이션은 더욱 활발해지며, 섹스는 이러한 커뮤니케이션의 극대화라 할 수 있다. 만족스러운 성생활을 위한 몇 가지 지침을 제시하면 다음과 같다.

서로 어루만진다

어루만지는 행위는 많은 의미를 내포한다. 친밀함과 개방적인 교제를 뜻하고, 부부 사이에서는 직접적인 성적 신호로 받아들일 수도 있다. 친밀한 신체적 접촉은 중요한 정서적 표현 수단이다. 몇 마디 말보다 다정한 포옹이나 악수 한 번이 더 깊은 감정을 전달할 수 있는 것이다. 조사에 따르면 유년기에 부모나 가족, 가까운 사람들과 신체적 접촉이 적었던 사람일수록 외로움, 고독감을 느끼기 쉽고 공격성, 폭력성을 보이는 경향이 있다고 한다.

성적 파트너 사이에서 이러한 어루만짐이 부족하거나 무시될 때 성적 행위는 깊이를 더하지 못하고 요식적인 것으로 전락하거나 문제가 생기게 된다. 성교만이 유일한 신체적 접촉이라면 그 관계는 결코 성공적이거나 만족스러운 것이 되지 못한다. 매일 당신의 파트너를 가볍게 또는 깊게 어루만져라. 껴안기, 키스하기, 마사지해주기, 바짝 다가가기, 애무하기, 코 비비기, 토닥여주기 등 다양한 애정 표현이 둘의 관계를 획기적으로 변화시켜줄 것이다. 특히 성행위 중에 자연스럽게 이와 같은 자극을 하면 친밀감이 극에 달한다. 여성에서 애무는 가장 성공적인 성적 만족으로 연결된다. 성의학자들은 여성의 절반이 성교만으로는 오르가즘에 도달하지 못하며 만져주고 다독거리는 정감 있는 접촉이 도움이 된다는 것을 밝히고 있다.

자신의 성적 매력을 믿는다

버몬트 대학에서 성적으로 왕성한 성인을 대상으로 행한 실험은 자신의 성적 매력에 믿음을 가지는 것이 성공적인 성생활과 밀접한 관계가 있음을 밝히고 있다. 84% 이상이 부부관계에서 이러한 생각과 상상을 통해 더 적극적이고 만족스러운 결과를 얻고 있다는 것이다. 성적 매력에 대한 상상은 자신의 내면적 신뢰감과 현실적 성생활의 중간 위치에서 그 균형과 조화를 이루어내는 끈과도 같은 것이다. 상상을 통해 에너지와 창조성, 만족감을 얻을 수 있다.

규칙적이고 창조적인 성생활을 한다

신혼의 성적 흥분은 시간이 지남에 따라 희미해지게 마련이다. 일상의 스트레스, 그리고 자녀 양육, 과중한 업무, 수면부족 등도 성생활을 방해하는 원인으로 작용한다. 한쪽이 다른 쪽보다 왕성하게 성적 행위를 원하거나, 심하게 거부할 때는 부부생활에 많은 갈등이 생기기 시작한다.

규칙적이고 창조적인 성생활로 부부관계와 일상생활에 활력을 되찾도록 한다. 여성은 중년이 되면서 억압된 감정에서 벗어나 보다 자유롭게 성적 욕구를 표현하는 경향을 보이며, 남성의 경우도 젊었을 때보다 사정 위주의 성교에서 벗어나 더 긴 전희 시간을 갖게 되는 것이 특징이다.

부부생활의 성적 흥분과 만족도를 높이는 방법

- 부부 두 사람만의 시간과 공간을 갖는다. 전화나 자녀, 친구에게 방해받지 않고 대화를 나누고 시간을 보낼 수 있는 공간을 확보한다.
- 일정한 시간에 함께 잠자리에 든다. 이 단순한 습관은 정체된 성생활에 변화를 가져오는 좋은 방법이다. 같은 시간에 일어나는 습관도 성생활에 활력을 주는 요인으로 작용한다.
- 자신의 성적 흥분을 극대화시킬 수 있는 방법과 그 정확한 내용을 상대방에게 알려준다. 자극이 되는 부위와 적절한 방법을 서로 알고 있으면 한결 만족스러운 성생활을 즐길 수 있다. 이런 일을 금기시하는 문화에서는 성생활과 부부관계에 문제가 생기기 쉽다.
- 마사지를 주고받는다. 조명을 낮추고 감미로운 음악을 배경으로 아로마 마사지를 주고받으면 에로틱한 감정을 유발할 수 있다. 이러한 행위 만족performance pleasure은 마치 연극배우가 공연을 마치고

| 나이와 성 기능 감소 |

- 나이가 들면 테스토스테론 호르몬이 줄어 성 기능이 저하된다.
- 나이가 들면 성적으로 흥분하는 데 더 많은 접촉과 자극, 시간이 필요하다.
- 노년기 성생활에 대한 이미지와 관심도가 부정적이고 비관적이다.
- 만성적 기능 장애가 축적되어 성생활을 방해한다.
- 만성적 우울증 등이 성생활에 지장을 준다.
- 성생활의 오랜 중단으로 성적 자신감과 신뢰감이 저하된다.

느끼는 희열, 만족감과 같다.

- 성 행위의 리더를 바꾸어본다. 남자가 항상 리드하는 성행위는 따분하고 재미가 없을 수 있다. 건강하고 자유로운 부부라면 리드하는 순서를 바꾸어 만족스러운 성생활을 이끌어낼 수 있어야 한다.
- 성 기능을 강화한다는 약물이나 식품 등을 조심한다. 성의 미덕은 자연스러움에 있다. 인위적인 성 기능 강화는 중독성과 성도착의 위험을 안고 있다.
- 규칙적인 운동, 스트레칭, 여성의 골반운동 등은 에너지를 원활하게 순환시켜 성공적인 성생활로 이끌어준다.

14 습진과 아토피성피부염

- 피부는 자연미를 원한다

몸이 근질근질하고 피부에 붉은 반점들이 생기면 음식을 잘못 먹었나, 벌레에 물렸나 의심하게 된다. 추운 겨울이 지나 따뜻한 봄이 되면서 피부가 건조해지고 벗겨지는 현상이 많이 생기는데, 이때는 피부를 항상 청결히 하고 촉촉하고 윤기가 흐르게 유지하는 것이 좋다. 그러기 위해서는 자연 상태 유지에 도움을 주는 새로운 환경을 조성하고 필요한 자연물질을 이용해야 한다. 순수한 자연치료야말로 피부를 가장 건강하게 만들 수 있는 방법이다.

특히 습진의 경우는 조금 나아지는 듯하다가 다시 재발하기 때문에 실망하고 치료를 포기하는 경우가 많다. 피부가 건조하고 가려운 것이 특징이며, 습진 부위를 계속 긁으면 진물이 나고 병균이 감염되어 딱지가 생기고 다시 터지는 과정이 반복된다. 이렇게 해서 환부가 더 거칠어지고 두꺼워지기까지 한다. 습진은 인구의 2~7%가 앓고 있다.

아토피성피부염은 다소간 유전성이 있는 피부병으로 처음에 붉은 반점이 볼에 나타나기도 하고 엉덩이, 팔꿈치, 무릎 안쪽에 생겨 시간이 갈수록 몸 전체에 퍼진다. 어린아이의 경우는 50% 이상이 18세가 되기 전에 없어지지만, 성인의 경우는 상당히 끈질기게 지속되고 치료해도 잘 낫지 않는다. 또, 천식과 동반되어 알레르기 질환의 일종으로 진단되기도 한다.

원인

- 다른 알레르기처럼 가족력이 있다. 환자 3명 중 2명꼴로 가족 중에 습진을 가진 사람이 있다.
- 스트레스, 음식알레르기, 땀을 많이 흘릴 때 빈발한다.
- 화학 물질에 오염된 물, 양모, 니켈 같은 금속을 접했을 때 습진이 번지게 된다.

증상

- 진물이 흐르고 붉어지며 비늘이 벗겨지고 가렵다. 흔히 물집이 생긴다. 환부가 커지면 피가 나고 박테리아 감염이 많아진다.
- 흔히 자극이 있기 전에 심한 가려움증이 있고, 계속 긁어대면 눈에 보이는 병변으로 나타난다.
- 심리적 원인으로 스트레스는 습진을 유발하고 증

상을 악화시킨다. 불안이나 적개심, 노이로제 증상이 있는 경우에 더 잘 걸린다.

누구나 쉽게 하는 자가치료법

- 어린아이들의 경우 손톱을 짧게 깎아서 피부를 긁어 자극하지 않게 도와준다. 잘 때는 장갑을 끼거나 양말을 신겨 무의식중에 피부를 긁지 않도록 미리 방지한다.
- 비누 사용을 금하고 피부가 건조되는 것을 막는다. 지방 성분이 없는 클렌저를 사용하고 피부를 촉촉이 유지해주는 바셀린을 사용한다.
- 양모, 실크, 합성섬유 내의나 의복의 착용을 피하여 피부 자극을 줄인다.
- 집이나 사무실의 화학 물질들이 반응을 일으킬 수 있다. 벽면에 설치하는 화학섬유, 유리, 고무장갑 등에 주의한다.
- 목욕이나 샤워를 자주하지 말고, 물기를 완전히 말리고 아로마 오일을 발라 피부를 촉촉이 유지한다.
- 목욕 시 물속의 소독약인 클로라인이 잔류하여 피부에 자극을 줄 수 있으므로 아로마 오일로 씻어준다.
- 공기가 건조하지 않도록 가습기를 이용하되, 소독하여 청결하게 사용한다.
- 오트밀(빻은 귀리) 2컵을 목욕물에 풀어 목욕하고, 목욕 후에는 베이킹소다 파우더를 발라준다.

일반적인 병원치료법

스테로이드 연고나 로션, 감염이 심하면 항생제를 처방한다. 또, 밤에 심하게 가려울 때는 항히스타민제를 복용하는데, 이러한 화학적 치료에는 부작용이 따르기 쉽다. 특히 코르티코스테로이드는 장기간 사용 시 세포의 활동과 성장을 억제한다. 스테로이드를 장기간 사용하면 피부가 상하기 쉬우며 호르몬의 부조화로 인한 증상들이 나타나므로 조심해야 한다.

아로마요법

아로마 오일을 피부에 바르거나 목욕에 이용하면 효과가 좋다. 방법은 저먼캐모마일 10방울, 서양톱풀 5방울, 라벤더 5방울, 타게트 10방울을 캐리어 오일(아로마 오일을 희석시키기 위한 천연 식물성 오일) 30ml와 잘 섞어 환부에 바르거나, 저먼캐모마일 2방울, 라벤더 2방울, 제라늄 1방울을 목욕물에 떨어뜨리고 15분 정도 몸을 담그는 것이다.

아로마치료는 대부분의 피부 질환(건선, 여드름 등)에 아주 효과적이며, 아로마치료제는 아로마 전문 클리닉에서 쉽게 구입할 수 있다. 단일 아로마를 구입하여 섞어서 사용할 수도 있고 혼합 아로마를 구입할 수도 있다. 아로마 오일은 피부세포에 활력을 주는 재생 능력이 뛰어난 천연 식물성 오일로 그 종류가 수백 가지에 이른다. 이들은 각기 독특한 치료적 약리 작용을 가지고 있으며, 인체의 대뇌에 영향을 주어 정서 안정과 스트레스 해소 효과를 나타내기 때문에 자연치료가 추구하는 전인적 치료 개념에 딱 맞는 처방이라 할 수 있다. 또 다른 장점은 부작용이 없고, 향이 좋으며, 피부를 마사지하여 자연스러운 치료 효과를 얻을 수 있다는 데 있다.

영양식이요법

- 유제품을 삼간다. 특히 어린아이의 경우는 우유 알레르기로 인해 피부염이 악화될 수 있다.
- 근육응용조절 진단법이나 전기자장 진단기 등 자연치료 진단법을 이용하여 알레르기 물질을 찾아내고 그에 대한 자연치료를 통해 알레르기 반응을

치료한다.

- 파슬리, 녹색 채소, 셀러리, 파인애플, 포도 등이 도움이 된다.
- 필수지방산 부족이 원인인 경우에는 달맞이꽃 오일 등을 사용한다.
- 생선 기름도 염증을 치료하고 알레르기 반응을 줄인다.
- 칼슘 파우더를 복용하면 가려움증이 없어진다.
- 피부의 정상적인 기능을 촉진하는 천연 비타민 A를 섭취한다.
- 알레르기 반응을 해소하고 비타민 C의 활용을 촉진하는 바이오플라보노이드를 섭취한다. 습진의 진행을 차단하고 건강한 피부로 만들어주는 아연도 좋다.
- 비타민 B6, 비타민 E도 유아의 습진에 효과적이다.
- 물을 많이 마셔 피부의 건조를 막고, 튀긴 음식, 동물성 지방을 피한다.
- 햇볕에 오래 노출되면 피부가 갈라지고 주름살이 생기므로 주의한다.
- 탄산음료, 설탕, 초콜릿, 포테이토칩 등을 삼간다.

약용식물요법

- 에키나시아 용액으로 체내의 독성을 제거한다.
- 관목나무를 달인 용액을 목욕물에 타서 목욕하거나, 고추나물 오일을 피부에 발라주면 피부의 염증이 진정된다.
- 우엉은 피부 껍질이 벗겨지는 습진에 특히 좋다. 염증을 제거할 뿐 아니라 습진에 동반되는 세균 감염증을 치료해준다. 별꽃은 수렴 작용이 강하여 염증 제거에 탁월한 효과가 있다.
- 삼색제비꽃은 진물이 나는 습진에 좋다. 용액에 수건을 적셔 습포를 해주면 효과적이다.
- 산사나무나 블루베리 잎은 히스타민 분비를 감소시켜 소염 및 가려움증 치료에 좋다.

| 피부 질환, 이렇게 예방한다 |

- 알레르기 유발 식품을 피한다. 우유, 밀가루, 열대 과일 등은 특히 유아에서 알레르기를 유발한다.
- 피부에 발진이나 알레르기 반응이 쉽게 일어난다면, 로션, 향수 등 피부용 제품 사용에 신중을 기한다.
- 알레르기를 유발하고 습진을 악화시키는 니켈 성분의 장신구를 피한다. 귀걸이, 목걸이, 시계 등에 니켈 성분이 있는지 확인하고 스테인리스 스틸이나 금으로 대체한다.
- 알레르기를 유발하고 습진을 악화시키는 고양이, 개 등 애완동물을 피한다.
- 유색 화장지나 티슈는 피부에 자극을 줄 수 있으므로 피한다.

15 알레르기성 질환

– 청명한 공기, 건강한 음식

라디오, TV에서 계절이 바뀔 때마다 들려오는 자연 예찬이 알레르기를 앓는 사람에게는 결코 낭만적으로만 들리지 않는다. 알레르기란 경적이 너무 예민한 자동차와 같다. 손가락 끝으로 조금만 스쳐도 경적이 빵 울린다면 차 다루는 것이 얼마나 신경 쓰이고 고통스럽겠는가? 경망스러운 경적과 마찬가지로 면역체계가 떠다니는 먼지, 꽃가루, 고양이털에도 바로 반응하여 히스타민이라고 하는 물질을 배출하는 것이다. 이 물질은 코, 눈, 피부 등을 부어오르고 가렵게 하며 충혈시켜 화장지만 축나게 만든다. 항히스타민제로 다스릴 수 있다고 하나, 증상 완화에 그치고 사람을 축 쳐지게 만드는 등 부작용이 따르게 마련이다. 알레르기 반응은 비염, 피부염, 호흡기 질환 등을 일으키고 흉통, 호흡곤란, 천식발작을 유발한다. 치료에는 불필요한 약물 사용을 피하고 부작용이 없고 편리한 자연요법을 활용하도록 한다.

누구나 쉽게 하는 자가치료법

- 알레르기 요인을 찾아 제거한다.
- 담배를 끊고 비염을 유발하는 나쁜 습관을 버린다.
- 충분한 휴식을 취해 면역 기능을 높이고 스트레스를 줄인다.
- 비강 주위, 코 주위에 더운 수건을 덮어 배출 효과를 높인다.

| 알레르기성비염 |

봄철에 꽃가루가 날리고 기온 차가 심해지면서 콧속 점막에 생리화학적 변화가 일어나, 알레르기 반응을 보이면서 비염 증상이 흔히 나타난다. 점막 염증과 함께 전두 부비강, 상악동 부비강 등 코와 연결되어 있는 곳에도 영향을 주어 감염 증상이 이차적으로 나타날 수 있다. 코가 막히고 콧물과 재채기가 나오며, 목과 코 안이 건조하고 기침이 난다. 생활 주변의 모든 요건들이 알레르기항원으로 작용할 수 있으며, 집먼지진드기, 계절적 요인들이 주원인이다.

- 급성 증상에는 얼음 찜질과 더운 찜질을 반복하여 통증과 충혈을 해소시킨다.
- 비강에 충혈제거제, 항히스타민제를 계속 투여하는 것을 삼간다. 이들 약물은 중독성과 의존성이 강하며 점막의 기능을 저해할 수 있다.
- 소금물로 배농시키는 것은 좋으나, 너무 자주 하지 않도록 한다.
- 가습기로 주위 공기를 습하게 하는 것이 좋다.
- 요가, 명상, 적당한 운동을 실시한다. 호흡기를 순환시키고 아드레날린 분비를 촉진한다.
- 과일 즙(오렌지, 레몬, 자몽, 파인애플, 포도 등)을 충분히 섭취한 다음 생채소 즙을 이틀간 복용한다. 물을 평소 하루 4~5잔 이상 마신다.
- 허브 차를 뜨겁게 해서 자주 마신다. 점액을 배출시키는 효과가 높다.
- 유제품을 삼간다. 콧속 충혈, 점액 분비를 높이기 때문이다.
- 알코올을 금한다. 비강의 통로를 차단하여 막히게 하기 때문이다.
- 비타민 C와 바이오플라보노이드는 감염을 예방하는 데 효과적이다.
- 비타민 A · B는 면역 기능을 촉진한다.
- 아연은 점막의 면역 기능을 강화한다.

아로마요법과 약용식물요법

알레르기 치료에 가장 빠르고 효과적인 아로마요법은 사이프러스와 우슬초 오일을 향로에 떨어뜨려 발향시키면서 코로 심호흡을 하는 것이다. 또는 파인, 유칼립투스, 라벤더 오일 각 1방울을 더운물이 담긴 대야에 떨어뜨리고 수건으로 머리와 대야를 두른 다음 눈을 감고 심호흡을 하면 머리가 상쾌해지면서 알레르기 증상이 사라진다. 전신에 심한 부종, 가려움증, 두드러기가 있을 때는 아몬드 오일에 라벤더, 양국화 오일을 섞어 가볍게 발라주면 깨끗해진다.

아로마 오일은 전문 매장에서 구입할 수 있으며, 보다 전문적인 치료는 아로마 전문가의 혼합 처방에 따르도록 한다.

- 마늘과 골든실 허브는 천연 항생제 역할을 한다.
- 오렌지 오일을 향로를 이용하여 은은하게 발향시키면 비강의 충혈을 막고 배농 효과를 얻을 수 있다.
- 컴프리는 상기도의 염증을 해소하는 데 좋다.
- 유칼립투스, 클라리세이지 오일을 흡입하면 좋다.
- 알로에 베라는 손상된 조직을 재생하는 효과가 있다.
- 유칼립투스 2방울, 페퍼민트 1방울, 라벤더 1방울을 잘 혼합하여 그중 1방울을 거즈나 면 수건에 떨어뜨려 코 밑에 대고 심호흡을 3회 실시한다. 이것을 하루 2~3회 반복한다.
- 앞의 용액 3~4방울을 목욕물에 떨어뜨리고 10~20분간 몸을 담갔다가 가볍게 물기만 닦아준다.

영양식이요법

아침 식전에 레몬 반 개에서 짜낸 즙을 냉수 2잔에 나눠 마신다. 15~30분 후 양상추, 사과, 바나나, 포도, 오렌지 등을 샐러드로 먹거나 생즙으로 마시면 체내의 독성 물질이 해독되고 알레르기 상태에서 벗어날 수 있다.

점심과 저녁은 평소의 식사에 생채소(당근, 브로콜리, 비트, 케일 등), 나물, 과일을 충분히 먹으며, 커피 대신 허브 차를 마신다. 컴프리, 느릅나무, 아욱은 점막의 저항력을 높여 기도를 안정시키는 역할을 한다.

건강한 식생활 습관을 들인다. 유기농 식품을 정선하여 먹고, 우유 단백질이 기관지관의 점액 분비를 증가시키므로 우유를 삼간다. 요구르트, 제철 과일을 먹고 염분 섭취를 줄이며 아이스크림, 음료 등 차가운 것을 피한다.

동종요법

이열치열의 원리와 비슷한 요법으로, 체질에 따라 처방이 달라진다.

알레르기에 대한 기본 처방은 양파 즙 또는 마늘 즙 1티스푼을 물로 10번 이상 희석하여 양파나 마늘 냄새가 아예 없는 물로 만들어 1~2방울 혀 밑에 떨어뜨려 치료하는 것이다. 더 전문적인 치료는 동종요법을 전공한 전문가의 처방이 필요하다.

수치료법

비타민 C 캡슐을 열어 3스푼 정도를 더운 목욕물에 풀어서 20~30분간 목욕한다. 또, 잠자리에 들기 전에 따뜻한 물수건을 가슴에 올려놓아 순환을 촉진하고 호흡기의 점액질을 녹인다.

마사지 · 지압요법

엄지와 검지의 주름이 만나는 곳을 눌러주거나 손바닥의 정중앙을 가로지르는 손금을 따라 눌러준다. 오른 엄지손가락으로 왼쪽 손의 부위를 천천히 심호흡을 하면서 1분간 눌러준 다음 손을 바꿔 반복하면 재채기, 콧물, 가려움증 등이 사라진다. 발바닥에서는 정중앙의 안쪽 움푹 들어간 부위를 눌러준다. 한 번에 5~10분간 하루 2회 시행한다.

비타민 · 미네랄요법

하루에 비타민 A 5,000IU를 복용한다. 아마 씨 기름에도 비타민, 미네랄이 많이 들어 있어 도움이 된다.

16 요통

– 진통, 소염 작용을 하는 양국화나 마조람 향을 맡고 매일 가볍게 스트레칭을 한다

"허리가 삐끗하더니 며칠째 통증이 가시지 않는다." "아이를 낳고 난 후 허리가 아프기 시작해서 일년이면 몇 차례씩 요통이 재발한다." 중년의 사람들이 호소하는 증상 중 가장 흔한 것이 요통이다. 무거운 물건을 드는 것, 출산, 스트레스, 근육긴장, 나쁜 자세, 장시간 앉아 있는 생활 등이 원인이 되며, 현대의학에서는 진통제 처방, 수술요법이 전부이지만 대체요법에서는 치료 방법이 무척 다양하다.

운동요법

1주일에 3~4회 한 번에 최소 30분 정도 에어로빅 운동을 한다. 그러나 급성기나 심한 디스크 탈출 증상을 보일 때는 삼가야 한다. 매일 스트레칭만 하여도 도움이 된다. 의자에 앉아서 허리를 앞으로 구부리고 숨을 내쉬면서 뒤로 길게 젖히는 동작을 반복한다. 또는 의자에 앉아 무릎을 양손으로 잡고 가슴 가까이 오므려 숨을 깊게 내쉰다. 양쪽 무릎을 번갈아가면서 같은 동작으로 반복한다. 누워서 해도 좋다.

아로마요법

- 양국화와 마조람 오일은 진통, 소염 효과가 있어 통증과 긴장을 풀어준다.
- 라벤더와 유칼립투스 오일 각 4방울을 코코넛 오일에 희석하여 마사지하면 뛰어난 효과를 볼 수 있다.

수치료법

- 급성 통증에는 찬 물수건으로 습포하고, 만성 통증에는 더운 물수건으로 습포한다.
- 욕탕에 서서 강한 더운물 줄기를 1~4분간 통증 부위에 쏘아주고, 이어서 찬물 줄기를 5~30초간 쏘아주는 정통 유럽식 수치료법도 시도해볼 만하다.

지압 · 마사지요법

- 무릎 뒤 두 근육이 합쳐진 움푹 팬 부위를 심호흡을 하면서 1분간 눌러주면 에너지가 허리로 이동하여

통증이 사라진다. 잠시 휴식을 취한 뒤 같은 동작을 다시 하며, 하루 3회 반복한다.

- 테니스공 2개를 넣은 양말을 바닥에 놓고 그 위에 허리를 뉘어 허리 척추가 편안해질 때까지 테니스공을 위아래로 굴리며 마사지하는 방법도 좋다. 한 번에 10~15분간 반복한다.

그 밖의 치료법

- **한방요법** : 신장의 음 에너지가 부족하여 오는 것으로 보며, 이를 보충하기 위해 두부, 검은콩 등 콩류, 수박, 블루베리, 해초류, 클로렐라 등을 먹는다.
- **영양식이요법** : 전체식, 옥수수, 귀리, 신선한 채소와 과일, 콩류가 도움이 된다. 매일 포도 주스 1컵을 마신다. 커피, 알코올, 담배, 동물성 지방은 피하고, 매운 음식, 마늘, 계피도 좋지 않다.
- **허브요법** : 버드나무 껍질을 우려낸 용액에는 아스피린과 같은 성분이 있으므로 하루 2~3회 1/2~1티스푼씩 복용한다. 엉겅퀴 나무에서 짠 기름을 통증 부위에 바르거나 습포하는 것도 좋다.
- **반사요법** : 엄지손가락 중간에서부터 외측으로 팔목까지 손끝으로 눌러주거나 골프공으로 문질러준다. 엄지발가락 중간에서부터 발뒤꿈치까지 외측으로 길게 엄지손가락으로 눌러준다.
- **심상요법** : 무거운 짐이 든 가방을 지고 가다가 짐을 내려놓고 그 안에 들어 있는 분노, 좌절, 우울, 고통의 보따리를 꺼내 쏟아버리는 상상을 하면 통증이 가신다.

17 위장 질환

- 40년 엔진은 미리 검사를 받는 것이 좋다

건장한 체구의 남자가 병원 문을 들어섰다. 회사가 부도나고 실직 상태에서 자주 식사를 거른 채 술을 마시는 생활을 반복했더니 속이 쓰리고 피까지 토했다는 것이다. 불규칙한 식사와 생활로 소화 기관의 기능이 많이 손상되었을 가능성이 높았고, 검사와 진찰 결과 위궤양이었다.

위장은 놀라운, 다양한 기능을 가진 내장 기관 중 하나다. 자신의 살은 먹지 않고 남의 살(고기, 음식물 등)을 소화시키는 일을 하니 놀랍지 않을 수 없다. 어떻게 다른 살은 소화시키면서 자신은 소화시키지 않을 수 있을까?

위는 자동차의 엔진처럼, 아주 강한 산을 분비하여 질긴 단백질 등을 분해하고 효소를 방출하여 소화시킨다. 이러한 위산 액은 십이지장까지 작용한다. 위장의 점막 주름에 상처가 나면 효소가 위벽을 부식시켜 궤양이 생기는데, 이런 소화성 궤양은 여성보다 남성에서 조금 더 많고 40세 이상에서 흔하게 나타난다. 스테로이드 제제나 천식, 류마티스 치료제를 장기간 복용했을 때에도 발생할 수 있고, 아스피린 같은 소염 진통제를 소량 복용해도 생길 수 있다. 십이지장궤양은 십이지장이 시작되는 부위에 주로 발생하는데, 남성에서 훨씬 더 많고 위궤양보다 쉽게 아문다.

위궤양의 증상

- 식후에 특히 배가 아프고 쓰리다.
- 제산제가 도움이 되지만 곧 다시 증상이 나타난다.
- 신트림이 자주 나서 곤혹스럽다.
- 구토가 일어날 수 있다.

십이지장궤양의 증상

- 새벽에 잠을 깰 정도의 통증이 배꼽 주위에 발생한다.
- 우유를 마시면 통증이 완화되고 매운 음식은 통증을 악화시킨다. 음식을 적게 먹으면 통증이 줄어든다.
- 궤양이 심해져 천공이 되면 복막염 등 더 큰 문제가 발생한다.
- 궤양이 장벽을 파고들어 혈관을 침범하면 출혈을 일으킨다. 이때는 바로 응급치료를 받아야 한다.

대변이 검은색을 띠거나, 심한 어지럼증, 갈증 등을 일으킨다.

궤양의 원인과 치료법

궤양은 흔히 바쁘고 신경을 많이 쓰는 사람에서 나타난다고 알려져 있으나 꼭 그런 것은 아니다. 직업이 없는 사람에서 더 흔하게 나타난다는 통계도 있다. 스트레스가 가장 큰 요인이며 상태를 더 악화시키는 인자들도 작용한다. 흡연은 위 점막의 보호벽을 약화시킨다. 흡연가들은 스트레스를 줄이기 위해 담배를 피운다고 하지만, 그보다 심각한 악영향을 유발한다는 것을 알아야 한다. 비스테이로드성 항염증제, 소염제 등은 소화성 궤양을 악화시키고 위에 출혈을 일으킨다. 카페인이 든 음료도 좋지 않고, 차 종류는 마음을 안정시켜주지만 커피 못지않게 카페인이 많다.

가족력이 있다면 궤양에 걸릴 확률이 높고, 혈액형이 O형인 경우도 다른 혈액형보다 30% 이상 확률이 높다. 위 천공이 될 확률도 높다.

진단은 위암과 구별이 어려워, 40세 이상에서는 위 내시경, 위 투시 촬영, 직장경 등을 철저하게 실시할 필요가 있다. 대부분의 궤양은 저절로 치유된다. 담배를 끊고 소식을 하며, 아스피린 같은 약품을 피한다. 수술요법으로 위로 가는 미주신경을 차단하거나 궤양 부위를 절단하는 방법이 있으나, 요즘은 효과적인 궤양치료제, 제산제로 치료한다. 그러나 제산제를 장기간 사용하면 오히려 위산이 더 많이 분비되어 심장 문제를 일으키고 항생제의 흡수를 방해하기도 한다.

헬리코박터 파일로리라는 박테리아가 원인이 되어 위궤양, 위암을 일으키는 경우도 있으며 이때는 항생제로 치료한다.

과민성대장증후군

소화 장애의 일종으로, 변비, 설사, 복통이 반복되며 다음의 10가지 특징을 보인다.

1. 여자가 남자보다 3배 이상 많다.
2. 심각한 병은 아니다.
3. 어느 연령에나 나타나며 15~40세 사이에 흔하다.
4. 스트레스, 생활 태도가 중요한 요인이다.
5. 원인을 아직 모른다.
6. 설사는 아침에 일어난 후 1시간 정도에서 심하게 나타난다.
7. 대변, 가스 배출을 통해 증상이 완화된다.
8. 암과 증상이 비슷하므로 의사의 진찰이 필요하다.
9. 특별한 검사법이나 진단법이 없다.
10. 증상을 없앨 수 있으나 치유가 되는 것은 아니다.

과민성대장증후군의 예방과 치료법

많은 장수인들은 위장을 건강한 상태로 유지하는 것이 장수의 비결이라고 말한다. 위장이 건강하면 오래 살 수 있다. 어쨌거나 엔진이 튼튼하면 오래가지 않겠는가!

- 물을 자주 마시고, 고섬유질 식사를 한다.
- 신선한 과일을 충분히 먹는다. 당근, 자두, 바나나 등이 좋다.
- 우유, 치즈, 버터, 크림, 초콜릿을 피한다.
- 붉은색 육류를 피한다.
- 양국화나 클로브, 파슬리, 페퍼민트 등 허브 차를 늦은 밤에 마시면 효과적이다. 아침에 마시는 것은 좋지 않다.
- 스트레스를 피한다. 장은 아드레날린과 같은 스트레스호르몬의 수용체를 가지고 있어서 경직되기

쉽다. 이완하는 방법을 배워 스트레스를 풀어준다.

- 섹스는 엔도르핀을 방출시켜 스트레스를 풀어 준다.
- 운동은 장이 부풀고 가스가 차는 것을 해소시켜 준다.
- 니코틴은 장벽의 수용체를 자극해서 증상을 악화시킨다.
- 포화지방은 동맥뿐 아니라 대장에도 악영향을 미친다. 버터 대신 올리브 오일을 사용한다.
- 과당은 쉽게 소화되지만 문제를 일으킬 소지가 많다. 설탕을 과식하면 설사하기 쉽다.
- 요구르트를 먹어 장 내 균인 락토바실러스 아시도필루스를 활성화한다.
- 음식은 찌거나 데쳐서 먹는다. 튀긴 음식, 구운 음식을 삼간다.
- 소량의 붉은 포도주는 심장뿐 아니라 장 기능에도 좋은 영향을 미친다. 사람에 따라 해로울 수도 있으므로 주의한다.
- 장세척이 도움이 될 수 있으나, 반드시 전문의와 상의해야 한다.

18 전립선 질환

- 전립선 질환 예방, 충분한 휴식을 취하고 스트레스를 피한다

50대 여성 환자가 병원에 와서 자신의 문제를 이야기하다가 남편의 상태에 대해 부끄러운 듯이 물어왔다. 남편이 화장실에 들어가면 몇 십 분이 지나도록 나오지 않는다는 것이었다. 변비 때문인가 해서 들여다보니 얼굴이 벌겋게 달아올라 다리를 꼬고 소변이 나오기를 기다리더라는 것이다.

원인과 증상

전립선이 커지면 소변 줄기가 시원하게 나오지 않는다. 전립선은 방광 뒤쪽의 호두알만한 주머니 모양으로 정자를 보호하고 영양분을 공급한다. 전립선은 정자가 산성인 여성의 질에 들어갔을 때 중화될 수 있게 해주고, 에너지를 많이 가지고 있지 않은 정자는 전립선이 만들어내는 풍부한 과당을 공급받는다.

나이가 들면 전립선이 커져서 방광에서 나오는 소변이 막히는 전립선비대증이 생길 수 있다. 이것은 암과는 다른 양성 혹이다. 나이가 들면 전립선이 커지는 원인에 대해서는 정확히 알려져 있지 않지만, 50세가 되면 남성의 30% 이상이 이 증상으로 고생을 한다.

전립선비대증을 유발하는 요인은 다양하다. 테스토스테론 호르몬 수치가 너무 높거나 에스트로겐과 테스토스테론 비율이 적절하지 않은 것, 단백질 부족, 탄수화물 과잉도 전립선을 비대화시킨다. 전립선이 커지면 소변이 시원하게 나오지 않아 화장실에 자주 가게 되고, 소변을 본 후에도 방광 안이 꽉 차 있는 것 같은 느낌이 든다. 또, 소변이나 정액에 피가 섞여 나오기도 한다.

검사와 치료법

전립선비대증을 진단하기 위해 의사들은 항문을 통해 손가락으로 전립선을 만져보고 초음파검사나 피검사를 한다. 근육을 이완시키는 약물로 치료하는 방법이 있으나, 부작용으로 입이 마르고 현기증, 기립성저혈압 증상 등을 일으킬 수 있으므로 조심해야 한다. 심할 때는 수술로 전립선을 잘라내는 방법을 사용하며, 요즘은 레이저, 초음파, 열선 등을 이용하여 짧은 시간에 수술을 끝낸다. 수술 후 성욕이 저하되었다고 호소하는 환자가 있으나, 대부분 심리적 원인 때문이므로 정신적 안정을 취하면 호전된다.

만성 전립선염 환자의 95%가 스트레스와 관련되어 있다는 연구 결과도 있다. 스트레스로 골반 근육이 수축되면 소변의 흐름이 방해를 받아 방광에 박테리아가 번식하고 전립선으로 전염이 된다는 것이다.

전립선암은 비대증과 달리 아무런 통증 없이 조용하게 진행된다. 발생률이 여성 자궁경부암의 4배에 달할 만큼 남성들에게 심각한 병이며 65~70세에 가장 많다. 특별한 원인을 찾지 못하고 있으므로 조기 진단이 중요하고, 전립선암 가족력이 있는 경우, 테스토스테론 수치가 높은 경우, 동물성 지방을 많이 섭취하는 경우, 70세 이상인 경우에 더 잘 걸리는 것으로 알려져 있다. 동양인보다 서양인들이 많이 걸리는 것으로 보아 식생활과 관련이 깊을 것으로 추측하고 있다.

누구나 쉽게 하는 자가치료법

튀긴 음식, 정제 식품, 커피, 설탕, 알코올, 담배 등을 삼가야 하며, 식품에 함유된 에스트로겐이나 공해 물질 속의 호르몬들이 전립선암을 유발할 수 있다는 보고가 있다.

비만인 남성에서는 에스트로겐 수치가 높아져 있으므로 체중 조절이 필요하다. 비타민 C · E, 베타카로틴, 아연 등은 세포의 유리기를 제거시켜 유전인자 손상을 방지해준다. 이들 성분은 호박 씨, 녹황색 채소 등에 많다. 생선, 과일, 당근, 토마토, 씨앗류, 견과류는 도움이 되고, 붉은색 육류, 기름진 음식 등은 피해야 한다. 충분한 휴식을 취하고 스트레스를 피하는 것도 중요하다. 전립선 질환은 남성들의 노후를 불안하게 만드는 병이다. 건강한 노후를 위해 자신의 전립선을 주의 깊게 관리해야 할 것이다.

19 주부 우울증

– 귀리, 연어, 흰살 생선, 일광욕, 라벤더 오일, 그리고 참여!

주부들 사이에 우울증이 많다. 까닭 없이 서글프고 모든 것이 허무하다. 남편이나 아들딸의 말 한 마디에 눈물이 핑 돌고 그렇게 섭섭할 수가 없다. 나이가 들고 마음이 약해져서 그럴까? 아니면 계절 탓일까?

몸이 무겁고 늘 피곤해서 무슨 병이 있는 것 같다는 생각이 든다. 종합검진 결과 모두 정상이라는데, 온몸이 쑤시고 아프다. 지금까지 살아온 게 모두 헛일처럼 느껴진다. 무엇을 위해 그토록 열심히 살았는지 회의감마저 든다.

남편이 원망스럽다. 밥맛이 없고 체중이 줄기 시작한다. 머리가 아프고 월경도 불규칙해지고, 무엇보다 밤에 잠을 잘 수가 없다. 온갖 복잡한 생각으로 밤을 꼬박 새우는 불면증에 시달린다. 이것은 계절 탓도, 남편 탓도 아니고, 몸에 병이 생겨서도 아니며, 우울증 때문일 수 있다.

병원을 찾아오는 환자의 20~50%가 우울증에 시달리고 있고, 입원 환자의 30~60%가 우울증을 호소한다. 이 정도면 대단한 숫자다. 그만큼 많은 사람들이 우울증으로 고생하고 있다.

20세기 초반까지만 해도 우울증은 수치스러운 정신병 취급을 받았다. 오늘날은 주부 우울증을 포함하는 많은 우울증들이 정신적, 신체적 손상을 입히며, 방치해서는 안 되는 위험한 병으로 대두되고 있다.

의학적으로 우울증은 슬픔, 비관, 흥미 상실, 가치 상실 등이 특징적으로 나타나는 병이다. 이런 증상이 정도를 넘어서면 심각한 병으로 진행된다. 우울증이 반드시 비정상적으로 나타나는 것은 아니다. 사랑하는 사람의 죽음, 이혼, 실직 등의 경우 얼마든지 정상적으로 우울 증상이 나타날 수 있다.

그러나 뚜렷한 원인을 찾을 수 없고 무력감에 빠진 상태에서 우울증이 오래 지속될 때는 심각한 정신병으로 자리 잡기 전에 치료를 받아야 한다.

우울증은 여성에서 더 많이 나타나는데, 이유는 호르몬의 영향 때문이기도 하다. 또, 자살하는 사람의 약 80%가 우울증과 관련이 있다. 자살률은 혼자 살거나 격리되어 있는 노인에서 가장 높지만, 젊은이의 자살도 계속 증가하는 추세다.

정신과 진단 분류 상 증상이 한 달 이상 계속될 때 우울증으로 진단하며, 전체 인구의 15%가 의학적 치료를 요할 정도의 심각한 우울증을 경험한다고 한다. 그러나 우울증은 결코 치료가 불가능한 불치의 병이 아니다.

원인과 증상

우울증의 원인은 환자마다 다를 수 있다. 우울증은 뇌졸중, 간염, 만성 피로 등 신체적 질병으로, 또는 수술 후 회복기에 생기고, 갑상선 기능저하, 출산 후 적응 장애, 부신 기능 장애, 폐경, 피임약 복용 등으로도 발생한다. 최근에는 항히스타민제와 관련이 있다는 보고가 있었으며, 대뇌 신경전달물질인 노르에피네프린과 세로토닌이 부족할 때도 나타난다. 햇빛 노출 시간의 부족도 원인이 되며, 특히 겨울철이나 어두운 환경에서 일할 때 문제가 된다. 이는 햇빛이 멜라토닌 같은 뇌 호르몬에 영향을 주기 때문이며, 아침에 2시간 정도 햇볕을 쬐면 큰 도움이 된다.

사회적, 심리적 요인으로도 우울증이 나타나며, 주부들에서는 가족 사이의 문제, 별거나 이혼 같은 부부간의 불화, 경제적 난관, 가족이나 친구의 죽음이나 중병 등 다양한 원인이 영향을 미친다. 그 밖에 알레르기, 자궁내막증, 과다한 당분 섭취 등도 연관이 있다.

노인기에 나타나는 우울증은 대부분 외로움, 고립감, 또는 과다한 약물 복용 등이 원인일 수 있다. 최근에는 공해 문제와 연관된 화학 물질 오염, 그리고 유전적 성향이 크게 작용한다는 연구 보고가 있었다. 우울증을 앓는 사람의 약 반수 이상이 한쪽 부모 또는 양쪽 부모가 우울증을 앓았던 경험을 가

| 우울증 자가진단 |

다음의 증상 중 4항목 이상이 2주 이상 지속될 때는 우울증으로 보고, 의사를 찾아 적절한 진단과 치료를 받아야 한다.

- 불안이 계속되고, 공허감이 든다.
- 희망이 없고 비관적인 기분이 든다.
- 무가치감, 죄책감, 아무도 자신을 도울 수 없다는 생각이 지배적이다.
- 성생활을 포함한 일상적인 일들에서 흥미와 즐거움을 찾을 수 없다.
- 불면증에 시달리거나, 지나치게 잠만 자거나, 새벽 일찍 깬다.
- 과식 또는 식욕 상실, 체중 증가 또는 감소의 증상을 보인다.
- 피곤하고 힘이 든다.
- 자살, 죽음에 대한 생각에 사로잡히고, 때로 자살을 시도한다.
- 안절부절못하고 모든 일에 쫓긴다.
- 결정을 내리지 못하고 우유부단하다.
- 집중력이나 기억력에 문제가 있다.

지고 있다.

증상은 우울증의 정도에 따라 다르다. 경미한 우울증에서는 불안, 기분의 변화가 나타나고 까닭 없이 눈물이 나며, 좀더 심한 우울증에서는 식욕감퇴, 장기능 이상, 수면 장애, 흥미 상실, 피로, 허탈감, 극심한 초조감을 보인다. 아주 심한 우울증에서는 자살 충동에 사로잡히거나 자살을 시도하기도 한다. 환청이나 망상에 빠지기 쉽고, 보통 아침에 증상이 가장 심하다.

조울증과 같이 기분이 극도로 좋아지고 나빠지는 증상이 번갈아 나타날 때는 정신과 전문의의 도움을 받아야 한다.

누구나 쉽게 하는 자가치료법

- 규칙적인 운동이 대단히 중요하다. 운동을 하면 뇌에서 엔도르핀이 나온다. 연구 결과 우울증은 활동이 적은 사람에서 더 많이 발생한다고 한다. 매일 잠시라도 산책을 하고 걷기만 해도 극심한 우울 증상에서 어느 정도 벗어날 수 있다.
- 충분한 휴식을 취한다. 피곤하고 지친 상태는 우울증을 일으킬 수 있다.
- 친구나 전문가와 상담한다. 또는 같은 처지에 있는 사람들의 모임에 참석하여 문제를 나누고 교환함으로써 부정적인 감정을 배출하고 해소한다.
- 딜레마에 빠져 해결이 어렵다고 생각되는 경우에도 제3자와의 대화를 통해 문제를 객관적으로 바라보려 노력한다.
- 요가나 명상 등을 통해 몸과 정신을 이완하고, 음악, 호흡법 등을 통해 긴장과 스트레스를 푼다.
- 충동구매나 알코올 남용은 일시적인 해결책밖에 되지 못하며 문제를 가중시킨다.
- 그림, 조각, 글쓰기 등 예술적인 작업을 시도해 본다.
- 용기를 주고 기분을 좋게 하는 책을 찾아 읽는다.
- 자주 웃고, 자신과 자신의 문제를 너무 심각하게 생각하지 않는다. 인생은 부정적인 생각만 하기에는 너무 짧다. 갈 곳도 많고 볼 것도 많다.
- 우울한 음악을 피한다. 슬픔과 외로움만 깊어진다.
- 교회나 사찰 등을 찾아 마음의 짐을 덜어줄 영혼의 양식과 신의 사랑을 생각해본다.
- 휴식을 취하고 휴가를 떠난다. 집을 떠나 자신의 영혼을 돌아볼 수 있는 아름다운 자연과 환경을 접해본다.
- 자원봉사를 통해서 나보다 힘든 사람들의 처지를 경험하고 역할을 맡아 수행하는 성취감을 느껴본다.
- 산책 등을 통해서 맑은 공기를 마시고 햇볕을 충분히 쬔다. 실내에서는 조명을 밝게 하고 지낸다.
- 불필요한 약은 끊는다. 스테로이드 제제, 항고혈압제, 발륨 같은 신경안정제, 먹는 피임약, 녹내장약, 항히스타민제 등은 우울증을 일으킬 수 있다.

일반적인 병원치료법

병원에서는 크게 세 가지 방법으로 치료한다.

- **정신치료** : 개인적 또는 집단적 정신 상담을 통해 우울증의 원인이 되는 심리적 요인들을 개선하는 치료 방법이다. 성격적 적응력과 생활습관을 바꾸어보는 훈련도 한다. 인지치료, 집단치료, 정신분석치료 등이 이에 속한다.
- **약물치료** : 항우울제를 사용하여 치료하는 방법으로, 프로작 같은 약물들이 개발되어 있다. 삼환계 항우울제나 MAO 길항제, 리튬 등의 약제들이 쓰인다.

| 부작용 |

약물치료나 전기충격요법은 졸음, 전신 탈력감, 허약증, 손떨림, 진땀, 현기증, 입 안 마름, 식욕감퇴, 여드름, 탈모증 등 많은 부작용을 일으킨다. 또, 문제가 되는 것으로 불안감, 초조감, 공격성, 적대감, 자살 충동 등이 있다. 특히 전기충격요법은 최근에 심장발작이 있었던 환자에서는 삼가야 한다.

- **전기충격요법** : 마취 하에 가벼운 전기충격을 가해 급성 우울증에서 벗어나게 하는 방법이다. 다른 방법으로 치료가 되지 않거나 자살 위험이 높은 경우에 효과를 기대할 수 있다.

영양식이요법

인간의 감정과 식품 섭취 사이의 관계가 깊이 논의되고, 그 상관성이 밝혀지고 있다. 우리가 먹는 음식은 뇌의 화학 물질에 지대한 영향을 미친다. 저혈당 상태, 알코올, 카페인, 니코틴 등이 문제가 된다. 탄수화물은 뇌를 진정시키고, 단백질은 각성 상태를 증가시킨다. 복합탄수화물은 뇌의 트립토판 수치를 높여 이완 효과를 나타내며, 복합탄수화물 섭취가 너무 적으면 세로토닌 수치가 떨어져 우울증이 증가한다.

- 전곡류, 칠면조 가슴살, 생선, 콩, 신선한 과일과 채소 등이 좋다.
- 공복을 피하여 혈당치가 갑자기 떨어지는 것을 막는다.
- 비타민 B군은 뇌 기능에 필수적이며, B12가 특히 중요한 역할을 한다. 하루 3회 100mg을 복용한다.
- 흡연, 음주를 삼가고, 카페인을 피한다. 알코올은 우울증을 조장한다.
- 비타민 C는 뇌의 신경전달물질 합성에 관여한다. 하루 2,000~5,000mg을 복용한다.
- L-티로신은 비타민 B6와 결합하여 긍정적인 기분, 동기감을 준다.
- 콜린, 이노시톨, 레시틴 등은 뇌의 정상 기능에 중요하다. 하루 2회 100mg을 복용한다.
- 니아신은 뇌의 혈액순환을 돕는다. 하루 3회 100 mg을 복용한다.
- 피리독신과 먹는 피임약을 함께 복용하면 우울증을 유발할 수 있으므로 주의한다.
- 칼슘과 마그네슘이 결핍되면 우울증을 유발할 수 있다. 매일 1,000mg을 복용한다.
- 엽산이 결핍되지 않게 보충해준다.
- 연어, 흰살 생선을 먹는다.
- 돼지고기, 튀긴 음식에 있는 포화지방은 생각을 느리게 하고 피로와 우울 증상을 유발한다. 지방은 뇌의 신경전달물질 합성을 방해하고, 혈액세포를 뭉치게 하며, 뇌와 전신의 혈액순환을 방해한다.
- 스낵류나 인스턴트식품은 우울 증상을 자극한다.

약용식물요법

- 귀리는 천연 항우울제다.
- 은행 잎은 뇌 기능을 증진한다.
- 유리지치는 부신피질 기능을 복원시키고, 강한 항우울 작용을 한다.
- 바질에는 오래전부터 알려진 항우울 효과가 있다.

- 스컬캡, 호프는 진정 효과가 뚜렷한 식물이다.
- 고추나물은 기분을 고조시키고 불면증을 해소한다.
- 발레리안, 송이풀, 미슬토, 생강 등에도 항우울 효과가 있다.

아로마요법

- 아로마 오일을 발향시켜 흡입하면 빠른 시간 내에 효과적으로 우울증을 치료할 수 있다. 그레이프프루트(자몽)와 파인 오일 각 5방울, 로즈마리 오일 10방울을 물을 채운 향로에 떨어뜨려 흡입한다.
- 바질, 시트러스, 클라리세이지, 라벤더, 네롤리, 샌들우드, 일랑일랑 오일을 목욕물에 타서 목욕하거나, 마사지 오일과 혼합하여 목, 어깨, 등 부위에 마사지하며 기분이 상쾌해진다.
- 베르가모트 오일 9방울, 페티그래인 오일 5방울, 클라리세이지와 베티베르 오일 각 3방울을 아몬드 오일 50ml에 잘 혼합하여 마사지하는 것도 좋다.

| 우울증, 이렇게 예방한다 |

우울증은 평소에 스트레스를 풀어주고 마음의 문제들을 효율적으로 관리함으로써 예방할 수 있다.

- 생활 태도를 바꾸어 병적인 우울증에 빠지지 않도록 노력한다. 우울함은 누구나 때로 경험하는 정상적인 감정으로, 병적인 우울증과 다르다.
- 규칙적으로 운동한다. 운동과 영양식을 병행하면 더 효과적이다.
- 항상 바쁘게 활동한다. 단체 활동이나 취미생활에 몰두한다. 자신의 감정을 표현하고 다른 사람들과 교류함으로써 우울증을 중화시킨다.
- 남을 위해 봉사한다. 봉사는 가장 강력한 항우울제다.
- 알코올, 니코틴, 카페인을 멀리한다. 이들은 정신 건강에 좋지 않은 영향을 미친다.
- 항히스타민제를 비롯한 약물 복용을 되도록 삼간다. 복용 중인 약물들을 점검하여 우울증 유발 소지를 확인한다.
- 삶의 의미를 찾고, 자신을 영적으로 성장시킨다. 음악과 책, 예술을 가까이하고 자연과 진리에 순응한다.

20 천식

- 먼저 천식발작을 막는 습관을 들인 후에 적절한 치료법을 선택해야

천식은 갑자기 호흡이 곤란하고, 특히 숨을 내쉬기가 불편해지면서 쉿소리에 기침이 나고, 목이 막히는 증상을 보인다. 대개 어린아이 때 시작되어 점차 좋아지기도 하고, 성인기에 나타나기도 한다. 외부의 알레르기 원인 물질, 스트레스, 또는 내부의 병인에 의해서 생긴다. 기관지의 내경이 갑자기 수축되고 점액이 기도를 막을 수 있으므로 응급처치를 요하는 병이기도 하다. 호흡이 힘들고 숨이 거칠어지면 얼마나 답답하고 당황하게 되는지 경험하지 못한 사람은 모를 것이다. 천식은 한마디로 기도가 꼬이고 수축이 되어 숨이 막히고 가슴이 답답해지는 상태가 반복되는 것을 말한다.

원인은 아직 정확히 알려지지 않았지만, 40세 이전에는 90% 이상에서 알레르기에 의해 천식발작이 유발되며 이런 경우를 특히 외인성 천식이라 부른다. 알레르기항원은 집먼지진드기, 꽃가루, 동물의 털 등이다. 40세 이후에는 50%에서 알레르기가 요인으로 작용하고 나머지 50%는 폐기종 같은 폐 질환에 의해 야기된다. 반면, 뚜렷한 원인이 발견되지 않는 경우를 내인성 천식이라 한다. 천식발작이 시작되면 폐 속의 작은 기관지관들이 근육경련을 일으켜 위축되고, 점액질들이 뭉쳐 기관지관을 막는다.

천식의 정도는 다양하며 발작이 갑작스럽게 나타나기도 한다. 3, 4세의 어린 나이에도 발생하고 점차 증상이 약해지기도, 심해지기도 한다. 남자아이에서 더 많으며, 상황에 따라서는 위험한 상태가 되기도 하지만 얼마든지 조절할 수 있는 병이다.

천식발작의 증상

- 숨쉬기가 어려워지며 가슴이 답답하다. 대개 갑자기 나타난다.
- 숨을 색색거리고 옆에서 그 소리를 들을 수 있다.
- 숨을 들이마시기보다 내쉬기가 더 힘들다.
- 작은 기관지관들이 수축되고 경련을 일으키면서 불안감이 엄습해온다.
- 점액질로 인해 기침이 심하게 나온다.
- 심하면 숨쉬기가 너무 어려워 땀이 나고 맥박이 빨라지며 얼굴과 입술이 새파래진다.
- 누워 있기가 힘들고 말하기조차 어려워지며 발작이 1시간 정도 계속되기도 한다.

| 응급처치는 이렇게 ! |

급성 발작은 호흡기나 약물로 처치한다. 클로모린, 코르티손, 테오필린, 아미노필린 등의 약물을 알약, 주사, 스프레이 등으로 투여한다. 오심, 구토, 설사, 두통 등의 부작용이 나타나며, 고혈압, 당뇨병, 녹내장, 갑상선 질환 등이 있는 경우에는 조심해야 한다. 환자를 편안한 자세로 앉게 하거나 약간 앞으로 기대게 한다.

- 불안, 정신적 피로, 심한 운동, 흡연, 찬 공기 등이 천식을 유발하고, 스트레스, 감정 고조 등으로 악화된다.

영양식이요법

- 채소, 과일, 전곡류, 양파, 마늘, 벌꿀, 다당류를 섭취한다. 양파 즙, 당근 주스, 파슬리 주스를 60mg씩 섞어 하루 2회 마신다.
- 클로로필, 비타민 A는 폐를 보호하고 세포의 생성을 촉진한다. 살구, 호박, 당근, 겨자가 좋다.
- 감마리놀렌산, 오메가3지방산, 몸에 좋은 오일이 풍부한 연어, 삼치, 무지개송어, 참치가 도움이 된다.
- 마그네슘, 칼슘, 셀레늄 같은 미네랄은 천식발작을 예방하고 신경전달을 촉진하며 심장을 튼튼하게 한다.
- 우유를 비롯한 유제품, 요구르트, 아이스크림을 삼간다. 우유의 단백질은 기관지관의 점액 분비를 증가시킨다.
- 달걀, 땅콩, 밀기울, 해산물을 삼간다.
- 염분 섭취를 줄여 체액정체 등을 방지한다.
- 백설탕, 정제 식품, 알코올, 커피, 그리고 인공색소, MSG, BHA 같은 식품첨가제를 피한다.
- 아이스크림, 차가운 음료수를 삼간다. 차가운 자극은 천식을 유발한다.

약용식물요법

다음의 천연 약재들이 천식 치료에 사용된다.

- **로만캐모마일, 양국화** : 염증 제거와 경련 방지 효과가 있고, 호흡기의 알레르기 반응을 조절한다.
- **컴프리** : 기도 내 점액질을 제거하고 충혈 상태를 해소한다.
- **감초** : 천연 코르티코스테로이드 기능을 한다.
- **호로파** : 점액질 배출을 돕고 세균 감염을 막는다.
- **마늘** : 면역계의 알레르기항체 형성을 막고 폐의 충혈을 해소한다.
- **느릅나무** : 점막의 염증을 제거한다.
- **로벨리아, 숫잔대** : 점액질을 제거하고 기도를 청결하게 한다.
- **제라늄** : 자극 받은 기관지관을 안정시킨다.
- **중국 에페드린** : 기관지 확장 효과가 있다.
- **스컬캡** : 비스테로이드성 항염증 작용이 있다.
- **서양 에키나시아** : 면역 기능을 자극한다.
- **은행 잎** : 스트레스 조절 작용이 있다.
- **양파** : 기관지관의 염증을 제거한다.

아로마요법

아로마 오일은 다음과 같은 작용으로 천식 치료에 도움을 준다.

- 점액질을 제거하여 기침을 멈추게 하고 호흡을 안정시킨다. 레몬과 유칼립투스 오일을 증기로 흡입한다.
- 감염 상태를 완화하고 각종 세균을 없애준다. 민트, 계피, 베르가모트 오일을 흡입한다.
- 근육경직을 풀어주어, 호흡기 근육의 긴장과 수축이 풀리고 호흡이 편안해진다. 펜넬, 세이지, 로즈 오일을 사용한다.
- 천식발작을 멈추게 하고 호흡 장애를 회복시킨다. 유칼립투스 4방울, 라벤더 2방울, 몰약 2방울, 캐모마일 3방울을 혼합하여 발향시켜 흡입하거나, 올리브 오일에 섞어 가슴 부위에 마사지한다.

심상요법

다음의 5단계 자가 최면 영상화 훈련은 천식 조절에 도움을 준다.

1. 조용한 장소를 택하여 편안한 자세로 앉아 허리를 똑바로 세우고 손바닥을 위로 하여 무릎 위에 얹는다.
2. 눈을 감고 길고 깊게 호흡하면서 서서히 자신의 아랫배(단전)에 정신을 집중한다.
3. 숨을 들이마실 때 기관지관과 폐를 영상으로 그리면서 서서히 팽창시킨다. 호흡할 때마다 기관지가 크게 열리고 닫히는 것을 의식한다.
4. 길고 깊은 호흡으로 서서히 숨을 내뱉고 천천히 눈을 뜬다. 몇 분간 그대로 조용히 앉아서 주위를 둘러본다.
5. 서서히 손가락과 발가락을 움직이며 일어선다.

수치료법

잠자리에 들기 전에 따뜻한 물수건을 가슴에 올려놓아 순환을 촉진하고 호흡기의 점액질을 녹인다. 젖은 수건을 겹치고 그 위에 마른 수건을 덮어 10분간 지속한다. 찬 물수건은 삼가는 것이 천식 환자의 수치료에서 주의할 점이다. 아로마 오일을 떨어뜨려 사용하면 더욱 효과적이다.

만성일 때는 생소금 목욕을 1주일에 2회, 매일 냉온 샤워를 번갈아한다. 급성일 때는 매일 더운 족욕과 가슴 습포를 한다. 또는 겨자를 목욕물에 풀어 발을 씻거나, 뒷덜미에 얼음 찜질을 한다.

비타민 · 미네랄요법

비타민 C 500mg, 베타카로틴 20IU, 비타민 B6 3~5mg, 비타민 E 400IU를 하루 용량으로 복용하면 보조적인 치료 효과를 얻을 수 있다.

- 베타카로틴 : 면역 기능을 높여 알레르기 천식에 도움을 준다.
- 비타민 A : 조직 재건과 면역 기능 회복에 도움을 준다.
- 비타민 B5 : 스트레스에 강하게 해준다.
- 비타민 B6 : 주사로 이용되며 심한 천식을 가라앉힌다.
- 비타민 B12 : 면역성을 증진한다.
- 비타민 E : 강력한 항산화 작용이 있으며 조직을 재건한다.
- 비타민 C : 천연 항염증제 역할을 한다.

한방요법

한방에서는 천식을 네 가지 형태로 분류한다. 냉한 천식은 흰 거품이 이는 가래, 손발 냉함, 창백한 얼굴 등의 증상을 보이고, 열성 천식은 빠르고 깊은 호흡, 붉은 얼굴색, 열감, 노란 점액, 소변량 감소

| 천식발작을 막는 20가지 자가치료법 |

1. 담배연기를 피한다. 금연해야 하는 것은 물론이고 담배연기 노출도 피해야 한다. 특히 겨울철에 밀폐된 공간을 피한다.
2. 먼지, 동물 비듬, 화분, 화학 물질 등을 피한다.
3. 불을 지필 때 주의한다. 연기가 천식발작을 일으킬 수 있다.
4. 잠자리에 제산제를 준비해둔다. 밤늦게 식사하여 배가 부른 상태에서 잠이 들면 천식발작을 일으킬 수 있다. 식도역류로 기도를 막을 수 있으므로 제산제로 위산을 억제시킨다.
5. 찬 공기를 피한다. 머플러나 스카프가 도움이 된다.
6. 에어컨이나 공기청정기를 이용한다. 단, 더러운 먼지가 들어오는 카 에어컨은 금물이다.
7. 음식을 가려서 먹는다. 유제품, 달걀, 땅콩, 해산물 등은 천식을 유발할 수 있다.
8. 음식 냄새를 피한다. 천식발작을 일으킬 수 있다.
9. 식염을 피한다. 소금은 천식을 유발할 수 있다.
10. 운동할 때 주의한다. 서서히 시작하고, 코로 호흡하여 인후가 건조해지지 않도록 하며, 운동 시작 15분 전쯤에 천식약을 먹어두는 것도 좋다. 가장 이상적인 운동은 수영이다.
11. 식품첨가제에 주의한다. 맥주, 와인, 새우, 말린 과일 등에 들어 있는 첨가제나 MSG 등은 천식을 유발할 수 있다.
12. 아스피린 계통 진통제를 피한다. 아스피린은 천식을 악화시킬 수 있다. 대용품으로 흔히 아세트아미노펜이 쓰인다.
13. 간편한 천식용 호흡기를 이용한다. 천식발작을 빨리, 그리고 쉽게 멈출 수 있다.
14. 발작이 심하고 응급약을 찾기 어려울 때는 커피의 카페인으로 증상을 줄일 수 있다.
15. 요가, 호흡법 등을 실시한다. 숨을 내쉬고 들이쉬는 운동을 하면 긴장이 풀리고 마음이 편안해진다.
16. 편안한 잠자리를 갖는다. 호흡을 원활하게 해주는 자세가 중요하다.
17. 물을 많이 마신다. 물은 호흡기 분비물을 희석시켜준다.
18. 항히스타민제를 피한다. 항히스타민제는 분비물을 건조시켜 점액질로 만든다.
19. 비타민 B6가 도움이 된다. 비타민 B6를 하루 50mg 복용하여 천식발작을 현저히 줄였다는 연구 결과가 있다.
20. 폐의 기능에 항상 관심을 기울인다. 조기에 발견하여 악화를 막아야 한다.

등의 증상을 보인다. 점액성 천식에서는 진하고 심한 가래, 혓바닥의 짙은 백태, 누우면 호흡이 어려워지는 증상이 나타나고, 결핍성 천식에서는 맥박이 희미하고 호흡이 가늘다.

냉한 천식에는 더운 음식과 마늘, 생강, 검은콩, 귀리가, 열성 천식에는 찬 음식과 살구, 레몬, 두부가, 점액성 천식에는 현미, 보리, 아몬드가 좋다.

그 밖의 치료법

- **동종요법** : 각종 천연 재료를 최대로 희석한 동종 약물로 치료하는 방법이다. 겔세미움, 아코나이트, 아르세니쿰 등이 쓰이는데, 증상과 체질에 따라 처방이 달라진다. 카보 메지타빌리스, 이페카 등도 효과적이다.
- **근육응용조절요법** : 기관지와 폐의 관련 반사 근육점을 자극하여 천식발작을 멈추게 하고 경직 상태를 풀어준다. 나아가 호흡 기관의 기능을 보강하여 천식을 예방하고 치유한다.
- **허브요법** : 감초액 반 스푼이나 에페드라, 로벨리아 허브 등을 차로 타서 마신다. 바크 플라워 용액 중에 응급 용액 3~4방울을 혀 밑에 떨어뜨려주는 방법도 있다.
- **마사지 · 지압요법** : 폐 경락 자리인 앞가슴을 엄지로 2분간 서서히 눌러주면 천식발작을 막을 수 있다. 방광경 자리인 등배근 상부를 눌러주면 호흡이 안정되고 편안해진다.
- **반사요법** : 각 손가락 안쪽 끝과 팔목 안쪽의 양옆을 눌러준다. 각 발가락 안쪽 끝과 발꿈치 안쪽 윗부분을 눌러준다.
- **명상이완요법** : 편안한 자세에서 2분간 긴 심호흡을 한다. 하루 10회씩 하는 습관을 들이도록 한다.

21 취한증

- 사과 식초와 라벤더 오일로 겨드랑이를 깨끗이

취한증은 땀악취증이라고도 한다. 평소에도 암내(겨드랑이 냄새)라는 고약한 냄새가 나지만 여름에는 특히 겨드랑이에서 흘러내리는 땀 때문에 더 지독한 악취를 풍기는 사람이라면 여름이 무서울 수밖에 없다. 이런 사람은 다른 사람보다 땀샘이 발달해 있다는 것 외에 아무런 잘못이 없다. 우리 몸에는 약 200만 개의 땀샘이 있으며 하나의 길이는 5mm 정도다. 모든 땀구멍을 합친다면 직경이 약 30cm 정도 될 것이다. 땀에는 염분 외에도 철, 황산, 칼륨, 인, 젖산 등의 성분이 함유되어 있다. 몸의 특정 부위, 손, 발, 겨드랑이 등에서 땀이 많이 나는 경우에 여러 가지 자연요법을 이용하면 효과적으로, 그리고 부작용 없이 문제를 해결할 수 있다.

피부는 무게가 4kg 정도 되며, 우리의 몸을 외부의 자극으로부터 보호하고 체온을 조절하여 덥고 차가운 온도에 적응할 수 있도록 도와준다. 피부의 가장 밑바닥에 있는 기저세포가 여러 단계의 성장 발달을 통해 표피층에 도달하는 데 걸리는 시간은 평균 3~4개월이다. 피부는 섭취하는 음식이나 물질에 직접 반응하므로 쉽게 손상을 입거나 영향을 받는다. 또한 피부세포는 케라틴이라는 물질을 많이 함유하고 있어서 벗겨지고 재생하는 과정을 반복하며 축적된 노폐물들을 땀으로 배출하는 기능을 한다. 겨드랑이 등에 분포되어 있는 땀샘에서 땀을 분비함으로써 노폐물을 제거하고 내부 체온을 조절한다.

피부에 포함된 부속 기관들은 단순히 피부조직의 생리 작용에 의해서만 조절되는 것이 아니라, 온몸의 여러 가지 영향을 받으며 기능한다. 피부는 먼저 감정에 직접적으로 영향을 받는데, 심한 스트레스에 노출되어 있는 상황에서는 피부가 건조해지고 굳어진다. 또, 호르몬 대사가 여러 가지 이유로 불규칙해지기 시작하면 피부에 반점이 생기고 기름기가 많아지는가 하면 건성의 버짐이 생기기도 한다. 기후에 의해서도 땀샘이나 얼굴, 그리고 몸 전체의 피부가 영향을 받는데, 더운 날씨에는 땀샘의 분비가 왕성해지면서 더욱 심한 냄새를 풍기고 피지샘 때문에 얼굴이나 몸통에 종기나 부스럼 등이 많이 난다. 또, 피부가 건조해지고 바짝 마르게 되어 주름살이 생긴다.

흡연은 얼굴을 늙게 만들 뿐만 아니라, 피부조직의

산소 공급량을 줄이고 노폐물을 축적시켜 심한 악취와 분비물을 증가시키는 원인이 된다. 요즘은 산성비와 매연 때문에 피부 노화가 더 빨라지고 있다.

영양식이요법

피부에 영양분을 공급함으로써 땀 분비의 생리를 조절하고 피부세포의 신진대사를 원활하게 한다.

- **비타민 A** : 피부가 부드러워지고 건조하지 않도록 도와준다. 처음 1개월간은 100,000IU를 섭취하다가 다음 2주간은 50,000IU로 내리고 이후 25,000IU로 유지한다.
- **비타민 B-복합체** : 피부를 건강하게 유지하고 땀샘의 분비를 원활하게 하는 데 필수적이다. 모든 세포의 재생에 도움을 준다.
- **비타민 B3** : 일명 니아신으로 100mg씩 하루 3회 복용한다.
- **비타민 B6** : 일명 피리독신으로 50mg씩 하루 3회 복용한다.
- **비타민 D** : 상처 난 피부조직을 치유한다. 하루 400~1,000IU가 필요하다.
- **비타민 E** : 피부의 가려움증과 건조증을 막고 땀샘의 분비를 조절한다. 하루 400IU 이상 복용한다.
- **비타민 F** : 불포화지방산으로 피부를 윤택하게 해주며, 땀샘의 신진대사에 중요하다. 잇꽃이나 연어의 오일 등에 많다.
- **켈프** : 미역 등 해초류에 들어 있는 영양분으로 미네랄과 요오드산이 풍부하여 피부조직의 치료에 필요하다.
- **아연** : 피부층의 비정상적인 대사를 조정한다. 단, 과잉 축적되지 않도록 하루 100mg 이상 섭취를 피한다.
- **단백질** : 모든 조직의 구성 요소이며, 손상된 조직을 재생시키는 필수적인 영양소다. 특히 양질의 식물성 단백질 섭취로 쾌적한 여름을 보내도록 한다.
- **레시틴** : 세포의 원활한 대사를 통해 땀샘의 기능을 조절한다. 식사와 함께 복용한다.

아로마요법

향을 내는 식물들에서 추출한 특수한 오일들을 피부에 바르거나 목욕물에 타서 쓰면 땀 냄새는 물론 땀샘의 분비량이 조절되고 호르몬의 대사 기능이 정상으로 돌아온다. 이러한 아로마요법은 땀 냄새 제거와 피부 전반에 걸친 탁월한 조절 기능을 가지고 있다.

많은 약제나 물질들이 피부를 통해 흡수되는데, 특히 아로마 오일은 피부 깊숙이 침투하여 직접 작용을 하다가 몇 시간 후 자동적으로 소변, 대변, 땀, 호흡 등의 경로로 빠져나간다. 이러한 아로마 오일의 대사 경로는 몸 안에 물질들이 오랫동안 축적되어 생기는 부작용이나 문제들을 일으키지 않는다는 큰 장점을 가지고 있다.

치료에 쓰이는 아로마 오일들은 피부에 쉽게 흡수될 뿐 아니라 코의 후각 신경을 통해 효과적으로 뇌에 영향을 미친다. 이는 곧 아로마치료가 부분적인 치료만 하는 것이 아니라 전신에 골고루 영향력을 행사할 수 있다는 뜻이기도 하다. 또, 약물을 복용하지 않고 아로마 오일을 피부에 발라주고 향을 맡기만 해도 치료 효과를 얻을 수 있다는 이점이 있다.

천연 100% 아로마 오일은 작은 입자의 형태로 피부에 침투하여 효율적으로 작용한다. 아로마 오일을 단독으로 또는 혼합해서 사용하면 땀샘의 분비뿐 아니라 호르몬의 기능을 조절할 수 있으며, 냄새를 제거할 수 있다.

아로마 오일이 피부에 미치는 영향을 더 자세히 살펴보면 다음과 같다.

첫째, 피부세포를 자극하여 재생력을 높인다. 이를 통해 노화된 세포가 빨리 제거되고 새롭고 신선한 세포로 충원된다. 땀샘의 기능도 더 활동적으로 강화되고 신진대사가 촉진되어 고약한 냄새나 분비물이 줄어든다.

둘째, 독소나 땀 분비물로 충혈된 상태를 풀어준다. 또, 임파순환을 촉진하여 노폐물과 찌꺼기가 쌓이는 것을 막아준다.

셋째, 산소를 충분히 공급하여 피의 순환을 돕고 영양분이 충분히 공급되도록 돕는다. 땀샘뿐 아니라 피지샘의 분비도 원활하게 하여 피부를 건강하게 유지시켜준다.

넷째, 박테리아를 죽이고 염증을 제거한다. 또, 식물성 호르몬 성분이 있어 내분비 기능을 조절하고 땀샘과 피지샘 분비량에 균형을 맞추어준다.

다섯째, 피부의 말초신경들에 작용하여 스트레스와 긴장을 풀어주고 피부의 콜라겐과 엘라스틴 성분을 가장 좋은 상태로 만들어줌으로써 피부를 탄력 있고 윤택하게 한다. 아로마 오일의 영양분과 단백질은 피부가 활발하게 기능하고 피부조직을 재건하는 데 촉진제 역할을 한다.

실제로 아로마치료를 실시하면 땀샘의 분비가 조절되고 냄새가 없어지는 것을 흔히 볼 수 있고 얼굴을 포함한 피부 전체에 놀라운 치료 효과를 거둘 수 있다. 실제로 값비싼 피부 관리용 제제들은 이러한 아로마 성분들로 만들어진다. 이때 아로마 성분을 보존할 목적으로 화학적 첨가제, 보존제, 방부제 등이 첨가되는데, 이것이 오히려 좋은 아로마 성분의 손실과 부작용을 유발한다. 따라서 전문 클리닉에서 아로마 오일을 처방받아 사용하거나, 공식에 따라 시너지 합성 오일을 직접 만들어 사용하면 가장 안전하고 좋은 효과를 기대할 수 있다.

아로마요법 1단계

1. 깨끗한 미네랄워터 50ml에 사과 식초 10ml를 붓는다.
2. 여기에 라벤더 오일 2방울을 떨어뜨려 잘 섞는다. 라벤더 오일에는 살균과 냄새 제거 작용을 하는 성분들이 있다.
3. 이 혼합 용액으로 양쪽 겨드랑이를 깨끗이 씻어 낸다.
4. 얼굴이나 손발을 씻으면 탁월한 피부 청결 효과가 있다.

아로마요법 2단계

1. 1단계에서 깨끗하게 씻은 겨드랑이를 마른 수건으로 잘 닦아 건조시킨다.
2. 그릇에 아몬드 캐리어 오일 15ml를 붓는다.
3. 여기에 클라리세이지와 레몬 오일 각 2방울, 유칼립투스 오일 1방울을 떨어뜨린다. 이 세 아로마 오일은 모두 땀샘 분비를 조절하고 냄새를 제거하는 성분을 가지고 있으므로 배합하여 사용하면 시너지 효과를 얻을 수 있다.
4. 캐리어 오일과 아로마 오일을 흔들어 잘 섞은 다음 면봉에 묻혀 겨드랑이에 바른다. 이와 같이 하루 2~3회 발라주면 즉시 냄새와 땀샘 분비가 조절되며, 2~3주간 지속적으로 실시하면 큰 효과를 볼 수 있다.

이상의 방법에서 사용한 아로마 오일들을 목욕물에 5~6방울씩 떨어뜨려 전신 목욕에 사용해도 여름철의

땀내로부터 벗어날 수 있을 뿐만 아니라 피부를 건강하고 깨끗하게 유지할 수 있다.

약용식물요법

고추나물은 땀샘을 비롯한 피부 전반의 기능을 개선한다. 이 식물은 모세관 깊숙이 위치해 있는 신경에까지 효과를 미친다. 개암나무와 타임 용액으로 겨드랑이를 적시고 목욕을 하거나, 세이지 차를 마시고, 야생 팬지 팅크제를 발라주어도 효과를 볼 수 있다. 발에서 나는 땀 냄새 등에는 타임, 노간주나무 잎 용액을 넣은 물에 3~5분간 발을 담그고 씻는다. 냄새를 제거할 뿐 아니라 신장 기능을 자극하여 체내의 노폐물을 제거하고 상쾌한 기분이 들 것이다.

그 밖에 컴프리, 민들레, 또는 클로버를 우려낸 물로 습포를 하거나 씻는 방법이 있다. 골든실 나무의 뿌리를 가루로 빻아 비타민 E 오일과 혼합하고 여기에 약간의 벌꿀을 섞어 부위에 바르면 가려움증을 없애고 땀 분비와 대사 과정을 조절하는 데 효과적이다.

22 치매

- 로즈마리, 코리앤더, 클로브 향은 기억력을 향상시킨다

지난 수십 년 학계와 일반인들 사이에서 치매에 대한 관심이 크게 증가된 것은 인구의 고령화로 치매 환자들이 많아졌기 때문이기도 하고, 단순한 건망증처럼 보이는 이상 행동이 무섭고 심각한 증상과 병으로 발전한다는 사실을 알게 되었기 때문이기도 하다. 치매는 복잡하고 광범위한 증상을 초래하며 건강을 파멸로 이끄는 무서운 질환이다. 이 병은 뇌 신경을 점차 퇴행시켜 사람을 알아보지 못하고 공간과 시간 지각력, 기억력, 판단력을 상실하게 된다.

75%가 65세 이상에서 발견되는 이 병은 시작되면 수년 이상 진행되고 정신적, 감정적 영역 등에 손상을 입혀 다시 정상으로 돌아오지 않는다. 60세 이전에도 드물게 발병하며, 85세 이상이 되면 30% 이상이 이 병으로 고통을 받는다.

원인

정확한 원인은 아직 밝혀지지 않고 있다. 알루미늄이나 오래된 감염증 등이 원인이 된다는 이론들이 있을 뿐이다. 특정한 바이러스에 의해 생긴다는 연구 결과가 발표되기도 하였다. 뇌 화학 물질인 아세틸콜린의 감소, 뇌의 신경섬유가 얽히고 뇌의 일정 부위가 줄어드는 현상도 그 원인인 것으로 알려져 있다. 유전적 요인도 강해서 15%가 가족력을 가지고 있으며, 다운증후군을 가지고 있는 경우 더 빈발하는 경향이 있다.

제산제, 땀 방지제, 알루미늄, 실리콘 등과의 관계에 대해서는 과학적 확증을 얻어내고 있지는 못하지만 알츠하이머형 치매로 사망한 사람들의 뇌에서 다량의 알루미늄과 실리콘이 검출되었다. 최근에는 통조림 식품이나 캔 음료의 산성 물질이 캔의 보호막을 부식시키고 알루미늄이 내용물로 녹아들어가 결국 알루미늄 축적과 치매로 이어진다고 알려지고 있다. 비타민 B12 결핍과, 아연, 칼륨, 셀레늄, 보론 등의 결핍도 발견된다. 따라서 특정 비타민이나 미네랄 결핍과 알루미늄 축적이 이 병을 유발하지 않나 생각할 수 있다. 바이러스에 의해 생긴다는 가설은 크로이츠펠트-야코프병과 같은 슬로(느림보) 바이러스에 의한 질병과 밀접한 관련이 있기 때문에 나온 것이다. 또, 건강한 여성보다 치매 여성에서 에스트로겐 호르몬 수치가 낮다는 보고도 있었다.

증상

먼저 건망증이 심해진다. 초기에는 자신의 건망증을 합리화하고, 숨기기 위해 온갖 구실을 갖다 붙인다. 우울과 불안이 건망증에 동반되고 성격이 변해 가족들이 감당하기 어려운 상태가 되어 가족들의 정신 건강에도 심한 영향을 미친다. 병이 진행되면서 건망증이 기억상실증으로 변해 최근의 기억에 심한 결손을 나타낸다. 그러나 옛 기억은 비교적 정상적인 특징을 보인다.

집으로 가는 길을 찾지 못하고, 산술 계산을 하지 못하며, 단어를 논리적으로 사용할 수 없게 된다. 불안, 걱정, 기분의 변화가 많고 성격의 변화가 나타난다. 나중에는 장소나 사람을 알아보지 못하고 혼동하는 증상이 심해진다. 환청이나 피해망상 등을 보이고, 남을 의심하고 따지며, 여러 다양한 문제들을 일으킨다. 특히 밤에 증상이 심해지고, 대소변을 가리지 못하는 경우도 많다.

폭력적 행동이 나타나고, 이리저리 돌아다니고 배회하며, 반대로 행동이 위축되어 집에서 나가지 않기도 한다. 위생이 불결하고, 24시간 보호를 해야 하며, 일단 침대에 누워 생활할 수밖에 없게 되면 수명이 급격히 단축된다. 경제적 어려움이 겹치면 문제가 더욱 복잡해지고 악순환이 계속될 수 있다. 환자에 따라서는 가족들이나 주위 사람들로부터 학대를 받거나 권리를 빼앗기고 홀대 받는 경우도 많다.

영양식이요법

- 고섬유질 저지방 식품이 좋다. 섬유질이 풍부한 녹황색 채소, 브로콜리, 비트와, 현미, 보리, 귀리 등 전곡류, 그리고 씨앗류, 땅콩, 식물성 지방, 생선 등을 먹는다.
- 과일을 많이 먹는다.
- 양파를 매일 먹는다.
- 마늘을 하루 7~10쪽씩 먹는다.
- 연어와 참치 등에 많은 오메가3지방산을 많이 섭취한다.
- 붉은색 육류, 닭고기, 달걀, 우유, 모든 종류의 기름 등을 피한다.
- 알코올, 니코틴, 카페인, 백설탕 등을 피한다.
- 비타민 B-복합체, B6, B12, B15은 뇌세포 기능과 뇌세포섬유 생산에 도움을 준다.
- 비타민 C, 칼슘, 마그네슘은 알루미늄 축적을 감소시킨다. 하루 6,000~10,000mg 복용한다.
- 비타민 E는 뇌세포에 산소를 공급한다. 하루 400 IU로 시작해서 800IU까지 복용한다.
- 레시틴을 식후 1스푼씩 복용한다. 콜린 성분이 아세틸콜린의 생산을 자극하고 단기 기억을 되살려준다.
- 뇌 기능에 필요한 망간, 아연, 요오드를 섭취한다.
- 뇌 기능 증진에 좋은 셀레늄을 하루 200mcg 복용한다.
- 설파, 인은 신경조직의 유지에 도움이 된다.

일반적인 병원치료법

78명의 치매 환자를 대상으로 한 조사에서 그중 68%가 알츠하이머병, 5%가 비타민결핍증, 8%가 우울증, 5%가 반복된 뇌졸중으로 밝혀졌다. 이와 같은 확진은 사망 후 뇌의 생체조직을 검사한 결과다. 뇌파검사에서 서파(느린 파장의 뇌파)가 보이기도 하지만, 대부분 임상적 증상만 가지고 진단하는 수밖에 없으며 피검사나 다른 실험실 검사에서 특별한 소견이 나오지 않는다. 따라서 다른 질병과 혼동하지 않도록 주의해야 한다.

알츠하이머병과 달리 노인성치매는 갑상선기능

| 가정에서 치매 환자를 돌볼 때는 |

- 과다한 약물 복용을 막고, 균형 잡힌 영양을 공급한다. 약물과 영양결핍은 치매에 영향을 미친다.
- 알루미늄을 피한다. 케이크 혼합물, 가공 치즈, 표백제, 립스틱, 제산제, 지사제, 비듬 방지 샴푸, 알루미늄 캔 등에 주의한다.
- 보호자 혼자 감당하기 어려우므로 단체나 조직에 연락하여 도움을 받는다.

저하증, 비타민 B12 결핍, 알코올 중독, 빈혈, 뇌졸중, 뇌암 같은 원인에 의해 올 경우 치료가 가능할 수도 있다. 노인 환자가 과량의 약물을 복용했을 때도 이와 유사한 증상을 보일 수 있다.

치료 약물은 없으며, 적절한 간호로 음식 조절, 사회 복귀 훈련 등을 시행하고 행동 장애가 심하면 정온제 약물을 쓰기도 한다.

약용식물요법

- 은행 잎은 뇌 혈류를 원활하게 하고 동맥경화를 예방한다.
- 알팔파, 우엉은 뇌의 혈액순환과 산소 공급, 뇌 기능 개선에 좋다.
- 가시나무 풀은 핏속의 중금속 오염을 제거한다.
- 인삼은 뇌 기능에 좋다.
- 개불알꽃은 신경조직에 영양을 공급한다.
- 제라늄은 산소를 뇌세포로 운반하는 데 좋다.

아로마요법

다양한 아로마 오일을 잘 배합하여 사용하면 시너지 효과(혼합 상승효과)를 기대할 수 있다.

- 로즈마리, 코리앤더, 클로브 오일은 기억력을 증진하고 긴장을 풀어주며 건망증을 해소한다. 이들을 열을 가하여 발향시키면 향 입자들이 코를 통해 뇌 중추신경에 영향을 주어 기억력을 향상시킨다.
- 바질 오일 8방울, 그레이프프루트 오일 10방울, 라벤더 오일 7방울, 로즈마리 오일 5방울을 잘 혼합하여 그중 3~4방울을 향로에 떨어뜨려 발향시키거나, 8방울을 목욕물에 타서 목욕한다. 가장 권하고 싶은 아로마요법 중 하나다.

동종요법

각 개인의 체질과 성격, 그리고 치매의 특징적인 증상에 따라 동종요법 약물을 선택하여 사용하면 효과를 볼 수 있다. 특히 알루미나, 칼카레아, 플럼붐, 설파 등의 약물이 자주 쓰인다.

그 밖의 치료법

- **비타민요법** : 비타민 C 100~500mg, 비타민 E 60~400IU, 베타카로틴 20mg, 숯가루 1과 1/2~2티스푼(8g)을 하루 용량으로 복용한다.
- **심상요법** : 명상이나 긍정적인 이미지 훈련 등이 간접적인 도움을 준다.
- **반사요법** : 엄지 안쪽 밑동, 손바닥 정중앙, 손가락 등의 가운뎃부분을 눌러주거나 문질러준다. 또, 엄지발가락 밑동(안쪽과 바깥쪽), 발바닥 정중앙을 눌러주거나 문질러준다.

23 탈모증

- 모발의 상태는 몸 전체의 건강을 나타내는 척도다

요즘처럼 바쁘게 돌아가는 세상에서 스트레스 없이 살아가기란 거의 불가능하다. 그런 어느 날 우리를 더욱 슬프게 하는 것은 거울에 비친 자신과, 듬성듬성 겨우 명맥을 유지하고 있는 머리카락일 것이다. 검고 숱 많던 머리가 어느새 휑한 것을 보면 새삼 세월에 섭섭해진다.

머리카락은 한 달에 2cm 정도 자라고 하루에 약 50~100개가 빠지는 것이 보통이다. 모발의 수명은 눈썹이나 몸의 다른 부위의 털보다 긴 4년 정도이며, 머리카락의 상태와 탈모 양상 등은 건강의 척도가 되기도 한다.

탈모증은 비정상적으로 많은 모발이 빠지는 것으로, 머리카락이 전체적으로 빠지는 전반성탈모증과 드문드문 원을 그리며 빠지는 원형탈모증, 심하면 전신의 체모가 모두 빠지는 전신탈모증 등으로 나뉜다. 특히 원형탈모증은 청소년은 물론 남녀노소 누구에게나 나타날 수 있고 보통 갑자기 발생하는데, 스트레스가 원인인 경우가 많다.

원인

가능한 원인은 수없이 많지만 크게 유전, 호르몬, 노화의 영향으로 나눌 수 있다. 여성의 경우는 남성만큼 심하지 않고 대부분 폐경 이후에 나타난다. 또, 대부분의 여성들에서 출산 2~3개월 후에 모발이 약해지고 많이 빠지는데, 원인은 임신으로 인한 호르몬 변화에 있다. 머리카락이 빠지는 조건들 또한 다양하며, 크게 정신적인 것과 신체적인 것으로 나눌 수 있다.

비타민 A를 하루 100,000IU 이상 과량으로 복용하면 심한 탈모가 일어난다. 그러나 섭취를 중단하면 곧 다시 머리카락이 난다. 샴푸나 린스 등 모발관리제에는 화학 물질이 들어 있어 알레르기 반응이나 탈모 현상이 유발되므로 주의를 요한다. 갑상선 기능저하도 탈모를 유발하는데, 원인이 되는 병을 고치는 것이 근본적인 치료 방법이다.

| 탈모증을 유발하는 요인들 |

- 혈액순환 장애
- 급성 질환
- 수술
- 방사선 조사
- 피부병
- 갑작스런 체중감소
- 빈혈, 특히 철분결핍증
- 당뇨병
- 갑상선 질환
- 약물(항암제 등)
- 스트레스
- 영양결핍
- 비타민 결핍
- 임신

일반적인 병원치료법

의사들은 흔히 미녹시딜이라는 로션을 처방하는데, 매일 두피에 문질러 최소 4개월간 사용하도록 권한다. 이 방법은 남성 탈모에 어느 정도 효과를 보이지만 사용을 중단하면 다시 탈모가 생기기 시작하며, 여성 탈모에는 효과가 없다.

크기가 작은 원형탈모증에는 문제 부위에 스테로이드 제제를 주사하는데, 많은 부작용이 따를 수 있다. 요즘은 모발 이식을 시행하기도 하지만 기술적 어려움과 고가의 비용이 문제가 된다.

영양요법

- 비타민 B-복합체는 머리카락의 성장에 중요한 역할을 한다. 판토텐산이나 피리독신을 하루 3회 50~100mg씩 복용한다. 니아신을 하루 3회 50mg씩 복용한다. 비오틴을 샴푸나 린스로 이용한다.
- 두피의 혈액순환을 촉진하는 비타민 C를 하루 3,000~10,000mg 섭취하면 된다.
- 두피의 혈액순환을 촉진하고 모발의 성장을 돕는 비타민 E를 400IU로 시작하여 점차 용량을 늘려 800~1,000IU까지 섭취한다.
- 면역 기능을 증진하고 모발의 성장을 돕는 아연을 하루 50~100mg 복용한다.
- 탈모를 예방하는 메티오닌을 공복 시 비타민 B6 · C와 함께 복용한다.
- 이노시톨을 하루 2회 100mg씩 복용한다.

아로마요법

- 자기 전에 캐스터 오일이나 잇꽃 오일, 맥아 오일로 두피 마사지를 하고 아침에 샴푸한다. 이 방법을 1주일에 1~2회 반복하면 모발이 다시 나고 두피를 건강하게 유지할 수 있다.
- 로즈마리 오일 몇 방울을 두피에 떨어뜨려 마사지한 다음 헹구어내면 모발 건강과 탈모 예방에 좋다.
- 레몬, 로즈마리, 라벤더 오일 각 5방울을 600ml의 물에 떨어뜨려 머리를 헹구어내면 모발 성장과 탈모 예방에 좋다.
- 비듬이 있을 때 타임, 로즈마리, 라벤더, 주니퍼 오일을 적당히 배합하여 모발을 마사지하면 청결, 탈모 방지와 함께 뛰어난 천연 항균 효과를 얻을 수 있다. 시더우드 오일 3방울, 로즈마리와 레몬

오일 각 2방울, 캐리어 오일 1스푼을 잘 섞어 머리에 뿌리고 2시간 동안 두었다가 머리를 감고 헹구어내는 방법도 좋다.

- 가느다란 모발, 약한 모발에는 로즈마리와 일랑일랑 오일 각 3방울, 오렌지 플라워 워터 1스푼, 보드카 1티스푼을 섞어 잘 흔든 다음 그중 몇 방울을 두피에 떨어뜨려 매일 2~3분씩 마사지한다.
- 금잔화 꽃 오일, 연어 오일 등에는 다량의 불포화지방산이 들어 있어 모발 건조나 부서지고 빠지는 것을 막아준다.
- 양국화나 스컬캡 오일 등은 스트레스를 줄이고 정신을 이완한다.
- 문제가 보다 심각하거나 전문적인 진단과 치료가 필요하다고 판단될 때는 아로마 전문 의사를 찾아 도움과 처방을 받는 것이 가장 안전하다.

동종요법

- 출산 후의 탈모에는 라이코포디움 6C를 사용한다.
- 두통 후의 탈모에는 아우룸 6C를 사용한다.
- 두피를 만지면 아프고 머리카락이 빠지는 증상에는 셀레늄 6C를 사용한다.
- 폐경이나 호르몬으로 인한 탈모에는 세피아 6C 등을, 동종의학 이론에 따라 증상을 분석한 후 처방받아 치료한다.

그 밖의 치료법

- **허브요법** : 세이지 차는 모발의 성장을 촉진한다.
- **운동요법** : 하루 약 15분씩 머리를 거꾸로 하는 운동을 하면 두피의 혈액순환이 촉진되고 두피 마사지 효과를 얻을 수 있다.
- 레몬을 반으로 쪼개 즙이 나오도록 두피에 문지르고 10분간 두었다가 찬물로 헹구면 비듬을 줄일 수 있다.
- 사과 식초로 머리를 헹구면 모발의 성장 속도가 빨라진다.
- 요구르트를 린스에 이용하는 방법도 좋다.
- 머리를 빗을 때는 세게 빗질하지 않으며, 촘촘한 빗을 사용하지 않는다.

알면 즐겁게 오래 사는 보완대체의학 건강법

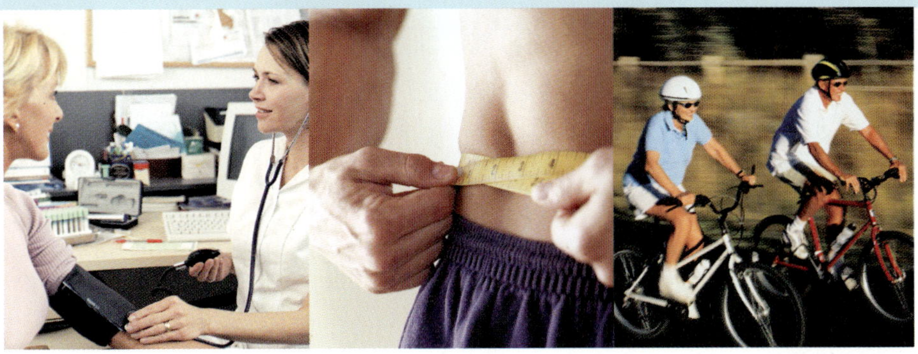

01 건강검진 챙기는 사람이 건강하다

- 혼자서 쉽게 할 수 있는 건강진단

자신의 몸 상태를 스스로 점검하여 건강을 진단하는 방법을 알아두면 의료비 절감을 비롯한 여러 가지 효과를 얻을 수 있다. 자가진단 방법에는 크게 두 가지가 있는데, 자신의 신체 부위를 눈으로 관찰하여 진단하는 방법과, 검사 도구와 체크리스트 등을 이용하여 스스로 점검하고 점수를 매겨 알아보는 방법이다.

눈으로 관찰하여 진단하는 방법

자신의 자세, 얼굴색, 손바닥, 혀, 머리카락 등을 자세히 관찰해보면 취약점과 문제가 되는 부분을 찾아낼 수 있다. 체질을 분석하기 위해서는 자신의 성격과 기질을 파악해야 한다. 모든 일을 이지적으로 따지거나 감정적으로 예민한 성격이라면 간, 췌장, 비장, 신장 등에 문제가 생기기 쉽다. 코끝이 빨갛게 충혈되어 있다면 심장에 문제가 있다. 이러한 진단법 중 몇 가지는 현대의학이 그 정확성을 입증하고 있다. 예를 들어 귓불에 주름이 잡혀 있으면 심장 발작이나 뇌졸중 등의 위험이 있다.

검사 도구를 이용하여 진단하는 방법

집에서 혈압 측정, 알레르기 테스트, 임신검사, 당뇨검사 등을 실시하고, 알려진 몇 가지 진단 항목을 통해 자신의 건강지수를 알아볼 수 있다. 단, 이러한 자가진단에는 한계가 있으며 위험한 응급이나 중독 증상에는 즉시 전문의를 찾아 진단과 치료를 받아야 함을 항상 명심한다. 적절한 치료 시기를 놓치지 않는 것이 가장 중요하다.

자가진단 체크리스트

- 1. **코 윗부분이나 미간에 깊이 팬 주름이 생길 때** – 간장의 이상 ☐
- 2. **눈 밑에 검은 띠가 생기고 처져 있을 때** – 신장 기능의 이상 ☐
- 3. **입과 입술이 헐고 궤양이 생길 때** – 소화 기관(위, 췌장, 소장, 대장)의 이상 ☐
- 4. **특이한 지문이 있을 때** – 위장의 이상, 변비에 잘 걸리는 체질, 다운증후군 ☐
- 5. **손바닥의 혈관이 확장되고 붉게 충혈되어 있을 때** – 간경화증, 알코올 중독 ☐
- 6. **손바닥이 푸르스름하게 얼룩져 있을 때** – 혈액순환 장애, 폐의 이상 ☐
- 7. **손바닥이 노랗게 변색되어 있을 때** – 황달, 중금속 오염, 고지혈증 ☐

  – 이상은 뉴욕 주립의대 리처드 리 교수의 연구
- 8. **손가락 마디가 부어 있을 때** – 관절염 ☐
- 9. **손톱이 건조하고 창백하고 갈라질 때** – 갑상선 장애 ☐

  – 이상은 유진 샤이만 박사의 연구
- 10. **손톱 안창에 붉은 줄이 나 있을 때** – 선모충 같은 혈액을 통한 기생충 감염 ☐
- 11. **손톱에 작고 둥근 자국이 있을 때** – 건선 ☐
- 12. **손톱이 숟가락 모양으로 휘어져 있을 때** – 철분 결핍, 갑상선 장애, 류마티스열 ☐

분비물을 통한 자가진단 체크리스트

소변 체크리스트

1. **짙은 노란색 또는 오렌지색이며 양이 적을 때** – 열병, 신장 기능 장애, 황달, 설사 ☐
2. **푸른색** – 비타민이나 복용약 때문에 나타날 수 있음 ☐
3. **분홍색 또는 붉은색** – 방광, 신장, 요도의 문제로 피가 섞여 나옴, 아스피린을 복용했거나 붉은색의 음식을 먹었을 때도 나타날 수 있음 ☐
4. **탁한 색** – 체중감소, 우울증, 청량음료 등 인산염이 많은 음식을 먹었을 때도 나타날 수 있음 ☐
5. **탁하면서 길고 가느다란 실 모양의 줄이 떠있을 때** – 전립선의 이상 ☐
6. **강하고 고약한 냄새** – 요로감염 ☐
7. **단 냄새** – 당뇨 ☐

대변 체크리스트

1. **설사 같이 묽음** – 식중독, 감기, 알레르기, 만성 설사, 장염 ☐
2. **단단함** – 고열, 체내 수분이 부족함 ☐
3. **붉고, 피가 섞여 있음** – 치질, 궤양성대장염, 대장이나 직장의 암 ☐
4. **제대로 소화가 안 된 음식찌꺼기가 보임** – 어린이의 경우 과식, 성인의 경우 소화장애나 췌장의 이상 ☐

02 허리가 튼튼해야 출세한다

- 올바른 건강 자세

허리가 약한 사람들이 많다. 허리가 약하다는 것은 집으로 말하면 기둥이 약해 언제 무너질지 모르는 것과 같다. 왜 이렇게 되었을까? 5명 중 1명이 일생 동안 한 번 이상 요통에 시달리고 있다. 요통은 감기 다음으로 흔히 우리의 일상생활에 지장을 주는 요인이다. 회사를 결근하고 휴직이나 이직을 하게 만드는 주된 원인 중 하나도 요통이다. 자, 이쯤 되면 허리가 튼튼해야 출세한다는 말이 나올 만하다. 우선 일상생활에서 겪는 여러 통증 중에 잘못된 자세에서 나오는 문제점들을 생각해보자.

장시간 소파에 앉아서 TV를 보면 목이 뻣뻣해지고 허리가 아파온다. 이런 나쁜 습관이 지속되면 자세가 변형되어 등뼈와 등배 근육이 허약해지고 인대도 느슨해진다. 또, 허리를 구부리고 무거운 것을 드는 행동을 자주 하면 디스크에 상처가 나고 인대가 찢어질 수 있다. 한쪽 다리에 의지해서 오랫동안 서 있는 것, 피로, 복부 근육 등의 허약, 부상, 높은 구두, 임신, 비만, 시력이 나빠 머리와 목을 앞으로 내미는 자세 등도 척추에 문제를 일으킨다. 이런 나쁜 자세는 자신도 모르는 사이에 습관으로 굳어지게 마련이다.

좋은 자세란 등뼈가 앞에서 보면 똑바르고, 옆에서 보면 S자 모양으로 목과 경추가 약간 앞으로 나오고 갈비뼈와 흉추 부위가 약간 뒤로 밀려가고 다시 요추 부분이 앞으로 나왔다가 천골 부위에서 뒤로 물러나 있는 형태를 말한다. 우리들은 자신의 자세보다 자동차의 휠 밸런스에 더 신경을 쓰고 있는 것 같다. 차가 흔들리고 한쪽으로 기우뚱거리면 큰일이 생길까봐 허둥대지만, 잘못된 자세로 인해 허리와 목이 심대한 영향을 받는다는 사실은 쉽게 무시하는 것 같다. 차를 고치는 것보다 우리 몸을 고치는 것이 훨씬 복잡하고 시간이 오래 걸린다. 자세는 우리의 건강에 대단히 중요한 요소다. 자세가 바르면 우리 몸의 앞·뒤·옆 근육들이 균등하고 효율적으로 발달한다. 그러나 자세가 바르지 못하면 여러 가지 증상이 생기고 쉽게 부상을 입게 된다. 나쁜 자세는 또한 복부 내장 기관들을 제 위치에서 밀어내고 고유한 기능을 방해한다.

허리 통증 전문의들은 한결같이 나쁜 자세는 만병의 근원이 된다고 말한다. 허리 통증을 가져오고 목을 굳게 만들며, 두통, 시력 장애, 호흡곤란을 초래할 뿐 아니라 팔다리를 저리게 만들고, 나아가 측두골과 하악 관절의 접합 부위에 이상 기능을 가져온다는 것이다.

경고 신호는 나쁜 자세의 결과라는 것을 명심한다

허리가 아프고 목이 뻣뻣해지면 바로 나쁜 자세 때문에 아픈 몸이 우리에게 보내는 신호임을 알아야 한다. 이런 신호가 오기 전에 거울 앞에 서서, 또는 앉아서 자신의 자세를 관찰해보아야 한다. 호주의 프레데릭 알렉산더라는 자세교정가는 1900년대 초 이와 같은 관찰을 통해 새로운 기법을 개발하였는데, 이것이 바로 알렉산더요법이다.

가장 안정된 자세

바닥에 등과 머리를 대고 반듯이 눕는다. 그리고 다리를 모으고 손바닥을 위로 향하고 무릎은 약간 벌린다. 골반을 최대한 뒤쪽으로 펴서 양쪽 허리선이 바닥에 닿게 한다. 갈비뼈를 올리고 엉덩이뼈에서 멀리 떨어지도록 하는데, 대신 등뼈가 바닥에서 떨어지지 않게 한다. 귀가 하체에서 멀리 떨어지도록 하는데, 턱이 올바른 각도로 목과 유지되게 하는 상태가 가장 안정된 자세다.

바른 자세로 서는 습관을 들인다

보통 가슴을 앞으로 내밀고 턱을 가슴으로 끌어당기고 서 있는 것이 올바른 자세라고 생각하지만, 이런 자세로는 허리가 제대로 지탱되기 어렵다. 너무 뒤로 휜 모습이고 근육이 긴장되어 불필요한 피로감을 준다.

몸무게를 한쪽 다리에만 싣고 서 있는 자세도 문제가 된다. 이런 자세가 지속되면 골반이나 척추가 휘어지게 된다. 갈비뼈들을 한쪽으로 쏠리게 하여 한쪽 폐 기능을 감소시키고, 한쪽 어깨가 다른 쪽 어깨보다 높아지게 된다.

바르게 서 있는 자세는 머리, 척추, 골반이 균형 있게 자리 잡고 있는 것이다. 척추선이 귀, 어깨 관절, 엉덩이 관절, 무릎 관절과 평행을 이루고 발목뼈보다 약간 앞쪽에 있어야 한다. 골반도 중요한 역할을 하는데, 골반이 앞이나 뒤쪽으로 틀어져 있으면 허리를 휘게 만드는 원인이 된다. 골반과 늑골을 바르게 정렬시키는 방법은 다리를 꼬지 않는 것이다. 허벅지뼈가 하지 뼈 바로 위에 있고 골반이 자연스럽게 그 위에 걸쳐 있어야 한다.

바른 자세로 앉는 습관을 들인다

오늘날 우리는 많은 시간을 책상에 앉아서 보낸다. 따라서 앉는 자세는 건강에 대단히 중요하다. 다음에 소개하는 방법에 따라 바르게 앉는 습관을 들이도록 한다.

- 골반 바닥은 두 개의 뼈가 아치를 이루고 있다. 마치 서 있을 때의 발바닥과 같은 기능을 하는 것이다. 이는 척추의 체중을 지탱하고 유지하기 위한 구조다. 아치 중 하나가 한쪽으로 휘어져 있으면 체중이 불균형적으로 치우치고 허리에 무리가 올 수밖에 없다. 허리를 비스듬하게 기대거나 앞뒤로 젖힌 상태로 앉아 있으면 근육이 불필요하게 수축되고 긴장이 된다. 가장 이완된 앉은 자세는 몸통의 체중이 골반 뼈 위에 균형 있게 얹힌 상태를 말한다.
- 허벅지가 바닥과 평행을 이루고 발이 바닥에 평평하게 닿아야 한다. 이 자세는 다리의 무게를 발이 지탱하게 해준다.

- 허리를 똑바로 세우고 어깨를 뒤로 젖힌다. 글을 쓰거나 그림을 그릴 때는 책상 앞으로 다가앉아 허리가 구부러지지 않게 해야 한다.
- 의자 등받이에 살짝 기대는 기분으로 앉는다. 등받이는 길고 똑바르게 세워져 있는 것이 좋다.
- 일을 하거나 어떤 동작을 할 때 항상 자신의 자세에 주의를 기울여 불필요한 근육의 긴장을 없앤다. 알렉산더요법에서도 강조하는 것으로, 예를 들면 이를 닦을 때 불필요하게 스트레스를 주는 근육이 없는지, 턱에 힘을 가하지는 않는지, 칫솔을 무기처럼 힘을 주어 쥐지는 않는지, 세면대에 기대고 허리나 무릎을 구부리지는 않는지 점검해보는 것이다. 만약 그렇다면 보다 이완된 자세와 좋은 자세는 어떤 것인지 생각해야 한다. 대부분 자신도 의식하지 못하는 상태에서 이를 굳게 다물고 있다거나, 얼굴 근육을 긴장하고 있다거나, 어깨를 구부리고 있을 것이다.
- 운전 중 자세를 점검해본다. 긴장된 상태로 얼굴이 앞쪽을 향하고 턱을 길게 뺀 자세는 좋지 않다. 등받이를 약간 뒤로 젖힌 상태에서 허리를 반듯이 세우고 편안하게 기대도록 한다. 다리는 패달 위로 뻗는 것보다 가볍게 구부리는 자세가 좋다.
- 전화할 때 수화기를 어깨와 머리 사이에 끼우는 것은 경추에 이상을 가져온다. 머리를 척추선 상에 똑바로 두고 수화기를 귀에 가까이 댄다. 전화를 자주 하는 직업의 경우 무선전화기나 스피커폰을 사용하는 것이 좋다.
- 컴퓨터 작업을 할 때는 모니터가 눈에서 40~60 cm 정도 떨어져 있어야 하고 수평에서 20° 가 되어야 한다. 의자와 책상은 손과 팔이 타이핑하기에 편안한 것이어야 한다. 팔은 90° 각도가 되게 똑바로 아래로 내려와야 한다.
- 장시간 서 있을 때는 한쪽 발을 발판이나 계단에 올리고 골반이 휘지 않도록 자세를 취하며 발을 교대로 발판에 얹는다.

건강한 허리를 되찾는 방법

무거운 물건을 들어올리다가, 또는 사고로 허리를 다치게 되는 일이 많다. 이때 치료법으로는 휴식, 습포, 진통제 처방이 대부분이지만, 효과적이며 부작용이 없는 자연치료법도 큰 도움을 준다.

척추는 뇌와 인체 각 부위 사이의 신경 기능을 운반하는 중요한 통로다. 척추에 이상이 생기면 신경, 근육, 뼈의 기능에 문제가 발생한다. 스트레스와 불안도 요통을 유발하는데, 요통 환자의 80% 이상이 심리적 원인을 가지고 있다는 통계도 있다.

카이로프랙틱과 같이 손으로 척추를 교정하여 제자리를 잡아주는 방법, 운동요법, 마사지법, 근육이완요법, 알렉산더요법 등을 이용한다.

건강한 척추를 갖기 위한 요령

- 척추에 무리가 가지 않게 하는 방법을 익힌다. 가장 좋은 방법은 배 근육과 등 근육을 강화하는 것이다. 등 근육은 가장 짧고 가장 약한 근육 중 하나로, 가장 다치기도 쉽다. 허리를 똑바로 세우고 편안한 자세로 자전거 타기, 수영, 수중 에어로빅, 요가, 태극권, 걷기 등이 좋고, 테니스, 농구, 골프, 볼링이나 배를 젓는 운동은 좋지 않다.
- 허리와 척추의 근육을 강화하고 균형을 잡는 운동을 한다. 앉았다 일어나기는 아주 좋은 복부 근육 강화 운동이다. 허리에 무리가 가지 않도록 무릎을 구부리고 엉덩이를 먼저 들어올리면서 시작한다. 긴장이 풀리고 허리와 등 근육의 움직임이 활발해질 것이다. 다음으로 손바닥을 펴서 바닥에 대고

복부와 엉덩이 근육을 힘껏 조이면서 서서히 엉덩이를 들어올린다. 최대한 올릴 수 있을 때까지 올리고 5초간 멈춘 후 다시 내린다. 이와 같은 동작을 5회 반복한다. 요통이 어느 정도 좋아진 다음에는 무릎을 구부리고 반듯이 누운 상태에서 (윗몸 일으키기를 하듯이) 손으로 반대편 어깨를 잡고 머리를 약간 들면서 어깨를 바닥에서 떼는 운동을 한다. 5초간 머물다가 다시 어깨를 바닥에 대는 동작을 10회 반복한다.

- 허리 통증을 제거하는 스트레칭을 실시한다. 반듯이 누운 상태에서 한쪽 무릎을 두 손으로 잡고 가슴까지 끌어올린다. 5초간 지속한 후 내려놓고 다른 쪽 무릎을 같은 방법으로 반복한다. 그 다음 양쪽 무릎을 모두 모아서 끌어올린다. 한쪽 다리를 서서히 돌려 반대쪽에 올리되, 만약 통증이 오면 중단한다. 의자 끝에 앉아 스트레칭을 한다. 무릎을 벌리고 두 팔과 머리를 자연스럽게 무릎 사이로 구부린다. 이 자세로 10초간 머물다가 서서히 처음으로 돌아온다.
- 장시간 앉아 있을 때는 어깨를 뒤로 젖히고 의자 등받이에 등을 기대거나 허리에 작은 베개를 댄다.
- 침대가 너무 부드럽거나 반대로 딱딱할 때는 매트리스 위에 두꺼운 종이를 깔고 사용한다.
- 허리를 구부릴 때는 무릎을 같이 구부려 허리에 무리가 가지 않게 한다.
- 같은 자세로 오래 있지 말고 자주 움직인다. 의자에서 1~2시간 간격으로 일어서고 스트레칭을 하며 걸어 다닌다.
- 발레리안 같은 약용식물은 신경을 안정시키고 근육긴장을 감소시킨다. 이러한 용액 제제 1~2방울을 혀 밑에 떨어뜨려 자연스럽게 흡수하면 요통을 감소시키는 효과가 있다.
- 허리, 목, 어깨, 복부 등의 근육을 마사지하여 이완시킨다. 이때 라벤더 같은 아로마 오일 3~5방울을 마사지 오일(호호바나 아몬드 오일) 1티스푼에 잘 혼합하여 사용하면 뛰어난 효과를 얻을 수 있다.
- 칼슘 800~1,500mg, 마그네슘 450~650mg, 바이오플라보노이드 250~500mg, 비타민 B 50mg 등 비타민, 미네랄 제제를 복용하면 손상된 조직을 회복시키고 스트레스를 줄일 수 있다.

| 요통의 원인 |

- 운동부족
- 허약한 복부 근육
- 등 근육의 과잉 긴장 – 삐딱한 움직임, 스트레칭 부족 등 운동부족
- 나쁜 자세로 인한 척추의 불균등 압력
- 높은 구두 – 뒤꿈치가 올라가면서 등이 기운다.
- 임신 – 복부에 가해지는 압력 때문에 등 쪽으로 몸무게가 쏠린다.
- 무거운 물건을 한쪽 손으로만 운반 – 척추선이 이탈된다.
- 너무 부드러운 매트리스
- 잘못 디자인된 의자나 소파

03 운동을 해야 하는 사람, 하지 말아야 하는 사람

- 나만의 맞춤 운동을 선택하는 방법

사람들이 가장 많이 하는 운동은 조깅, 걷기, 자전거 타기, 에어로빅, 헬스 등이다. 좀더 전문적인 운동으로는 수영, 테니스, 골프, 스키, 라켓볼 등이 있다. 이러한 운동들 중 어떤 운동이 자신에게 적합하며, 어떤 좋은 효과가 있는지 알아보는 것이 중요하다. 이를 위해서는 다음의 네 가지 요소를 반드시 검토해보아야 한다.

- **지구력** : 근육의 지구력과 정신적 인내력을 키운다. 최소 20분간의 운동을 통해 심박동수, 호흡수를 체크하여 적합한 운동량을 정한다. 조깅, 에어로빅, 자전거 타기 등이 좋다.
- **스트레칭** : 큰 근육들의 파워를 키우고 강도를 높인다. 헬스, 노 젓기, 크로스컨트리 스키 등이 좋다.
- **유연성** : 근육을 풀어주어 몸의 유연성을 높인다. 체조, 태극권, 요가, 수영, 댄스 등이 좋다.
- **균형감** : 빠른 움직임과, 눈과 손발의 반사운동을 재빨리 찾는 능력을 키운다. 운동 신경과 균형 감각을 발달시키는 데는 테니스, 라켓볼, 태권도, 암벽 등반 등이 좋다.

이상의 조건들을 고려하여 자신에게 적합한 운동을 선택해야 한다. 대체로 체구가 큰 사람은 헬스기구를 이용한 운동이나 근육 운동이 좋고, 체구가 작은 사람은 조깅이나 수영 등이 좋다.

더 좋은 방법은 자신의 약한 부분을 체크하여 그 부분을 중점적으로 보충하고 키우는 것이다. 예를 들면 헬스기구 운동만 하면 근육의 강도가 높아지고 파워가 생기지만 균형감은 크게 발달하지 않는다. 반면에 조깅을 하면 하이킹 등에서 피로감을 느끼지 않을 것이지만 근육 강도는 떨어져 무거운 짐을 운반할 때 힘에 부칠 것이다.

농구 같은 구기 운동은 균형감에는 최상이지만 근육 강도, 지구력에는 중간 정도의 효과를 보인다. 자전거 타기는 지구력에는 최상이지만 근육 강도, 유연성에는 효과가 저조하다. 달리기는 지구력에는 최상이지만 근육 강도, 균형감, 유연성에는 효과가 저조하다. 스키는 근육 강도, 지구력에는 최상이지만 유연성에는 그다지 도움이 되지 않는다. 수영은 지구력, 유연성에는 중간 정도의 효과를 보이지만 균형감에는 그다지 도움이 되지 않는다. 테니스는 균형감에는 최상이지만 근육 강도, 지구력에는 중간 정도의 효과를 보인다. 헬스기구 운동은 근육 강도에는 최상이지만 지구력, 유연성에는 효과가 저조하다.

일상생활 속에서 운동을 즐기는 방법

자신에게 맞지 않은 운동은 오히려 고통일 뿐 아니라 부상을 당하거나 좌절감에 빠지기 쉽다. 자신에게 가장 적합한 운동을 선택하는 방법을 생각해보자. 시골에서 노동을 하며 사는 사람과 도시에서 은행 업무를 하는 사람은 즐기는 운동이 달라야 할 것이다.

- **시간적 여유** : 자신의 직업과 활용 가능한 시간적 여유를 생각하여 운동의 종류를 선택한다. 너무 바쁜 사람에게는 짧은 시간에 운동 효과가 높은 조깅이나 걷기 등이 알맞다. 미리 준비하는 시간이 필요 없는 운동이 좋을 것이다.
- **아침 운동과 저녁 운동** : 아침 일찍 하는 운동과 밤에 하는 운동 중 어느 쪽이 도움이 될지 따져본다. 자신이 아침에 부지런한 스타일인지 저녁에 올빼미처럼 생활하는 스타일인지 생각해본다. 올빼미 체질의 경우에는 감안해볼 만한 연구 결과가 하나 있다. 아침에 운동하는 사람이 밤에 운동하는 사람보다 운동을 더욱 끈기 있게 오래 하더라는 사실이다.
- **실내 운동과 실외 운동** : 자신이 어느 쪽을 선호하느냐에 따라 또는 현실적 상황에 따라 정해야 하겠지만, 실내 운동은 일반적으로 강도와 근력 면에서 취약점이 있다는 것을 알고 그것을 보충하는 방법을 찾아야 한다.

체형과 몸 상태에 따라 운동을 선택하는 방법

나이가 40이 넘고 주로 앉아서 일을 하는 경우, 또는 젊은 나이지만 심장 질환이 있는 경우에는 운동을 선택하기 전에 반드시 의사의 정밀검사를 받아야 한다. 강도가 높은 에어로빅 등은 위험할 수 있기 때문에 사전에 걷기나 러닝머신 테스트를 통해 심장 상태를 점검해야 한다.

자신의 체형을 고려하며, 몸 상태가 좋지 않을 때 너무 성급하게 강도 높은 에어로빅이나 고도의 운동량을 요하는 프로그램을 무턱대고 시작하지 않도록 한다. 가벼운 걷기부터 시작해서 달리기와 초보자 에어로빅으로 진행한다. 체형과 그에 적합한 운동을 분류해보면 다음과 같다.

- **갈대형** : 키가 크고 마른 체형이다. 어깨, 가슴, 엉덩이가 좁고 팔다리가 길다. 체지방이 적고 근육이 약한 편이다. 달리기, 농구 등에 강하고 헬스기구 운동, 수영 등에는 약하다. 근육 강도와 지구력, 균형감 등을 높이는 운동이 필요하다.
- **도토리형** : 어깨보다 엉덩이가 더 넓은 체형이다. 뼈가 가늘고 근육도 그다지 발달되어 있지 않으나 힘은 세다. 체지방이 많다. 수영에 강하다. 반면 달리기, 에어로빅 등에 열중하여 지구력을 길러야 한다.
- **쐐기형** : 어깨가 넓고 허리가 가는 체형이다. 뼈가 굵다. 힘과 스피드를 가지고 있으나 달리기 등에는 약하다. 유연성과 지구력, 균형감 등을 높여야 한다. 라켓볼, 테니스, 농구, 요가 등이 좋다.

성격에 따라 운동을 선택하는 방법

성격이나 기질은 지속적이고 효과적인 운동을 하는데 지대한 영향을 미친다. 성격의 유형과 그에 따른 운동 특성을 분류해보면 다음과 같다.

- **사교형** : 외향적이고 활동적인 성격으로 집에 있지 못하고 늘 움직이며 뭔가를 한다. 클럽 등에 등록하여 운동을 열심히 하는 편이지만, 팀이 해체되거나 파트너가 없을 때는 운동에 소홀해지기 쉽다.
- **고독형** : 혼자서 자유를 즐기는 성격으로 장거리 달리기 등에 적합하다. 단체로 하는 운동은 맞지 않다.
- **애호가형** : 새로운 운동에 아주 열심인 성격으로 먼저 기구 등을 준비하고 치장을 하기에 바쁘다. 확실한 목표를 세우지 않으면 실속 없는 빈껍데기가 되기 쉽다. 운동에 집중하는 것이 필요하다.
- **하이테크형** : 집에서 기구 등을 조작하여 하는 운동을 즐긴다. 운동 기구에 흥미를 잃으면 다른 것을 찾는다. 이런 상태에서 벗어나는 방법으로 공을 가지고 하는 운동에 심취해보도록 한다.
- **매니아형** : 어떤 운동이든 푹 빠진다. 조깅을 하면 마라톤 주자처럼 하고 테니스에 빠지면 휴가도 테니스장이 있는 곳으로 간다. 운동을 하지 않으면 초조하고 우울해진다. 통증도 무시하고 계속 운동을 하다가 부상을 입기도 한다. 여러 가지 운동을 한꺼번에 하려고 한다. 이런 사람은 먼저 어떤 운동을 할 것인지 순서를 정하고, 팀플레이를 하는 운동이나 무술, 요가처럼 비경쟁적 운동을 하는 것이 좋다.

이상의 여러 가지 방법에 따라 자신에게 가장 적절한 운동을 선택했다면 이제 효율적인 방법으로 건강을 지켜나가는 일만 남았다.

04 잘못된 식생활은 건강을 망치는 지름길

- 건강을 위한 올바른 먹을거리

건강을 위해서 우리는 한번쯤 매일 먹고 있는 음식들에 대해 생각해볼 필요가 있다. 오늘날 우리가 먹는 식품들을 조사해보면 동물성 식품에서 단백질의 약 72%, 칼로리의 약 50%를 얻고, 설탕을 필요 이상으로 많이 섭취하고 있으며, 곡류도 영양소가 깎인 정제된 것을 먹는다. 신선한 채소, 과일, 전곡류 등이 절대적으로 부족한 상태인 것이다.

심장병, 당뇨병, 암, 비만, 뇌졸중 , 만성 퇴행성 질환은 모두 이러한 식생활과 관계가 깊다. 또, 변비, 치질, 통풍, 골다공증, 충치 등도 예외일 수 없다. 통계에 의하면 전체 사망 원인의 3분의 2가 식습관, 영양 상태와 관련이 있다. 그만큼 먹을거리는 우리의 건강과 직결되어 있다.

우리들이 먹는 식품군은 크게 4개, 즉 전곡류, 채소/과일류, 생선/육류/유제품, 지방/단것/스낵류로 나눌 수 있다. 이들 4개 군을 순서대로 피라미드 구조로 만들어 전곡류를 가장 많이 섭취하고 채소와 과일을 그 다음으로 많이 섭취해야 한다. 역피라미드 구조로 단것이나 육류를 더 많이 섭취하면 비타민과 미네랄 부족 등으로 영양 불균형이 발생하고 결과적으로 질병에 취약해지는 것이다.

건강한 먹을거리를 위한 전략

1. 식품 선택과 식단에 변화를 도입한다

신선한 식품을 선택하고 채소 위주로 냉장고를 채운다. 냉동 식품, 통조림, 조리 식품은 지방, 소금, 설탕이 많이 함유되어 있어 건강에 좋지 않다. 냉장고가 소시지, 햄, 전자레인지용 식품으로 가득한 집과 채소, 과일로 가득한 집을 비교해보면 두 집의 비만도와 건강 상태가 얼마나 다른지 알 수 있을 것이다. 소위 건강식품이라고 하는 것이 몇 가지 종류로만 한정되어 있다고 생각하기 쉽다. 핫도그도, 돼지고기도, 아이스크림도, 초콜릿도 안 된다면 결국 먹을 수 있는 것은 아무것도 없다. 건강한 식품의 기본은 지방과 칼로리가 적고 영양분과 섬유질이 많은 것이다. 같은 가공 식품이라도 유해 물질이 적게 함유된 것을 선택하는 것이 좋다.

2. 새로운 식품에 입맛과 기호를 맞춘다

영양학자 르네 두보스는 "어떤 사람에게 맞는 식품이 다른 사람에게는 부족한, 또는 위험한 식품이 될 수 있다."고 했다. 연구 결과에서도 칼슘의 경우 개인마다 그 필요량이 5~7배 차이가 있다. 식단은 완전 채식부터 고단백식까지 다양하며, 자신의 상태에 맞는 것을 고르는 것이 중요하다. 어떤 사람에게는 채식 위주의 식단이 맞을지라도 다른 사람에게는 에너지가 부족할 수 있다.

많은 사람들이 동물성 식품 위주의 식단에 길들여져 있으며, 동물성 식단이 좋으냐 식물성이 좋으냐에 대한 논란은 지금도 계속되고 있다. 그러나 식물성 위주의 식단으로 암이나 심장 질환을 예방할 수 있다는 사실에는 이견이 없다.

부인병 전문 영양학자인 루이스 기틀만 박사는 완전채식주의에는 한계가 있으며 오랜 기간 채식만을 고집하면 영양 불균형을 초래한다고 하였다. 육식은 아주 많은 영양분을 공급하며 아연, 철, 구리, 비타민 B12가 풍부하다. 또, 식물성 식품보다 더 쉽게 흡수되는 영양분도 있다. 그러나 대부분 높은 콜레스테롤, 고지방, 고칼로리가 문제가 되며, 이를 피하기 위해 생선, 유기 사료로 사육된 육류를 선택하는 것이 좋다. 결국 자신의 영양 상태에 맞는 식단을 위해 다양한 식품을 선택하는 지혜가 필요하다.

3. 하루아침에 바꾸기보다 서서히 바꾸어나간다

70~90%는 식물성으로, 10~30%는 동물성으로 서서히 식습관을 바꿔 나간다. 예를 들면 스낵류, 커피 대신 과일, 채소를 먹고, 달걀을 2개에서 1개로 줄이는 것이다. 이처럼 종류를 서서히 바꿈으로써 입맛을 서서히 적응시키고 육류나 정제 식품 대신 해초류, 콩류를 먹는다. 루돌프 발렌타인 박사는 이러한 변화에 성공하면 사람들은 저절로 서서히 채식주의자가 된다고 하였다. 재미있는 사실은 채식 위주로 먹는 사람은 참을성이 많고 자기성찰의 자세와 침착성을 갖게 된다는 것이다.

평소에 맵고 짠 음식을 먹어온 사람이 하루아침에 식단을 바꾸면 오히려 그 식품에 대한 갈망이 심해져 얼마 가지 못해 실패한다. 처음에는 점심 전에 매운 것을 줄이고 다음에는 저녁 뒤에 단 음식을 줄이는 등 점진적인 변화를 시도해보라.

4. 새로운 음식을 먹었을 때 몸의 반응을 관찰해본다

적절한 음식이 아니거나 영양결핍일 경우는 머리카락이 건조해지고 부서지며 잘 빠진다. 또, 월경이 불규칙하거나 없어진다. 피부가 건조하고 버석거리며 붉은 반점도 생긴다. 혀가 검붉어지면서 태가 낀다. 입이 항상 씁쓸하고 잇몸에서 피가 나며 손톱이 갈라진다. 이처럼 자신의 몸에 맞지 않는 음식은 많은 경고 신호를 보내온다.

구입하는 식품에 대한 정보를 찾아보라. 생산 및 제조일, 성분, 생산지를 확인하고 신선도를 따져보라. 그 밖에 많은 정보를 통해 자신에게 적합한 식품인지 판단한다.

5. 항상 즐겁고 맛있게 식사한다

긍정적인 마음으로 음식과 대화하듯 친근감을 가지고 섭취한다. 심리적인 것뿐 아니라 체내의 생리적, 생화학적 반응이 효과적으로 바뀌게 될 것이다. 손수 채소를 길러보고 밭을 가꾸는 것도 좋다.

가족과 친구, 정다운 사람들과 함께 식사하는 시간을 즐긴다. 혼자 먹으면서 신문을 읽고 TV를 보는 등 산만한 상태는 소화 기능에 문제를 일으킨다. 사람들과 대화를 하면서 먹으면 즐거울 뿐 아니라 소화에도 좋다는 것은 잘 알려진 사실이다.

기도를 하거나 식사를 제공해준 사람에게 고마운 마음을 표시하라. 음식이 더 맛있을 뿐 아니라 소화도 잘 되고 영양분도 골고루 흡수될 것이다.

음미하며 식사하는 습관을 들인다. 맛과 향, 질을 음미해보라. 충동적으로 아무 생각 없이 음식을 먹으면 비만과 건강 문제가 생긴다. 스트레스, 우울증 등의 정서 장애가 나타나기도 한다.

6. 영양보충제로 필요한 영양을 보충한다

특히 음주와 흡연이 과다한 사람, 공해 지역에 사는 사람, 환자, 입맛이 없는 사람, 비만이거나 체중이 줄은 사람, 임신이나 수유 중인 사람, 노인, 장 흡수가 나쁜 사람은 보충제를 섭취해야 한다. 보충제는 마법의 캡슐이 아니다. 식품 자체로 섭취하는 것만은 못하나 꼭 필요한 영양분을 보충하기 위함이다.

비타민 적정 요구량은 비타민 A 5,000IU, 티아민(B1) 25~100mg, 리보플라빈(B2) 25~100mg, 니아신(B3) 25~300mg, 피리독신(B6) 25~100mg, 엽산 400~1,000mcg, 비타민 B12 25~100mcg, 비타민 C 500~1,500mg, 비타민 D 400~800IU, 비타민 E 400~800IU이다. 미네랄 적정 요구량은 칼슘 800~1,500mg, 마그네슘 450~650mg, 골다공증을 예방하는 보론 2.5~3.0mg, 클로미움 150~300mcg, 구리 2~4mg, 망간 5~10mg, 셀레늄 100~150mcg, 아연 17~25mg 등이다. 그 밖에 필수지방산, 마늘, Q10효소 등에는 항산화 작용이 있고 심장혈관 장애 등을 예방해준다.

이들 보조제는 서늘한 곳에 보관하고 개봉 후 1년 내에 먹는다. 식후 곧바로 복용하며, 심장병 가족력이 있다면 비타민 C · E, 보론, 셀레늄이 필요하다. 암 예방에는 비타민 A · B · C · D · E와 셀레늄, 아연이 필요하다. 보조제로 한 가지 영양소만 과다 섭취하는 것은 삼가야 한다.

7. 스낵류 대신 당근, 오이 같은 생채소를 먹는다

쓰레기 같은 음식을 피하고 신선한 재료로 직접 만들어 먹는다. 끼니를 거르지 말고 적정량으로 먹는다. 굶으면 허기가 져서 과식을 하게 되고 혈당이 불규칙해진다.

8. 효과적인 단식으로 장, 간, 신장을 정화시킨다

물과 주스만 먹고 단식하는 방법은 전문 의사와 상의한다. 병이나 특정 증상이 있다면 특히 조심해서 실시해야 한다.

9. 올바른 음주 습관을 갖는다

알코올 음료는 반드시 식사와 함께 조금씩 천천히 마신다. 위벽을 보호하고 충분히 분해하면서 배설되도록 만들어야 한다. 또, 물을 많이 마셔 수분을 보충하고, 영양보충제나 신선한 식품으로 음주로 소모된 비타민과 미네랄을 보충해준다.

05 건강한 호흡으로 만병을 예방한다

- 올바른 숨쉬기로 건강 유지하기

숨쉬기는 우리가 의식하지 않아도 자연스럽게 이루어지는 자율운동이다. 폐와 그 부속 기관인 호흡기관들이 협동하여 아주 편안하고 효율적으로 수행되지만 조화를 이루지 못하면 모든 병의 근원이 된다.

호흡은 문화나 건강관에 따라 영적인 생명력을 얻는 행위로 표현되기도 한다. 예를 들면 힌두어의 '프라나' 라는 단어나 그리스어의 '뉴마,' 라틴어의 '스피리투스' 가 모두 그렇다. 영어에서도 호흡 respiration 과 영감 inspiration 은 그 어원이 같다. 즉, 호흡한다는 것은 공기와 영혼을 같이 얻는다는 말이 된다. 우리나라와 중국, 인도에서는 오래전부터 호흡이 정신, 신체, 영혼의 조화에 커다란 영향을 미친다는 것을 알고 단전호흡, 태극권, 요가 등의 훈련법을 개발해왔다.

사람이 평균적으로 호흡하는 횟수는 하루 15,000~20,000번이다. 호흡은 세포에 산소를 전달해주는 동시에 노폐물을 이산화탄소의 형태로 몸 밖으로 내보낸다. 우리 몸은 산소를 계속 저장해둘 수 없기 때문에 살아 있기 위해서는 계속 호흡을 해야 한다. 그래서 밥을 먹지 않고는 얼마간 견딜 수 있지만 호흡을 하지 않고서는 단 몇 분도 견디지 못한다.

혈액에 산소를 공급하는 폐의 기능을 향상시킬 수 있는 방법은 크게 두 가지가 있다. 빠르게 호흡하는 방법과 깊게 호흡하는 방법이 그것이다. 이중에 더 좋은 방법은 후자, 즉 심호흡이다. 호흡을 빨리 하는 것은 차갑고 여과되지 않은 공기를 너무 많이 들어오게 하기 때문이다. 얕은 호흡은 폐의 윗부분만 가동하여 폐 밑에는 이산화탄소가 남게 된다. 반면 올바른 심호흡은 오염된 공기도 잘 여과시키고 충분한 대사 작용이 이루어지게 한다. 건강하지 못하고 불충분한 호흡은 몸 안의 혈액과 세포의 생화학적 변화를 초래하며, 그 결과 사람을 피곤하고 불안하게 만든다. 즉, 호흡이 가쁘고 얕아질수록 과다 호흡 상태가 되어 불안해지는 것이다. 더 심해지면 가슴이 답답하고 통증이 생기며 마치 심장병이 생긴 것 같은 증세를 일으킨다. 정상적으로 호흡이 빨라야 하는 경우도 있다. 운동을 하면 몸 안에 산소가 더 필요하므로 생리적으로 뇌에서 폐에 신호를 보내어 호흡을 빠르게 한다. 또, 내분비 기관에도 영향을 주어 엔도르핀 같은 천연 기분전환물질을 내보낸다.

건강에 좋은 호흡법

누구나 자신의 의지대로 호흡을 조절할 수 있다

호흡을 하면서 자신의 횡격막이 올라갔다 내려갔다 하고 코와 입으로 공기가 들어왔다 나갔다 하는 것을 느껴보라.

복식 호흡법을 익힌다

긴장하고 잘못된 자세에서는 호흡이 빠르고 얕아지며 가슴 윗부분에서만 이루어진다. 따라서 배로 깊게 호흡하는 법을 익혀야 한다. 먼저 자신이 흉식 호흡을 하고 있다는 것을 인식하라. 코를 통해 공기를 흡입하여 횡격막까지 들어오게 한 다음 위를 불려 호흡이 커지도록 한다. 서서히 리듬을 타며 호흡을 줄여나간다. 정상적인 호흡 때 가슴 윗부분의 움직임을 줄이고 복부로 호흡한다. 성인의 경우 1분에 10~14회 정도 호흡하면 된다.

폐 자체는 근육이 없으므로 가슴 윗부분 근육과 갈비뼈를 이용한다. 그러나 복식 호흡은 가슴과 복강 사이의 횡격막을 이용한다. 숨을 들이마실 때 횡격막은 아래로 내려가며 갈비뼈는 밖으로 팽창하게 된다. 이때 폐는 흉강 안에서 완전히 팽창하여 충분한 공기가 들어와 차도록 한다. 횡격막을 위로 끌어당겨 숨을 내뱉을 때 가슴 근육이 이완되며 공기가 밖으로 쏟아져나간다.

복식 호흡이 제대로 되는지를 알아보기 위해서는 반듯이 누운 상태에서 한 손을 가슴에 얹고 다른 손은 배 위에 올려놓는다. 코로 공기를 들이마시면서 배가 위로 부풀어오는지 느끼는 한편, 가슴이 올라오지 않았는지 확인한다. 서서히 숨을 내뱉으면서 배가 아래로 꺼지는 것을 느껴본다. 이러한 복식 호흡 연습을 계속하면 앉아서, 서서, 움직이면서도 자연스럽게 호흡할 수 있다. 한 번 호흡에 보통 전체 폐 용량의 12~15% 정도의 공기량을 흡입한다. 복식 호흡법을 효과적으로 실행하면 보통 7~8번 호흡해야 하는 공기량을 한 번에 교환할 수 있다.

요가의 방법을 응용한다

요가는 인도의 전통적 훈련법으로 호흡을 조절하는 데 중점을 둔 프라나야마 동작들이 주를 이루고 있다. 프라나야마는 호흡으로 정신을 조절하는 수련법이다. 마루나 의자에 편하게 앉아 척추와 가슴을 똑바로 편다. 엄지와 중지로 코를 잡고 한쪽 콧구멍씩 교대로 막으면서 4를 셀 때까지 숨을 들이마시고 2를 셀 때까지 숨을 내쉰다. 이러한 호흡 연습을 3~5분 정도 하면 점차 그 비율과 방법에 익숙하게 된다. 이 호흡법은 기의 흐름과 생명력을 조절한다. 천식 등 폐 기능 장애를 호전시킬 수도 있으며, 더 중요한 것은 몸과 마음의 혼란을 진정시키고 안정시킬 수 있다는 점이다.

뱀의 동작을 응용한다

요가의 코브라 자세로 폐 근육을 이완시키고 기도를 열어주는 방법을 배울 수 있다. 배를 바닥에 깔고 손바닥을 어깨선 아래에서 바닥에 펴고 숨을 천천히 깊게 들이마시며 머리를 서서히 들어올린다. 등 근육을 움직여서 가슴을 바닥에서 떨어뜨린다. 이와 같이 두 팔을 똑바로 펴서 머리를 뒤로 젖힐 수 있는 데까지 젖힌다. 숨을 천천히 내쉬면서 다시 제자리로 돌아오고 잠시 쉰 다음 동작을 반복한다.

오염된 공기를 피한다

미국의 경우 오염된 공기로 인해 매년 12만 명이 죽어가고 있다. 오존과 아황산이 주된 오염원이며, 특히 실외에서 운동하는 운동선수들이나 아이들이 위험하다. 오존 경보가 내려지면 외출을 삼가고, 운동이 필요할 때는 아침 일찍, 또는 숲이 우거진 곳에서 한다.

환기나 통풍이 안 되는 곳, 새 가구가 있는 방에는 포름알데히드나 다른 독성 화학 물질이 차 있으므로 이런 곳에서는 호흡 운동 자체를 피하도록 한다. 물론 담배연기는 말할 것도 없이 해롭다.

| 일상생활에서 건강한 호흡을 지키는 방법 |

- 규칙적으로 운동한다. 규칙적인 에어로빅으로 심장 혈관계를 튼튼하게 하고 호흡을 건강하게 유지한다. 에어로빅은 산소 공급을 늘리고 이산화탄소 배출을 돕는다. 수영은 폐 기능을 증진하고 숨을 편하게 쉴 수 있게 만들어준다. 조깅, 자전거 타기, 스키 등은 심장 근육을 강화한다.
- 웃는다. 웃으면 호흡수가 증가하고 혈액 속 산소 공급이 풍부해지며 피로가 풀린다.
- 노래를 하거나, 입으로 부는 악기를 연주한다. 복부 근육을 강화하고 횡격막 조절을 발달시켜 건강한 호흡을 돕는다.
- 폐 기능에 도움이 되는 영양소를 섭취한다. 미국 메릴랜드 대학과 듀크 대학의 연구에서 비타민 A, C, E와 셀레늄 같은 항산화제가 효과적임이 밝혀졌다. 니아신과 마늘은 혈액 속으로 산소를 운반해주는 폐 기능을 높이고 공기 중 독성 물질에 대한 예민도를 떨어뜨린다.
- 매일 규칙적인 심호흡을 한다. 코로 숨을 들이쉰 다음 촛불을 끄듯이 깊게 내뱉는다. 이러한 호흡법은 기도를 원활하게 열어주고 호흡 기관을 강화한다.
- 헐렁하고 편안한 옷을 입는다. 꼭 끼는 옷을 피하고 복부와 가슴이 조이지 않도록 주의한다.
- 바른 자세를 취하여 가슴, 늑골, 횡격막의 움직임이 원활하게 한다. 모쉬 펠덴크라이스라는 호흡 전문가는 "좋은 호흡은 바른 자세에서 나오고 바른 자세는 건강한 호흡에서 나온다."고 하였다. 바른 자세와 올바른 호흡법만으로도 건강을 유지할 수 있다.

06 스트레스를 현명하게 다스리고 관리한다

- 웃음의 건강학과 시간 개념 조절법

클리닉에 찾아온 사업가 한 분은 매일매일 쌓이는 스트레스가 거의 주체할 수 없는 지경이었다. 금융위기와 함께 회사 사정이 하루가 다르게 나빠지기 시작하자 걱정으로 잠을 이루지 못하고 수면제로 겨우 버티었으며, 평소에도 끔찍이 무서워하는 개와 뱀들에게 둘러싸여 물리고 할퀴는 악몽을 꾸기 일쑤였다. 아침에 일어나보면 온몸이 땀으로 범벅이었고, 애꿎은 베개만 물어뜯고 있는 때가 많았다.

직업에서 오는 스트레스를 이용하여 자신의 성장과 발전에 보탬이 되도록 만드는 사람이 있는가 하면, 스트레스에 져서 직업을 포기하는 사람도 있다. 예를 들면 대본에 있는 대사를 외우고 연기를 해야 하는 사람이 그 압박감에도 포기하지 않고 적극적으로 상황을 극복하지 못하면 훌륭한 연기자가 될 수 없는 것이다.

스트레스를 펀드를 이용하듯이 잘 활용하면 건강에 도움이 되고 이익을 창출할 수 있지만, 관리에 소홀하면 병에 걸리고 손해만 보게 될 것이다. 스트레스를 펀드 관리하듯이 최대의 이익을 얻고 건강에 유익하게 운영하는 방법을 알아보자.

스트레스의 자극을 받으면 사람들은 그것을 피해서 도망가느냐, 아니면 대항해서 싸우느냐 하는 두 갈래길에 서게 된다. 이러한 갈림길에서 사람의 몸 안에서는 아드레날린이라는 스트레스호르몬이 대량으로 쏟아지면서 여러 가지 생리적 반응이 일어난다. 즉, 핏속의 당분 농도가 치솟아 에너지를 더 많이 공급하기 시작하고 위장이 비워지면서 혈액이 스트레스를 받는 곳으로 쏠리고 눈의 동공이 크게 열린다. 또, 심장박동이 빨라지고 혈압이 올라가고 호흡을 더 깊게 하게 된다. 이런 반응은 누구나 경험하지만, 심한 스트레스나 만성적인 자극이 계속되면 사람은 병들고 위험에 빠지게 된다.

현대인에게 스트레스는 만병의 원인이다. 피하지 못할 스트레스는 누구나 가지고 있지만 그것을 얼마나 슬기롭게 조절하느냐에 건강이 좌우되는 것이다. 스트레스의 관리는 재산 관리 못지않게 중요한데도 그 중요성을 잊을 때가 많다. 여기서는 웃음과 유머가 있는 생활을 함으로써 스트레스를 이겨내는 방법을 소개하고자 한다. 또, 시간 개념을 바꿔서 스트레스를 해결하는 요령도 소개하고자 한다.

현명한 의사는 환자에게 조크와 웃음이 명약임을 일깨워준다. 17세기의 유명한 의사 토마스 시든햄은 "약 상자를 잔뜩 실은 나귀 20마리보다 광대 한 사람이 마을 사람들의 건강에 더 좋다."고 했다. 고대 그리스시대에 이미 웃음(유머)의 건강설이 존재했으며, 성경에도 "즐거운 마음이 곧 명약이다."라고 쓰여 있다. 17세기 초반의 저술가 로버트 버튼은 《우울의 정체》라는 책에서 모든 병을 치료하는 세 가지 조건으로 "쾌활한 마음, 건강한 음식, 조용한 명상"을 이야기한 바 있다.

최근 노먼 커즌은 유머의 치료 효과를 보여주는 사례를 유명한 의학 저널에 발표하였다. 실제로 그는 10분 정도의 배꼽을 잡는 통쾌한 웃음으로 적어도 2시간 이상 통증 없이 편안한 잠을 잘 수 있었다고 한다. 유머와 웃음은 몸속에서 일어나는 조깅의 효과와 같은 것이다.

일상생활에서 유머와 웃음으로 스트레스를 관리하면 긴장과 피로에서 벗어날 수 있을 뿐 아니라 병을 예방하고 창조적인 생활을 할 수 있다. 세계적인 유머 작가 조쉬 빌링은 "의학에는 재미있는 게 하나도 없지만 유머에는 너무나 많은 의학이 있다."는 말을 했다.

미국의 듀크 대학병원은 환자들에게 코미디 비디오나 책, 장난감, 게임 등을 제공하는 웃음 처방으로 성공을 거두고 있다. 간호사들은 배지에 "웃음은 당신의 건강을 해칠지 모릅니다!"라는 표어를 써넣어 환자들을 웃긴다고 한다. 또, 의사들은 자신을 조크라고 부르면 아스피린을 두 알 먹는 것보다 낫다고 말한다. 자칭 유머 전문의라는 패치 아담스는 버지니아에 40병상 규모의 병원을 개설하여 개그, 유머, 게임 등의 프로그램으로 치료하고 다양한 대체요법을 실시하고 있다.

| 웃음의 의학적 효과 |

- 혈액을 온몸 구석구석까지 골고루 퍼지게 하여 심장혈관 질환을 예방하고 치료한다.
- 면역세포의 수를 늘려 병에 맞설 수 있는 힘을 키워준다.
- 심장 박동수를 잠깐 빠르게 하면서 혈압을 올려준다. 다시 동맥을 이완시키고 심장박동과 혈압을 정상으로 떨어뜨린다. 20초 웃으면 심장박동은 3~5분간 2배로 증가한다.
- 호흡수를 증가시키고 산소 소비를 늘려서 호흡기 장애를 줄이고 핏속에 산소를 공급한다.
- 엔도르핀과 그 밖의 천연 진통 물질의 분비를 촉진한다.
- 웃을 때 관여하는 근육은 물론 다른 근육도 이완시킨다. 횡격막, 가슴, 복부, 심장, 폐, 간 등의 내부 장기와 근육을 부드럽게 마사지하는 기능을 한다.
- 소화를 돕는다.

스트레스 해소와 관리를 위한 건강한 유머와 웃음 전략

1. 능동적으로 웃는다

다른 사람에 의해 수동적으로 웃는 것보다 능동적으로 웃음거리와 재미를 제공하고 함께 웃을 수 있어야 한다. 그러기 위해서는 매사를 너무 심각하게 볼 것이 아니라 여유와 조크로 받아넘길 수 있어야 한다. 어려운 상황에 처해 있을 때도 넉넉한 웃음으로 긴장을 늦추면 문제가 의외로 쉽게 풀리는 일이 종종 있다. 장소에 따라 다르겠지만, 통쾌하고 폭발적인 큰 웃음을 억제할 이유가 없다.

2. 재미있고 웃기는 소재를 찾는다

코믹한 영화, 유쾌한 음악, TV의 코미디 프로 등을 보는 것도 좋고 책이나 만화를 보며 마음을 푸는 것도 좋다.

3. 유머를 생활화한다

냉장고 문이나 게시판 등 집 안 곳곳에 유머가 적힌 메모지를 붙여놓는다. 볼 때마다 즐겁고 유쾌해질 것이다. 친구나 가족들에게 유머를 이야기해 주면 생활의 청량제가 되고 관계가 더욱 돈독해진다.

4. 웃음의 도구를 이용한다

운전할 때 유머 테이프나 재미있는 음악을 들으면 교통 체증 때문에 생기는 스트레스나 짜증을 극복할 수 있다.

5. 아이들처럼 논다

놀고 장난하는 시간처럼 즐거운 때는 없다. 어른들이 한 번 웃을 때 아이들은 몇 배 더 웃는다.

스트레스 관리에 있어 중요한 문제 중 하나는 시간에 쫓기는 바쁜 생활이다. 미국의 유명한 의학자 래리 도시 박사는 인체의 면역체계도 시간에 대한 개념을 감지하여 시간에 쫓기는 상황을 스트레스로 인식하고 영향을 받는다고 하였다.

스트레스에 민감한 A 유형(혈액형이 아님)은 항상 공격적이고 경쟁적, 카리스마적인 사람들로 급하고 참을성이 없으며 쉽게 열을 내고 분노하고 긴장한다. 한 순간도 가만히 있지 못해 우왕좌왕하고 불안하다. 반면 B 유형은 느긋하고 개방적이며 여유로운 행동을 보인다. 스트레스 체질인 A 유형은 결국 심장 질환에 잘 걸린다는 통계가 있다. 시간과의 관계를 잘 설정하면 스트레스를 원만하게 관리할 수 있다.

시간 스트레스에서 벗어나기 위한 요령

1. 우선순위를 정한다

하루 일정을 중요도에 따라 순서를 정하고 시간을 적절히 할애한다. 단, 결부된 다른 일도 결코 소홀해서는 안 된다. 예를 들어 운동을 통해 건강을 되찾고자 한다면 수면 시간을 줄여서도 식사 시간을 줄여서도 안 된다.

2. 시간에 대한 강박관념을 버린다

시간에 대한 강박관념에 사로잡히지 않도록 주의한다. 즉, 단시간 내에 끝내야 한다는 강박관념을 버려라. 명상은 시간에 대한 강박관념에서 벗어나 심신의 경직과 피로를 풀 수 있는 방법 중 하나다. 의학 연구에 의하면 통증과 시간의 감각은 서로 밀접한 연관이 있다고 한다. 통증은 시간을 묶어두고 조이는 반면, 약물이나 이완요법, 그 밖의 통증조절법들은 시간에 대한 인식과 의식을 확장시키고 늘려

| 시간 개념과 스트레스 |

다음의 항목 중 3가지 이상에 '예'라고 답하는 경우 시간에 대한 스트레스를 제대로 해소해내고 있지 못한 것이다.

- 자주 시간에 쫓기며 늦는 생활을 걱정하는가?
- 항상 느리게 일 처리하는 사람을 참지 못하고 직접 나서는가?
- 상대방의 느리게 하는 말을 참지 못하고 중간에 끼어드는가?
- 자주 시계를 보고 초조해 하는가?
- 아무 할 일 없이 그냥 앉아 있는 자신을 못마땅하게 생각하는가?
- 자주 어떤 과제나 업무를 끝마치기 위해 밤을 새우는가?
- 빡빡한 일정을 하나씩 마치면서도 남아 있는 일 때문에 초조감과 압박감을 느끼는가?
- 운전할 때 교통 혼잡을 참지 못하고 정지 신호를 무시하면서 틈새를 찾아 달리는가?
- 길을 걸을 때 자주 남을 앞질러 빠르게 걸어가는가?
- 일을 하거나 운동을 할 때 펜이나 얼굴, 손가락 등을 만지작거리는가?
- 운전을 하면서 끼니를 때운다거나 이를 닦으면서 샤워를 하고, 잡지를 보면서 전화를 하는 등 한번에 두세 가지 일을 처리하는가?
- 이건 진짜 황당한 일이겠지만, 순서를 기다리기 귀찮아서 마취를 하지 않고 이빨을 뽑는 일은 없는가?

준다는 것이다.

3. 바이오피드백 훈련을 한다

기계 도구를 이용하여 근육이완, 편안한 생각, 호흡 조절 등으로 긴장하고 초조한 자율신경을 풀고 조율하는 방법이다. 위궤양, 협심증, 고혈압 등을 예방하고 치유할 수 있다.

4. 자신만의 속도와 리듬을 유지한다

자신의 능력을 초과하는 무리한 속도는 문제를 유발할 수밖에 없다. 불필요한 스피드는 사람을 긴장시키고 문제를 일으킨다. 부모의 조급증은 자녀의 자아 기능 발달을 방해하고 상처를 준다.

5. 가끔 시간을 허비한다

자신의 스피드를 점검하고 휴식을 갖는다. 때때로 시간을 허비하는 것에 대해 초조하게 생각하지 말라. 신호 대기, 줄 서서 기다리기 등등에 너그러워지려 노력하라. 시간이 아깝다고 생각해봐야 해결되지 않는 현실만 원망스러울 것이다. 시간을 허비하는 것이 아니라 시간에서 자유로워진다는 개념으로 받아들이면 좋을 것이다. 시간을 즐기며 쉬는 것이다.

6. 현재에 충실하고 최선을 다한다

바로 지금, 여기에 충실하며 매사에 임하면 후회, 망설임, 좌절감을 떨쳐버릴 수 있다. 무리하게 시간을 쪼개지 말라. 여러 건의 약속을 한꺼번에 잡거나 과제를 한꺼번에 처리하려고 하면 무리가 따르게 마련이다. 미리미리 준비하고 여유를 갖는다.

스트레스는 돈이나 사회생활, 사생활 등 피할 수 없는 많은 문제들 때문에 생기지만 사소한 일, 즉 개 짖는 소리, 교통 혼잡, 줄 서기 등으로도 생긴다. 중요한 것은 자신의 스트레스가 어디에서 비롯되는지 파악하고 그것이 자신의 어떤 부분에 위협을 가해오는지 아는 것이다. 그리고 비슷한 일을 당했을 때 다른 사람들은 어떻게 반응하는지 관찰해보라. 어떤 사람들은 대수롭지 않게 생각하여 친구와 대화를 하거나 잠깐 사우나를 하고 드라이브를 다녀와서 스트레스를 풀어버린다.

이제 스트레스를 내가 관리해야 할 펀드로 생각하고, 잘 살려서 써 먹을 것인지 아니면 과감히 버려야 할 것인지 판단하고 행동할 수 있어야 한다.

스트레스를 관리하는 요령

1. 운동은 가장 훌륭한 처방이다

운동은 스트레스로 인한 온갖 부정적인 감정, 좌절감, 우울감, 실패감 등을 떨쳐버릴 수 있는 좋은 방법이다. 격렬하고 힘든 운동이 도움이 되는 사람이 있는가 하면, 그보다는 고요하고 부드러운 명상과 호흡법으로 심신을 풀어주는 것이 더 효과적인 사람도 있다. 스트레스로 불면증이 심한 경우에는 격렬한 운동보다는 편안하고 이완된 자세로 몸 안의 생리기능을 조절하는 운동이 좋다.

2. 술, 담배, 약물의 사용을 줄인다

술, 담배, 약물은 당장은 고통스러운 스트레스 자극을 없애주는 것처럼 보이지만, 이는 사실과 다르다. 또, 잘못 습관이 들어 영영 중독 상태에 빠질 위험

| 실직, 직업 스트레스의 증상 |

실직이나 직업 불안정은 몸에 해로운 반응을 일으키며, 다음과 같은 증상이 나타나게 된다.

- 계속 피곤하고 수면이 불규칙해진다.
- 집중이 안 되고 기억력이 약화된다. 오랫동안 이야기하는 것이 힘들어진다.
- 돈 문제, 직업, 직장 등 걱정거리가 머리를 떠나지 않는다.
- 개인의 위생, 몸치장 등에 신경이 예민해지고, 가족과 친구를 등한시한다.
- 똑같은 행동을 자신도 모르게 반복할 때가 많다.
- 집 주위를 빙빙 돈다거나 불을 껐다 켰다 하고, 수도꼭지에서 물방울이 떨어지는지 확인하고 자꾸 잠그는 것 같은 행동을 한다.
- 습관적으로 술이나 약을 찾는다. 특히 잠을 자기 위해, 마음이 편해지기 위해 술과 약을 찾는다.
- 안절부절못하고 신경질을 부리며 예민해진다.

이 있다. 마치 단기의 이익을 챙기려는 펀드 투자에 큰 위험이 따르는 것과 같은 이치다. 시간이 걸리고 당장의 이익이 덜하더라도 안전한 곳에 투자하듯이 자신의 생활과 조건에 적합한 스트레스 관리법을 찾는 것이 좋다.

3. 지나친 욕심은 금물이다

당신은 두 손밖에 갖고 있지 못하다. 두 손으로 할 수 있는 것은 한정되어 있고, 더 욕심을 부려보았자 손 밖으로 빠져나갈 뿐이다. 한 번에 여러 일을 해치우려 하지 말며, 너무 벅찬 일에는 '노!' 라고 말할 줄도 알아야 한다.

4. 대화를 즐긴다

대화는 스트레스로 막힌 사고와 감정을 풀어주고 해결의 길을 열어준다. 사랑하는 사람과 다정한 대화를 나누고 어린아이들과 노는 일상 속에서 우리의 영혼은 위로받고 스트레스가 훌훌 떨쳐지는 것이다.

5. 영양에 신경을 쓴다

먹는 것도 중요하다. 즐거움을 줄 뿐 아니라 뇌에 영양분을 공급하여 현명하게 스트레스에 대처하게 해주기 때문이다. 먹는 음식의 종류도 중요하다. 육류보다는 비타민이 풍부한 채소와 과일이 항스트레스 식품으로 알려져 있다.

6. 적당한 휴식은 사치가 아니다

욕조에 물을 받아 몸을 담그고 느긋하게 여유를 즐겨보라. 아로마 오일을 떨어뜨리면 더욱 좋은 효과를 얻을 수 있다.

7. 긴장은 그 자리에서 바로 푼다

마음을 편히 가지라는 충고를 하는 것은 쉽지만 막상 실행하는 것은 그다지 쉽지 않다. 이럴 때 가장 쉽고도 효과적인 요령을 하나 소개하면, 스스로 온몸의 근육을 풀도록 명령을 내리라는 것이다. 눕거나 앉아서 팔부터 시작하여 다리, 몸통, 목, 어깨 등 순서를 정하여 근육을 풀어주는 것은 스트레스를 간편하고 효과적으로 푸는 최고의 방법이다.

8. 취미를 갖는다

음악 감상 또는 연주, 영화 감상 등 예술에 빠져보라. 먼지 끼고 녹이 슨 감성을 깨우는 계기가 될 것이며, 신선한 감정과 함께 참신한 아이디어가 떠오를 수도 있다.

07 주변이 건강해야 나도 건강하다

- 집과 일터의 환경 공해 100% 차단법

현대인들은 일상적인 잡다한 일에 시달리다가 그것들이 스트레스로 작용하여 결국 무서운 병을 얻곤 한다. 최근 더욱 문제가 되고 있는 것은 새집증후군 등을 비롯한 환경 문제다. 대기 오염은 각종 암을 유발하고 있으며, 주변 환경의 해로운 조건들이 우리의 생명을 위협하고 있다. 봄철에 기승을 부리는 황사 현상도 심각한 문제가 아닐 수 없다. 이러한 유해한 환경으로부터 자신을 보호하고 건강한 환경을 만드는 방법들을 알아보자.

침실을 비롯한 집 안 환경을 건강하게 만드는 방법

깊은 산속에서 야인생활을 하지 않는 이상 우리는 일생의 3분의 1 이상을 집 안과 침실에서 보내게 된다. 침실에서 잠을 자거나 휴식을 취하여 새로운 에너지를 얻고 활기찬 생활을 해야 하는데 불행하게도 대부분의 현대인들은 그렇지 못하다. 많은 문제들이 우리의 잠을 박탈하고 있다. 복용하는 약들 때문에, 아니면 몸에 병이 있어서, 또는 낮에 받은 스트레스로 인한 복잡한 감정 상태 때문에 잠을 제대로 이루지 못한다.

이렇게 밝혀진 원인뿐만 아니라 우리의 관심 밖에서 커다란 힘으로 우리의 집 안을 위협하는 것이 바로 침실 환경이다. 침대의 종류, 공기 순환, 독성 물질, 전열기구들의 유해 파, 가구 배치나 정돈 상태 등이 우리의 건강에 심대한 영향을 미치고 있다.

집 안에서 검출되는 가장 위험한 독성 물질은 포름알데히드다. 이 유해 물질은 카펫, 압축목재로 만든 가구 등에서 나온다. 또, 드라이클리닝을 한 옷에서 나오는 트리클로로에틸렌이라는 물질도 있다. 그리고 각종 전기제품, TV, 전자시계, 냉장고, 전자레인지 등에서 쏟아져 나오는 유해 전자파도 심각한 문제가 아닐 수 없다.

이러한 공해로 인한 증상들은 아주 다양한데, 비염, 축농증, 호흡기 장애, 가려움증, 눈의 충혈, 기억력 장애, 두통, 불안초조감, 우울증, 나아가 만성 질환, 성인 질환, 암까지 유발한다. 조사에 따르면 인구의 10~30%가 포름알데히드에 민감하다고 한다.

먼저 집 안에 깔려 있는 카펫부터 없앤다

가장 흔하면서 해로운 독성을 집 안에 뿜어내는 것은 벽이나 바닥에 카펫, 장판, 목재를 붙이는 데 사용하는 물질들이다. 미묘한 증상이 있는데 뚜렷한 병명은 나오지 않고 병이 계속 악화되는 사람이 있다면 집 안에 깔려 있는 카펫이나 바닥재로 인한 것이 아닌지 심각하게 고려해보아야 한다.

건강한 집 안 환경에 대한 많은 연구와 저서를 남긴 존 바우어는 집 안의 독성을 줄이는 가장 좋은 방법은 카펫을 없애는 것이라고 하였다. 문제가 되는 카펫의 화학 물질은 4-PC, 페닐사이클로헥산이라는 것으로 신경계에 영향을 주고 유전적 문제를 야기한다. 최근에는 포름알데히드, 눈에 자극을 주는 에틸벤젠, 톨루엔, 크실렌, 스틸렌 등도 큰 문제로 지적되고 있다. 이런 화학 물질들은 불에 타지 않고 주름이 가지 않게 하며 녹이나 얼룩이 남지 않게 하여 합성 아크릴이나 폴리에스텔 섬유를 만드는 데도 쓰인다.

가장 큰 위험에 노출되는 것은 새로 깐 바닥재나 카펫이 있는 방에서 잘 때다. 바닥재나 카펫의 독성 물질이 기화하여 방 안에 농도 짙게 깔려 있기 때문이다. 보통 6개월~1년의 기간이 경과하면 농도가 낮아지고 민감 반응이 일어나지 않는다. 바닥재나 벽지, 카펫이 오래되거나 햇빛에 노출되면 다시 방 안 공기를 오염시키고 유독 가스를 유발한다. 더운 바람이 나오는 난방 시스템에 의해 연소가 되어 시아나이드 같은 독성 가스로 변하여 공기 순환에 합류하기도 한다. 또, 카펫의 가느다란 섬유 조각들은 호흡기 질환과 알레르기 반응의 원인이 된다.

이러한 유해 물질이 아니더라도 카펫은 먼지, 음식 찌꺼기 같은 지저분한 것들이 쌓이고 집먼지진드기나 각종 균들의 온상이 된다. 자주 청소하고 세탁하여 문제를 어느 정도 줄일 수는 있으나 카펫의 화학 물질들은 수용성이 아니기 때문에 한계가 있다. 세제 자체도 독성 살충제나 다른 화학 물질들을 가지고 있다는 점에 유의해야 한다. 진공 청소 방법도 카펫 깊숙이 있던 미생물들을 표면으로 끌어올리는 셈이 되어 이를 호흡하는 경우 상황이 오히려 악화된다.

카펫을 깔지 않는 것이 가장 좋고, 특히 아이들 방의 카펫은 아이들이 그 위에서 놀고 기어 다녀 알레르기, 호흡기 문제, 세균 감염 등 위험이 심각하므로 없애야 한다. 우리 고유의 온돌 바닥이나 목재가 건강에 좋지만, 목재 바닥재의 경우 해로운 접착제나 레진을 사용하지 않았는지 주의해야 한다.

드라이클리닝 한 옷에는 솔벤트인 테트라클로라이드, 트리클로르에틸렌 같은 독성 물질이 있다. 이러한 물질에 노출되면 현기증, 두통, 구역질, 피로감 등이 발생하고, 심하면 간암, 영구적인 신경 파괴가 일어난다. 드라이클리닝 한 옷은 바람이 잘 통하는 바깥에 며칠간 걸어두었다가 안으로 들이는 것이 현명하다. 좀약, 탈취제 등을 옷장이나 방 안에 두면 나프탈린, PDB 같은 강력한 화학 물질이 흘러나와 간, 신장, 신경계에 해를 끼친다. 이들 대신 라벤더, 시더우드, 로즈마리, 민트, 타임 등 천연 아로마 방향제를 사용하면 탈취는 물론 살충·살균 효과, 동시에 정신안정 효과를 얻을 수 있다.

화장품과 매니큐어 제거제, 컬러마킹이나 수정액도 쓰지 않는 것이 좋다.

다음으로 해로운 전자파를 멀리한다

많은 조사 연구들이 전자파가 건강에 아주 해롭다는 사실을 확인해주고 있다. 공통적으로 인정되는 다음의 세 가지 사실에 주목하라.

- 전자장이 강력할수록 해롭다. 1~3mG(밀리가우스) 이상의 자장에 노출되는 것을 피한다.
- 전자파를 멀리할수록 위험이 적다. 전자시계로부터 1미터 이상 떨어져 있으면 노출을 1mG 이하로 줄일 수 있다. 냉장고나 텔레비전처럼 덩치가 큰 전자제품들로부터는 2~3미터 이상 떨어져 있어야 한다.
- 강한 전자파는 1~2분 노출도 해로우며, 백혈병, 뇌암, 유산 등의 위험이 있다. 전자레인지, 휴대전화, 헤어드라이어, 전기면도기, 전기담요 등의 사용을 최소화하려 노력해야 한다.

침실이 전신주나 전선 가까이 있다면 침실을 옮겨야 한다. 풍수나 기, 수맥을 따져 침실을 정하고 배치하는 방법도 고려할 만하다. 바람과 물의 기운을 조화롭게 하고 식물을 실내에 두는 것도 도움이 된다.

일터의 환경을 건강하게 만드는 방법

일생의 3분의 1을 일하면서 보내는 만큼 작업실이나 사무실의 환경에도 관심을 가져야 한다. 잘못된 환경에서 일을 하면 두통, 목이나 코의 염증, 현기증, 알레르기 반응 등이 나타난다. 독성 물질이 나오는 건물이나 통풍이 제대로 안 되는 곳, 감염되기 쉬운 곳 등이 문제가 된다.

WHO의 조사는 새 건물 3곳 중 1곳이 사람들에게 건강 문제를 일으킨다고 지적하고 있다. 이러한 문제는 비교적 최근에 나타나고 있는 현상으로 에너지를 보존하기 위해 통풍을 전적으로 기계에 의존하는 구조 때문에도 발생한다. 창문을 열지 않고 공기청정기 등으로 통풍을 대신하면 클리너나 에어필터에 먼지가 쌓이고 곰팡이가 슬면서 실내가 오염된다. 창문이 거의 없고 통풍에 문제가 있는 건물에서 일을 할 때는 통풍구의 위치를 확인하고 티슈를 한 장 뜯어 통풍구 앞에 놓아 제대로 작동이 되는지 확인하도록 한다. 에어컨이나 가습기는 항상 깨끗하게 정비해야 한다.

햇볕과 자외선으로부터 몸을 지키는 방법

자외선 노출로 인한 흑색종(멜라닌종) 피부암의 발병이 급격히 늘고 있다. 자외선을 차단하는 오존층이 클로로플루오로카본 같은 공해가스에 뚫려 오늘날과 같은 심각한 지경에 이르게 된 것이다. 하지만 칼슘의 흡수를 돕는 비타민 D를 생성하는 햇빛의 작용도 잊지 말아야 한다.

따라서 다음의 지침에 따라 햇볕 노출의 수위를 조절한다.

- 하루 30~60분간 자연광에 노출시켜 전체광선스펙트럼의 자연광을 흡수한다.
- 선글라스 사용이 지나치면 자외선을 포함한 전체광선스펙트럼의 빛이 눈에 들어오는 것이 차단되고, 그로 인해 빛에 대한 눈의 민감도가 높아진다.
- 한낮의 햇빛은 자외선 A와 자외선 B로 나뉜다. A는 파장이 길고 이른 아침이나 저녁에 많고, B는 파장이 짧고 오전 10시~오후 2시 사이에 강한 자극을 주는 광선이다. 이들은 모두 오래 노출되면 위험하고, 갈색 머리나 푸른 눈동자, 또는 약한 피부를 가진 사람에게는 더 위험하다. 또, 고도가 높은 곳에서는 평지의 2배 이상 위험하다.
- 테트라사이클린계 약, 먹는 피임약, 항히스타민제, 정온제 등의 약물과 사카린 등의 식품첨가제, 몇몇 선스크린제, 레몬이나 베르가모트

같은 에센셜오일은 피부를 햇빛에 더 민감하게 하여 화상의 위험이 있으므로 주의해야 한다.

- 햇볕으로 인한 화상을 치유시키는 데는 알로에, 비타민 E 오일, 캐모마일 크림, 천연 식초 등이 좋다.
- 비타민 A · C · E나 은행 잎 추출물 같은 항산화제를 복용하면 자외선에 의한 피해를 줄일 수 있다.
- 자외선 차단 크림은 차단지수 12~15 정도가 좋고 가볍게 태우고 싶다면 6~12 정도가 좋다.

| 건강하고 쾌적한 일터를 만들기 위해서 |

- 사무실을 금연 구역으로 만든다

비흡연자가 다른 사람의 담배연기를 간접적으로 흡입하는 경우에도 폐암 발병 위험이 높다는 사실을 알고 분명한 금연 원칙을 지키도록 한다.

- 조명 상태에 유의한다

하루 종일 형광등 불빛 아래에서 일을 하다 보면 광선 스펙트럼 중 황색 띠의 불빛에 집중적으로 노출된다. 빛과 건강 문제 전문가인 존 오토 박사는 이 불빛이 스트레스 호르몬의 분비를 촉진시켜 여러 가지 증상을 일으킨다고 지적한 바 있다. 행동, 시야에도 문제가 생기고, 피로도 역시 높아진다고 한다. 자연광처럼 전체 광선스펙트럼이 발사되는 불빛이 좋으며, 채광이 잘 되도록 조절을 해야 한다.

빛은 칼슘 흡수와 호르몬 분비에 영향을 주고 감정 조절에도 관여할 만큼 건강에 중요한 요소다. 햇빛이 부족하면 비타민 D가 부족해지는 것뿐 아니라 우울증이 유발되기도 한다. 되도록 자연광에 가까운 전체 광선 스펙트럼 조명 장치를 사용하고, 유리창을 잘 닦아 햇빛이 충분히 들어오게 한다. 또, 머리 바로 위에 형광등을 두어 강한 전자파로 인한 피해를 입는 일이 없도록 주의한다.

- 독성 물질을 제거한다

건축자재에서 나오는 포름알데히드 같은 물질이나 카펫의 독성 물질들을 제거하려 노력한다. 카펫이 깔린 사무실에서 일하는 사람의 10%가 눈병, 두통, 우울증, 신경 장애 등을 호소한다고 한다. 복사기, 레이저 프린터, 팩스 기기, 폴리우레탄 의자, 아크릴 패드 등도 유해한 용품들이다.

- 스트레칭하는 습관을 들인다

하루 종일 앉아서 일을 하는 사람은 1분간이라도 자리에서 일어나서 스트레칭을 하는 습관을 들여야 한다. 5~10회 정도 어깨를 좌우로 돌리는 운동을 하여 상체의 긴장을 풀어주고, 두 손을 잡고 상하좌우로 충분히 뻗어 스트레칭을 한다. 팔을 굽혀 반대편 어깨에 닿게 하거나 두 손을 깍지 끼어 뒷머리를 받치고 목을 충분히 뒤로 젖히는 운동도 좋다.

- 기호식품은 되도록 자제한다

커피, 차, 콜라 등 사무실에서 흔히 마시게 되는 음료들은 불안, 초조, 불면, 소화 장애, 배뇨 장애 등을 유발하여 건강을 해치기 쉽다.

08 자연을 알면 인생이 100배는 재미있다

- 자연에서 건강을 되찾는 방법

현대인들의 생활은 어찌 보면 무척 단조롭고 한심스럽다. 전체 인생의 90% 이상을 집과 사무실에서 보낸다. 문명이 발달하고 문화가 발전했다고 하는 것이 결국 집과 일터에서 전자 장치에 둘러싸여 휴식을 취하거나 일을 하면서 평생을 보내는 것이다.

어디를 가나 에어컨이 있는 실내에서 더운 여름을 보내고 따뜻한 난방이 되는 실내에서 추운 겨울을 보내니 바깥 환경이나 자연을 접할 수 있는 기회가 거의 없다. 조사에 의하면 농사를 짓는 사람을 제외한 거의 대부분의 사람들이 자연과는 거리가 먼 콘크리트와 전선으로 가득한 건물 안에서 일생을 보낸다고 한다.

건강전문가나 환경보호가들은 이처럼 현대인들이 자연과 접하는 기회와 시간을 잃고 있는 것에 우려를 금치 못하고 있다. 차를 버리고 집과 사무실에서 나와 숲과 들판과 바다를 바라보는 그 느낌, 비포장 길을 걸으며 맡는 자연의 냄새, 맨발로 전해오는 땅의 기운을 우리들은 잊고 사는 것이다.

자연과 접하는 기회를 가짐으로써 우리의 인생이 건강하고 즐거워지는 이유는 너무나 많다. 자연의 다양함과 아름다움에 우리의 마음이 넉넉해지고 편안해지는 것은 물론 신선한 공기와 푸른 숲에서 나오는 자연의 색과 태양 빛은 어디에서도 얻을 수 없는 보물들이다. 자연 그 자체가 영양소이며 땅을 밟고 등산하고 여행하는 것이 곧 건강을 지켜주는 보약이다. 자연의 리듬과 소리는 우리의 감성과 영적 자원을 풍부하게 일구어주고 새로운 비전과 희망을 제시해준다. 웅대하게 펼쳐진 자연 경관 앞에서는 머릿속을 꽉 채운 복잡한 문제들이 모두 사라지고 평온과 안락만이 남는다.

《자연, 남과 여》의 저자 알란 와트는 자연과 접촉하면 다른 무엇보다도 인간 내면의 자연 환경(내부 심리 기능)이 건강해지고 자유를 얻게 되며 불안과 우울감을 떨쳐버릴 수 있다고 했다. 더 나아가서 자신을 바라보는 눈을 뜨고 자신감과 창의성이 높아져 혜안을 갖게 된다고 하였다.

자연의 혜택을 적극적으로 이용하라

1. 자연과 대화한다

아름다운 우리 강산이 무분별한 개발로 훼손되고 있다. 그러나 찾아보면 아름드리나무가 울창한 자연을 즐길 수 있는 곳들이 많이 남아 있다. 자연 휴양림도 좋고 가까운 곳에 개발의 손이 미치지 않은 자연 그대로의 장소를 찾아내어 시간을 보내는 것도 좋다. 하룻밤 야영을 하면서 자연과 호흡하고 꽃과 나무와 물과 흙과 대화를 해보라.

버지니아 서부의 산속에 병원을 지어 환자를 돌보고 있는 패치 아담스 박사는 질병 치료에 대한 자연의 역할과 중요성을 강조하며 "자연은 가장 강력한 안정제이며 스트레스 해소제다. 자연에서 경이로움과 호기심, 그리고 아름다움과 영감을 찾아내며 진정한 인간성을 배운다."고 하였다. 이처럼 자연은 힘을 얻는 장소이며, 자신을 점검하고 중요한 결정을 내리고 위안을 얻는 곳이기도 하다.

2. 생활에 자연을 끌어들인다

대다수가 아파트 생활을 하는 우리들에게 생활에 자연을 끌어들인다는 것은 어려운 일처럼 보인다. 정원은 물론 무언가를 가꿀 만한 공간도 없기 때문이다. 그러나 찾아보면 우리의 환경 속에 얼마든지 다양하게 자연을 심어놓고 즐길 수 있다. 베란다나 창틀에 화초를 키우고 옥상에 나무를 심을 수 있다. 침실에 화분을 갖다놓는 일은 마음먹기에 달린 문제다. 조금만 관심을 쏟고 노력하면 얼마든지 집 안에 자연을 끌어들일 수 있다.

3. 주말 농장을 가꾼다

꽃, 채소, 허브 등을 심을 수 있는 터를 마련해 온 가족이 함께 가꾸어본다. 날씨가 식물과 토양에 어떤 영향을 주며 사람이 돌보는 횟수와 관심도에 따라 그 발육이 어떻게 달라지는지 알 수 있을 것이다. 그를 통해서 자연의 섭리를 배우고 그 고마움을 알며 자연에 순응하는 자신을 발견하게 될 것이다. 가장 완전한 행복과 건강은 자연에 순응하여 욕심을 부리지 않고 인생을 즐기는 데 있다는 것도 알게 될 것이다. 밭을 일구고 나무를 심고 수확하고 열매를 거두는 과정을 거치면서 삶의 보람과 생명의 의미를 알고 그것이 바로 인생의 즐거움임을 알게 되리라.

4. 사람 이외의 생명체를 친구로 만든다

인간은 자연의 한 부분이다. 개, 고양이, 새, 곤충 등 다른 생명체와 교류하다 보면 자연을 이해하고 적응하는 능력이 생긴다. 사람에서 얻지 못하는 귀중한 경험과 평화를 그들과의 교류에서 얻을 수 있다.

5. 자연의 소리를 듣는다

자연을 직접 즐기지 못할 때는 자연의 소리를 녹음한 테이프나 CD를 듣는다. 폭포 소리, 새소리, 조용한 시냇물 소리를 듣고 있으면 마음이 안정되고 혈압이 정상으로 돌아오면서 평온을 되찾게 된다.

휴가지로 자연을 접할 수 있는 장소를 택하고, 자연 탐사나 역사 탐방을 한다. 건강을 위한 운동 프로그램이 따로 필요 없는 즐거운 시간을 보낼 수 있을 것이다. 야외 활동을 최대한 즐기는 것이 중요하다. 걷기, 달리기, 스키, 골프, 테니스 등으로 밖에서 여가를 보내는 시간을 늘리면 인생이 즐거워진다.

6. 창조적 생활을 영위한다

창조 행위를 통해서 우리는 고도의 정서적 건강과 자아실현의 경지에 이를 수 있다. 누구에게나 재능이 있다. 그것을 개발하고 표현함에 따라 창조적인 사람과 그렇지 못한 사람으로 나뉠 뿐이다. 창조 행위에 필요한 것이 있다면 그것은 믿음, 포부, 열정일 것이다. 창조적 생활은 자긍심을 높이고 자기 신뢰감을 심어준다. 이처럼 즐거운 인생은 특별한 구상이나 환경에서 나오는 것이 아니다. 평범한 일상생활 속에서, 즉 일하고 사귀고 즐기는 가운데서도 누릴 수 있는 것이다.

창의력이 넘치는 삶은 자신의 직감이나 영감을 계발하고 믿음으로써 얼마든지 즐길 수 있다. 직감은 자신의 무의식적 감성이 말해주는 날카롭고 재빠른 반응이다. 직감을 발달시키면 번뜩이는 아이디어로 문제를 뛰어넘는 능력과 지혜, 재능을 얻게 될 것이다. 그 많은 지적 정보를 다 배우기에는 인생은 짧고 우리의 뇌는 한정되어 있다. 필요한 도구나 기구를 이용할 수도 있지만 자신 속에 존재하는 영감을 이용하면 그 거리를 메울 수 있을 것이다. 작가 아더 코슬리의 말대로 창의성은 의식과 무의식이 결합되는 과정이다. 이들을 잘 활용하면 즐겁고 훌륭한 인생을 살 수 있다.

7. 스스로 즐기는 방법을 배운다

하루 종일 TV 앞에 앉아 있으면 정신이 경직되고 근육도 위축된다. 자기 안의 유머, 창조성, 재능들을 찾아 스스로 즐기는 방법을 배워야 한다. 이를 위해서는 자발성, 개방성, 긍정성이 있어야 한다.

피아노를 치고 바위를 타고 춤을 추면서 스스로 즐길 수 있는 요령을 배워야 한다. 배우는 과정이 그 마지막 결과보다 더 중요하고 의미 있는 일임을 알게 될 것이다. 노래, 연주, 댄스, 몸동작 등을 통해 활력과 리듬을 얻을 수 있다. 일상적인 삶에서 벗어나 갖는 명상의 시간도 같은 효과가 있다.

8. 실수를 인정하고 웃는다

많은 실수 끝에 성공과 기쁨이 온다. 창조적인 사람의 성공한 삶에는 엄청난 실수와 실패가 있었다는 것을 명심하라. 유머를 즐겨라. 아이디어 개발자들은 웃고 농담하고 즐기는 생활을 한다. 그러한 생활 속에서 독창적인 아이디어가 떠오른다. 심각한 환경은 우리의 행동과 생각을 위축시킬 뿐이다.

9. 인생의 공식을 단순화한다

작가 유언 엘진은 "인생을 단순하게 살아가는 길이 끝없이 필요로 하는 모든 것을 최소화시키면서 목적하는 일에 이르는 지름길이다."라고 하였다. 혼란스럽고 잡다하고 불필요한 것들을 벗어던지고 단순한 생활을 하면 인생을 그 몇 배로 즐길 수 있다. 쓸데없이 가지고 있던 덩치 큰 물건, 짐만 되는 가구는 버려라. 마음속에 품고 있던 비현실적인 욕심과 욕망도 버려라. 그러면 당신의 인생은 더 없이 행복해질 것이다.

09 건강에도 남녀 차별이 있다고?

- 위험에 빠지기 쉬운 남성의 건강

남성은 운명적으로 위험한 체질을 타고났다? 응급실을 가득 메운 환자들이나 사고로 입원한 환자의 대다수는 남자들이다.

1994년 모리라는 회사의 조사는 남성이 여성보다 자신들의 신체 구조나 기능에 대해 이해하는 정도가 떨어지며, 더 나아가서 남성의 신체를 여성들이 더 잘 알고 있는 경향이 있다는 점을 밝히고 있다.

남성들은 자신의 건강을 배우자, 즉 여성에게 맡겨버리는 경향이 있다. 남성의 40%는 배우자가 이야기하지 않는 이상 스스로 의사를 찾아가서 진찰을 받지 않는다고 한다. 같은 병에 걸리더라도 남성이 더 나쁜 상태로 진행되는 경향을 보이며 수명도 평균 5~6년 정도 짧다. 자동차 사고율은 남성이 여성보다 4배나 높다. 젊은 연령의 사망 원인 1위인 교통사고는 18~25세 사이에 가장 많이 발생하는데, 20대가 40대보다 사고율이 3배나 높다.

안전사고, 알코올 중독, 스포츠 부상 등에서 남성의 위험은 말할 나위 없이 높다. 사고 다음으로는 자살이 남성을 위협한다. 특히, 자살은 젊은 남성들에서 지난 10년간 15배 이상 위험률이 높게 나타났다. 자살 성공률도 남성이 높았고, 이에 비해 여성은 생존 확률이 높았다. 보험회사도 여성의 보험료를 남성보다 저렴하게 책정하고 있다. 실직률이 높은 경우에도 자살률이 상승하지만, 남성의 사교 능력이 여성에 미치지 못하는 것도 자살률과 연관이 있다. 사교성이 강한 여성들은 걱정거리를 사교적 대화와 수다로 풀어버리지만 남성은 그런 면에서 뒤떨어질 뿐만 아니라 직업적 안정감도 높지 않다.

병원 응급실 환자 8명당 1명이 술과 관련되어 있다는 통계가 있다. 그리고 이들 대부분이 남성이다. 또, 약물 중독도 지난 10년간 2배로 상승했다. 간염, HIV바이러스감염(에이즈) 위험도 남성이 훨씬 높다.

왜 남성에게 위험이 높은 것일까? 여러 가지 요인이 있겠지만 건강에 대한 인식 때문이기도 하고 남성의 활동과 기능이 여성과 다르기 때문이기도 할 것이다. 아이들 옆에서 많은 시간을 보내고 절제하며 안정적인 생활 태도를 갖고 있는 여성들의 건강관을 주의 깊게 관찰해볼 필요가 있다.

모든 나쁜 인자들이 남성염색체 Y에게 달라붙어서 이런 일이 생기는 것일까? 아니다. 성적性的 차이가 아니라 생활 태도와 방식, 의식구조와 사회문화적 여건 때문인 것도 많다. 70세, 80세까지 불구로 사느니 젊어서 죽는 게 낫다는 생각도 문제다. 제임스 딘의 불같은 삶은 많은 남성들의 머리에 열정으로 각인되어 있다. 그러나 제임스 딘은 죽었고, 우디 앨런은 살아 있다. 문제는 남성 자신들의 건강을 지키려는 의지와 실천하는 생활 태도다. 남성이라고 병에 더 많이 걸리고 더 빨리 죽어야 하는 운명인 것은 아니다.

건강에 독이 되는 식품과 약이 되는 식품

현대인은 공해와 유해 식품, 화학 물질로 건강에 심각한 위협을 받고 있다. 그러나 현대의학은 이러한 문제들에 확실한 해결책을 제시하지 못한 채 자체적인 부작용 때문에 한계에 직면해 있다. 이런 이유로 일부 전문가들과 일반인들 사이에서는 자연에서 해답을 찾고자 하는 '자연의학'이 주목을 받고 있다.

미국의 한 조사에 의하면 콜라, 사이다 같은 탄산음료 200ml에는 12티스푼에 상당하는 설탕이 들어 있고, 인 또한 다량 함유되어 있다고 한다. 인은 뼈를 이루는 칼슘을 손상시킬 뿐 아니라 신장결석증 같은 질병을 일으킨다.

콜라를 습관적으로 과다하게 마시면 점차적으로 콜라에 들어 있는 인이 뼈의 칼슘을 빠져나오게 하고, 그 칼슘이 피에 섞여 몸 안에서 돌다가 마지막에 걸러지는 신장에서 딱딱해지는 결석 상태가 된다. 또, 뼈를 튼튼하게 하는 칼슘이 다 빠져나와 뼈에 구멍이 생기면서 골다공증에 걸리게 된다. 서구에는 어릴 때부터 설탕과 콜라 같은 탄산음료를 과다하게 섭취한 결과 50세만 넘어도 골다공증을 보이는 경우가 많다. 이런 사람들은 뼈에 힘이 없어 작은 충격에도 쉽게 뼈가 부러진다.

미국 명절 중에 할로윈데이라는 것이 있는데, 그날 어린이들은 귀신 분장을 하고 저녁 내내 집집을 돌며 단 음식들을 잔뜩 먹는다. 문제는 할로윈데이 다음날 발생한다. 아이들이 학교에서 졸고, 집중을 못하고 설치고 다니는 행동과다 현상을 보이며, 두통 증세를 나타낸다는 것이다. 또, 잠복되어 있던 감기나 중이염이 갑자기 발생하기도 한다. 이것은 설탕이 면역 기능을 떨어뜨린 결과 나타나는 현상으로 설탕에 든 페닐알라닌이라는 성분이 원인이라고 한다. 페닐알라닌은 과다하게 섭취하면 다른 복합물질로 변하여 독성을 나타낸다. 아스파탐 같은 저칼로리 설탕은 아직 학자들 간에 의견이 분분한데, 이상적인 설탕 대용 식품이라는 주장과 설탕 복용을 증가시키는 요인으로 작용할 것이라는 주장으로 갈리고 있다. 그러나 동물 실험 결과, 저칼로리 설탕을 다량으로 먹인 동물들에서도 역시 행동과다 증세가 나타났다. 따라서 자녀가 정서불안, 행동과다, 두통 등을 보이는 경우 지나치게 단것을 즐겨 먹지 않는지 의심해보아야 한다.

한편, 우리가 늘 가까이하는 기호식품이나 약품에 대해서도 한 번 짚고 넘어가야 하는데, 실험 결과에 의하면 담배 1개비가 비타민 C 25mg을 파괴하고 옆에 있는 간접 흡연자에서도 10mg이나 파괴한다고 한다. 또, 술을 너무 많이 먹게 되면 우리 몸의 비타민 B · C, 토코페롤로 알려져 있는 비타민 E, 아연이나 셀레늄 같은 중요한 미네랄이 손실된다. 그리고 문제는 이들이 질병에 대항하여 싸우는 우리 몸의 면역 기능을 관장하는 매우 중요한 구성물이라는 점이다.

현대의학은 약으로 인한 심각한 부작용을 낳고 있다. 항생제의 과다 사용은 우리 몸의 면역성을 떨어뜨려서 오히려 다른 병균에 노출될 위험을 커지게 만든다. 또, 장 내에 정상적으로 있어야 할 이로운 세균들마저 죽여 조화를 이루고 있는 세균들의 균형을 깨트림으로써 오히려 있어서는 안 되는 해로운 세균들을 대량으로 만들어내고 있다.

먹는 피임약은 비타민 B10이나 아연의 흡수를 방해하는데, 장기간 복용하면 피가 응고되는 혈전증이 일어나 뇌에까지 장애를 주며 많은 생식기 계통 질병을 유발한다. 그 밖에 우리가 쉽게 사용하는 진통제, 알레르기약, 감기약 등에도 부작용이 많음이 이미 밝혀졌다. 따라서 우리가 평소 가까이하는 기호식품과 약품들이 오히려 우리의 건강을 해치고 있지 않은지 수시로 점검해야 한다.

'입' 이 요구하는 것, '욕심' 으로 원하는 것은 결국 몸에 탈을 일으키게 된다. 그렇다면 우리 몸을 지키기 위해 우리는 무엇을 먹고 무엇을 먹지 말아야 할까?

사실 인체는 몸이 필요로 하는 것을 스스로 알아서 부족한 성분을 메우는 특성을 가지고 있다. 한 가지 재미있는 예로 여성의 월경전증후군이 있다. 월경이 시작되기 전이면 헛배가 부르고 두통이 오며 상당히 공격적이고 신경질적이 되는 것이다. 이럴 때 어떤 여성들은 자신도 모르게 초콜릿을 즐겨 먹는다. 초콜릿에는 카페인도 들어 있지만 마그네슘이 특히 많이 들어 있다. 그리고 마그네슘은 월경전증후군을 완화시키는 효과가 있는 것으로 밝혀졌다. 그러므로 무의식적으로 몸이 마그네슘을 필요로 하면 초콜릿을 섭취하는 것이다.

우리는 신선한 과일이 몸에 좋고 술, 담배가 몸에 나쁘다는 것을 잘 알고 있다. 그러나 좋고 나쁜 것마저 욕심으로 취사선택할 것이 아니라, 자신의 몸과의 대화를 통해 몸이 원하는 것은 공급하고 거부하는 것은 멀리해야 한다. 우리의 몸은 자신의 것이기에 앞서 자연의 일부이며, 오직 자신만이 조절할 수 있다는 사실을 명심해야 한다.

건강을 지키는 요령 5가지

비단 남성뿐 아니라 여성에게도 똑같이 해당되는 지혜들이다.

1. 건강 상태를 기록한다

증상이 나타난 시기, 지속 시간, 환부, 약물 등과 정신 및 신체에 미치는 영향 요인들에 대해 일기를 쓰듯이 메모해보면 건강 상태를 미리 알고 예방할 수 있다. 그리고 운동, 식사조절, 스트레스 관리 등 일상적인 생활을 조정함으로써 쉽게 그런 증상으로부터 벗어날 수 있다.

2. 야근을 줄인다

사고나 위급한 질환은 밤에 일어나는 경우가 많다. 일찍 퇴근해서 가족과 함께 집에서 시간을 보내며 피로를 풀고 정신적 안정을 찾고 하루의 노고를 위로받도록 한다. 행복과 함께 건강을 얻게 될 것이다.

3. 관심사나 걱정거리를 친구나 가족과 나눈다

친구나 가족이 아무런 현실적인 도움을 주지 못할 것이라고 생각하고 혼자서 해결하려 하는 것은 자신을 오물로 가득 찬 쓰레기통으로 만들려는 것과 다름이 없다. 머리를 자주 깨끗이 비워내기 위해서는 정신적인 힘과 동기가 필요하며, 그것은 다른 사람들과의 대화와 상담을 통해 가능하다.

4. 일정한 스케줄에 따라 움직이는 항상성을 유지한다

급하게 결정하고 예고 없이 일을 만드는 것은 사고의 위험이 있을 뿐 아니라 우리 몸의 생체 리듬을 혼란에 빠뜨려 자칫 질병을 유발하는 요인으로 작용할 수 있다.

5. 영적인 가치관과 목표를 갖는다

인간은 육체만으로 건강을 유지할 수 없다. 정신적인 건강을 중시하고, 감사하고 절제하는 마음으로 영적인 생활을 해나갈 때에만 무병장수할 수 있다.

10 수명, 100세까지 누릴 수 있다

– 건강한 노후를 위한 장수학

누구나 다 오래 살고 싶어한다. 그러나 단순히 수명만 늘리는 것은 의미가 없다. 퇴행성 질환이나 치매가 없는 건강한 노후가 더 중요하다. 병들어 움직일 수 없다면 아무리 오래 생존해 있어도 삶의 보람과 즐거움을 얻기는 어려울 것이다.

100세 이상 장수자는 세계 인구 10만 명당 1명꼴이고, 급속한 고령화를 보이고 있는 우리나라는 그 수가 이미 2만5천 명당 1명꼴이다. 20년 전만 해도 65세 이전에 4명 중 1명이 관절염에 걸렸고 5명 중 1명이 고혈압이나 축농증에 시달렸다. 8명 중 1명은 심장병으로 고생하고, 이러한 숫자는 나이가 더 많아질수록 급속도로 증가하였다.

나이에 따른 건강은 지극히 개인적인 상태에 따라 달라진다. 지금 세대에서는 110세 전후가 최대수명으로 여겨지나 앞으로는 115~120세까지도 기대할 수 있을 것으로 추정하고 있다.

우리의 수명에 영향을 주는 요인들은 너무나 많다. 그리고 그러한 요인들을 분석해볼 때 양적으로 수명을 늘릴 수 있는 요소들은 결국 질적인 요인들과 밀접한 관계가 있다. 삶의 질을 조절할 수 있는 조건이면 삶의 양(수명)도 늘릴 수 있다는 말이다. 여기에 건강한 장수를 누릴 수 있는 비법을 공개한다.

생물학적 연령은 실제 나이보다 얼마든지 낮출 수 있다

생물학적 나이란 신체적 기능이 얼마나 제대로 작동하며 건강하게 유지되고 있는가에 초점을 맞춘 나이이다. 실제 연령이 60대라 해도 건강 상태는 40대일 수 있다는 것이다. 반대로 실제 나이보다 노쇠하고 기능이 떨어져 있다면 40대라도 50~60대의 몸을 가지고 있는 셈이다.

생물학적 연령을 좌우하는 요인을 학자들은 스스로 조절할 수 있는 지표와 조절이 불가능한 지표 두 가지 유형으로 나눈다. 이러한 지표는 청력, 운동조합기능, 자극반응 시간, 시력, 기억력, 학습능력 등 큰 생리적 기능을 체크하면 알 수 있다.

왜 나이가 들면 이들 기능이 떨어지고 무너지는가는 의학적으로나 과학적으로 아직 확실히 풀리지 않고 있다. 한 가지 학설은 DNA를 빨리 보수할 수 있는 기능이 얼마나 유지되고 있는가에 관한 것이다.

즉, 우리 몸이 해로운 유리기를 중화시키는 물질을 얼마나 빨리 만들어내는가와 세포가 자연사하기 전에 얼마큼 자주 분열하는가에 달렸다는 것이다.

과학자들은 적어도 24개 이상의 조절 가능한 지표들이 있다고 주장하는데, 이들은 호흡 능력과 혈액순환 능력, 골밀도, 맥박수, 근육 강도, 콜레스테롤 수치, 체지방 정도, 혈압 등이다. 그 밖에 운동량, 행동반경, 식생활 등도 포함된다.

이들 지표에 대한 검사는 쉽게 할 수 있다. 예를 들면 당신이 40세이고 규칙적으로 운동을 하며, 식사량을 항상 조절하고 체지방이 20% 이하이며, 폐 기능과 대사율이 25세 정도에 속한다고 하자. 그리고 콜레스테롤 수치가 정상이라면 당신의 생물학적 나이는 40세 이하이며 심장병, 당뇨병, 폐암 등에 걸릴 확률이 낮다. 따라서 수명은 70세 이상이 될 수 있다고 본다.

다음은 이러한 기대수명을 측정할 수 있는 한 가지 방법이다. 75세에서 시작하여 항목에 따라 가감해 나가면서 기대수명을 산출해내는 방법이다. 모두 75개 항목으로 구성되어 있는데, 그중 일부를 소개하면 다음의 표와 같다. 크게는 가족 사항, 생활 스타일, 영양 상태, 음주나 흡연 상태, 일의 종류, 환경, 운동량, 몸무게 등에 관한 것이다.

건강 점수를 잃게 되는 항목들

1. 남성이면	−4년
2. 부모가 심장발작으로 50세 이전에 사망했다면	−4년
3. 밤에 10시간 이상 잠을 자면	−4년
4. 속도위반 딱지를 자주 받으면	−4년
5. 담배를 하루 2갑 이하 피우면, 2갑 이상이면	−6년, −8년
6. 여성이 담배를 피우며 피임약을 복용하고 있다면	−4년
7. 여성이 어머니나 자매에게 유방암 병력이 있다면	−4년
8. 공해 물질인 아스베스토스를 취급하고 있다면 비닐클로라이드를 취급하면	−6년 −4년
9. 규칙적인 운동을 하지 않으면	−5년
10. 정상체중을 14~18kg 초과하면 18~22kg 초과하면, 22kg 이상 초과하면	−4년 −6년, −8년

건강 점수를 딸 수 있는 항목들

1. 여성이면	+4년
2. 양쪽 조부모가 모두 80세 이상 생존했다면	+8년
3. 결혼생활이 오래 지속되고 있다면	+4년
4. 담배를 피우지 않으면	+3년
5. 술을 마시지 않으면	+3년
6. 65세 이상으로 아직 일을 하고 있다면	+3년
7. 주 3회 이상 30분씩 중등도의 에어로빅 운동을 하고 있다면	+3년

몸을 날씬하게 유지하되 건강해야 한다

장수하는 사람들의 대부분이 마른 편이고 열량을 제한하는 식습관을 가지고 있다는 통계가 있다. 장수 전문가 월포드 박사는 1주일에 2회 단식하고 지방 섭취를 줄이며 하루 2,100kcal를 유지하면 수명을 30~40년 늘릴 수 있다고 하였다. 1930년대 미국 코넬 대학의 영양학 박사 맥케이는 한 실험에서 쥐에게 음식 섭취를 60% 줄이고 비타민, 미네랄 섭취를 보충했더니 수명이 2배로 늘었다는 보고를 한 바 있다. 이 실험을 1970년대에 월포드 박사가 다시 시도했을 때도 같은 결과가 나왔다.

성인의 경우 지방을 10~15%, 단백질을 16~24%, 나머지를 탄수화물, 채소, 전곡류 등으로 섭취하는 것이 이상적인 장수 다이어트 방법이다. 즉, 일반적으로 날씬한 사람의 사망률이 낮다는 통계가 지배적으로 많이 발표되어 있고, 하버드대 졸업생 21,000명을 대상으로 1916~1950년 사이에 조사했을 때 날씬한 사람이 확실히 사망률이 낮았다. 정상체중보다 20% 적은 몸무게를 가진 사람에서 사망률이 낮았다.

장수하는 사람에게서 그 비결을 배운다

장수하는 사람들의 생활습관, 대인관계, 사회활동 등에는 다음의 공통적인 특성이 있다.

- 안정된 생활을 하며 정해진 스케줄에 따라 일을 했다.
- 자신이 태어난 지역에서 꾸준히 살아왔다.
- 육체적 활동이나 노동을 꾸준히 해왔으며, 은퇴를 염두에 두지 않았다.
- 목표를 낮게 정하고 실용적인 생활을 해왔다.
- 안정된 가정 및 결혼생활을 했다.
- 슬픔, 죄의식 등 부정적인 감정 상태가 적었다.
- 애도의 반응도 짧게 지나가고 곧 현실과 생활에 적응하는 태도를 보였다.
- 책임감이 강하고 건강에 유념하며 병원에 자주 드나들지 않았다.

결국 이들은 일생동안 매일 활동하고 늙어서도 꾸준히 일을 했으며 사회적 유대, 주변 사람과의 관계가 긍정적이고 생산적이었다는 것이다.

정신적, 신체적 활동을 멈추지 않는다

최근 들어 항산화제인 비타민 A(베타카로틴 형태) 1만~2만IU, 비타민 C 500~1,500mg, 비타민 E 400~800IU, 그리고 셀레늄 100~150mcg을 매일 복용하면 젊음을 유지할 수 있다는 보고가 많이 나오고 있다. 또, 자주 걷고 즐거운 대화를 나누며 운전할 때 항상 안전벨트를 사용하는 습관을 가지면 분명 생존율을 높일 수 있을 것이다.

나이가 들수록 즐겁고 활동적인 일을 꾸준히 하는 것이 무엇보다 중요하다. 이제 은퇴했으니 일하기 어렵고 기능이 상실되어 일에 적합하지도 않다는 생각은 자신에 대해 부정적인 이미지를 갖게 하고 건강과 장수에 부정적으로 작용하는 것이다.

1970년 리프 박사의 연구는 세계 3대 장수 지역(안데스 산맥, 히말라야 훈자 마을, 러시아 코카사스 지역)의 노인들은 활동적, 능동적으로 열심히 일을 하고, 은퇴나 휴식보다는 경제적, 사회적 활동을 유지하려 하며, 자신의 일이 얼마나 생산성이 있느냐에 관계없이 일을 즐기고 사람들과 어울리고 있었다는 점을 밝히고 있다.

흥미와 열정, 적극적인 자세로 일상생활에 임하고 주위와 상황에 항상 긍정적이고 현실적인 태도를 가지는 것이 오래 사는 지름길인 것이다.

찾아보기